Dietmar Falk, Hans-Klaus Gockel, Ullrich Landsknecht,
Franz Lernet, Bernd Schlossorsch, Josef Wetzler

Metalltechnik
Grundbildung

westermann

Die in diesem Titel verwendeten DIN-Normen werden wiedergegeben mit Erlaubnis des DIN Deutsches Institut für Normung e.V. Maßgebend für das Anwenden der Normen ist deren Fassung mit dem neuesten Ausgabedatum, die bei der Beuth Verlag GmbH, Burggrafenstraße 6, 1000 Berlin 30, erhältlich sind.

Autoren und Verlag danken Herrn **Wolfgang Rund** für die freundliche Unterstützung bei der Herstellung der Seiten 110 und 111.

2. Auflage   Druck 5 4 3 2 1

Herstellungsjahr: 1991 1990 1989

Alle Drucke dieser Auflage können im Unterricht parallel verwendet werden

Verlagslektorat: Helmut Schmidt, Gisela Kühn
Herstellung: Herbert Heinemann
Satz: Hermann Hagedorn, Berlin
Reproduktion: büscher repro, Bielefeld, Braunschweig
Druck und Bindung: westermann druck, Braunschweig

ISBN 3-14-**221020**-2

Vorwort

Die Verordnung über die Berufsausbildung in den industriellen Metallberufen schreibt für die Ausbildung im ersten Ausbildungsjahr die Vermittlung einer berufsfeldbreiten Grundbildung vor. Dies gilt sowohl für die innerbetriebliche Ausbildung als auch für die schulische Ausbildung im Rahmen eines Berufsgrundbildungsjahres. Der Rahmenlehrplan der Kultusministerkonferenz und die Lehrpläne der Bundesländer gelten daher im ersten Ausbildungsjahr für alle Fachrichtungen sämtlicher Ausbildungsberufe des gesamten Berufsfeldes Metalltechnik.

Das vorliegende Lehrbuch ist in diesem Sinne geeignet als Berufsschulbuch für den Teilzeit- und Vollzeitunterricht in den Ausbildungsberufen:

- Industriemechaniker/-mechanikerin,
- Werkzeugmechaniker/-mechanikerin,
- Zerspanungsmechaniker/-mechanikerin,
- Konstruktionsmechaniker/-mechanikerin,
- Anlagenmechaniker/-mechanikerin und
- Automobilmechaniker/-mechanikerin.

Das Buch ist in die für die Grundbildung vorgeschriebenen Lerngebiete bzw. Fächer gegliedert. Durchgängiges Prinzip aller Kapitel ist die Absicht, den Auszubildenden zu einer qualifizierten Berufsausübung zu befähigen, wobei insbesondere dem Aspekt selbständiger Planung, Durchführung und Kontrolle von Fertigungsprozessen erhebliche Bedeutung beigemessen wird.

Naturwissenschaftliche Gesetzmäßigkeiten wie auch mathematische Inhalte werden in dem Maße behandelt, wie es technologische Zusammenhänge und vorgegebene Prüfungsanforderungen notwendig machen. Ökonomische und soziale Grundsätze werden ebenso angesprochen wie Maßnahmen zur Unfallverhütung und zur Verminderung von Umweltbelastungen. Auch auf die Notwendigkeit des rationellen Umgangs mit der bei der Berufsausübung verwendeten Energie wird bei Gegebenheit eingegangen.

Daß das vorliegende Lehrbuch der Anpassung der Berufsausbildung an die mit Mikroprozessoren und Computern ausgestattete Berufswelt Rechnung trägt, ist eine Selbstverständlichkeit.

Für Hinweise und Verbesserungsvorschläge sind Autoren und Verlag jederzeit aufgeschlossen und dankbar.

Autoren und Verlag — Braunschweig 1988

Fertigungs- und Prüftechnik 9...111

Werkstofftechnik 112...147

Maschinen- und Gerätetechnik 148...177

Steuerungs-, Regelungs- und Informationstechnik 178...229

Elektrotechnik 230...249

Technische Kommunikation 250...266

Inhaltsverzeichnis

1 Grundlagen der Fertigungs- und Prüftechnik

1.1 Grundlagen der Prüftechnik ... 9
1.1.1 Größen und Größengleichungen ... 9
1.1.2 Einheiten ... 9
1.1.3 Teile und Vielfache von Einheiten ... 10
1.1.4 Rechnen mit Größen und Formeln ... 11
1.1.5 Maßsysteme ... 11
1.1.6 Prüfen ... 12
1.1.6.1 Zweck des Prüfens ... 12
1.1.6.2 Messen und Lehren ... 13
1.1.6.3 Maßtoleranzen ... 14
1.1.6.4 Berechnung von Prüfmaßen und Koordinaten ... 15
1.1.6.5 Direkte und indirekte Meßverfahren ... 16
1.1.7 Längenprüftechnik ... 17
1.1.7.1 Messen mit Maßverkörperungen ... 17
1.1.7.1.1 Strichmaße ... 17
1.1.7.1.2 Endmaße ... 18
1.1.7.1.3 Winkel ... 20
1.1.7.1.4 Winkelendmaße ... 20
1.1.7.2 Anzeigende Meßgeräte ... 21
1.1.7.2.1 Meßschieber ... 21
1.1.7.2.2 Meßschrauben ... 22
1.1.7.2.3 Meßuhren ... 24
1.1.7.2.4 Winkelmesser ... 25
1.1.7.3 Prüfen mit Lehren ... 25
1.1.7.4 Auswahl von Prüfgeräten ... 27
1.1.7.5 Berechnung zum Prüfen von Winkelmaßen ... 27
1.1.8 Meßabweichungen ... 28
Aufgaben zu 1.1.1 ... 1.1.8 ... 29

1.2 Grundlagen der Fertigungstechnik ... 32
1.2.1 Anreißen, Kennzeichnen ... 33
Aufgaben zu 1.2.1 ... 36
1.2.2 Trennen ... 37
1.2.2.1 Zerteilen ... 38
1.2.2.1.1 Keilschneiden ... 38
Aufgaben zu 1.2.2.1.1 ... 44
1.2.2.2 Scherschneiden ... 44
Aufgaben zu 1.2.2.2 ... 49
1.2.3 Spanen ... 50
Aufgaben zu 1.2.3 ... 54
1.2.3.1 Meißeln ... 54
Aufgaben zu 1.2.3.1 ... 55
1.2.3.2 Feilen ... 55
Aufgaben zu 1.2.3.2 ... 58
1.2.3.3 Sägen ... 58
Aufgaben zu 1.2.3.3 ... 60
1.2.4 Spanen auf Werkzeugmaschinen ... 60
1.2.4.1 Drehen ... 62
Aufgaben zu 1.2.4.1 ... 68
1.2.4.2 Bohren ... 68
1.2.4.2.1 Bohren ins Volle ... 69
1.2.4.2.2 Senken ... 70
1.2.4.2.3 Reiben ... 70
1.2.4.2.4 Gewindebohren ... 72
Aufgaben zu 1.2.4.2 ... 72
1.2.4.3 Fräsen ... 73
Aufgaben zu 1.2.4.3 ... 75
1.2.5 Umformen ... 76
1.2.5.1 Druck- und Zugumformen ... 77
1.2.5.1.1 Druckumformen ... 77
1.2.5.1.2 Zugumformen ... 78
1.2.5.1.3 Zugdruckumformen ... 78
1.2.5.2 Biegeumformen ... 79
1.2.5.3 Massivumformen ... 80
1.2.5.4 Blechumformen ... 81
Aufgaben zu 1.2.5 ... 81
1.2.6 Urformen ... 82
1.2.6.1 Gießen ... 82
1.2.6.1.1 Schwerkraftgießen ... 82
1.2.6.1.2 Druckgießen ... 82
1.2.6.1.3 Fliehkraftgießen ... 83
1.2.6.1.4 Feingießen ... 83
1.2.6.2 Urformen aus dem festen Zustand ... 83
Aufgaben zu 1.2.6 ... 84

1.3 Fügen ... 85
1.3.1 Kraftschluß ... 85
1.3.2 Formschluß ... 86
1.3.3 Kraft- und Formschluß ... 86
1.3.4 Stoffschluß ... 86
1.3.4.1 Schweißverbindung ... 86
1.3.4.2 Lötverbindung ... 86
1.3.4.3 Klebeverbindung ... 86
1.3.5 Verbindungsarten ... 88
1.3.5.1 Schraubenverbindungen ... 88
1.3.5.1.1 Schraubenarten ... 91
1.3.5.1.2 Mutternarten ... 92
1.3.5.1.3 Werkstoffe für Schrauben und Muttern ... 92

1.3.5.1.4 Schraubwerkzeuge ... 92
1.3.5.2 Schraubensicherungen ... 93
1.3.5.3 Bolzen- und Stiftverbindungen ... 95
1.3.5.4 Keilverbindungen ... 96
1.3.5.4.1 Wirkungsweise einer Keilverbindung ... 96
1.3.5.4.2 Keilarten ... 97
1.3.5.4.3 Einbauarten der Keile ... 97
1.3.5.4.4 Keilwerkstoff, Toleranzen, Normbezeichnung ... 98
1.3.5.5 Federverbindung ... 98
1.3.5.5.1 Federarten ... 98
1.3.5.6 Preßverbindung ... 99
1.3.5.6.1 Verbindungsarten ... 99
Aufgaben zu 1.3.5.4...1.3.5.6.1 ... 99
1.3.5.7 Löten ... 100
1.3.5.8 Schweißen ... 103
1.3.5.8.1 Gasschmelzschweißen ... 103
1.3.5.8.2 Lichtbogenschmelzschweißen ... 106
1.3.5.9 Kleben ... 109
Aufgaben zu 1.3.5.7...1.3.5.9 ... 109

2 Grundlagen der Werkstofftechnik

2.1 Aufbau metallischer Werkstoffe ... 113
2.1.1 Kristallgittertypen und Metallbindung 113
2.1.2 Entstehung eines Metallgefüges ... 115
2.1.3 Unterschiedliche Gefügeausbildung .. 115
2.2 Eigenschaften und Anwendung metallischer Werkstoffe ... 117
2.2.1 Physikalische Eigenschaften und Anwendungsmöglichkeiten von Metallen ... 119
2.2.1.1 Festigkeit (mechanische Spannung) .. 119
2.2.1.2 Elastizität ... 120
2.2.1.3 Plastizität ... 121
2.2.1.4 Härte ... 122
2.2.2 Technologische Eigenschaften und Anwendungsmöglichkeiten von Metallen ... 123
2.2.2.1 Gießbarkeit ... 123
2.2.2.2 Umformbarkeit ... 123
2.2.2.3 Zerspanbarkeit ... 124
2.2.3 Chemische Eigenschaften und Anwendungsmöglichkeiten von Metallen ... 124
2.2.3.1 Korrosionsbeständigkeit ... 124
2.2.3.2 Giftigkeit ... 125
Aufgaben zu 2.1...2.2 ... 125
2.3 Werkstoffe in Metallberufen ... 126
2.3.1 Eisenmetalle ... 126
2.3.2 Nichteisenmetalle ... 126
2.3.2.1 Leichtmetalle ... 127
2.3.2.2 Schwermetalle ... 129
2.3.2.3 Legierungselemente ... 133
2.3.3 Kunststoffe ... 134
2.3.3.1 Duroplaste ... 136
2.3.3.2 Thermoplaste ... 136
2.3.3.3 Elastomere ... 136
2.3.3.4 Verbundstoffe ... 137
2.3.3.5 Klebstoffe ... 138
2.3.4 Schneidstoffe ... 139
2.3.4.1 Stähle ... 139
2.3.4.2 Hartmetalle ... 139
2.3.4.3 Schneidkeramik (Oxidkeramik) ... 140
2.3.5 Hilfsstoffe – Hilfsmittel ... 140
2.3.6 Normbezeichnungen von Werkstoffen 141
Aufgaben zu 2.3 ... 142
2.4 Metallurgische Verfahren ... 143
2.4.1 Stahlherstellung ... 143
2.4.2 Gußeisenherstellung ... 144
2.4.3 Eisen-Eisenkarbid Zustandsdiagramm ... 145
2.4.4 Stoffeigenschaftsändern ... 146
2.5 Wirtschaftliche und umweltbezogene Aspekte bei der Verwendung von Werk- und Hilfsstoffen ... 147
2.5.1 Gesundheitsgefährdung ... 147
2.5.2 Entsorgung ... 147
2.5.3 Wiederverwendbarkeit ... 147

3 Maschinen- und Gerätetechnik

3.1 Maschinen zur Energie-, Stoff- und Informationsumsetzung ... 149
3.1.1 Arbeitsmaschinen ... 149
3.1.1.1 Grundlagen ... 150
3.1.1.1.1 Kräfte ... 150
3.1.1.1.2 Einfache Maschinen ... 152
3.1.1.1.3 Arbeit und Energie ... 154
3.1.1.1.4 Leistung und Wirkungsgrad ... 156
3.1.1.2 Fördermittel ... 156
3.1.1.2.1 Hebezeuge ... 157
3.1.1.2.2 Transportsysteme ... 159
3.1.1.3 Werkzeugmaschinen ... 160
3.1.1.3.1 Bohrmaschinen ... 160
3.1.1.3.2 Drehmaschinen ... 161
3.1.1.3.3 Fräsmaschinen ... 162

3.1.2 Kraftmaschinen 163
3.1.2.1 Hydraulische Kraftmaschinen 163
3.1.2.1.1 Grundlagen 164
3.1.2.1.2 Bauarten 164
3.1.2.2 Pneumatische Kraftmaschinen 166
3.1.2.2.1 Grundlagen 166
3.1.2.2.2 Bauarten 167
3.1.2.3 Verbrennungskraftmaschinen 167
3.1.2.3.1 Grundlagen 168
3.1.2.3.2 Bauarten 168
3.1.2.4 Heizungssysteme 169
3.1.2.4.1 Grundlagen 169
3.1.2.4.2 Bauarten 170
Aufgaben zu 3.1.1...3.1.2.4 171
3.1.3 Informationsumsetzende Maschinen 172

3.2 Funktionseinheiten und Funktionen an Maschinen 173
3.2.1 Funktionseinheiten an Maschinen ... 173
3.2.2 Grundfunktionen 175

3.3 Funktion von Systemen 176

3.4 Umgang mit Maschinen 177
Aufgaben zu 3.1.3 ... 3.4 177

4 Steuerungs-, Regelungs- und Informationstechnik

4.1 Steuerungs- und Regelungstechnik .. 179
4.1.1 Grundlagen 179
4.1.2 Steuern, Steuerung 181
4.1.2.1 Aufbau von Steuerungen, Begriffe ... 181
4.1.2.1.1 Signalglieder, Signale 184
4.1.2.1.2 Signalverstärker 185
4.1.2.1.3 Vergleicher 185
4.1.2.1.4 Stellglieder 185
4.1.2.2 Darstellung von Steuerungen in Plänen 185
4.1.2.3 Steuerungsarten 186
4.1.3 Regeln, Regelung 187
4.1.3.1 Aufbau von Regelungen, Begriffe 188
4.1.3.2 Verhalten von Regeleinrichtungen ... 190
4.1.3.3 Darstellung von Regelungen in Plänen 191
4.1.3.4 Regelungsarten 192
Aufgaben zu 4.1...4.1.3.4 192
4.1.4 Energie- und Signalträger 193
4.1.4.1 Druckluft 193
4.1.4.1.1 Erzeugung und Aufbereitung 193
4.1.4.1.2 Druckluftverteilung 194
4.1.4.2 Hydrauliköl 195
4.1.4.2.1 Anforderungen an Hydrauliköle, Eigenschaften 195
4.1.4.2.2 Bereitstellung von Drucköl, Behälter, Pumpen 195
4.1.4.2.3 Verteilung von Hydrauliköl 196
4.1.5 Bauglieder zur Nutzung und Steuerung von Energie 197
4.1.5.1 Pneumatische Bauelemente 197
4.1.5.1.1 Wegeventile 197
4.1.5.1.2 Sperrventile 199
4.1.5.1.3 Druckventile 199
4.1.5.1.4 Zylinder, Motoren 199
4.1.5.2 Bauelemente der Hydraulik 200
4.1.5.2.1 Wegeventile 200
4.1.5.2.2 Druckventile 201
4.1.5.2.3 Stromventile 201
4.1.5.2.4 Zylinder, Motoren 201
4.1.5.3 Bauelemente der Elektrotechnik 202
4.1.5.3.1 Schalter 202
4.1.5.3.2 Steckvorrichtungen 202
4.1.5.3.3 Sicherungen 202
4.1.6 Steuerungen, Grundschaltungen 203
4.1.6.1 Pneumatische Grundschaltungen 203
4.1.6.2 Hydraulische Grundschaltungen 206
4.1.6.3 Elektrische Grundschaltungen 209
Aufgaben zu 4.1.4...4.1.6.3 210

4.2 Grundlagen der Informationstechnik 211
4.2.1 Entwicklung der Datenverarbeitung .. 211
4.2.2 Aufbau von Computersystemen 212
4.2.3 Handhabung von Computern und Peripheriegeräten 213
4.2.3.1 Dateneingabe 213
4.2.3.2 Datenausgabe 215
4.2.3.3 Externe Speicher 215
4.2.4 Arbeiten mit dem Computer 216
4.2.4.1 Computerbetrieb im Direktmodus 216
4.2.4.2 Computerbetrieb im Programmmodus 217
4.2.5 Erstellen von Programmen 218
4.2.5.1 Variablentypen und Variablenbezeichnungen 219
4.2.5.2 Konstanten 219
4.2.5.3 Elementare Programmstrukturen 220
4.2.6 Anwendung von Standardsoftware ... 224
4.2.7 Auswirkungen der Datenverarbeitung 226
4.2.7.1 Wirtschaftliche Auswirkungen 226
4.2.7.2 Soziale Auswirkungen 227
4.2.8 Datenschutz 227
Aufgaben zu 4.2.1...4.2.8 228

5 **Grundlagen der Elektrotechnik**

5.1 Stromkreis ... 231
5.1.1 Merkmale der elektrischen Energie ... 231
5.1.2 Leiterarten ... 233
5.2 Elektrische Größen ... 233
5.2.1 Spannung ... 233
5.2.2 Strom ... 235
5.2.3 Widerstand ... 236
5.3 Gesetze des elektrischen Stromkreises ... 237
5.3.1 Ohmsches Gesetz ... 237
5.3.2 Reihenschaltung ... 239
5.3.3 Parallelschaltung ... 240
5.3.4 Elektrische Arbeit und Leistung ... 241
5.3.4.1 Elektrische Arbeit ... 241
5.3.4.2 Elektrische Leistung ... 242
5.4 Wirkungen des elektrischen Stroms ... 242
5.4.1 Thermische Wirkung ... 242
5.4.2 Chemische Wirkung ... 243
5.4.3 Magnetische Wirkung ... 244
5.4.4 Andere Wirkungen ... 247
5.4.4.1 Lichtwirkung ... 247
5.4.4.2 Physiologische Wirkung des elektrischen Stroms ... 247
5.5 Unfallverhütungsmaßnahmen ... 247
Aufgaben zu 5.1...5.5 ... 249

6 **Grundlagen der technischen Kommunikation**

6.1 Aufgabe der technischen Kommunikation ... 251
6.2 Kommunikationsmittel, Kommunikationsmedien ... 253
6.2.1 Technische Zeichnungen ... 253
6.2.1.1 Darstellung in mehreren Ansichten ... 254
6.2.1.2 Räumliche Darstellung ... 254
6.2.1.3 Teilzeichnungen ... 255
6.2.1.4 Gesamtzeichnungen ... 255
6.2.1.5 Stückliste ... 256
6.2.1.6 Skizzen ... 256
6.2.1.7 Explosionszeichnungen ... 257
6.2.1.8 Darstellung funktioneller Zusammenhänge ... 258
6.2.2 Pläne ... 259
6.2.2.1 Programmablaufpläne ... 259
6.2.2.2 Funktionspläne ... 260
6.2.2.3 Zustandsdiagramme ... 261
6.2.2.4 Pneumatikschaltpläne ... 261
6.2.3 Normen ... 262
6.2.4 Technische Texte ... 264
6.3 Elektronische Kommunikationssysteme ... 265
Aufgaben zu 6.1...6.3 ... 266

Sachwortverzeichnis ... 267
Bildquellenverzeichnis ... 272

1 Grundlagen der Fertigungs- und Prüftechnik

1.1 Grundlagen der Prüftechnik

1.1.1 Größen und Größengleichungen

Die Physik beschäftigt sich mit den meßbaren Eigenschaften physikalischer Vorgänge und Zustände. Meßbare Eigenschaften werden durch physikalische Größen beschrieben.

Für die Bedürfnisse der Technik und des täglichen Lebens gibt es eine Vielzahl physikalischer Größen und ihnen zugeordneter Maßeinheiten (vgl. 1.1.2). Beispiele: Weg in Meter, Zeit in Sekunden, Kraft in Newton.

Zur Vereinfachung der Schreibweise werden Größen nach DIN 1304 durch **Formelzeichen** (Symbole) gekennzeichnet, die in gedruckten Texten in *kursiver* Schrift erscheinen. Als Formelzeichen werden Buchstaben des lateinischen und griechischen Alphabets verwendet.

Beispiele: F für Kraft, s für Weg, μ für Reibungszahl.

Die **Physik** beschäftigt sich mit Vorgängen in der unbelebten Natur, bei denen keine Stoffänderungen vorkommen. Verändern können sich Lage, Zustand oder Form eines Gegenstandes.

physikalische Größe:	Länge
Formelzeichen:	l
Maßeinheit:	Meter
Einheitenzeichen:	m

Physikalische Vorgänge beschreibt man durch mathematische Gleichungen. Stehen die in einer Gleichung vorkommenden Formelzeichen stellvertretend für physikalische Größen, so nennt man diese Gleichung eine **Größengleichung.** Sie enthält nur Formelzeichen und mathematische Symbole (z.B. Rechenzeichen, π, $\sqrt{\ }$, sin). Stehen die in einer Gleichung vorkommenden Formelzeichen dagegen stellvertretend für Zahlenwerte von Größen, so nennt man diese Gleichung eine **Zahlenwertgleichung.**

Außerdem gibt es noch die **Einheitengleichung,** in der die Zeichen stellvertretend für Maßeinheiten stehen. Von übergeordneter Bedeutung sind die Größengleichungen, weil diese unabhängig von den gewählten Einheiten Gültigkeit haben.

Größengleichung (gültig für **alle** zulässigen Einheiten):

$v_c = d \cdot \pi \cdot n$

Zahlenwertgleichung (**nur** gültig für die angegebenen Einheiten):

$$v_c = \frac{d \cdot \pi \cdot n}{1000}$$

v_c in $\frac{\text{m}}{\text{min}}$

n in m^{-1}

d in mm

1000 in $\frac{\text{mm}}{\text{m}}$

Einheitengleichung (gültig für die Beziehung zwischen den Einheiten):

$$1\,\frac{\text{m}}{\text{min}} = 1\ \text{m} \cdot 1\ \text{min}^{-1}$$

1.1.2 Einheiten

Jeder Wert einer physikalischen Größe kann als ein Produkt aus Zahlenwert und Maßeinheit ausgedrückt werden:

physikalische Größe = Zahlenwert · Maßeinheit
l = 1,8 · 1 m

In der Bundesrepublik Deutschland ist durch das »Gesetz über Einheiten im Meßwesen« vom 2. Juli 1969 für alle Messungen die Anwendung des Internationalen Einheiten-Systems, des **SI-Systems**[1], vorgeschrieben.

Dieses System legt Grund- oder **Basiseinheiten** für sieben **Basisgrößen** fest (DIN 1301).

Alle übrigen daraus entstandenen Größen und Einheiten heißen **abgeleitete Größen** und **abgeleitete Einheiten.**

---

[1] SI: Système International d'Unités (franz.) = Internationales Einheiten-System

Tabelle 1.1: Basisgrößen und Basiseinheiten des SI-Systems

Basisgröße	Formelzeichen nach DIN 1304	Basiseinheit	Einheitenzeichen
Länge	*l, s*	Meter	m
Masse	*m*	Kilogramm	kg
Zeit	*t*	Sekunde	s
elektrische Stromstärke	*I*	Ampere	A
Thermodynamische Temperatur	*T*	Kelvin	K
Stoffmenge	*n*	Mol	mol
Lichtstärke	*I*	Candela	cd

Tabelle 1.2: Vorsätze für Vielfache und Teile von Einheiten

Faktor	Vorsatz	Vorsatzzeichen
10^1	Deka	da
10^2	Hekto	h
10^3	Kilo	k
10^6	Mega	M
10^9	Giga	G
10^{-1}	Dezi	d
10^{-2}	Zenti	c
10^{-3}	Milli	m
10^{-6}	Mikro	µ
10^{-9}	Nano	n
10^{-12}	Piko	p

1.1.3 Teile und Vielfache von Einheiten

Würde man für die Angabe von Meßergebnissen nur die Basiseinheiten verwenden, könnten sich sehr große und sehr kleine Zahlen ergeben.

Beispiele:

Die Länge der Autobahnstrecke Braunschweig–Düsseldorf beträgt $l = 351000$ m.

Die auf einem Lehrenbohrwerk erreichbare Genauigkeit der Lochmittenabstände ist kleiner als $s = 0{,}00001$ m.

Aus Zweckmäßigkeitsgründen wird man solche Zahlenangaben möglichst vermeiden. Man verwendet entweder Zehnerpotenzen, oder man setzt vor die Einheitenzeichen Buchstaben (Vorsatzzeichen), die dezimale Vielfache oder Teile der Einheiten verkörpern.

Abgeleitete Größen und Einheiten sind notwendig, um Eigenschaften solcher Vorgänge zu beschreiben, für die unter den Basisgrößen (Tab.1.1) keine Größenart vorhanden ist.

Eine Auswahl wichtiger abgeleiteter SI-Größen und Einheiten zeigt Tabelle 1.3.

Beispiele:

1000 m = 10^3 m = 1 km
0,000001 m = 10^{-6} m = 1 µm
100 Pa = 10^2 Pa = 1 hPa
0,001 s = 10^{-3} s = 1 ms
1000000 V = 10^6 N = 1 MN
0,000000001 V = 10^{-9} V = 1 nV

Tabelle 1.3: Abgeleitete SI-Größen und -Einheiten

Physikalische Größe	Definition	Formelzeichen	abgeleitete Einheit	Einheitenzeichen
Geschwindigkeit	Weg durch Zeit	*v*	Meter durch Sekunde	m/s
Beschleunigung	Geschwindigkeit durch Zeit	*a*	Meter durch Sekunde zum Quadrat	m/s²
Kraft	Masse mal Beschleunigung	*F*	Newton	N 1 N = 1 kg · 1m/s²
Druck	Kraft durch Fläche	*p*	Pascal	Pa 1 Pa = 1 N/m²

1.1.4 Rechnen mit Größen und Formeln

Die kürzeste Schreibweise zur Erklärung der Abhängigkeit physikalisch-technischer Größen voneinander ist eine Formel (= Gleichung). Nach internationalen Vereinbarungen werden zur Kennzeichnung der Größen genormte Kurzzeichen (Formelzeichen) verwendet. Beim Rechnen mit Formeln stellt jedes Formelzeichen eine Variable einer Gleichung dar. Beim Lösen der Gleichung werden alle Variablen durch physikalische Größen ersetzt. Die Formelzeichen werden also durch die Produkte aus Zahlenwert und Maßeinheit ausgedrückt. Zahlenwerte und Maßeinheiten sind im Verlauf der Rechnung als selbständige Faktoren zu behandeln. Dabei ist darauf zu achten, daß innerhalb einer Gleichung für gleichartige physikalische Größen nur Maßeinheiten mit gleichem dezimalen Vorsatz verwendet werden.

Nur so wird erreicht, daß die Einheiten verschiedener Größen zur Maßeinheit des Ergebnisses zusammengefaßt werden können.

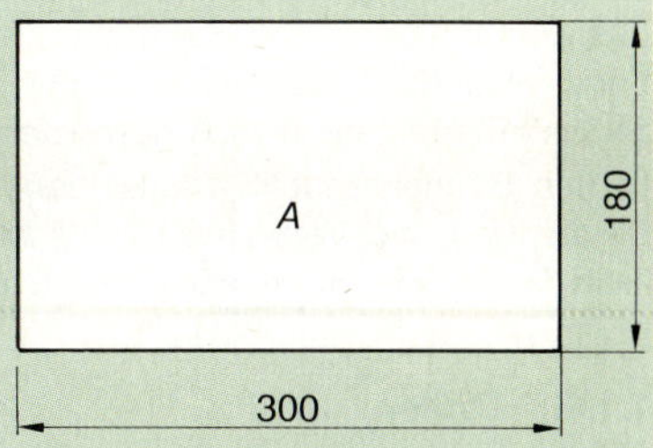

$A = l \cdot b$
$A = 300\,\text{mm} \cdot 180\,\text{mm}$
$A = 54000\,\text{mm}^2$
$A = 540\,\text{cm}^2$

1.1.5 Maßsysteme

Das SI-System (Internationales Einheitensystem) ist das international empfohlene System von Einheiten für physikalische Größen. In der Bundesrepublik Deutschland sind die SI-Einheiten durch Gesetz zu »gesetzlichen Einheiten« erklärt worden (Bundesgesetzblatt).

Zu den **SI-Einheiten** zählen

- die sieben **Basiseinheiten** und
- die daraus **abgeleiteten SI-Einheiten.**

Abgeleitete Einheiten haben meistens eigene Einheitennamen (z.B. Newton, Watt, Pascal, Quadratmeter), sind aber dennoch immer durch Umrechnungen auf die Basiseinheiten zurückzuführen.

Für die Schreibweise der Einheitenzeichen gilt:

- Ist die Bezeichnung für eine Maßeinheit von einem Personennamen hergeleitet, so wird das Einheitenzeichen groß geschrieben (z.B. Newton → N; Watt → W; Pascal → Pa; Kelvin → K).
- In allen anderen Fällen wird das Einheitenzeichen klein geschrieben (z.B. Meter → m; Kilogramm → kg; Kubikzentimeter → cm³).

Der Vorteil des SI-Systems liegt darin, daß z.B. die wichtigen Einheiten »Zeit« und »Länge« durch atomare Vorgänge definiert werden. Die Größen sind damit absolut unveränderlich geworden, weil sie nur noch von den unveränderlichen und vollkommen gleichartigen Eigenschaften der Atome abhängen.

Nicht möglich ist bisher eine Definition durch atomare Vorgänge für die Basiseinheit Kilogramm. Diese wird auch heute noch durch den Internationalen Kilogramm-Prototyp (Urkilogramm) verkörpert, der in Paris aufbewahrt wird. Dies ist ein Zylinder mit einem Durchmesser und einer Höhe von jeweils 39 mm aus einer Legierung von Platin und Iridium. Die für die Bundesrepublik maßgebende Kopie hiervon steht in der Physikalisch-Technischen Bundesanstalt (PTB) in Braunschweig.

Meter	**1 m** ist die Strecke, die Licht im Vakuum in 1/299792458 s durchläuft.
Sekunde	**1s** ist das 9192631770-fache der Periodendauer der Strahlung, die beim Übergang von Cäsium-133-Atomen zwischen den beiden Hyperfeinstrukturniveaus des Grundzustands entsteht.
Kilogramm	**1 kg** ist die Masse des Internationalen Kilogramm-Prototyps (Abb. 1, S. 12).
Temperatur	**1 K** ist der 273,16te Teil der thermodynamischen Temperatur des Tripelpunktes von Wasser.

Das SI-System ist heute das Fundament für Messungen jeder Art in Wissenschaft und Technik. Frühere Maßsysteme (z.B. das Zentimeter-Gramm-Sekunde-System oder das Meter-Kilopond-Sekunde-System) sind daher seit der Einführung des SI-Systems bedeutungslos geworden.

In der Bundesrepublik Deutschland ist für die Entwicklung, Darstellung und Verwahrung von Maßeinheiten die **Physikalisch-Technische Bundesanstalt** in Braunschweig zuständig.

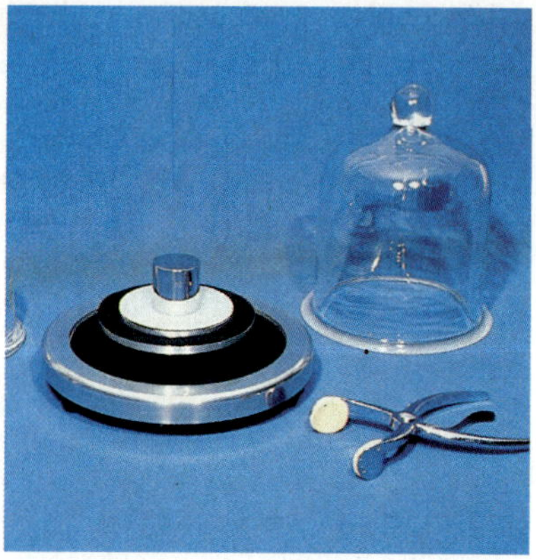

Abb. 1: Kilogramm-Prototyp Nr. 52

1.1.6 Prüfen

1.1.6.1 Zweck des Prüfens

Betriebliche Fertigung und Prüfung umfaßt:

- Festlegung von Maßen, Form und Oberflächenbeschaffenheit sowie des Werkstoffes in einer technischen Zeichnung (Abb. a),
- Übertragung der Maße auf das Rohteil (Abb. b),
- Einhaltung der Maße während der Fertigung (Abb. c)
- Prüfung der Maße am fertigen Werkstück (Abb. d).

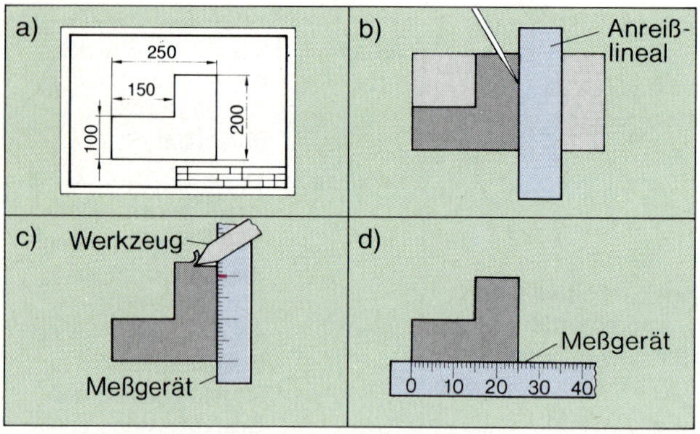

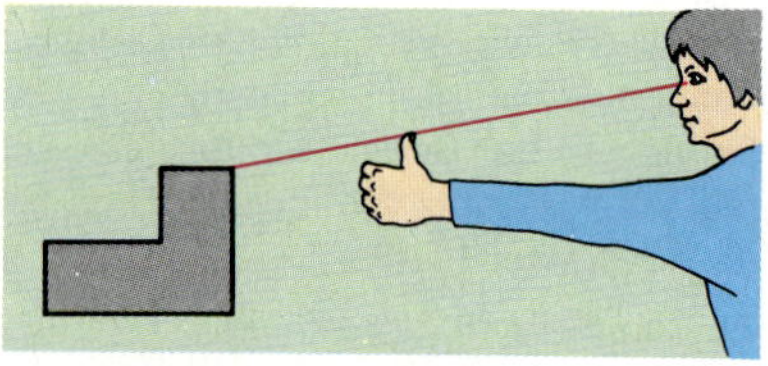

Abb. 2: »Über den Daumen peilen« ergibt ein falsches Meßergebnis

Aus Gründen der Austauschbarkeit müssen Teile maßgenau gefertigt werden. Deshalb ist »über den Daumen peilen« nicht möglich.

Das Prüfen soll eine Antwort auf die Fragen geben: »Entspricht das fertige Werkstück den in der technischen Zeichnung geforderten Maßen und geometrischen Formen?«

Am Ende eines jeden Prüfvorgangs muß also eine Entscheidung getroffen werden (Abb. 3):

- **Ja,** die gestellten Bedingungen **sind erfüllt** oder
- **Nein,** die gestellten Bedingungen **sind nicht** erfüllt.

Maße und Formen werden durch Längen und Winkel angegeben. Nach DIN 2257 versteht man unter Prüfen in der industriellen Prüfpraxis das objektive Prüfen.[1]

Subjektive Bewertungen sind kein Mittel der Längenprüftechnik, da in der Fertigung nur zahlenmäßig erfaßbare Eigenschaften verwendet werden können.

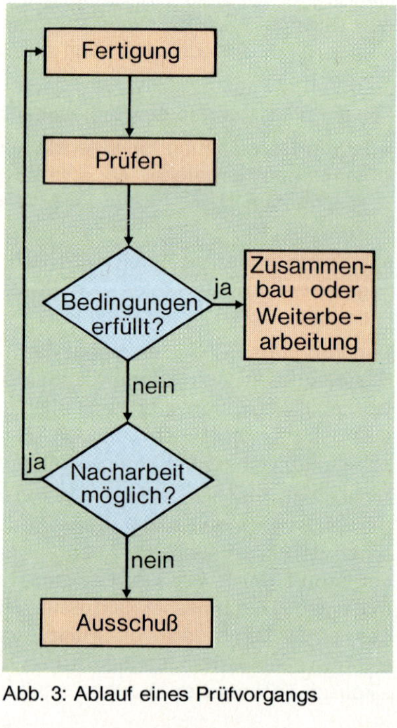

Abb. 3: Ablauf eines Prüfvorgangs

[1] objektiv = sachlich, tatsächlich
subjektiv = persönlich, einseitig

1.1.6.2 Messen und Lehren

Objektives Prüfen wird nach DIN 2257 unterteilt in **Messen** und **Lehren.**

Messen ist Vergleichen einer physikalischen Größe mit einem **Meßgerät.**

Das Ergebnis des Messens ist das **Istmaß.** Es wird ermittelt als das Vielfache einer Einheit und angegeben als Produkt aus Zahlenwert und Einheit.

Größe = Zahlenwert · Einheit
l = 2 · cm

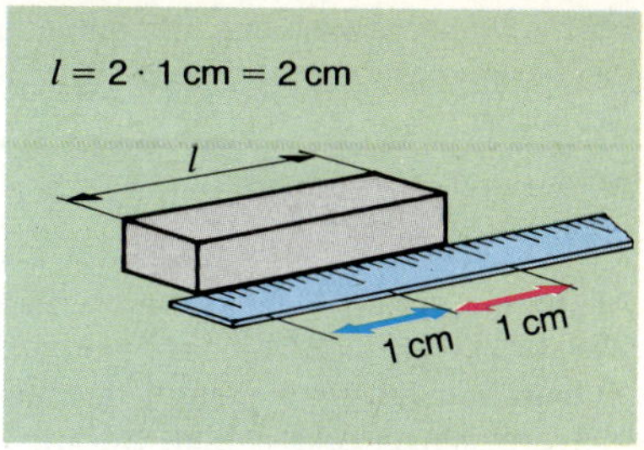

Abb. 4: Messen ist Vergleichen

Lehren ist Vergleichen des Prüfgegenstandes mit einer **Lehre.**

Das Ergebnis des Lehrens ist die Feststellung, ob Maß und/oder Form des Prüfgegenstandes eine vorgeschriebene Grenze überschreiten. Es wird untersucht, ob das Istmaß oder die Istform des Werkstücks unzulässig vom Sollmaß oder der Sollform der Lehre abweicht. Eine zahlenmäßige Angabe der Abweichung erfolgt beim Lehren nicht.

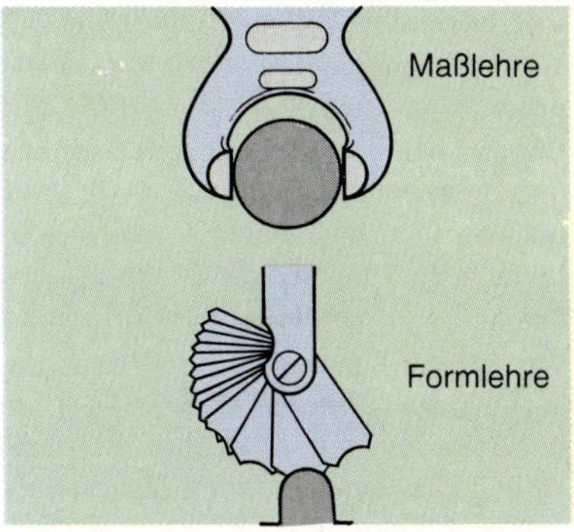

Abb. 5: Lehren

Um messen zu können, ist eine verbindlich festgelegte Einheit erforderlich, mit der unbekannte Meßgrößen verglichen werden können. In den Metallberufen werden Längenmaße in der Regel in Millimetern angegeben. Deshalb kann gemäß DIN 406 auf die Angabe der Einheit in technischen Zeichnungen verzichtet werden.

Die in der Fertigungstechnik gebräuchliche Einheit für Winkel ist der **Grad** (Einheitenzeichen: °).

Der Umfang eines Vollkreises wird in 360 gleiche Teile unterteilt: 1/360 Kreisumfang = 1 Grad.

Der Grad wird weiter unterteilt in **Minuten** (′), die Minute in **Sekunden** (″).

Das Rechnen mit Winkeln wird vereinfacht, wenn der Umfang des Vollkreises in 400 gleiche Teile unterteilt wird: 1/400 Kreisumfang = **1 Neugrad** oder **1 Gon** (Einheitenzeichen: gon).

Der Neugrad wird weiter unterteilt in **Neuminuten** oder **Zentigon** (^{c}), die Neuminute in **Neusekunden** oder **Milligon** (^{cc}).

Mit der Winkeleinheit Gon wird in der Vermessungstechnik gerechnet.

Als Formelzeichen für Winkel werden nach DIN 1304 kleine griechische Buchstaben verwendet. Beispiele: α (Alpha), β (Beta), γ (Gamma).

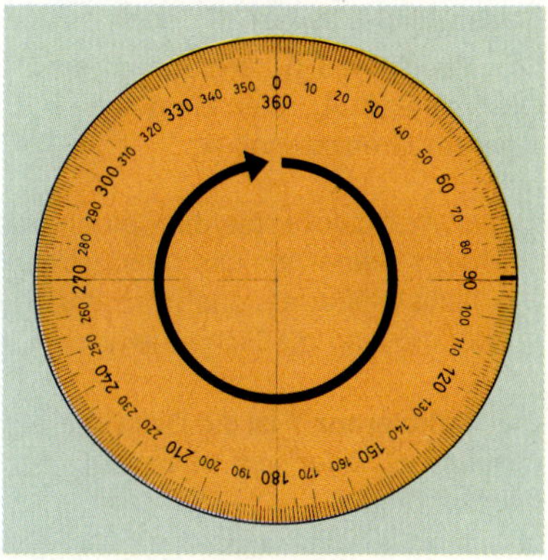

Abb. 6: Teilung des Vollkreises in 360 Grad

Griechisches Alphabet								
α	Α	Alpha	ι	Ι	Jota	ϱ	Ρ	Rho
β	Β	Beta	ϰ	Κ	Kappa	σ	Σ	Sigma
γ	Γ	Gamma	λ	Λ	Lambda	τ	Τ	Tau
δ	Δ	Delta	μ	Μ	My	υ	Υ	Ypsilon
ε	Ε	Epsilon	ν	Ν	Ny	φ	Φ	Phi
ζ	Ζ	Zeta	ξ	Ξ	Ksi	χ	Χ	Chi
η	Η	Eta	ο	Ο	Omikron	ψ	Ψ	Psi
ϑ	Θ	Theta	π	Π	Pi	ω	Ω	Omega

1 Grad	=	60 Minuten
	=	3600 Sekunden
1°	=	60′ = 3600″
1 Gon	=	100 Zentigon
	=	1000 Milligon
1 gon	=	100^{c} = 1000^{cc}

1.1.6.3 Maßtoleranzen

Die in der technischen Zeichnung Abb. 1 angegebenen, **theoretisch genauen Längenmaße** 15 mm und 35 mm (Kennzeichnung: rechteckiger Rahmen) können in der Fertigung nicht absolut genau eingehalten werden. Das ist weder notwendig noch erwünscht, weil mit zunehmender Fertigungsgenauigkeit die Fertigungskosten erheblich zunehmen. Es gilt daher der Grundsatz:

Wirtschaftliche Fertigung erfolgt so grob wie möglich und so genau wie nötig.

Allerdings dürfen Funktion und Lebensdauer der gefertigten Werkstücke nicht gemindert werden. Daher werden in der technischen Zeichnung die erlaubten Maßabweichungen unmißverständlich angegeben. Die dafür notwendigen Bezeichnungen sind in DIN 7182 genormt.

Das **Nennmaß** N (im Beispiel $N = 110$ mm) ist die eigentliche Größenangabe, auf die sich die **Grenzabmaße** beziehen. Nennmaße wählt man in der Regel ganzzahlig.

Die aus Nennmaß N, **oberem Grenzabmaß** A_o ($A_o = +0{,}2$ mm) und **unterem Grenzabmaß** A_u ($A_u = -0{,}1$ mm) gebildete Maßangabe ($110^{+0,2}_{-0,1}$) wird als **toleriertes Maß** M bezeichnet. Es besagt, daß das fertige Werkstück bis zu 0,2 mm größer oder bis zu 0,1 mm kleiner sein darf als das Nennmaß.

Das **Istmaß** I ist das durch Messen an einer Stelle des fertigen Werkstücks ermittelte Maß. Es kann zum Beispiel $I = 110{,}05$ mm betragen. Wegen möglicher Formabweichungen können die Istmaße an verschiedenen Stellen des Werkstücks unterschiedlich groß sein.

Die **Grenzmaße** G **(Höchstmaß** G_o **und Mindestmaß** G_u**)** sind die beiden Maße, zwischen denen das Istmaß liegen muß.

Das Höchstmaß G_o ergibt sich aus Nennmaß N und oberem Grenzabmaß A_o, das Mindestmaß G_u *aus Nennmaß* N und unterem Grenzabmaß A_u.

Alle Werkstücke, die die beiden Bedingungen
- nicht kleiner als das Mindestmaß G_u und
- nicht größer als das Höchstmaß G_o

erfüllen, sind maßlich einwandfrei hergestellt.

Die **Maßtoleranz** T ist die Differenz von Höchstmaß G_o und Mindestmaß G_u oder von oberem Grenzabmaß A_o und unterem Grenzabmaß A_u.

Sind in einer technischen Zeichnung zu den Nennmaßen keine Grenzabmaße angegeben (frühere Bezeichnung: Freimaße), so sind dennoch keine beliebigen Abweichungen statthaft. Für solche Längenmaße sind die Grenzabmaße als sogenannte **Allgemeintoleranzen** nach DIN 7168 festgelegt (s. Tab. 1.4).

Gestuften Nennmaßbereichen sind hierbei in verschiedenen Toleranzklassen entsprechende Grenzabmaße zugeordnet. Die technische Zeichnung muß einen eindeutigen Vermerk enthalten (z.B. im Schrittfeld), nach welcher Toleranzklasse zu fertigen ist.

Beispiel: Zulässige Abweichung DIN 7168 – m

Abb. 1: Maße in einer Werkzeichnung

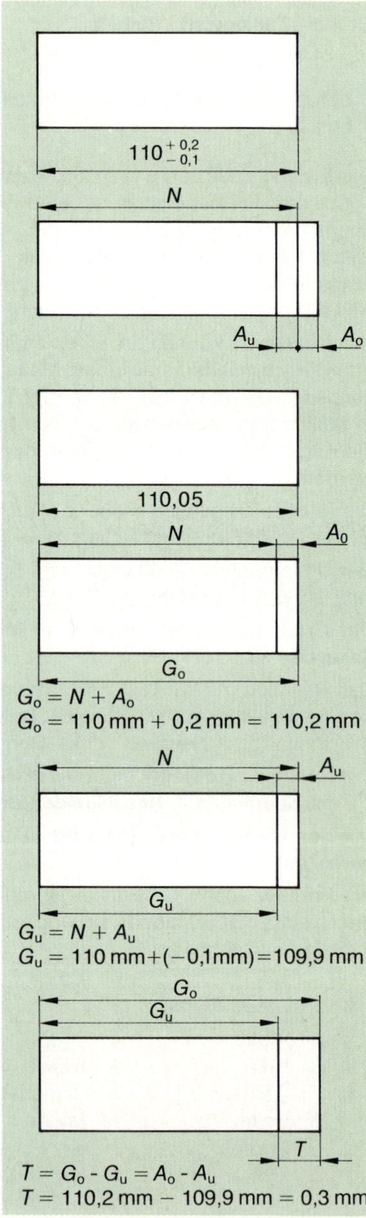

Abb. 2: Maße und Maßabweichungen

Tabelle 1.4: Allgemeintoleranzen nach DIN 7168

Toleranzklasse	Abmaße in mm für Nennmaßbereich in mm											
	über 0,5 bis 3	über 3 bis 6	über 6 bis 30	über 30 bis 120	über 120 bis 400	über 400 bis 1000	über 1000 bis 2000	über 2000 bis 4000	über 4000 bis 8000	über 8000 bis 12000	über 12000 bis 16000	über 16000 bis 20000
	±	±	±	±	±	±	±	±	±	±	±	±
f (fein)	0,05	0,05	0,1	0,15	0,2	0,3	0,5	0,8	—	—	—	—
m (mittel)	0,1	0,1	0,2	0,3	0,5	0,8	1,2	2	3	4	5	6
g (grob)	0,15	0,2	0,5	0,8	1,2	2	3	4	5	6	7	8
sg (sehr grob)	—	0,5	1	1,5	2	3	4	6	8	10	12	12

1.1.6.4 Berechnung von Prüfmaßen und Koordinaten

Zur Ermittlung von Prüfmaßen sind häufig Prüfscheiben, Prüfdorne oder Prüfkugeln als Hilfsmittel notwendig. Der Mittenabstand von Bohrungen kann z.B. mit Hilfe von Prüfdornen ermittelt werden. Der Winkel in einer Schwalbenschwanznut wird mit Hilfe von Prüfscheiben oder Prüfkugeln ermittelt. Auch Außen- und Innenkegel können so geprüft werden (Abb. 4).

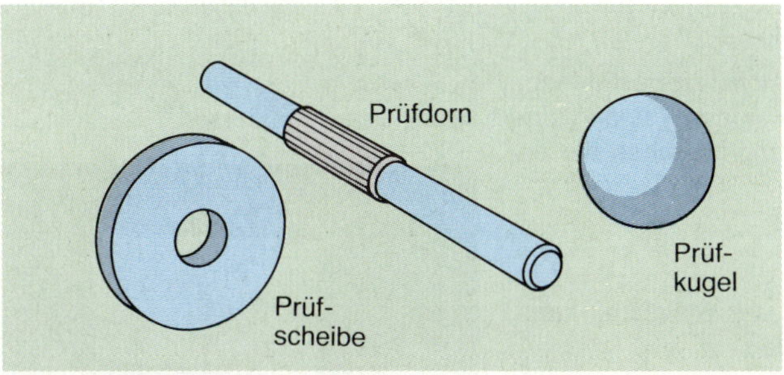

Beim Prüfen von Mittenabständen von Bohrungen, die in gleichmäßigen Abständen auf einem Kreisbogen liegen, kann es notwendig werden, **Polarkoordinaten** (Angabe der Entfernung vom Ausgangspunkt + Angabe des Winkels φ) in **kartesische Koordinaten** (Angabe der Entfernung in X- und in Y-Richtung) umzurechnen (Abb. 3).

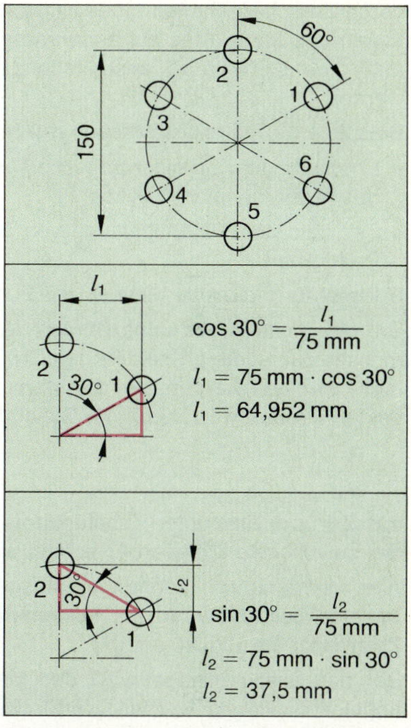

Abb. 3: Umrechnung von Koordinatenmaßen

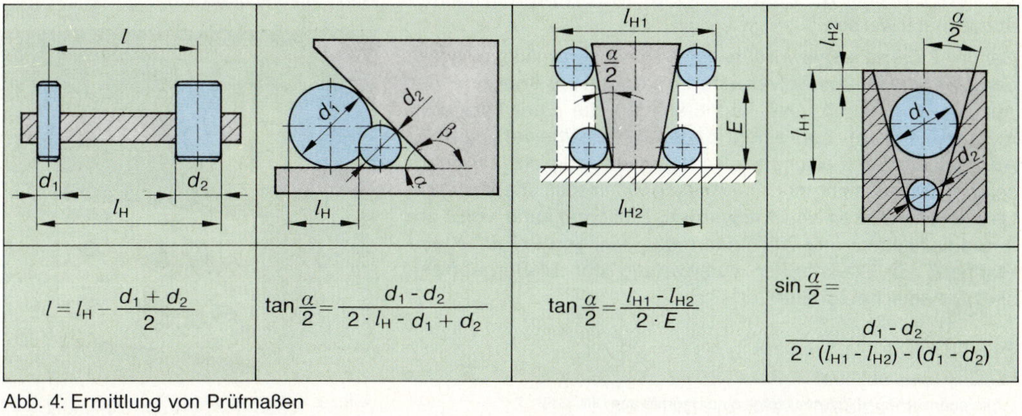

Abb. 4: Ermittlung von Prüfmaßen

1.1.6.5 Direkte und indirekte Meßverfahren

Messen kann ausgeführt werden als

- direktes (umittelbares) Messen,
- indirektes (mittelbares) Messen.

Bei den **direkten Meßverfahren** werden gleichartige physikalische Größen unmittelbar miteinander verglichen, z.B. eine Länge mit einem Maßstab, eine Masse mit einem Wägestück, eine Temperatur mit einem Thermometer, eine Stromstärke mit einem Amperemeter. In allen Fällen können die Meßwerte direkt und ohne weitere Hilfsmittel oder Berechnungen abgelesen werden.

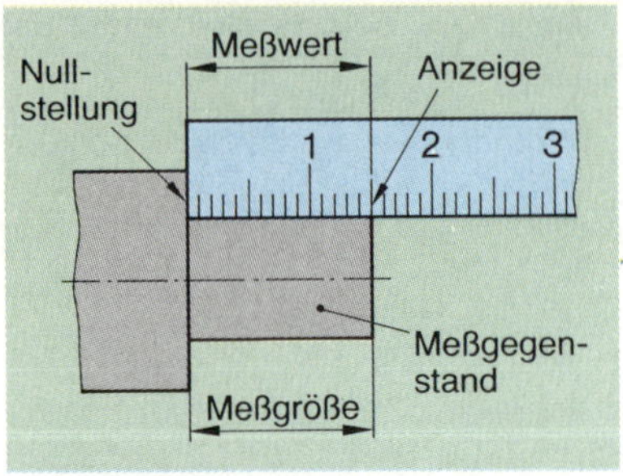

Abb. 1: Direktes Messen

Bei den **indirekten Meßverfahren** können die Meßwerte nur durch Zwischenschalten eines Hilfsmittels oder durch Zurückführen des Meßwertes auf andersartige physikalische Größen und eine sich daran anschließende Berechnung ermittelt werden.

Beispiele für indirektes Messen mit Hilfsmitteln:

- Ermitteln des Innendurchmessers einer Ringnut mit Hilfe des Feder-Innentasters (Abb. 2).
- Ermitteln des Mittenabstands von Bohrungen mit Hilfe von Prüfdornen.

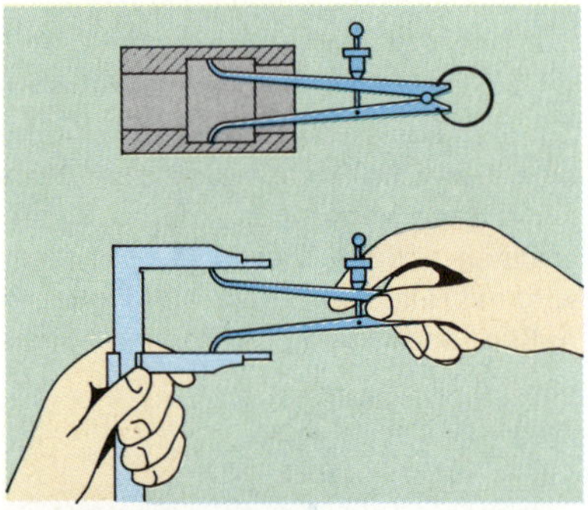

Abb. 2: Indirektes Messen

Beispiel für indirektes Messen mit Berechnung:

Um die Dichte eines unbekannten Werkstoffs zu bestimmen, müssen zuerst die physikalischen Größen »Masse« und »Volumen« ermittelt werden. Der Zusammenhang zwischen diesen beiden Größen wird durch die Gleichung

$$\varrho = \frac{m}{V}$$

ausgedrückt. Erst unter Zuhilfenahme dieser Gleichung kann der gewünschte Meßwert errechnet werden.

Alle Meßverfahren können so ausgeführt werden, daß die Anzeige der Meßwerte als **Skalenanzeige** (analog) oder als **Ziffernanzeige** (digital) erfolgt[1].

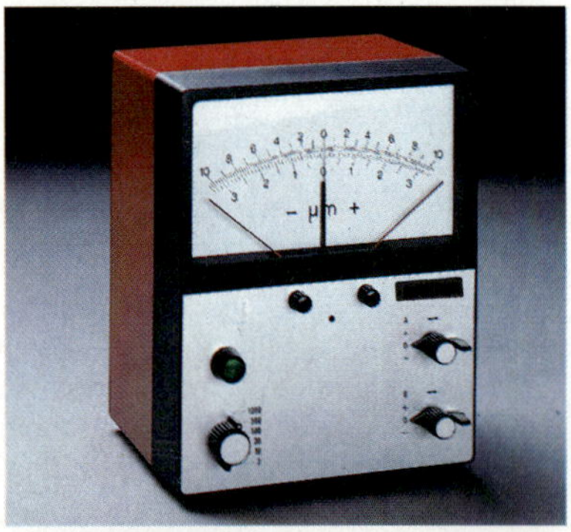

Abb. 3: Skalenanzeige

Bei der **Skalenanzeige** wird der Meßwert auf einer Skale abgelesen. Häufig werden hierfür Zeiger benutzt. Wird die Meßgröße verändert, so erfolgt die Änderung der Anzeige stufenlos (stetig). Das bedeutet, daß der Zeiger ohne Sprünge reagiert. Zwischenwerte zwischen zwei Anzeigewerten können abgeschätzt werden.

Bei der **Ziffernanzeige** wird der Meßwert ziffernmäßig angegeben. Wird die Meßgröße verändert, so erfolgt die Änderung der Anzeige sprunghaft. Das bedeutet, daß die Endziffer (oder mehrere Ziffern) auf einen anderen Anzeigewert springt. Abschätzen von Zwischenwerten ist nicht möglich. Ziffernanzeigen setzen sich in der Meßtechnik immer mehr durch. Leichteres Ablesen von Meßwerten, Einschränkung von Fehlermöglichkeiten und Verbinden der Meßgeräte mit Kleinrechnern zur statistischen Auswertung der Meßergebnisse sind wesentliche Vorteile.

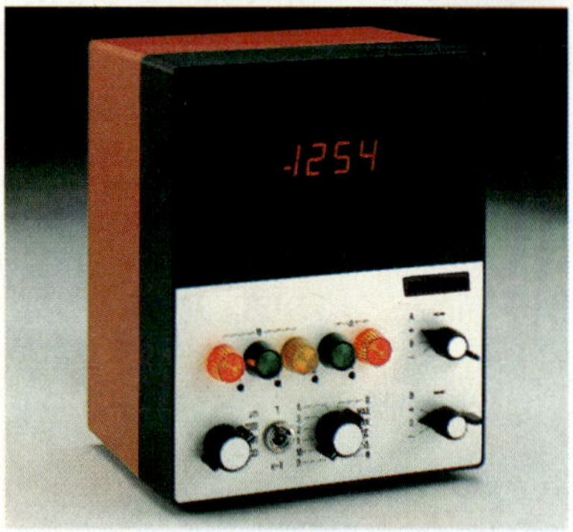

Abb. 4: Ziffernanzeige

[1] Skalenanzeige und Ziffernanzeige sind Begriffe aus DIN 1319 T.2

1.1.7 Längenprüftechnik

1.1.7.1 Messen mit Maßverkörperungen

Maßverkörperungen sind Meßgeräte der Längenprüftechnik, die die Längenmaßeinheit oder Teile bzw. Vielfache dieser Einheit verkörpern. Zu den am häufigsten verwendeten Maßverkörperungen zählen:

- Strichmaße,
- Endmaße,
- Teilkreise,
- Lichtwellen.

Die Maßverkörperung kann erfolgen durch den festen Abstand von Strichen (Strichmaße) oder Flächen (Endmaßen) zueinander. Bei Winkelmaßen erfolgt sie durch die Winkellage zweier Flächen zueinander, bei Teilkreisen durch die Gradeinteilung auf dem Umfang eines Kreises.

Kennzeichnend für den Gebrauch von Maßverkörperungen ist, daß während des Meßvorgangs keine Teile des Meßgerätes gegeneinander bewegt werden.

Prüfmittel

anzeigende Meßgeräte	z. B.: Meßschieber, Meßschraube, Meßuhr
Hilfsmittel	z. B.: Meßständer, Meßtisch, Einspannvorrichtungen, Taster
Lehren und Maß-verkörperungen	z. B.: Strichmaße, Endmaße

1.1.7.1.1 Strichmaße

Strichmaße verkörpern das Maß durch den Abstand zwischen den Teilstrichen.

Je nach Verwendungszweck und geforderter Genauigkeit werden Strichmaßstäbe aus Metall, Glas, Kunststoff, Holz u.a. hergestellt.

Präzisionsteilungen für optische Meßgeräte werden mit Teilstrichabständen bis zu 0,01 mm und einer Genauigkeit von 0,001 mm hergestellt. Die Strichbreite beträgt höchstens 0,003 mm.

Tabelle 1.5: Strichmaßstäbe

Bezeichnung	Anwendung	Längenabweichung auf 1000 mm Länge	Meßbereich bis
Urmaßstab	Vergleichsnormal für die zentrale Herstellung und Überwachung von Strichmaßstäben	kleiner als ±0,010 mm	1000 mm
Vergleichsmaßstab	Vergleichsnormal eines Betriebes; Werkzeugmaschinen und Meßeinrichtungen	±0,010 mm	1000 mm
Prüfmaßstab	Innerbetriebliche Fertigungsprüfung	±0,020 mm	2000 mm
Arbeitsmaßstab A	Fertigung	±0,040 mm	5000 mm
Arbeitsmaßstab B	Fertigung	±0,100 mm	5000 mm
Stahlmaßstab	Fertigung	±0,065 mm bei 300 mm Länge	500 mm
Rollbandmaß	grobe Messungen	±0,100 mm	2000 mm
Gliedermaßstab	grobe Messungen	±1 mm	2000 mm

1.1.7.1.2 Endmaße

Endmaße verkörpern das Maß durch den Abstand zweier Meßflächen zueinander. Die Meßflächen können eben, zylindrisch oder kugelig sein (Abb. 1a–c). Am häufigsten werden **Parallelendmaße** mit zwei ebenen, planparallelen Meßflächen verwendet.

Der Werkstoff für die Endmaße ist hochwertiger Spezialstahl, der lange abgelagert, künstlich gealtert und nach genauer Vorschrift gehärtet wird. Ein Chromanteil von ca. 12% sorgt für hohe Korrosionsfestigkeit und macht den Werkstoff gleichzeitig zähhart.

Hartmetall und Quarz werden als Werkstoff für Endmaße verwendet, wenn bei besonders großen Beanspruchungen extrem hohe Verschleißfestigkeit gefordert wird.

Die Meßflächen sind feingeläppt und poliert und somit von großer Ebenheit. Dadurch wird es möglich, Endmaße unter leichtem Druck mit einer schiebenden oder drehenden Bewegung zusammenzufügen (Anschieben). Nach dem Anschieben haften die Endmaße mit Adhäsionskräften bis zu 400 N/cm^2 aneinander. Das Anschieben ermöglicht das Zusammensetzen mehrerer Endmaße zu einem bestimmten Maß (Abb. 2).

Die Endmaße sollen nur für die Messung angeschoben bleiben, da es nach mehr als acht Stunden durch die Wirkung der Adhäsionskräfte zum Kaltverschweißen der Meßflächen kommen kann.

Der Querschnitt der Endmaße ist abhängig von der Größe des Nennmaßes. Er beträgt für den Nennmaßbereich

- von 0,5 ... 10,1: 9 mm × 30 mm,
- über 10,1 ... 1000: 9 mm × 35 mm.

Endmaße werden hergestellt in den Genauigkeitsgraden 00, 0, 1 und 2 (Kennzeichen: 00, 0, –, =). Jedes Endmaß wird gekennzeichnet mit Namen oder Zeichen des Herstellers, Nennmaß *l* und Genauigkeitsgrad (Abb. 3).

Die gebräuchlichsten Endmaße werden als Endmaß-Sätze in Holzkästen geliefert. Mit dem **Endmaß-Normalsatz** (N-Satz) ist eine ununterbrochene Kombinationsstufung von 0,001 mm bei Maßen von 3,000 mm bis 102,999 mm möglich. Dazu ist höchstens ein Block aus jeder Maßbildungsreihe notwendig. Theoretisch wäre mit dem N-Satz eine maximale Maßverkörperung von 526,995 mm möglich. Endmaßkombinationen sollen jedoch wegen der Gesamtabweichung (= Fehlersumme aller verwendeten Endmaße) aus möglichst wenigen Einzelblöcken bestehen.

Tabelle 1.6: Endmaß-Normalsatz

Maßbildungsreihe	Anzahl der Blöcke	Größe der Blöcke	Stufung von Block zu Block
1	9	1,001 ... 1,009	0,001
2	9	1,01 ... 1,09	0,01
3	9	1,1 ... 1,9	0,1
4	9	1 ... 9	1
5	9	10 ... 90	10

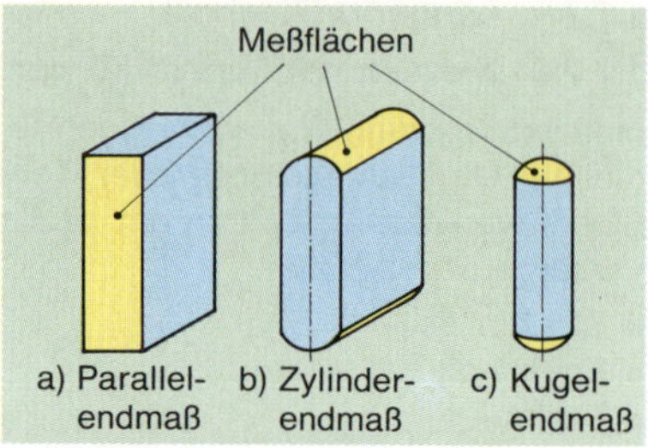

Abb. 1: Endmaßarten

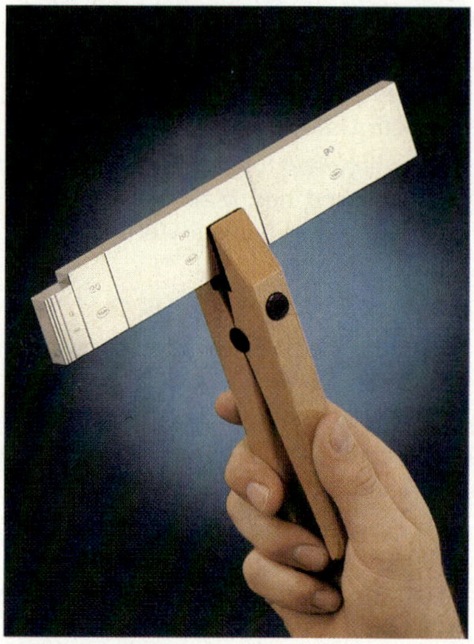

Abb. 2: Angeschobene Endmaße

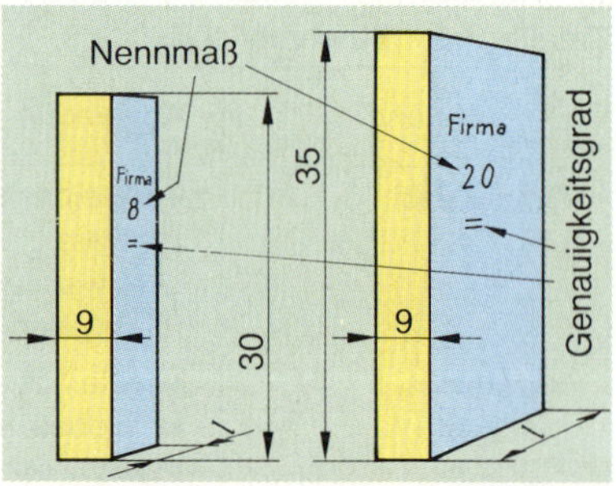

Abb. 3: Kennzeichnung von Endmaßen

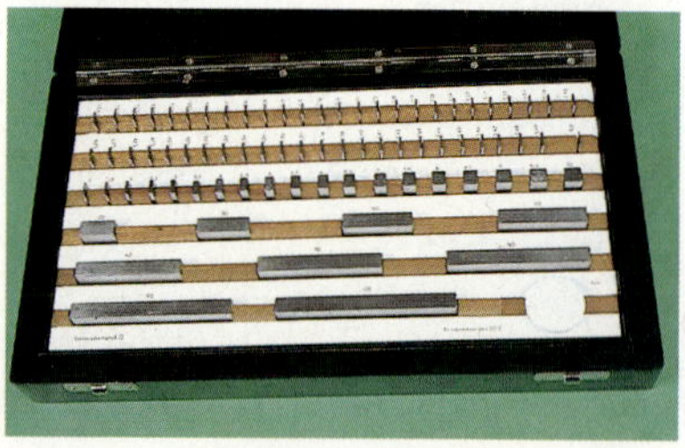

Abb. 4: Endmaß-Normalsatz

Tabelle 1.7: Zulässige Abweichungen von Endmaßen

Genauig-keits-grad	Kenn-zeichen	zulässige Abweichung vom Nennmaß[1]	Abweichung für Ebenheit und Parallelität[1]	Anwendung
00	00	0,07 µm	0,05 µm	Einstellung und Prüfung von Meßgeräten mit hoher Genauigkeit, Prüfung von Endmaßen mit niedrigerem Genauigkeitsgrad
0	0	0,14 µm	0,10 µm	Einstellung und Prüfung von Meßgeräten, Prüfung von Endmaßen der Genauigkeitsgrade 1 und 2
1	—	0,30 µm	0,16 µm	Maßverkörperungen für den Lehren- und Vorrichtungsbau, Prüfung von Arbeitslehren
2	=	0,60 µm	0,30 µm	Prüfungen in der Werkstatt, Einstellung von Werkzeugmaschinen

Für das **Zusammenstellen** sowie für die **Behandlung** und **Pflege** von Endmaßen gilt:

- möglichst wenig Endmaße für eine Maßverkörperung verwenden,
- größere Endmaße innen, kleinere außen anordnen,
- beim Zusammenstellen der Maßverkörperung mit dem kleinsten Endmaß beginnen,
- Endmaße vor Handwärme und -schweiß schützen,
- Endmaße vor Gebrauch sachgemäß entfetten,
- Staub und Fasern mit einem Haarpinsel entfernen,
- Endmaße nicht unnötig lange angeschoben lassen,
- Endmaße vor Staub, Wärme, Feuchtigkeit schützen,
- Endmaße nach Gebrauch reinigen, mit Spezialfett leicht einfetten und im Endmaß-Satz einordnen.

Umfangreiches **Endmaßzubehör** ermöglicht den Einsatz der Endmaße für eine große Zahl meßtechnischer Aufgaben.

Beispiel:

Das Maß 15,972 mm soll durch eine Endmaßkombination mit dem N-Satz zusammengestellt werden:

1. Endmaß	1,002 mm
2. Endmaß	1,07 mm
3. Endmaß	1,9 mm
4. Endmaß	2 mm
5. Endmaß	10 mm
Maßverkörperung:	15,972 mm

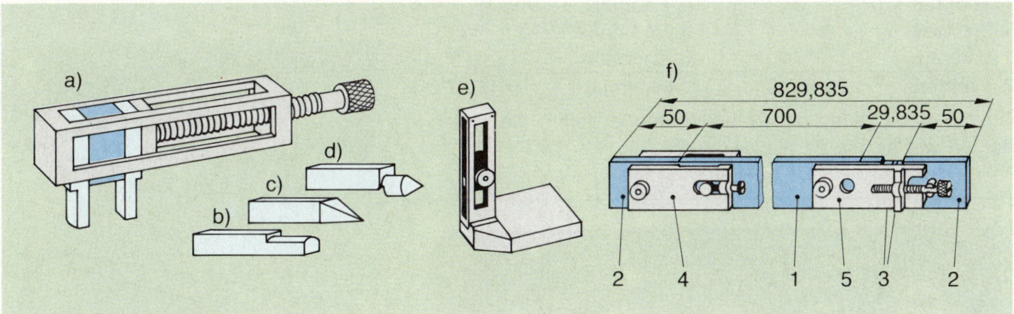

Abb. 5: Endmaßzubehör
a) Endmaßhalter; b) Meßschnäbel; c) Anreißspitze; d) Zentrierspitze; e) Endmaßhalter mit Fuß;
f) Verbinder und Halter für die Maßverkörperung langer Strecken (1: langes Endmaß, zweifach gelocht; 2: Endmaß, einfach gelocht; 3: Parallelendmaße; 4: Verbinder; 5: Universalhalter)

[1] für den Nennmaßbereich von 10 mm bis 25 mm

1.1.7.1.3 Winkel

Feste Winkel sind für die Prüfung nur eines bestimmten Winkels geeignet. Am häufigsten werden 90°-Winkel verschiedenster Ausführung gebraucht, mit denen die Lage von Werkstückkanten und -flächen zueinander geprüft wird. Die gebräuchlichsten Winkel sind:

- **Flachwinkel** nach DIN 875, Form A,
- **Anschlagwinkel** nach DIN 875, Form B,
- **Haarwinkel** nach DIN 875, Form C,
- **120°-Winkel,**
- **135°-Winkel.**

120°-Winkel verwendet man für das Anreißen und Prüfen von Sechskanten, 135°-Winkel für Achtkante und Gehrungen. 90°-Winkel können mit Prüfsäulen (Abb. 4) geprüft werden.

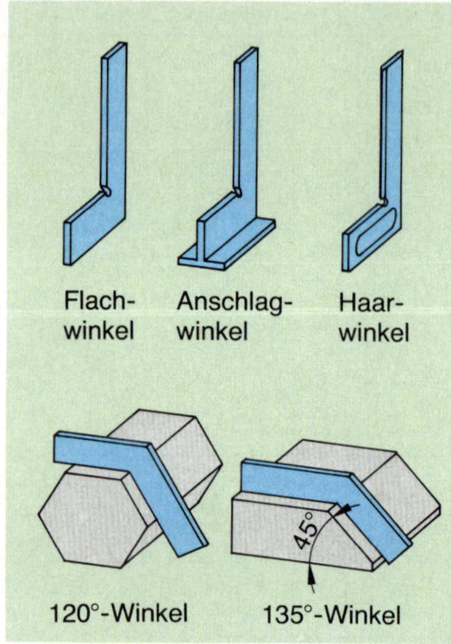

Abb. 1: Feste Winkel

1.1.7.1.4 Winkelendmaße

Winkelendmaße verkörpern einen bestimmten Winkel durch die Lage zweier zueinander geneigter Meßflächen.

Winkelendmaße werden als Endmaß-Satz in Holzkästen geliefert. Der Normal-Satz enthält 14 Winkelendmaße, mit denen in Stufensprüngen von 10″ jeder beliebige Winkel von 0° bis 90° verkörpert werden kann.

Winkelendmaße können **additiv** und **subtraktiv** verwendet werden (Abb. 3):

- Plus-Zeichen an Plus-Zeichen bedeutet: Das Winkelmaß ergibt sich durch die Addition der beiden Endmaß-Werte.
- Plus-Zeichen an Minus-Zeichen bedeutet: Das Winkelmaß ergibt sich durch die Subtraktion der beiden Endmaß-Werte.

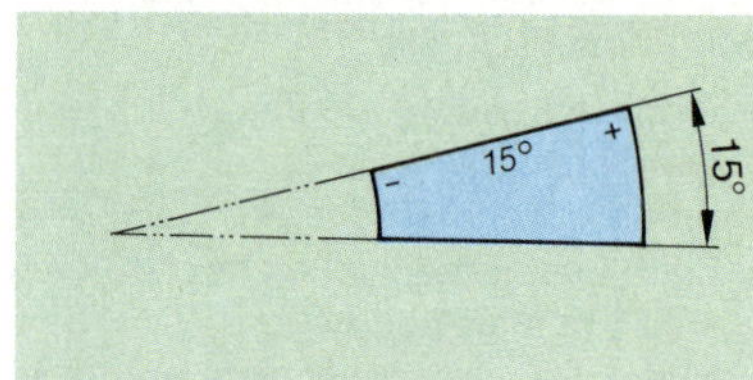

Abb. 2: Winkelendmaß

Beispiele:

Das Winkelmaß 26°45′40″ soll durch Winkelendmaße verkörpert werden:

1. Endmaß	+30°
2. Endmaß	− 3°
3. Endmaß	− 10′
4. Endmaß	− 3′
5. Endmaß	− 1′
6. Endmaß	− 20″
Winkelmaß	26°45′40″

Das Winkelmaß 5°44′10″ soll durch Winkelendmaße verkörpert werden:

1. Endmaß	+5°
2. Endmaß	+ 40′
3. Endmaß	+ 5′
4. Endmaß	− 1′
5. Endmaß	+ 30″
6. Endmaß	− 20″
Winkelmaß	5°44′10″

Für die Behandlung der Winkelendmaße gelten die gleichen Regeln wie für die Parallelendmaße.

Stufung von Winkelendmaßen:
1°; 3°; 5°; 15°; 30°; 45°;
1′; 3′; 5′; 10′; 25′; 40′;
20″; 30″;
1 rechteckiges Winkelendmaß mit 4 Winkeln von je 90°

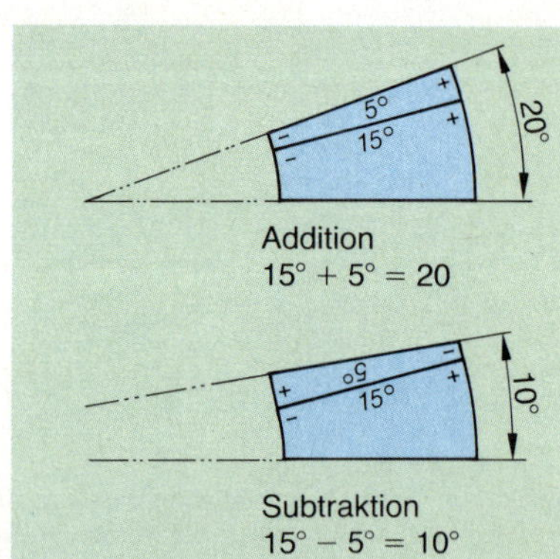

Abb. 3: Additive und subtraktive Verwendung von Winkelendmaßen

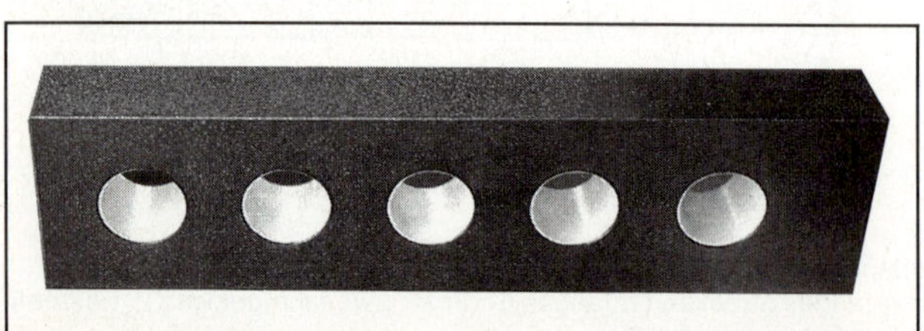

Abb. 4: Prüfsäule

1.1.7.2 Anzeigende Meßgeräte

1.1.7.2.1 Meßschieber

Anzeigende Meßgeräte (z.B. Meßschieber, Bügelmeßschraube, Meßuhr) dienen zum Messen im Sinne des Vergleichens einer Größe mit einem Meßgerät.

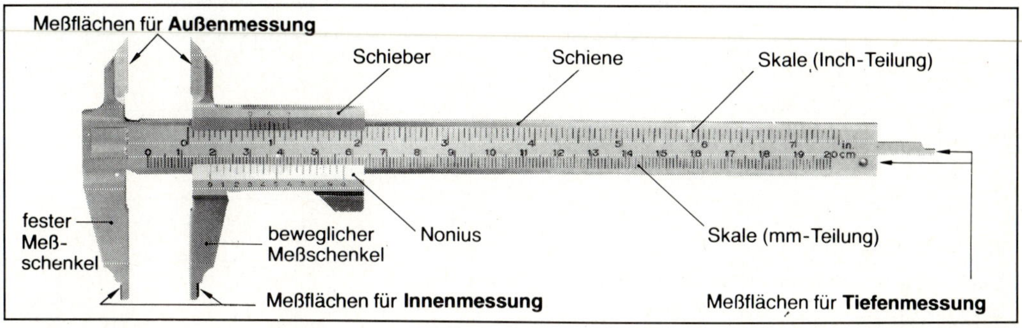

Abb. 5: Meßschieber Form B DIN 862

Meßschieber nach DIN 862 sind die in metallverarbeitenden Fertigungsbetrieben am häufigsten gebrauchten anzeigenden Meßgeräte.

Genormte Meßschieber gestatten das Ablesen von 1/10 mm und 1/20 mm Noniuswert (DIN 2257 T.1). Die Meßschieber mit 1/50 mm-Ablesung sind nicht genormt.

Die Ablesegenauigkeit des Meßschiebers kommt durch einen zusätzlichen Hilfsmaßstab, den Nonius[1], zustande. Beim normalen 1/10-Nonius sind 9 mm in 10 Teile unterteilt (Abb. 6). Der Teilstrichabstand auf dem Nonius beträgt damit 9/10 mm = 0,9 mm.

Der Teilstrichabstand auf der Schiene beträgt 1 mm. Die Differenz (1 mm − 0,9 mm = 0,1 mm) entspricht dem Noniuswert des Meßschiebers. Weitere Noniusarten werden in Tabelle 1.8 erklärt.

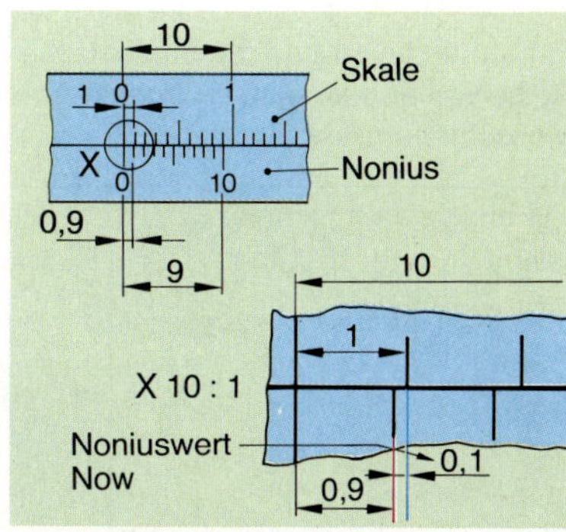

Abb. 6: 1/10-Nonius

Ablesung des Meßschiebers (Abb. 7):

- Volle Millimeter links von der Nonius-Null auf der Hauptteilung bestimmen.
- Rechts von der Nonius-Null denjenigen Teilstrich des Nonius suchen, der mit einem Teilstrich auf der Hauptteilung übereinstimmt. Dieser Teilstrich gibt die Zehntelmillimeter an.
- Die Addition beider Werte ergibt den Meßwert.

Um die Ablesung zu erleichtern, gibt es andere Nonius-Arten. Die Meßschieber der Formen A und B haben gestreckte Nonien mit Längen von 19 mm bzw. 39 mm und die Noniuswerte 0,1 mm bzw. 0,05 mm (Tab. 1.8).

Meßschieber mit Rundskale und Meßschieber mit Ziffernanzeige ermöglichen einfaches, schnelles und sicheres Ablesen des Meßwertes.

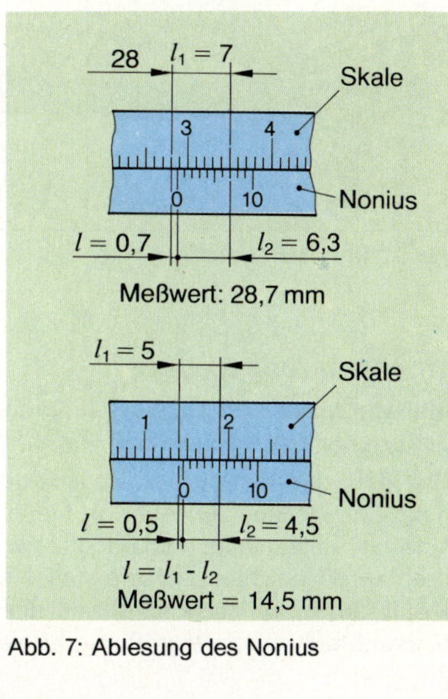

Abb. 7: Ablesung des Nonius

[1] Die Noniusskale erfand der französische Mathematiker PIERRE VERNIER (1580 ... 1637); der Name geht auf den Portugiesen PEDRO NUNEZ (oder Nonius) (1492 ... 1577) zurück.

Tabelle 1.8: Noniusarten

Bezeichnung	erweiterter 1/10-Nonius	1/20-Nonius	erweiterter 1/20-Nonius	1/50-Nonius
Darstellung	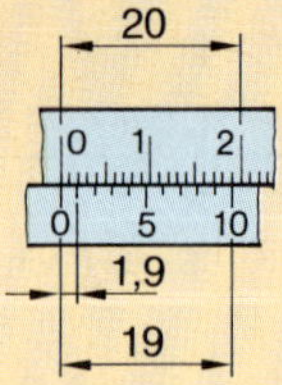	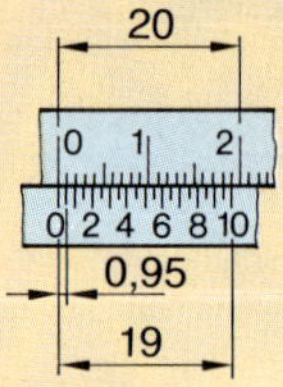	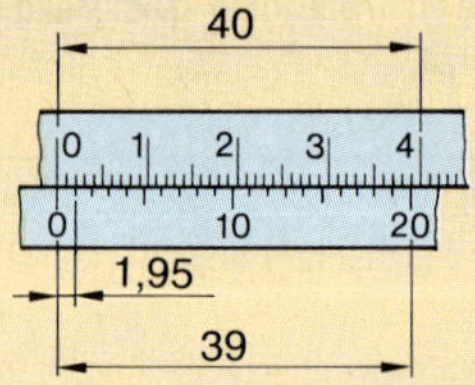	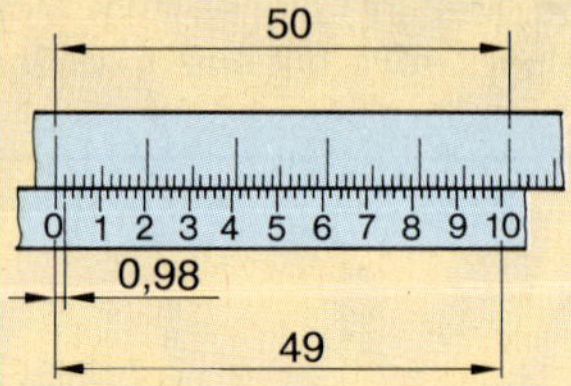
Länge des Nonius	19 mm	19 mm	39 mm	49 mm
Unterteilung in	10 Teile	20 Teile	20 Teile	50 Teile
Teilstrichabstand Ta	1,9 mm	0,95 mm	1,95 mm	0,98 mm
Noniuswert (Now)	0,1 mm	0,05 mm	0,05 mm	0,02 mm

Für unterschiedliche meßtechnische Aufgaben gibt es eine Reihe von Sonderausführungen. Abb. 1 zeigt eine Auswahl von Meßschieberarten.

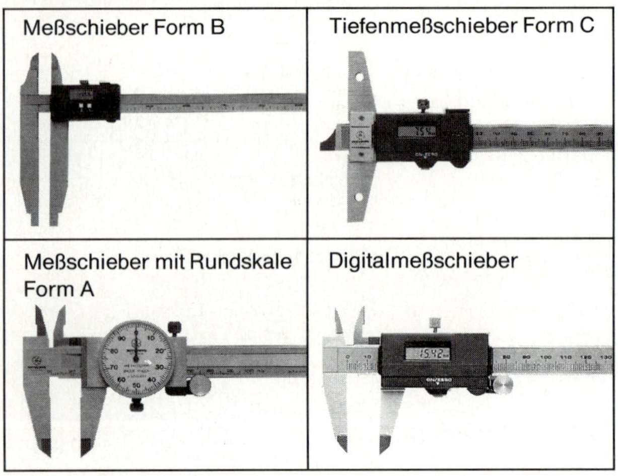

Abb. 1: Meßschieberarten

Behandlung von Meßschiebern:

- Meßschieber nur zum Messen verwenden, nicht zum Anreißen oder als Zirkel,
- Meßschieber vor Staub, Wärme und Feuchtigkeit aller Art schützen,
- nicht an laufenden Maschinen messen,
- von Zeit zu Zeit Genauigkeit überprüfen. In der Nullstellung darf zwischen den Meßflächen kein Lichtspalt sichtbar sein. Die Nullstriche von Skale und Nonius müssen übereinstimmen. Meßwertanzeigen können mit Hilfe von Endmaßen überprüft werden (Abb. 2).

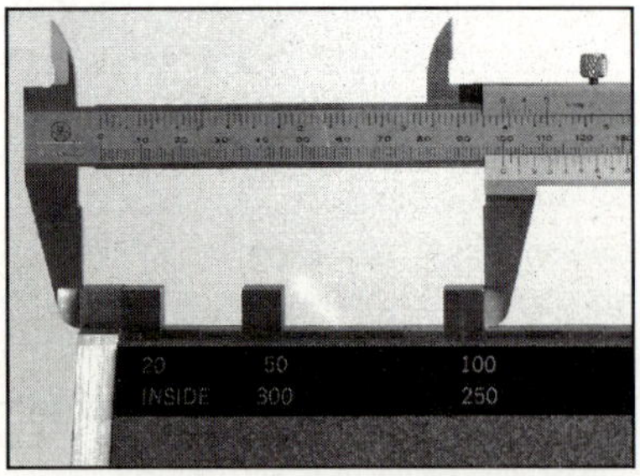

Abb. 2: Prüfen von Meßschiebern

1.1.7.2.2 Meßschrauben

Meßschrauben sind anzeigende Längenmeßgeräte mit einem Skalenteilungswert Skw von 0,01 mm oder 0,001 mm.

Die Maßverkörperung der Meßschraube ist die Gewindesteigung der Meßspindel (Abb. 3). Meßtrommel und Meßspindel sind fest miteinander verbunden. Wenn die Meßtrommel gedreht wird, verschiebt sich die Meßspindel mit der beweglichen Meßfläche in Längsrichtung, und der Abstand zwischen den beiden Meßflächen vergrößert oder verkleinert sich. Bei einer

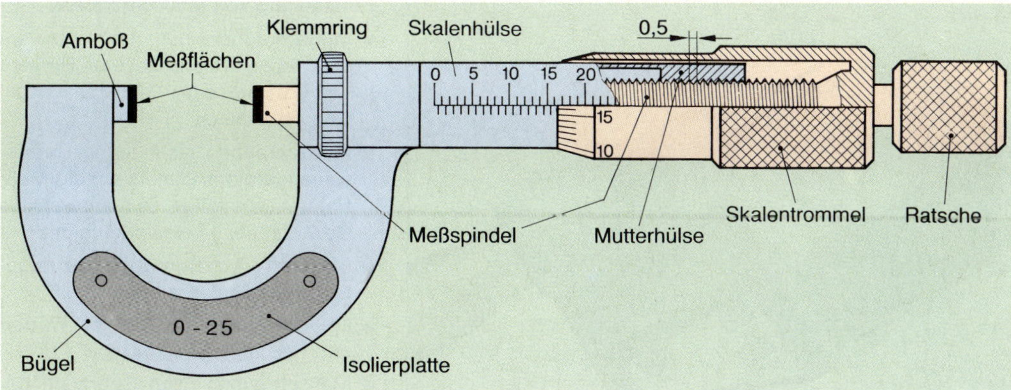

Abb. 3: Meßschraube

Umdrehung der Meßspindel verschiebt sich die Meßfläche um das Maß der Steigung des Gewindes. Beträgt die Gewindesteigung z.B. 0,5 mm, so verschiebt sich die Meßfläche bei einer Umdrehung der Meßsspindel um 0,5 mm. Die Meßtrommel ist auf ihrem Umfang mit einer Skale von 50 Teilen versehen.

Bei einer Drehung der Meßtrommel von einem Teilstrich zum nächsten verschiebt sich die Meßfläche um $1/50 \cdot 0{,}5$ mm $=$ $1/100$ mm $=$ 0,01 mm.

Auf der Meßhülse befindet sich die Hauptteilung, auf der ganze und halbe Millimeter abgelesen werden.

Ablesung der Meßschraube (Abb. 4a):

- volle Millimeter auf der Hauptteilung oben ablesen,
- halbe Millimeter auf der Hauptteilung unten ablesen,
- $\frac{1}{100}$ Millimeter auf der Meßtrommel ablesen.

Weil bei Meßschrauben mit 0,5 mm Steigung und 50 Skalenteilen auf der Meßtrommel die Ablesung der halben Millimeter leicht zu Fehlern führen kann, gibt es auch Meßschrauben mit einer Steigung von 1 mm und 100 Skalenteilen auf der Meßtrommel (Abb. 4b). Bei diesen Meßschrauben können ganze, Zehntel- und Hundertstel-Millimeter fortlaufend und damit fehlerfrei abgelesen werden.

Um hundert Teilstriche auf der Meßtrommel unterzubringen, ist jedoch ein größerer Trommel-Durchmesser erforderlich. Hierdurch wird die Meßschraube etwas unförmiger und schwerer.

Am leichtesten abzulesen sind Meßschrauben mit Ziffernanzeige des Meßwertes, die mit einem Ziffernschrittwert Zw von $1/1000$ mm $=$ 0,001 mm arbeiten (Abb. 1, S. 24).

Damit das zu messende Werkstück durch die Meßkraft nicht verformt wird und keine falschen Meßwerte abgelesen werden, ist die Meßschraube mit einer Kupplung (Ratsche) ausgerüstet, die für stets gleichbleibende Meßkraft von 5 N ... 10 N zwischen Meßgerät und Meßgegenstand sorgt (Abb. 3).

Um mögliche Einflüsse durch Übertragung der Handwärme auszuschließen, ist der Bügel beiderseits mit Wärmedämmplatten aus Kunststoff versehen.

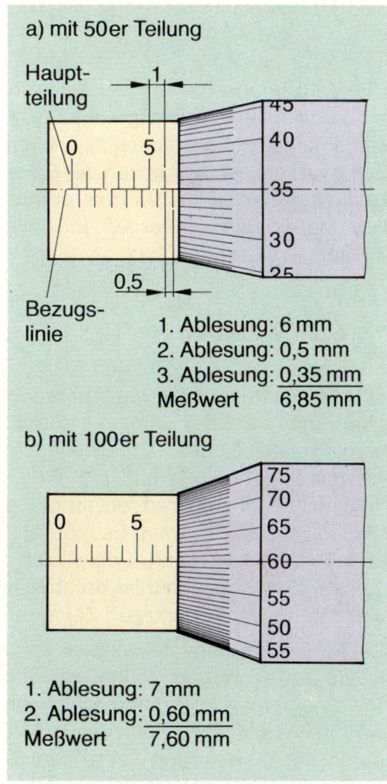

Abb. 4: Ablesen der Meßschraube

Meßbereiche von Meßschrauben:

0 mm ... 25 mm
25 mm ... 50 mm
50 mm ... 75 mm
75 mm ... 100 mm
⋮
475 mm ... 500 mm

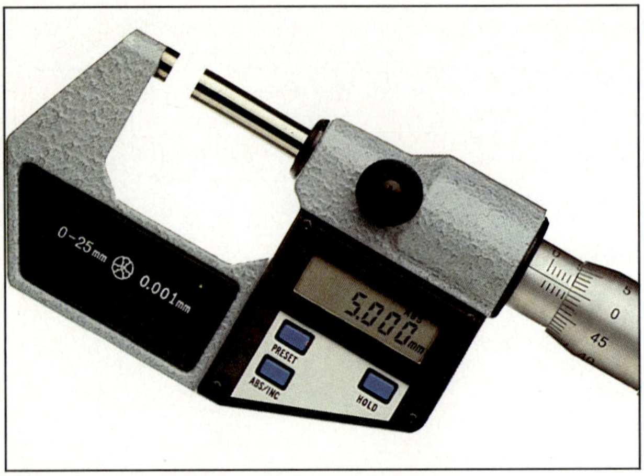

Abb. 1: Meßschraube mit Ziffernanzeige

Behandlung von Meßschrauben:

- Meßschrauben nur dann verwenden, wenn Toleranzen im Bereich von 0,01mm oder 0,001 mm erfaßt werden müssen,
- Meßschrauben nicht durch Herumschleudern des Bügels um die Meßtrommel verstellen, da hierdurch das Gewinde der Meßspindel leidet,
- Meßkraft durch Benutzung der Kupplung (Ratsche) dosieren,
- Meßschrauben vor Staub, Wärme und Feuchtigkeit schützen,
- Meßschrauben nach Gebrauch reinigen, leicht einfetten und im Aufbewahrungskasten ablegen,
- regelmäßig Anzeigegenauigkeit überprüfen.

Die Meßwertanzeige von Meßschrauben wird mit Parallelendmaßen des Genauigkeitsgrades 1 (DIN 861) überprüft. Hierbei sind Endmaßkombinationen zu wählen, die sowohl die Prüfung von ganzzahligen Vielfachen der Spindelsteigung als auch von dazwischenliegenden Werten erlauben. Zum Nachjustieren von Meßschrauben werden Einstellmaße (25 mm, 50 mm, 75 mm, ...) verwendet.

1.1.7.2.3 Meßuhren

Meßuhren nach DIN 878 sind Meßgeräte, bei denen der Weg des Meßbolzens über ein Zahnradgetriebe auf den Zeiger übertragen wird. Der Zeiger kann sich um mindestens 360° vor einem runden Skalenblatt bewegen, das auf dem Umfang eine gleichmäßige Teilung hat. Der Weg des Zeigers von einem Teilstrich zum anderen entspricht einer Verschiebung des Meßbolzens um 0,01mm. Es gibt Meßuhren mit unterschiedlichen Anzeigebereichen. Gebräuchlich sind: 3 mm, 5 mm und 10 mm. Das Skalenblatt ist drehbar und gestattet die Nulleinstellung an jeder beliebigen Zeigerposition.

Die Meßwertanzeige der Meßuhr kommt zustande, indem eine kleine Bewegung des Meßbolzens über Zahnstange und Zahnrad zu einer wahrnehmbaren Anzeige des Zeigers vergrößert wird. Auch mögliche Fehler innerhalb des Getriebes werden durch die Übersetzung vergrößert. Meßuhren müssen sorgfältig behandelt und vor Stoß und Schlag geschützt werden.

Meßuhren mit einem Skalenteilungswert von 0,001 mm werden heute auch mit Digitalanzeige geliefert. Die Nulleinstellung ist an jeder beliebigen Stelle innerhalb des Anzeigebereiches Azb möglich.

Meßuhren werden zum Unterschiedsmessen, zum Prüfen des Rund- und Planlaufs, von Ebenheiten und Parallelität verwendet.

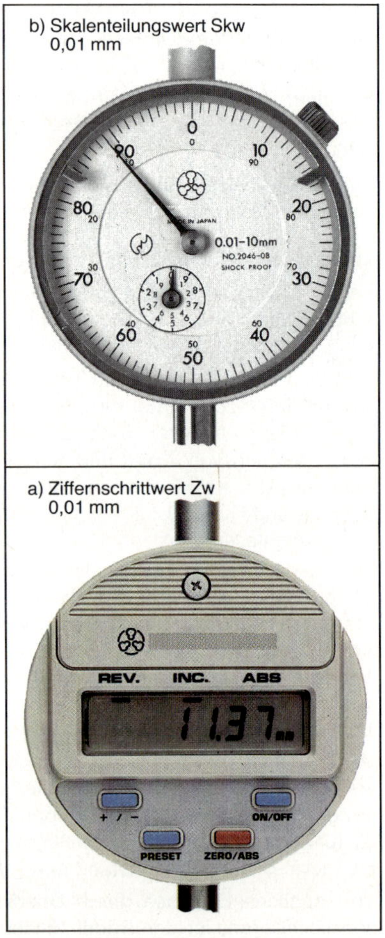

Abb. 2: Meßuhren

1.1.7.2.4 Winkelmesser

Der **einfache Winkelmesser** hat einen Meßbereich von 0° bis 180° und einen Skalenteilungswert von 1°. Beim Ablesen des Winkelmessers ist zu beachten, daß der Meßwert Mw nicht in jedem Fall der Meßgröße M entspricht. Dies trifft insbesondere für das Prüfen von stumpfen Winkeln zu. Der einfache Winkelmesser ist nur für das Prüfen von Winkeln mit großen Toleranzen geeignet.

Der **Universalmesser** hat einen Meßbereich von 360° und einen Noniuswert von 5′. Er kommt zustande durch einen Nonius, bei dem 23° in 12 Teile unterteilt sind. Der Teilstrichabstand beträgt somit 23°/12 = 1 11/12° = 1°55′. Zwischen dem ersten Teilstrich von Hauptteilung und Nonius ergibt sich somit eine Differenz von 5′.

Weil die Ableserichtung für die Hauptskale rechts- oder linksdrehend sein kann, ist von der Nonius-Null je eine Noniusteilung rechts- und linksdrehend angebracht. Beim Ablesen muß man auf dem Nonius immer in der Richtung die Überdeckung suchen, in der die ganzen Winkelgrade auf der Hauptteilung bestimmt wurden.

Der **optische Winkelmesser** besitzt eine Meßwertableseeinrichtung, in der eine Glasskale (Skalenteilungswert = 5′) mit einer Lampe oder einem Mikroskop verbunden ist. Der Meßwert kann im durchfallenden Licht vergrößert abgelesen werden. Durch diese Vergrößerung ist ein Nonius überflüssig.

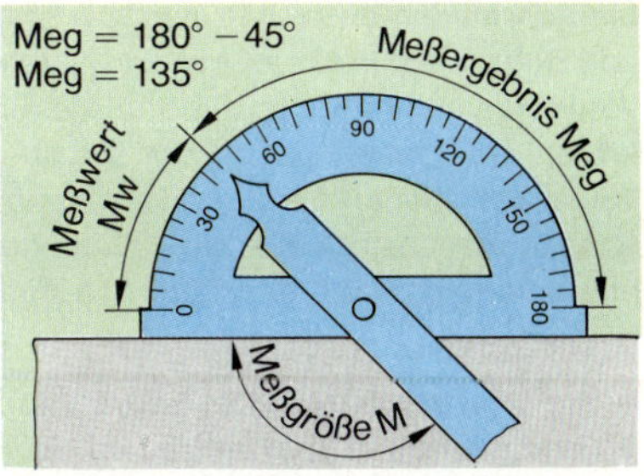

Abb. 3: Einfacher Winkelmesser

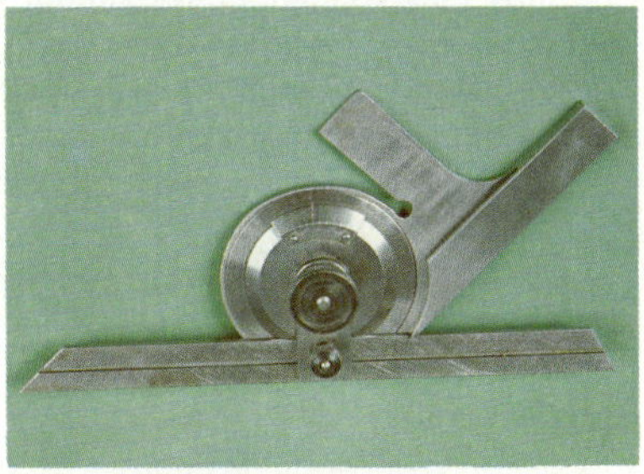

Abb. 4: Universalwinkelmesser

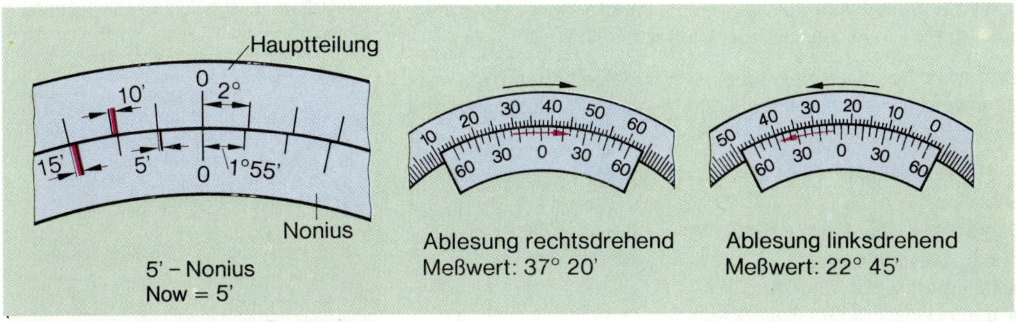

Abb. 5: Nonius am Universalwinkelmesser

1.1.7.3 Prüfen mit Lehren

Lehren sind Maßverkörperungen, die ein bestimmtes Maß und/oder eine bestimmte Form verkörpern. Beim Lehren wird geprüft, ob Istmaß oder Istform eines Werkstücks mit Sollmaß oder Sollform übereinstimmen. Eine zahlenmäßige Größe wird als Prüfergebnis nicht ermittelt. Die Lehren werden während des Prüfvorgangs nicht verstellt.

Es gibt **Formlehren** und **Maßlehren.**

Formlehren sind **formideale Gegenlehren** (Abb. 6). Sie verkörpern die Gegenform des herzustellenden Werkstücks mit größtmöglicher Formgenauigkeit. Mit ihnen wird die Form von Werkstücken nach dem Lichtspaltverfahren geprüft (Beispiele: Innen- und Außenrundungen, Winkel, Gewindeprofile).

Abb. 6: Formlehre zum Prüfen von Abrundungen

Maßlehren dienen zum Prüfen von Längenmaßen (z.B. Wellen- und Bohrungsdurchmessern und Nutbreiten). Die am häufigsten verwendeten Maßlehren in den Metallberufen sind die **Grenzlehren.** Mit ihnen wird geprüft, ob die für das Werkstück vorgeschriebenen Grenzmaße eingehalten worden sind. Eine Grenzlehre besteht aus einer Gutlehre, die das Gutmaß, und aus einer Ausschußlehre, die das Ausschußmaß prüft.

Grenzlehren unterscheidet man:

- Grenzrachenlehren zum Lehren von Wellen,
- Grenzlehrdorne zum Lehren von Bohrungen.

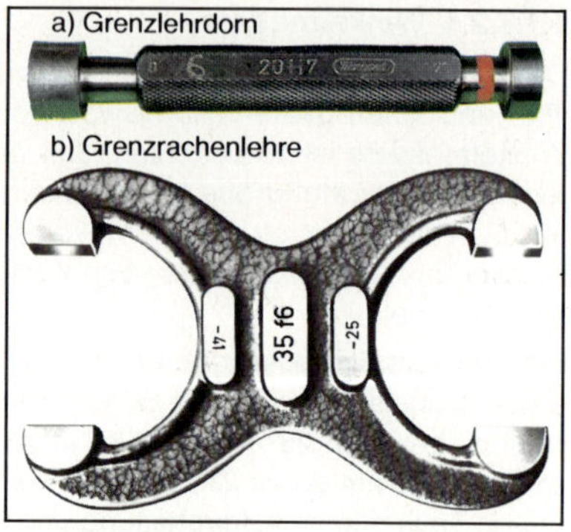

Abb. 1: Maßlehren

Bei der spanenden Herstellung einer Welle z.B. auf einer Drehmaschine können im Verlauf der Fertigung folgende zwei Zustände erreicht werden: eine Welle, die größer ist als das Höchstmaß, kann noch nachgearbeitet werden, weil noch Werkstoff zur Zerspanung vorhanden ist. Eine Welle, die jedoch kleiner ist als das Mindestmaß, ist Ausschuß.

Für das **Prüfen von Wellen** gilt demnach:

- Gutseite = Höchstmaß
  Die Lehre muß ohne Zwang durch ihr Eigengewicht über die Welle gleiten.
- Ausschußseite = Mindestmaß
  Die Ausschußseite darf nicht über die Welle gehen.

Die Prüfung mit der Grenzrachenlehre beantwortet die zwei Fragen (Abb. 1):

- Ist die Welle kleiner als das Höchstmaß?
- Ist die Welle größer als das Mindestmaß?

Das Maß der Welle ist »gut«, wenn beide Fragen mit »ja« beantwortet werden können. Lautet eine der beiden Antworten »nein«, so ist das Werkstück »Ausschuß«.

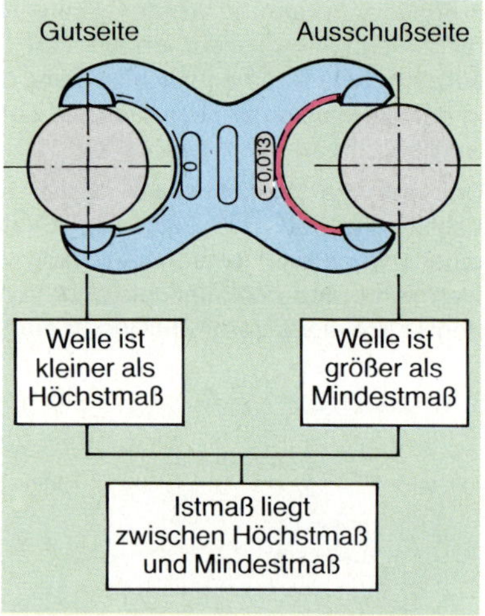

Abb. 2: Prüfen mit Grenzrachenlehre

Die Ausschußseite einer Grenzrachenlehre ist erkennbar an (Abb. 2):

- der Beschriftung (das **untere** Grenzabmaß steht immer auf der Ausschußseite),
- der roten Farbmarkierung,
- den abgeschrägten Prüfbacken,
- der Kennzeichnung »Ausschuß«.

Bei der spanenden Herstellung einer Bohrung, z.B. auf einer Bohrmaschine, können im Verlauf der Fertigung folgende zwei Zustände erreicht werden: eine Bohrung, die kleiner ist als das Mindestmaß, kann noch nachgearbeitet werden, weil noch Werkstoff zur Zerspanung vorhanden ist.. Eine Bohrung, die jedoch größer ist als das Höchstmaß, ist Ausschuß.

Für das **Prüfen von Bohrungen** gilt demnach:

- Gutseite = Mindestmaß
  Der Grenzlehrdorn muß sich zwanglos in die Bohrung einführen lassen.
- Ausschußseite = Höchstmaß
  Die Ausschußseite darf sich nicht in die Bohrung einführen lassen.

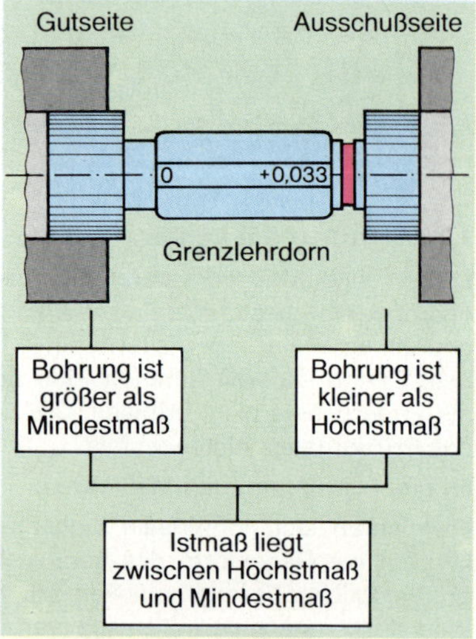

Abb. 3: Prüfen mit Grenzlehrdorn

Die Prüfung mit dem Grenzlehrdorn beantwortet die zwei Fragen (Abb. 3):

- Ist die Bohrung größer als das Mindestmaß?
- Ist die Bohrung kleiner als das Höchstmaß?

Das Maß der Bohrung ist einwandfrei, wenn beide Fragen mit »ja« beantwortet werden können. Lautet eine der beiden Antworten »nein«, so ist das Werkstück nicht einwandfrei gefertigt worden.

Die Ausschußseite eines Grenzlehrdorns ist erkennbar an:

- der Beschriftung (das **obere** Grenzabmaß steht immer auf der Ausschußseite),
- der roten Farbmarkierung,
- dem verkürzten Meßzapfen.

1.1.7.4 Auswahl von Prüfgeräten

Die Wahl geeigneter Prüfmittel hängt ab von:

- der **Fertigungstoleranz** des Prüfgegenstands:
  ein Werkstück mit einer Toleranz von 1 mm wird man nicht mit einer Bügelmeßschraube mit einer Meßgenauigkeit von 1/100 mm messen,
- der **Meßgenauigkeit** des Meßgerätes:
  ein Werkstück mit einer Toleranz von 0,005 mm kann nicht mit dem Stahlmaßstab gemessen werden,
- dem **Meßbereich** des Meßgerätes:
  ein Werkstück von 5000 mm Länge kann nicht mit einem Meßschieber gemessen werden,
- dem **Anzeigebereich** des Meßgerätes:
  eine Spannung von 220 V kann nicht innerhalb eines Anzeigebereiches von 0 V ... 30 V gemessen werden,
- den **Einsatzbedingungen:**
  hochkomplizierte, aufwendige Meßgeräte können nicht außerhalb eines klimatisierten Meßraums verwendet werden,
- der **Güteklasse:**
  eine Prüflehre zum Prüfen von Arbeitslehren kann nicht mit Endmaßen der Genauigkeitsklasse 2 geprüft werden.

Behandlung von Grenzlehren:

- Prüfflächen an den Grenzlehren und Prüfstellen am Werkstück vor der Prüfung sorgfältig säubern,
- Beim Prüfen mit den Gutseiten keine unerlaubt hohe Prüfkraft aufbringen. Die notwendige Prüfkraft wird durch das Eigengewicht der Grenzlehre erzielt,
- Grenzlehren nicht bei laufender Maschine verwenden,
- Grenzlehren vor Staub, Wärme und Feuchtigkeit schützen,
- Prüfflächen der Grenzlehren nach Gebrauch säubern und leicht einfetten,
- Grenzlehren (und Werkstück) auf Bezugstemperatur halten.

Kenngrößen von Meßgeräten:

Anzeige (Az): Der an einer Skale abgelesene Stand der Marke

Teilstrichabstand (Ta): Mittenabstand zweier benachbarter Teilstriche

Skalenteilungswert (Skw): Änderung der Meßgröße um einen Skalenteil

Anzeigebereich (Azb): Bereich zwischen kleinster und größter Anzeige

Meßbereich (Meb): Teil des Anzeigebereichs, der zum Messen genutzt wird

1.1.7.5 Berechnungen zum Prüfen von Winkelmaßen

Ein häufig gebrauchtes, einstellbares Winkelmeßgerät ist das **Sinuslineal.** Es besteht aus dem eigentlichen Linealkörper und zwei Zylinderendmaßen gleichen Durchmessers, die im Abstand l in das Lineal eingelegt werden.

Der Abstand l der beiden Stützzylinder kann je nach Größe 100 mm, 200 mm oder 400 mm betragen.

Ein bestimmter Winkel kann mit dem Sinuslineal verkörpert oder gemessen werden, indem unter eines der beiden Zylinderendmaße ein oder mehrere Parallelendmaße gelegt werden. Das durch die Parallelendmaße verkörperte Einstellmaß E muß mit Hilfe der Sinus-Funktion berechnet werden:

$E = l \cdot \sin \alpha$

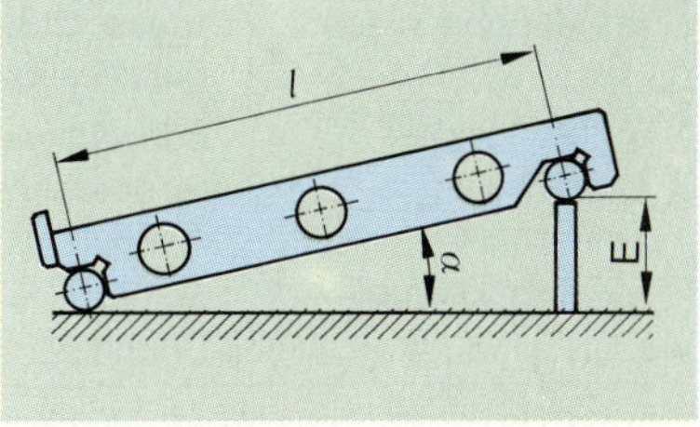

Abb. 4: Sinuslineal

Um einen Winkel von $\alpha = 20{,}75°$ bei einer Lineallänge von $l = 400$ mm zu verkörpern, muß ein Endmaßsatz mit $E = 141{,}716$ mm untergelegt werden. Der damit verkörperte Winkel beträgt dann 20,749936°. Eine Vergrößerung des Endmaßsatzes um 0,001 mm auf 141,717 mm ergibt einen verkörperten Winkel von $\alpha = 20{,}75009°$. Das Beispiel zeigt, mit welcher Genauigkeit mit dem Sinus-Lineal gemessen werden kann.

$$\sin \alpha = \frac{E}{l}$$

$$E = l \cdot \sin \alpha$$

$$E = 400 \text{ mm} \cdot \sin 20{,}75°$$

$$E = 400 \text{ mm} \cdot 0{,}354291$$

$$E = 141{,}716 \text{ mm}$$

1.1.8 Meßabweichungen

Meßergebnisse können verfälscht werden durch den Meßgegenstand, das Meßgerät, die Umwelteinflüsse und den Messenden. Die auftretenden Meßabweichungen (kurz: Abweichungen) unterteilt man in:

- **systematische Abweichungen** und
- **zufällige Abweichungen.**

Genormte Bezugstemperatur für Meßgeräte und Werkstücke (DIN 102):

t = 20 °C

Bei der Bezugstemperatur sollen Meßgeräte und Werkstück ihr Sollmaß haben.

Systematische Abweichungen haben unter gleichen Bedingungen (gleiches Meßgerät, gleiche Meßstelle, gleicher Ausführender) stets gleiche Größe und gleiches Vorzeichen. Sie machen das Meßergebnis **unrichtig,** sind aber **erfaßbar** und können so bei der Ermittlung von Meßwerten als Korrekturfaktoren berücksichtigt werden.

Systematische Abweichung = Istmaß − Sollmaß

Tabelle 1.9: Systematische Meßabweichungen

Ursache liegt	Systematische Abweichungen werden verursacht durch
im Meßgegenstand	Verformungen (Abplattung, Durchbiegung, Verkürzung des Prüfgegenstandes durch die Prüfkraft); Abweichungen von der Bezugstemperatur; ungerade Führungen
im Meßgerät	Steigungsabweichungen bei Meßspindeln; Teilungsabweichungen bei Skalen und Zahnrädern; unebene Meßflächen; erfaßbare Abnutzungserscheinungen; Abweichungen von der Bezugstemperatur
in Umwelteinflüssen	erfaßbare Abweichungen von der Bezugstemperatur; magnetische Felder; Luftdruck und -feuchtigkeit; Schwankungen von Spannungen und/oder Frequenzen

Zufällige Abweichungen schwanken nach Größe und Vorzeichen. Sie sind im einzelnen nicht zu bestimmen und können auch durch Berechnung nicht aufgehoben werden. Sie machen das Meßergebnis **unsicher** und lassen sich allenfalls durch komplizierte mathematisch-statistische Verfahren der Qualitätskontrolle erfassen.

Tabelle 1.10: Zufällige Meßabweichungen

Ursache liegt	zufällige Abweichungen werden verursacht durch
im Meßgegenstand	rauhe Oberflächen, Grate, Wellen, Rillen oder Mulden; Rückstände (Öl, Fett, Staub)
im Meßgerät in Umwelteinflüssen	Schwankungen der Reibung im Meßgerät, Rückstände (Öl, Fett, Staub), nicht erfaßbare Abweichungen von der Bezugstemperatur, starke Erschütterungen, schwankende Luftfeuchtigkeit, Schmutz und Staub
beim Messenden	mangelnde Qualifikation des Messenden (Sehfähigkeit, Konzentration, Übung, Geschicklichkeit); Ablesefehler durch Parallaxe

[1] Abweichungen lt. DIN 1319 T.3 für Prüffehler (alter Ausdruck)

Aufgaben

1. Erklären Sie die Begriffe Prüfen, Messen, Lehren.
2. Welches Maß wird beim Messen ermittelt? A) Grenzabmaß; B) Nennmaß; C) Istmaß; D) Paßmaß; E) Grenzmaß.
3. Wie groß ist die genormte Bezugstemperatur? A) 16 °C; B) 18 °C; C) 20 °C; D) 22 °C; E) 24 °C. Erklären Sie die Bedeutung der Bezugstemperatur.
4. Teilen Sie die aufgezählten Prüfmittel in die beiden Gruppen Meßgeräte und Lehren ein:
   Grenzrachenlehre, Meßschieber, Stahlmaßstab, Radiuslehre, Bügelmeßschraube, Winkelendmaß, Meßuhr, Grenzlehrdorn, Parallelendmaß, Tiefenmeßschraube.
5. Erklären Sie den Unterschied zwischen Maßverkörperungen und anzeigenden Meßgeräten.
6. Geben Sie zu dem Paßmaß $30^{+0,15}_{-0,05}$ an:
   Nennmaß N; oberes Grenzabmaß A_o; unteres Grenzabmaß A_u; Höchstmaß G_o; Mindestmaß G_u; Maßtoleranz T.
7. Für ein Werkstück ist auf einer technischen Zeichnung ein Nennmaß von $N = 57$ mm eingetragen. Das Werkstück hat sich durch Wärmeeinwirkung auf $t = 60$ °C erwärmt. Beim Messen wird ein Istmaß von $I = 57$ mm festgestellt. Beschreiben Sie die Auswirkungen.
8. Bestimmen Sie die Meßwerte des Meßschiebers für die in Abb. 1 dargestellten Beispiele.
9. Zeichnen Sie für einen einfachen 1/10-Nonius die Meßwerteinstellung 3,7 mm.
10. Die Meßflächen eines Meßschiebers sind stark abgenutzt. Erläutern Sie die Folgen, die sich bei der Herstellung eines Werkstücks ergeben, wenn mit diesem Meßschieber gemessen wird.
11. Wo werden bei einer Meßschraube ganze, halbe und Hundertstel Millimeter abgelesen?
12. Warum haben Meßschrauben eine Ratsche?
13. Bestimmen Sie die Meßwerte der in Abb. 2 (① und ②) gezeigten Skalen und die zugehörigen Spindelsteigungen.
14. Eine Meßschraube zeigt das Istmaß $I = 57{,}68$ mm an (Abb. 2, ③). Übertragen und vervollständigen Sie die Skizze durch Eintragung von Zahlen für Hauptteilung und Meßtrommel. Welche Steigung hat die Meßspindel?
15. Erklären Sie, warum bei Bügelmeßschrauben der Bügel mit Kunststoffplatten verkleidet ist.
16. Das Maß 137,396 mm soll durch eine Endmaßkombination mit dem Normal-Satz zusammengestellt werden. Welche Endmaße sind erforderlich?
17. Welche Meßabweichung ergibt sich, wenn Endmaße während des Messens eine Temperatur von 40 °C haben?
18. Beschreiben Sie den Prüfvorgang mit einem Grenzlehrdorn und einer Grenzrachenlehre.
19. Woran erkennt man die Ausschußseiten von Grenzlehrdorn und Grenzrachenlehre?

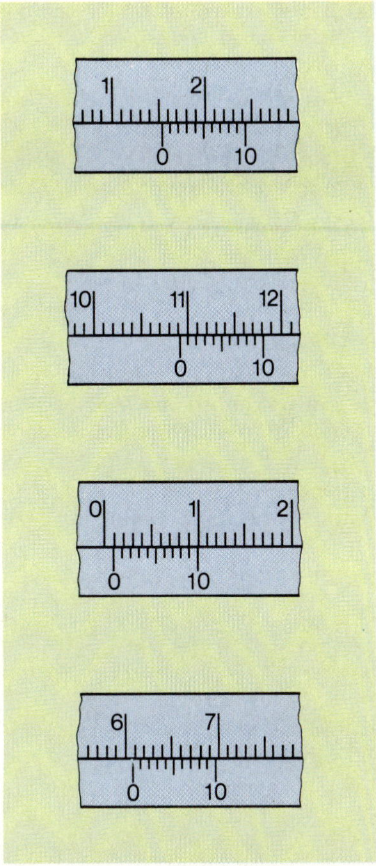

Abb. 1: Meßwerte (Meßschieber)

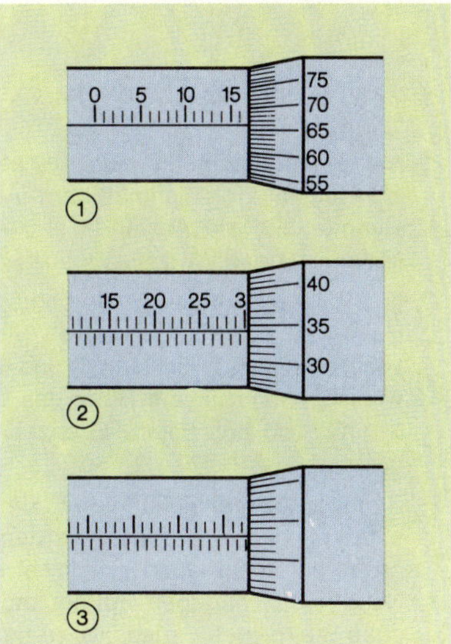

Abb. 2: Meßwerte (Meßschraube)

20. Das Winkelmaß 47°29′10″ soll durch eine Winkelendmaßkombination verkörpert werden. Welche Winkelendmaße sind erforderlich?
21. Für welche meßtechnischen Aufgaben verwendet man Universalwinkelmesser?
22. Der Meßwert (Abb. 1) ist gleich dem Mindestmaß des Werkstücks. Erklären Sie die Folgen dieses Meßvorgangs.
23. Um welche Art von Meßabweichung handelt es sich bei Abb. 1?

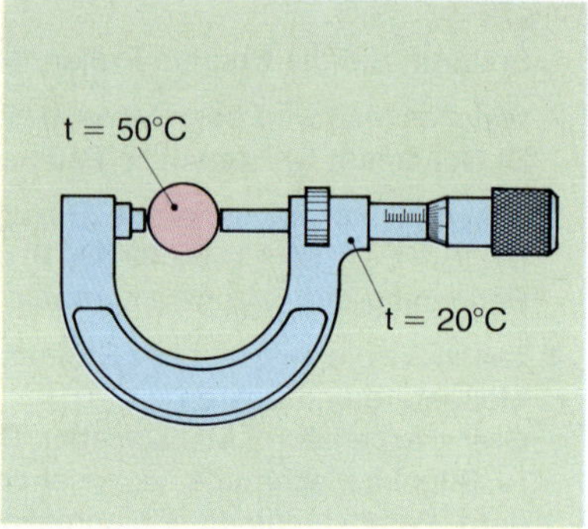

Abb. 1: Meßabweichung

24. Um welche Art von Meßabweichung handelt es sich bei Abb. 2? Wie wirkt sie sich auf den Meßwert aus?

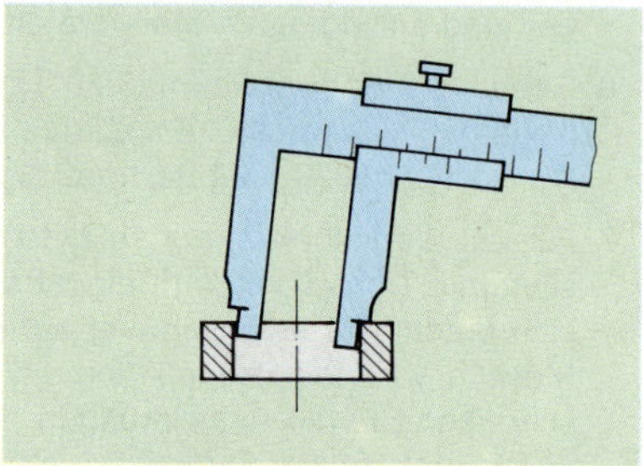
Abb. 2: Meßabweichung

25. Welcher Winkel wird mit den Winkelendmaßen in Abb. 3 verkörpert?

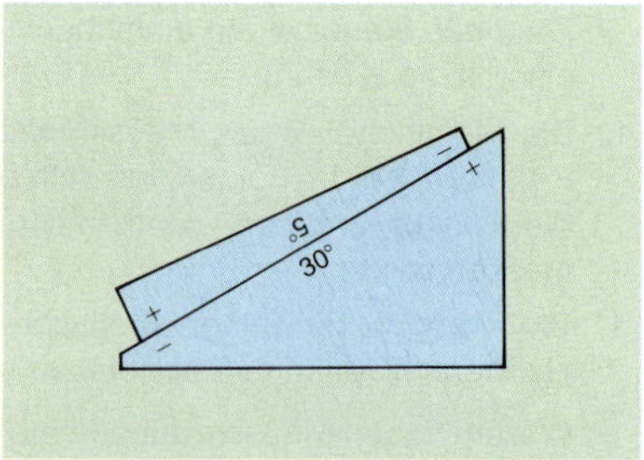

Abb. 3: Winkelendmaße

26. Auf einem Lochkreis von 180 mm Durchmesser sind 5 Bohrungen in gleichmäßigem Abstand zu fertigen. Bestimmen Sie die Abstände in X- und in Y-Richtung vom Mittelpunkt des Werkstücks aus (Abb. 4).
27. Ein Spitzkegel hat einen Durchmesser von 60 mm und eine Höhe von 80 mm. Berechnen Sie den Kegelwinkel. Wie verändern sich Höchstmaß und Mindestmaß des Kegelwinkels, wenn für die Höhe das obere Grenzabmaß $A_o = 0{,}1$ mm und das untere Grenzabmaß $A_u = -0{,}05$ mm zugelassen werden?
28. Beim Zusammenstellen von Endmaßen zu einem Endmaßsatz soll darauf geachtet werden, daß die Endmaße mit größeren Nennmaßen möglichst innen, die mit kleineren Nennmaßen dagegen außen angeordnet werden. Versuchen Sie, diesen Grundsatz zu begründen.

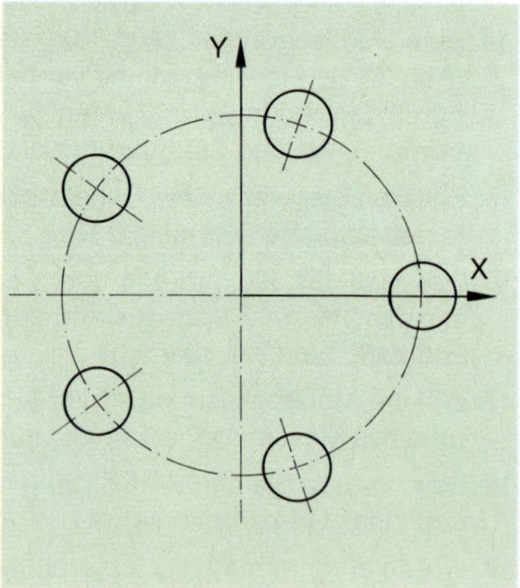

Abb. 4: Kreisteilung

29. Eine Welle ist nach den angegebenen Maßen zu fertigen. Bestimmen Sie für Länge und Durchmesser jeweils Mindestmaß G_u, Höchstmaß G_o und Maßtoleranz T.

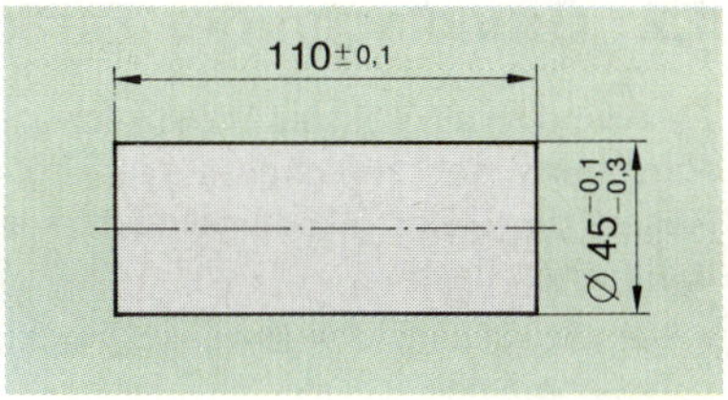

30. In einer technischen Zeichnung sollen die tolerierten Maße 25 mm und 15 mm der Ausklinkung durch die Maße für l_1 und l_2 ersetzt werden. Bestimmen Sie jeweils das obere Grenzabmaß A_o und das untere Grenzabmaß A_u für l_1 und l_2.

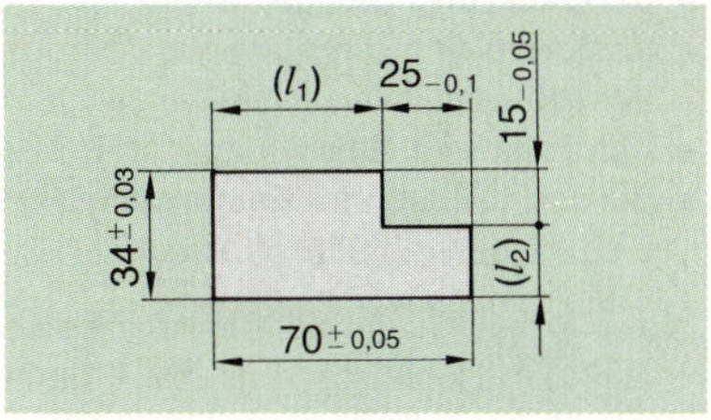

31. Das Hilfsmaß l_1 soll geprüft werden. Bestimmen Sie hierfür das Mindestmaß G_u und das Höchstmaß G_0.

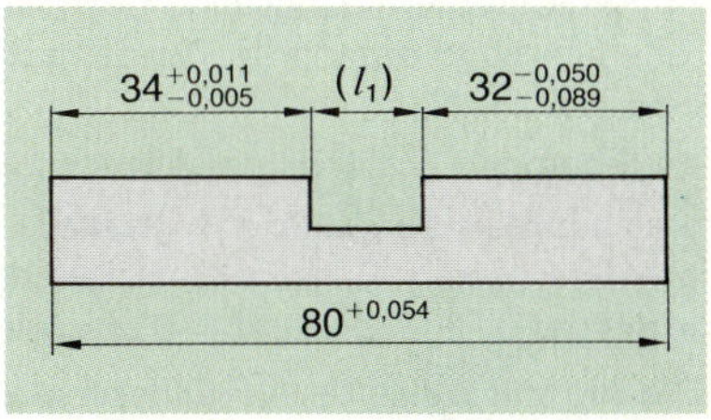

32. Bestimmen Sie die jeweils erforderliche Endmaßkombination zur Verkörperung des Maßes E.

Winkelmaß α	Länge l
60°	100 mm
60°	200 mm
45°	200 mm
22°50′	400 mm
5°42′	400 mm
63°37′56″	100 mm

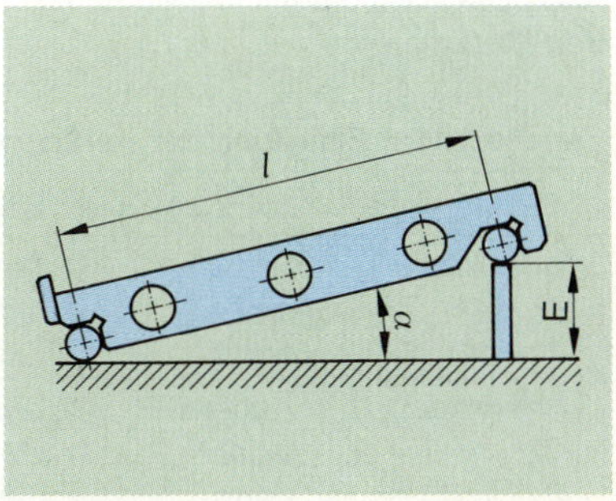

33. Führen Sie zu jedem Nennmaß tabellarisch auf: Grenzabmaße, Grenzmaße, Toleranzen und Prüfmittel zum Prüfen der Werkstückmaße (Grenzabmaße nach DIN 7168, Toleranzklasse: fein).

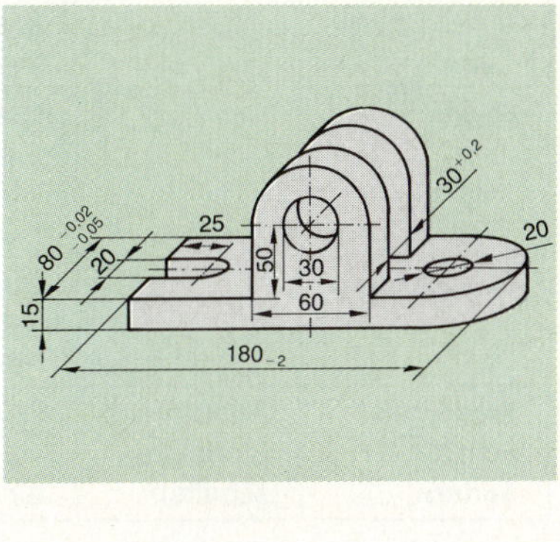

1.2 Grundlagen der Fertigungstechnik

Fertigung ist ein Teil des Produktionsprozesses in Industrie und Handwerk, der zwischen Beschaffung von Werkstoffen und Absatz der Güter (Produkte) stattfindet. Im Mittelpunkt stehen die Fragen nach

- der Gestaltung des Produkts nach Zweck, Form, Funktion, Beschaffenheit,
- Gestaltung des Fertigungsprozesses durch **Planung,**
- **Durchführung** des geplanten Fertigungsprozesses,
- **Kosten** in der Fertigung für Personal (Löhne), Betriebsmittel (Maschinen), Werkstoffe,
- **Kontrolle** und **Bewertung** von Produkt und Fertigung,
- Art und Umfang der **Entsorgung** der beim Produktionsprozeß anfallenden Abfallprodukte.

Die Fertigung umfaßt alle Arbeitsvorgänge, die ein Werkstück vom Rohzustand in den planmäßig bestimmten Fertigzustand verändern (nach DIN 8580).

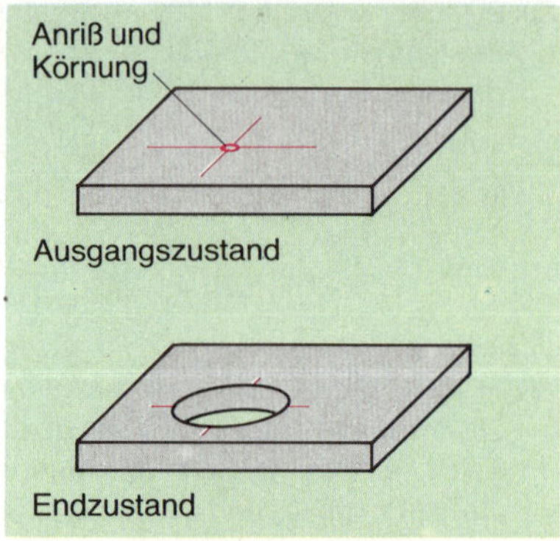

Abb. 1: Ausgangs- und Endzustand

Im Sinne der Fertigungsfolge befindet sich das Werkstück **vor** jedem Arbeitsvorgang im **Ausgangszustand, danach** im **Endzustand.**

Im Sinne des Zustands des Werkstücks unterscheidet man

- unbearbeiteter Zustand ⇒ **Rohteil**
- halbfertiger Zustand ⇒ **Halbfertigteil**
- fertiger Zustand ⇒ **Fertigteil**

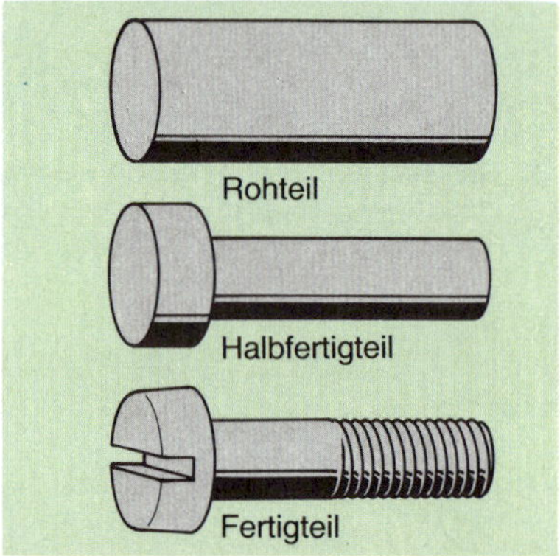

Abb. 2: Fertigungszustand

Die Art und Weise der Veränderung am Werkstück wird durch **Fertigungsverfahren** beschrieben.

Nach DIN 8580 unterscheidet man 6 Hauptgruppen mit folgenden Merkmalen:

Tabelle 1.11: Einteilung der Fertigungsverfahren in Hauptgruppen nach DIN 8580

Hauptgruppe	Merkmal	Beschreibung	Beispiel
Urformen	Schaffen einer Form	Aus formlosem Stoff entsteht ein fester Körper mit bestimmter geometrischer Form. Es wird ein Zusammenhalt geschaffen.	Gießen
Umformen	Ändern einer Form	Die Form eines festen Körpers wird durch plastisches Umformen verändert. Masse und Zusammenhalt des Werkstücks bleiben erhalten.	Biegeumformen
Trennen		Die Form eines festen Körpers wird dadurch geändert, daß der Zusammenhalt an einer Trennstelle aufgehoben wird.	Sägen
Fügen		Die Form eines festen Körpers wird dadurch geändert, daß durch Verbinden von zwei oder mehr Werkstücken Zusammenhalt geschaffen oder vermehrt wird.	Löten
Beschichten		Durch Aufbringen einer fest haftenden Schicht wird der Zusammenhalt vermehrt und/oder die Stoffeigenschaft durch diese Schicht geändert.	Verchromen
Stoffeigenschaftändern	Ändern von Stoffeigenschaften	Durch Umlagern, Aussondern oder Einbringen von Stoffteilchen werden die Stoffeigenschaften eines festen Körpers geändert.	Härten

Zur näheren Beschreibung der einzelnen Fertigungsverfahren werden folgende Begriffe verwendet:

Begriff	Bedeutung	Beispiel
Werkzeug	Fertigungsmittel, das eine Veränderung am Werkstück herbeiführt	**Säge** 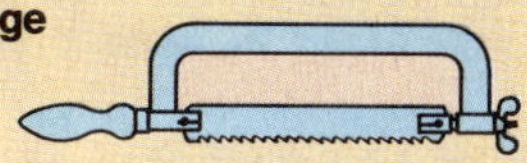
Wirkpaar	Paarung von Werkzeug und Werkstück, wobei die Veränderung direkt durch das Werkzeug erfolgt	**Sägen** 
Wirkmedium	Stoff, der durch seine Einwirkung eine Veränderung am Werkstück hervorruft	**Sandstrahlen** 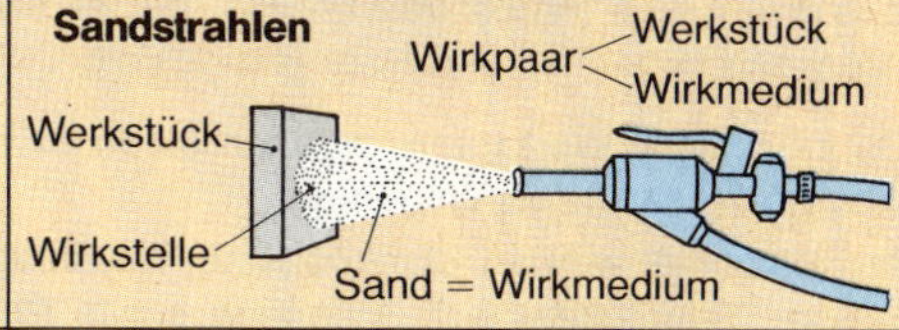
Wirkstelle	Ort am Werkstück, an dem das Werkzeug oder das Wirkmedium eine Änderung hervorruft	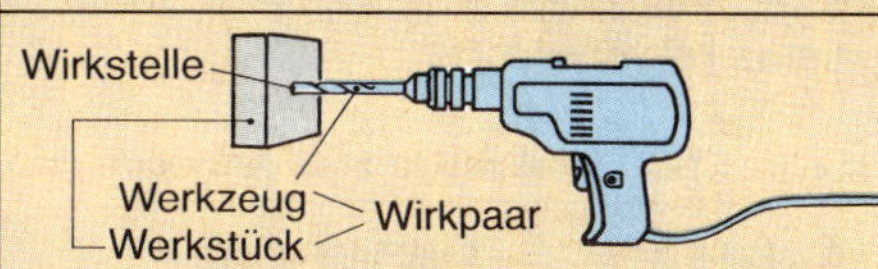
Wirkenergie	Art der Energie, die das Werkstück an der Wirkstelle verändert	mech. Energie an der Wirkstelle ← Energie-umwandlung ← elektr. Energie

1.2.1 Anreißen, Kennzeichnen

Vor einer Werkstückbearbeitung sind bei vorwiegend handwerklicher Fertigung zur Kennzeichnung von Umrissen, Durchbrüchen, Bohrungsmitten und -abständen, Biegekanten u.a.m. Informationen aus der Fertigungszeichnung zu entnehmen und auf das zu bearbeitende Rohteil oder Halbfertigteil zu übertragen.

Dieser fertigungsvorbereitende Arbeitsvorgang ist sehr lohnkostenaufwendig und erfordert ein hohes Maß an Aufmerksamkeit und Sorgfalt, weil der Fertigungszeichnung nicht direkt Anreißlinien und Kennzeichnungspunkte zu entnehmen sind.

Anreißen ist das Übertragen **bearbeitungsnotwendiger Maße und Formen** in gut sichtbarer Art von der Fertigungszeichnung auf das Werkstück.

Bei moderner Fertigung entfällt oft das Anreißen (Kennzeichnen), weil beim Einsatz von

- programmierbaren Bearbeitungs- und Handhabungsmaschinen,
- Bearbeitungsvorrichtungen für Serien- und Massenfertigung

die bearbeitungsnotwendigen Maße und Formen in der Vorrichtung enthalten sind (hardwaremäßig) oder durch ein Programm eingegeben werden (softwaremäßig).

Anreißwerkzeuge und Hilfsmittel

Der Hauptarbeitsplatz ist die **Anreißplatte** aus Gußeisen oder Hartgestein nach DIN 876.

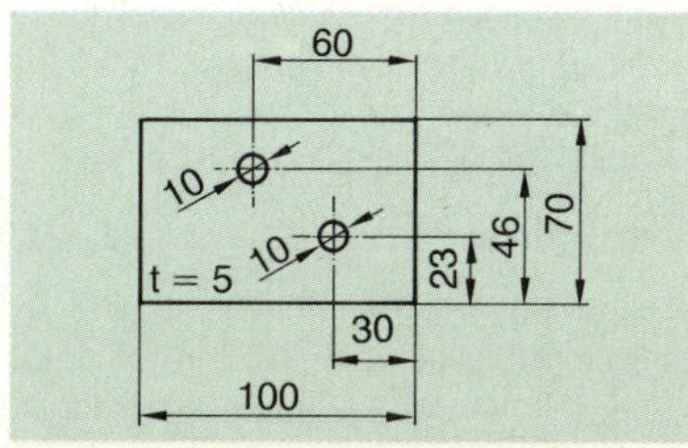

Abb. 3: Fertigungszeichnung

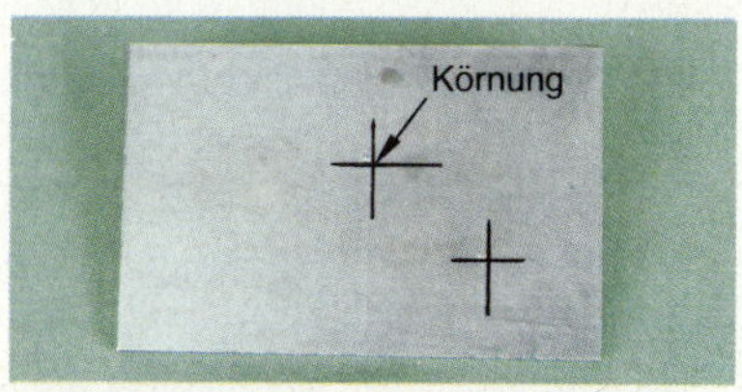

Abb. 4: Angerissenes Werkstück

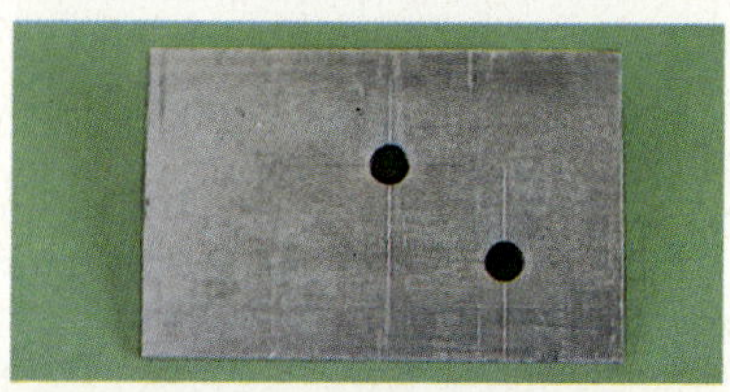
Abb. 5: Gefertigtes Werkstück

Diese Platte darf wegen ihrer Genauigkeit nicht für andere Arbeiten wie z.B. Richten mißbraucht werden.

Die Anreißlinien werden mit schlanken, kegelförmigen Spitzen erzeugt. Je nach Bearbeitungsfolge, Werkstoffart und Oberflächenbeschaffenheit verwendet man zum Anreißen **Stahlreißnadeln** (Kerbe) oder **Bleistifte** bzw. **Filzstifte** (Farbauftrag).

In manchen Fällen sind die zu kennzeichnenden Werkstückflächen durch Anstrich (Anreißlack: Stahl = blau; Guß = weiß; Al = rot) oder Schlämmkreide vorzubereiten, damit Anreißlinien und Körnerpunkte besser sichtbar werden.

Die Wahl des Anreißwerkzeuges richtet sich nach Werkstückbeschaffenheit und Bearbeitungsfolge.

Gebräuchliche Werkzeuge zum Anreißen bzw. Kennzeichnen sind der Tab. 1.12 zu entnehmen.

Als Hilfsmittel werden Stahlmaßstab, Anschlagwinkel, Winkelmesser, Standlineal und Schmiege sowie Prismen und Aufspannwinkel verwendet.

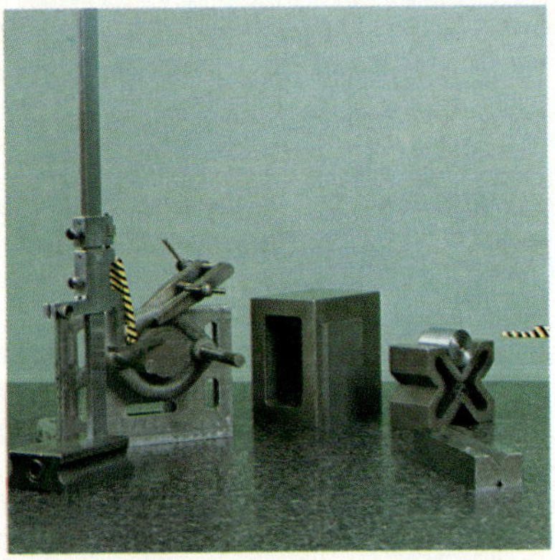

Abb. 1: Anreißwerkzeuge und Hilfsmittel

Tabelle 1.12: Werkzeuge zum Anreißen und Kennzeichnen

Werkzeug	Eigenschaften	Verwendungszweck
Stahlreißnadel	Spitze gehärtet, dringt in den Werkstoff ein, Kerbwirkung	Rohteile und Halbfertigteile aus Stahl, Beschädigung durch Anreißlinie zugelassen
Messingstift	Spitze dringt nicht in den Werkstoff ein, Farbauftrag	geschlichtete Oberflächen, gehärtete und verzunderte Werkstücke, nichtrostende Stähle
Filzstift und Bleistift	Spitze nutzt schneller ab, Nachspitzen z.T. erforderlich	dünne, oberflächenveredelte und beschichtete Werkstücke, umzuformende Leichtmetalle
Spitzzirkel	keine Skale, Maßabgriff erforderlich	Kreisbögen, Teilungen an Geraden und Kreisbögen für kleinere Radien bzw. Abstände
Stangenzirkel	Skale mit Nonius, Feinverstellung, auswechselbare Spitzen	wie beim Spitzenzirkel, jedoch für größere Abstände geeignet
Streichmaß	Skale mit Nonius, Feinverstellung, auswechselbare Spitzen	parallele Führung zu vorhandenen Werkstückkanten, kleinere Abstände
Parallelreißer	keine Skale, Maßabgriff erforderlich	parallele Führung von einer vorhandenen Ebene aus (Anreißplatte, Werkstückoberfläche)
Höhenreißer	Skale mit Nonius, Feinverstellung in der Höhe, Justierung zur Unterlage möglich	wie Parallelreißer
Körner	Kegelspitze gehärtet	Markieren von Anreißlinien, Kontrollkreisen, Mittelpunkten für Zirkeleinsatz und Bohrungen

Anreißvorgang

Die Anreißarbeit wird durch eine fertigungsgerechte Bemaßung in der Werkstattzeichnung wesentlich erleichtert. Entsprechend der Lage der Bezugsebenen (Werkstückaußenkanten bzw. Mittellinien) ist von diesen Linien aus das Anreißen der weiteren Linien vorzunehmen (Abb. 2 und 3).

Anreißlinien, Mittelpunkte und Zirkelansatzpunkte werden durch Ankörnen gekennzeichnet. Körnerpunkte entlang einer Anreißlinie, die Körperkante wird, sind hilfreich bei fortschreitender Bearbeitung. Bei exakter Ausführung der Arbeit bleiben halbe oder viertel Körnerpunkte stehen. Körnerspitzen zum Kennzeichnen von Anreißlinien sollen einen Spitzenwinkel von 60°, solche zum Ankörnen von Bohrungsmitten einen Spitzenwinkel von 90° haben.

Durch falsche Anreißlinien oder Körnerpunkte entstehen bereits durch die Vorbereitung fehlerhafte Werkstücke. Deshalb ist nach dem Anreißen zu prüfen.

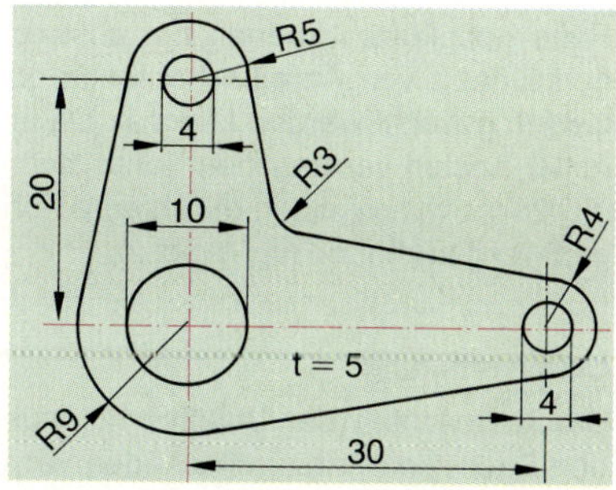

Abb. 2: Bezugslinien

Ausführung einer Anreißarbeit

Das in Abb. 3 dargestellte Stufenblech ist aus Flachstahl DIN 1017 – St 37 K – 60 × 10 × 105 zu fertigen.

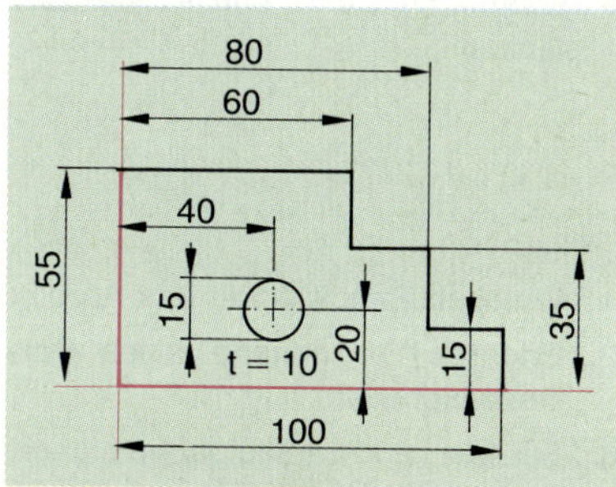

Abb. 3: Bezugsebenen

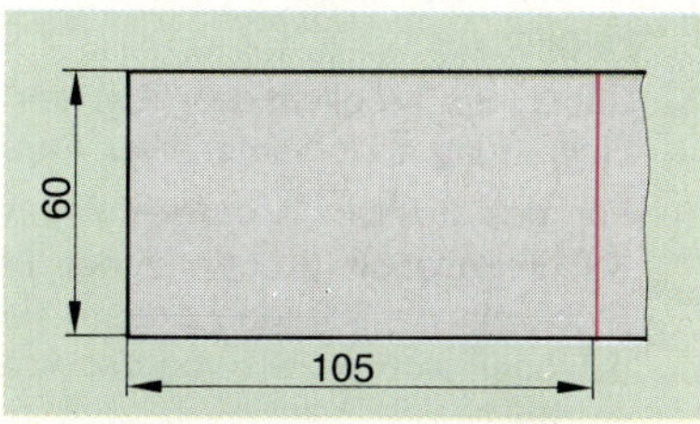

Abb. 4: Rohteil vor dem Anreißen

Die **Planung** umfaßt	Erklärung
• Festlegung der Arbeitsfolge	Absägen, Bezugsflächen fertigen, **Anreißen und Körnen,** Außenform fertigen, Bohren und entgraten, Endkontrolle
• Angabe der Werkzeuge, Hilfsmittel	Anreißplatte, Prisma, Höhenreißer, Spitzzirkel, Körner 60° und 90°, evtl. Stahlmaß, Anreißfarbe
• Sonstige, für die Planung notwendige Daten	Zeitpunkt der Fertigung, Auftraggeber, Ort der Fertigung, Vorgabezeit u.a.m.
Die **Durchführung** umfaßt	Erklärung
• Rüsten (Vorbereiten)	Erforderliche Werkzeuge besorgen, Arbeitsplatz einrichten, Zeichnung lesen
• Ausführen	Alle von der waagerechten Bezugsebene ausgehenden Maße anreißen, alle von der senkrechten Bezugsebene ausgehenden Maße anreißen, Bohrungsmitten ankörnen, Kontrollkreis schlagen, Kontrollkörnerpunkte setzen
Die **Kontrolle** umfaßt	Erklärung
• werkstückbezogenes Prüfen	Richtiges Übertragen von der Zeichnung auf das Werkstück (Maße, Form,); Wahl der Bezugsebenen, Qualität der Anreißlinien und Körnungen
• Termin u. Kosten	Verrichten des Arbeitsvorganges zum richtigen Zeitpunkt und im vorgegebenen Zeitrahmen; Wahl der kostengünstigsten Methode u.a.m.

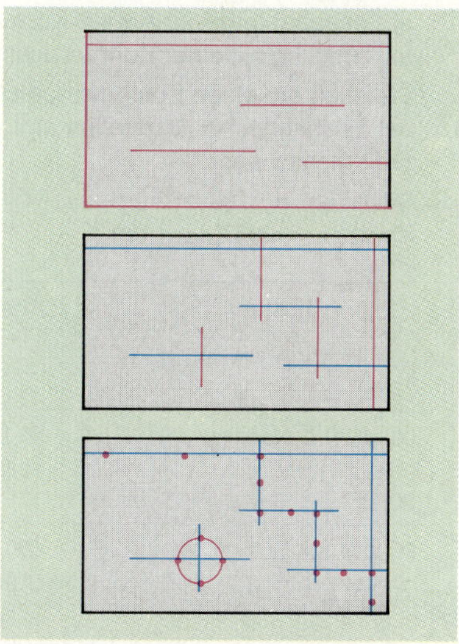

Abb. 5: Durchgeführte Anreißarbeit

Hohe Lohnkosten können bei ausreichender Stückzahl durch den Einsatz von **Anreißschablonen** oder **Bearbeitungsvorrichtungen** gesenkt werden (Abb. 1). Da aber auch diese Betriebsmittel Kosten verursachen, lohnt sich der Aufwand nur, wenn die Vorrichtungskosten durch eine höhere Stückzahl aufgefangen werden können (vgl. Abb. 2).

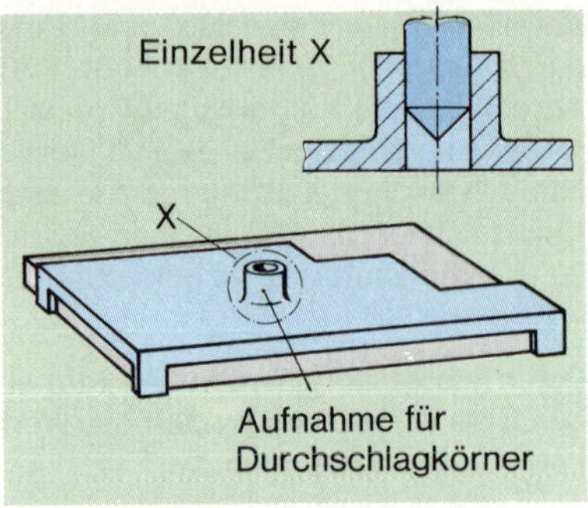

Abb. 1: Kennzeichnen mit Schablone

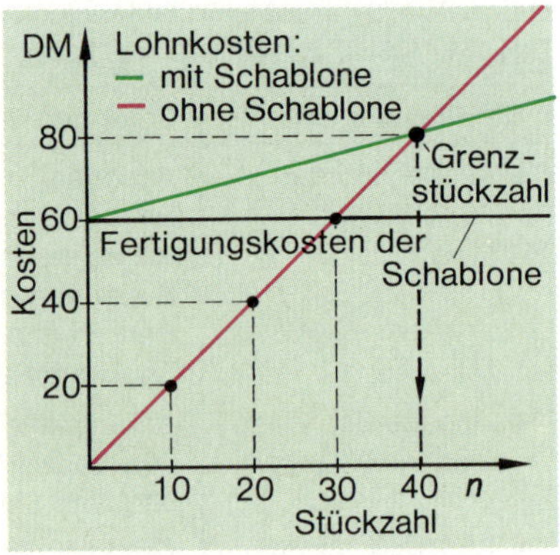

Abb. 2: Kostenvergleich bei Einsatz einer Anreißschablone

Unfallverhütung

Durch Beachten der **U**nfall**v**erhütungs**v**orschriften **(UVV)** werden Sach- und Personenschäden vermieden!

- Spitzen von Reißnadeln u.ä. durch z.B. Korken sichern,
- Reißnadeln, Zirkel und Körner **nicht** in die Arbeitskleidung stecken.

Aufgaben

1. Welchen Zweck erfüllt das Anreißen für die Fertigung?
2. Erklären Sie anhand eines Beispiels die Funktion der Bezugsebenen.
3. Für welche Anreißaufgaben eignen sich besonders Filzstifte, Stangenzirkel und Prismenstücke?
4. Nennen Sie einige Anreißfehler und erläutern Sie ihre Folgen.
5. Geben Sie Möglichkeiten bei der Arbeitsplanung an, um Einsparung an lohnintensiver Anreißarbeit zu erreichen.
6. Für das in Abb. 3 dargestellte Werkstück ist durch die Nachkalkulation (Kontrolle der Fertigungskosten) für die Stückzahl n = 300 eine andere Fertigungsmethode vorgeschlagen worden, als von der Arbeitsplanung vorgegeben wurde.

   Für welche Möglichkeiten könnten Sie sich entscheiden?
   a) Fertigung mit einer Anreiß-Körnvorrichtung,
   b) Fertigung mit einer Bohrvorrichtung

   Erstellen Sie einen Kostenvergleich (s. Abb. 2). Wählen Sie bei zeichnerischer Darstellung folgenden Maßstab der Koordinatenachsen:

   Stückzahl n : 100 ≙ 2 cm
   Kosten 100 DM ≙ 1 cm

Fertigungskosten/Stück	Kosten der Vorrichtung
0,30 DM für Anreißen und Körnen	—
0,05 DM für Körnen (Anreißen entfällt), 1,20 DM für Bohren	50 DM für Ankörnvorrichtung
1,00 DM für Bohren in Bohrvorrichtung	400 DM für Bohrvorrichtung

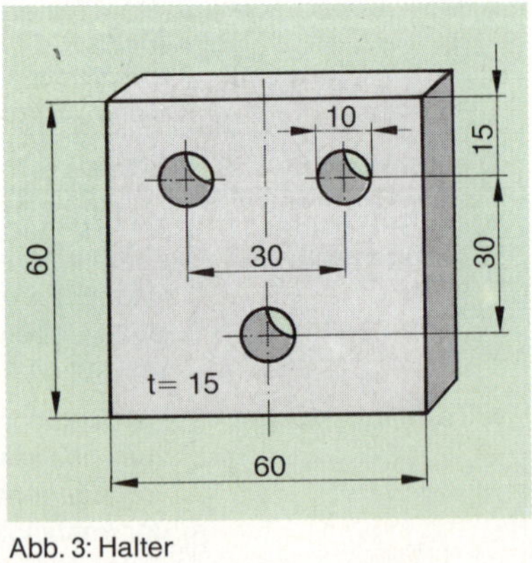

Abb. 3: Halter

1.2.2 Trennen

Gemeinsames Merkmal aller Trennverfahren ist, daß die **Ausgangsform** eines Werkstückes größer ist als die **Endform.**

Zur Unterscheidung der einzelnen Verfahren wird die Hauptgruppe Trennen in Untergruppen eingeteilt (Tab. 1.13). Diese Verfahren können manuell[1] oder maschinell zur Anwendung kommen. In der Metalltechnik bilden die Untergruppen **Zerteilen** und **Spanen** einen wichtigen Schwerpunkt.

Zerteilen ist Trennen auf mechanischem Weg zur Änderung der Werkstückform ohne Entstehen von Spänen.

Der beim Zerteilen verbleibende Werkstoffrest (Abfall) hat eine bestimmte geometrische Form. Sein innerer Zusammenhalt bleibt erhalten und kann deshalb weiterverarbeitet werden.

Spanen ist Abtrennen von Werkstoffteilchen (Spänen) auf mechanischem Weg zur Änderung der Werkstückform.

Die Werkstoffteilchen haben keinen festen Zusammenhalt mehr und fallen als Späne (formloser Stoff) an. Späne sind Abfall und können nur durch Abfallrückgewinnung (Recycling) dem Produktionsprozeß wieder zugeführt werden.

Weiteres gemeinsames Merkmal von Zerteilen und Spanen ist, daß der in den Werkstoff eindringende Körper die Form eines **Keils** hat (Abb. 4 und 5).

Die einwirkende Kraft F_c[2] hebt über die Seitenfläche(n) des Keils den Zusammenhalt des Werkstoffes an der Wirkstelle auf.

Die **Keilschneide** entsteht durch das Zusammentreffen der beiden Seitenflächen des Keils. Durch die Neigung der Seitenflächen ergibt sich der **Keilwinkel** β.

Beim **Zerteilen** und **Spanen** wird der Werkstoffzusammenhalt durch die eindringende **keilförmige Werkzeugschneide** aufgehoben.

Das Eindringen des Schneidkeils erfordert mechanische Energie. Sie kommt als Schnittarbeit $W_c = F_c \cdot f_c$ zur Wirkung.

Die **Schnittbewegung** ist die Bewegung an der Wirkstelle zwischen Werkstück und Werkzeug. Sowohl das Werkzeug als auch das Werkstück können diese Bewegung ausführen (Abb. 6 u. 7). Die Trennwirkung der Werkzeuge wird dadurch nicht verändert.

Es hängt von der Zweckmäßigkeit der Bearbeitung ab, ob das Werkstück oder das Werkzeug die Schnittbewegung ausführt. Die Geschwindigkeit, mit der man die Schnittbewegung (Schnittweg pro Zeit) ausführt, wird als Schnittgeschwindigkeit v_c bezeichnet.

Das zeitabhängige Eindringen des Keils erfordert eine mechanische Leistung, d.h. Kraft und Geschwindigkeit. Sie kommt als Schnittleistung $P_c = F_c \cdot v_c$ zur Wirkung.

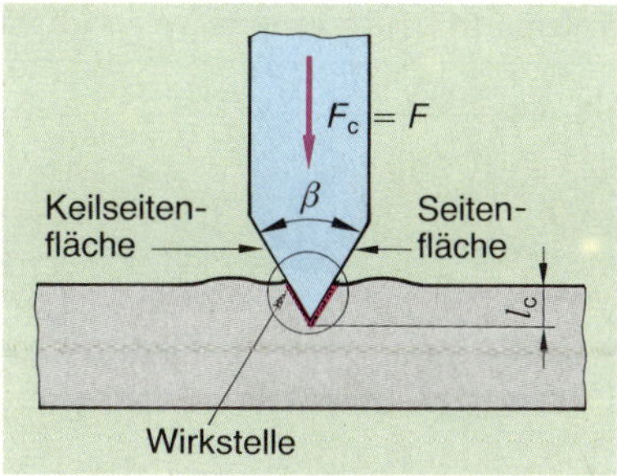

Abb. 4: Zerteilender Keil

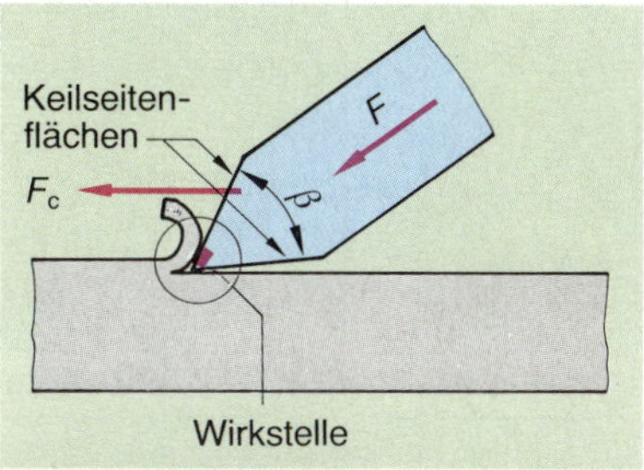

Abb. 5: Spanender Keil

Abb. 6: Bohrmaschine – Werkzeug dreht sich

Abb. 7: Drehmaschine – Werkstück dreht sich

[1] manuell: mit der Hand (lat. manus: die Hand)

[2] Index c von F: c von to cut (engl.) = schneiden, trennen
f_c ist die Bezeichnung für den Schnittweg.

Tabelle 1.13: Trennverfahren nach DIN 8580 (Auswahl)

Untergruppe	Ausgangsform	Endform	Fertigungsmittel
Zerteilen	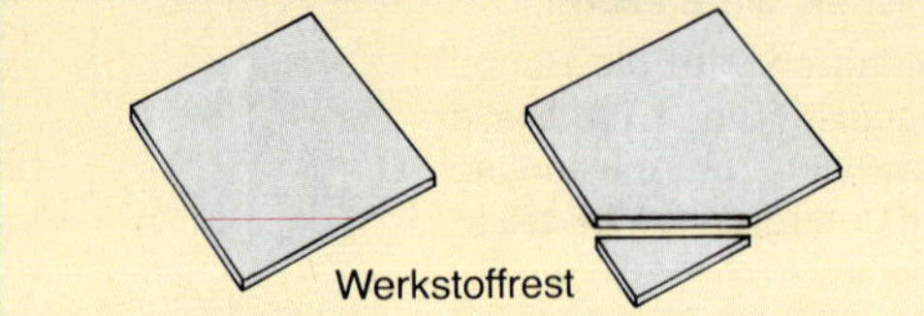		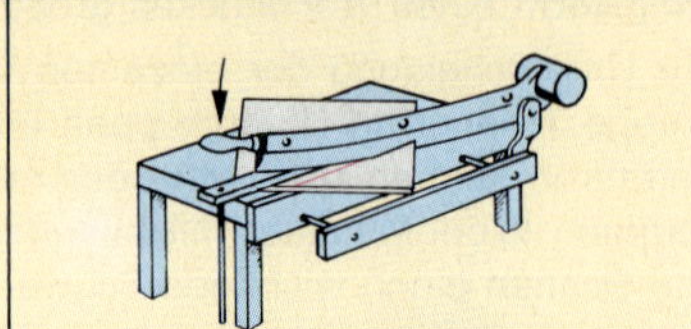
Spanen	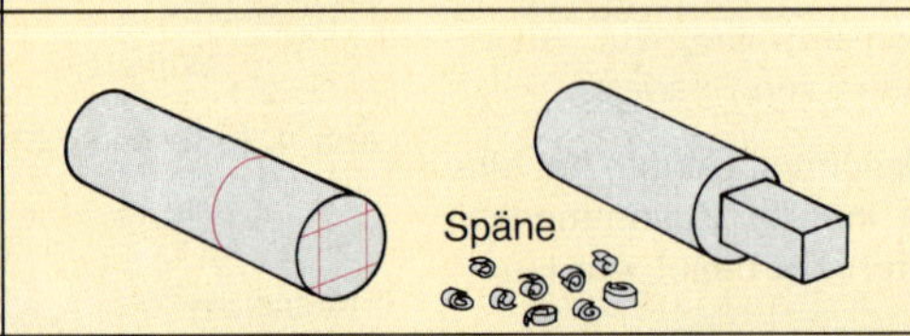		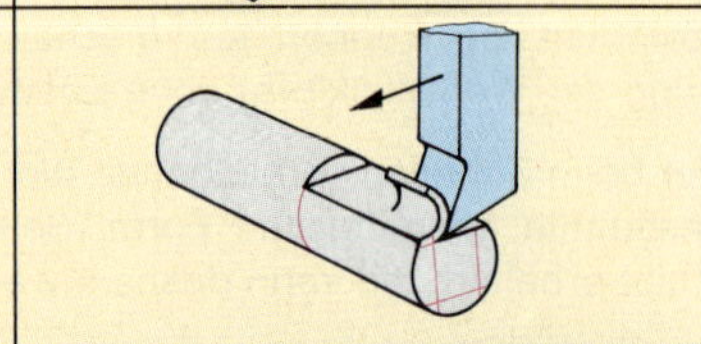
Abtragen	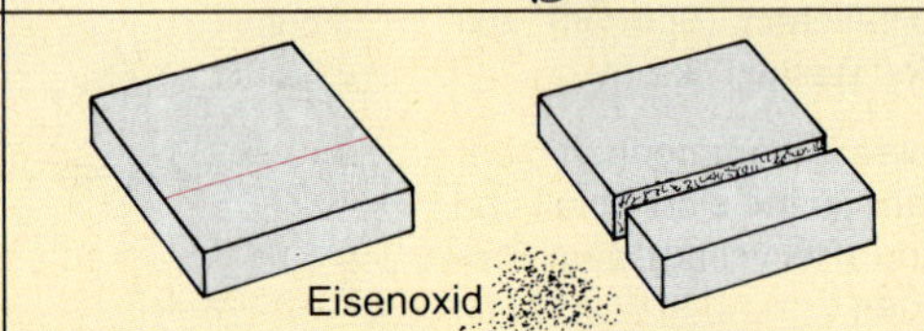		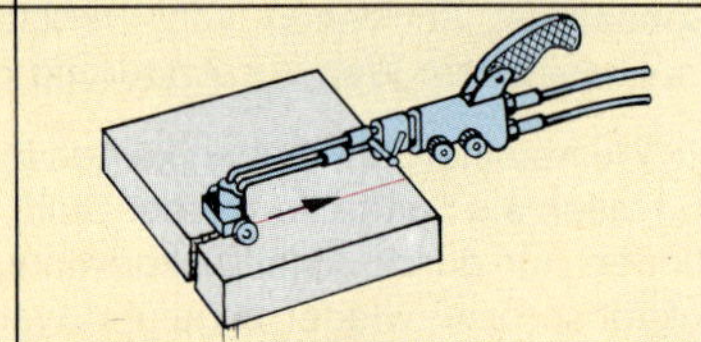
Zerlegen	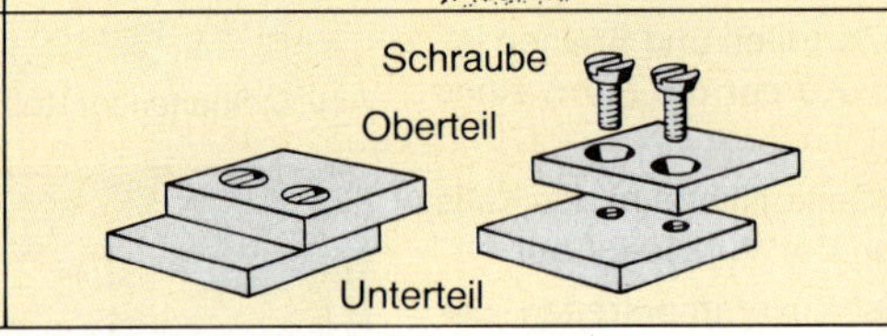		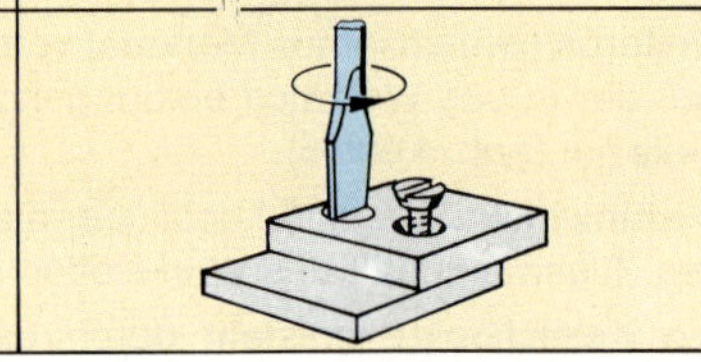

1.2.2.1 Zerteilen

Beim Zerteilen erhält das Werkstück auf spanlosem Weg seine Form durch Keil- oder Scherschneiden; in seltenen Fällen durch Reißen oder Brechen. Reißen oder Brechen erfolgt nicht durch einen Keil als Werkzeugschneide, sondern durch Einwirkung einer hohen, werkstofftrennenden Spannung (Zug, Biegung) an der Trennstelle des Werkstücks.

1.2.2.1.1 Keilschneiden

Der Werkstoffzusammenhalt wird beim Keilschneiden durch Überwindung der Werkstoffestigkeit aufgehoben.

Der **Keil** dringt, bedingt durch eine genügend große Kraft F_c, in den Werkstoff ein. Das **Eindringen** zeigt sich am Werkstück zunächst als **Einkerbung.** Beim weiteren Vordringen des Keils wird noch mehr Werkstoff **eingeschnitten** und zur Seite **verdrängt,** so daß durch das Aufstauchen eine leichte **Verformung** auf der Oberfläche oder seitlich zu beobachten ist.

Läßt sich der Werkstoff wegen seines inneren Zusammenhaltes während des Einschneidens nicht noch mehr zur Seite verdrängen, so führt das weitere Vordringen des Keils zwangsläufig zur **Rißbildung** und schließlich zum **Sprengen** bzw. **Zerteilen** des Werkstücks (Abb. 1). Die Zusammenhangskraft des Werkstoffes ist dann überwunden.

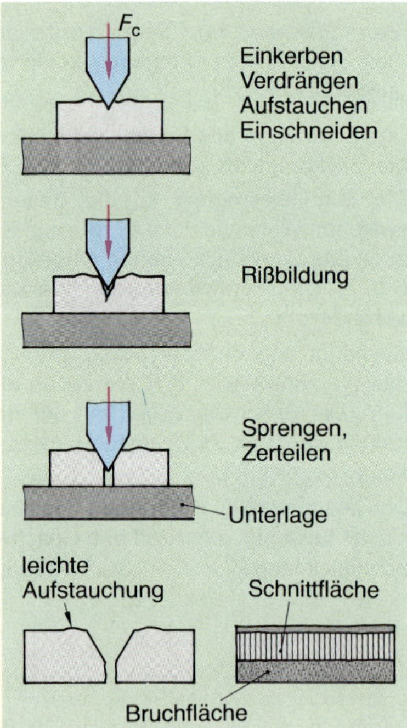

Abb. 1: Keilschneid-Vorgang

Tabelle 1.14: Manuelles und maschinelles Zerteilen

Verfahren	Beispiel	Keilform
Abschneiden 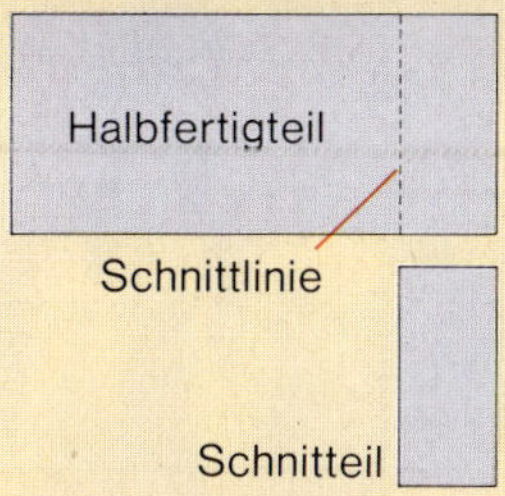	Tafelschere 	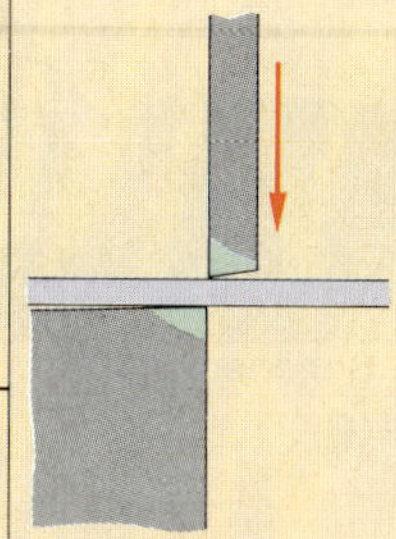
Einschneiden 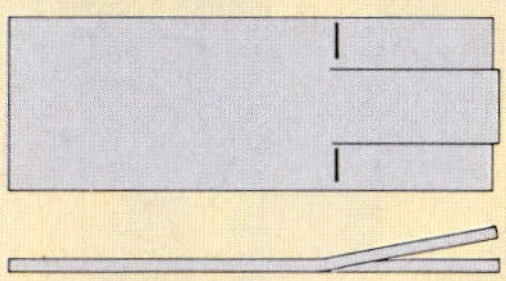	Blechschere 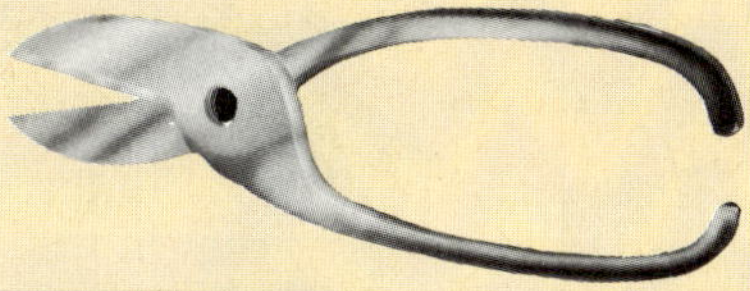	
Lochen 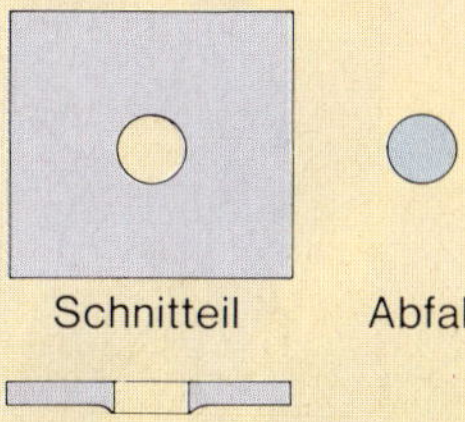	Lochwerkzeug 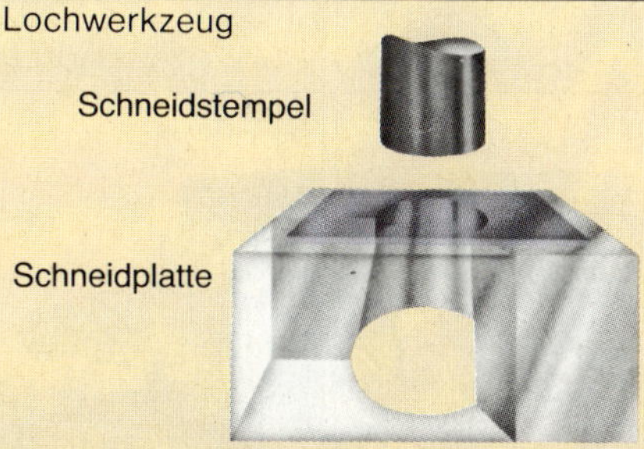	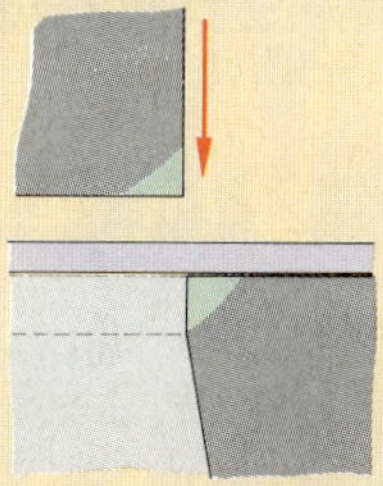
Ausschneiden 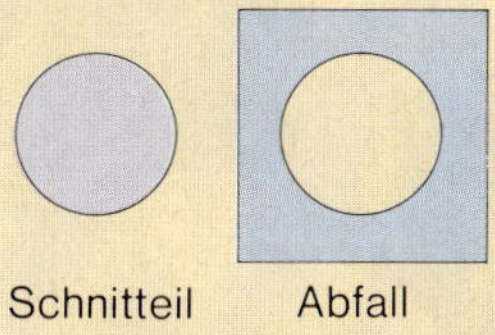	Kreisscheren 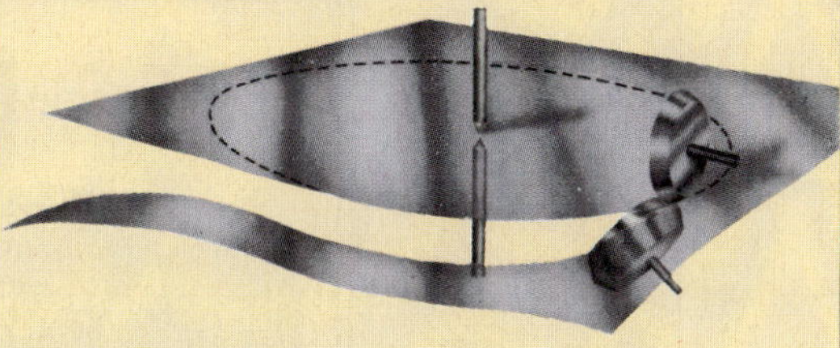	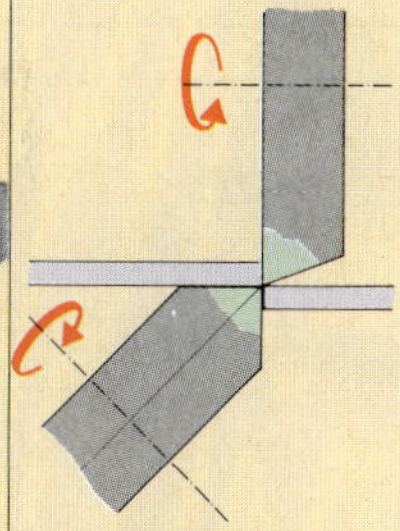
Ausklinken 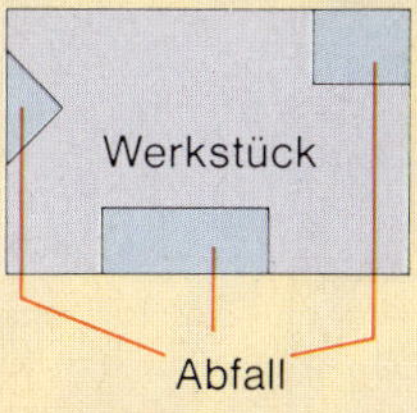	Trennmeißel 	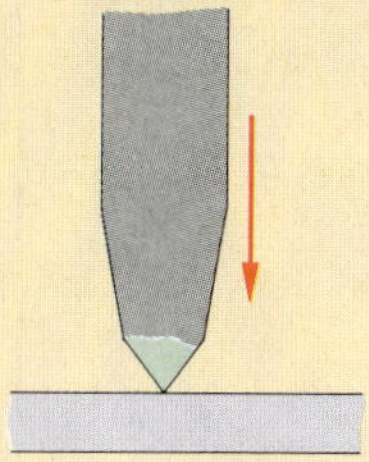

Tabelle 1.15: Manuelles und maschinelles Spanen

Verfahren Beispiel	Keilform	Verfahren Beispiel	Keilform
Meißeln 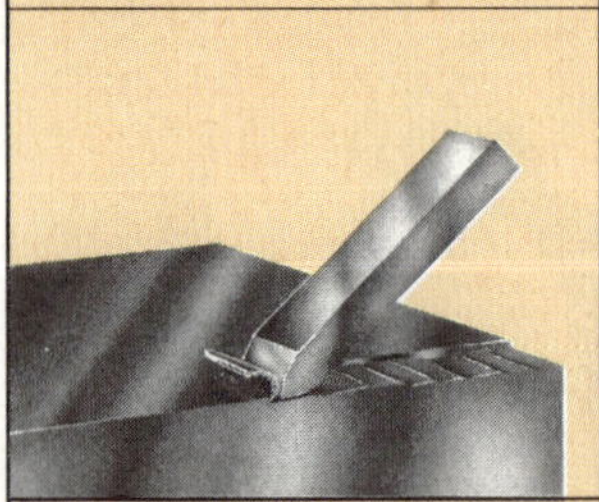		Hobeln 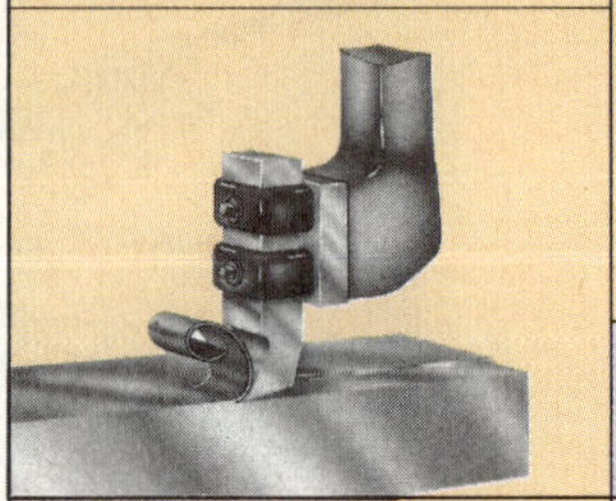	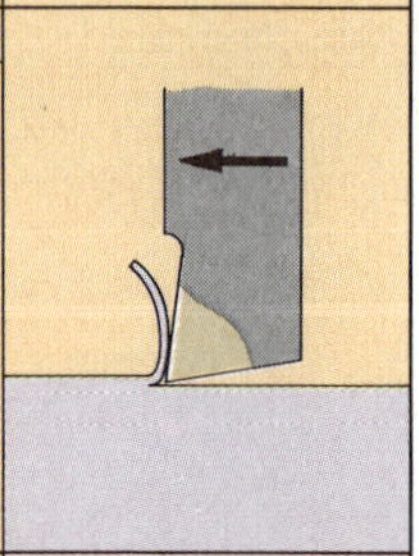
Schaben 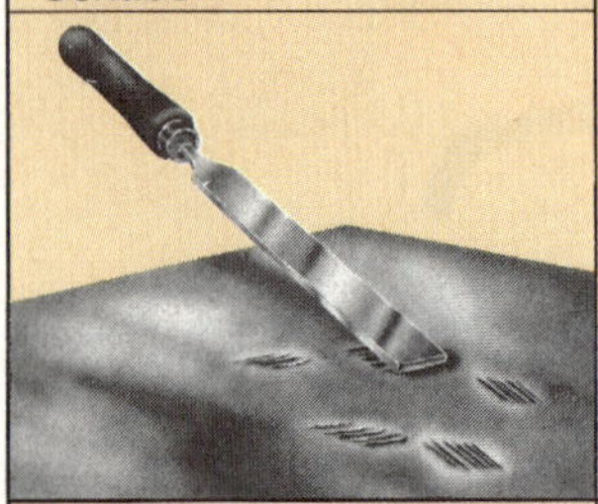	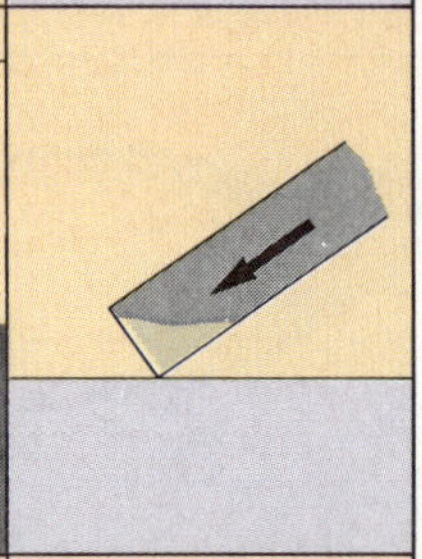	Bohren 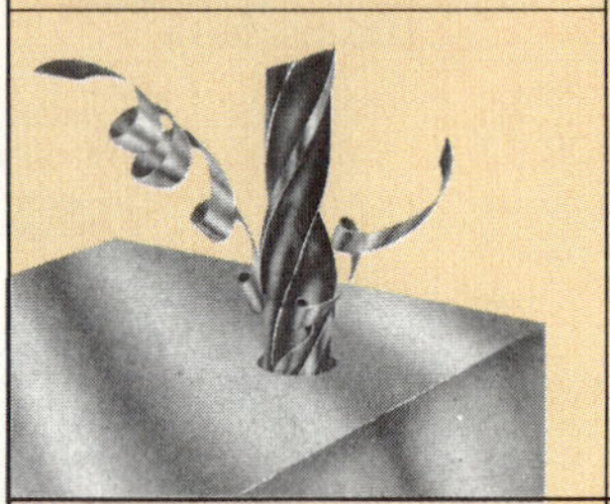	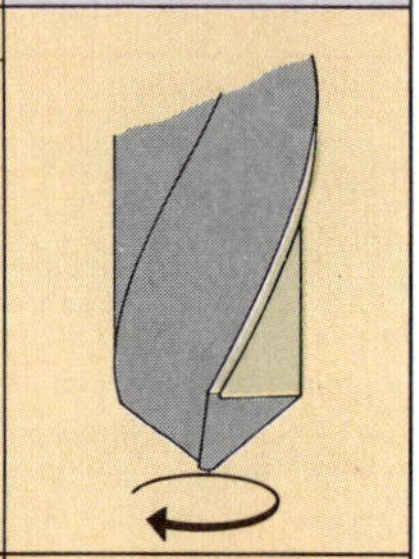
Sägen 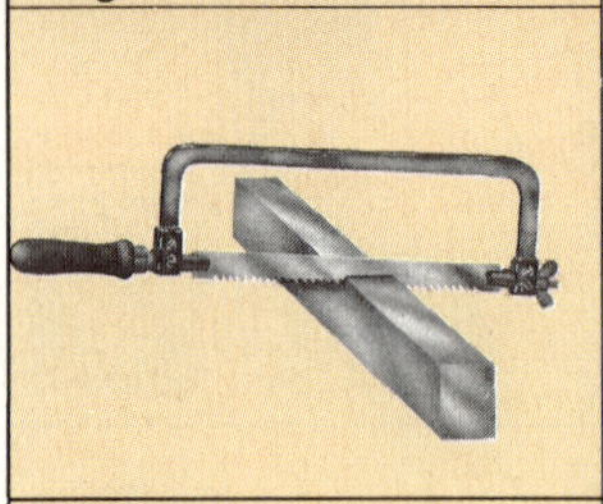	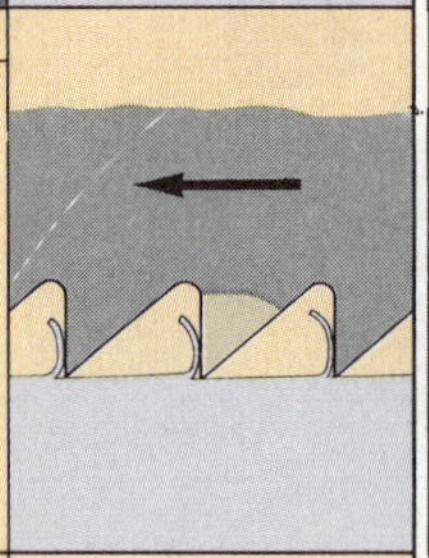	Drehen 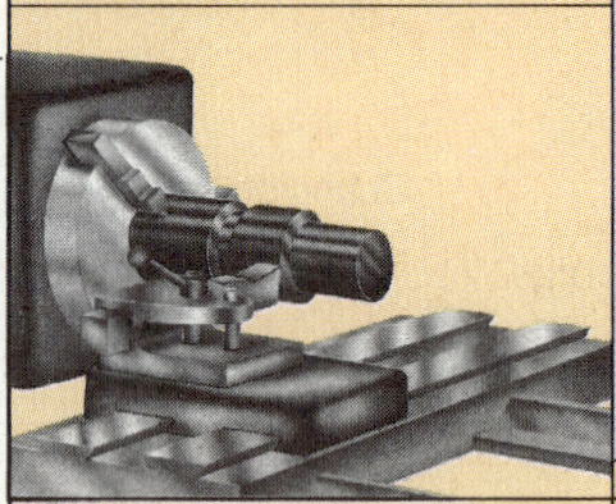	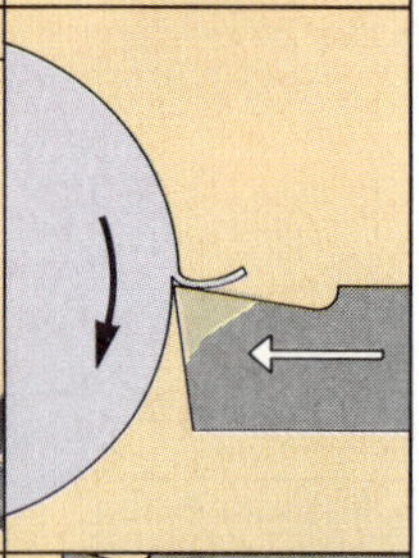
Feilen 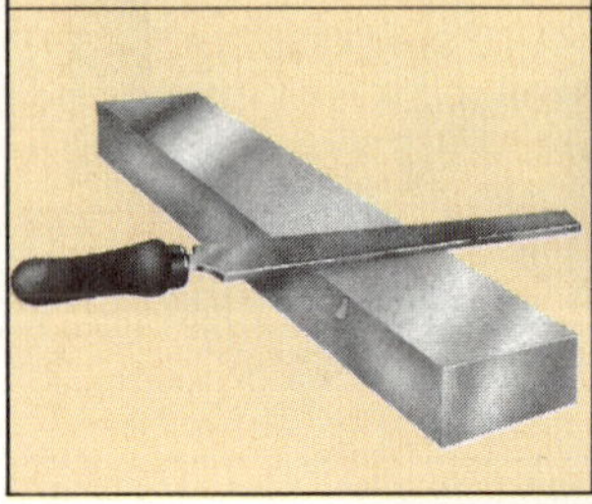	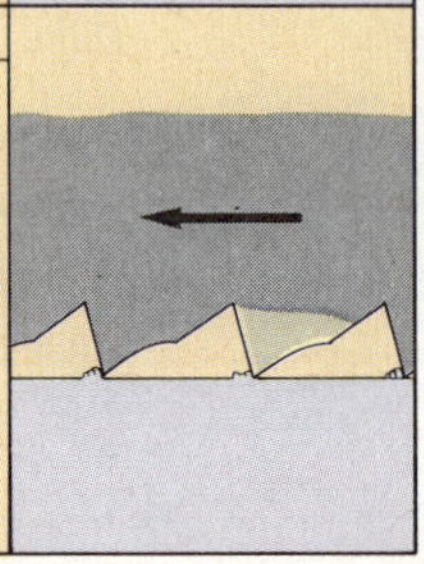	Fräsen 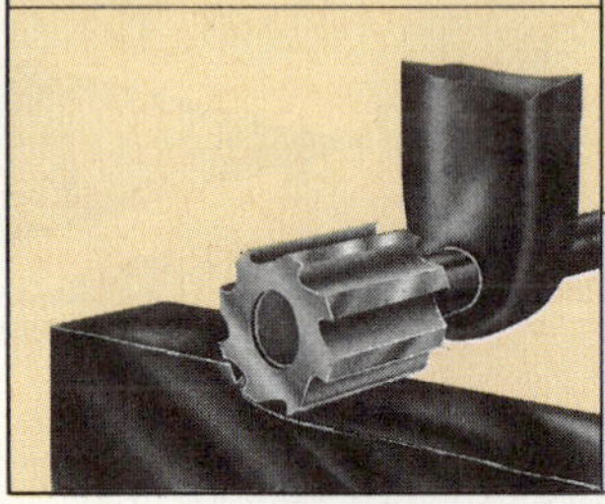	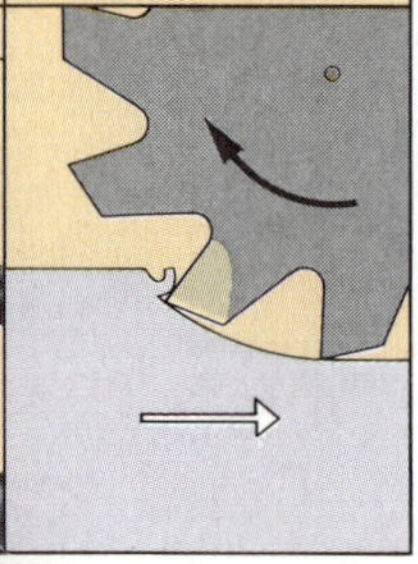
Schleifen 	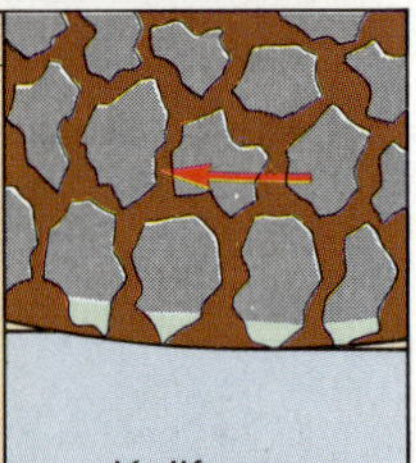 Keilform unbestimmt		

Die Keilform der Werkzeugschneide macht es möglich, daß die Kraft F_c

- über die Seitenflächen des Keils auf den Werkstoff **umgelenkt** wird;
- die Seitenkräfte F_s und Trennkräfte F_t **erzeugt.**

Durch die Symmetrie des Keils bedingt, verteilt sich die Schnittkraft F_c je zur Hälfte auf die beiden Seitenflächen. Die zugehörigen **Kräfteparallelogramme** zeigt die Abb. 1.

Es kann einmal aus F_c und aus den Wirkungslinien von F_{s1} und F_{s2}, die senkrecht zu den Keilseitenflächen verlaufen und sich im Fußpunkt von F_c schneiden, das Kräfteparallelogramm von F_c, F_{s1} und F_{s2} gebildet werden. Die waagerecht wirkende Trennkraft F_{t1} (F_{t2}) ist eine Komponente des Kräfteparallelogramms mit F_{s1} (F_{s2}) als Resultierende und der halben Schnittkraft $F_c/2$ als der zweiten Komponente.

Der Keil dient beim Zerteilen als Mittel zur Kraftumlenkung.

Die Trennkraft F_t kann durch **Änderung der Schnittkraft** F_c und durch **Änderung des Keilwinkels** β verändert werden:

- **Bei wachsender Schnittkraft** F_c nimmt die Trennkraft F_t verhältnisgleich (proportional) zu.
- **Bei gleichbleibender Schnittkraft** F_c und zunehmendem Keilwinkel β nimmt die Trennkraft F_t ab.

Versuch: Kraftwirkung am Keil

Bei konstantem Keilwinkel $\beta = 60°$ wird die Schnittkraft zwischen $F_c = 10$ N und $F_c = 20$ N verändert. Schnittkraft und Trennkraft werden jeweils gemessen.

Bei konstanter Schnittkraft $F_c = 10$ N wird der Keilwinkel von $\beta = 20°$ bis $\beta = 70°$ verändert. Keilwinkel und Trennkraft werden jeweils gemessen.

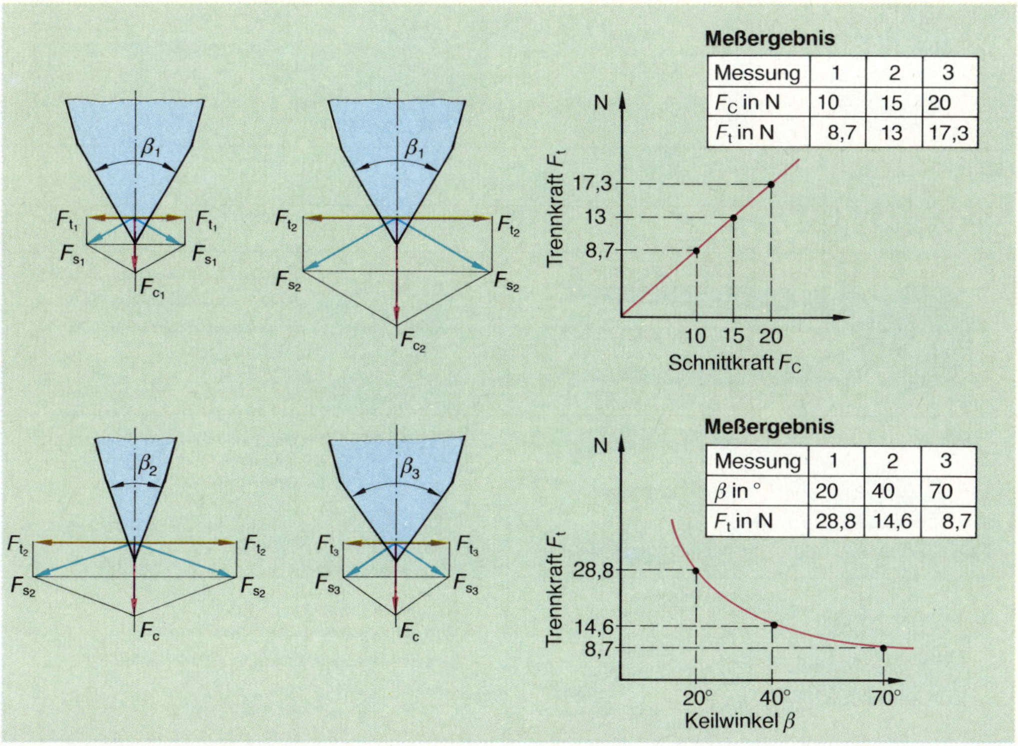

Meßergebnis

Messung	1	2	3
F_C in N	10	15	20
F_t in N	8,7	13	17,3

Meßergebnis

Messung	1	2	3
β in °	20	40	70
F_t in N	28,8	14,6	8,7

Abb. 1: Keilkräfte, Versuchsergebnisse

Keilschneidwerkzeuge

Keilschneidwerkzeuge sind ein- oder zweischneidig (Abb. 1). Bei **einschneidigen Werkzeugen** (Messerschneiden) erfolgt das Trennen von einer Bearbeitungsseite aus. Die Unterlage dient als Widerstandsfläche (Abb. 2).

Bei **zweischneidigen Werkzeugen** (Beißschneiden) bewegen sich die Schneiden aufeinander zu. Der Trennvorgang erfolgt gleichzeitig von beiden Seiten aus (Abb. 3).

Werkzeuge zum **Messerschneiden** (z. B. Lochmeißel) haben teilweise nur eine auf den Werkstoff unmittelbar einwirkende Seitenfläche. Die in der Trennebene liegende zweite Seitenfläche des

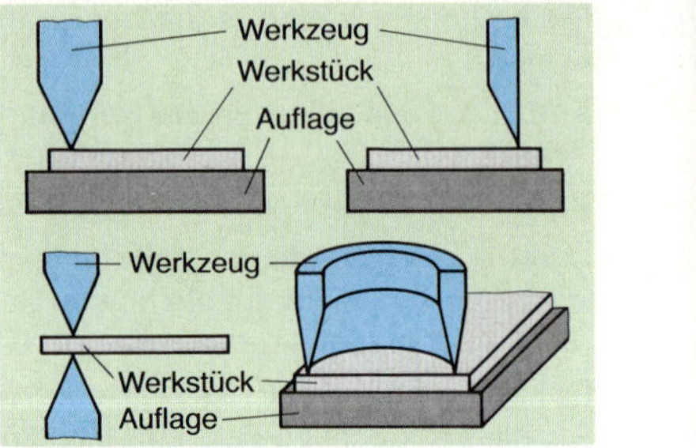

Abb. 1: Keilschneiden

Werkzeug	Verwendungszweck
Flachmeißel 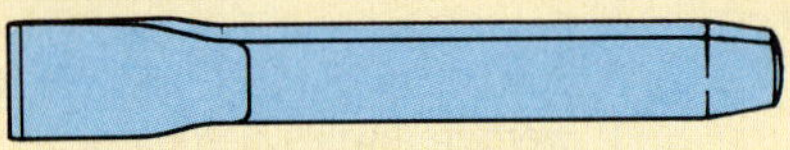	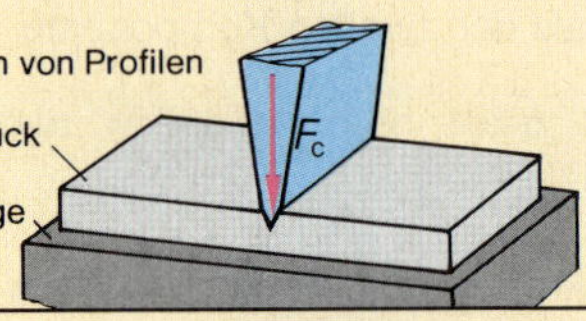
Lochmeißel 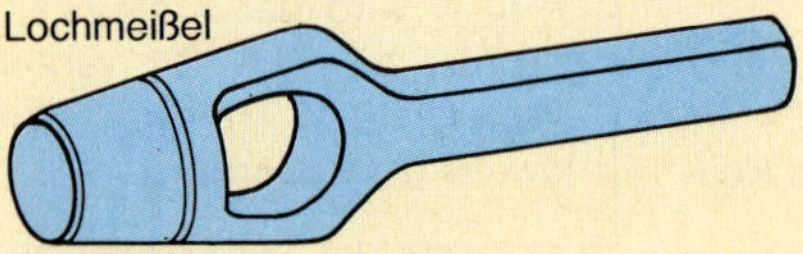	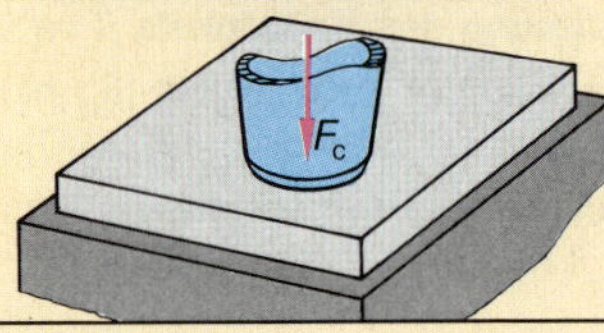
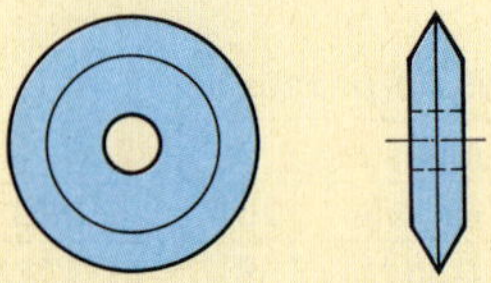 Rundmesser	Rohrschneider 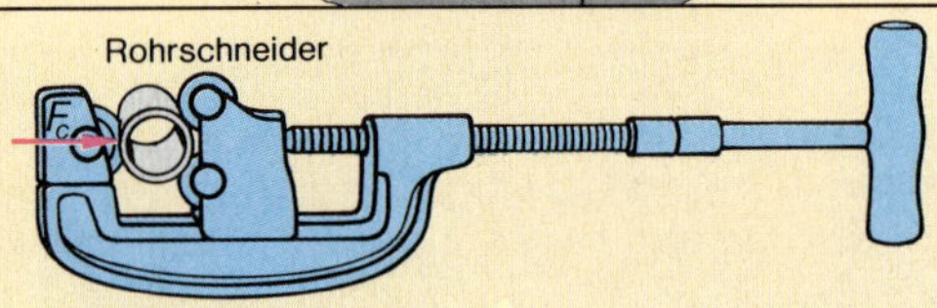

Abb. 2: Messerschneidwerkzeuge, einschneidig

Werkzeug	Erläuterungen
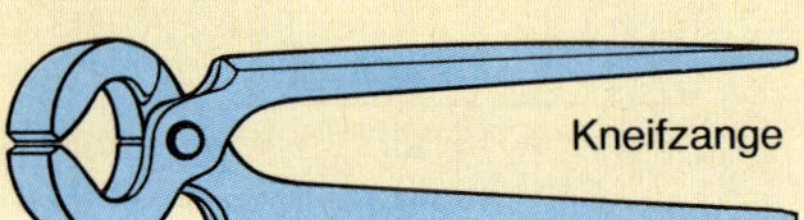 Kneifzange	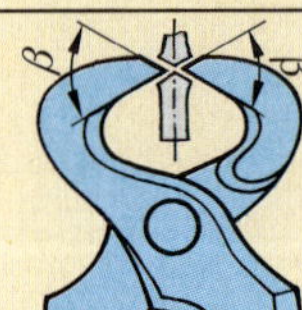 Genormt in DIN 5241, Bezeichnung nach Gesamtlänge in mm; Beispiel: Zange 250 DIN 5241
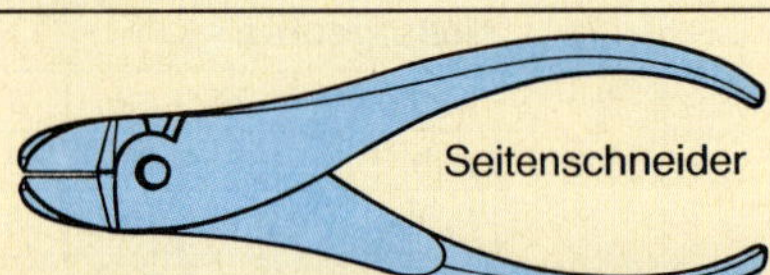 Seitenschneider	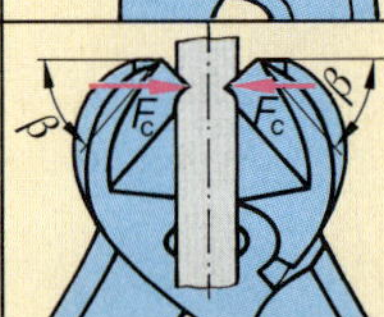 Genormt in DIN 5238 (zwei Ausführungen A und B), Bezeichnung nach Ausführung und Gesamtlänge in mm. Beispiel: Seitenschneider B 160 DIN 5238
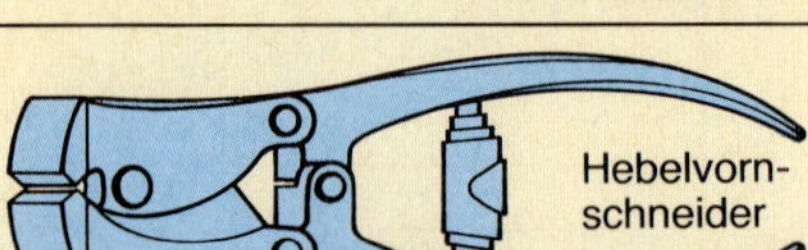 Hebelvornschneider	Genormt in DIN 5239 Bezeichnung nach Gesamtlänge in mm. Beispiel: Hebelvornschneider 210 DIN 5239

Abb. 3: Beißschneidwerkzeuge, zweischneidig

Keils ist dann eine freiliegende Fläche (Freifläche). Sie sind vorwiegend geeignet zum Zerteilen weicher und dünner Werkstücke (Abb. 4).

Die Werkstoffeigenschaften des Wirkpaares (Werkzeug u. Werkstück) sind für Auswahl und Einsatzdauer der Werkzeuge maßgebend.

Einsatzdauer oder **Standzeit** ist der Zeitraum, den eine Schneide **ununterbrochen,** d.h. ohne vorzeitig zu verschleißen oder zerstört zu werden, im **Einsatz** ist.

Demnach gilt für den Keilwinkel am Werkzeug bei **ausreichender Standzeit der Schneide** für das Trennen:

Je höher die Werkstoffestigkeit des Werkstückes, desto größer der erforderliche Keilwinkel am Schneidkeil.

Die Größe des Keilwinkels beeinflußt die Trennwirkung am Werkstück.

Demnach gilt für den Keilwinkel am Werkzeug bei möglichst **geringem Kraftaufwand** F_c für das Trennen:

Je kleiner der Keilwinkel am Schneidkeil, desto größer die Trennwirkung.

Aus **wirtschaftlichen** Gründen ist ein Abstimmen beider Bedingungen notwendig:

- Der Keilwinkel soll **so klein wie möglich** sein, um eine hohe Trennwirkung zu erzielen.
- Der Keilwinkel soll **so groß wie nötig** sein, um eine wirtschaftliche Standzeit zu erreichen.

Ausreichende Standzeit ist wichtiger als geringer Kraftaufwand.

Die Standzeit ist aber nicht nur abhängig von Keilwinkel und Werkstückfestigkeit, sondern auch von den Eigenschaften des **Werkzeugwerkstoffes** (z.B. unlegierter, niedrig- oder hochlegierter Werkzeugstahl). Ebenso vermindert eine hohe Geschwindigkeit beim Schneiden durch entstehende **Reibungswärme** die Standzeit.

Unfallverhütung

Keilschneiden ist oft Handarbeit. Deshalb ist auf Benutzung **einwandfreier Werkzeuge, ausreichende Übung,** z.B. mit Hammer und Meißel, sowie auf **Einhaltung der Vorschriften zur Unfallverhütung (UVV[1])** zu achten.

- Nur Hämmer mit einwandfreien und fest verkeilten Stielen verwenden,
- nur Meißel ohne Bart (Grat) verwenden,
- auf richtige Meißelhaltung achten,
- wegen der Rückschlagwirkung keine gehärteten Unterlagen benutzen,
- Zangen nicht zum Trennen in den Schraubstock spannen,
- Zangenhebel nicht durch Aufstecken von Rohren verlängern,
- darauf achten, daß die Werkstücke entgratet werden.

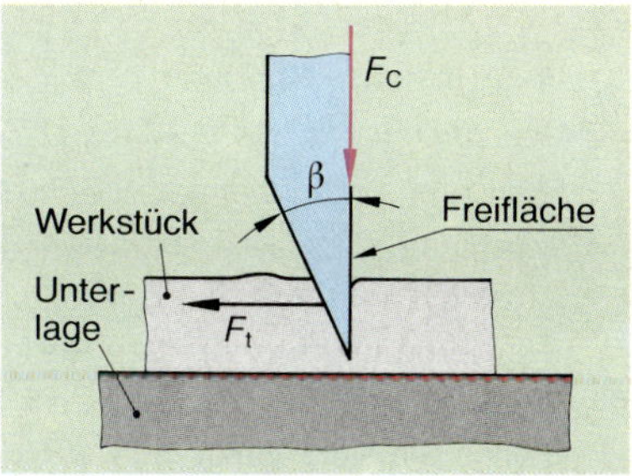

Abb. 4: Keilschneiden

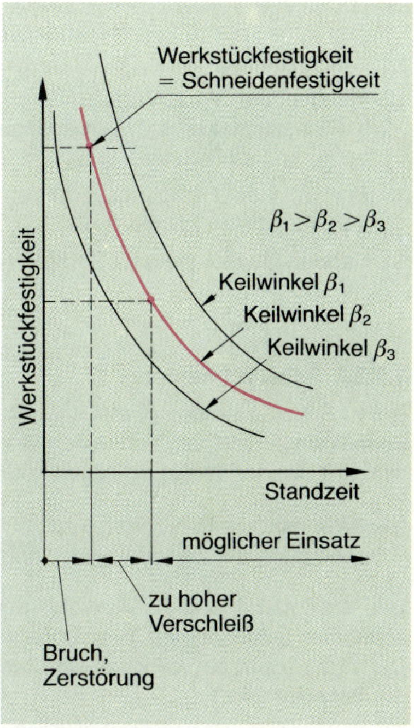

Abb. 5: Standzeit in Abhängigkeit von der Werkstückfestigkeit

[1] UVV = Unfallverhütungsvorschriften der Berufsgenossenschaften

Aufgaben

1. Was verstehen Sie unter Zerteilen?
2. Beschreiben Sie die Vorgänge beim Keilschneiden.
3. Skizzieren und benennen Sie die Kräfte am Schneidkeil.
4. Wie muß der Keilwinkel bei steigender Werkstückfestigkeit verändert werden?
5. Skizzieren und beschreiben Sie die Arten des Keilschneidens.
6. Stellen Sie skizzenhaft die Veränderung der Trennkraft für zwei verschieden große Keilwinkel dar.
7. Welche Überlegungen sind zur Vorbereitung (Planung) eines Fertigungsvorganges **Keilschneiden** anzustellen?
8. Was bedeutet »wirtschaftlicher Keilwinkel«?
9. Welche Veränderung ist am Keilwinkel möglich, wenn ein Werkstück im warmen Zustand zerteilt werden soll?
10. Wie gliedert sich das Fertigungsverfahren Trennen nach DIN 8580?
11. Erläutern Sie die Begriffe Endzustand, Halbfertigteil, Wirkpaar, Wirkenergie.
12. Machen Sie Vorschläge, an welchen Sachverhalten ein wirtschaftlicher Einsatz von Keilschneidwerkzeugen zu kontrollieren sein könnte.
13. Bei welchen Fertigungsverfahren erfordert das Trennen durch Zerteilen keinen Keil?
14. Nennen Sie Beispiele für Zerteilen mit dem Flachmeißel.

Tabelle 1.16: Keilwinkel für Keilschneidwerkzeuge

Werkstoff	Keilwinkel β
Leder, Papier	16° ... 18°
Aluminium weiche Al- und Mg-Legierungen weiche Kunststoffe	35° ... 40°
Kupfer weiche Cu-Legierungen	50° ... 60°
weicher Stahl weicher Stahlguß	65° ... 70°
hochfester Stahl harte Cu-Legierungen Ni-Legierungen	75° ... 85°

1.2.2.2 Scherschneiden

Beim Scherschneiden wird das Werkstück **zwischen zwei Schneiden** zerteilt. Die Schneiden sind so angeordnet, daß sie sich aneinander vorbei bewegen können.

Der Werkstoffzusammenhalt wird beim Scherschneiden durch Überwindung der Scherfestigkeit aufgehoben.

Den Widerstand, den ein Werkstoff dem Trennen durch Scherschneiden entgegensetzt, bezeichnet man als Scherwiderstand. Demnach besitzt ein Werkstoff eine Festigkeit gegen Abscheren, die **Scherfestigkeit** τ_{aB}.

Unter einer genügend großen Kraft F_c dringen beide Werkzeugschneiden gleichzeitig in den Werkstoff ein. Durch das Eindringen wird an der Werkstückoberfläche eine **Einkerbung** erzeugt.

Bei bewegtem oberen Schermesser dringt dieses weiter quer zu den Werkstoffasern ein. Dabei wird jedoch kein Werkstoff verdrängt (wie beim Keilschneiden), sondern ein Teil der Werkstoffasern zunächst **geschnitten.**

Da der Werkstoff während des Einschneidens immer mehr quer verschoben wird, **zerreißen** die restlichen Werkstoffasern durch Überwindung der Werkstoffestigkeit. Dabei entsteht eine rauhe, körnige Bruchfläche (Abb. 1 und 4).

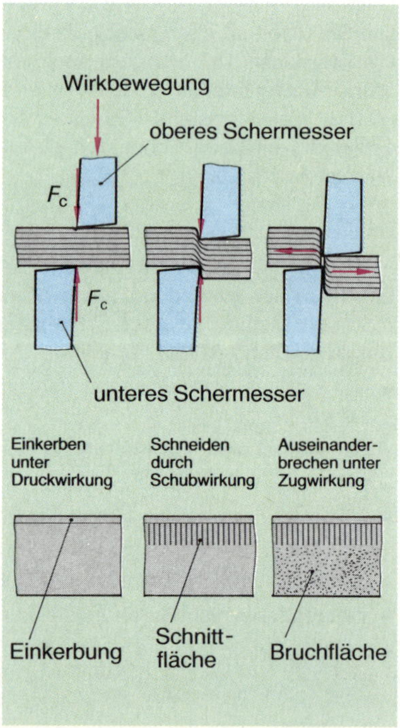

Abb. 1: Schervorgang mit Scherfläche

Beim Trennen von Werkstücken gleichen Werkstoffs und gleich großer Trennfläche ist die Trennkraft beim Scherschneiden geringer als beim Keilschneiden.

Die Scherfestigkeit τ_{aB} beträgt nur etwa 80% der maximalen Werkstoffestigkeit (Zugfestigkeit) R_m.

Tabelle 1.17: Scherfestigkeit einiger Werkstoffe

Werkstoff	Zugfestigkeit R_m in N/mm²	Scherfestigkeit τ_{aB} in N/mm²
Al, Al-Leg.	70 ... 180	60 ... 150
Cu, Cu-Leg.	180 ... 700	150 ... 560
Stahl St 37	360 ... 440	280 ... 350
Stahl St 50	490 ... 590	390 ... 470

Die für das Scherschneiden erforderliche **Scherkraft** F_c ist abhängig von der Größe der **Scherfläche** S und der Scherfestigkeit τ_{aB}. Die Scherfläche S ist das Produkt aus der **Scherlänge** l und der **Scherdicke** t des Werkstücks (Abb. 2).

Mit zunehmender Sprödigkeit und Härte nimmt die Scherbarkeit eines Werkstoffes ab. Das gilt insbesondere für Nichteisen-Legierungen und Stähle mit mehr als 0,6% Kohlenstoff-Gehalt (Abb. 3).

Mit zunehmendem Kohlenstoff-Gehalt erhöht sich die Härte und vermindert sich die Scherbarkeit von Stahl.

Die Verminderung der Scherbarkeit zeigt sich so, daß die Anteile von Einkerbung und Schnitt abnehmen. Entsprechend nimmt der Bruchanteil zu (Abb. 5).

Werkzeuge zum Scherschneiden

Die beiden Schermesser kann man als einen in der Mitte geteilten Werkzeugkeil betrachten.

Dabei entstehen zwei neue ebene Flächen, die keine Kräfte übertragen. Weil jede dieser Flächen frei von Krafteinwirkung sein soll, werden sie als **Freiflächen** bezeichnet. Neigt man die Freifläche, so entsteht ein **Freiwinkel.** Gleichzeitig verringert sich der Keilwinkel. Durch den Freiwinkel erreicht man

- eine Verringerung von Reibung und Werkzeugverschleiß;
- eine Erhöhung der Standzeit und Produktivität.

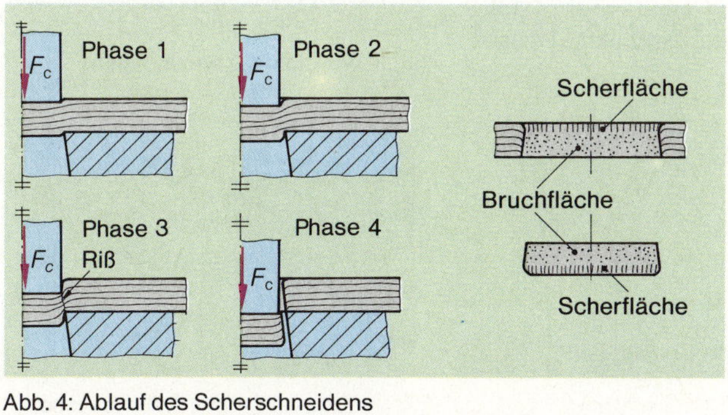

Abb. 4: Ablauf des Scherschneidens

Scherfestigkeit

Formelzeichen τ_{aB}

Einheitenzeichen $\frac{N}{mm^2}$

Scherkraft

Formelzeichen F_c

Einheitenzeichen N

Scherfläche

Formelzeichen S

Einheitenzeichen mm²

$$F_c = \tau_{aB} \cdot l \cdot t$$

$$\boxed{F_c = \tau_{aB} \cdot S}$$

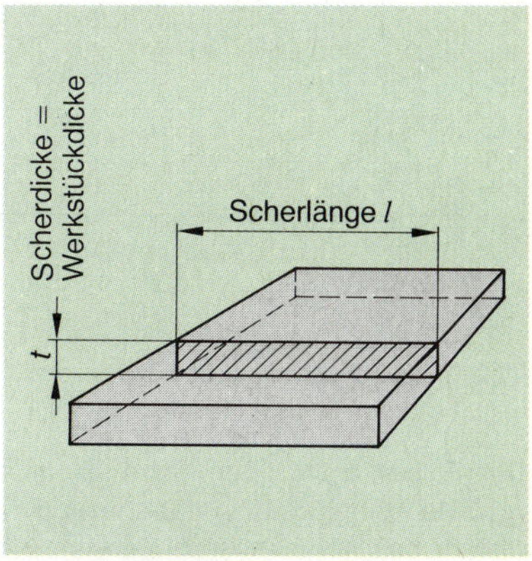

Abb. 2: Scherfläche

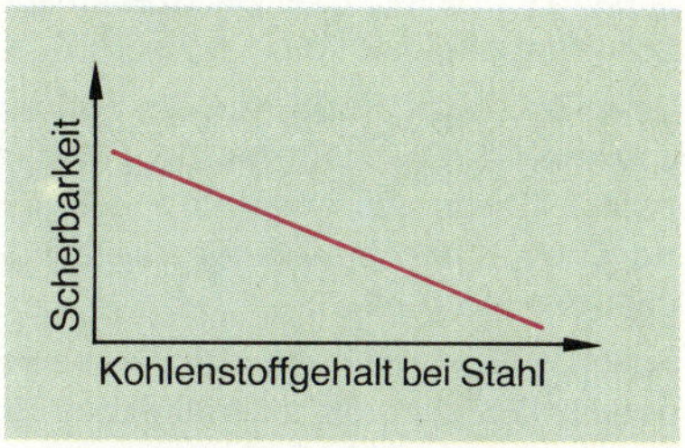

Abb. 3: Scherbarkeit von Stahl

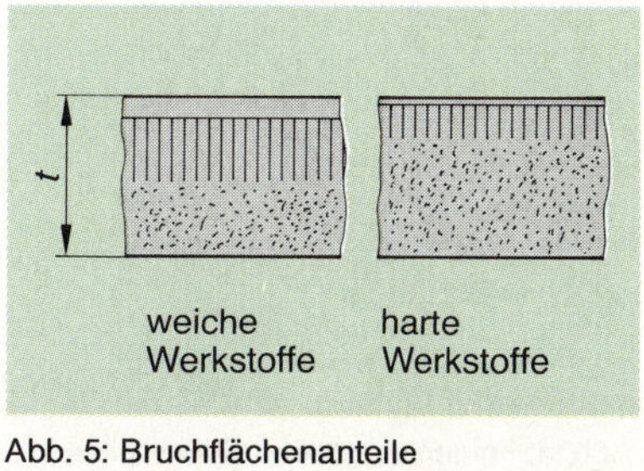

Abb. 5: Bruchflächenanteile

Der Keilwinkel von Scherschneidwerkzeugen beträgt bei ausreichender Standzeit und Trennwirkung bei Handwerkzeugen etwa $\beta = 80° \ldots 85°$; bei Einsatz auf Maschinen bis $\beta = 90°$.

Die Schermesser von Hand- und Maschinenwerkzeugen sind vorwiegend aus Stahl gefertigt (gehärtet und geschliffen). Besonderen Ansprüchen genügen Werkzeuge aus Hartmetallen.

Damit sich die Schneiden nicht gegenseitig beschädigen, sieht man ein **Scherspiel** *a* bzw. einen **Schneidspalt** *u* vor (Abb. 2). Scherspiel oder Schneidspalt sind abhängig von der Scherfestigkeit und der zu trennenden Werkstückdicke.

Je größer Werkstoffestigkeit und Scherdicke, desto größer das Scherspiel bzw. der Schneidspalt.

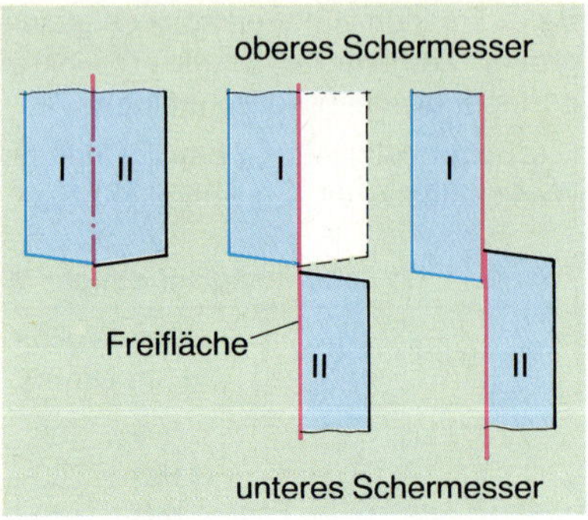

Abb. 1: Entstehung der Freiflächen

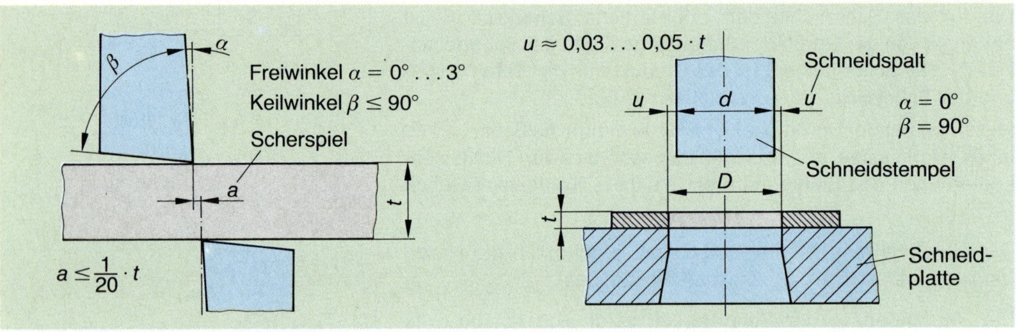

Abb. 2: Werkzeugwinkel und Scherspiel

Die Folgen zu großen Scherspiels sind starke Gratbildung, erhöhte Unfallgefahr, unebene und rissige Trennflächen und Gefahr des Abbiegens bei dünnen Blechen.

Handscheren (verwendbar bis ca. 1 mm Dicke bei Stahlblech) haben kein Scherspiel. Die Schermesser gleiten während des Schervorganges aneinander vorbei.

Beim Schervorgang bilden die Scherkräfte wegen des Scherspiels ein Kräftepaar, das dem Werkstück eine Drehung aufzwingt. Diese störende und gefährliche Wirkung wird bei Handhebel- und Maschinenscheren durch einen **Niederhalter** unterbunden (Abb. 3).

Scherwerkzeuge führen ihre Wirkbewegung entweder als **trennenden Schnitt** oder als **ziehenden Schnitt** aus (s. Tab. 1.18). Dazu zeigt die Abb. 5 die Veränderung der Kraftverhältnisse an Handscheren.

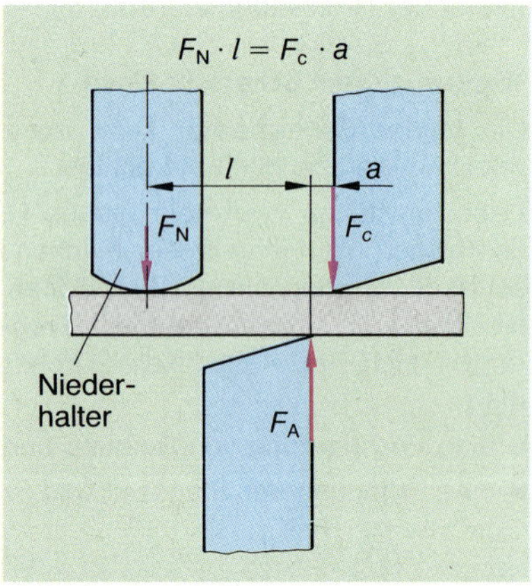

Abb. 3: Funktion des Niederhalters

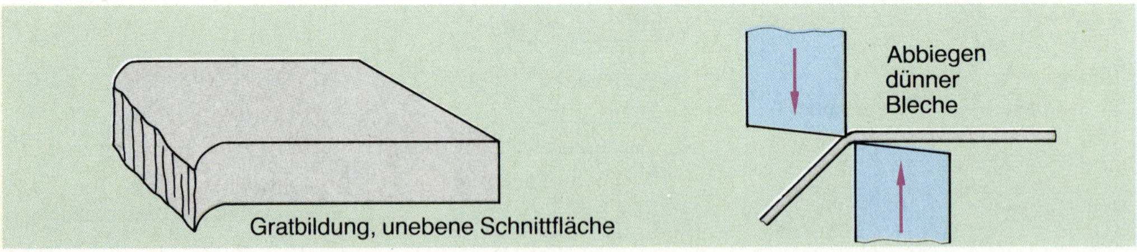

Abb. 4: Folgen zu großen Scherspiels

Tabelle 1.18: Trennender und ziehender Schnitt bei Scherwerkzeugen

	trennender Schnitt	ziehender Schnitt
Prinzip	Oberes und unteres Schermesser liegen parallel. 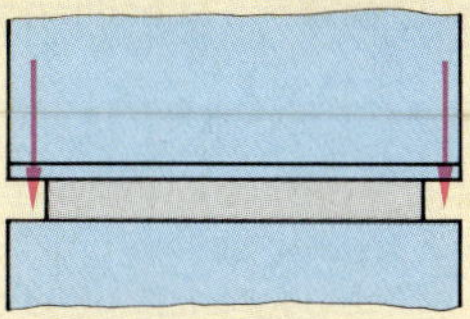	Die Schneiden des oberen und unteren Schermessers liegen nicht parallel zueinander 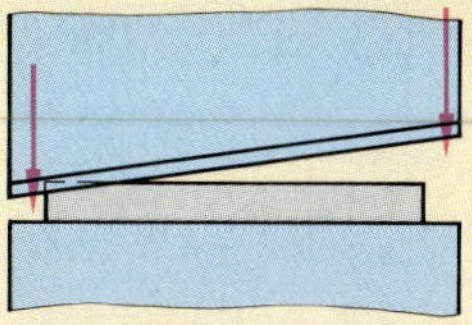
Wirkbewegung	schlagartiges Scheren	kontinuierliches Scheren
Merkmale	Großer, plötzlicher Kraftaufwand. Kurzer Hub. Keine zusätzliche Verformung des Werkstückes. Scherlänge durch Länge der Schermesser begrenzt.	Kraftaufwand ist auf die im Schnitt befindliche Länge begrenzt und dadurch geringer. Großer oder mehrfacher Hub unter Nachschieben des Werkstückes. Verformung des abgeschnittenen Teils. Scherlänge nicht durch Messerlänge begrenzt. Möglichkeit zur Korrektur des Schnittverlaufs.
Fertigungsmittel	Maschinenscheren und Schneidwerkzeuge	Maschinenscheren und alle Handscheren

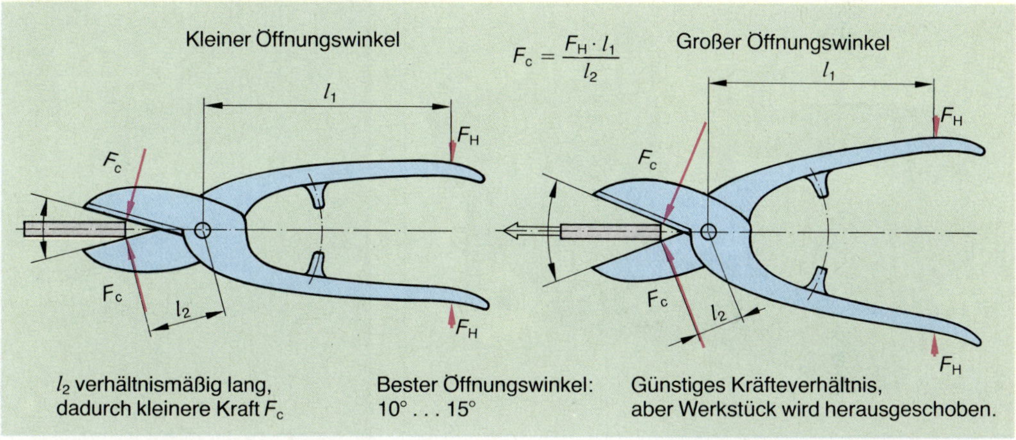

Abb. 5: Kraftverhältnisse an Handscheren

Zum Scheren werden **hand-** und **motorgetriebene Maschinen eingesetzt** (Tab. 1.19).

Überbeanspruchung und unsachgemäßer Umgang sind häufig der Grund für **vorzeitigen Ausfall** und **Beschädigung** von Werkzeugen und Maschinen. Nur der Ausfall verursacht schon Kosten, da während dieser **Brachzeit** die Aufwendungen für Zinsen, Miete usw. weiter anfallen. Deshalb sollen Handhebel- und Maschinenscheren nur für ihren Verwendungszweck (Werkstoffe, Scherlinienverlauf) und den angegebenen Einsatzbereich (Werkstoffdicke, Belastungsbereich) benutzt werden.

Vor Gebrauch einer Maschinenschere sind die Angaben des Leistungsschildes über Werkstoffart, Werkstoffestigkeit und Querschnittsformen zu beachten!

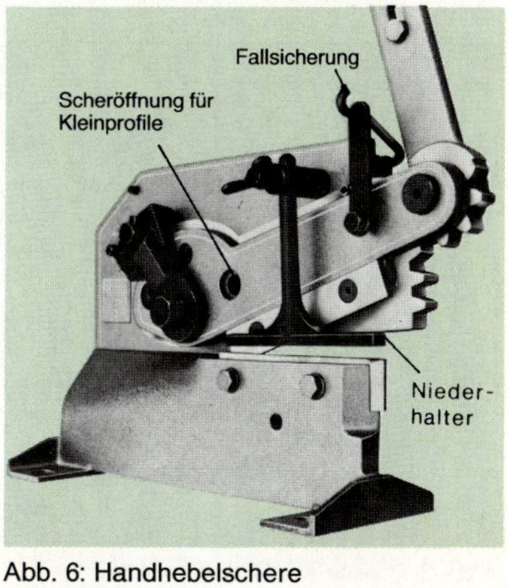

Abb. 6: Handhebelschere

Tabelle 1.19: Maschinenscheren

Scherenart	Kennzeichen	Verwendungszweck für
Hebelschere	Untermesser fest und gerade; Obermesser drehbar gelagert mit meist gekrümmter Schneide; gleichmäßige Kraftübersetzung durch Einfach- oder Doppelhebelsystem	je nach Bauart der Schere Bleche bis zu einer Dicke von 10 mm; kleine Profile; mittlere Schnittlänge
Elektrohand-schere	Untermesser fest; Obermesserbewegung über Elektromotor und Kurbeltrieb	dünne Bleche und komplizierte Formen in meist großflächigen Werkstücken; unbegrenzte Schnittlänge
Maschinen-tafelschere	mechanisch über Kurbeltrieb, hydraulisch oder pneumatisch betätigtes Obermesser	lange, gerade Schnitte; Bleche bis zu größeren Dicken
Maschinen-profilschere	meist mit selbsttätigem Niederhalter ausgestattet	geradlinige Schnitte, große Profile
Kreismesser-schere	Kreismesser mit Zentriereinrichtung	genaue Herstellung von Scheiben (Ronden) aus dünnen Blechen

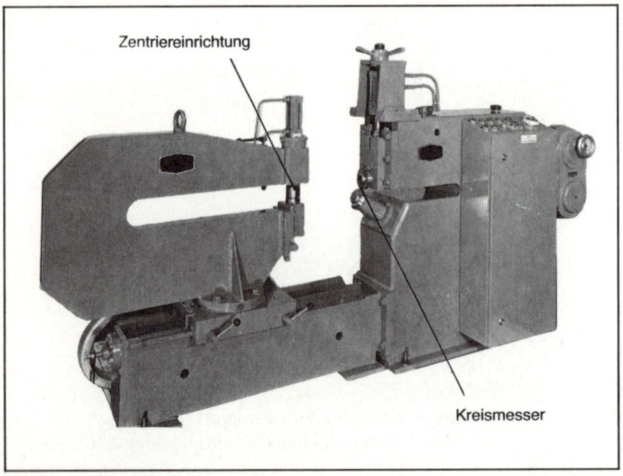

Abb. 1: Kreismesserschere

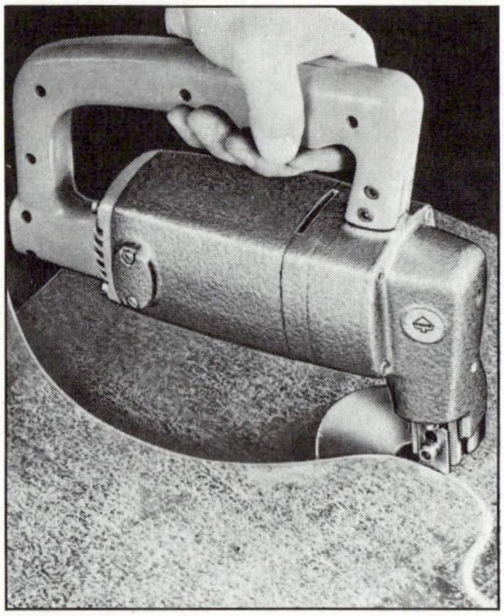

Abb. 2: Elektrohandschere

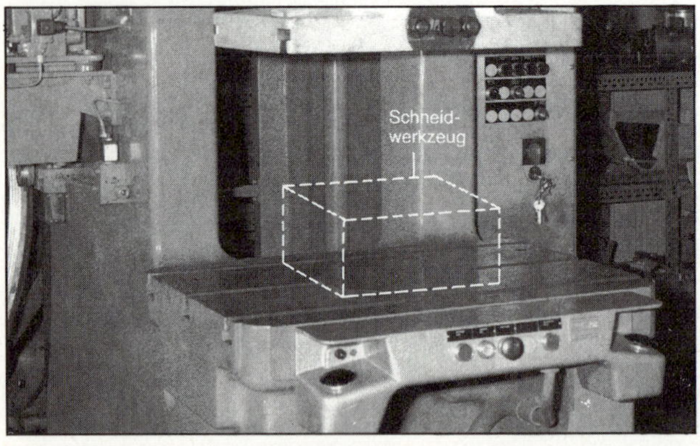

Abb. 3: Presse mit Schneidwerkzeug

Abb. 4: Maschinentafelschere

Unfallverhütung

- Nie die Finger in die Nähe der oder zwischen die Schermesser bringen.
- Den Niederhalter benutzen und richtig einstellen.
- Hebel gegen Herunterfallen sichern.
- Keine Schutzgitter von Maschinen entfernen.
- Vorsichtig mit gescherten Werkstücken umgehen; evtl. Handschutz tragen wegen Verletzungsgefahr durch Gratbildung und scharfe Kanten.
- Beim Handscheren zeigt die Schere immer vom Körper weg.

Abb. 5: Schutzgitter

Aufgaben

1. Beschreiben Sie unter Hinweis auf die erzeugte Trennfläche den Schervorgang.
2. Skizzieren Sie ein Schermesserpaar und tragen Sie ein: Keil- und Freiwinkel, Freifläche und Scherspiel.
3. Worin unterscheidet sich Scherschneiden von Keilschneiden?
4. Mit welcher Näherungsformel wird die Scherfestigkeit für Metalle bestimmt?
5. Von welchen Größen ist die Scherkraft abhängig?
6. Wovon hängt die Größe des Scherspiels ab? Welche Folgen hat ein zu großes Scherspiel?
7. Welche Werkstoffeigenschaft ist an der Scherfläche eines Werkstückes zu erkennen? Erklären Sie diesen Sachverhalt!
8. Beschreiben Sie Vor- und Nachteile des ziehenden Schnittes.
9. Welchen Einfluß hat der Öffnungswinkel bei nicht parallel angeordneten Schermessern?
10. Auf welche Einzelheiten ist bei der Durchführung der Handscherarbeiten nach Abb. 6 zu achten? Denken Sie auch an die Unfallverhütung.
11. Nennen Sie drei Maschinenscheren und ordnen Sie diesen jeweils ein typisches Fertigungsbeispiel zu. Skizzieren Sie Ihre Werkstücke im Ausgangs- und Endzustand. Kennzeichnen Sie Zuschnitt und Abfall.
12. Wann ist der Einsatz eines Schneidwerkzeuges zweckmäßig? Wählen Sie dazu ein Fertigungsbeispiel und begründen Sie den von Ihnen zu planenden Fertigungsvorgang.
13. Für welche Fertigungsaufgaben eignet sich eine Elektrohandschere?
14. Beschreiben Sie die Folgen für den Fertigungsbetrieb bei störungsbedingter Ausfallzeit einer Maschinentafelschere wegen Scherens unzulässiger Blechdicke.

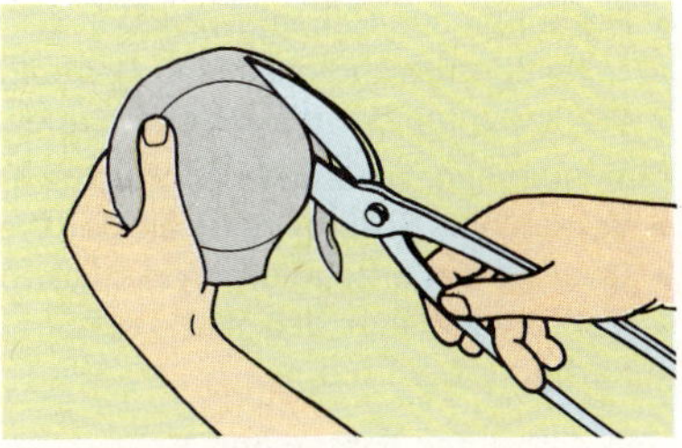

Abb. 6: Fertigungsbeispiel

1.2.3 Spanen

Beim Spanen erhält das Werkstück seine Form durch ein schichtweises Abtrennen von Werkstoff mit einem keilförmigen Werkzeug.

Ist durch den Keilwinkel β die Schneidenform des Werkzeugs festgelegt, so wird dieses Trennverfahren nach DIN 8589 als **Spanen mit geometrisch bestimmter Schneide** bezeichnet. Sind Schneidenformen z.B. wegen ihrer Vielzahl nicht festzulegen, erfolgt dieses **Spanen mit geometrisch unbestimmten Schneiden,** z.B. Schleifen.

Voraussetzungen für schichtweises Abtrennen von Werkstoff sind im Vergleich zur zerteilenden Werkzeugschneide:

- Anstellen des Werkzeugs um einen Anstellwinkel,
- Zustellbewegung zur Abtrennung einer Schicht,
- Werkzeugbewegung als Schnittbewegung, die parallel zur erzeugten Werkstückfläche verläuft (Abb. 1).

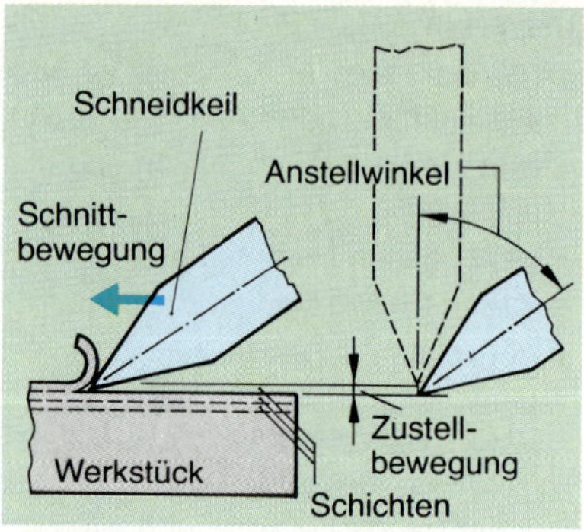

Abb. 1: Vorbereitung zum Spanen

Beim Spanen wird die Werkszeugschneide bzw. der Schneidkeil durch sein Eindringen in den Werkstückwerkstoff infolge Schnittkraft (Druck gegen die Keilfläche) und Schnittbewegung (Reibung an der Keilfläche) beansprucht. Diese Beanspruchung führt gegenüber dem **Eingangszustand (Eingangsgrößen)** zu Veränderungen an Werkzeug und Werkstück, dem **Ausgangszustand.** Dieser wird, gekennzeichnet durch seine verschiedenen **Ausgangsgrößen,** zur Beurteilung von Spanungsvorgängen mit den Eingangsgrößen verglichen.

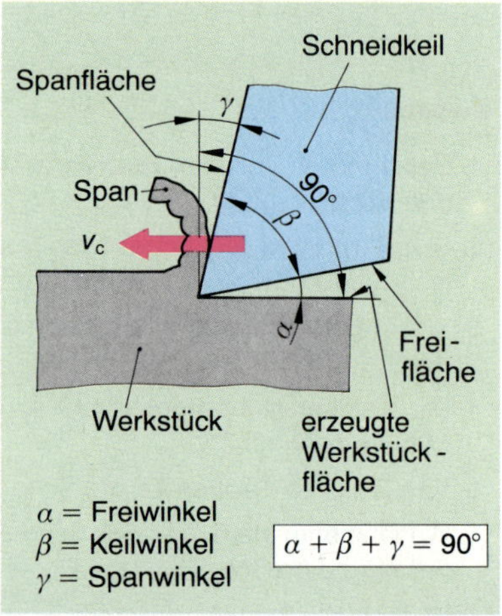

Abb. 2: Winkel und Flächen am Schneidkeil

Den Eingangszustand beschreiben wichtige Eingangsgrößen wie:

- Form der Werkzeugschneide (Schneidengeometrie),
- Lage der Keilflächen beim Spanen,
- Festigkeit des Schneidwerkstoffes,
- Schnittgeschwindigkeit und Spandicke,
- Werkzeugtemperatur (Raumtemperatur) u.a.m.

Den Ausgangszustand beschreiben die Ausgangsgrößen wie:

- Verschleiß (Breite, Tiefe) an der Werkzeugschneide,
- Qualität der erzeugten Werkstückoberfläche,
- Gebrauchsdauer des Werkzeugs,
- Fertigungszeit u.a.m.

Geometrie des spanenden Keils

Dort, wo die beiden Keilflächen zusammentreffen, befindet sich die **Hauptschneide.** Sie zeigt in Schnittrichtung oder Vorschubrichtung.

Die Keilfläche, vor der beim Eindringen des Keils Späne entstehen, wird **Spanfläche** genannt. Die andere, der Spanbildung abgekehrte und zur erzeugten Werkstückoberfläche hin zeigende Keilfläche, ist die **Freifläche.** Der Winkel zwischen Frei- und Spanfläche ist der **Keilwinkel.**

Hat das Werkzeug außer der Hauptschneide eine nicht in Schnitt- bzw. Vorschubbewegung zeigende Schneide, so entstehen **Nebenschneide, Schneidecke** und eine weitere Freifläche, die **Nebenfreifläche** (Abb. 3).

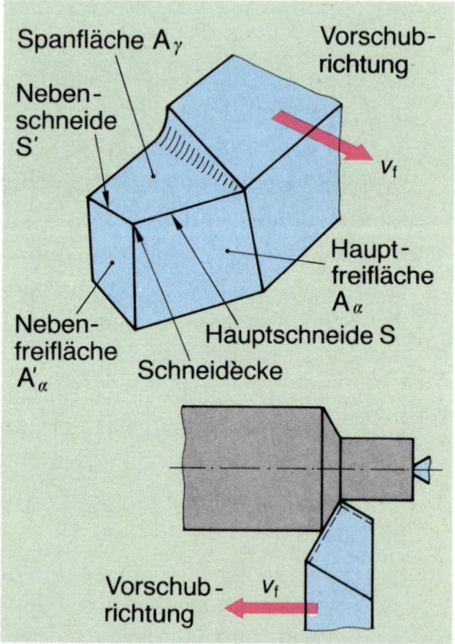

Abb. 3: Werkzeugschneide mit Haupt- u. Nebenschneide

Die Neigung der Keilflächen (Frei- und Spanfläche), sowie die Lage der Bearbeitungsfläche, bestimmen die Winkel am Schneidkeil (Abb. 2). Die Änderung eines Winkels hat mindestens eine weitere Winkeländerung zur Folge, weil die Summe der drei Winkel konstant ist.

Am Schneidkeil ist die Summe von Freiwinkel α, Keilwinkel β und Spanwinkel γ immer 90°.

Der Winkel zwischen Freifläche und Werkstückoberfläche ist der **Freiwinkel.** Er muß größer als 0° sein, damit der Schneidkeil frei schneiden kann und nicht aufliegt. Ein großer Freiwinkel vermindert zwar die Reibung, beeinflußt aber die anderen Winkel am Schneidkeil. So wird sich z.B. bei Verkleinerung des Keilwinkels infolge Schwächung die Bruchgefahr an der Schneide erhöhen.

Der Winkel zwischen der Spanfläche und der Senkrechten auf die erzeugte Werkstückoberfläche ist der **Spanwinkel.** Er kann einen **positiven** oder einen **negativen** Wert haben.

Hier gilt: Ein großer positiver Spanwinkel läßt die Schneide zwar leichter in den Werkstoff eindringen, beeinflußt aber z.B. durch einen kleineren Keilwinkel deren Haltbarkeit.

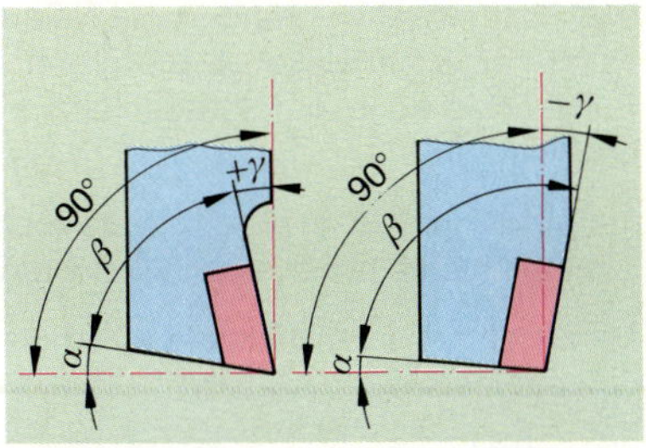

Abb. 4: Positiver und negativer Spanwinkel

Vorgänge beim Spanen

Der elementare **Zerspanungsvorgang** läßt sich durch die Wirkung von **Schnittkraft** F_c und **Schnittgeschwindigkeit** v_c in vier Teilvorgängen beschreiben (Abb. 5 und 6):

- Durch die Schnittbewegung staucht der Keil beim Eindringen mit seiner **Spanfläche** den Werkstoff auf. Werkstoffanteil und Form der **Stauchung** werden durch die Größe des Spanwinkels beeinflußt.
- Die Kohäsionskraft des Werkstoffes wird als Folge weiteren Aufstauchens überwunden. So entsteht in Richtung der Schnittbewegung ein **voreilender Riß.**
- Begünstigt durch den »vorgeeilten« Riß wird bei weiterem Vordringen des Keils ein **Spanelement** gebildet. Dabei erfolgt das Abtrennen des Spanelements durch Werkstoffverschiebung in der **Scherebene.**
- Das abgescherte Spanelement gleitet in Richtung des geringsten Widerstandes an der Spanfläche hoch. Da das nächste Spanelement bereits folgt, kann sich aus vielen **zusammenhängenden Spanelementen** ein Span bilden.

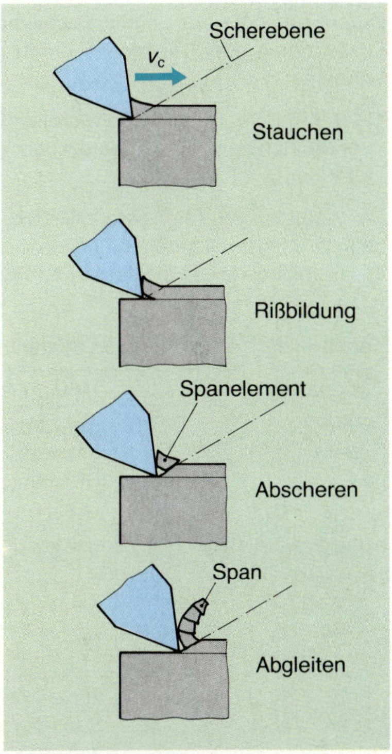

Abb. 5: Spanbildung

Die **Spanbildung** ist hauptsächlich abhängig von

- Werkstückwerkstoff,
- Spanwinkel γ am Werkzeugkeil,
- Schnittiefe a_p,
- Schnittgeschwindigkeit v_c.

Je härter und spröder ein Werkstoff ist, desto kleinere Spanelemente bilden sich. Maßgebend ist das Verhältnis von **Spandicke** zu **Schnittiefe.** Es wird als **Stauchfaktor** angegeben und bestimmt die **Zerspanbarkeit** (Abb. 1, Seite 52).

Je größer der Stauchfaktor, desto schlechter die Zerspanbarkeit.

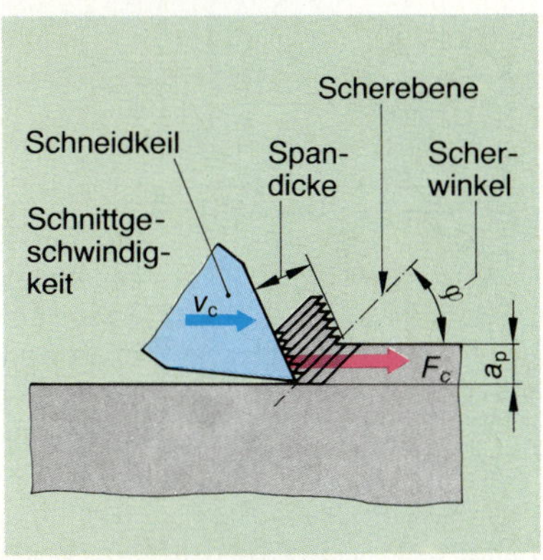

Abb. 6: Spanungsgrößen

Der Spanwinkel γ verändert die Neigung der Scherebene und damit den **Scherwinkel** φ. Bei größerem Spanwinkel nehmen Aufstauchwirkung und Scheranteil am einzelnen Spanelement deutlich ab.

Je größer der Spanwinkel, desto mehr zusammenhängende Spanelemente bilden sich (Fließspanverhalten).

Mit zunehmender **Schnittiefe** a_p erhöht sich die Spandicke der Spanelemente.

Je größer die Schnittiefe, desto weniger zusammenhängende Spanelemente bilden sich (Reißspanverhalten).

Durch Zunahme der **Schnittgeschwindigkeit** v_c stellt sich eine Fließwirkung des Werkstoffes durch schnelles Abgleiten des Spanelementes ein.

Je höher die Schnittgeschwindigkeit, desto mehr zusammenhängende Spanelemente können entstehen (Fließspanverhalten).

Die Abbildung 2 zeigt eine mikroskopische Aufnahme eines beim Drehen entstandenen Fließspans. Der Scherwinkel ist aus der Richtungs- und Formänderung der Körner zu erkennen.

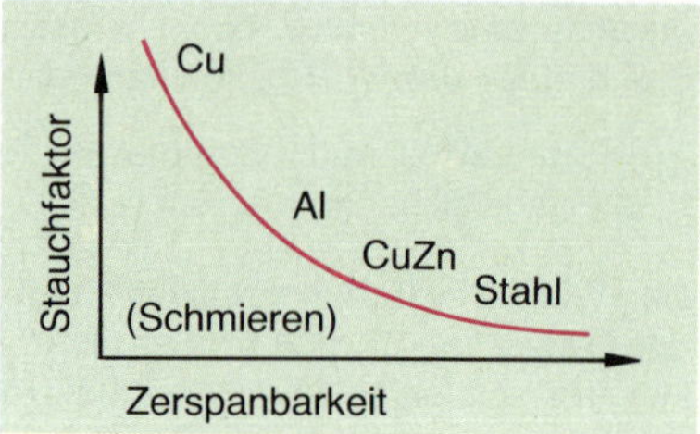

Abb. 1: Zerspanbarkeit in Abhängigkeit vom Stauchfaktor

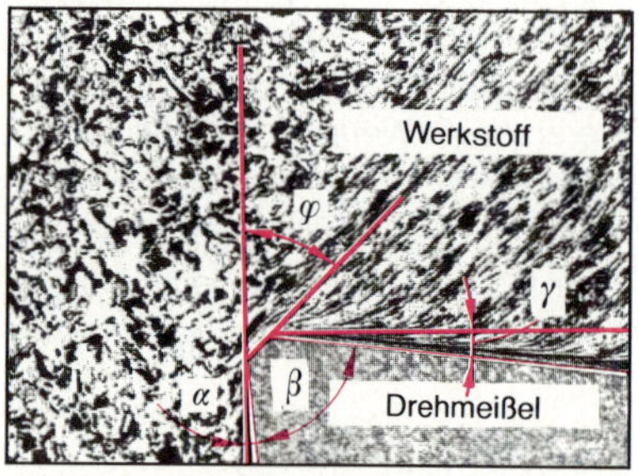

Abb. 2: Drehspan

Tabelle 1.20: Spanarten und Spanbildung

Spanart	Merkmale	Spanbildung	Bemerkungen
Reiß- span 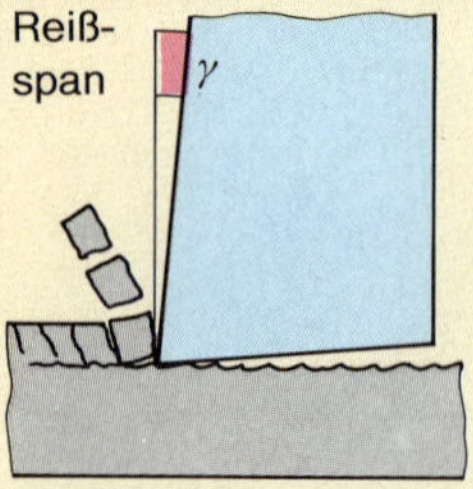	Einzelne Spanelemente mit unregelmäßiger Bruchlinie, rauh und rissig	Spanelemente reißen unregelmäßig ab und gleiten kaum an der Spanfläche; Scherwinkel klein	Rauhe, aufgerissene Werkstückoberfläche; kann mit zunehmender Schnittgeschwindigkeit verbessert werden. Reißspäne haben die Neigung Spanbruchstücke zu bilden.
Fließ- span 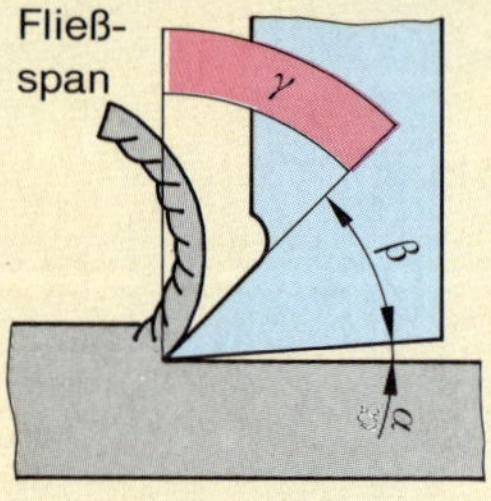	zusammenhängende Spanelemente, Span werkzeugseitig durchgehend glatt und werkstückseitig schuppig	Aufstauchen und Hochgleiten der Spanelemente an der Spanfläche; Fließen erkennbar an der glatten und Scherteil an der schuppigen Spanseite; Scherwinkel groß	glatte Werkstückoberfläche bei hoher Schnittgeschwindigkeit; Fließspäne haben die Neigung Bandspäne und Wirrspäne zu bilden.
Scher- span 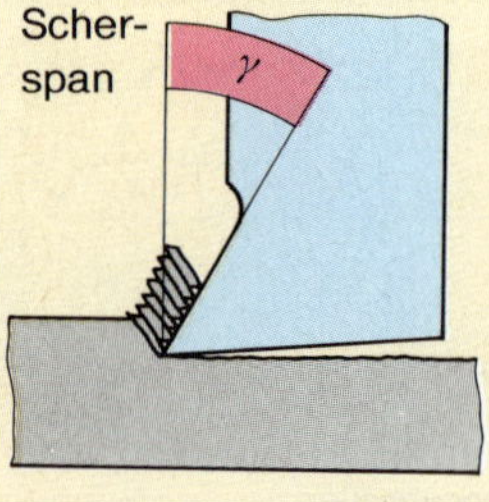	mehr oder weniger zusammenhängende Spanelemente; Span werkzeugseitig teilweise glatt, teilweise rauh und werkstückseitig schuppig	Störform des Fließspans	geringe Rauhigkeit, mögliche Störursachen: Schnittgeschwindigkeit und Spanwinkel zu klein, Schnittiefe zu groß; Scherspäne haben die Neigung Spiralspäne und Spanbruchstücke zu bilden.

Da durch Reißspäne rauhe Oberflächen entstehen und lange Fließspäne (Band- und Wirrspan) die Unfallgefahr bei der Maschinenarbeit erhöhen, bevorzugt man Spiral- oder Bruchspäne. Sie sind für Beseitigung, Transport und Lagerung günstig (Abb. 3). Diese **Spanformen (Ausgangsgrößen)** sind erreichbar durch **Änderung der Eingangsgrößen** wie z. B.:

- Schneidengeometrie,
- Schnittgrößen (v_c, a_p),
- Verwendung von Kühlschmierstoffen.

Außer durch den Freiwinkel wird besonders bei Verwendung von **Kühlschmierstoffen** die Reibung bei der Spanbildung zwischen Werkzeug und Werkstück verringert.

Ein **Ausglühen** der Schneide oder vorzeitiger **Reibverschleiß** an der Spanfläche und der Freifläche werden verhindert bzw. vermindert.

Form und Auswirkungen des Schneidkeilverschleißes sind der folgenden Tabelle zu entnehmen:

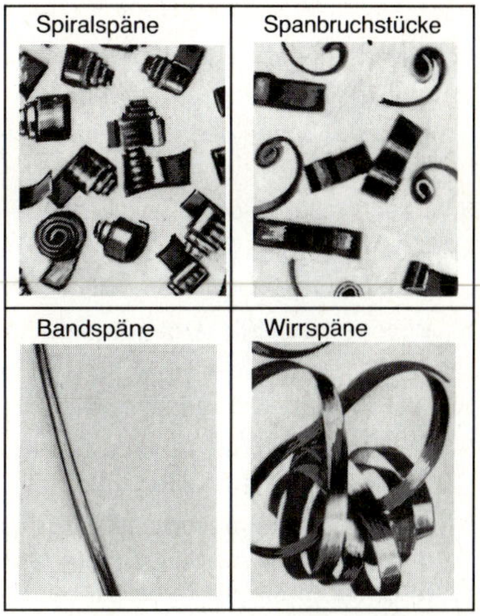

Abb. 3: Spanformen (Auswahl nach VDI-Richtlinie 332)

Tabelle 1.21: Formen des Schneidkeilverschleißes

Form des Verschleißes	Freiflächenverschleiß 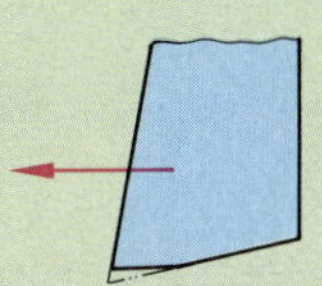	Spanflächenverschleiß 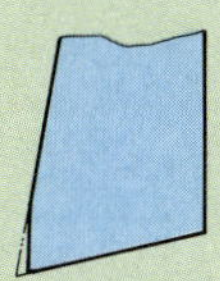	Kolkverschleiß auf Spanfläche 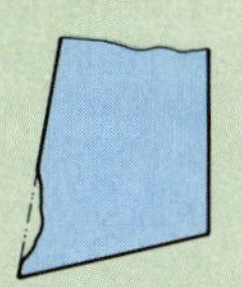	Verformungen an Frei- und Spanfläche 
Wirkungen auf	Maßtoleranz Rauhigkeit Reibungswärme	Reißspanbildung Schnittdruck	wirksamer Keil- und Spanwinkel Schneidenfestigkeit	wie beim Frei- und Spanflächenverschleiß

Der Verschleiß der Keilschneide bestimmt ihre **Standzeit *T***. Sie ist Bewertungsgröße des Standvermögens einer Schneide. Sie ist insbesondere dann erreicht, wenn die zulässige **Oberflächengüte (Rauhigkeit)** oder die **Maßhaltigkeit (Toleranz)** am Werkstück nicht mehr erreicht wird. Die Standzeit ist hauptsächlich abhängig von:

- Schneidengeometrie,
- Schnittgrößen (v_c, a_p),
- Verwendung von Kühlschmierstoffen,
- Werkstoffestigkeit des Werkstücks,
- Werkstoffeigenschaften des Schneidwerkstoffes.

Sie ist für die **Planung und Kontrolle von Fertigungsaufgaben** ein wichtiger Wert, weil sich **Fertigungszeiten, Kosten für Werkzeuge, Einstellwerte an Bearbeitungsmaschinen** (Werkzeugmaschinen) bestimmen lassen. Für den Einsatz an Werkzeugmaschinen (Maschinensäge, Drehmaschine usw.) ist für die geplante Standzeit T die Schnittgeschwindigkeit v_c eine Bewertungsgröße (Abb. 4).

Die Standzeit einer Werkzeugschneide wird durch Erhöhung der Schnittgeschwindigkeit vermindert.

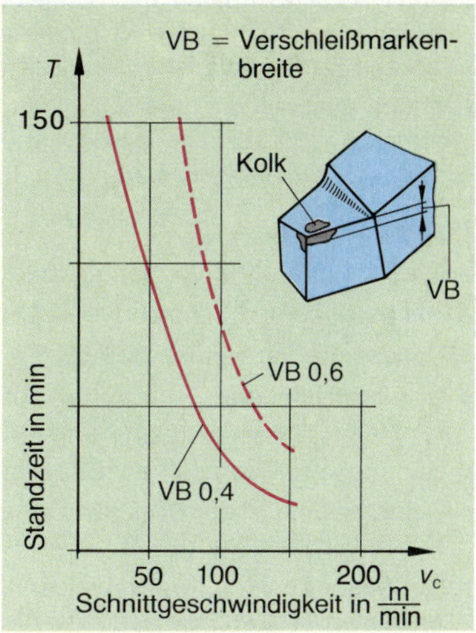

Abb. 4: Standzeit in Abhängigkeit von der Schnittgeschwindigkeit

Aufgaben

1. Worin unterscheidet sich das Spanen vom Zerteilen?
2. Skizzieren Sie einen Schneidkeil und zeichnen Sie die Flächen, Schneiden und Winkel ein. Stellen Sie dazu eine Tabelle auf.
3. Beschreiben Sie die Teilvorgänge der Spanbildung.
4. Welche Größen beeinflussen die Spanbildung? Erklären Sie die Wirkungen bei unterschiedlicher Schnittgeschwindigkeit.
5. Welche Nachteile ergeben sich bei Reißspanbildung? Machen Sie Vorschläge zur Abhilfe.
6. Warum sind Wirrspäne eine unzweckmäßige Spanform?
7. Unterscheiden Sie die unterschiedlichen Möglichkeiten des Schneidkeilverschleißes.
8. Welche Eingangsgröße wird für die Planung der ununterbrochenen Einsatzdauer (Standzeit) herangezogen?
   a) Erklären Sie die dabei zu berücksichtigende Verschleißmarke und b) finden Sie für das in Abb. 1 verwendete Werkzeug für $v_c = 150$ m/min die zutreffenden Standzeiten T.

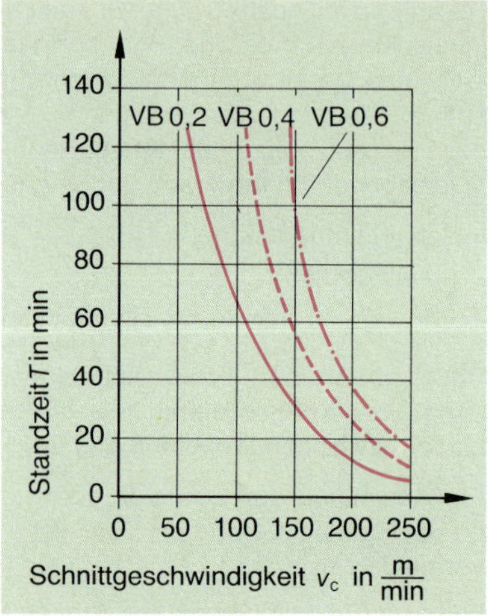

Abb. 1: Standzeiten eines Hartmetallschneidkeils

1.2.3.1 Meißeln

Meißeln wird als handwerkliches Verfahren seit altersher vom Menschen angewendet, um auf einfachem Wege eine geringe Spanmenge abzutrennen. Formgenauigkeit und Oberflächengüte der bearbeiteten Fläche werden nur geringen Anforderungen gerecht. Trotzdem findet dieses Verfahren in industrieller und handwerklicher Fertigung noch Anwendung.

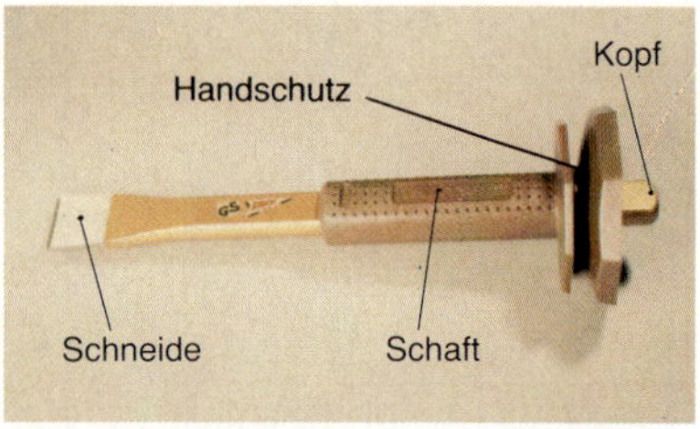

Abb. 2: Meißel

Meißelwerkzeuge

Alle Meißel bestehen aus Meißelschneide, Schaft und Meißelkopf. Sie sind aus Werkzeugstahl gefertigt. Die Schneiden sind gehärtet.

Hammerschläge treiben die Schneide in den Werkstoff. Der ungehärtete Meißelkopf wird dabei kaltverfestigt. Wegen der Grat- und Bartbildung ist er von Zeit zu Zeit nachzuarbeiten.

Um ein Ausbrechen der Schneide zu vermeiden, darf der Keilwinkel nicht zu klein gewählt werden (s. Tab. 1.22). Den Einsatz von Meißelwerkzeugen klärt die Tabelle 1.23.

Tabelle 1.22: Winkel an der Meißelschneide

Werkstoff	geschliffener Keilwinkel β
Aluminium	40°
GG	75°
Baustahl	60°–70°
Kupfer	50°

Unfallverhütung

- Meißelkopf gratfrei und fettfrei halten.
- Handschuhe und Schutzbrille tragen.
- Handschutz verwenden (s. Abb. 2).
- Schutzschild oder Schutzgitter aufstellen zum Schutz für Personen und Sachen vor Splittern.
- Hämmer vor Gebrauch auf Sicherheit prüfen.
- Beim Meißeln ist der Blick nicht auf den Meißelkopf, sondern auf die Schneide gerichtet.
- Der Meißelkopf muß weich bleiben, damit keine Prellschläge entstehen können. Sie erhöhen die Unfallgefahr durch Zurückfedern des Hammers mit seiner gehärteten Hammerbahn.

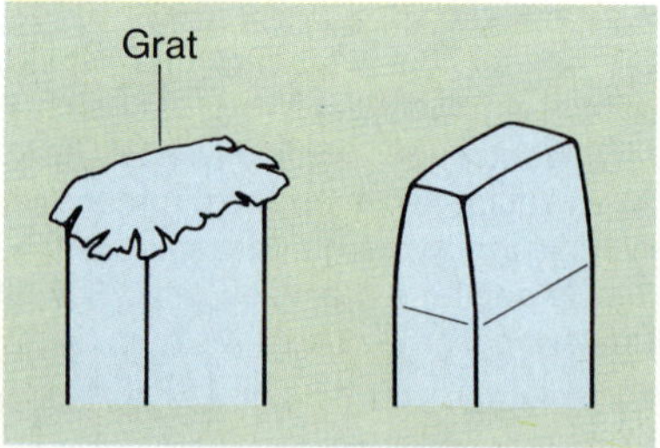

Abb. 3: Gratbildung am Meißel

Tabelle 1.23: Meißelarten, -eigenschaften und -verwendungszwecke

Werkzeugart	Eigenschaften	Verwendungszweck
 Flachmeißel	breite, gerade Werkzeugschneide	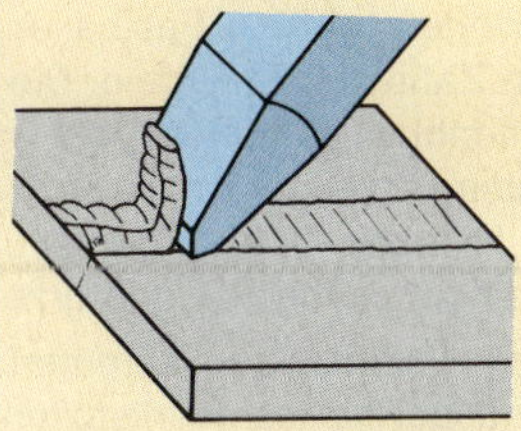 Flächenbearbeitung und Entgraten von Gußteilen
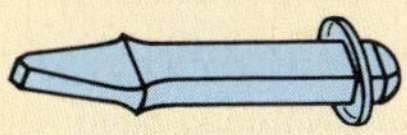 Kreuzmeißel	schmale, gerade Werkzeugschneide, große Stabilität	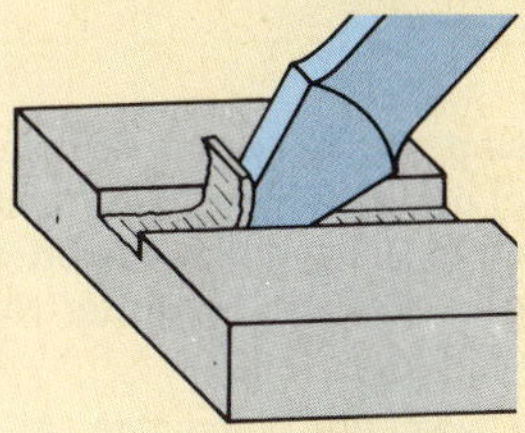 Herstellen von schmalen Nuten
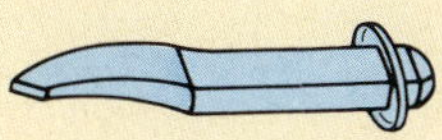 Nutenmeißel	halbkreisförmige Werkzeugschneide, bogenförmiger Übergang vom Schaft zum Schneidenteil	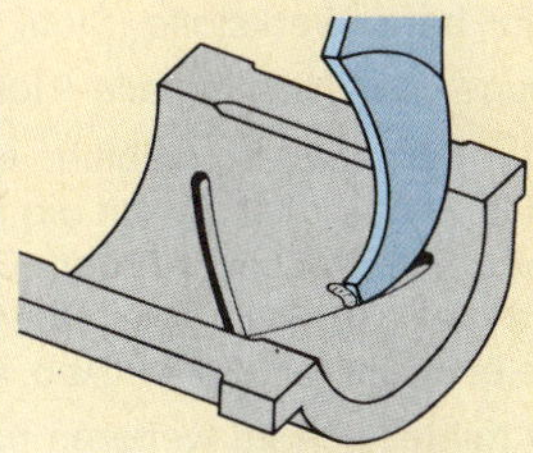 Zum Ausmeißeln von Schmiernuten in Lagerschalen für Wellen und Achsen

Aufgaben

1. Für welche Arbeitsaufgaben wird das Meißeln angewendet?
2. Welchen Einfluß hat der Anstellwinkel beim Meißeln?
3. Nennen und begründen Sie Maßnahmen zur Unfallverhütung beim Meißeln.
4. Warum ist Meißeln für die Flächenbearbeitung ein unwirtschaftliches Verfahren?

Abb. 4: Feilen im Jahre 1635

1.2.3.2 Feilen

Feilen ist ein spanendes Fertigungsverfahren zur Herstellung von ebenen und gekrümmten Flächen bei kleinen Zerspanungsmengen unter hohem Zeitaufwand.

Abb. 5: Feilen heute

Feilen kommt bei handwerklicher Fertigung, gelegentlich zur Nacharbeit und oft beim Entgraten zur Anwendung. Sachgerechtes Feilen stellt hohe Anforderungen an das fachliche Können. Zeit- und Personalaufwand haben hohe Kosten zur Folge. Deshalb ist Feilen nur dann anzuwenden, wenn die Arbeitsaufgabe mit Maschinen weniger kosten- bzw. zeitgünstig ausgeführt werden kann.

Spanungsvorgang beim Feilen

Viele hintereinander angeordnete Feilzähne zerspanen schichtweise den abzutrennenden Werkstoff. Damit die Feilzähne nicht so tief eindringen und ein Festhaken vermieden wird, ist der Abstand von Zahn zu Zahn klein. Die Anzahl der Zähne je cm auf dem Feilenblatt ist die Hiebzahl (s. Tab. 1.27). Feilen mit grober Zahnteilung erzeugen große Späne und rauhe Oberflächen. Mit großer Hiebzahl (feine Zahnteilung) werden durch kleinere Späne weniger rauhe Flächen erzeugt.

Zum Spanen von weichen Werkstoffen kommen Zähne mit positivem Spanwinkel und bei harten Werkstoffen Zähne mit negativem Spanwinkel (schabende Wirkung) zur Anwendung.

Feilwerkzeuge

Feilen-Handwerkzeuge sind aus legiertem Werkzeugstahl und bestehen aus Blatt, Angel und Heft. Der Feilenrohling ist meist geschmiedet; die Schneidenzähne durch Hauen oder Fräsen und anschließendes Härten gefertigt. Nach der Hiebart unterscheidet man (Abb. 3):

- einhiebige Feilen – für weichere Werkstoffe (Al, Cu),
- zweihiebige Feilen – für harte Werkstoffe (Stahl, CuZn),
- raspelhiebige Werkzeuge – für Nichtmetalle (Holz).

Die Feilenzähne sind zur besseren Spanabfuhr schräg oder bogenförmig auf dem Blatt angeordnet. Damit die Späne nicht zu breit werden, müssen sie gebrochen werden. Bei zweihiebigen Feilen übernimmt der weniger tiefe Oberhieb diese Funktion. Gefräste Zähne erhalten Spanteiler (Abb. 4).

Die Auswahl einer Feile richtet sich im weiteren nach der

- geforderten Oberflächenrauhigkeit (Tab. 1.27),
- Form und Lage der Bearbeitungsfläche (Abb. 5).

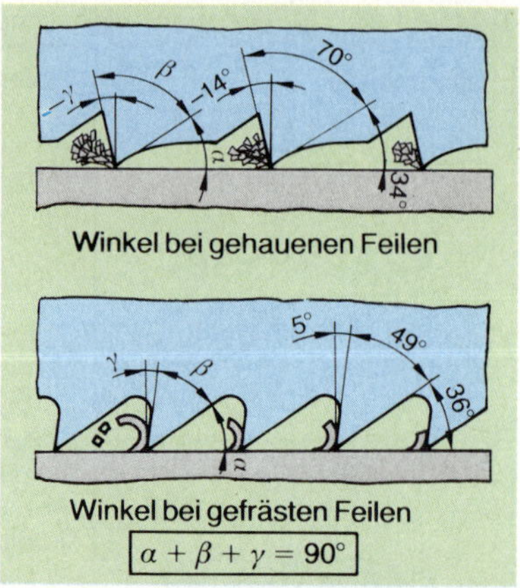

Abb. 1: Spanungsvorgang beim Feilen

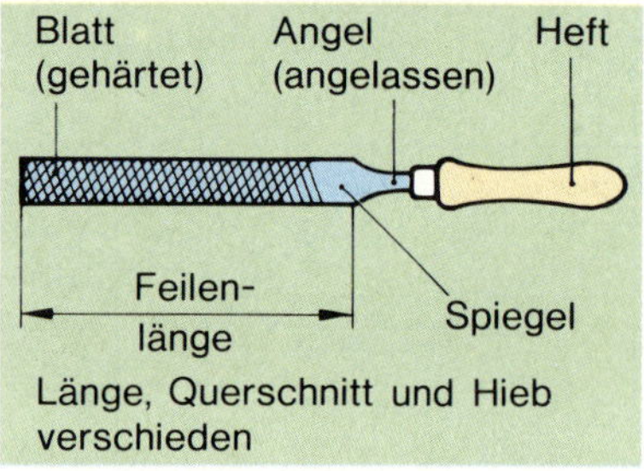

Abb. 2: Teile der Feile

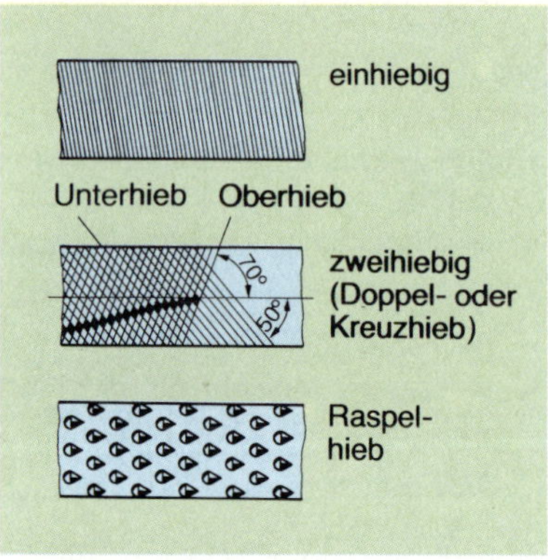

Abb. 3: Hiebarten

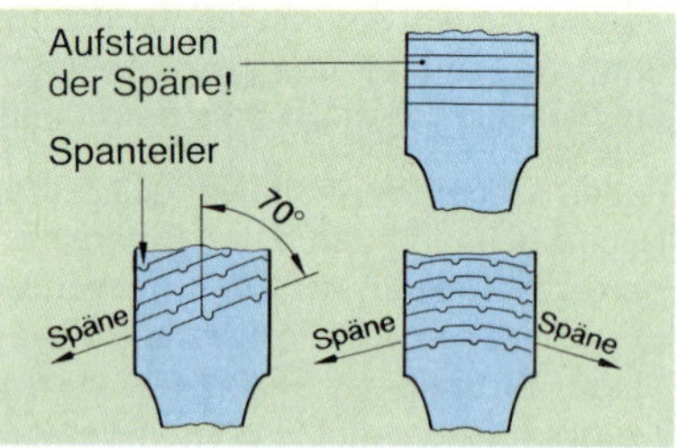

Abb. 4: Spanteilernuten und Spanabfluß

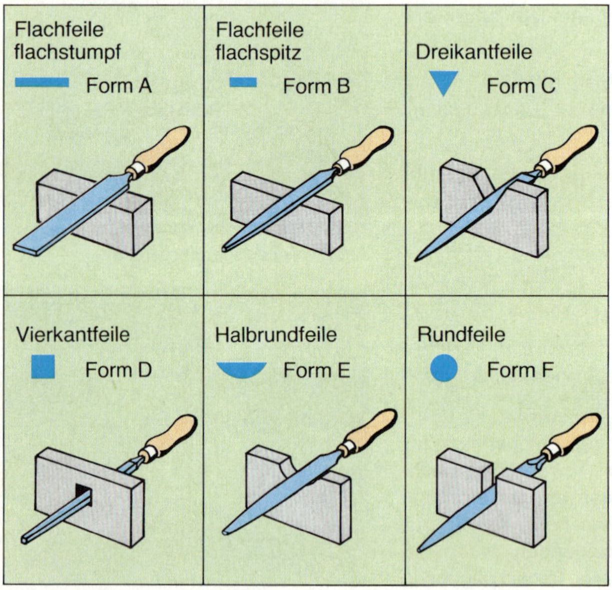

Abb. 5: Feilenarten und -formen

Tabelle 1.24: Übersicht der Feilen (Auswahl)

Hieb	Hiebzahl	Bezeichnung	Anwendung
0	>6	Schruppfeile	grobe Feilarbeit
1	6...17	Bastardfeile	Vorfeilen
2	9...23	Halbschlichtfeile	Vorschlichten (Entgraten)
3	13...28	Schlichtfeile	Schlichten
4	16...34	Doppelschlichtfeile	feine Feilarbeit

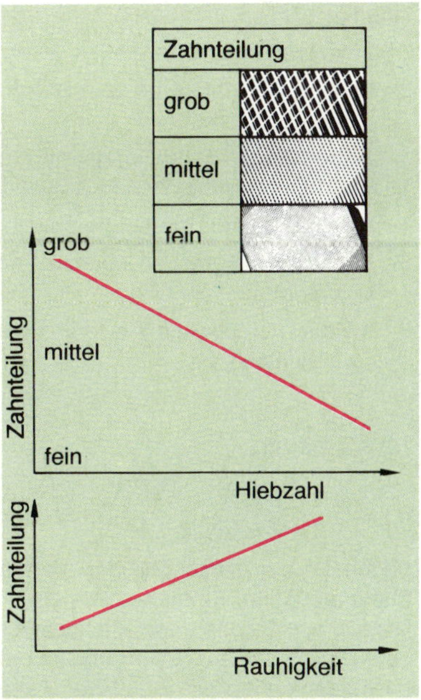

Abb. 6: Hiebzahl und Rauhigkeit

Feilmaschinen

Um den Aufwand an handwerklicher Feilarbeit zu mindern, werden heute noch Feilmaschinen für Arbeitsaufgaben im Werkzeug- und Vorrichtungsbau eingesetzt. Vorteile sind:

- exakte Werkzeugführung,
- Möglichkeit der Bearbeitung innenliegender Flächen,
- höhere Spanmengenleistung,
- Verringerung der körperlichen Anstrengung.

Tabelle 1.25: Feilmaschinen

Maschinenart, Merkmale	Verwendungszweck	Bemerkungen
Hubfeilmaschine		
Arbeitshub und Leerhub durch Auf- und Abwärtsbewegung des starren einteiligen Werkzeuges	für alle feilbaren Durchbrüche und Aussparungen geeignet, Werkstückauflagefläche neigbar	Einsatz aller Maschinenfeilenformen mit unterschiedlichem Hieb. Hubzahl und Hublänge verstellbar
Rotationsfeilmaschine		
kreisförmige Arbeitsbewegung über biegsame Welle	Formgebung von außen- und innenliegenden gewölbten Flächen	meist verwendet zur Nacharbeit an Formwerkzeugen (Gesenken)

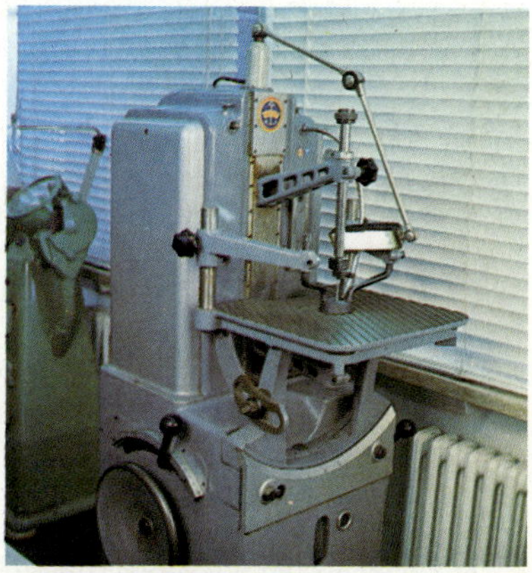
Abb. 7: Hubfeilmaschine

Unfallverhütung

- Ordnung am Arbeitsplatz halten. Auf dem Arbeitstisch abgelegte Feilen dürfen nicht über die Tischkante herausragen!
- Auf einwandfreies und gut befestigtes Feilenheft achten!
- Keine Flächen wegen der Verletzungsgefahr mit der Handfläche säubern!
- Schraubstockhöhe der Körpergröße anpassen!
- Unfallverhütungsvorschriften für Feilmaschinen beachten!

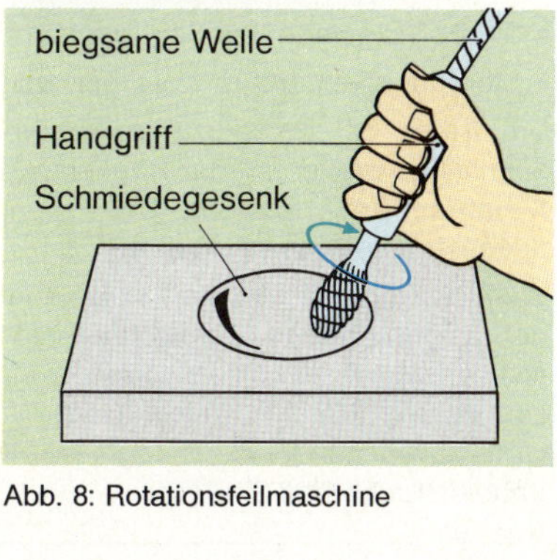

Abb. 8: Rotationsfeilmaschine

Aufgaben

1. In welchen Fällen ist Feilen wirtschaftlich einzusetzen?
2. Welche Beziehung besteht zwischen Zahnteilung, Rauhigkeit und Hiebzahl?
3. Geben Sie die Herstellungsarten von Feilzähnen an. Ordnen Sie die unterschiedlichen Anwendungsmöglichkeiten zu.
4. Welche Funktion erfüllen Spanteiler?
5. Für welche Aufgaben können Feilmaschinen zum Einsatz kommen?
6. Welche Vorschriften sind zur Unfallverhütung beim Feilen zu beachten?

Abb. 1: Handsäge im Einsatz

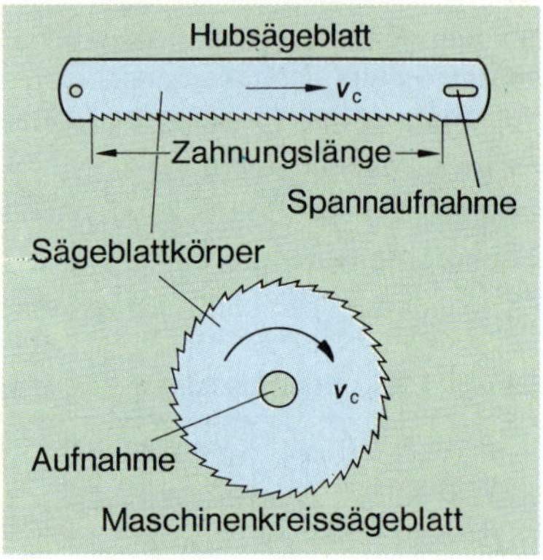

Abb. 2: Sägeblätter

1.2.3.3 Sägen

Sägen ist Trennen von Werkstoff durch vielzahnige Sägeblätter mit geradliniger oder kreisförmiger Schnittbewegung.

Sägen ist ein wirtschaftliches Verfahren zum Ablängen von Stabmaterialien, Profilen sowie zum Heraustrennen von Teilflächen aus Blechen und Flachwerkstoffen. Es wird von Hand oder maschinell ausgeführt und ist meist der erste Teilvorgang im geplanten Arbeitsablauf der Teilefertigung in Einzel- und Serienfertigung.

Mit hintereinander angeordneten geometrisch bestimmten Schneiden wird unter **Zerspanung einer schmalen Fuge** und relativ geringem Energieaufwand Werkstoff getrennt.

Zerspanungsvorgang

Das Sägeblatt ist ein Werkzeugkörper mit einer Vielzahl hintereinandergereihter schmaler Schneidkeile. Der Werkstoff wird an mehreren Stellen gleichzeitig in mehreren Schichten zerspant. Die Zerspankraft F ist die Resultierende aus der Schnittkraft F_c und der Vorschubkraft F_f. Schnitt- und Vorschubbewegung ergeben die Wirkbewegung v_e[1]. Der Spannungsquerschnitt A ist das Produkt aus Schnittiefe a_p und der Spanungsbreite b (Abb. 3).

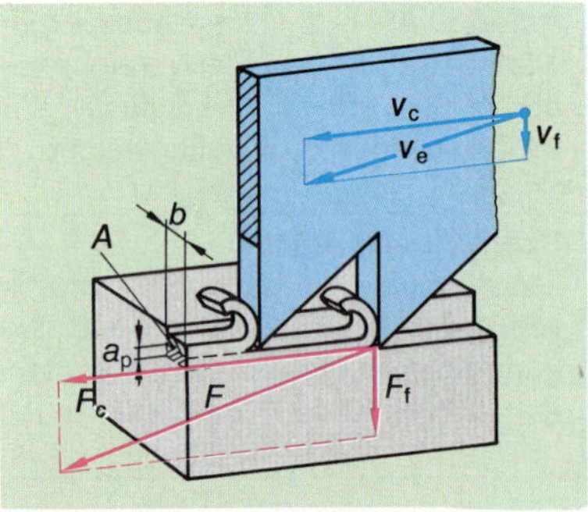

Abb. 3: Zerspanungsvorgang (Kräfte, Bewegungen)

Sägewerkzeuge

Da Sägeblätter, von Hand oder maschinell geführt, in schmalen und meist auch tiefen Schnittfugen funktionsfähig bleiben müssen, sind zwei Bedingungen zu erfüllen:

- freies Schneiden des Sägeblattes,
- störungsfreies Wegräumen der anfallenden Späne.

Um freies Schneiden zu erreichen, muß die entstehende Schnittfuge breiter als der Sägeblattkörper sein. Dadurch wird Klemmen durch Reibung, Erwärmung und Ausdehnung und Spänestau verhindert (Abb. 4).

Weitere Störungen können sich dadurch einstellen, daß nicht der vorgeschriebene Kühlschmierstoff (insbesondere bei Maschinensägen) verwendet wird oder die notwendige Mindestzahnteilung (Trennen dünnwandiger Werkstücke) überschritten wird. Schwindende Werkzeughärte, erhöhter Verschleiß oder Zahnausbruch sind die Folge.

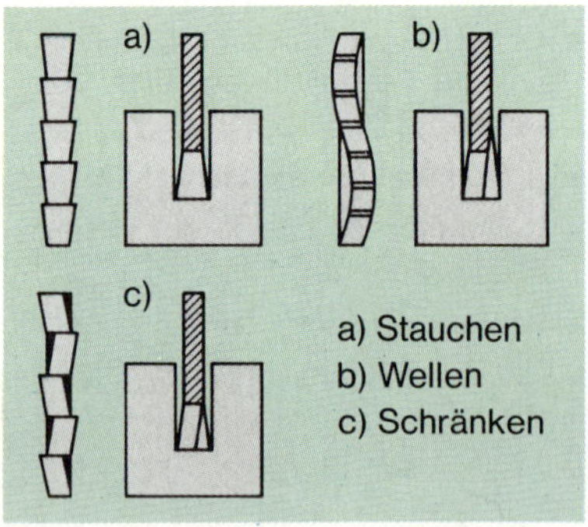

Abb. 4: Freischneiden

[1] effektiv

Die entstehende Spanmenge muß im Spanraum zwischen den Schneiden bis zum Austritt aus der Schnittfuge weitertransportiert werden. Maßgebend für die Spanraumgröße ist die Zahnteilung. Deren Größe ist abhängig vom Werkstoff des Werkstückes und der Länge der Schnittfuge (Abb. 5).

Es gilt:

- Je härter der Werkstoff, desto kleiner die Zahnteilung.
- Je länger die Schnittfuge, desto größer die Zahnteilung.

Die Maschinensägeblätter haben positive Spanwinkel, weil im Gegensatz zur Handarbeit Schnitt- und Vorschubkräfte gleichmäßiger wirken.

Zur Verbesserung der Zerspanungsleistung (Spanvolumen/Zeit) kann man

- Spanräume vergrößern bei gleicher Zahnteilung,
- Hochleistungsschnellarbeitsstahl (HSS) oder Zahnsegmente aus Hartmetallen verwenden (Abb. 6).

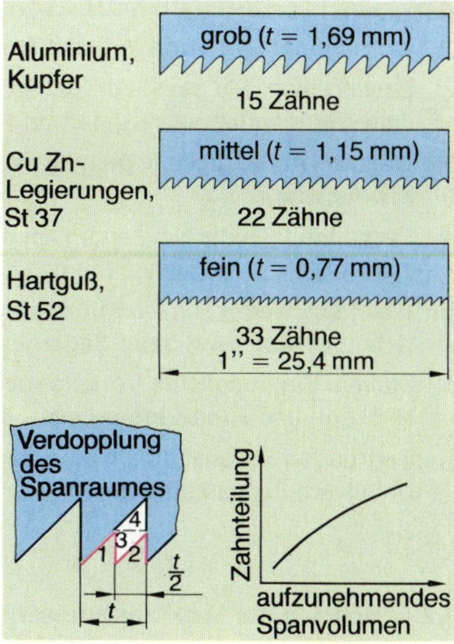

Abb. 5: Zahnteilung und Spanraum

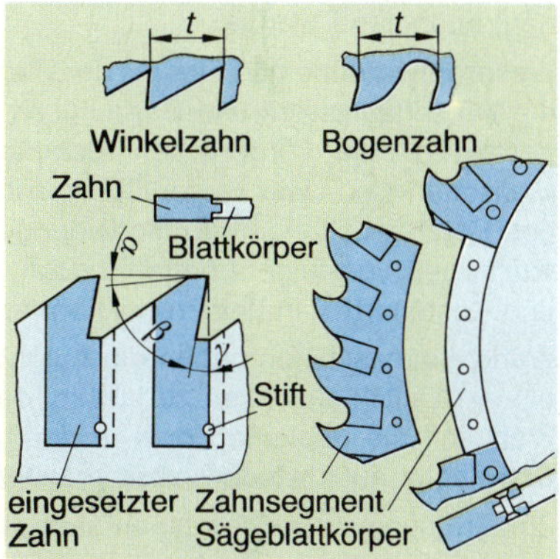

Abb. 6: Zahnformen

Maschinensägen

Eine Übersicht gibt die Tabelle 1.29. Der Vorschub erfolgt oft hydraulisch, wobei die Vorschubgeschwindigkeit abhängig von einer einstellbaren Schnittkraft geregelt wird.

Tabelle 1.26: Maschinensägen

Art und Kennzeichen	Verwendungszweck
Maschinenbügelsäge Hubzahl ca. 50...150 Doppelhübe/min; Vorschubkraft mechanisch ⇒ Arbeitshub ziehend Vorschubkraft hydraulisch ⇒ Arbeitshub schiebend	Zersägen von Profilen und Rohren unterschiedlicher Werkstoffe; je nach Bauweise bis ca. 300 mm Schnittlänge; geeignet für Einzel- u. Serienfertigung
Maschinenkreissäge kontinuierlicher Schnitt, kein Leerhub; hohe Zerspanungsleistung	Zersägen von Profilen und Rohren verschiedener Werkstoffe; Eingriffslänge je nach Baugröße der Maschine; geeignet für Einzel-, Serien- und Massenproduktion
Bandsäge Endlos verschweißtes Sägeband (Einrichtung dazu an der Maschine), kontinuierlicher Schnitt	Einsägen und Formsägen flacher Werkstücke; geeignet für Einzelfertigung im Werkzeug- und Vorrichtungsbau

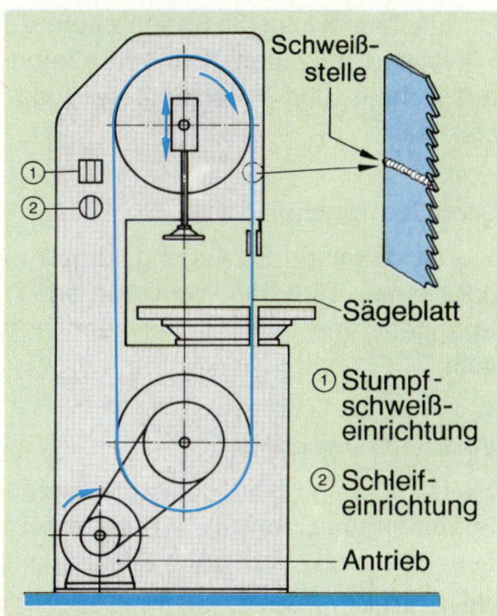

Abb. 7: Bandsäge

Unfallverhütung

- Hubsägeblätter stramm einspannen (Zugspannung).
- Werkstück nahe der Schnittstelle einspannen.
- Keine Abdeckungen von Maschinen entfernen.
- Sägeblätter auf Risse prüfen, vor allem bei Kreissägeblättern (Klangprobe).
- Nur zulässige Vorschubkraft einstellen.

Aufgaben

1. Worin liegen die Vorteile beim Trennen durch Sägen?
2. Beschreiben Sie den Zerspanungsvorgang beim Sägen unter Benennung von Kräften und Bewegungen.
3. Welche Abhängigkeit besteht zwischen Werkstoff und Zahnteilung?
4. Begründen Sie die Notwendigkeit des Freischneidens. Skizzieren Sie die Möglichkeiten dazu.
5. Welchen Zweck kann ein Kühlschmierstoff wirtschaftlich und fertigungstechnisch beim Sägen erfüllen?
6. Stellen Sie mögliche Vorteile bei der Verwendung von Hubsäge und Kreissäge gegenüber.
7. Begründen Sie ausführlich eine der beim Sägen genannten Unfallverhütungsmaßnahmen.

1.2.4 Spanen auf Werkzeugmaschinen

Bohren, Drehen, Fräsen, Hobeln, Stoßen, Schleifen sind Fertigungsverfahren, die auf Werkzeugmaschinen (Arbeitsmaschinen) ausgeführt werden.

Weiterentwicklung und Einsatz der Werkzeugmaschinen haben die Wirtschaftlichkeit und Genauigkeit der Fertigung erheblich gesteigert. Die körperlichen Belastungen des arbeitenden Menschen sind zwar wesentlich verringert worden; die geistigen Beanspruchungen (Entscheidungen bei der Durchführung von Arbeitsvorgängen) haben jedoch, bedingt durch z.B. Zeit- und Kostendruck in der Produktion, erheblich zugenommen.

Werkzeugmaschinen haben die Aufgabe, ein Werkzeug so auf ein Werkstück einwirken zu lassen, daß durch Abtrennen von Werkstoff die **geplante Form** in der geforderten **Qualität der Oberfläche** auch **wiederholbar** erzeugt werden kann.

Zur Erfüllung dieser Aufgaben sind **planmäßige Bewegungen** von Werkzeug und Werkstück erforderlich. Sie führen direkt oder indirekt zur Spanabnahme mit Werkzeugen.

Unmittelbar erfolgt die Spanabnahme durch die **Wirkbewegung.** Sie ist (wie bei einem Kräfteparallelogramm) die **Resultierende aus Schnitt- und Vorschubbewegung.** Bewegungen nach DIN 6580 sind:

Schnittbewegung:

Sie ist diejenige Bewegung, durch die bei einer Umdrehung oder einem Hub das Werkzeug am Werkstück eine einmalige Spanabnahme bewirkt. Sie kann geradlinig oder kreisförmig sein.

Vorschubbewegung:

Sie ist diejenige Bewegung, die eine mehrmalige oder laufende Spanabnahme bewirkt. Sie kann schrittweise (z.B. beim Stoßen) oder stetig (z.B. beim Drehen) erfolgen.

Nicht direkt (mittelbar) an der Spanbildung beteiligt sind Anstell- und Zustellbewegung (Abb. 1).

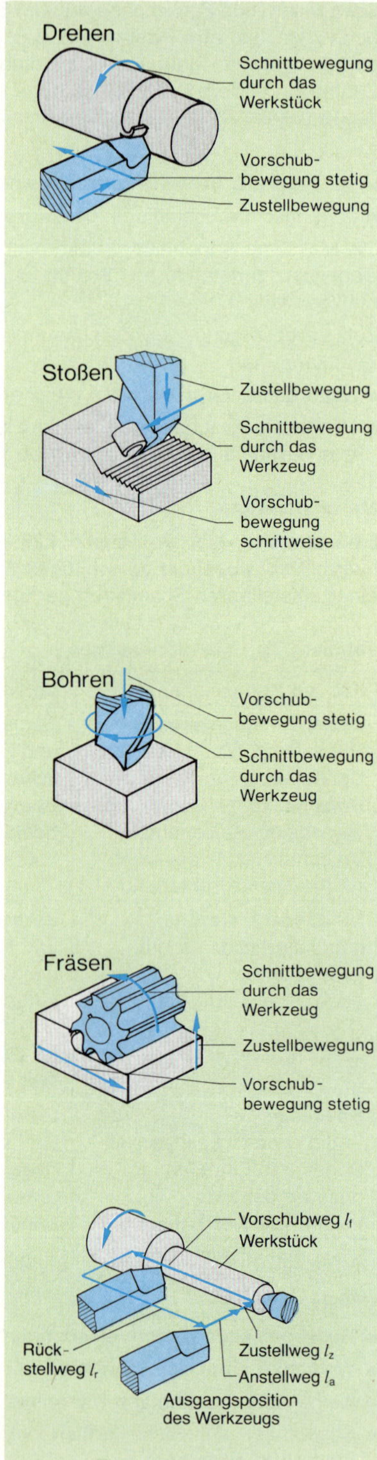

Abb. 1: Arbeitsbewegungen an Werkzeugmaschinen

Anstellbewegung:

Sie ist diejenige Bewegung, durch die das Werkstück vor dem Zerspanvorgang an das Werkstück geführt wird.

Zustellbewegung:

Sie ist diejenige Bewegung, die die Dicke der abzunehmenden Schicht vor der Spanabnahme bestimmt.

Aufnahmevorrichtungen

Wirtschaftliches Fertigen mittels Werkzeugmaschinen setzt voraus, daß Werkzeuge und Werkstücke schnell, sicher, fertigungs- und werkstoffgerecht aufgenommen und fixiert werden. Dazu sind Verbindungen zwischen Werkzeug und Maschine sowie zwischen Werkstück und Maschine notwendig.

Dieser zeitlich begrenzte Fügezustand wird durch Kraftschluß oder Kraft- und Formschluß erreicht (Abb. 2). Die dafür notwendigen Vorrichtungen sind **Spannmittel,** deren Funktion auf der Wirkung und Übersetzung von Kräften beruht (s. Abb. 3).

Der durch Normalkräfte erzeugte Reibwiderstand soll verhindern, daß Werkstücke infolge Bearbeitungskräften aus ihrer Position gebracht werden.

An- und Auflageflächen müssen gewährleisten, daß Werkstücke und Werkzeuge an den Formflächen ausreichend große An- und Auflage haben, damit Formschluß vorhanden bleibt. Der Kraftschluß sorgt dafür, daß die Teile in der fixierten Lage bleiben.

Beim Spannen treten infolge Krafteinwirkung immer Verformungen am Werkstück auf. Sachgerecht gespannt ist, wenn

- keine plastischen Verformungen auftreten,
- die elastischen Verformungen so klein sind, daß nach dem Lösen die Fertigungsgenauigkeit des Werkstücks erhalten bleibt,
- das Werkstück sich nicht in der Spannvorrichtung verschieben kann,
- das Werkstück nicht federt,
- Bearbeitungskräfte gegen An- und Auflageflächen gerichtet sind,
- ungehindert Späne abgeführt und Kühlschmierstoffe zu- und abgeführt werden können.

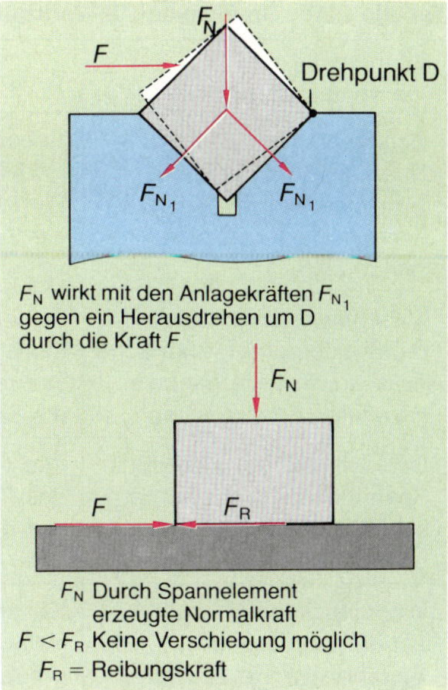

Abb. 2: Wirkungsweise einer Spannvorrichtung

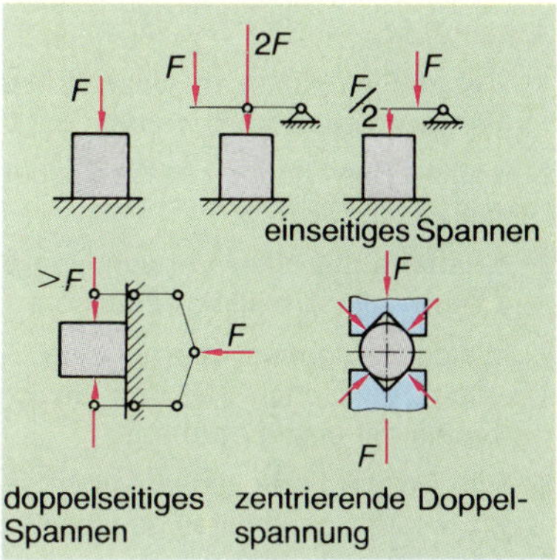

Abb. 3: Kraftwirkung beim Spannen

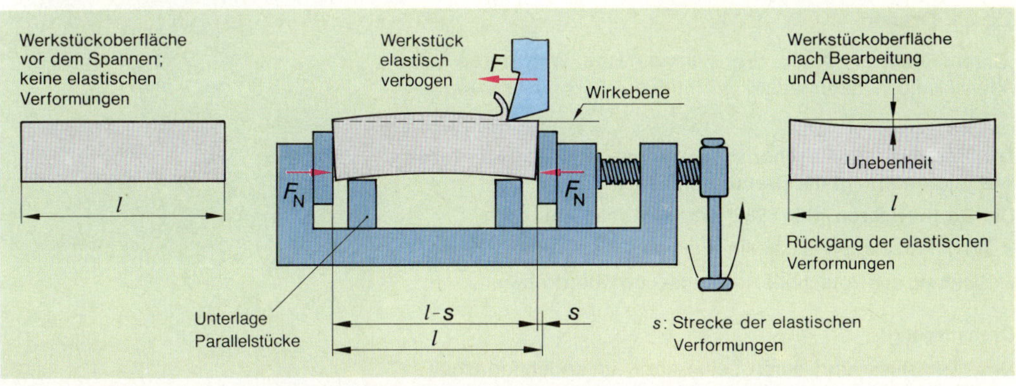

Abb. 4: Auswirkung der durch Spannkräfte erzeugten Verformungen

Tabelle 1.27: Spannmittel für Werkzeugmaschinen (Auswahl)

Spannmittel, Verwendungszweck	Wirkprinzip
Spanneisen mit Spanntreppe oder Stellschraube; Bleche und sonstige flächig zu spannende Teile	Hebelwirkung; je kürzer der Hebelarm Spannschraube-Werkstück, desto größer die Spannkraft.
Maschinenschraubstock; rechteckige und zylindrische Teile sowie Teile mit zwei parallelen Spannflächen	Schiefe Ebene; je kleiner die Steigung der Schraubstockspindel, desto größer die Spannkraft.
Backenfutter; zentrierendes Spannen von drehsymmetrischen gleichdicken Teilen unterschiedlicher Längen	Wie vorher, jedoch Steigung des Plangewindes bzw. der Keilstangen.
Werkzeugkegel (Morsekegel); zentrierendes Spannen von Bohr-, Dreh- und Fräswerkzeugen	Keilprinzip; je geringer die Neigung des Kegels, desto größer die kraftschlüssige Wirkung.

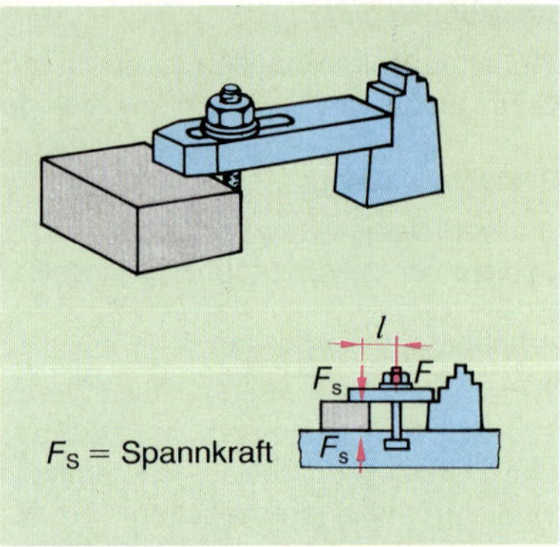

Abb. 1: Spanneisen mit Spanntreppe und Stellschraube

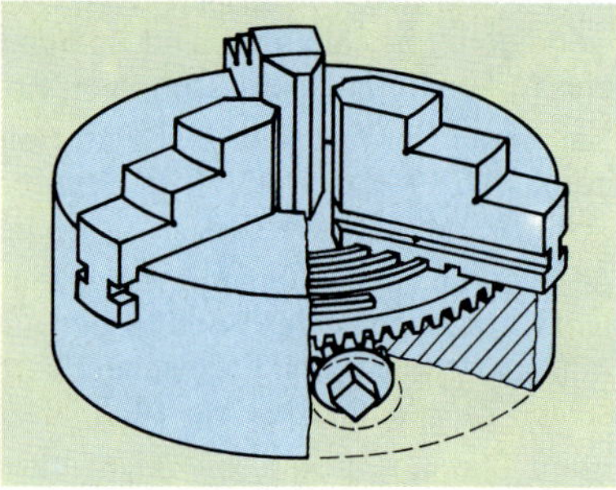
Abb. 2: Backenfutter

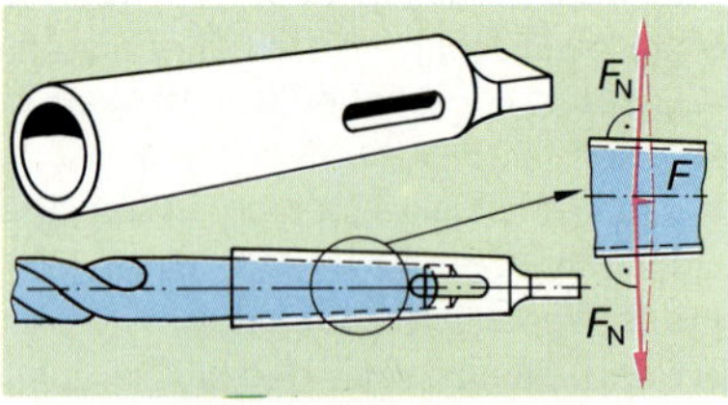

Abb. 3: Werkzeugkegel (Morsekegel)

Aufgaben

1. Geben Sie Gründe an, weshalb Werkzeugmaschinen in der Fertigung eingesetzt werden.
2. Welche Bewegungen an Werkzeugmaschinen unterscheidet man nach DIN 6580?
3. Erläutern Sie unter Verwendung einer Skizze am Beispiel Drehen alle Arbeitsbewegungen.
4. Welche Aufgaben übernehmen Spannmittel in der Fertigung? Versuchen Sie, den Gesichtspunkt der Fertigungskosten mit einzubeziehen.
5. Für welche Fertigungsaufgabe ist ein Maschinenschraubstock als Spannmittel geeignet? Erläutern Sie ein sachgerechtes Spannen.

1.2.4.1 Drehen

Durch Drehen werden drehsymmetrische Werkstücke mit kreisförmigen oder kreisringförmigen Querschnitten hergestellt.

Die Fertigung der zylindrischen, kegel- und kugelförmigen Werkstücke erfolgt auf Drehmaschinen.

Die **Drehverfahren** (DIN 8589) unterteilt man u.a. nach

- Art der erzeugten Fläche: in Rund- und Plandrehen,
- Richtung des Vorschubs: in Längs- und Querdrehen.

Drehvorgang

Das Werkstück führt durch seine kraft- und/oder formschlüssige Verbindung mit der Arbeitsspindel (z.B. durch Spannfutter)

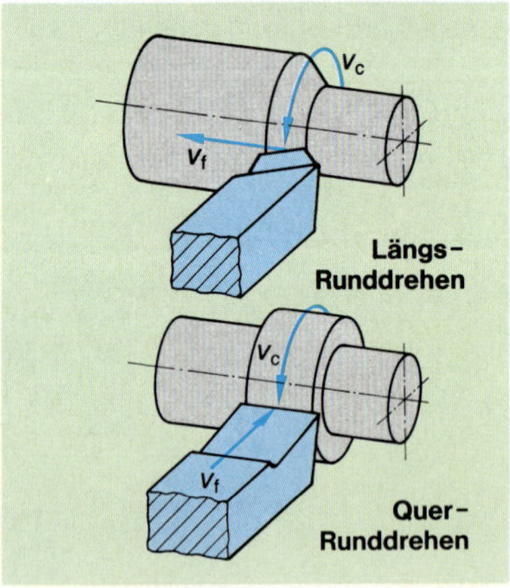

Abb. 4: Runddrehen

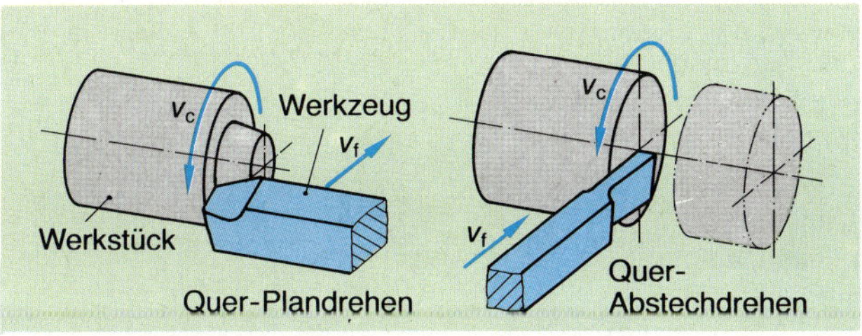

Abb. 5: Plandrehverfahren

eine kreisförmige Schnittbewegung aus. Die Vorschub-, Zustell- und Anstellbewegung führt das Werkzeug in Längs- und Querrichtung durch die Verstellung der Werkzeugschlitten aus.

Befindet sich der Drehmeißel im Schnitt, so stellt sich durch die **Eingangsgrößen Schnittiefe a_p** und **Vorschub f** der **Spanungsquerschnitt A** als **Ausgangsgröße** ein (Abb. 7).

Die Eingangsgrößen Drehdurchmesser d und Drehzahl n bestimmen als Ausgangsgröße die Schnittgeschwindigkeit v_c (= Umfangsgeschwindigkeit an der Wirkstelle). Die Wirkgeschwindigkeit v_e ist Resultierende der Schnittgeschwindigkeit v_c und der Vorschubgeschwindigkeit v_f (Abb. 8).

Bei konstanter Drehzahl ändert sich beim **Querplandrehen** die Schnittgeschwindigkeit proportional zum Drehdurchmesser, während beim **Längsrunddrehen v_c** konstant bleibt. Die Bewegungen bzw. Geschwindigkeiten zeigt die Abb. 6.

Die Zerspankraft F ist die Kraft, die an der Wirkstelle beim Spanungsvorgang auf den Drehmeißel einwirkt.

Die **Zerspankraft F** wird ähnlich den Bewegungen in zwei Komponenten zerlegt. Die **Aktivkraft F_a** liegt in der **Arbeitsebene;** die **Passivkraft F_p senkrecht dazu** (Abb. 8).

Durch Zerlegung der Aktivkraft F_a erhält man in der Arbeitsebene die Komponenten **Schnittkraft F_c** und **Vorschubkraft F_f.** Die Kraftzerlegungen sind notwendig, weil sich nur mit F_c, einer Komponente der Aktivkraft F_a, die erforderliche Schnittleistung $P_c = F_c \cdot v_c$ berechnen läßt.

Schnittkraft F_c, Vorschubkraft F_f und Passivkraft F_p ergeben gemeinsam als Komponenten (Vektoren) die Zerspankraft F.

Unterschätzen der beim Drehen auftretenden Kräfte führt zu Unfällen, Werkzeugbruch und Ausschuß.

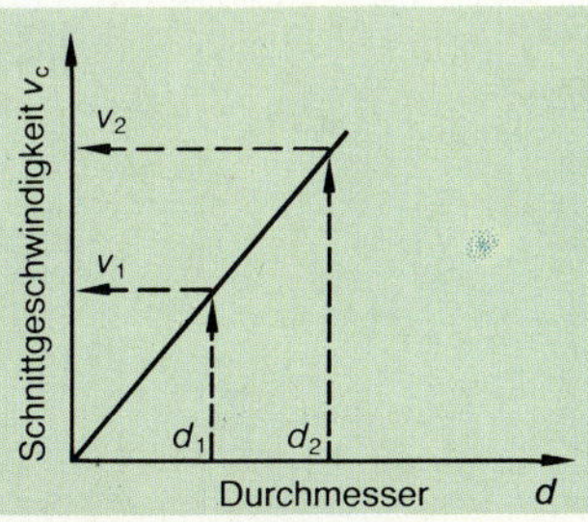

$v_c = d \cdot \pi \cdot n$

$v_1 < v_2$
d = veränderlich
n = konstant

Abb. 6: Schnittgeschwindigkeit beim Drehen

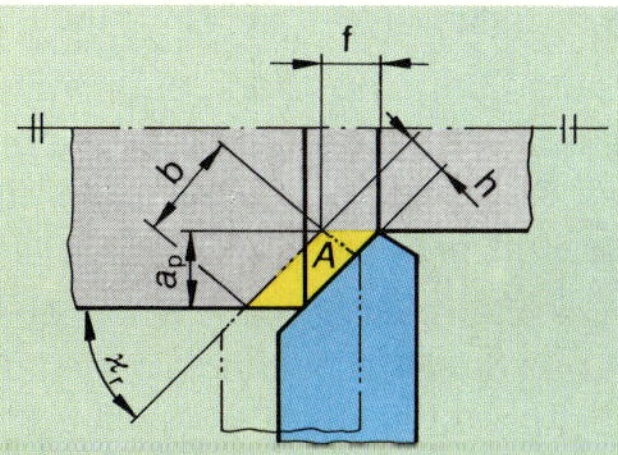

Spanungsgrößen

h: Spanungsdicke
f: Vorschub
b: Spanungsbreite } Eingriffsgrößen
a_p: Schnittiefe } Eingriffsgrößen
A: Spanungsquerschnitt
$\varkappa_r$: Einstellwinkel

$A = a_p \cdot f = b \cdot h$

$b = \frac{a_p}{\sin \varkappa_r}$ $h = f \cdot \sin \varkappa_r$

Abb. 7: Spanungsgrößen

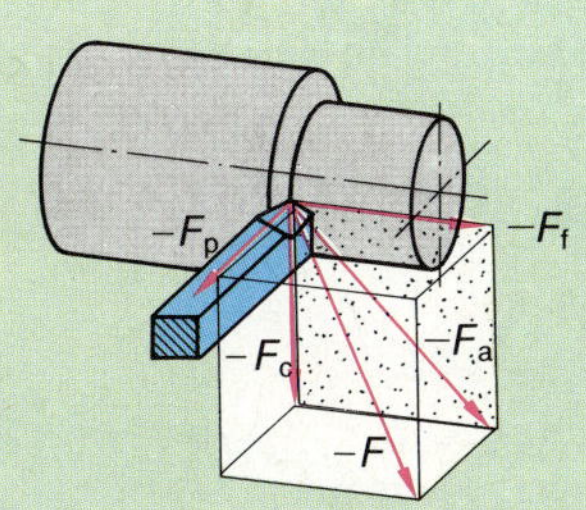

Kräfte am Schneidkeil

F: Zerspankraft
F_c: Schnittkraft
F_f: Vorschubkraft
F_p: Passivkraft

Geschwindigkeiten

v_c: Schnittgeschwindigkeit in m/min
v_f: Vorschubgeschwindigkeit in $\frac{mm}{min}$
v_e: Wirkgeschwindigkeit

Schnittleistung

$P_c = F_c \cdot v_c$

P_c: Schnittleistung in kW
F_c: Schnittkraft in N
v_c: Schnittgeschwindigkeit in $\frac{m}{min}$

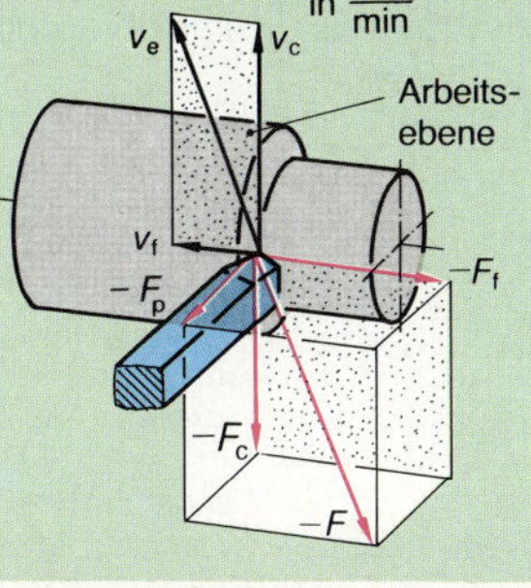

Abb. 8: Geschwindigkeiten, Kräfte und Leistung beim Längsdrehen

Drehmeißel

Drehmeißel sind Werkzeuge mit Haupt- und Nebenschneide, wobei meist nur eine Hauptschneide im Eingriff ist. Form, Lage und Werkstoff der Schneiden bestimmen den Einsatz. Die Auswahl ist abhängig von:

- Vorschubrichtung wie längs, quer; rechts, links,
- Lage der Bearbeitungsfläche längs, quer, innen, außen,
- Schneidstoff aus HSS, Hartmetall, Oxidkeramik.

Je nach Schneidstoff unterscheidet man Ganzstahldrehmeißel und Meißelhalter für aufgelötete oder geklemmte Schneidplatten/Wendeschneidplatten.

Die Werkzeugwinkel an der Meißelschneide sind in den Ebenen des Werkzeugbezugssystem (DIN 6581) meßbar.

Im Beispiel Abb. 3 sind meßbar:

- in der Arbeitsebene der Frei-, Keil- und Spanwinkel,
- in der Bezugsebene der Einstellwinkel $\varkappa_r$.

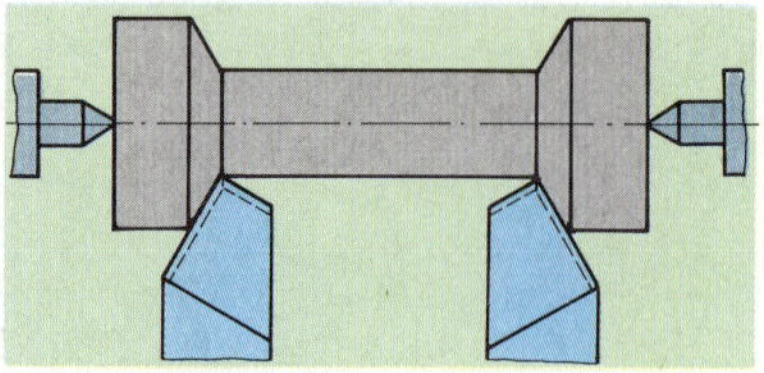

Abb. 1: Rechter und linker Drehmeißel

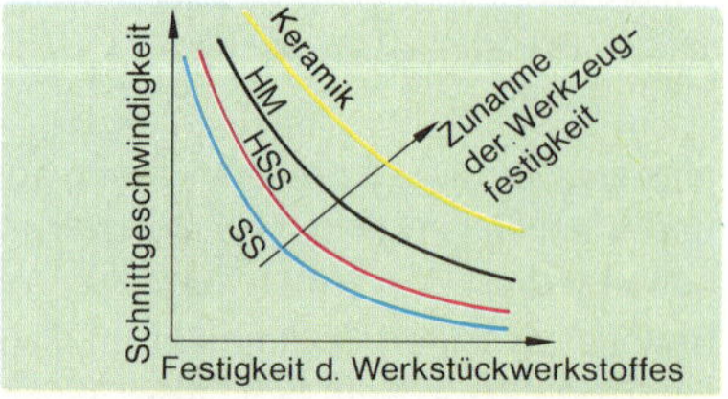

Abb. 2: Vergleich der Schneidwerkstoffe

Tabelle 1.28: Arten und Einsatz von Drehmeißeln

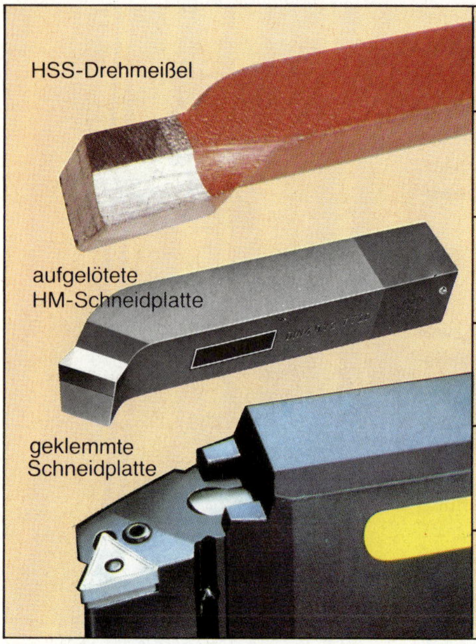

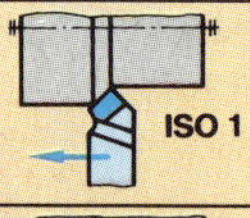	Gerader Drehmeißel **ISO 1** zum Längsdrehen
	Gebogener Drehmeißel **ISO 2** Schwere Schrupparbeiten beim Längs- und Plandrehen
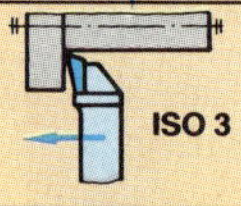	Abgesetzter Eckdrehmeißel **ISO 3** zum Plan- und Längsdrehen
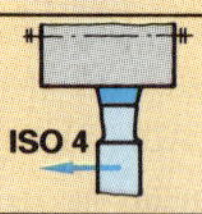	Breiter Drehmeißel **ISO 4** Längsdrehen an breiten Einschnitten
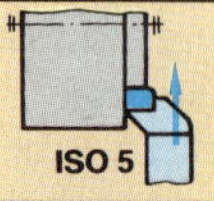	Abgesetzter Stirndrehmeißel **ISO 5** zum Querplandrehen
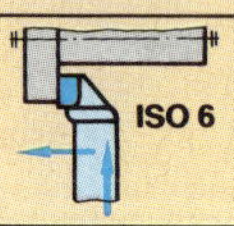	Abgesetzter Seitendrehmeißel **ISO 6** zum Längsdrehen

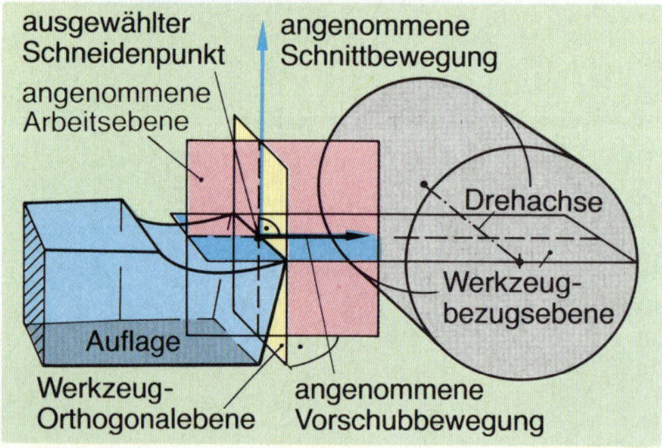

Abb. 3: Werkzeugbezugssystem

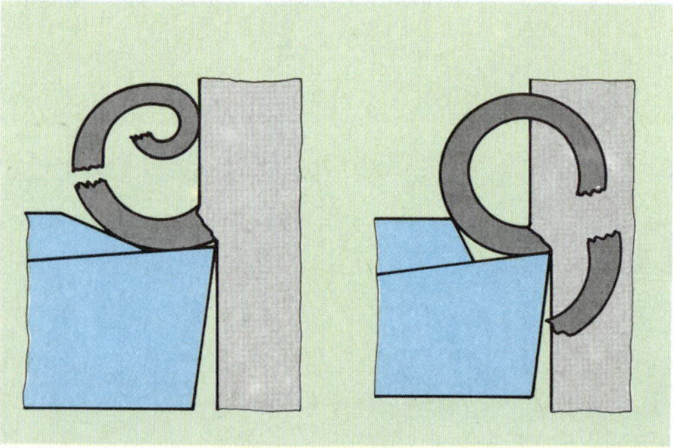

Abb. 4: Wirkung der Spanformstufe

Fertigungsbedingungen bei der Zerspanung

Eingangsgrößen für Spanungsvorgänge sind Größen, die durch Planung des Arbeitsvorganges festgelegt werden.

Dazu zählen die Standbedingungen wie

- Zerspanbarkeit des Werkstoffs,
- Geforderte Oberflächenrauhigkeit,
- Schneidenwerkstoff,
- Schneidengeometrie,
- Spanungsgrößen,
- Geschwindigkeiten,
- Standvermögen,
- Werkzeugverschleiß,
- Spanformen,
- Einsatz eines Kühlschmierstoffes.

Zerspanungsbedingungen werden von den Eingangsgrößen bestimmt, durch Störgrößen beeinflußt und anhand der Ausgangsgrößen geprüft.

Die Rauhigkeit wird insbesondere durch die Gestaltung der Schneidecke und den Vorschub bestimmt. Ein Schneideckenradius verringert die Rauhtiefe, erhöht den Schneidenwiderstand gegen Ausbrechen und verbessert die Wärmeabfuhr aus dem Schneidenbereich.

Die Veränderung des Einstellwinkels hat ähnliche Wirkungen.

Durch ihn wird die Größe von Passiv- und Vorschubkraft, die Schneideneingriffslänge, sowie das Verhältnis von Spanungsbreite zu Spanungsdicke und damit auch die Schnittkraft F_c beeinflußt.

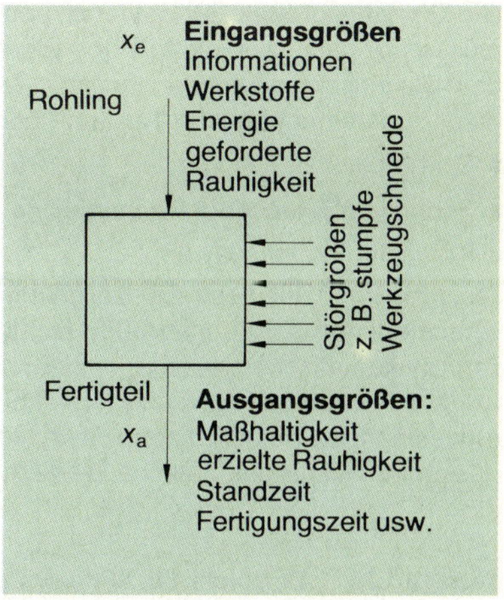

Abb. 5: Eingangs- und Ausgangsgrößen

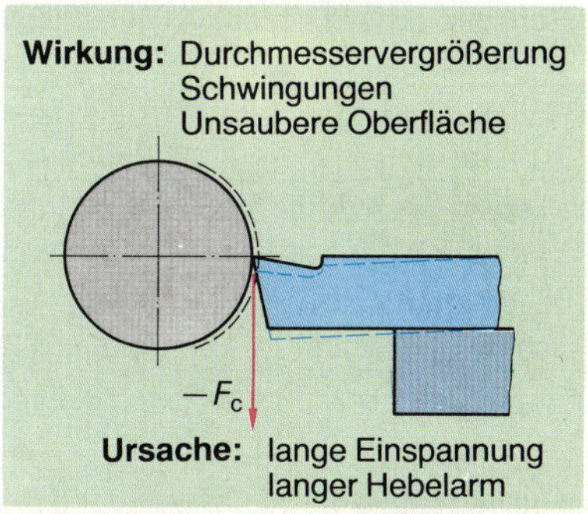

Abb. 6: Störgröße beim Drehen

Tabelle 1.29: Vorschub und Rauhtiefe bei abgerundeten Drehmeißeln bei Feinbearbeitung

Oberflächengüte R_t[1] in µm	Eckenrundung r_e in mm				
	0,4	0,8	1,2	1,6	2,4
	Vorschub f in mm				
2,5	0,07	0,10	0,12	0,14	0,17
8	0,11	0,15	0,19	0,22	0,26
16	0,17	0,24	0,29	0,34	0,42
32	0,22	0,30	0,37	0,43	0,53
63	0,27	0,38	0,47	0,54	0,66
100				1,08	1,32

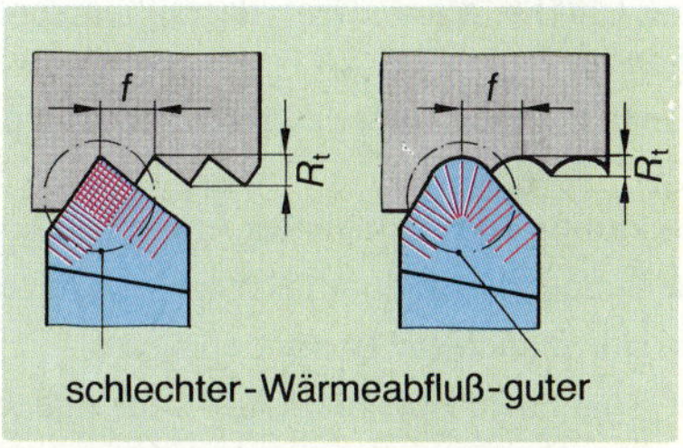

Abb. 7: Wärmeabfuhr und Rauhtiefe

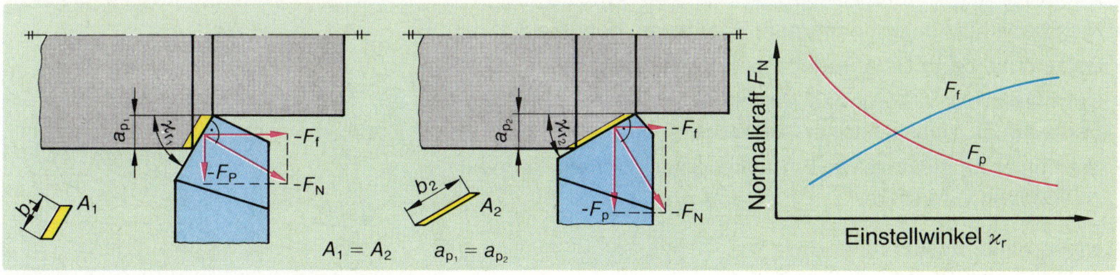

Abb. 8: Wirkungen des Einstellwinkels $\varkappa_r$

[1] R_t = Maß für die Rauhtiefe

Die Eingangsgrößen Schneidstoff und Schnittgeschwindigkeit müssen je nach Werkstoffart des Werkstückes festgelegt werden. Die einschlägigen Metalltechnik-Tabellen (vgl. S. 67) geben dafür zusammenhängend Auskunft über

- Schneidstoffe,
- Schneidengeometrie,
- Schnittiefe, Vorschub, Rauhtiefe,
- Standzeit,
- Kühlschmierstoffauswahl.

Störwirkungen, die das Arbeitsergebnis verschlechtern, sind an verschiedenen Ausgangsgrößen sichtbar (Tab. 1.33). Ursache kann systematischer Art (z.B. Bedienungsfehler) oder zufälliger Art (z.B. Ausfall der Kühlschmierstoffpumpe) sein. Wesentliche Abweichungen der Werkzeugwinkel von den Wirkwinkeln α_{fe}, γ_{fe} ergeben sich durch falsche Werkzeugeinspannung (Abb. 2).

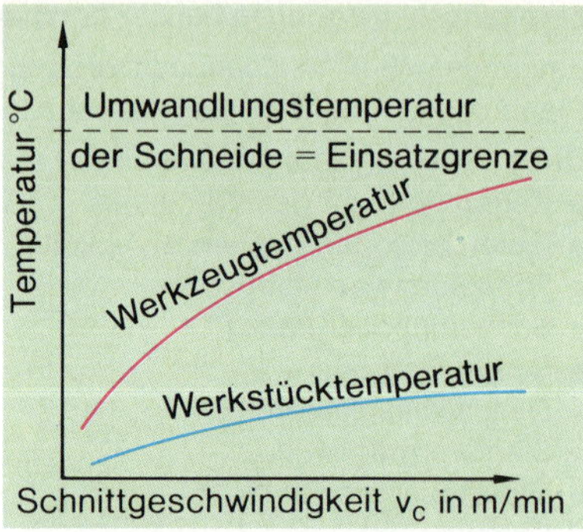

Abb. 1: Wirkung der Zerspanungswärme

Tabelle 1.30: Beispiele für Wirkungen von Störgrößen auf die Ausgangsgrößen

Störungen	Wirkungen
Schnittgeschwindigkeit zu hoch	unwirtschaftliche Nutzung der Standzeit des Drehmeißels; Überlastung der Maschine, ungünstige Spanform (lange Wendelspäne);
Schnittgeschwindigkeit zu niedrig	unwirtschaftliche Nutzung der Maschine; Neigung zur Reißspanbildung; rauhe Oberfläche
Falsche Werkzeug- oder Werkstückspannung	Schwingungen; wellige Oberflächen; Ratterneigung; Ausschuß- und Unfallgefahr durch Herausreißen aus Aufnahme- bzw. Spannvorrichtung
Ausfall der Kühlschmierstoffzufuhr	Hohe Temperaturen an Werkzeug und Werkstück; Gefahr des Ausglühens der Werkzeugschneide; schlechte Oberfläche

Unfallverhütung

Leichtsinn und Gedankenlosigkeit sind Ursachen folgenschwerer Unfälle, die an Drehmaschinen schon oft zum Tode geführt haben.

Deshalb sind unbedingt die Regeln der Arbeitssicherheit zu beachten:

- Immer eng anliegende Arbeitskleidung tragen!
- Lange Haare durch Netz oder Mütze schützen!
- Nur standfeste Roste benutzen!
- Spannschlüssel nach Auf- oder Abspannen immer abziehen!
- Kein Messen oder Reinigen bei laufender Arbeitsspindel!
- Beim Umrüsten immer: Hauptschalter aus!
- Nie Späne mit Fingern entfernen, Spanhaken benutzen!
- Bei unmittelbarer Gefahrensituation: Notschalter betätigen!
- Bei elektrischen Störungen Maschine stillsetzen und Fachpersonal (Betriebselektriker) anfordern!
- Nie Fehler an elektrischen Einrichtungen selbst suchen oder zu beheben versuchen.

Planung eines Arbeitsvorganges

Zur Fertigung des Führungszapfens (Abb. 3) ist der Arbeitsvorgang Drehen zu planen.

Der Vorgang unterteilt sich in **Rüsten** und **Ausführen.**

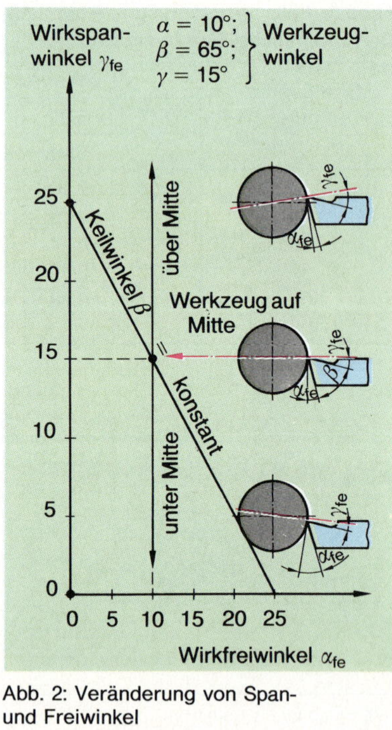

Abb. 2: Veränderung von Span- und Freiwinkel

Zum Rüsten gehören alle Tätigkeiten, die der Vorbereitung zum Ausführen und dem Rückversetzen des Arbeitsplatzes in den Ausgangszustand dienen. Dazu gehören:

- Arbeitsauftrag, Zeichnung und Arbeitsplan lesen,
- Rohling nachmessen,
- Werkzeuge vorbereiten, evtl. auf Spitzenhöhe ein- oder nachstellen,
- zweckmäßigen Kühlschmierstoff besorgen,
- Schnittgeschwindigkeit, Vorschub, Schnittiefe und Umdrehungsfrequenz bestimmen, u. a. m.

Bei Verwendung von Drehmeißeln aus Schnellarbeitsstahl (Schneidstoff: S-10-4-3-10) sind nach Tabellenausschnitt folgende Werte einzustellen:

Bearbeitung	v_c in m/min	a_p in mm	f in mm
Vordrehen	50	bis 3	0,5
Fertigdrehen	70	0,5	0,1

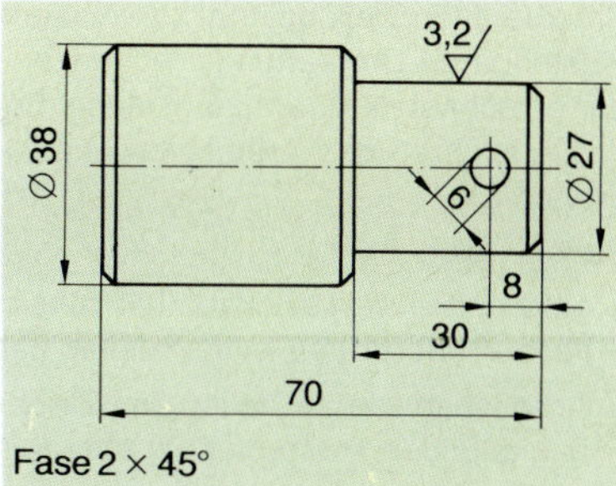

Arbeitsplan	
Arbeitsvorgang	
1	Rohling absägen St 50, Ø 40, 73 lg.
2	Zapfen nach Zeichnung drehen

Abb. 3: Zeichnung mit Arbeitsplan

Richtwerte für das Drehen mit Schnellarbeitsstahl – Fe-Metalle								VDI 3206 (6.65)	
Werkstoff	Festigkeit in N/mm²	Schneidstoff	f in mm	a_p in mm	v_c in m/min	Freiwinkel α in °	Spanwinkel γ in °	Neigungswinkel λ in °	Standzeit T in min
Allgemeine Baustähle Einsatzstähle Vergütungsstähle Werkzeugstähle	…500	S-10-4-3-10	0,1	0,5	75…60	8	18	0…4	
			0,5	3	65…50				60
		S-18-1-2-10	1,0	6	50…35	8	18	−4	
	500…700	S-10-4-3-10	0,1	0,5	70…50	8	14	0…4	
			0,5	3	50…30			0	60
		S-18-1-2-10	1,0	6	35…25	8	14	–	

Abb. 4: Tabellenausschnitt Richtwerte für das Drehen (nach VDI[1])

Aus Schnittgeschwindigkeit und Durchmesser läßt sich die theoretisch erforderliche Umdrehungsfrequenz n ermitteln.

Vergleicht man die errechnete oder die aus der Abb. 5 abgelesene Umdrehungsfrequenz mit der tatsächlich einstellbaren Arbeitsspindelumdrehungsfrequenz, so stimmen beide selten überein.

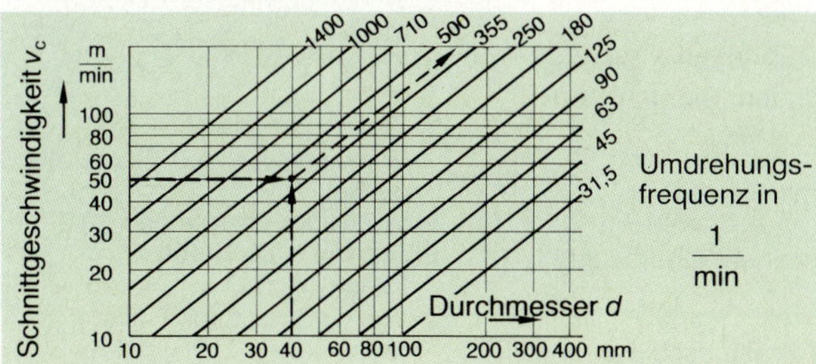

Abb. 5: Umdrehungsfrequenzschaubild für gestuft einstellbare Umdrehungsfrequenzen

1. Berechnung der Umdrehungsfrequenz n:

$$v_c = d \cdot \pi \cdot n; \quad n = \frac{v_c}{d \cdot \pi}$$

$$n = \frac{50 \text{ m/min} \cdot 1000 \text{ mm/m}}{40 \text{ mm} \cdot 3{,}14}$$

$$= \underline{\underline{397{,}8 \text{ min}^{-1}}}$$

2. Abgelesene Umdrehungsfrequenz n:
   zwischen 355 min^{-1}…500 min^{-1}

einzustellende Umdrehungsfrequenz n:

a) gestuft einstellbar $= 355 \text{ min}^{-1}$

b) stufenlos stellbar $< 400 \text{ min}^{-1}$

[1] VDI = Verein Deutscher Ingenieure

Um die Standzeit optimal zu nutzen, wählt man bei gestuft einstellbaren Umdrehungsfrequenzen die nächstniedrigere zu der errechneten. Abb. 1 zeigt einen möglichen Arbeitsablauf für das Ausführen des Arbeitsvorgangs »Zapfen nach Zeichnung drehen«.

Danach folgt:

- geforderte Werkstückqualität hinsichtlich Maße und Oberflächen überprüfen, evtl. Prüfplan beachten,
- Arbeitspapiere (Arbeitsplan, Zeichnung, Lohnschein, Terminkalender, Prüfprotokoll) ablegen,
- Maschine in den Ausgangszustand zurückversetzen (Werkzeuge abspannen und ablegen, grobe Säuberung).

Aufgaben

1. Welche Fertigungsaufgaben werden durch Drehen ausgeführt? Nennen Sie Beispiele.
2. Nach welchen Gesichtspunkten unterscheidet man Drehverfahren?
3. Was versteht man unter Spanungsgrößen?
4. In welche Komponenten werden a) die Zerspankraft und b) die Wirkgeschwindigkeit zerlegt?
5. Bezeichnen Sie Flächen, Winkel und Schneiden an einem geraden Drehmeißel (ISO 1).
6. Welche Wirkungen stellen sich bei der Veränderung des Einstellwinkels unter gleicher Schnittiefe ein?
7. In welcher Weise beeinflußt der Spanwinkel die Zerspanungsbedingungen?
8. Erläutern Sie anhand einer unsachgemäßen Werkzeug- oder Werkstückeinspannung den Einfluß von Störgrößen auf die Ausgangsgrößen.
9. Beschreiben Sie die Eingangsgrößen zur Bestimmung der Oberflächenbeschaffenheit.
10. Nennen Sie Maßnahmen zur Unfallverhütung beim Drehen und schlagen Sie vor, wodurch Wirrspäne vermieden werden können.
11. An den meisten konventionellen Spitzendrehmaschinen lassen sich die Spindelumdrehungsfrequenzen nicht stufenlos einstellen. Worauf ist bei der Wahl der Umdrehungsfrequenz der Arbeitsspindel zu achten?
12. Welche Angaben enthält ein Arbeitsplan? Wählen Sie dazu ein einfaches Drehteil und begründen Sie Ihre Angaben.

1.2.4.2 Bohren

Durch Bohren werden Löcher mit kreisförmigem Querschnitt hergestellt.

Die Fertigung kann auf Bohr-, Dreh- und Fräsmaschinen erfolgen. Je nach Verfahren unterscheidet man

- Bohren ins Volle,
- Senken, Reiben vorhandener Löcher,
- Gewindebohren.

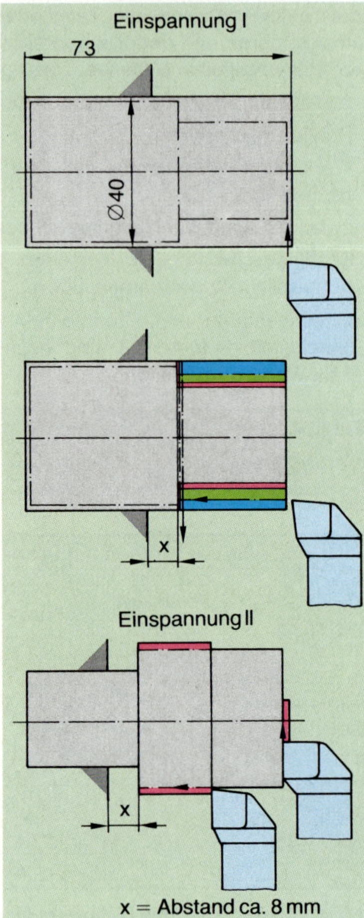

Arbeitsstufen:

1. Rüsten
2. Werkstück einspannen (I)
3. Stirnseite mit Stirndrehmeißel planen
4. Werkzeugwechsel-Eckdrehmeißel
5. Zapfen vordrehen Ø 34 × 29
   Ø 28 × 29,5
6. Zapfen fertigdrehen Ø 27 × 30
7. Werkzeugwechsel – Stirndrehmeißel
8. Werkstück umspannen (II)
9. Stirnseite plandrehen, Länge 70 mm
10. Werkzeugwechsel-Seitendrehmeißel
11. Außenform Ø 38 drehen
12. Ausspannen, Abrüsten

Abb. 1: Fertigungsbeispiel

Beim Bohren führt das Werkzeug (Bohrer, Senker, Reibahle) gleichzeitig eine kreisförmige Schnittbewegung und eine geradlinige Vorschubbewegung aus.

1.2.4.2.1 Bohren ins Volle

Die Zerspanung erfolgt beim Bohren ins Volle meistens mit Werkzeugen **symmetrischer Schneidenanordnung.** Damit sich der Bohrer selbst an der Wirkstelle führt, laufen die (zwei) Hauptschneiden spitz zu. Auch die Nebenschneiden (Fasen) führen den Bohrer in der Bohrung.

Kräfte und Bewegungen werden an der äußeren Schneidecke betrachtet (Abb. 2), weil die Schnittgeschwindigkeit zur Bohrerachse hin gegen Null geht. Die Schnittiefe a_p entspricht beim Bohren $d/2$ des Bohrers (Abb. 3). Da zwei Hauptschneiden gleichzeitig im Einsatz sind, zerspant jede Schneide die Hälfte des Spanungsquerschnittes.

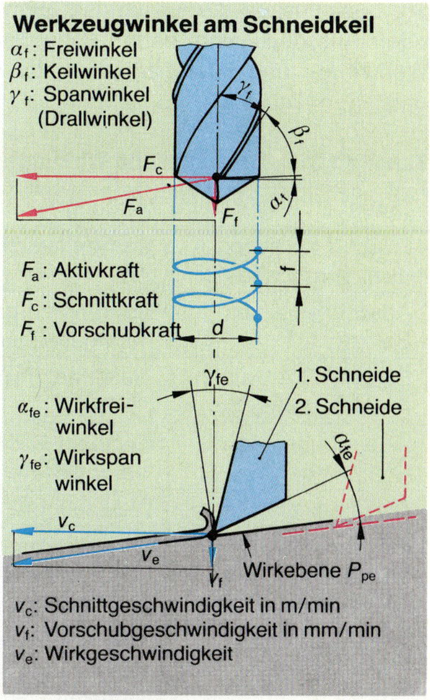

Abb. 2: Kräfte, Bewegungen und Winkel beim Bohren

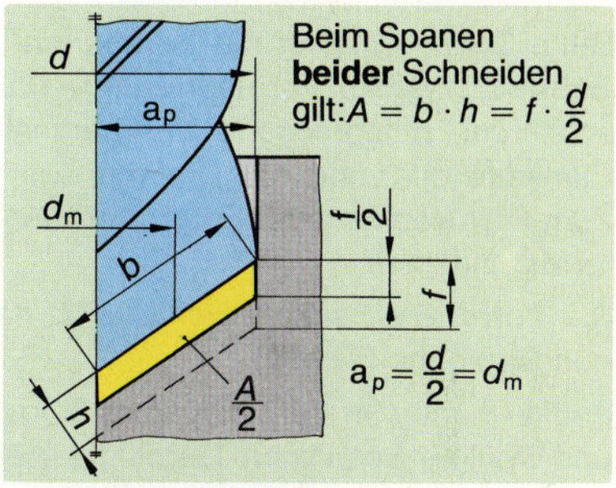

Abb. 3: Spanungsgrößen

Bohrwerkzeuge

Das am häufigsten verwendete Bohrwerkzeug ist der **Wendel- bzw. Spiralbohrer.**

Der Schneidteil ist ein von zwei **Wendelnuten** ausgehöhlter Stahlzylinder. Zwei Hauptschneiden und die durch den Kern entstandene Querschneide bilden die Bohrerspitze. Durch die Wendelnuten erfolgen der **Abtransport der Späne** und die **Zufuhr von Kühlschmierstoff.** Die Bohrerschneide ist durch Winkel und Flächen festgelegt (Abb. 5).

Je kleiner der Spitzenwinkel, desto besser kann die Wärme abgeleitet werden (verlängerte Hauptschneide). Je größer der Spitzenwinkel, desto schlechter die Wärmeableitung. Die Bruchgefahr an der Bohrerspitze wird jedoch geringer.

Der **Werkzeugfreiwinkel** α_f entsteht durch den Hinterschliff der Freifläche. Er soll 6° ... 8° betragen.

Der **Werkzeugkeilwinkel** β_f ergibt sich aus dem Steigungswinkel der Wendelnute und der Lage der Hauptfreifläche.

Der **Werkzeugspanwinkel** γ_f entspricht dem Steigungswinkel der Wendelnute. Er ist unveränderlich. Deshalb müssen für die verschiedenen Werkstoffe entsprechend ihrer Zerspanbarkeit unterschiedliche **Bohrertypen** (N = normal z.B. St37, W = weich z.B. Al 99,8, H = hart z.B. GG) zum Einsatz kommen.

Mit der Vorschubbewegung stellt sich eine **Wirkebene** P_{pe} ein, die beim Zerspanen eine Änderung der Werkzeugwinkel α_f und γ_f zu **Wirkwinkeln** α_{fe} und γ_{fe} herbeiführt (vgl. Abb. 2).

Zur Planung, Durchführung, Prüfung und Bewertung von Bohrarbeiten sind die Ursachen von Bohrfehlern zu kennen.

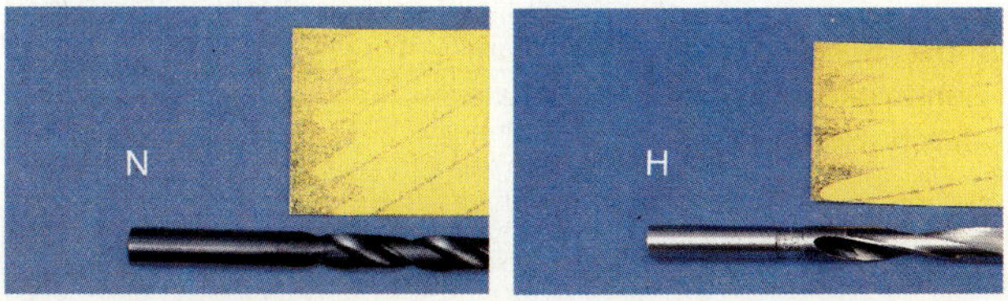

Abb. 4: Bohrertypen N und H (auf Blaupauspapier abgerollt)

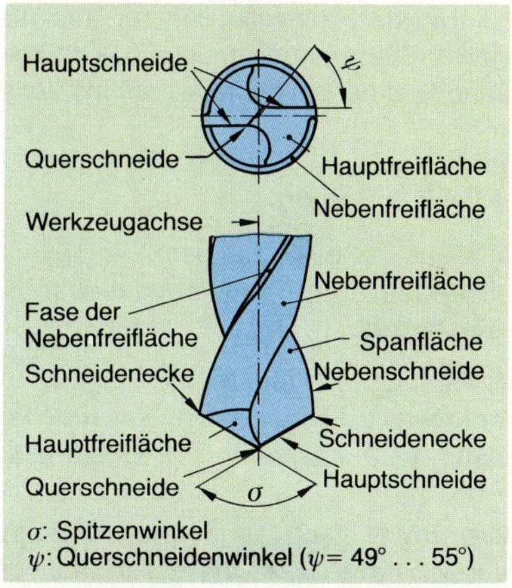

Abb. 5: Bezeichnungen am Bohrer

Sie beeinflussen die Eingangsgrößen oft so, daß Nacharbeit oder Ausschuß und damit ungeplante Lohn-, Maschinen-, Werkzeug- und Materialkosten für den Fertigungsbetrieb entstehen (Tab. 1.31).

Tabelle 1.31: Ursachen und Wirkungen von Bohrfehlern

Ursache	Wirkung
Falsche Körnung, nicht vorgebohrt	Bohrung verläuft
Anschliffehler am Bohrer	Bohrung zu groß, geringere Standzeit
Bohrer nicht bis zum Anschlag eingespannt	Tiefenfehler an Grundbohrungen
Lagerspiel in der Bohrspindel	Kegelige Bohrung, Richtungsfehler der Bohrung
Vorschub zu groß	Werkzeugbruch, rauhe Oberfläche
Fehlerhaftes Spannen oder Unterlegen, Späne nicht beseitigt	Werkstückbeschädigung, Richtungsfehler
Unzureichende Kühlschmierung	Ausglühen oder Bruch des Werkzeugs, rauhe Oberfläche, unwirtschaftliche Betriebsmittelnutzung (Standzeit)

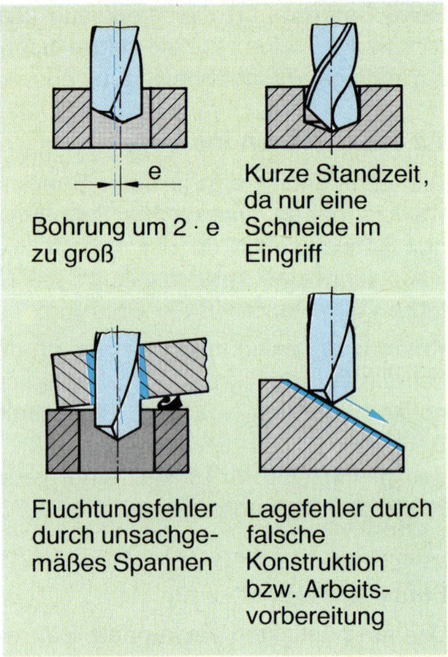

Abb. 1: Bohrfehler

1.2.4.2.2 Senken

Beim Senken erfolgt die Zerspanung an einer vorhandenen Bohrung zwecks Formänderung. Dazu sind die Werkzeugschneiden entsprechend der herzustellenden Form auf der Planseite oder/und am Umfang des Werkzeugs angeordnet. Zum Formsenken oder Entgraten können die Schneiden kegelförmig zulaufen.

Die Form des Senkers richtet sich nach der gestellten Fertigungsaufgabe (Abb. 2).

Senker haben im Vergleich zum Spiralbohrer mehr Schneiden und weniger Spanraum. Durch die größere Anzahl der Schneiden verteilen sich Schnitt- und Vorschubkräfte gleichmäßiger, so daß infolge besserer Führung Form- und Lageabweichungen sowie Rauhtiefen kleiner ausfallen. Aufgrund des geringeren Spanraumes müssen Schnittgeschwindigkeit und Vorschub kleiner als beim Bohren ins Volle sein.

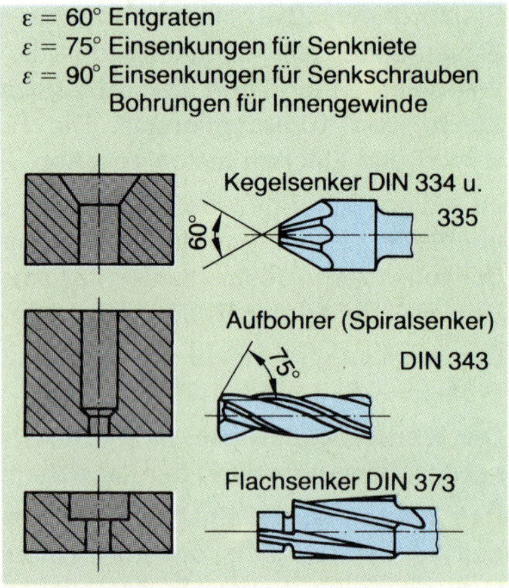

Abb. 2: Fertigungsaufgabe Senken

1.2.4.2.3 Reiben

Reiben ist eine Feinbearbeitung vorgefertigter Löcher zur Erzielung form- und lagegenauer Bohrungen mit geringer Rauhigkeit.

Beim Fügen, Führen und Lagern bieten mit Spiralbohrern hergestellte Löcher oft keine ausreichende Genauigkeit. Oft folgt dann eine spanende Fertigbearbeitung durch Reiben (vgl. Abb. 3).

Die am Umfang angeordneten Schneiden und die Schneidengeometrie ($\gamma = 0°$) lassen nur eine geringe Spanungsdicke zu. Abhängig vom Durchmesser ist eine Werk-

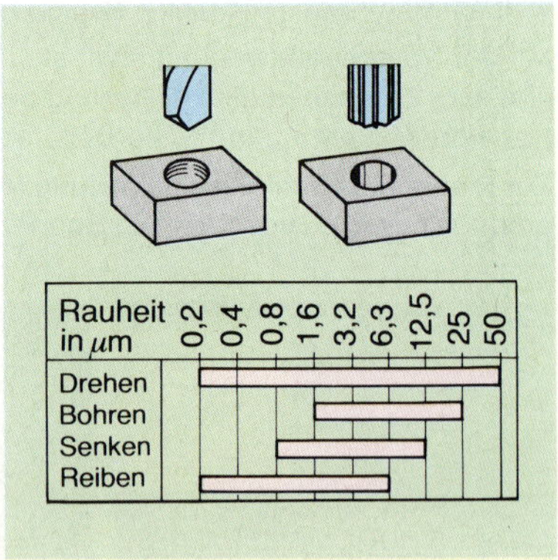

Abb. 3: Gebohrte und geriebene Bohrung

stoffzugabe von $a_p = 0{,}1 \dots 0{,}5$ mm vorzusehen. Der vorzufertigende Bohrungsdurchmesser ist um $2 \cdot a_p$ kleiner als der Fertigungsdurchmesser.

Bei der Reibahle ist die Zahnteilung ungleich, die Zähnezahl geradzahlig $n \geq 6$. Damit wird der Durchmesser am Werkzeug leichter meßbar und die Ratterneigung (rhythmischer Wechsel von Spanabnahme und Spanbruch) vermindert (Abb. 5).

Die Schneidenanordnung läßt nur **eine Arbeitsdrehrichtung** zu. Beim Wechseln würde es durch eingeklemmte Späne zum Schneidenausbruch kommen. Die Auswahl der Reibahlen richtet sich nach der Fertigungsaufgabe und der Art der Ausführung (vgl. Tab. 1.35):

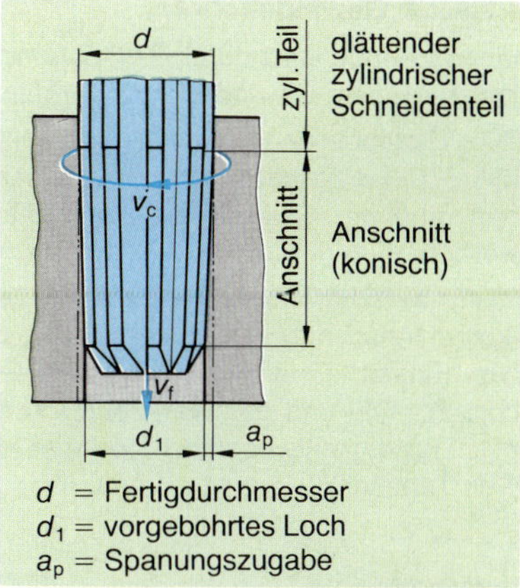

Abb. 4: Spanungsvorgang beim Reiben

Tabelle 1.32: Arten und Verwendungszweck von Reibahlen

Werkzeugart	Verwendungszweck
zyl. Handreibahle (unverstellbar, gerade gezahnt). Langer Anschnitt zur besseren Führung beim Anschneiden	Reibarbeiten an Einzelteilen, ohne Verwendungsmöglichkeit von Maschinen
zyl. Handreibahle (verstellbar) im Durchmesser verstellbar, Verstellbereich ca. 3mm, immer gerade verzahnt, eingelegte Messer	Reparaturarbeiten und Nacharbeit, nicht geeignet für Austauschfertigung
zyl. Maschinenreibahle (unverstellbar) kurzer Anschnitt, Führung durch Werkzeugmaschinenspindel, kurzer Schneidenteil, langer Schaft	Reibarbeiten unter Verwendung von Werkzeugmaschinen, geeignet für Einzel-, Serien- und Massenfertigung
Kegelreibahlensatz gerad- oder drallgenutetes Werkzeug, Werkstoffabnahme nur durch Umfangsschneiden	Reiben von kegeligen Löchern. Reibahle DIN 9: Kegel 1:50 nach DIN 1

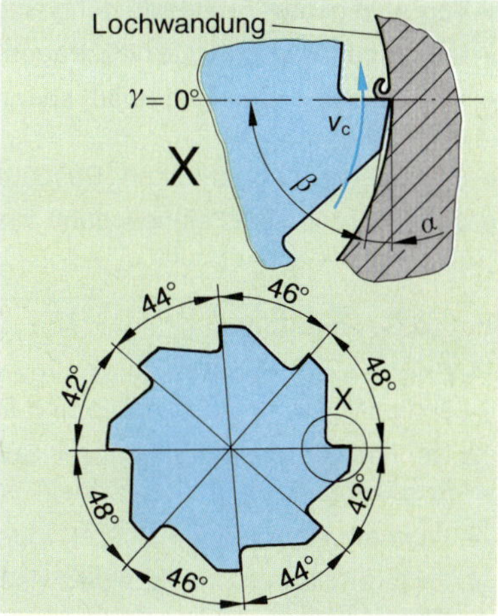

Abb. 5: Zahnteilung und Werkzeugwinkel bei Reibahlen

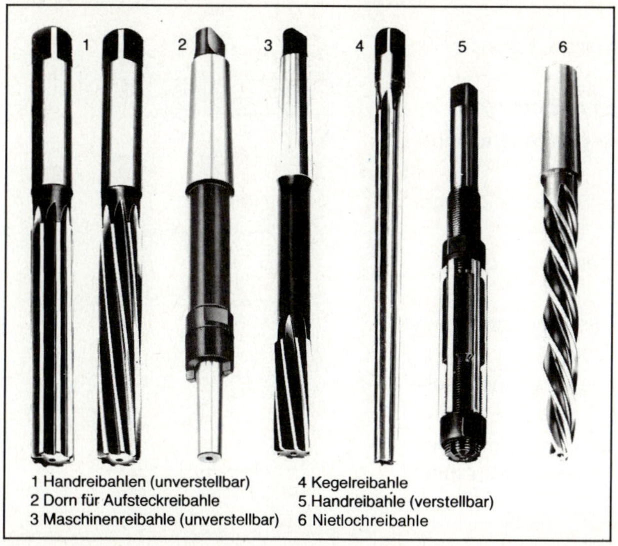

Abb. 7: Hand- und Maschinenreibahlen

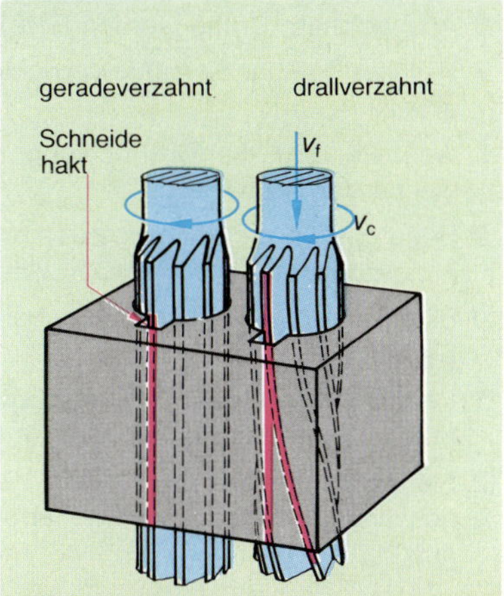

Abb. 6: Aufreiben einer Bohrung mit Längsnut

1.2.4.2.4 Gewindebohren

Innengewinde wird durch Zerspanung von Werkstoff im Kernloch mit einem Gewindebohrer (Profilwerkzeug) gefertigt.

Zum **Handbohren** wird ein 2- oder 3-teiliger Bohrersatz (Vor-, Mittel- u. Fertigschneider) verwendet. Im Gegensatz zum Reiben muß der Span durch Drehrichtungswechsel gebrochen werden.

Beim **Maschinenbohren** kommen Maschinengewindebohrer (kurzer Anschnitt) und Muttergewindebohrer (langer Anschnitt) zum Einsatz. Eine Einrichtung zum Rechts-Linkslauf ist erforderlich. Aufgrund der Werkzeugbeschaffenheit ist die Schnittgeschwindigkeit wesentlich geringer als beim Bohren ins Volle (vgl. Tabellen).

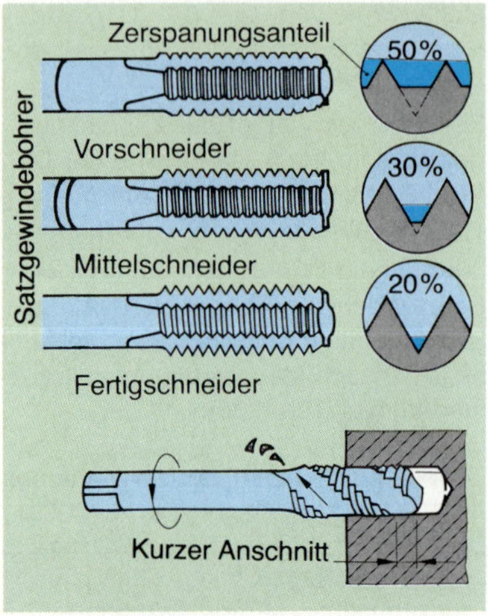

Abb. 1: Hand- u. Maschinengewindebohrer

Unfallverhütung

- Grundsätzlich Schutzbrille aufsetzen,
- eng anliegende Arbeitskleidung tragen,
- bei langen Haaren Haarnetz tragen,
- Werkstücke ordnungsgemäß spannen und gegen Herumreißen sichern,
- Bohrspäne mit Spanhaken, Besen oder Pinsel entfernen,
- beim Bohren keine Handschuhe tragen.

Abb. 2: Gewindebohreinrichtung

Aufgaben zum Bohren

1. Erklären Sie den Spanungsvorgang Bohren ins Volle einschließlich wirkender Kräfte und Bewegungen.
2. Nennen Sie die Aufgaben der Spiralbohrerschneiden, die Werkzeugwinkel und mögliche Anschliffehler.
3. Weshalb kommen die Bohrertypen W, H, N zum Einsatz?
4. Erklären Sie den Unterschied zwischen Seitenfreiwinkel und Wirkfreiwinkel.
5. Welche Wirkungen hat eine unzureichende Kühlschmierung?
6. Aus welchem Grund werden Bohrungen aufgerieben?
7. Welcher Teil der Reibahle verrichtet die größte Spanungsarbeit?
8. Weshalb darf die Drehrichtung beim Reiben nicht gewechselt werden?
9. Erläutern Sie die Wirkungen beim Reiben, wenn die Spanungszugabe zu groß bzw. zu klein ist.
10. Skizzieren Sie Fertigungsaufgaben für Senken und geben Sie geeignete Werkzeuge an.
11. Vergleichen Sie die Spanungsbedingungen zwischen Bohren ins Volle und Reiben bzw. Senken.
12. Stellen Sie für das abgebildete Werkstück einen mit allen notwendigen Angaben versehenen Fertigungsablaufsplan auf.

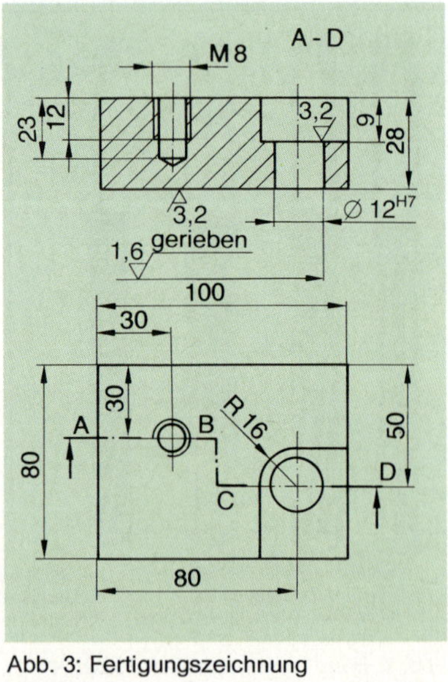

Abb. 3: Fertigungszeichnung

1.2.4.3 Fräsen

Durch Fräsen werden Werkstücke mit ebenen oder gekrümmten Flächen (z.B. Zahnräder, Gewinde, Formwellen) hergestellt.

Die Fertigung erfolgt auf Fräsmaschinen. Die Fräsverfahren teilt man u.a. ein nach

- Form der erzeugten Fläche: Plan-, Rundfräsen,
- Lage der Werkzeugschneiden: Umfangs- und Stirnfräsen,
- Richtung der Bewegungen: Gleich- und Gegenlauffräsen

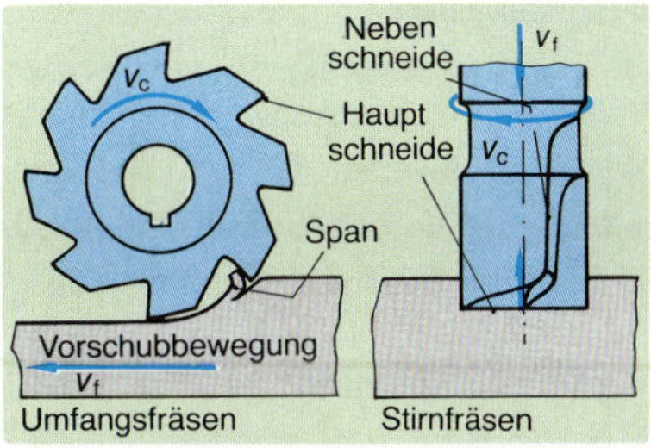

Abb. 4: Fräsverfahren (Planfräsen)

Fräsvorgang

Das Werkzeug führt die Schnittbewegung, die Vorschubbewegung das Werkstück oder das Werkzeug aus. Da Fräser oft unterschiedlich mehrschneidig sind, wird die Vorschubgeschwindigkeit v_f aus Schneidenzahl z, Vorschub je Zahn f_z und Umdrehungsfrequenz n ermittelt (Abb. 5).

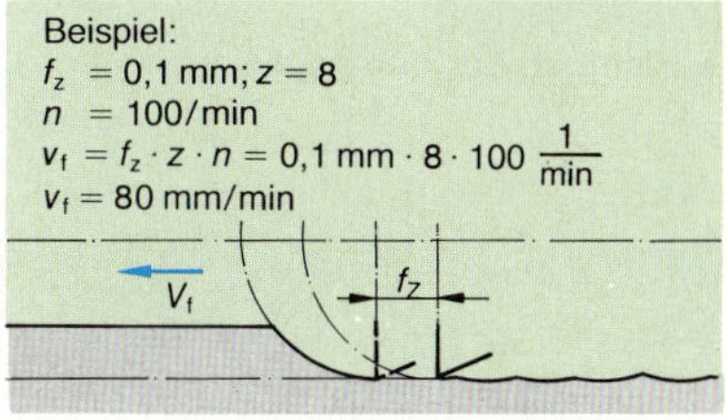

Abb. 5: Vorschubgeschwindigkeit

Wirken die Umfangsschneiden des Fräsers, so handelt es sich um **Umfangsfräsen** mit radialer Vorschubrichtung. Durch stetigen Vorschub und gleichmäßige Zahnteilung ergibt sich eine wellige Oberfläche. Beim **Stirnfräsen** sind die Hauptschneiden so angeordnet, daß die Vorschubrichtung axial erfolgen kann. Kombinationen beider Verfahren sind das Stirnumfangs- und das Umfangsstirnfräsen.

Nach der Art des Zusammenwirkens von Schnitt- und Vorschubbewegung unterscheidet man Gegenlauffräsen und Gleichlauffräsen.

Beim **Gegenlauffräsen** sind Schnitt- und Vorschubrichtung an der Wirkstelle entgegengesetzt gerichtet. Spandicke und Zerspankraft sind zunehmend (Kommaspan), wobei beim Schneidenaustritt die Zerspankraft vom Maximalwert auf Null abfällt.

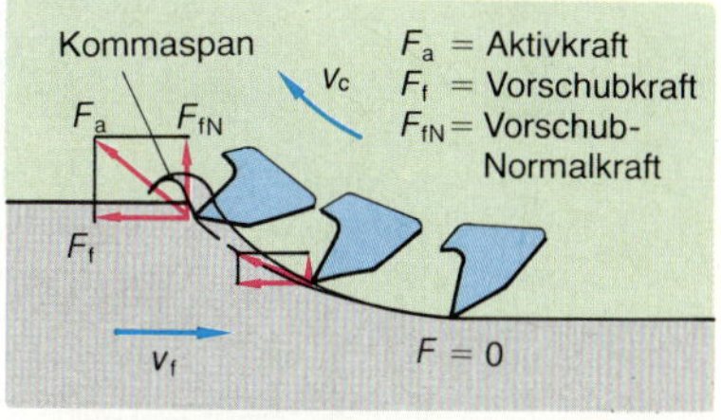

Abb. 6: Gegenlauffräsen

Beim **Gleichlauffräsen** sind Schnitt- und Vorschubrichtung an der Wirkstelle gleichgerichtet. Spandicke und Zerspankraft ändern sich vom Maximalwert auf Null beim Schneidenaustritt (Abb. 7).

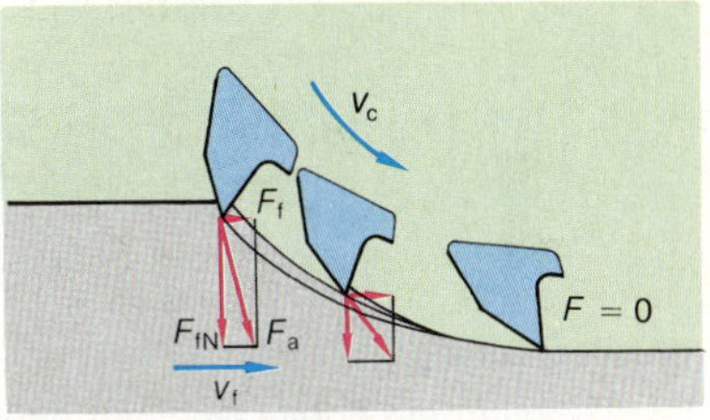

Abb. 7: Gleichlauffräsen

Vor- und Nachteile der Verfahren, die bei der Arbeitsplanung zu berücksichtigen sind, zeigt die Tab. 1.36.

Gleich- und Gegenlauffräsen treten beim Stirnfräsen auch gleichzeitig auf.

Tabelle 1.33: Vergleich Gleichlauffräsen–Gegenlauffräsen

	Gleichlauffräsen	Gegenlauffräsen
Schnittkraftänderung	vom maximalen Wert aus abnehmend	auf maximalen Wert ansteigend
Schwingungsgefahr	geringer, günstige Schnittkraftänderung	höher, ungünstige Schnittkraftänderung
Ratterneigung	geringer, kleine Schnittkraft beim Schneidenaustritt	größer, plötzliche Kraftwechsel bei Schneidenaustritt
Oberflächengüte	besser, geringere Ratterneigung	geringer, höhere Ratterneigung
Werkzeugverschleiß	geringer, kein Aufgleiten der Werkzeugschneide beim Schneideneintritt	höher, Aufgleiten der Werkzeugschneide beim Schneideneintritt
Vorschubeinrichtung	aufwendiger, spielfreie Bewegungen, sonst Werkzeugbruch und Ausschuß	nicht spielfrei, Werkstück wird nicht in den Schnitt hineingezogen

Fräswerkzeuge

Je nach Arbeitsaufgabe sind entsprechende Fräser für die Arbeitsplanung auszuwählen. Zu berücksichtigen sind dabei

- Werkstückwerkstoff, Frästertypen N, H, W
- Lage der Bearbeitungsfläche, Aufsteck- und Schaftfräser;
- Form der Bearbeitungsfläche, spitzgezahnt⇒ebene Flächen hinterdreht⇒Formflächen;
- Werkzeugstandzeit, SS, HSS, Hartmetall, beschichtetes Hartmetall (z.B. CBN);
- Spanungsleistung, einschneidig (Einzahnfräser) vielschneidig (Messerkopf).
- Richtung der Zerspankraft geradgezahnt/kreuzgezahnt wendelgezahnt

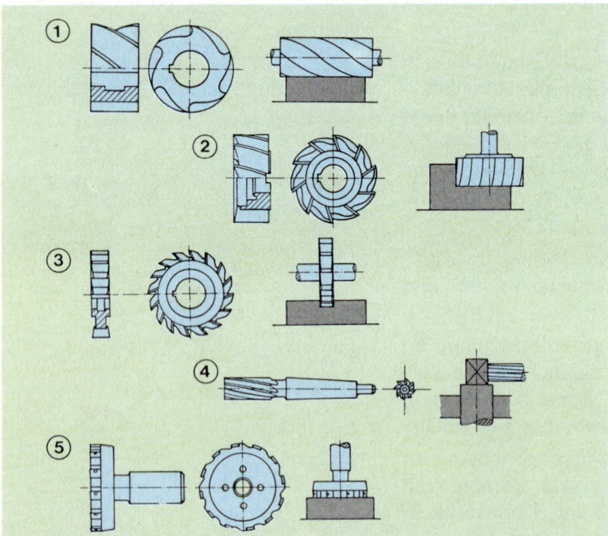

Tabelle 1.34: Anwendungsbereiche von Fräswerkzeugen

Werkzeugart und Verwendungszweck
Walzenfräser (DIN 884) ① Schruppen und Schlichten ebener Flächen mittels Waagerechtfräsmaschinen; nur Umfangsschneiden; Mitnahme auf dem Fräsdorn durch Längsnut und Paßfeder
Walzenstirnfräser (DIN 1880) ② Bearbeitung von ebenen und rechtwinklig zueinander verlaufenden Flächen mittels Waagerecht- und Senkrechtfräsmaschinen; Umfangs- und Stirnschneiden; Mitnahme meist über Längs- oder Quernut
Scheibenfräser (DIN 885) ③ Einfräsen von Einschnitten und Nuten bis 50 mm Breite; Seitenschneiden sind hohl geschliffen; nicht geeignet für hohe Anforderungen an Maß- und Formgenauigkeit; Mitnahme durch Längsnut u. Paßfeder
Schaftfräser (DIN 845) ④ Mehrschneidiger Walzenstirnfräser mit abgesetztem Schaft und Werkzeugaufnahmeteil; Größen bis zu 63 mm ∅; Bearbeitung vorwiegend kleinerer Werkstücke
Messerkopf ⑤ großflächige Schrupp- und Schlichtarbeiten, große Zerspanungsleistung, Verwendung an Fräswerken

Unfallverhütung

Das Arbeiten mit Fräsmaschinen erfordert ebenso große Aufmerksamkeit und Beachtung der Unfallverhütungsvorschriften wie der Umgang mit anderen Werkzeugmaschinen. Fräsmaschinen sind vielseitig verwendbar, so daß ein großer Teil an Vorschriften und Regeln zur Arbeitssicherheit vom Bohren, Sägen, Drehen usw. beim Fräsen anzuwenden ist.

Beispiel einer Fräsarbeit

Zur Vorbereitung (Rüsten) der Fräsarbeit gehören:

- Arbeitsplan und Zeichnung lesen,
- Auswahl von Werkzeug und Maschine,
- Werkstück mit geeigneten Spannmitteln spannen,
- Werkzeug einspannen,
- Umdrehungsfrequenz und Vorschub bestimmen und einstellen,
- Kühlschmierstoff bereitstellen, u.a.m.

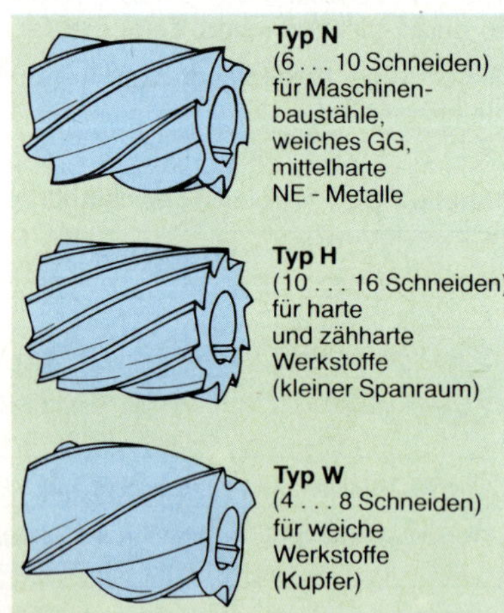

Abb. 1: Fräswerkzeuge

Das Werkstück wird auf dem Maschinentisch ausgerichtet und gespannt (z.B. wie Abb. 4). Nach Einspannen des Fräsers wird die Schnittgeschwindigkeit (Tabellen) unter Berücksichtigung der Werkstoffpaarung gewählt. Aus dem Diagramm Abb. 3 erhält man die Spindelumdrehungsfrequenz $n = 400$/min. Bei einem Vorschub je Zahn von $f_z = 0{,}32$ mm ist die Vorschubgeschwindigkeit $v_f = 500$ mm/min. Tabellenwerte sind Höchstwerte. Bei Zwischenwerten sind die nächstniedrigeren Einstellungen zu wählen.

Das Werkstück kann in Ausgangsstellung gefahren, Schnittiefe und Schnittbreite zugestellt und das Werkzeug in den Schnitt (Spanabnahme) gebracht werden. Der Maschinenvorschub bleibt geschaltet, bis der Fräser aus dem Schnitt ist. Damit ist der Vorschubweg l_f größer als die Länge der Bearbeitungsfläche (Abb. 5). Auf die Arbeitsstufe Vorfräsen folgt oft Fertigfräsen (Schlichten) bei kleinerem Vorschub und höherer Schnittgeschwindigkeit.

Nach Abschluß der letzten Arbeitsstufe ist das gefräste Werkstück auf Maß- und Formgenauigkeit, gekennzeichnete Prüfmaße und Oberflächengüte zu kontrollieren.

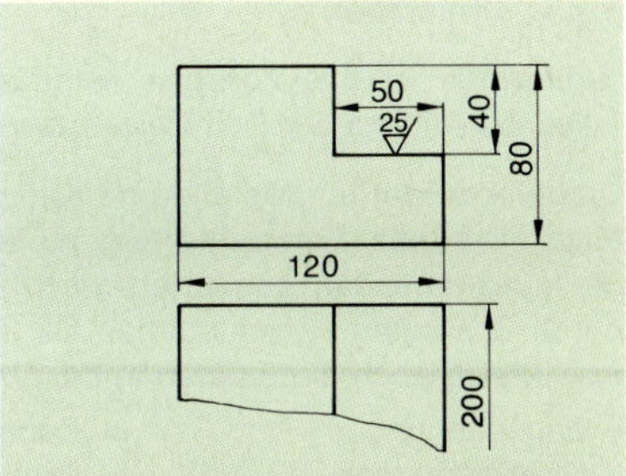

1	Stufenteil	1	GS - 52	205x85
Stück	Benennung	Teil	Werkstoff	Rohmaße

Stufe vorfräsen (40 × 50 × 200)
Oberfläche: Rauhwert 12,5 µm
Werkzeug:
Hartmetall - Schaftfräser ∅ 100
Schnittgeschwindigkeit: v_c = 120 m/min
Betriebsmittel: Senkrechtfräsmaschine

Abb. 2: Fertigungszeichnung und Angaben aus dem Arbeitsplan

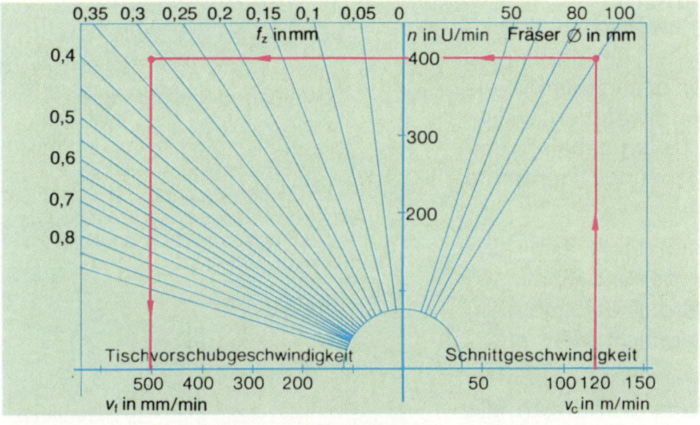

Abb. 3: $v_c - n - v_f$-Diagramm für Hartmetallschaftfräser (z = 4)

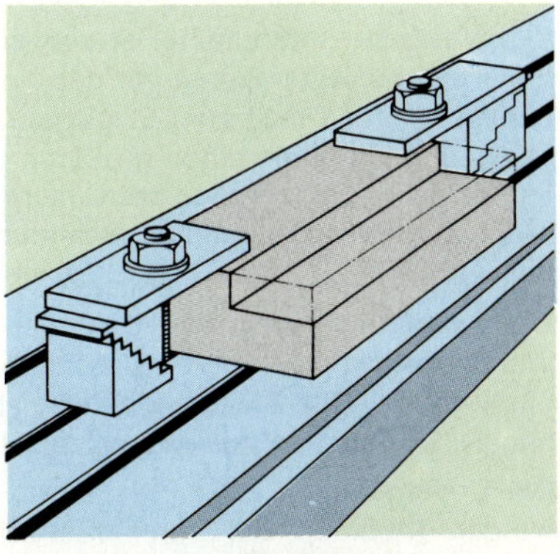

Abb. 4: Spannen des Werkstücks

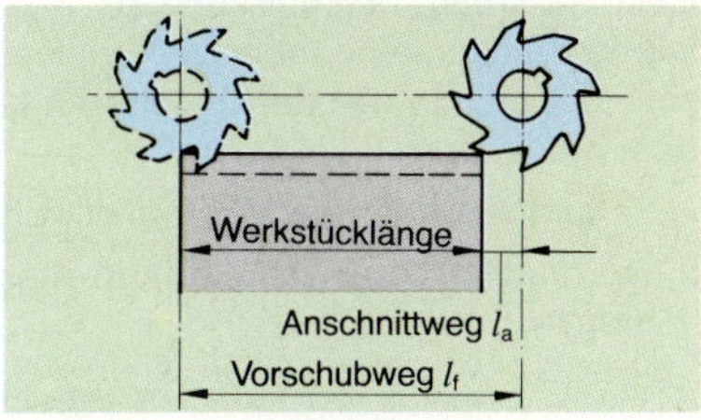

Abb. 5: Vorschubweg

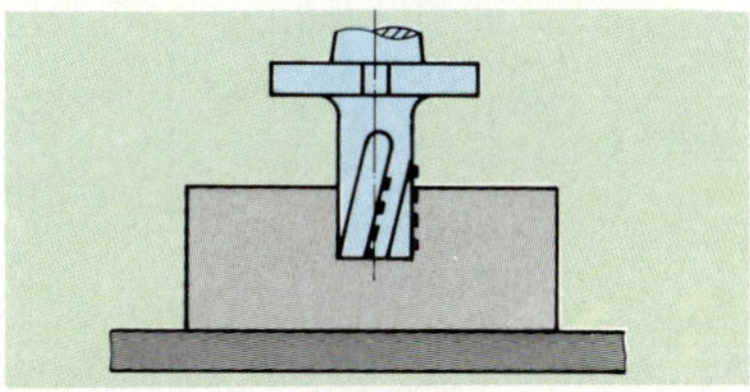

Abb. 6: Fertigungsaufgabe/ Fertigungsmöglichkeit

Aufgaben zum Fräsen

1. Unterscheiden Sie die verschiedenen Fräsverfahren und nennen Sie Fertigungsbeispiele zum Fräsen.
2. Ordnen Sie Schnitt-, Vorschub- und Wirkbewegung durch Skizze zu.
3. Wie entsteht der Kommaspan? Beschreiben Sie auch die verfahrensbedingte Welligkeit der Oberfläche.
4. Stellen Sie gegenüber: Vorteile von Gleich- und Gegenlauffräsen.
5. Wonach richtet sich die Fräserauswahl?
6. Für welche Fertigungsvorgänge eignen sich Schaftfräser, Walzenstirnfräser und Messerkopf?
7. Für das Ausfräsen einer 100 mm langen durchgehenden Nut (Breite 25 mm, Tiefe 20 mm) in eine Platte aus St50 sind zu bestimmen a) Fertigungsablauf; b) Auswahl des Fräsers; c) Auswahl der Maschine; d) Einstellgrößen für den Fräsvorgang.

1.2.5 Umformen

Umformen ist das Fertigen eines Werkstückes durch plastisches Ändern der Form eines festen Körpers.

Umgeformt werden Metalle und Kunststoffe mit der Fähigkeit, eine **bleibende Formänderung** zu erfahren, ohne daß der Stoffzusammenhalt gemindert wird. Die Formänderung wird durch Spannung verschiedener Art (Abb. 1) erreicht. Danach richtet sich auch die Einteilung der Umformverfahren:

- Zugspannung ⇒ Zugumformen,
- Druckspannung ⇒ Druckumformen,
- Zug- und Druckspannung ⇒ Zug-Druckumformen,
- Biegespannung ⇒ Biegeumformen,
- Schubspannung ⇒ Schubumformen.

Voraussetzung für alle Umformvorgänge ist, daß sich erst **nach** Überschreiten der elastischen Grenze (Streckgrenze) bleibende Formänderungen einstellen (Abb. 2). Die Werkstoffteilchen erhalten dann von außen eine so große Spannung, daß sie ihre Plätze aufgeben müssen. Das Verschieben bzw. Gleiten der Teilchen (Metallionen) vollzieht sich auf **Gleitebenen,** die in bestimmte Richtungen zeigen (Abb. 3).

Die plastische Verformung ist von einer **elastischen** (Rück-) **Federung** begleitet. Sie ist vor der plastischen Verformung zu überwinden und muß zum Erreichen einer bestimmten Werkstück-Endform durch einen größeren Umformweg berücksichtigt werden. Auskunft über das Umformverhalten geben hauptsächlich werkstoffabhängige Spannung-Dehnung-Diagramme (vgl. Abb. 5).

Bei zu großem Umformweg (Umformgrad) stellt sich eine Werkstoffschwächung durch Einschnürung oder/und Rißbildung ein, wenn z.B. die Bruchgrenze erreicht wird. Die Zusammenhangskraft der Werkstoffteilchen reicht dann nicht mehr aus.

Die Umformbarkeit kann aber durch Erwärmung verbessert werden (Abb. 5). Bei Temperaturerhöhung schwingen die Metallionen stärker um ihre Ruhelage im Gitterverband. Die Bindungskräfte nehmen ab, so daß sich die Teilchen mit weniger Widerstand mehr verschieben lassen. Deshalb unterscheidet man in der **Umformtechnik** je nach Anwendung ohne oder mit Wärme:

- Kaltumformen (ohne Wärmen etwa bei Raumtemperatur),
- Warmumformen (nach Wärmen über Rekristallisationsgrenze[1]).

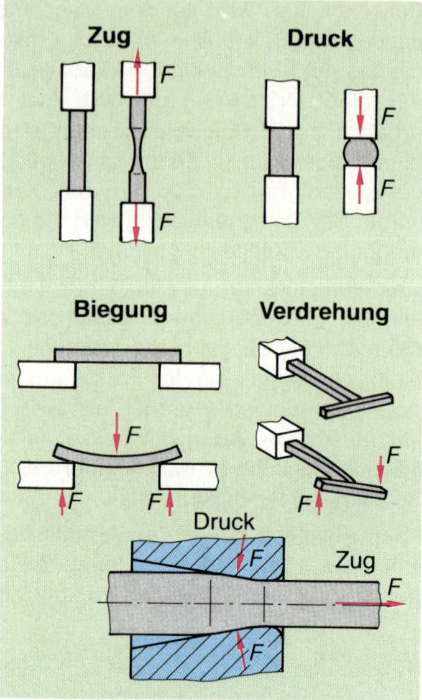

Abb. 1: Spannung und Umformart

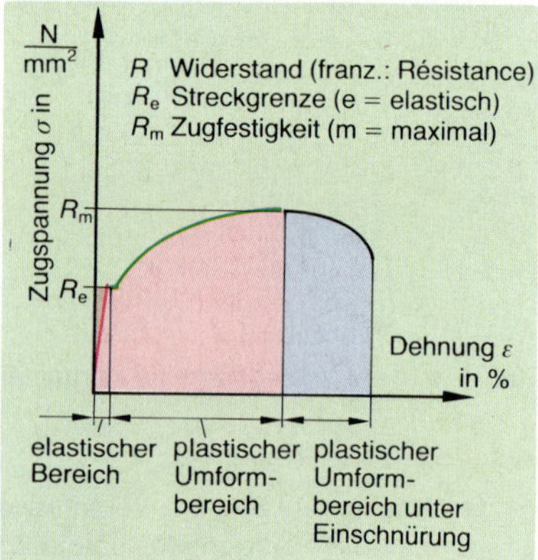

Abb. 2: Umformbereiche bei Raumtemperatur

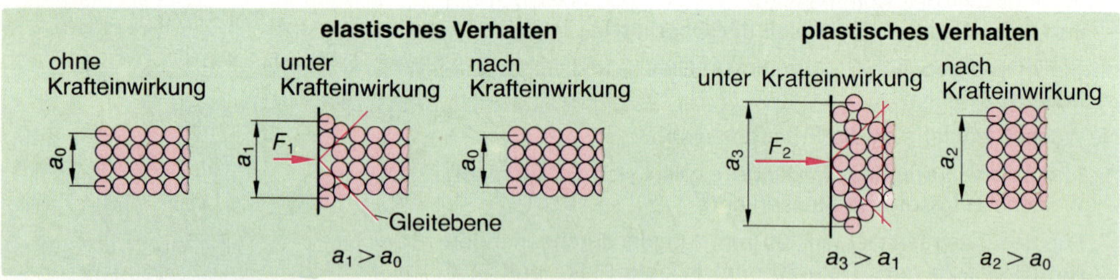

Abb. 3: Elastisches und plastisches Verhalten im Kristallverband

[1] Rekristallisation = Zurückbildung verspannter Kristalle

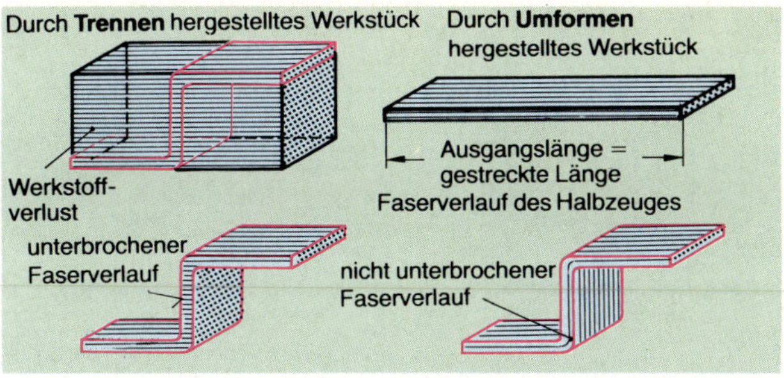

Abb. 4: Faserverlauf an verschieden gefertigten formgleichen Teilen

Dünnwandige Werkstücke (Halbzeuge z.B. Feinbleche) erhalten ihre Form durch **Blechumformen** bei Raumtemperatur (Kaltumformen). Massive, dickwandige Werkstücke (Halbzeuge z.B. Stab- und Formstähle) erhalten ihre Form meist nach Zufuhr von Wärme (Warmumformen) durch **Massivumformen.** Vorteile der Umformverfahren:

- Kein Trennen oder Unterbrechen, sondern Umlenken von Werkstoffasern,
- Kein bzw. sehr geringer Werkstoffabfall (Verlust) und kurze Fertigungszeiten gegenüber Trennverfahren,
- Einbringen einer gewollten Erhöhung der Festigkeit durch Kaltumformen.

Allerdings sind für die Serien- und Massenfertigung von Umformteilen besondere Bearbeitungsvorrichtungen (z.B. Schmiedegesenk, Biegewerkzeug) erforderlich, um die notwendige Form- und Maßgenauigkeit zu erreichen. Die Herstellkosten solcher Werkzeuge sind hoch und verteilen sich entsprechend auf die Menge der zu fertigenden Umformteile.

1.2.5.1 Druck- und Zugumformen

Bei diesen Verfahren kommen Kräfte so zur Wirkung, daß die Formänderung durch Druck oder Zug herbeigeführt wird.

1.2.5.1.1 Druckumformen

Druckumformen unterteilt man in

- Walzen,
- Freiformen,
- Gesenkformen,
- Durchdrücken.

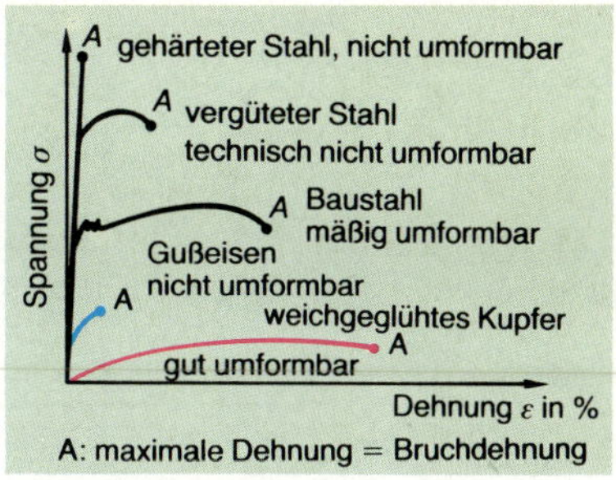

Abb. 5: Spannung-Dehnung-Verhalten verschiedener Werkstoffe

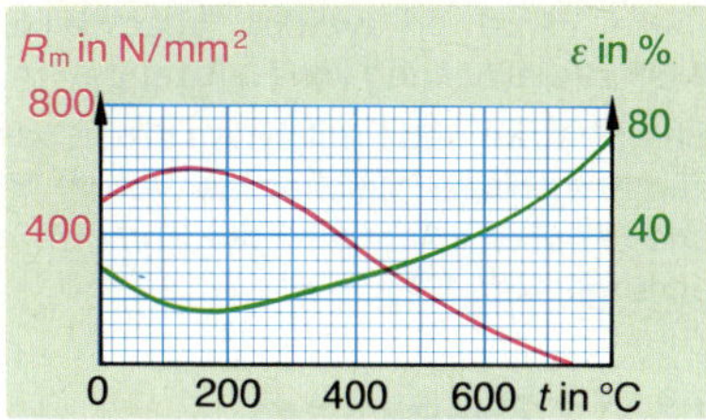

Abb. 6: Werkstoffeigenschaften von St 37 bei unterschiedlichen Temperaturen

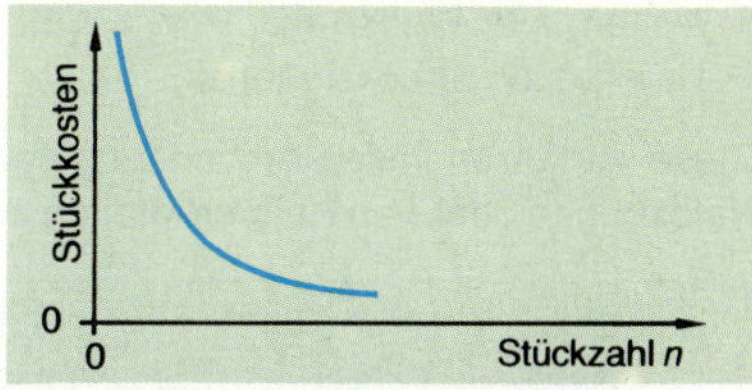

Abb. 7: Änderung der Stückkosten

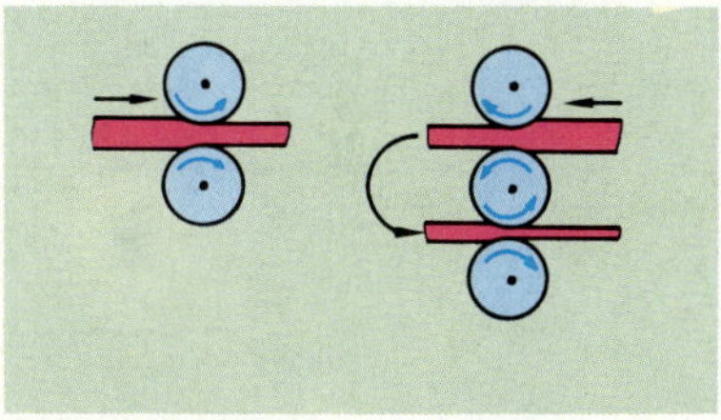

Abb. 8: Flachwalzen

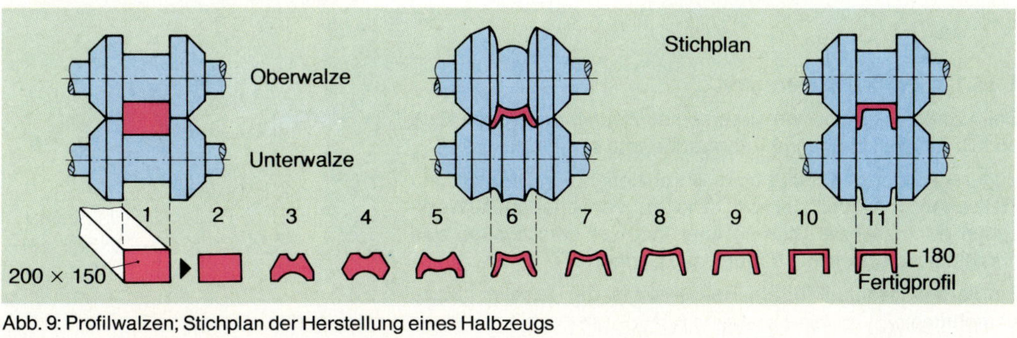

Abb. 9: Profilwalzen; Stichplan der Herstellung eines Halbzeugs

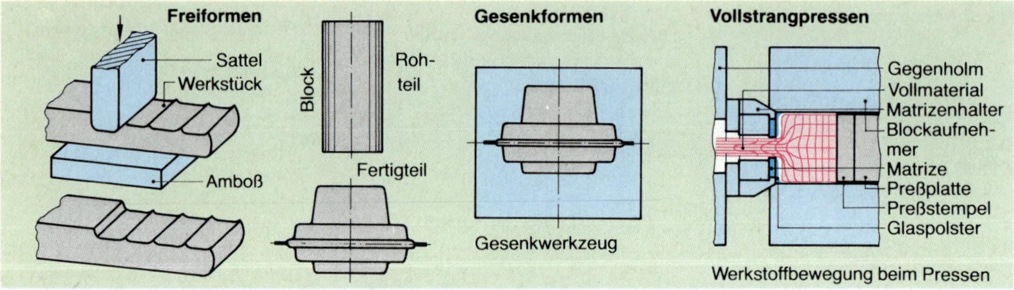

Abb. 1: Beispiele zum Druckumformen (Absetzen, Formpressen, Strangpressen)

Diese Verfahren werden angewendet zur Herstellung und Weiterverarbeitung von Halbzeugen (Abb. 2).

Beim Walzen und Freiformen erhält das Werkstück die Endform durch mehrere gleichartige Vorgänge. Durch Gesenkformen und Durchdrücken wird die Endform meist in einem Vorgang erzeugt (Abb. 1, 2).

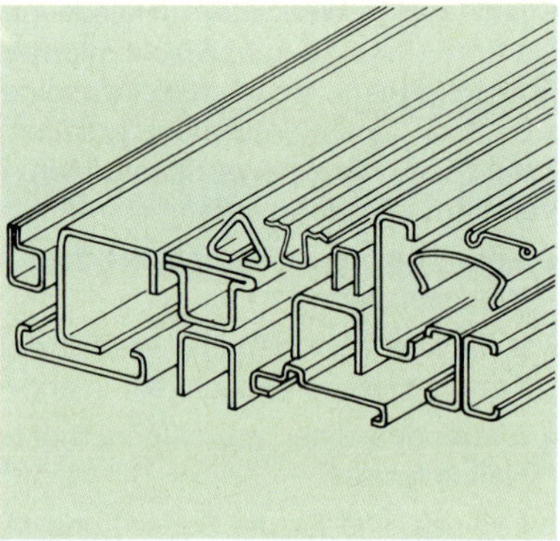

Abb. 2: Strangpreßprofile

1.2.5.1.2 Zugumformen

Zugumformen unterteilt man in

- Längen, z.B. Streckrichten,
- Weiten, z.B. Weiten mit einem Wirkmedium (Wasser),
- Tiefen, z.B. Streckziehen.

Diese Verfahren finden Anwendung bei Weiterverarbeitung von Halbzeugen oder von Halbfertigteilen zu Fertigteilen (Abb. 3).

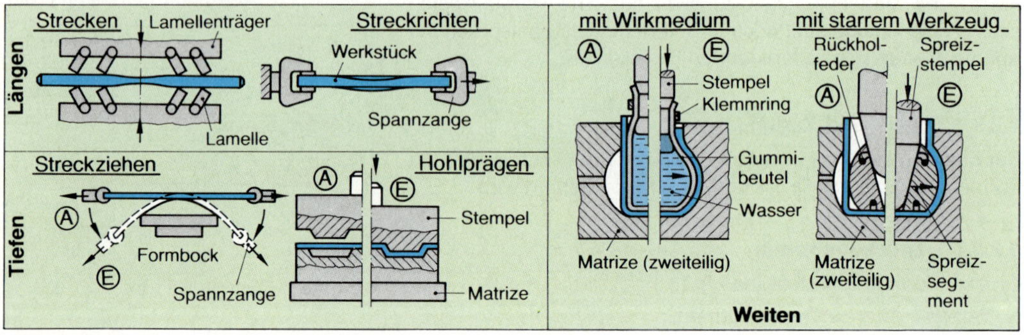

Abb. 3: Beispiele zum Zugumformen (Ⓐ Anfangszustand, Ⓔ Endzustand)

1.2.5.1.3 Zugdruckumformen

Beim Zugdruckumformen führen beide Beanspruchungen (Zug und Druck) zur bleibenden Formänderung am Werkstück.

Zugdruckumformen findet beim Durchziehen von Drähten und Tiefziehen von Blechen statt. Die zu verwendenden Werkzeuge (Matrize bzw. Stempel und Matrize) umschließen das Fertigteil und geben ihm dadurch die Endform.

Ein Fertigungsablauf für ein Tiefziehteil ist der Tabelle 1.35 zu entnehmen.

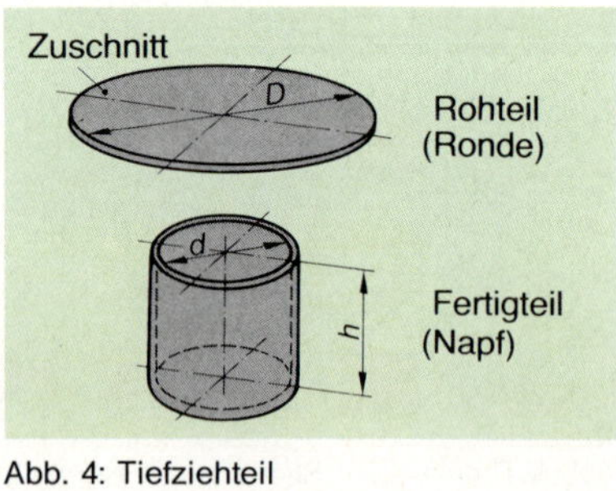

Abb. 4: Tiefziehteil

Tabelle 1.35: Fertigungsvorgang »Tiefziehen«

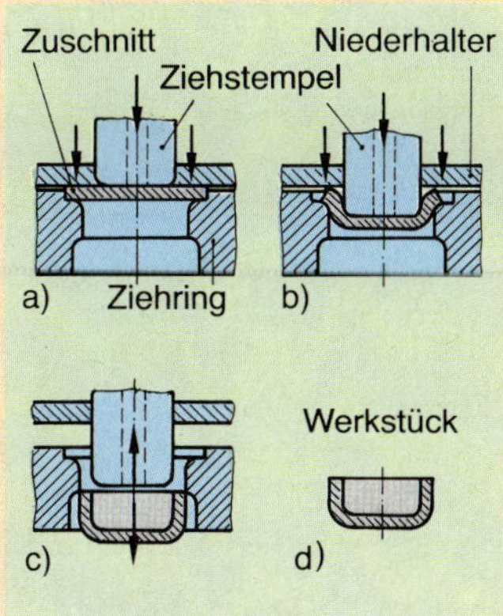

1. Der Blechzuschnitt (Ronde) wird in die Aufnahme der Ziehmatrize eingelegt. Der Niederhalter (Faltenhalter) wird mit einer versuchsmäßig ermittelten Kraft gegen den Zuschnitt gedrückt.

2. Der Ziehstempel zieht den Zuschnitt über die abgerundete Einlaufkante in die Ziehmatrize. Es wird der Werkstoff in Wirkrichtung des Stempels gestreckt (Zugbeanspruchung). Im Bereich des Niederhalters wird der Werkstoff gestaucht (Druckbeanspruchung). Der Niederhalter führt den Blechrand vor dem Einziehen in die Ziehmatrize und verhindert so bei richtig eingestellter Haltekraft Faltenbildung am oberen Rand des Werkstücks. Ist diese Kraft zu klein, so ist noch Faltenbildung möglich. Ist sie zu groß, so kann es zum Abreißen des Behälterbodens von der Behälterwandung (Zarge) kommen.

3. Ist das ganze Werkstück durch den Ziehspalt hindurchgezogen worden, federt der Zargenrand etwas auf. Dadurch wird das Werkstück beim Hochgehen des Ziehstempels an der unteren Fläche der Ziehmatrize abgestreift (Abb. 3). Werkstücke mit Rand werden nicht durchgezogen.

1.2.5.2 Biegeumformen

Biegen wird angewendet zum Umformen von Blechen, Drähten, Stabwerkstoffen, Profilen und Rohren.

Die wichtigsten Verfahren des Biegeumformens sind (Tab. 1.36)

- Freies Biegen und Runden,
- Gesenkbiegen und -runden,
- Gleitziehen.

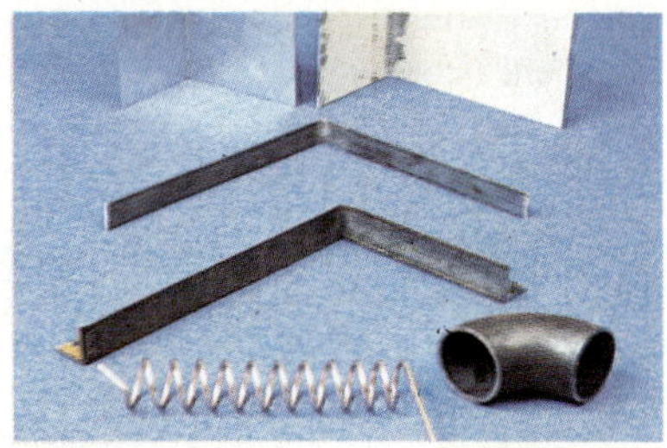

Abb. 5: Durch Biegen hergestellte Werkstücke

Biegevorgang

Beim Biegen wirken auf ein Werkstück äußere Kräfte derart ein, daß die inneren Kräfte einer bleibenden plastischen Verformung keinen Widerstand mehr bieten können. Dabei wird der Werkstoff ausgehend von der Biegeachse auf der Seite der Verkürzung gestaucht und auf der Seite der Verlängerung gestreckt. Die Übergangsstelle zwischen beiden Zonen wird als **neutrale Faser** bezeichnet. Diese Faser bleibt spannungslos. Durch Biegen ändert sich die Form des Querschnitts, aber nicht seine Größe (Abb. 6).

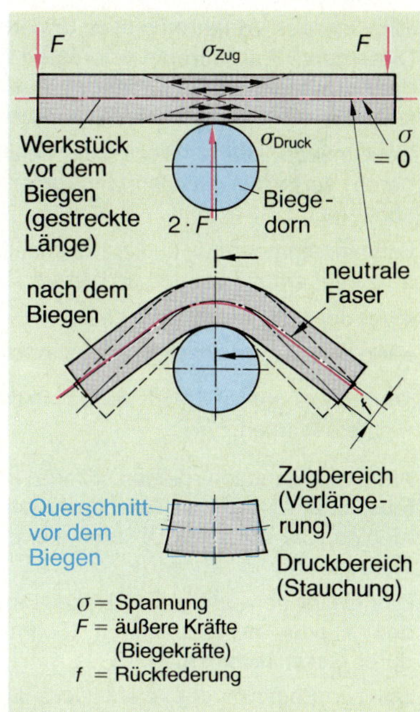

Abb. 6: Wirkungen beim freien Biegen

Tabelle 1.36: Verfahren des Biegeumformens

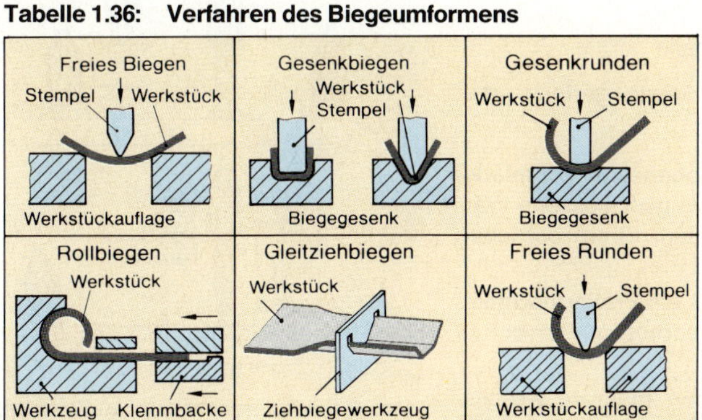

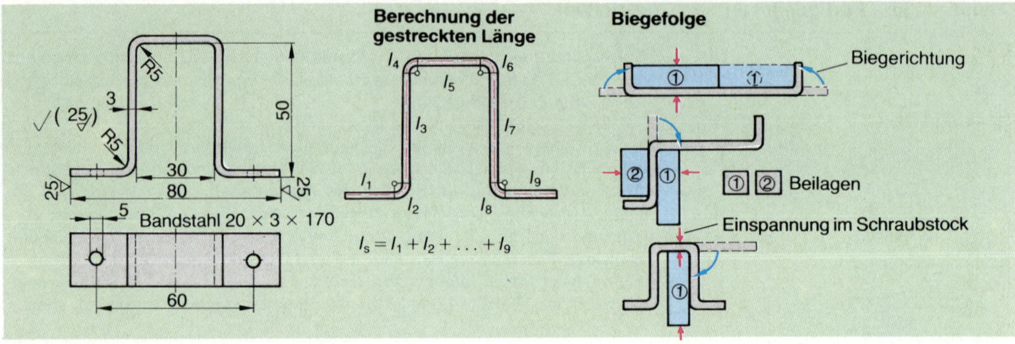

Abb. 1: Fertigungsstufen für ein Biegeteil

Die Länge der neutralen Faser entspricht der **gestreckten Länge** eines zum Biegen vorzubereitenden Werkstücks.

Bei der Planung von Biegevorgängen ist zu beachten, daß

- Bleche quer zur Walzrichtung gebogen werden,
- Hohlprofile (Rohre) gefüllt werden müssen,
- Schweißnähte nach Möglichkeit in der neutralen Faser liegen,
- Mindestbiegeradien (s. Tabellen) nicht unterschritten werden,
- um den Betrag der elastischen Rückfederung zu »überbiegen« ist.

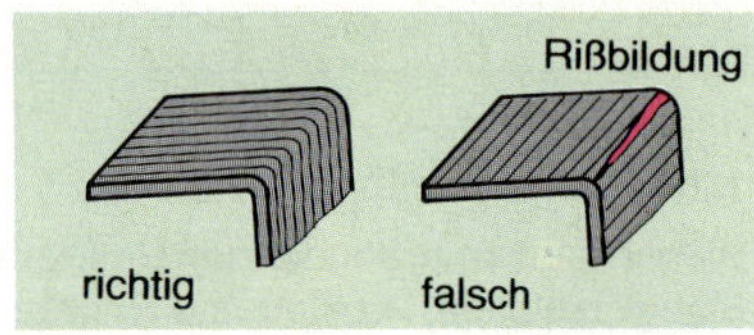

Abb. 2: Walzrichtung beim Blechbiegen

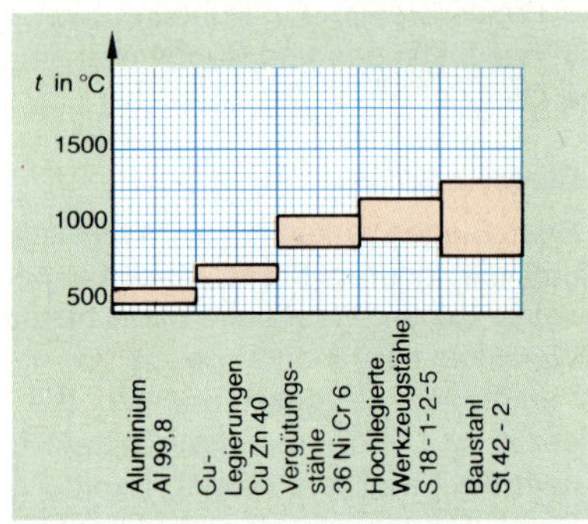

Abb. 3: Temperaturen beim Schmieden

1.2.5.3 Massivumformen

Ein wichtiges Verfahren dieses Umformens ist das Schmieden. Diese durch **Warmformen** gefertigten Werkstücke sind aufgrund der **Formänderung im knetbaren Zustand** zäher und dauerbelastbarer als spanend gefertigte Teile.

Geschmiedet werden Teile aus Metall und Metallegierungen, deren Verformungswiderstand unter Erwärmung wesentlich abnimmt.

Schmiedetemperatur und Anwärmzeit werden vom Werkstoffhersteller empfohlen und richten sich hauptsächlich nach

- Art der Metalle (vgl. Abb. 3) und
- Art und Menge der Legierungsbestandteile

Je höher der C-Gehalt eines Stahls, desto geringer die Schmiedbarkeit.

Als Wärmequellen dienen offene kohlebeheizte **Schmiedefeuer** oder für genaue Temperaturführung geschlossene Wärmeöfen, die mit Gas, Öl oder elektrischem Strom betrieben werden.

Das Umformen erfolgt von Hand – meist als **Freiformschmieden** – oder mit Maschinen (Schmiedepressen), bevorzugt durch **Gesenkschmieden.**

Bis zur Endform des Werkstücks können mehrere Arbeitsgänge (Erwärmen, Umformen) und Gesenkwerkzeuge erforderlich sein.

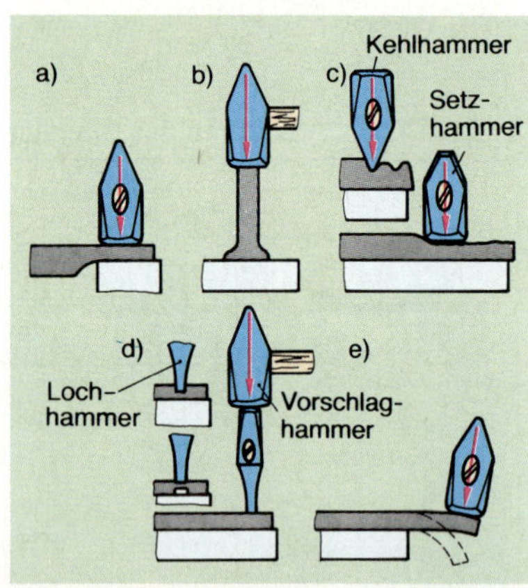

Abb. 4: Freiformschmieden: a) Strecken; b) Stauchen; c)Absetzen; d) Lochen; e) Biegen

1.2.5.4 Blechumformen

Bleche werden umgeformt zur Herstellung von Behältern, Verkleidungen, Tragwerken, Karosserien, Systemen zum Transportieren von Stoffen u.a.m. Die Fertigung erfolgt vorwiegend mit Maschinen, die besonders für die Blechbearbeitung entwickelt wurden.

Tabelle 1.37: Biegemaschinen

Arten und Verwendungszweck
Schwenkbiegemaschine (Abb. 5) Abkanten und Runden von Blechen verschiedener Dicke bis $t = 4$ mm zur Herstellung offener Profile mit und ohne Beilagen
Blechbiegewalze (Abb. 6) Biegen erfolgt zwischen Ober- und Stützwalzen. Runden von Blechen zu geschlossenen oder offenen Profilen (kreis- oder ellipsenförmig)
Abkantpresse (Abb. 8) Abkanten von Blechen zu vielfältigen Profilen

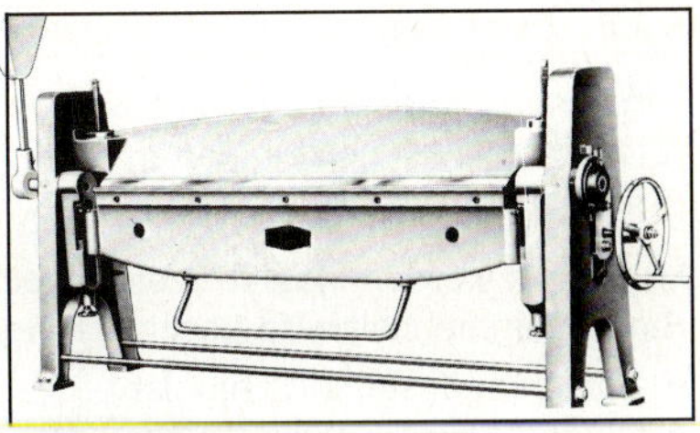

Abb. 5: Schwenkbiegemaschine (handbedient)

Abb. 6: Blechbiegewalze

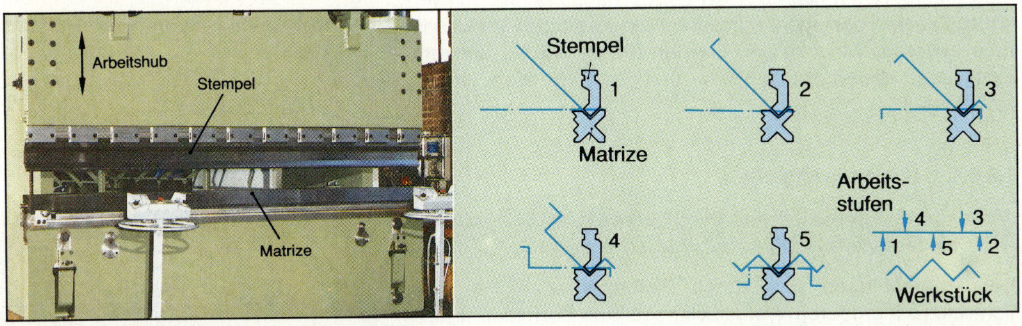

Abb. 8: Abkantpresse mit Fertigungsbeispiel

Aufgaben zu 1.2.5

1. Nach welchen Gesichtspunkten unterscheidet man die Umformverfahren? Nennen Sie diese Verfahren.
2. Beschreiben Sie das Werkstoffverhalten beim Umformen und erläutern Sie die elastische Rückfederung.
3. Unterscheiden Sie das Kaltumformen von Warmumformen.
4. Worin bestehen die Vorteile bei der Formgebung durch Umformen?
5. Geben Sie für das Druckumformen Fertigungsbeispiele an, nennen Sie die entsprechenden Verfahren und Werkzeuge.
6. Beschreiben Sie den Fertigungsvorgang Tiefziehen.
7. Was versteht man unter Streckrichten?
8. Berechnen Sie die gestreckte Länge des Biegeteils der Abb. 1.
9. Wodurch unterscheidet sich freies Biegen vom Gesenkbiegen?

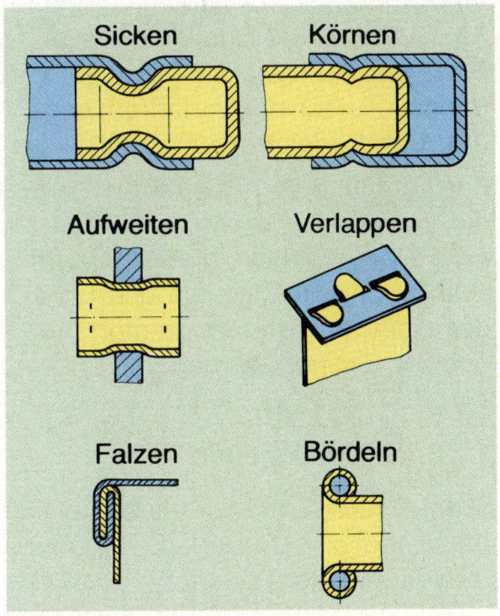

Abb. 7: Blechumformen zum Zweck des Fügens

1.2.6 Urformen

Urformen ist das Fertigen eines Werkstückes aus formlosem Stoff (z.B. Schmelze). Durch Schaffen eines Stoffzusammenhalts entsteht eine feste Form.

Urgeformt werden Metalle, Verbundstoffe und Kunststoffe. Der Stoffzusammenhalt wird geschaffen aus

- flüssigem Zustand (Schmelze) ⇒ durch Gießen,
- festem Zustand (Pulver, Granulat) ⇒ durch Sintern.

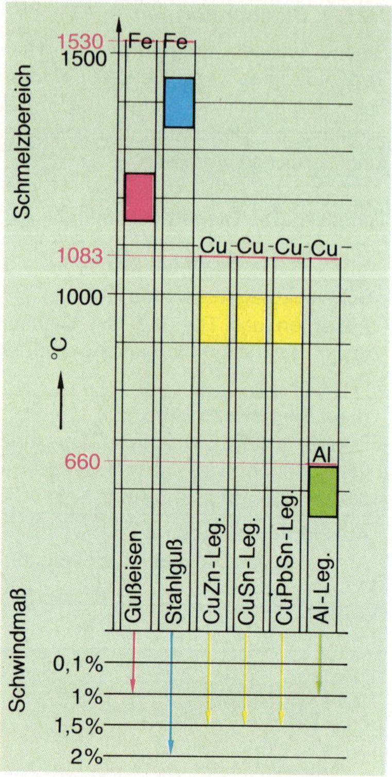

Abb. 1: Gießbereiche und Schwindmaße von Metallegierungen

1.2.6.1 Gießen

Werkstoffe, die vergossen werden sollen, müssen möglichst

- einen technisch erreichbaren Schmelzpunkt haben,
- wirtschaftlich schmelzbar sein,
- ausreichendes Formfüllungsvermögen besitzen,
- geringe Volumenänderung beim Abkühlen aufweisen,
- geringe Neigung zum Aufbau von Schrumpfspannungen während der Abkühlung aufweisen.

Technisch-wirtschaftliche Gründe wie kostengünstige Massenfertigung, kurze Fertigungszeiten, hohe Genauigkeit und optimale Werkstoffnutzung erfordern verschiedene Gießverfahren. Man unterscheidet nach der **Art der Formfüllung** das Schwerkraft-, Druck- oder Fliehkraftgießen. Des weiteren verwendet man **verlorene** Modelle und Formen (Sand, Wachs, Schaumstoff) oder **dauerhafte** Modelle und Formen (Holz, Kunststoff, Metall).

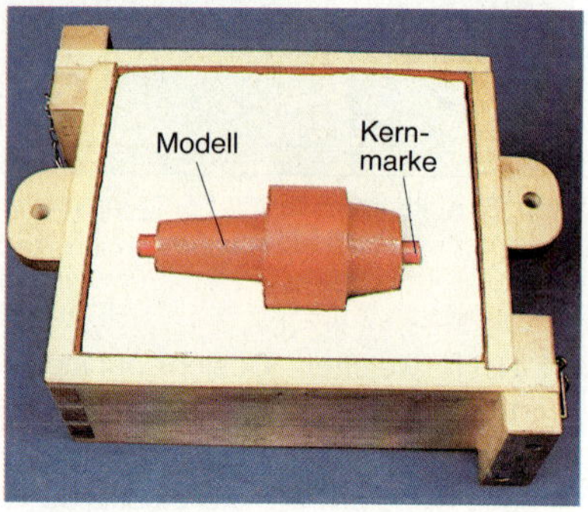

Abb. 2: Holzmodell im Formkasten (Modell)

1.2.6.1.1 Schwerkraftgießen

Flüssiger Gießwerkstoff füllt durch Einwirkung der Schwerkraft einen vorbereiteten Formhohlraum aus.

Der Formhohlraum wird durch Einformen eines um das **Schwindmaß** größeren Werkstückmodells in Formstoff (Formsand) erzeugt. Dauerhafte Modelle und Negativformen des Werkstücks als Kokille können immer wieder verwendet werden. Verlorene Modelle hingegen verbleiben im Formstoff. Entweder werden sie vor dem Gießen ausgeschmolzen (Modell-Ausschmelzverfahren) oder lösen sich beim Eingießen (Vollform-Verfahren) auf.

Zur Fertigung von Hohlräumen am Gußteil müssen Kerne in die Form gelegt werden. An den Modellen sind dann Kernmarken erforderlich, die den Raum zur Aufnahme des Kerns schaffen. Nach Abgießen und Erstarren wird zum Ausformen des Gußteils die Form zerstört (verlorene Form). Einguß und Speiser (Steiger) werden vor der Weiterbearbeitung entfernt.

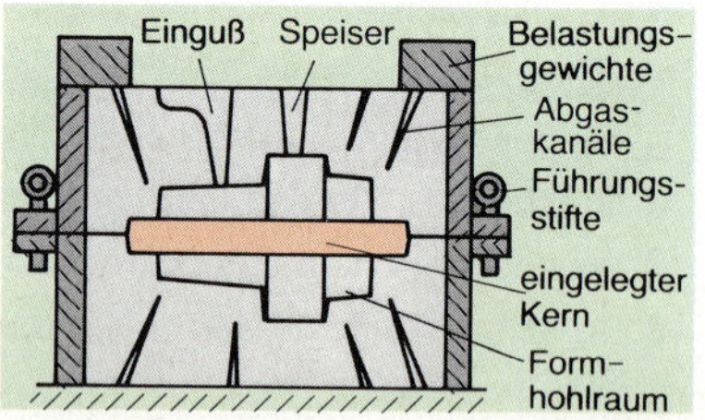

Abb. 3: Gießfertige Form mit eingelegtem Kern

1.2.6.1.2 Druckgießen

Beim Druckgießen wird flüssiger oder zähflüssiger Werkstoff unter hohem Druck (50...2000 bar) schnell in den Formhohlraum einer Dauerform gedrückt.

Es eignet sich besonders zur Massenfertigung von Teilen mit verzweigten Formen und geringen Wanddicken. Druckgußteile (NE-Legierungen, Kunststoffe) werden mit einer Masse von 0,1...40 kg hergestellt. Je nach Gießwerkstoff und Werkstückform sind Dauerformen bis zu mehreren Millionen Abgüssen verwendbar.

Beim **Warmkammerverfahren** ist der Form ein beheizter Tiegel vorgeschaltet. Eine hydraulisch gesteuerte Kolbenpumpe drückt den Gießwerkstoff durch die Gießdüse in den Formhohlraum des geschlossenen Gießwerkzeugs.

Beim **Kaltkammerverfahren** wird die Druckkammer mit einer abgemessenen Menge Gießwerkstoff gefüllt. Durch Gegeneinanderwirken von Preß- und Gegenkolben wird der formlose Stoff in den Hohlraum des geschlossenen Gießwerkzeuges gedrückt. Besondere Vorteile sind hohe Maßgenauigkeit, geringe Wanddicken, hohe Oberflächengüte und Konturschärfe.

1.2.6.1.3 Fliehkraftgießen

Beim Fliehkraftgießen wird flüssiger Werkstoff in eine rotierende Form (Kokille) gegossen. Durch die Einwirkung der Fliehkraft preßt sich der Gießwerkstoff an die Formwandung und erstarrt zu einem Rotations-Hohlkörper.

Die Drehachse der Kokille ist waagerecht oder senkrecht. Durch Fliehkraftgießen werden vorwiegend Rohre, Buchsen, Trommeln und Zahnräder hergestellt. Vorteile sind:

- Festigkeitserhöhung durch dichtes Gefüge,
- Werkstoffersparnis bei gleicher Festigkeit,
- hohe Gleichmäßigkeit der Wanddicke,
- Gefüge mit geringem Gasblasen- und Lunkergehalt,
- Schlacken, Oxide lagern sich in der Innenzone ab.

Für Rohre aus GG ergibt sich eine bessere Korrosionsbeständigkeit und eine geringere Sprödigkeit durch feine Graphitverteilung.

1.2.6.1.4 Feingießen

Feingießen eignet sich, um formgenaue, feingliedrige und kleine Gußteile gleicher Form in großer Stückzahl wirtschaftlich herzustellen. Der Fertigungsprozeß erfolgt in mehreren Schritten (Abb. 7):

- Modellfertigung und Montage zu einer »Modelltraube«,
- Schalenfertigung um die Modelltraube (Tauchen),
- Formfertigung der ungeteilten Form durch Ausschmelzen des Modellwerkstoffes (z.B. Wachs),
- Werkstückfertigung durch Schwerkraftgießen; Entfernen der verlorenen Form und Trennen der Einzelgußteile.

Eine Weiterbearbeitung dieser Gußstücke (auch schwierig zu gießende, hochlegierte Stähle) erfolgt nur noch an den Flächen, an denen besonders enge Toleranzen gefordert sind.

1.2.6.2 Urformen aus festem Zustand

Urformen aus dem festem Zustand erfolgt durch Verdichten (Pressen) und Verfestigen (Sintern) von Formmassen.

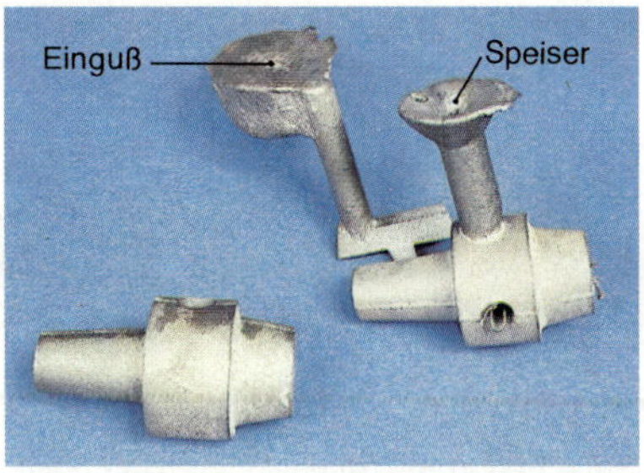

Abb. 4: Entformtes Gußstück

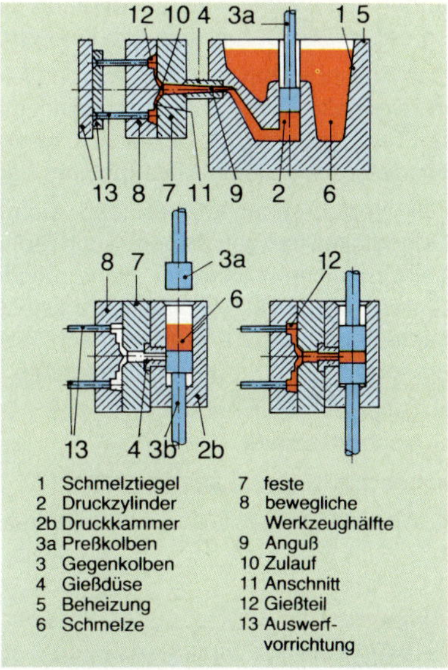

Abb. 5: Druckgießen
a) Warm-, b) Kaltkammerverfahren

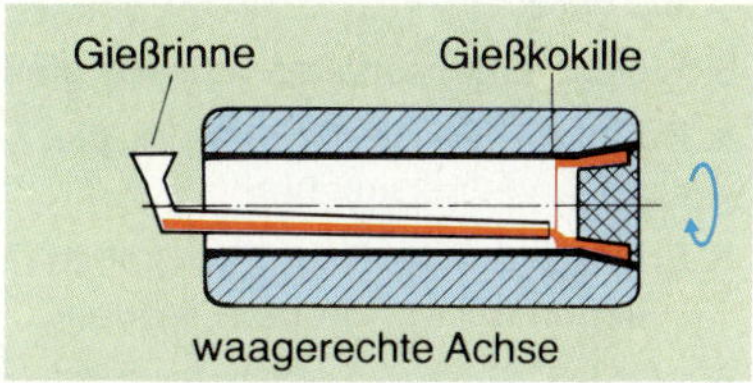

Abb. 6: Fliehkraftgießen

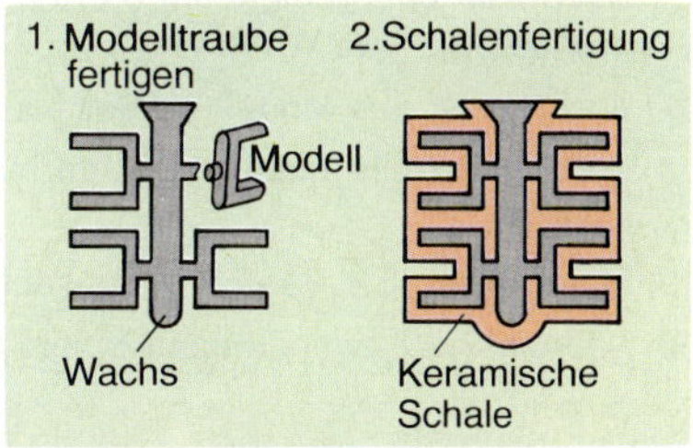

Abb. 7: Gießformfertigung beim Feingießen

Formmassen bestehen aus pulverförmigen Metallverbindungen und metallischen Bindemitteln. Die notwendigen Fertigungsstufen sind:

- pulverförmige Formmasse mit einem Werkzeug in eine gewünschte geometrische Form pressen,
- gleichzeitiges oder anschließendes Sintern des Preßlings.

Die formgebende Verdichtung erfolgt durch hydraulische Pressen. Durch den Pressendruck wird die Reibung zwischen einzelnen Pulverteilchen überwunden, Brücken und Hohlräume zwischen den Teilchen werden zum Einsturz gebracht. Bei weiterer Drucksteigerung verhaken sich die Teilchen untereinander und werden kaltverfestigt, umgeformt und zertrümmert, so daß große Berührungsflächen entstehen **(Vorformteile).**

Das Anschmelzen und Zusammenbacken des Bindemittels mit dem metallischen Pulver bezeichnet man als Sintern. Es erfolgt bei Temperaturen, die bei ca. 5/10 bis 9/10 der Schmelztemperatur des verwendeten Metallpulvers liegen.

Der Verfahrensvorteil ist, daß sich Werkstücke mit hoher Genauigkeit fertigen lassen. Auch Stoffverbindungen, die durch herkömmliche Verfahren nicht möglich sind, können durch Sintern hergestellt werden. Werkstücke mit hohen Genauigkeitsanforderungen werden nach dem Sintern nachgepreßt (kalibriert). Hauptanwendungsgebiete der Sintertechnik sind:

- Teile der Feinwerktechnik (z.B. Getriebeteile feinmechanischer Geräte),
- Lagerteile (z.B. Lagerbuchsen),
- Werkzeuge (z.B. Wendeschneidplatten, Scherstempel).

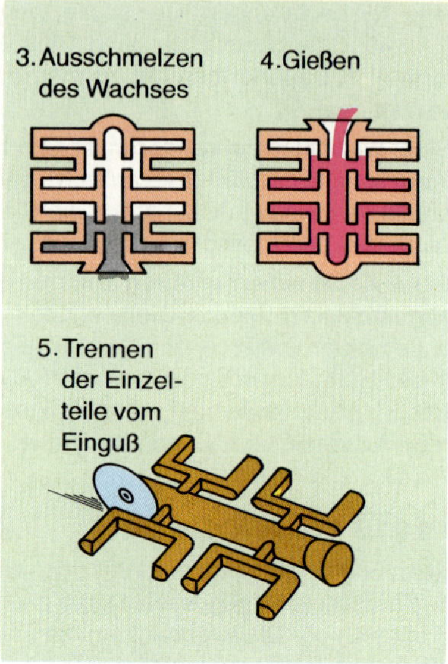

Abb. 1: Feingießen

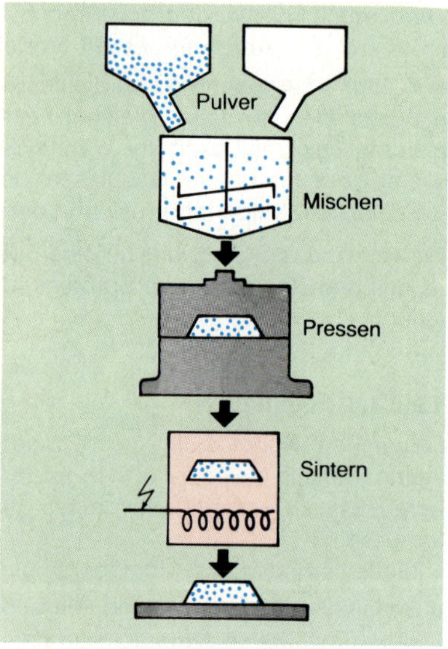

Abb. 2: Schematische Darstellung des Sinterns

Abb. 3: Sinterwerkstücke

Aufgaben zu 1.2.6

1. Erklären Sie den Unterschied zwischen Urformen und Umformen.
2. Nach welchen Gesichtspunkten kann Gießen unterteilt werden?
3. Welche Eigenschaften müssen gießbare Werkstoffe haben?
4. Erläutern Sie die Gründe für die Anwendung von Schwerkraft- und Druckgießen.
5. Erklären Sie die Begriffe »Gießen mit verlorener Form« und »Gießen mit verlorenem Modell«.
6. Wählen Sie für das Gießen von maß- und formgenauen Massenteilen (z.B. Turbinenschaufeln aus hochlegiertem Baustahl) ein geeignetes Fertigungsverfahren aus. Begründen Sie Ihre Wahl.
7. Weshalb ist das Modell größer als das Fertiggußteil?
8. Welche Vorteile bietet das Urformen aus dem festen Zustand?
9. Beschreiben Sie den Fertigungsablauf beim Sintern.
10. Nennen Sie Anwendungsbeispiele für Sinterteile.

1.3 Fügen

Fügen ist das Verbinden von zwei oder mehreren Werkstücken. Der Zusammenhalt wird an der Fügestelle vermehrt.

Die Aufgabe einer Verbindung ist die Übertragung einer Kraft F oder eines Drehmomentes M (Abb. 5).

Zur Planung, Fertigung und Überprüfung einer Verbindung müssen Aufbau, Wirkprinzip und Anwendungsbereich bekannt sein. Im folgenden sollen die physikalischen und konstruktiven Grundkenntnisse an zwei häufig vorkommenden Verbindungen dargestellt werden. Es sind dies Körper mit ebener oder gekrümmter (zylindrischer, kegeliger) Fläche.

Nach dem Wirkprinzip – Art und Weise der Wirkung – wird der Zusammenhalt zweier Bauteile gewährleistet durch

- Kraftschluß,
- Formschluß,
- Kraft- und Formschluß,
- Stoffschluß.

Gefügte Bauteile berühren sich an ihren **Wirkflächen.** Die Oberflächengüte der Wirkflächen ist von der Funktion der Verbindung und dem Fügeverfahren abhängig. Aus Kostengründen soll die Oberflächengüte nur so gut sein, wie es für die Funktion unbedingt erforderlich ist.

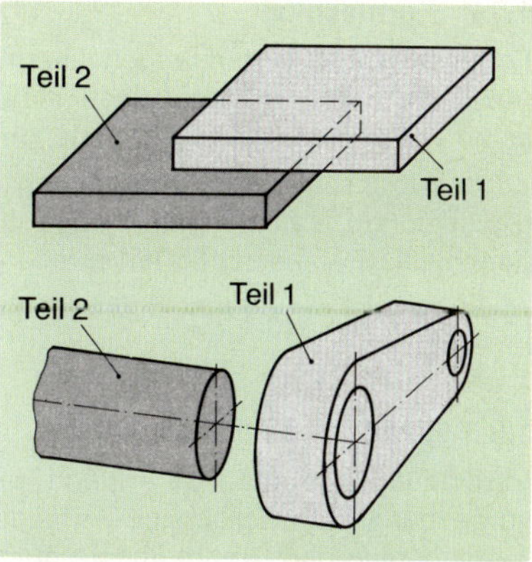

Abb. 4: Körper mit ebenen und gekrümmten Flächen sind zu verbinden

1.3.1 Kraftschluß

Werden die zu verbindenden Teile 1 und 2 (Abb. 4) mit einer Kraft F_N aufeinander gepreßt (Abb. 5), so können Kräfte oder Drehmomente allein durch die an den Wirkstellen entstehende Reibung übertragen werden.

Soll die an zwei Bauteilen angreifende Kraft F nicht zu einer Bewegung führen, so muß an den Berührungs- oder Wirkflächen eine **Reibkraft F_R** erzeugt werden, die

- größer als F und
- entgegengesetzt der Bewegungsrichtung gerichtet sein muß.

Die Größe der Reibkraft ist abhängig von

- der **Normalkraft F_N** oder Anpreßkraft,
- der **Haftreibungszahl μ_0** (Tab. 1.38).

Die Haftreibungszahl μ_0 wird durch Versuche ermittelt und ist abhängig von

- der Werkstoffpaarung
- der Oberflächenbeschaffenheit; eine geringe Rauhtiefe erhöht die Haftreibung
- dem Oberflächenzustand; eine trockene Oberfläche erhöht die Haftreibung.

Eine kraftschlüssige Verbindung überträgt eine Kraft F oder ein Drehmoment M, wenn $F < F_R$ oder $F \cdot l < F_R \cdot d/2$.

Die Normalkraft F_N wird in der Praxis z. B. durch Verschrauben, Klemmen und Pressen erzeugt.

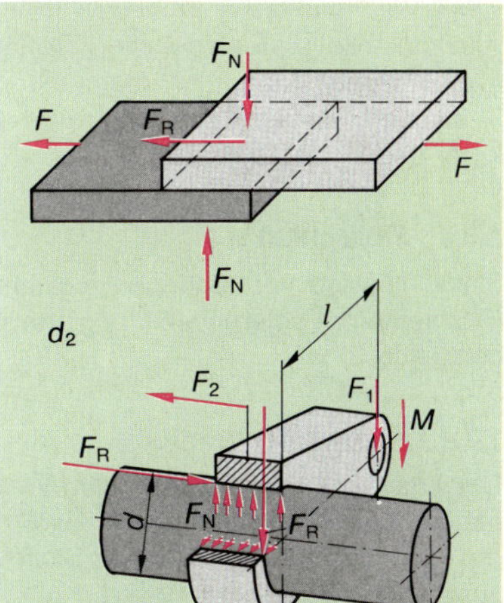

$F_1 \cdot l < F_R \cdot \frac{d}{2}$

$F_1 \cdot l < F_N \cdot \mu_0 \cdot \frac{d}{2}$

$F_2 < F_N \cdot \mu_0$

F_1: übertragbare radiale Kraft (Drehmoment)
F_2: übertragbare axiale Kraft

Abb. 5: Kraftschlüssige Übertragung von Kräften und Drehmomenten

$$F_R = F_N \cdot \mu_0$$

F_R Reibkraft in N
F_N Normalkraft in N
μ_0 Haftreibungszahl

Tabelle 1.38: Haftreibungszahlen μ_0

Stoffpaar	Haftreibungszahl μ_0 trocken	Haftreibungszahl μ_0 geschmiert
St-St	0,15 … 0,3	0,1 … 0,12
St-GG	0,18 … 0,2	0,1 … 0,2
St-CuSn Leg.	0,18 … 0,2	0,1 … 0,2

1.3.2 Formschluß

Formschlüssige Verbindungen übertragen Kräfte oder Drehmomente durch mechanisches Ineinandergreifen geometrischer Formen an den zu verbindenden Teilen (Abb. 1).

Zu den formschlüssigen Verbindungselementen zählen Niete (Kaltnietung), Zylinderstifte, Kegelstifte, Bolzen, Kerbstifte, Spannstifte, Paßfedern, Scheibenfedern und Profilwellen.

Außerdem ist ein Formschluß z.B. durch Bördeln und Falzen erreichbar.

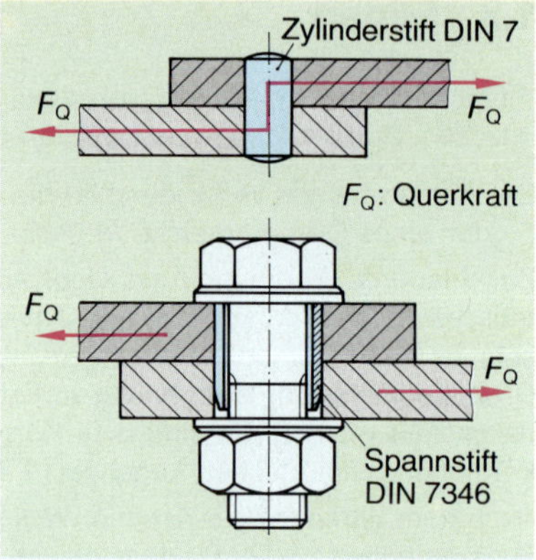

Abb. 1: Formschlüssige Verbindungen

1.3.3 Kraft- und Formschluß

Verbindungen durch Kraft- und Formschluß werden auch vorgespannte formschlüssige Verbindungen genannt. Sie übertragen Kräfte und Drehmomente durch Reibung (Kraftschluß) und durch mechanisches Ineinandergreifen (Formschluß) geometrischer Formen (Abb. 2). Hierzu zählen vornehmlich die Keilverbindungen und einige Schraubenverbindungen.

Alle Nutenkeile (Einlegekeile, Treibkeile, Nasenkeile) übertragen Kräfte und Drehmomente vor Überschreiten der »Rutschgrenze« kraftschlüssig und nach deren Überschreiten kraft- und formschlüssig.

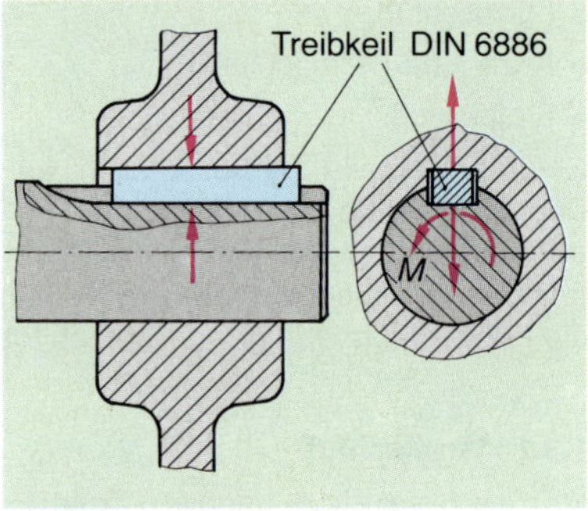

Abb. 2: Kraft- und formschlüssige Verbindungen

1.3.4 Stoffschluß

Stoffschlüssige Verbindungen entstehen durch Verschmelzen (Schweißen), Legierungsbildung (Hartlöten) oder Haften (Kleben) (Abb. 3).

1.3.4.1 Schweißverbindung

Der Zusammenhalt entsteht beim Verschweißen gleicher oder gleichartiger Werkstoffe durch die Wirkung der Kohäsion[1], die die Atome und Moleküle **eines** Stoffes oder einer Verbindung zusammenhält.

1.3.4.2 Lötverbindung

Der Zusammenhalt entsteht durch die Legierungsbildung zwischen Lot und Grundwerkstoff in den Randzonen. Obwohl beim Löten der Grundwerkstoff im festen Zustand verbleibt, dringen durch **Diffusion**[2] in den Randzonen Bestandteile des geschmolzenen Lotes in den Grundwerkstoff ein und umgekehrt.

1.3.4.3 Klebeverbindung

Der Zusammenhalt entsteht durch **Adhäsion**[3] (Haften der Moleküle des Klebstoffes an den Molekülen des Grundwerkstoffes in den Randzonen) und durch Kohäsion innerhalb des Klebstoffes.

In einer Klebeverbindung sind die Kohäsionskräfte meist geringer als die Adhäsionskräfte.

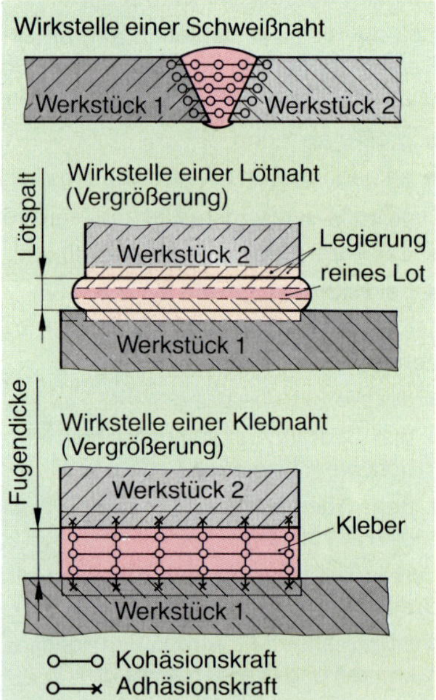

Abb. 3: Stoffschlüssige Verbindungen

[1] cohaerere (lat.): zusammenhängen
[2] diffundere (lat.): zerstreuen
[3] adhaerere (lat.): anhaften, anhängen

Tabelle 1.39: Fertigungsverfahren Fügen

Wirkprinzip	Lösbarkeit	Beispiele, Verfahren	Beispiele
Formschluß	lösbar	Federverbindung Keilwelle Polygonprofil Kerbzahnprofil Bolzen Sicherungsring Stifte	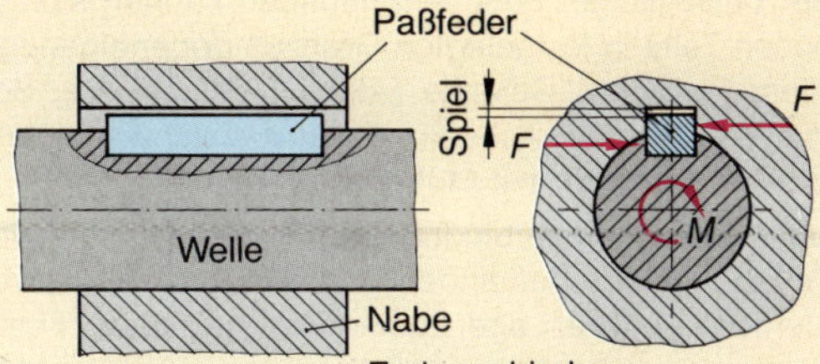 Federverbindung
Formschluß	unlösbar	Kaltnietverbindung Bördeln Falzen Verlappen Drahtflechten Verseilen Spleißen	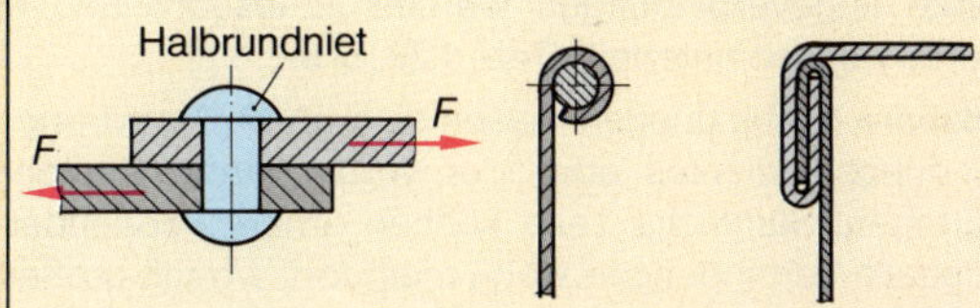 Nietverbindung Bördelverbindung Falzverbindung
Kraftschluß	lösbar	Verspannen Klemmen Verschrauben Einpressen Schrumpfen Dehnen	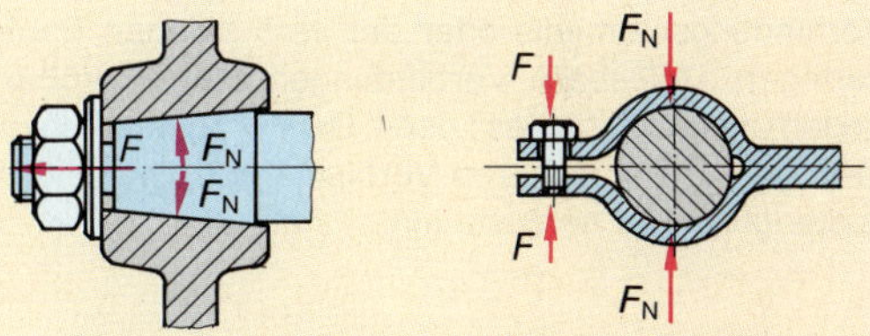 Spannverbindung Klemmverbindung
Stoffschluß	unlösbar	Schmelzschweißen Preßschweißen	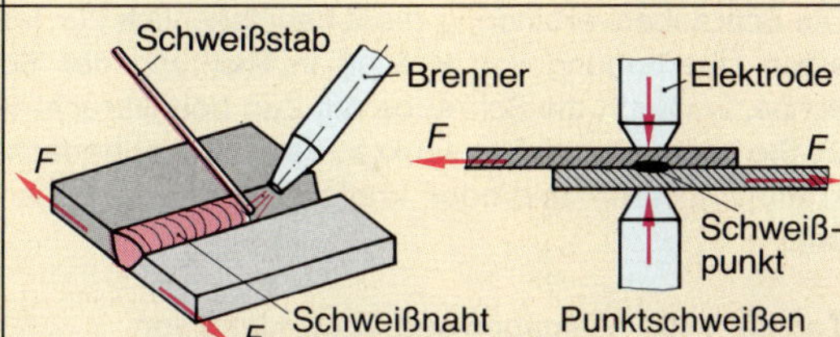 Schmelzschweißverbindung Preßschweißverbindung
Stoffschluß	unlösbar	Weichlöten Hartlöten Hochtemperatur- löten	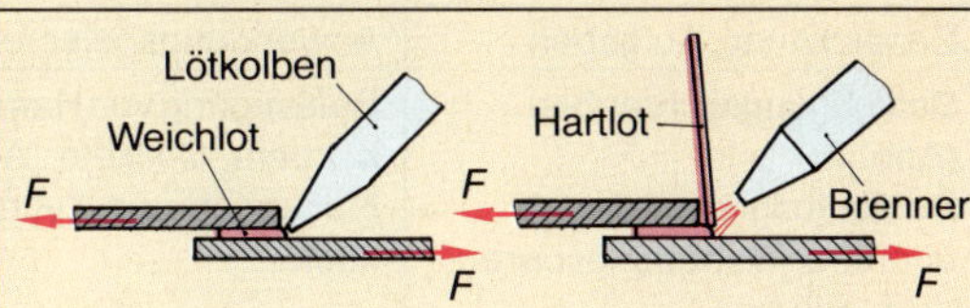 Weichlötverbindung Hartlötverbindung
Stoffschluß	unlösbar	Kontaktkleben Aktivierkleben Naßkleben Reaktionskleben	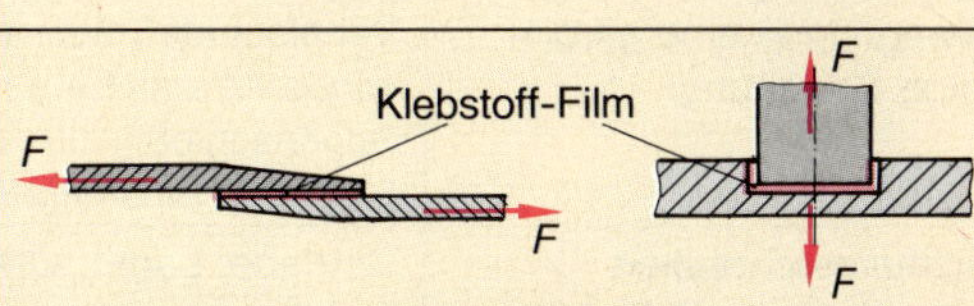 Klebverbindungen

1.3.5 Verbindungsarten

Man unterscheidet bewegliche und feste Verbindungen.

Bei **beweglichen** Fügeverbindungen können sich die verbundenen Teile in festgelegten Grenzen gegeneinander bewegen. Hierzu gehören Gelenke (Abb. 1), Scharniere, Schieberäder auf Wellen und Achsen, Schwalbenschwanzführungen und Gewindespindeln mit Muttern.

Bei **festen** Fügeverbindungen können sich die verbundenen Teile nicht gegeneinander bewegen. Durch das Verbindungselement ist ihre Lage zueinander gesichert. Feste Fügeverbindungen entstehen durch Schrauben, Nieten, Verstiften und Verkeilen.

Feste Fügeverbindungen werden in **lösbare** und **unlösbare** Verbindungen unterteilt (Tab. 1.39, S. 87).

Lösbare Verbindungen lassen sich ohne Zerstörung des Verbindungselementes oder der verbundenen Bauteile wieder zerlegen. Sämtliche Teile können erneut verwendet werden. Lösbare Verbindungen wählt man dort, wo mit großer Reparaturanfälligkeit und häufigem Auswechseln gerechnet werden muß.

Unlösbare Verbindungen lassen sich nur durch Zerstörung des Verbindungselements oder der verbundenen Bauteile wieder zerlegen. Unlösbare Verbindungen bieten größte Sicherheit gegen unbeabsichtigtes Lösen. Der Fertigungsaufwand ist meist geringer als bei lösbaren Verbindungen. Sie sind darum auch kostengünstiger herzustellen.

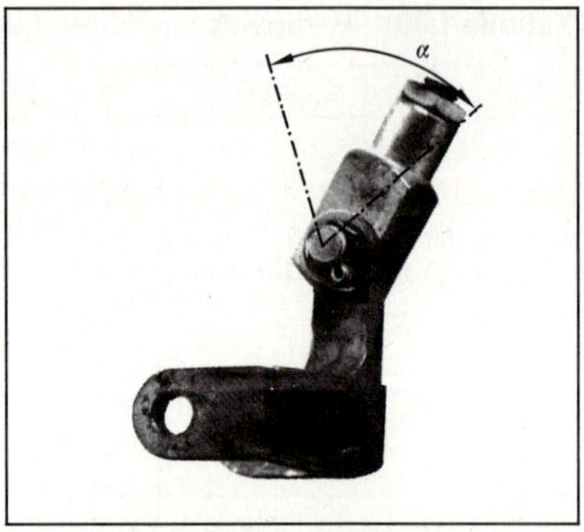

Abb. 1: Gabelgelenk mit Bolzen und Splint

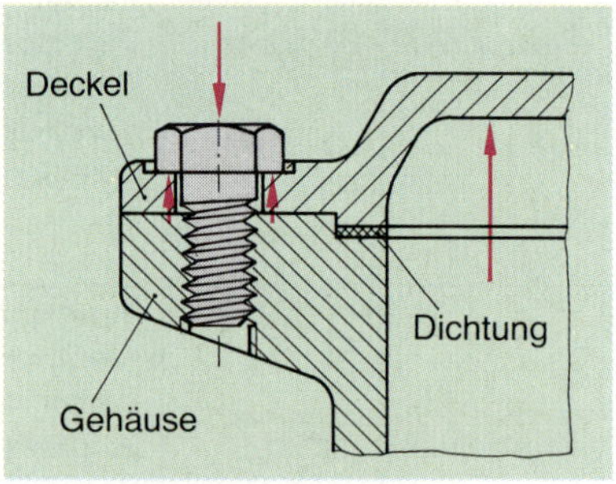

Abb. 2: Befestigungsschraube zur Übertragung axialer Kräfte

1.3.5.1 Schraubenverbindungen

Die Schraubenverbindung dient hauptsächlich zur formschlüssigen Übertragung von Kräften in Richtung der Schraubenachse, wodurch die Schraube auf Zug beansprucht wird (Abb. 2). Sie kann auch Kräfte senkrecht zur Schraubenachse (Querkräfte F_Q) form- und/oder kraftschlüssig übertragen (Abb. 3 und 4).

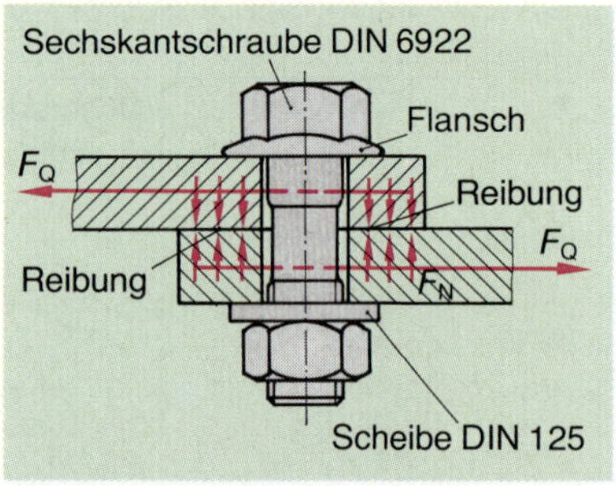

Abb. 3: Übertragung einer Querkraft F_Q durch Kraftschluß

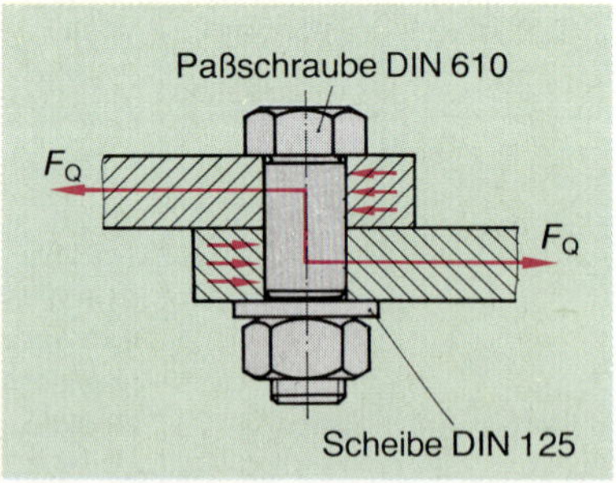

Abb. 4: Übertragung einer Querkraft F_Q durch Formschluß

Tabelle 1.40: Aufgaben und Anwendung von Schraubenverbindungen

Bezeichnung, Aufgaben	Anwendungsbeispiele
Befestigungsschrauben (Abb. 2) Herstellung einer festen und/oder dichten, lösbaren Verbindung	Befestigung von Handrädern, Kurbeln, Deckeln (Abb. 2), Flanschen und Zylinderköpfen
Bewegungsschrauben Umwandlung einer Drehbewegung in eine geradlinige Bewegung	Schraubstockspindel, Spindelpresse, Leitspindel, Ventilspindel, Schraubenwinde (Wagenheber), Spannschloß (Abb. 9), Meß- und Einstellgeräte
Dichtungsschrauben Verschließen von Einfüll- und Auslauföffnungen	Getriebe, Lager, Ölwannen und Armaturen

Mechanik der Schraube

Die Schraubenlinie eines Gewindes entspricht einer schiefen Ebene, die um einen zylindrischen Körper gewunden ist (Abb. 5). Eine Kathete des Dreiecks entspricht dem Zylinderumfang, die andere der Steigung *P*. Wird entlang der Hypotenuse eine Nut bestimmter Querschnittsform eingeschnitten, entsteht aus der Schraubenlinie ein Gewindegang.

Beim Anziehen einer Schraube wird auf den Gewindegang eine Kraft *F* ausgeübt. Mit Hilfe des Kräfteparallelogramms kann *F* in F_A und F_N zerlegt werden. Die Kraft F_A versucht, die aufgeschraubte Mutter den Gewindegang hinunterzuschieben. Dies gelingt nur, wenn F_A größer ist als die Reibung zwischen den Gewindeflanken. Die Kraft F_N drückt die beiden Gewindeflanken von Schraube und Mutter gegeneinander.

Bei kleiner Gewindesteigung ist F_A klein und F_N groß. Durch die starke Pressung zwischen den Gewindegängen kann sich das Gewinde nicht selbsttätig lösen. Es wirkt selbsthemmend und wird als Befestigungsgewinde eingesetzt.

Bei großer Gewindesteigung ist F_A groß und F_N klein. Durch die geringe Pressung in den Gewindegängen kann sich das Gewinde selbsttätig lösen. Es wirkt nicht selbsthemmend und wird als Bewegungsgewinde eingesetzt.

Gewindearten

Gewinde wird unterteilt nach

- dem Gewindeprofil in **Spitz-, Trapez-, Sägen-** und **Rundgewinde,**
- dem Verwendungszweck in **Befestigungs-** und **Bewegungsgewinde,**
- der Lage in **Außen-** und **Innengewinde** (Muttergewinde),
- dem Drehsinn in **Rechts-** und **Linksgewinde,**
- der Gangzahl in **ein-** und **mehrgängiges Gewinde,**
- der Steigung in **Regel-** und **Feingewinde.**

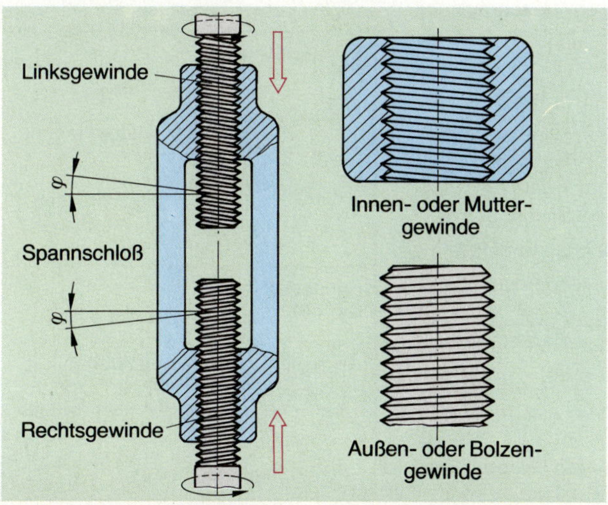

Abb. 9: Rechts- und Linksgewinde, Innen- und Außengewinde

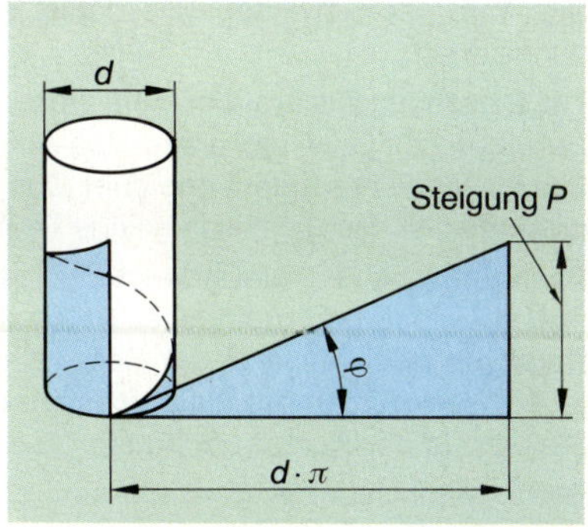

Abb. 5: Abwicklung einer Schraubenlinie

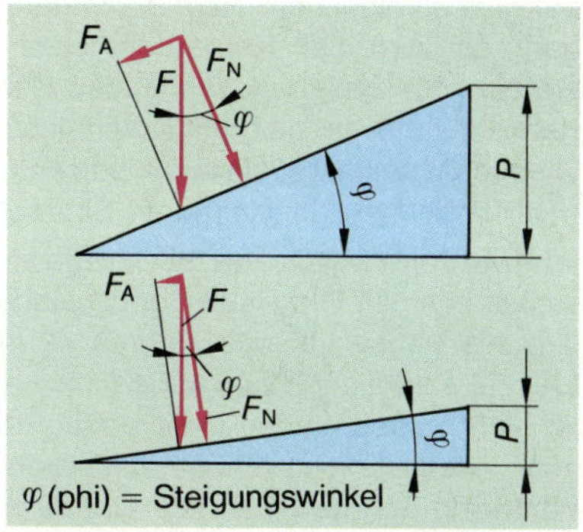

Abb. 6: Kräfte auf dem Gewindegang einer Schraube

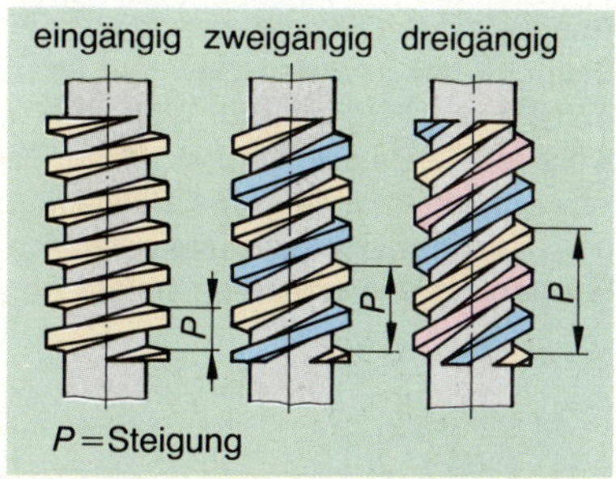

Abb. 7: Ein- und mehrgängiges Gewinde

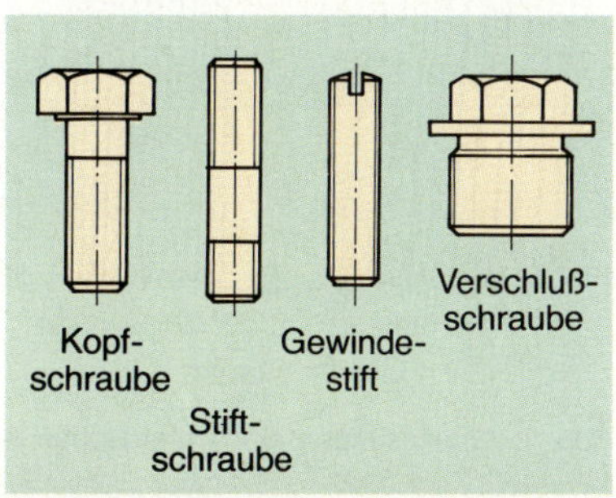

Abb. 8: Grundformen der Schrauben

Die Wahl des Gewindeprofils richtet sich nach dem Verwendungszweck.

Für Befestigungsschrauben sind wegen der größeren Reibung zwischen den Gewindeflanken des Außen- und Innengewindes Spitzgewinde besonders geeignet. Das Grundprofil eines **Spitzgewindes** ist das gleichschenklige Dreieck (Abb. 1).

Das **metrische ISO-Gewinde** ist ein Spitzgewinde und wird als Regelgewinde und metrisches Feingewinde ausgeführt. Beim **Regelgewinde** – es ist in der Regel allgemein anwendbar – ist jedem Nenndurchmesser eine bestimmte Steigung zugeordnet. Sie wird in der Kurzbezeichnung (Abb. 2) nicht angegeben.

Beim **metrischen Feingewinde** sind gleichen Nenndurchmessern verschiedene Steigungen zugeordnet. Die gewählte Steigung wird in der Kurzbezeichnung angegeben (Abb. 2). Wird bei gleichbleibendem Nenndurchmesser die Steigung verringert, so wird der Kerndurchmesser größer (Abb. 1). Bei wachsender Steigung nimmt der Kerndurchmesser ab. Der Kerndurchmesser gibt den Durchmesser des ungeschwächten Querschnitts eines Schraubenbolzens an und bestimmt maßgeblich die Tragfähigkeit einer Schraube.

Whitworth[1]-Rohrgewinde ist Spitzgewinde mit einem Flankenwinkel von 55°. Die Gewindebezeichnung bezieht sich auf die Anschlußnennweite des Rohres in Inch. Es wird nach DIN ISO 228 als zylindrisches Außen- und Innengewinde hergestellt, ist nicht selbstdichtend und verlangt das Gegeneinanderpressen zweier Dichtflächen außerhalb des Gewindes. Das Whitworth-Rohrgewinde nach DIN 2999 ist selbstdichtend (Hanf oder PTFE-Band) und wird für druckdichte Verbindungen verwendet.

Für Bewegungsschrauben verwendet man **Trapez-, Sägen-** und **Rundgewinde.** Die mit einem kleinen Flankenwinkel und großer Steigung ausgeführten Gewinde übertragen große Kräfte mit günstigem Wirkungsgrad. Während Trapezgewinde für große wechselnde Belastungen in axialer Richtung verwendet wird, kann Sägengewinde große Belastungen nur einseitig übertragen. Rundgewinde sind unempfindlich gegen Verschmutzung, Erwärmung und stoßartige Belastung.

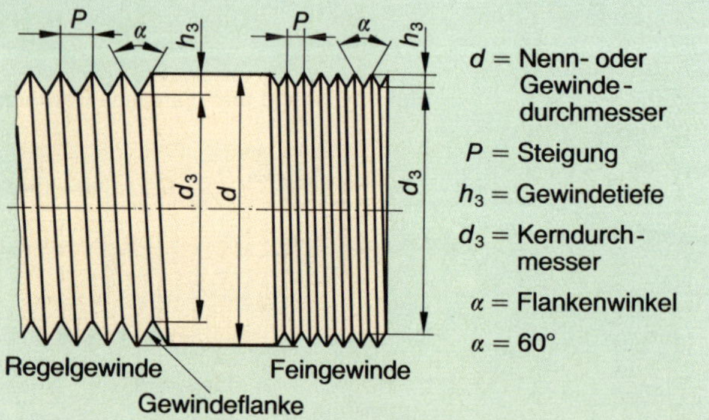

Abb. 1: Abmessungen eines metrischen Regel- und Feingewindes

Gewindeart / Gewindeprofil	Kurzbezeichnung / Verwendung
Metrisches ISO-Gewinde (Regelgewinde) DIN 13, Teil 1 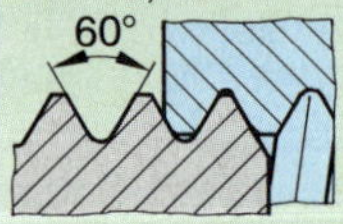	M 10 — Verschraubungen
Metrisches Feingewinde DIN 13, Teil 2 . . . 11 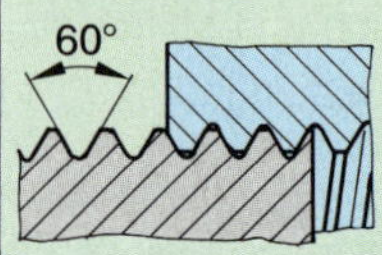	M 10 x 0,75, M 10 x 1 — Verschraubungen, Justierschrauben, Meßschrauben, Nutmuttern
Whitworth-Rohrgewinde DIN ISO 228 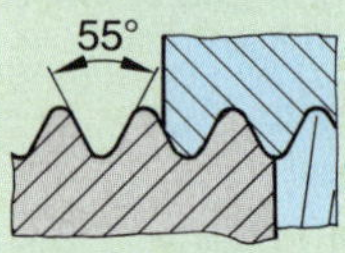	G1 — Fittings, Hähne, Armaturen
Trapezgewinde DIN 103 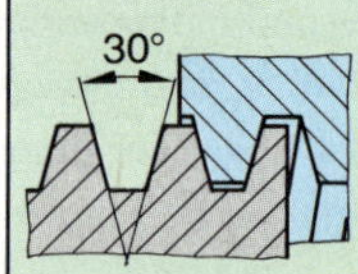	Tr 40 x 7 — Kraftübertragung in zwei Richtungen, Leitspindeln, Schraubstöcke, Ventile
Sägengewinde DIN 513 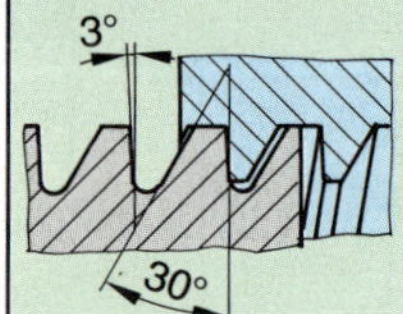	S 40 x 7 — Kraftübertragung in einer Richtung, Spindelpressen, Hubspindeln
Rundgewinde DIN 405 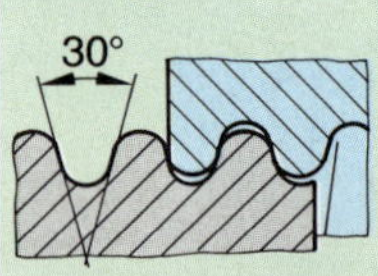 $P = \frac{1}{6} \hat{=} 6$ Gang auf 1 inch	Rd 40 x $\frac{1}{6}$ — Kupplungsspindeln von Eisenbahnwagen

Abb. 2: Gewindearten, Verwendung

[1] Joseph Whitworth, brit. Ingenieur, 1803...1887

1.3.5.1.1 Schraubenarten

Die Erfüllung unterschiedlichster Aufgaben hat zur Entwicklung vielfältiger Schraubenarten geführt. Die Grundformen der Schrauben sind Kopfschrauben, Stiftschrauben, Gewindestifte und Verschlußschrauben (Abb. 8, Seite 89).

Kopfschrauben sind die am häufigsten verwendeten mechanischen Verbindungselemente des Maschinenbaus. Sie werden als Durchsteckschrauben, Einziehschrauben und Paßschrauben (Abb. 3) eingesetzt.

Nach der Ausführungsart unterscheiden sich Kopfschrauben durch die Form ihres Kopfes in **Sechskant-, Vierkant-, Zylinder-** und **Senkschrauben.** Nach der Verschraubungstechnik unterscheidet man Kopfformen für **Außenantrieb,** z.B. Sechskant- und Vierkantschrauben von Kopfformen mit **Innenantrieb,** z.B. Zylinderschrauben mit Innensechskant und Senkschrauben mit Kreuzschlitz.

Eine Verbindung mit **Durchsteckschraube** ist schnell und preiswert herzustellen. Die Auflageflächen für Schraubenkopf und Mutter oder Scheibe müssen eben und parallel sein, um Verkanten zu vermeiden.

Paßschrauben werden verwendet, um Bauteile in ihrer gegenseitigen Lage zueinander zu fixieren und Querkräfte aufzunehmen. Der Einbau einer Paßschraube erfordert nach dem Bohren ein Aufreiben der Bohrung mit der Reibahle.

Einziehschrauben dienen der Befestigung von Flanschen, Deckeln und Führungsleisten. Wird ein Schraubenkopf für Innenantrieb verwendet, so lassen sich raumsparende, formschöne und glatte Verbindungen herstellen.

Stiftschrauben werden verwendet, wenn häufiges Lösen der Verbindung erforderlich ist. Das Einschraubende der Stiftschraube verbleibt beim Lösen im Maschinenkörper (Motore, Turbinen, Lager), wodurch eine Beschädigung des Innengewindes vermieden wird. Die Länge *e* (Abb. 5) des Einschraubendes richtet sich nach dem Werkstoff des Maschinenkörpers: $e \approx 1d$ für Stahl, $e \approx 1{,}25d$ für Gußeisen, $e \approx 2d$ für Al-Legierungen.

Gewindestifte tragen auf ihrer ganzen Länge Gewinde. Sie werden zum Einschrauben mit Schlitz oder Innensechskant und an ihrem anderen Ende mit Kegelkuppe, Spitze, Zapfen oder Ringschneide ausgeführt. Gewindestifte mit Kegelkuppe, Spitze oder Zapfen greifen formschlüssig in eine Nut oder Senkung des Gegenstückes ein; die Ringschneide formt sich ihre Aufnahme selbst. Gewindestifte werden hauptsächlich verwendet, um nach dem Zusammenbau von Teilen deren gegenseitige Lage zueinander zu sichern (Abb. 6).

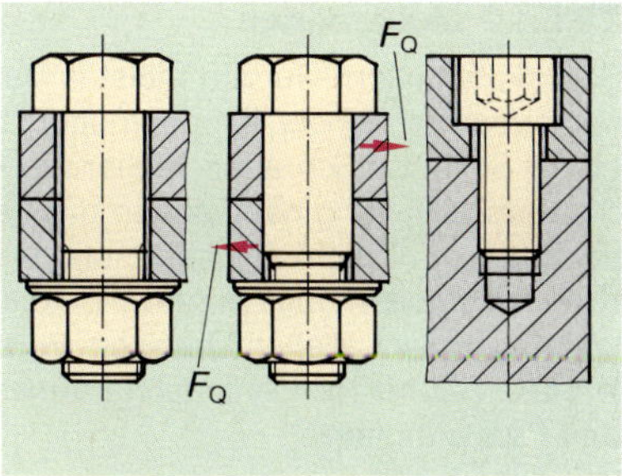

Abb. 3: Durchsteck-, Paß- und Einziehschraube

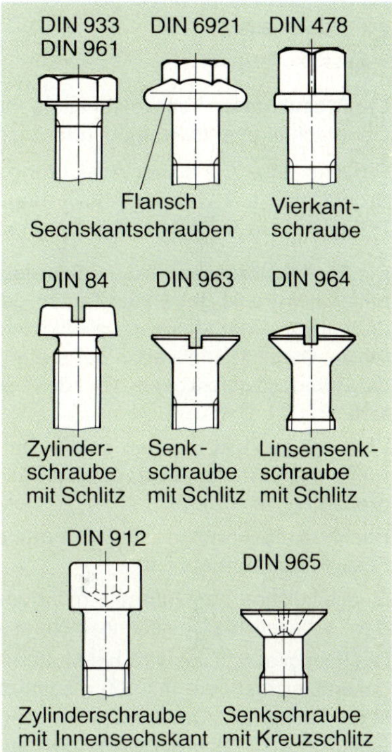

Abb. 4: Kopfschrauben

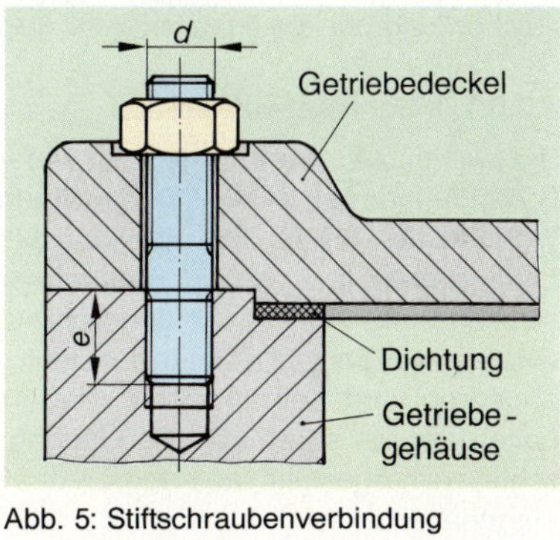

Abb. 5: Stiftschraubenverbindung

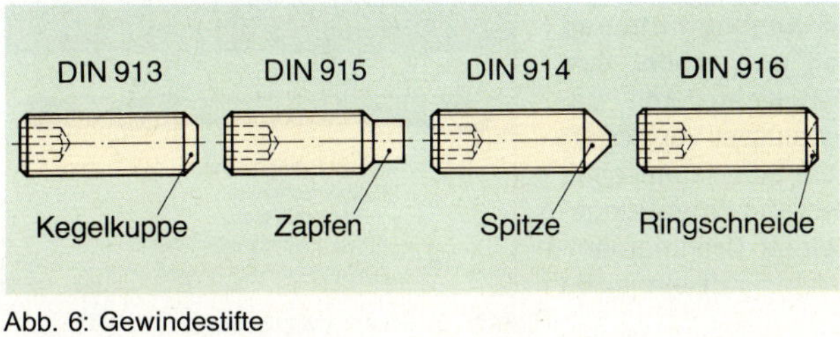

Abb. 6: Gewindestifte

1.3.5.1.2 Mutternarten

Sechskantmuttern werden meist in Verbindung mit Sechskantschrauben verwendet. Kronenmuttern dienen in Verbindung mit einem Splint zur Schraubensicherung. Hutmuttern verschließen die Verschraubung nach außen dicht ab, schützen das Gewindeende vor Beschädigungen und vermeiden Verletzungen. Kreuzlochmuttern mit Feingewinde dienen zur Befestigung von Wälzlagern auf Wellen. Müssen Verbindungen häufig gelöst werden, z.B. im Vorrichtungsbau, verwendet man Flügelmuttern und Rändelmuttern.

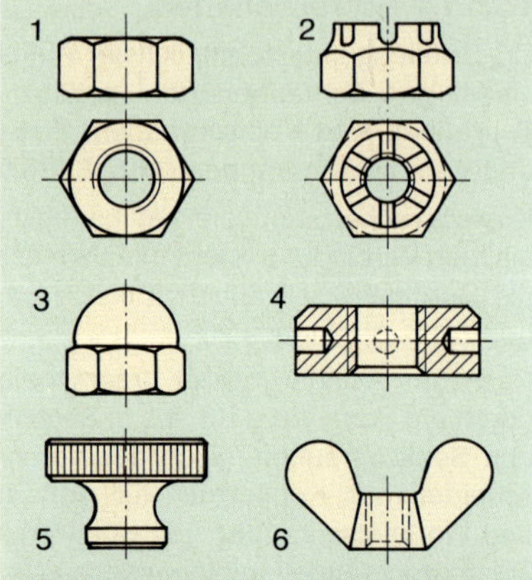

1 Sechskantmutter 4 Kreuzlochmutter
2 Kronenmutter 5 Rändelmutter
3 Hutmutter 6 Flügelmutter

Abb. 1: Mutternarten

1.3.5.1.3 Werkstoffe für Schrauben und Muttern

Die Güte der Schrauben und Muttern wird bestimmt durch

- Produktklasse,
- Festigkeitsklasse.

Die **Produktklasse** kennzeichnet die maximalen Rauhtiefen der Oberflächen und zulässigen Toleranzen.

Produktklasse A – bisher Ausführung m (mittel)
Produktklasse B – bisher Ausführung mg (mittelgrob)
Produktklasse C – bisher Ausführung g (grob)

Die **Festigkeitsklasse** wird bei Schrauben aus Stahl durch zwei mit einem Punkt getrennte Zahlen gekennzeichnet. Die erste Zahl gibt $\frac{1}{100}$ der Mindestzugfestigkeit des Schraubenwerkstoffes an. Durch Multiplikation der ersten Zahl mit 100 erhält man die Mindestzugfestigkeit R_m des Schraubenwerkstoffes in N/mm².

Wird das Produkt aus den beiden Zahlen vor und hinter dem Punkt mit 10 multipliziert, dann erhält man die Mindeststreckgrenze R_{eL} in N/mm².

Hochfeste Schrauben sind Schrauben mit einer größeren Festigkeitsklasse als 6.8.

Qualitätsschrauben müssen mit dem Herstellerzeichen und der Festigkeitsklasse gekennzeichnet sein.

Die Festigkeitsklasse wird bei Muttern aus Stahl mit einer Zahl gekennzeichnet, die mit 100 multipliziert die Prüfspannung in N/mm² ausdrückt. Die Prüfspannung entspricht der Mindestzugfestigkeit einer Schraube, mit der die Mutter gepaart werden kann.

Ab Festigkeitsklasse 8 müssen Muttern mit dem Herstellerkennzeichen und der Festigkeitsklasse gekennzeichnet sein.

Festigkeitsklassen für Schrauben:

3.6 4.6 4.8 5.6 5.8 6.8
8.8 9.8 10.9 12.9

Beispiel: Festigkeitsklasse 3.6

$3 \cdot 100 = 300 \triangleq 300\ \text{N/mm}^2 = R_m$

$3 \cdot 6 \cdot 10 = 180 \triangleq 180\ \text{N/mm}^2 = R_{eL}$

Festigkeitsklassen für Muttern:

4 5 6 8 9 10 12

Beispiel: Festigkeitsklasse 6

$100 \cdot 6 = 600 \triangleq 600\ \text{N/mm}^2$ Prüfspannung

1.3.5.1.4 Schraubwerkzeuge

Die wichtigsten Werkzeuge zum Verspannen von Schraubenverbindungen zeigt Abb. 2. **Der sachgemäße Umgang mit teuren Werkzeugen erhält ihre Funktionsfähigkeit und erhöht ihre Lebensdauer.** Das Anzugsdrehmoment darf nicht durch Aufstecken eines Rohres auf den Schraubenschlüssel vergrößert werden, weil sonst die Gefahr besteht, daß der Schraubenschaft abgedreht wird. Soll ein bestimmtes Anzugsdrehmoment eingehalten werden, so wird die Verbindung mit einem Drehmomentschlüssel hergestellt. Die erforderliche Vorspannkraft wird exakt eingehalten.

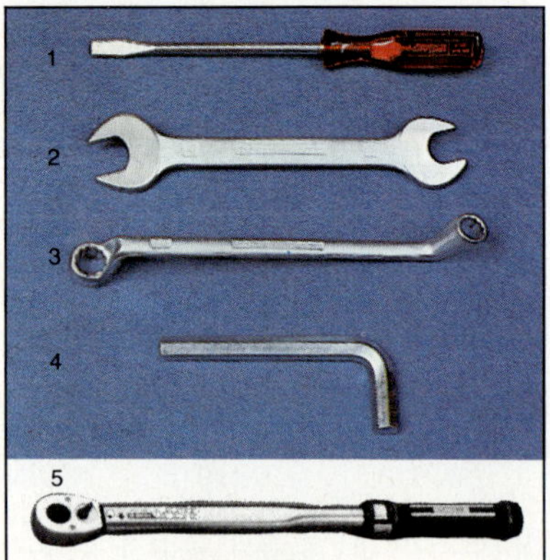

1 Schraubendreher
2 Gabelschlüssel
3 Ringschlüssel
4 Innensechskantschlüssel
5 Drehmomentschlüssel

Abb. 2: Schraubwerkzeuge

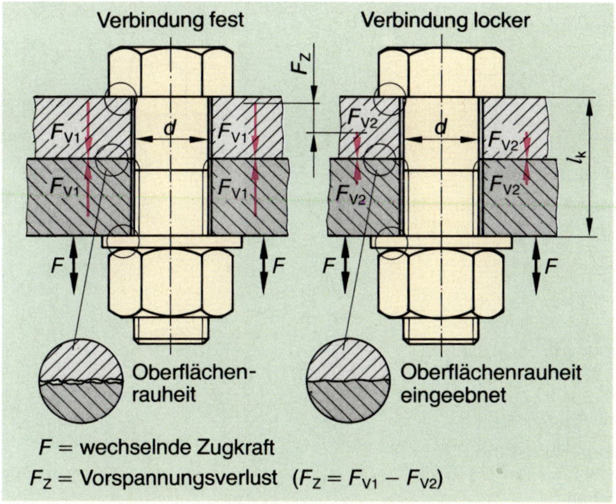

Abb. 3: Verlust der Vorspannung durch Lockern

1.3.5.2 Schraubensicherungen

Verringert sich die Vorspannung einer Schraubenverbindung durch eine äußere Betriebskraft, so besteht die Gefahr des selbsttätigen Lösens. **Statisch** (ruhend) belastete Verbindungen sind gegen selbsttätiges Lösen durch die Selbsthemmung im Gewinde gesichert; sie erfordern **keine** zusätzlichen Sicherungen.

Dynamisch (beweglich) belastete Verbindungen müssen gegen selbsttätiges Lösen gesichert werden.

Zu unterscheiden sind die Versagensursachen Lockern und Losdrehen.

Lockern

Die Vorspannung geht durch eine dynamische Belastung in Achsrichtung der Schraube (Längskraft F) durch **Setzen** teilweise verloren. Unter Setzen versteht man die Verringerung der Klemmlänge l_k durch Einebnen von Oberflächenrauheiten in den Berührungsflächen (Trennfugen) und durch plastische Verformung aller verspannten Bauteile (Bleche, Scheiben, Gewinde, Dichtungen).

Sicherungen gegen Lockern

Die beste Sicherung gegen Lockern ist der Einsatz elastischer Schrauben – Klemmlängenverhältnis $l_k/d > 4$ – oder Schrauben mit hoher Festigkeit (≥8.8). Sie kompensieren den Vorspannkraftverlust F_z. Anderenfalls sind mitverspannte federnde Elemente als **Setzsicherungen** vorzusehen:

Setzsicherungen für	
Schrauben ... <8.8	Schrauben ... ≥8.8
Federring, Federscheibe, Fächerscheibe, Zahnscheibe, Kombischraube	Tellerfeder DIN 2093 Spannscheibe DIN 6796

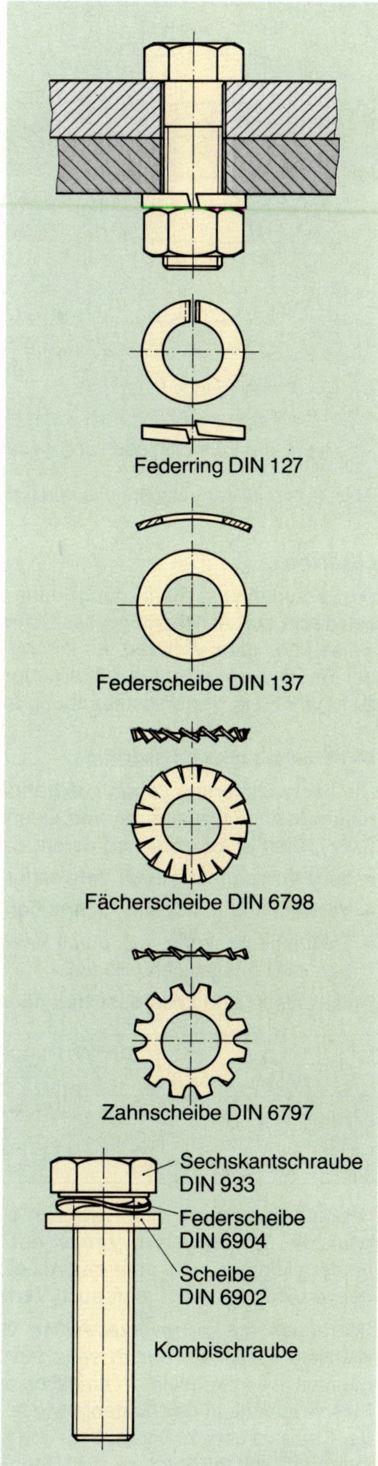

Abb. 4: Sicherungen gegen Lockern

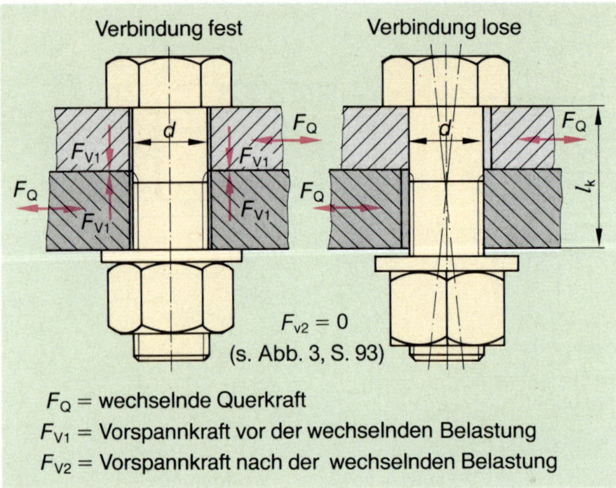

Abb. 1: Verlust der Vorspannung durch Losdrehen

Losdrehen

Die Vorspannung geht durch eine dynamische Belastung senkrecht zur Achsrichtung der Schraube (Querkraft F_Q) teilweise oder ganz verloren. Es kommt zu Querverschiebungen der Bauteile senkrecht zur Schraubenachse und in der Folge zur Aufhebung der Selbsthemmung im Gewinde.

Sicherungen gegen Losdrehen

Die beste Sicherung gegen Losdrehen sind konstruktive Maßnahmen zur Verhinderung von Querverschiebungen (Abb. 1, S. 86). Dies ist zu erreichen durch:

- hohe Vorspannung unter Verwendung hochfester Schrauben,
- Verwendung elastischer Schrauben, $l_k/d > 4$,
- Schlupfbegrenzung, z.B. durch Verwendung von Paßschrauben oder zusätzlichen Stiften.

Anderenfalls sind **Losdrehsicherungen** vorzusehen:

Losdrehsicherungen für	
Schrauben ... <8.8	Schrauben ... ≥8.8
Kronenmutter, Scheibe mit Lappen, Mutter mit Klemmteil, Schraube mit Splint	Sperrzahnschraube-, mutter, mikroverkapseltes Gewinde, Flüssigklebstoff

Losdrehsicherungen (z.B. Kronenmuttern, Scheiben mit Lappen), die den teilweisen Verlust der Vorspannung nicht verhindern können, wohl aber das Auseinanderfallen der Schraubenverbindung, nennt man auch **Verliersicherungen.**

Schrauben mit **mikroverkapseltem Gewinde** sind mit einem Klebstoff versehen, der in winzigen kleinen Kugeln – sogenannten Mikrokapseln – eingeschlossen ist. Während des Einschraubens in das Gegengewinde platzen die Kapseln auf, der Klebstoff benetzt Schrauben- und Muttergewinde und härtet innerhalb von 24 Stunden aus. Die Sicherheit ist bis zu einer Betriebstemperatur von 90°C gewährleistet.

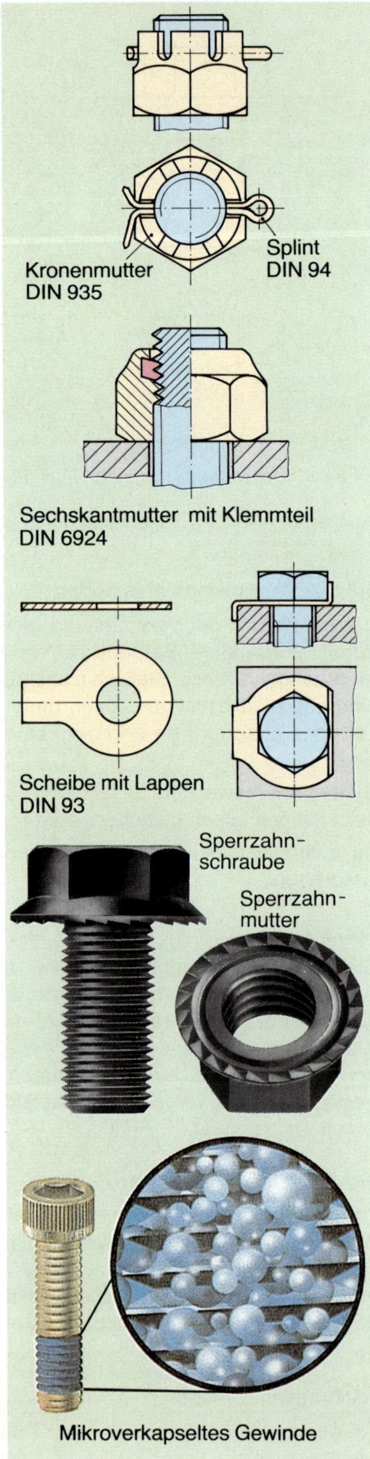

Abb. 2: Sicherungen gegen Losdrehen

1.3.5.3 Bolzen- und Stiftverbindungen

Durch Bolzen und Stifte werden lösbare Verbindungen hergestellt.

Bolzen sind formschlüssige Verbindungselemente. Sie werden für Gelenkverbindungen von Gestängen, Laschen, Kettengliedern und auch als Achsen für die Lagerung von Laufrädern, Rollen und Hebeln verwendet.

Bolzen ohne oder mit Kopf (Abb. 3) werden ohne oder mit Splintloch hergestellt und meist als Gelenkbolzen verwendet.

Bolzen mit Kopf und Gewindezapfen (Abb. 3) verwendet man überwiegend als festsitzende Lager- und Achsbolzen für Seil- und Laufrollen.

Für Bolzen wählt man wegen der höheren Belastung einen härteren Werkstoff als für die zu verbindenden Bauteile. Genormte Bolzen werden aus Automatenstahl 9 SMnPb28K oder Kaltstauchstahl Cq35 hergestellt.

Stifte sind formschlüssige Verbindungselemente. Sie sollen Bauteile fest miteinander verbinden (Verbindungsstifte), in einer bestimmten Lage zueinander zentrieren (Paßstifte), gegen Scherkräfte sichern (Scherstifte) sowie vor Überlastung schützen (Sicherungsstifte). Stifte werden aus einem härteren Werkstoff als die zu verbindenden Bauteile hergestellt. Für ungehärtete Stifte verwendet man Automatenstahl 9 SMnPb28K.

Die gebräuchlichsten genormten Stifte sind Zylinderstifte, Kegelstifte, Spannstifte (Spannhülsen) und Kerbstifte.

Zylinderstifte werden mit verschiedenen Toleranzen hergestellt, die durch unterschiedliche Kuppenformen zu erkennen sind. Gehärtete Zylinderstifte nach DIN 6325 verbinden und zentrieren hochbeanspruchte gehärtete Teile an Vorrichtungen und Spannzeugen.

Kegelstifte werden mit einem Kegelverhältnis 1:50 ausgeführt, d.h. auf 50 mm Länge verändert sich der Durchmesser des Kegels um 1 mm. Kegelstifte stellen die genaue Lage der Bauteile zueinander her und gleichen auch bei häufigem Ein- und Ausbau Abnutzungen aus. Sie erfordern für den Einbau kegelig geriebene Bohrungen und müssen eingepaßt werden. Kegelstifte mit Gewinde sind für Grundlöcher vorgesehen; der Ausbau erfolgt mittels Schrauben und Abdrückmuttern.

Geschlitzte **Spannstifte** (Spannhülsen) ermöglichen durch ihre Elastizität einen festen Sitz in gebohrten Löchern. In Verbindung mit Schrauben werden sie zur Aufnahme von Querkräften als Scherhülsen verwendet.

Kerbstifte und Kerbnägel besitzen drei um 120° versetzte, durch Einwalzen hergestellte Längskerben, an deren Seiten Kerbwulste über den Nenndurchmesser herausragen. Beim Fügen in das nur mit dem Wendelbohrer hergestellte Loch werden die Wülste elastisch in die Kerbfurchen zurückgedrängt. Die dadurch entstehende radiale Verspannung hält den Kerbstift (Kerbnagel) rüttelfest in der Bohrung. Kerbstifte werden sowohl als Befestigungs- und Sicherungsstifte an Stelle von Kegel- und Zylinderstiften verwendet; sie sind mehrfach wiederverwendbar. Zylinderkerbstifte mit Kopf heißen Kerbnägel; sie werden zur Befestigung gering belasteter Teile verwendet.

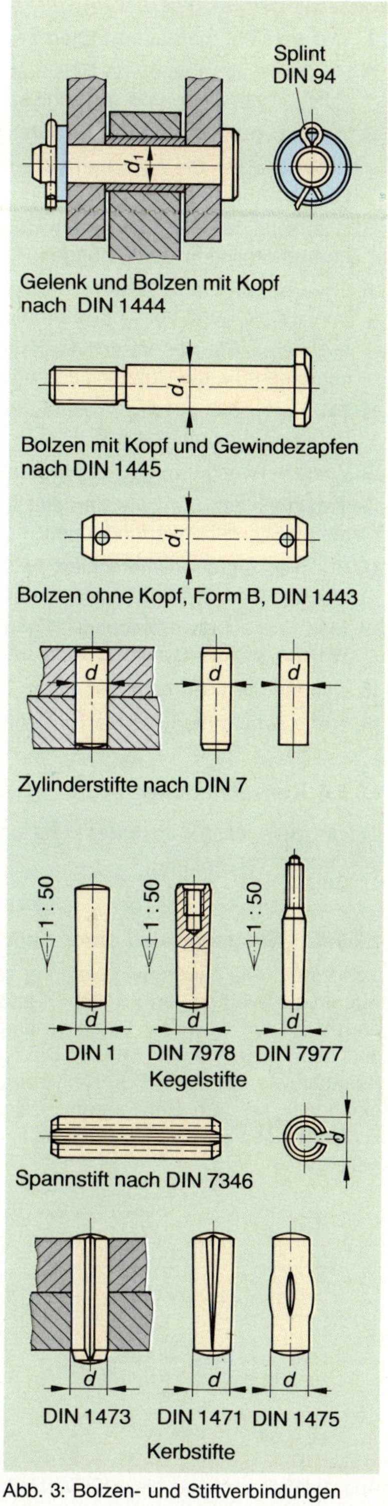

Abb. 3: Bolzen- und Stiftverbindungen

Aufgaben zu 1.3...1.3.5.3

1. Was versteht man unter Fügen?
2. Erklären Sie anhand von Beispielen den Unterschied zwischen kraft-, form- und stoffschlüssigen Verbindungen.
3. Welche Verbindungen wirken durch Kraft- und Formschluß?
4. Unterscheiden Sie zwischen lösbaren und unlösbaren Verbindungen (Beispiele).
5. Unterscheiden Sie anhand von Beispielen zwischen festen und beweglichen Verbindungen.
6. Erklären Sie den Zusammenhang zwischen dem Steigungswinkel und der Selbsthemmung bei Gewinden.
7. Skizzieren Sie fünf verschiedene Gewindeprofile und beschreiben Sie die Unterschiede und Anwendungsbereiche.
8. Skizzieren Sie je eine Verbindung mit einer Durchsteck-, Paß- und Einziehschraube.
9. Wozu verwendet man Stiftschrauben und Gewindestifte?
10. Unterscheiden Sie zwischen statisch und dynamisch belasteten Schraubenverbindungen.
11. Erklären Sie den Unterschied zwischen Lockern und Losdrehen einer dynamisch belasteten Schraubenverbindung.
12. Eine Schraubenverbindung ist gegen Lockern zu sichern. Welche Sicherungen sind vorzusehen?
13. Nennen Sie Losdrehsicherungen.
14. Wann spricht man von Verliersicherungen?

1.3.5.4 Keilverbindungen

Durch Keile werden lösbare, kraft- und formschlüssige Verbindungen hergestellt.

1.3.5.4.1 Wirkungsweise einer Keilverbindung

Genormte Keile haben eine Neigung von 1:100 (Abb. 1 und 2). Auf einer Keillänge von $l = 100$ mm ändert sich die Keilhöhe h um 1 mm. Der Keil wird in Längsrichtung in die Nuten von Welle und Nabe eingetrieben (Abb. 1). Die Nabennut hat die gleiche Neigung wie der Keil. Der Keil treibt Welle und Nabe auseinander. Die dem Keil gegenüberliegenden Seiten werden zusammengepreßt. Die Eintreibkraft F_E erzeugt die Normalkraft

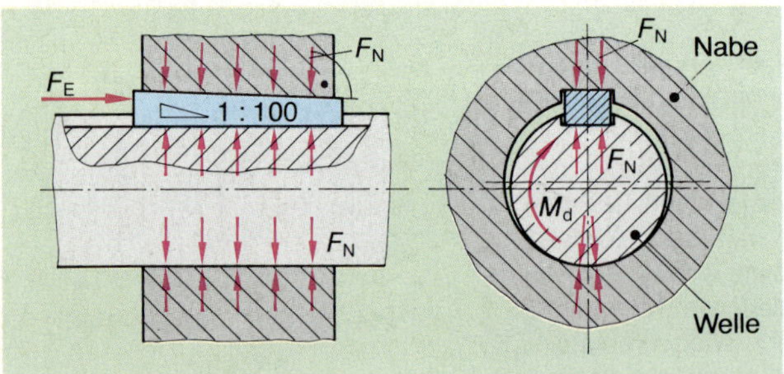

Abb. 1: Kraftwirkung an einer Keilverbindung

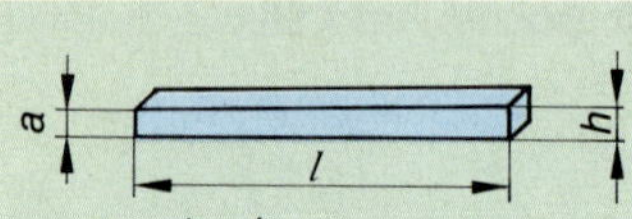

Neigung $\frac{1}{x} = \frac{h - a}{l}$

Beispiel: $h = 8$ mm, $a = 7$ mm, $l = 100$ mm

$$\frac{1}{x} = \frac{8\text{ mm} - 7\text{ mm}}{100\text{ mm}} = \frac{1}{100}$$

Abb. 2: Abmessung und Neigung eines Keils

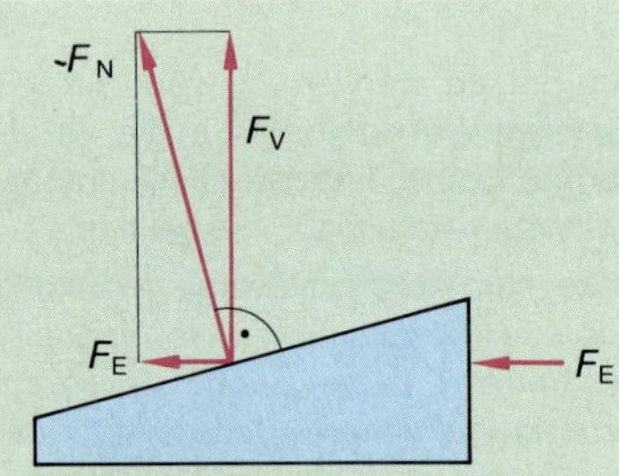

F_E: Eintreibkraft
F_N: Normalkraft
F_V: Verspannkraft

Abb. 3: Kräfte am Treibkeil

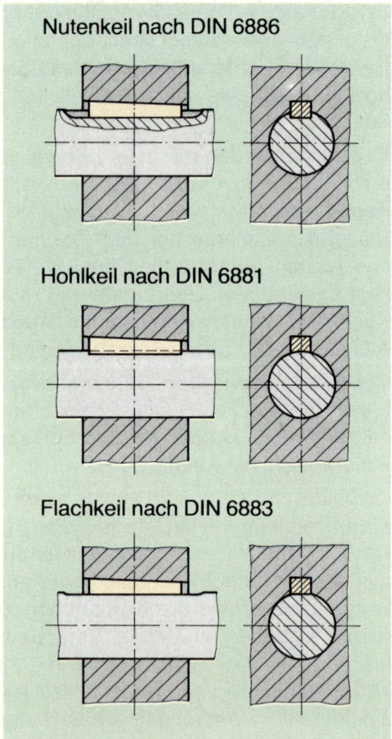

Abb. 4: Keilarten

F_N und die Verspannkraft F_V (Abb. 3). Je kleiner die Neigung 1:x ist, um so größer werden F_N und F_V. Deshalb wählt man das Neigungsverhältnis 1:100 (Selbsthemmung).

Der Nachteil von Keilverbindungen liegt darin, daß durch das Verspannen die Massenmittelpunkte von Welle und Nabe (Abb. 1) gegeneinander verschoben werden. Dadurch entstehen Unwuchten und große Fliehkräfte, die zu Schwingungen führen. Die Rundlaufgenauigkeit wird stark beeinträchtigt. Darum werden Keilverbindungen nur für langsam laufende Wellen oder Naben mit geringer Masse eingesetzt. Keile werden auf Flächenpressung und Abscherung beansprucht.

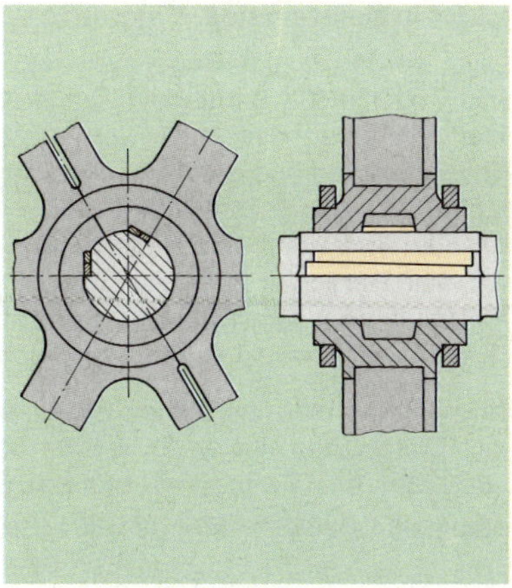

Abb. 5: Tangentkeilverbindung

1.3.5.4.2 Keilarten

Der **Nutenkeil** wird in die Nuten von Welle und Nabe eingetrieben (Treibkeil) oder eingelegt (Einlegekeil), (Abb. 6). Nutenkeile wirken vor Überschreiten der Rutschgrenze kraftschlüssig, nach deren Überschreiten kraft- und formschlüssig. Dadurch können Nutenkeile große Drehmomente übertragen. Nachteilig ist die Schwächung der Welle und Nabe durch die Nut.

Hohlkeile sind an ihrer Unterseite entsprechend dem Wellendurchmesser gerundet. An der Welle ist keine Bearbeitung erforderlich. Hohlkeile übertragen Drehmomente nur kraftschlüssig. Das übertragbare Drehmoment ist deshalb kleiner als beim Nutenkeil.

Der **Flachkeil** stützt sich auf einer ebenen Fläche der Welle ab. Der Fertigungsaufwand ist verhältnismäßig gering. Das Drehmoment wird überwiegend kraftschlüssig übertragen und ist deshalb kleiner als beim Nutenkeil.

Bei **Tangentkeilen** wird die Wellen-Nabenverbindung durch zwei um 120° versetzte **Keilpaare** in radialer und Umfangsrichtung verspannt. Dadurch kommt es zwischen Welle und Nabe zu einer Dreipunktauflage. Tangentkeile übertragen große, wechselnde und stoßhaft wirkende Drehmomente spielfrei.

1.3.5.4.3 Einbauarten der Keile

Einlegekeile sind rundstirnig (Abb. 6). Sie werden in Wellennuten eingelegt, die mit Schaftfräsern hergestellt werden. Der Keil kann in Längsrichtung nicht mehr verschoben werden. Darum muß die Nabe auf den Keil getrieben werden. Die axiale Lage der Nabe ist deshalb nicht genau bestimmbar.

Treibkeile sind geradstirnig (Abb. 6). Sie werden in den zwischen Welle und Nabe gebildeten Hohlraum eingetrieben. Die Wellennut muß deshalb doppelt so lang sein wie der Keil. Die axiale Lage der Nabe kann genau festgelegt werden, da bei der Montage nur der Keil bewegt wird.

Nasenkeile werden verwendet, wenn die Verbindung nur von einer Seite zugänglich ist. Die Nase darf wegen der Unfallgefahr nicht am Wellenende herausragen (Abb. 6). Die Wellenut muß zum Fügen des Keiles eine ausreichende Länge haben. Bei Verwendung von Nasenflachkeilen wird die Welle an Stelle der Nut nur mit einer Abflachung ausgeführt. Bei Nasenhohlkeilen ist die untere Fläche entsprechend dem Wellendurchmesser gerundet.

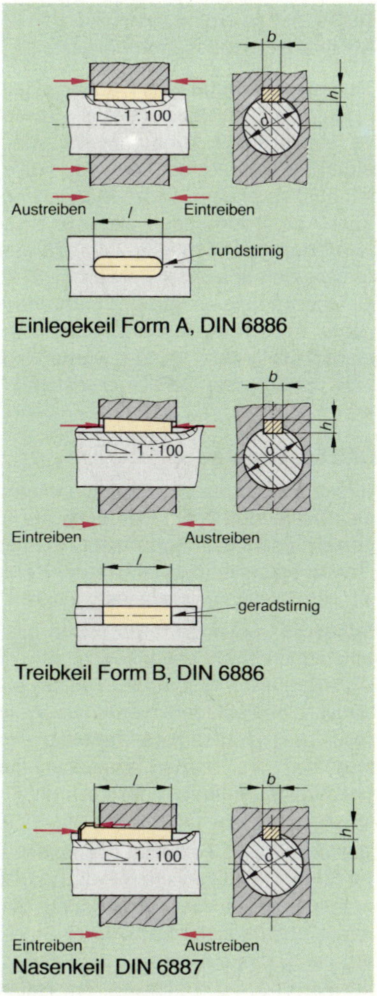

Abb. 6: Einbauarten

1.3.5.4.4 Keilwerkstoff, Toleranzen, Normbezeichnung

Keile werden in der Regel aus kaltverformtem Stahl C45K, St50K oder St60K hergestellt. Durch das Auftreiben der Nabe oder Eintreiben des Keils wird der Keilbauch gegen den Wellennutgrund und der Keilrücken gegen den Nabennutgrund gepreßt. An den Seitenflächen hat der Keil ein geringes Spiel. Vor dem Eintreiben sind Keile leicht einzuölen, um ein »Fressen« und Festrosten zu vermeiden. Der Keilquerschnitt ($b \cdot h$) ist in Abhängigkeit vom Wellen-∅ genormt. Je größer der Wellen-∅, desto größer sind Breite b und Höhe h des Keiles.

Beispiel einer normgerechten Bezeichnung eines Nasenkeiles nach DIN 6887 für Wellen-∅ über $d = 65$ mm bis $d = 75$ mm mit $b = 20$ mm, $h = 12$ mm, $l = 80$ mm aus St50K:

Nasenkeil DIN 6887 – 20 × 12 × 80 – St50K

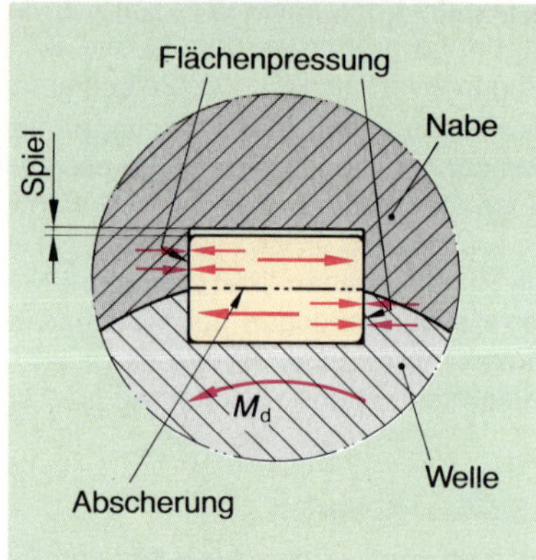

Abb. 1: Wirkung der Federverbindung

1.3.5.5 Federverbindungen

Durch Federverbindungen werden lösbare, formschlüssige Mitnehmerverbindungen hergestellt.

Die gegenüberliegenden Flächen einer Feder sind parallel. Die in den Nuten von Nabe und Welle sitzende Feder überträgt über die Seitenflächen Drehmomente von einem Bauteil auf das andere. Um ein Verspannen von Welle und Nabe gegeneinander auszuschließen, ist zwischen Feder und Nabennutgrund Spiel (Abb. 1) vorhanden. Damit ist ein zentrischer Sitz der Nabe gewährleistet. Nachteilig ist, daß die Nabe gegen axiales Verschieben gesichert werden muß. Federn eignen sich nicht zur Übertragung stoßartiger und großer wechselnder Drehmomente. Federn werden auf Flächenpressung und Abscherung beansprucht (Abb. 1). Sie werden aus kaltverformtem Stahl C45K, St50K oder St60K hergestellt.

1.3.5.5.1 Federarten

Nach Verwendung und Funktion unterscheidet man Paßfedern von Gleitfedern. Nach der äußeren Form werden Paßfedern (gerad- und rundstirnig) von Scheibenfedern unterschieden. Der Federquerschnitt ($b \cdot h$) ist wie der Keilquerschnitt in Abhängigkeit vom Wellendurchmesser genormt.

Paßfedern verwendet man, wenn die Nabe auf der Welle in Achsrichtung nicht verschiebbar sein darf (Abb. 2). Ihre Seitenflächen müssen fest in der Wellen- und Nabennut sitzen. Für rundstirnige Paßfedern werden die Wellennuten mit dem Schaftfräser, für geradstirnige Paßfedern mit dem Scheibenfräser hergestellt. Im Werkzeugmaschinenbau werden vorwiegend rundstirnige Paßfedern der Formen A, C und E nach DIN 6885 verwendet.

Gleitfedern sind Federn für längsbewegliche Naben (Abb. 2). Der Unterschied zwischen Paß- und Gleitfedern besteht allein in der Funktion der Verbindung. Man erreicht die axiale Verschiebbarkeit der Nabe durch Spiel zwischen der Gleitfeder und der Nabennut sowie durch Spiel zwischen Wellendurchmesser und Durchmesser der Nabenbohrung. Wegen des großen Seitenspiels muß die Gleitfeder (Formen C–H) mit der

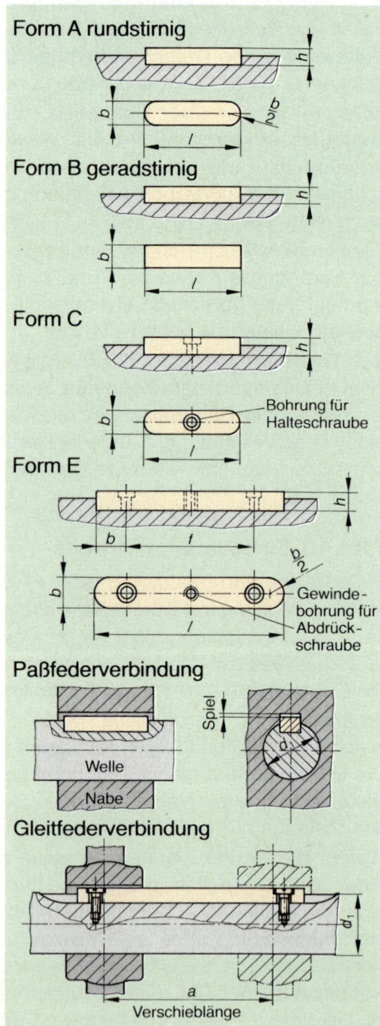

Abb. 2: Federformen und -verbindungen

Welle durch Halteschrauben verbunden werden. Die Länge l der Gleitfeder ist abhängig vom Verschiebeweg. Gleitfedern verwendet man bei Verschieberädern (Zahnrädern) in Getrieben und im Werkzeugmaschinenbau.

Beispiel einer normgerechten Bezeichnung einer Paßfeder Form A nach DIN 6885 für Wellen-∅ über $d_1 = 38$ mm bis $d_1 = 44$ mm mit $b = 12$ mm, $h = 8$ mm, $l = 70$ mm aus Keilstahl:

Paßfeder DIN 6885 – A 12 × 8 × 70 – St 60 K

Scheibenfedern stellen sich bei Kegelverbindungen (Abb. 3) als zusätzliche Sicherung selbsttätig auf die schräg verlaufende Nabennut ein. Da die tiefe Nut den Wellenquerschnitt stark schwächt, kann mit Scheibenfedern nur ein kleineres Drehmoment als bei Verwendung einer Paßfeder übertragen werden. Scheibenfedern können nicht als Gleitfedern eingesetzt werden. Sie werden vorwiegend im Feinmaschinenbau und Kraftfahrzeugbau verwendet.

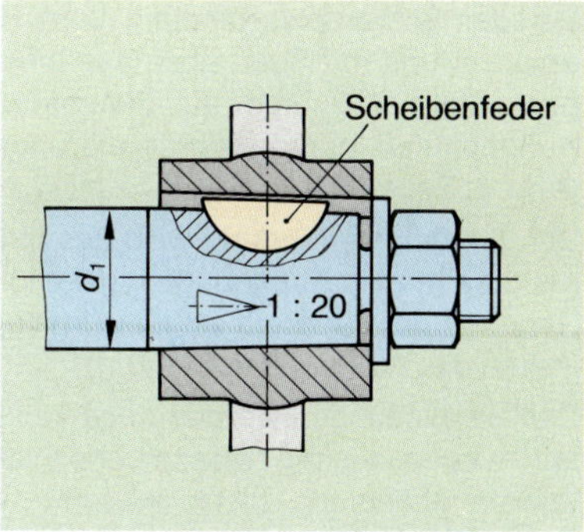

Abb. 3: Scheibenfederverbindung

1.3.5.6 Preßverbindungen

Durch Pressen werden bedingt lösbare, kraftschlüssige Verbindungen hergestellt.

Preßverbindungen entstehen, wenn das Mindestmaß der Welle größer ist als das Höchstmaß der Bohrung (Abb. 5). Sie können große Drehmomente bzw. Längskräfte zwischen Welle und Nabe übertragen. Preßverbindungen werden zum Fügen von Zahnrädern, Schwungscheiben, Radkörpern, Wälzlagern und Lagerbuchsen eingesetzt.

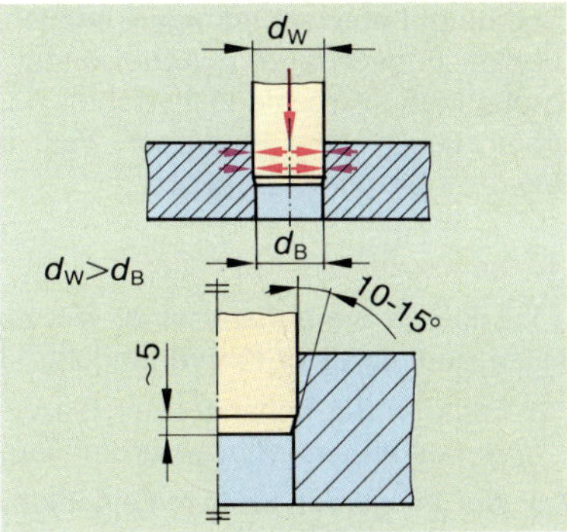

Abb. 4: Längspreßverbindung

1.3.5.6.1 Verbindungsarten

Preßverbindungen gibt es als Längspreßverbindungen und Querpreßverbindungen.

Längspreßverbindungen (Abb. 4) entstehen, wenn Außen- und Innenteil im kalten Zustand mit geringer Einpreßgeschwindigkeit durch Einwirkung mechanischer axialer Kräfte gefügt werden. Vor dem Fügen sind die Teile sorgfältig auszurichten, um Verkanten zu vermeiden. Um »Fressen« der Teile während des Einpressens zu verhindern, werden Bohrung und Welle eingefettet. Beim Einpressen kommt es an den Oberflächen der Teile zu einer Einebnung der Werkstoffspitzen. Die volle Haftkraft ist erst nach 48 Stunden erreicht. Vorteile der Längspreßverbindungen sind

- einfache, schnelle, preiswerte Fügeweise,
- Einsparung von Verbindungselementen,
- keine Schwächung der Welle und Nabe durch Nuten,
- sichere Mittigkeit der gefügten Teile.

Bei den **Querpreßverbindungen** (Abb. 5) erfolgt die Annäherung der Fügeflächen nicht in Längsrichtung, sondern quer zu den Berührungsflächen. Sie können als Schrumpfverbindung, Dehnverbindung und als Schrumpf-Dehnverbindung hergestellt werden. Querpreßverbindungen erreichen ihre volle Haftkraft, wenn die Bauteile Raumtemperatur angenommen haben.

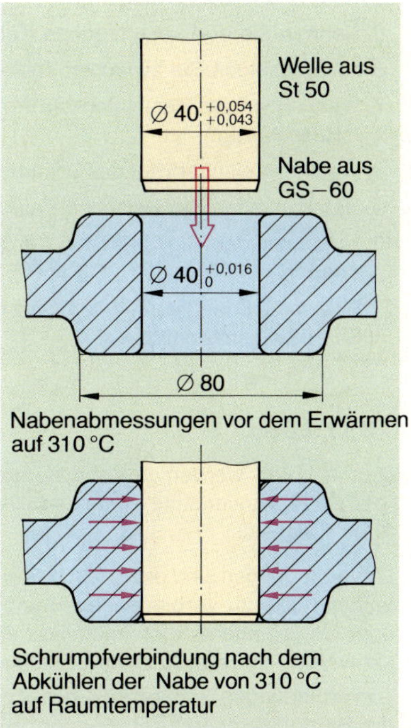

Abb. 5: Fügen einer Schrumpfverbindung

Bei der **Schrumpfverbindung** wird das Außenpaßteil (Nabe) erwärmt und mit Spiel über das Innenpaßteil (Welle) geschoben. Beim Abkühlen auf Raumtemperatur preßt sich das Außenpaßteil durch Schrumpfen fest auf das Innenpaßteil (Abb. 5, Seite 99).

Bei der **Dehnverbindung** wird das Innenpaßteil unterkühlt und mit Spiel in das Außenpaßteil geschoben. Beim Erwärmen auf Raumtemperatur preßt sich das Innenpaßteil durch Ausdehnen fest an das Außenpaßteil (Abb. 1).

Dehnverbindungen werden angewendet, wenn das Außenpaßteil wegen seiner Masse oder einer vorausgegangenen Wärmebehandlung nicht erwärmt werden kann oder darf. Durch Unterkühlen des Innenpaßteils werden Laufbuchsen, Ventilsitze und bearbeitete Zahnräder gefügt.

Schrumpf-Dehnverbindungen entstehen als Kombination der beiden Fügeverfahren. Angewendet werden sie, wenn sehr große Maßunterschiede zwischen Außen- und Innenpaßteil zu überbrücken sind und/oder das Innenpaßteil nur mäßig erwärmt werden darf (Abb. 2).

Aufgaben zu 1.3.5.4...1.3.5.6.1

1. Erklären Sie anhand einer Skizze (Querschnitt) den Kraftverlauf an einer Keilverbindung.
2. Erklären Sie anhand einer Skizze (Querschnitt) den Kraftverlauf an einer Federverbindung.
3. Warum werden Keile mit einer kleinen Neigung verwendet?
4. Vergleichen Sie tabellarisch die Vor- und Nachteile von Keil- und Federverbindungen.
5. Nennen Sie drei verschiedene Keilarten.
6. Unterscheiden Sie zwischen Treib- und Einlegekeil.
7. Wann überträgt der Nutenkeil ein Drehmoment kraft- und formschlüssig?
8. Welcher Keil überträgt das Drehmoment nur kraftschlüssig?
9. Unterscheiden Sie zwischen Paß- und Gleitfeder.
10. Unterscheiden Sie zwischen Längs- und Querpreßverbindungen.
11. Planen Sie den Fertigungsablauf für die Herstellung einer Schrumpfverbindung.

1.3.5.7 Löten

Durch Löten werden unlösbare, stoffschlüssige Verbindungen unter Verwendung eines metallischen Zusatzwerkstoffes (Lot) hergestellt.

Lötverbindungen sind dicht, fest sowie thermisch und elektrisch leitfähig. Die zu verbindenden Bauteile können aus gleichen oder verschiedenartigen metallischen Werkstoffen bestehen; sie werden im festen Zustand miteinander verbunden.

Lötverbindungen können nur dann verwendet werden, wenn die Betriebstemperaturen geringer sind als die Schmelztemperaturen der Lote.

Tabelle 1.41: Wärmequellen und Kühlmittel

Wärmequelle, Kühlmittel	Temperatur in °C
Wärmeplatte	+ 100
Ölbad	+ 350
Gas- oder Elektroofen	+ 700
Salzbad	+ 1000
Kohlensäureschnee (Trockeneis)	− 78,4
flüssige Luft	− 191

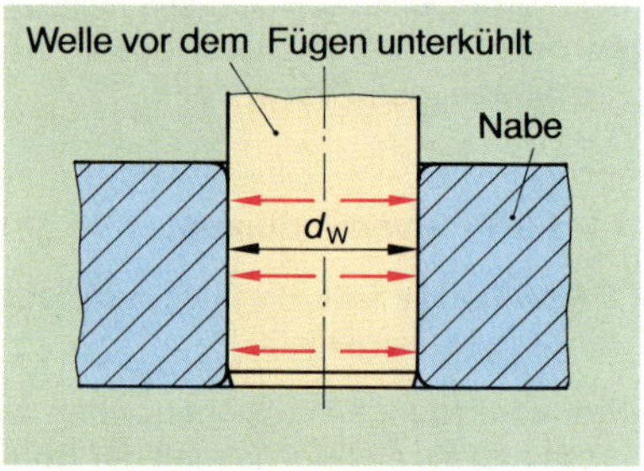

Abb. 1: Dehnverbindung

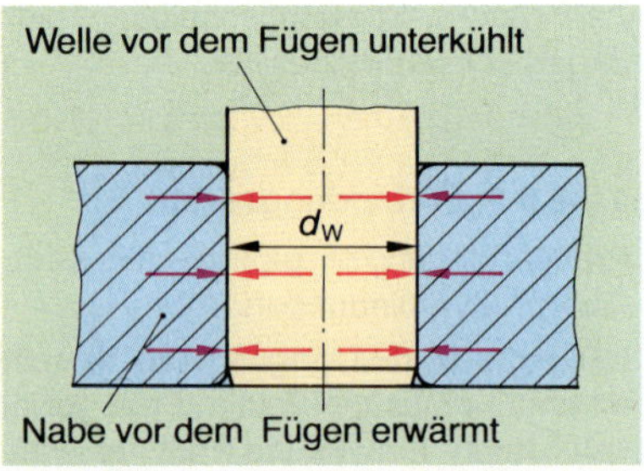

Abb. 2: Schrumpf-Dehnverbindung

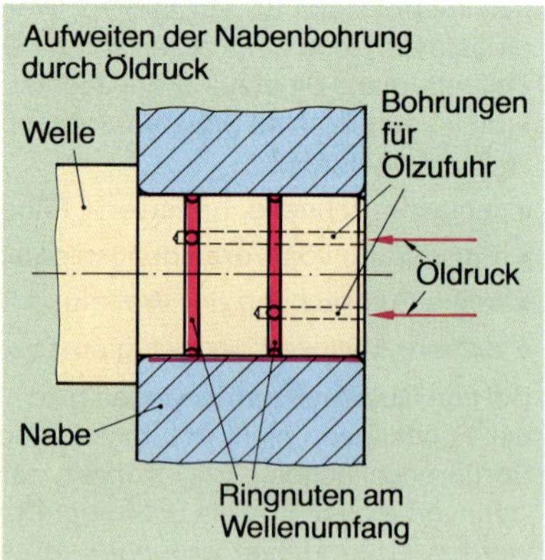

Abb. 3: Lösen einer Preßverbindung

Lötvorgang

Der Lötvorgang läuft in drei Stufen ab:

Benetzen – Fließen – Binden.

Um ein einwandfreies Benetzen, Fließen und Binden des Lotes zu erreichen, müssen die Werkstücke an der Lötstelle auf die sogenannte **Arbeitstemperatur** gebracht werden. Sie ist die niedrigste Oberflächentemperatur des Werkstückes an der Lötstelle, bei der das Lot benetzen, sich ausbreiten und am Grundwerkstoff binden kann (Abb. 4...6).

Die Arbeitstemperatur wird durch die Lotart bestimmt. Sie liegt zwischen dem unteren und oberen Schmelzpunkt des Lotes (Schmelzbereich). Nur in diesem Bereich kann das geschmolzene Lot die Werkstückoberfläche gut benetzen, in den Spalt fließen und mit dem Grundwerkstoff eine Bindung eingehen.

Die **Löttemperatur** liegt im Schmelzbereich des Lotes und ist die während des Lötens an der Wirkstelle vorherrschende Temperatur. Sie muß über der Arbeitstemperatur liegen, darf jedoch nicht so hoch sein, daß das Lot unbrauchbar wird, weil bereits Legierungsbestandteile des Lotes verbrennen.

Während des Lötens legieren sich Lot und Grundwerkstoff im Benetzungsbereich, obwohl der Grundwerkstoff im festen Zustand verbleibt. Diesen Vorgang bezeichnet man als **Diffusion**[1]. Je stärker die Legierungsbildung ist, um so fester ist nach dem erschütterungsfreien Abkühlen die Verbindung zwischen den Werkstücken (Abb. 5).

Beim **Spaltlöten** fließt das Lot durch **Kapillarwirkung**[2] (kapillarer Fülldruck) in den Lötspalt. Der kapillare Fülldruck bewirkt, daß das Lot in senkrechten Lötspalten entgegen der Schwerkraft hochsteigen kann. Beste Ergebnisse erzielt man bei Spaltbreiten von 0,05 mm ... 0,5 mm.

Bei größeren Spaltbreiten findet selbsttätiges Fließen nicht mit Sicherheit statt. Der kapillare Fülldruck ist zu gering, um die größere Lotmasse in den Lötspalt zu drücken. Wird der Lötspalt größer als 0,5 mm, so spricht man vom **Fugenlöten.** Die Lötfuge wird hierbei vorwiegend durch die Wirkung der Schwerkraft gefüllt.

Lotwerkstoffe

Lote müssen dünnflüssig sein, einen Schmelzpunkt oder Schmelzbereich unter dem der zu verbindenden Werkstoffe haben und sich mit anderen Werkstoffen gut verbinden können.

Nach dem Schmelzbereich der Lote unterscheidet man **Weichlote** (Schmelztemperatur bis 450 °C) und **Hartlote** (Schmelztemperatur über 450 °C bis 1200 °C).

In der Praxis stehen Hartlote mit Schmelztemperaturen ab ca. 600 °C zur Verfügung.

Weichlote sind nach DIN 1707 genormt und bestehen hauptsächlich aus Zinn, Blei und Zusätzen von Antimon und Zink. Hartlote sind nach DIN 8513 genormt und sind auf Kupfer-, Silber-, Aluminium- oder Nickelbasis aufgebaut.

[1] Diffusion, diffundieren (lat.): eindringen

[2] Kapillarwirkung: Saugwirkung

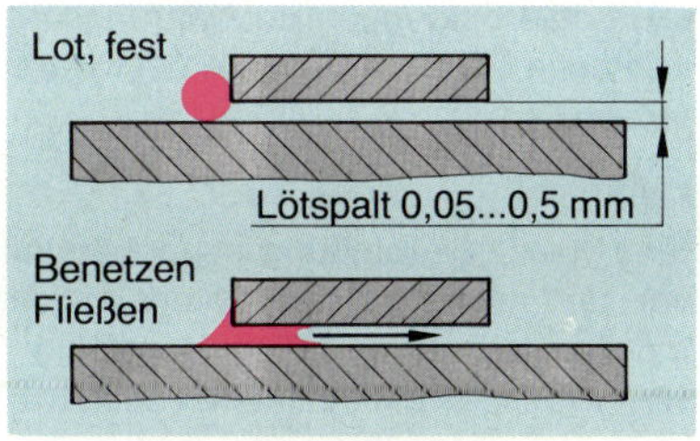

Abb. 4: Lötvorgang beim Spaltlöten

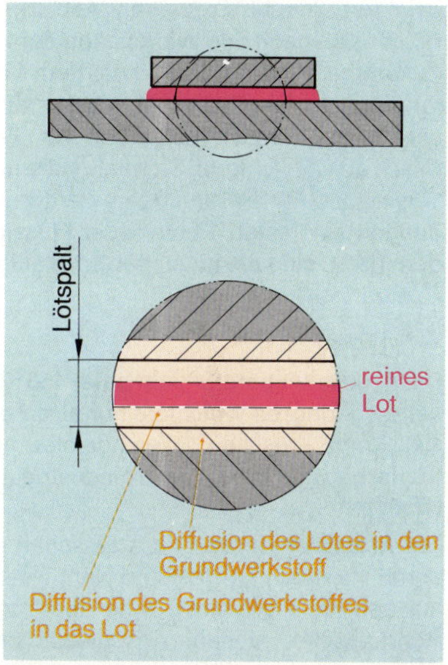

Abb. 5: Legierungsbildung durch Diffusion

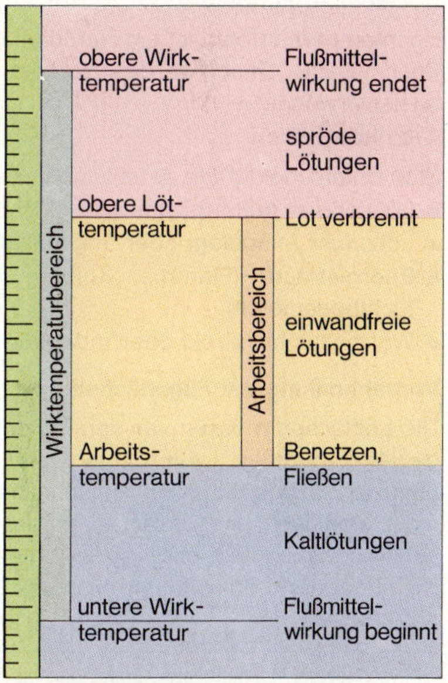

Abb. 6: Temperaturen beim Löten

Für Lötverbindungen im Nahrungsmittelbereich sind nur blei- und antimonfreie Weichlote oder Hartlote auf Silberbasis zugelassen.

Flußmittel

Eine gute Lötverbindung ist nur herstellbar, wenn die Lötflächen vor und während des Lötens oxidfrei sind. Die Lötflächen müssen vor dem Löten sorgfältig gereinigt und geglättet werden. Damit die Lötflächen auch während des Lötens oxidfrei bleiben, werden **Flußmittel** eingesetzt. Sie beseitigen geringste Verunreinigungen und Oxidschichten und schützen die Lötflächen vor erneuter Oxydation (Abb. 1). Die Wahl des Flußmittels richtet sich nach den Werkstoffen der zu lötenden Bauteile, der Zusammensetzung des Lotes, dem Lötverfahren, der Arbeitstemperatur. Als Flußmittel werden für das Weichlöten hauptsächlich Lötwasser (Lösungen von Zinkchlorid), Lötfette (Gemisch aus Zinkchlorid, Salmiak, Harz und Öl) und Kolophonium[1] verwendet. Für Hartlötungen werden überwiegend Borverbindungen als Pasten, Pulver oder Flüssigkeiten eingesetzt. Nach dem Löten sind die Lötstellen sorgfältig von Flußmittelresten zu reinigen.

Weichlöten

Die Arbeitstemperatur liegt unter 450 °C. Die erreichbare Festigkeit ist gering, da Weichlote nur eine Festigkeit von 80 N/mm² ... 150 N/mm² besitzen. Weichgelötet wird im Karosseriebau, Kühlerbau und in der Elektroindustrie (gedruckte Schaltungen).

Hartlöten

Die Arbeitstemperatur liegt zwischen 450 °C und 1000 °C. Eine durch Hartlöten hergestellte Naht weist eine höhere Festigkeit auf und kann größere Kräfte übertragen. Hartgelötet werden Rohrflansche, Muffen, Anschlußstutzen und Hartmetalle im Werkzeugbau.

Hochtemperaturlöten

Hochtemperaturlöten ist ein Hartlöten mit Arbeitstemperaturen über 1000 °C. Dabei werden Hartlote vorwiegend auf Nickelbasis verwendet.

Arbeitstechniken

Man unterscheidet die Arbeitstechniken nach der Art der

- Lötstelle in Auftragslöten (Beschichten), Verbindungslöten,
- Lotzufuhr (eingelegt oder angesetzt), (Abb. 3),
- Energieträger (Flamme, Kolben, Bad, Widerstands- und Lichtbogenlöten),
- Wärmezufuhr (direkt oder indirekt).

Vorbehandlung der Fügeflächen

Die Lötflächen müssen vor dem Löten sorgfältig gereinigt und geglättet werden. Allerdings sind feinstgeschliffene und polierte Flächen wegen ihrer schlechten Benetzungsfähigkeit nicht geeignet und leicht aufzurauhen, Bearbeitungsriefen senkrecht zur Fließrichtung des Lotes sind zu vermeiden, in Richtung der Lotbewegung können sie die Kapillarwirkung unterstützen.

[1] Kolophonium: ein natürliches Harz, das als Destillationsrückstand bei der Terpentinherstellung gewonnen wird

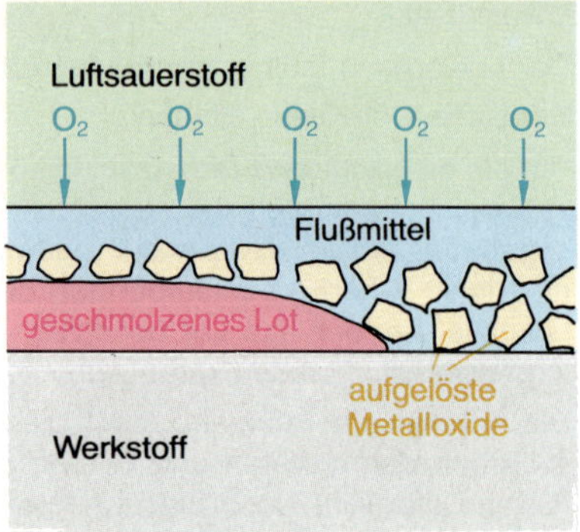

Abb. 1: Wirkung des Flußmittels

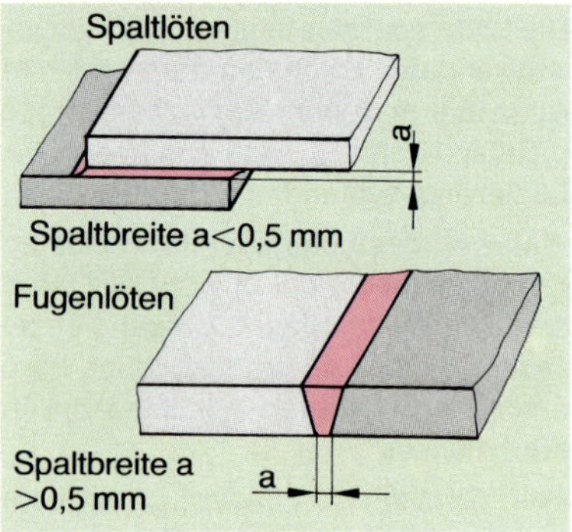

Abb. 2: Verbindungslöten

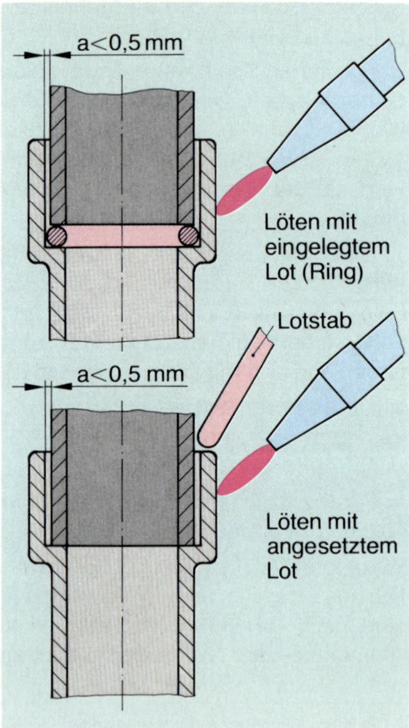

Abb. 3: Arten der Lotzufuhr

1.3.5.8 Schweißen

Durch Schweißen werden unlösbare, stoffschlüssige Verbindungen hergestellt. Dies erfolgt unter Zuführung von Wärme mit oder ohne schmelzende Zusatzwerkstoffe. Die zu verbindenden Bauteile können während des Schweißens an der Wirkstelle teigig oder flüssig sein. Schweißen kann mit oder ohne Anwendung von Kraft erfolgen.

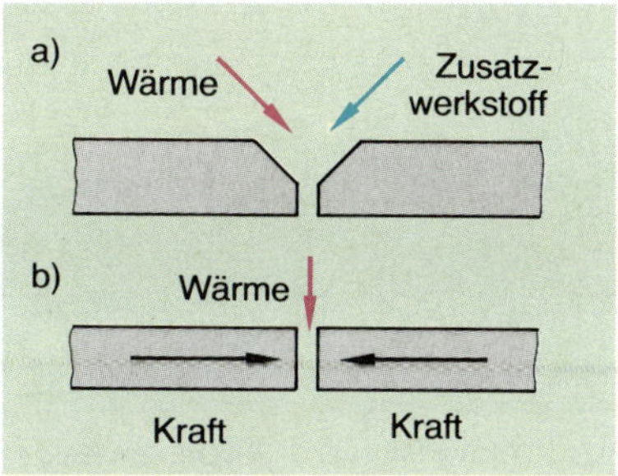

Abb. 4: Prinzip des
a) Schmelzschweißens und
b) Preßschweißens

Tabelle 1.42: Übersicht der Schweißverfahren

Einteilung der Schweißverfahren nach ...	Verfahren
dem Werkstoff der zu verbindenden Bauteile	Metallschweißen, Kunststoffschweißen
dem Aggregatzustand der Bauteile an der Wirkstelle	Schmelzschweißen, Preßschweißen
der Art der Schweißwärmeerzeugung	Gasschweißen, Lichtbogenschweißen, Widerstandsschweißen, Reibschweißen
dem Zweck	Verbindungsschweißen, Auftragsschweißen

Tabelle 1.43: Brenngase

Brenngas	Verbrennungstemperatur in °C
Acetylen	3200
Propan	2750
Wasserstoff	2100

Metallschweißen wird als Schmelzschweißen und Preßschweißen ausgeführt.

Schmelzschweißen ist Fügen durch örtlich begrenzten Schmelzfluß von Bauteilen und Zusatzwerkstoff.
Preßschweißen ist Fügen unter Anwendung von Kraft bei örtlich begrenzter Erwärmung zwischen teigigem bis zum flüssigen Zustand.

1.3.5.8.1 Gasschmelzschweißen

Wärmequelle für das Aufschmelzen von Schweißstelle und Zusatzwerkstoff ist eine Gasflamme. Als Brenngas wird Acetylen verwendet.

Tabelle 1.44: Speicherung der Gase in Flaschen

Gasart	Kennfarbe der Flasche	Ventilanschluß	Vol. in *l*	Druck bei 15°C in bar	Füllung in m³	Füllung in kg
Sauerstoff (O_2)	blau	$R^{3}/_{4}$	10	200	2,1	2,86
			40	150	6,4	8,58
			50	200	10,7	14,3
Acetylen (C_2H_2)	gelb	Bügelanschluß	20	18	2,9	3,2
			40	18	5,8	6,3
			40[1]	19	7,3	8,0
			50[1]	19	9,1	10,0

[1] Flaschen sind mit einem roten Halsring gekennzeichnet und können auch liegend entleert werden.

Abb. 5: Sauerstoff- und Acetylenflasche

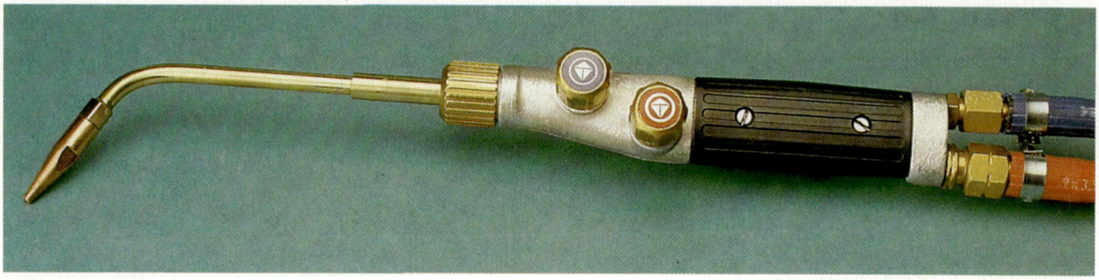

Abb. 1: Schweißbrenner (Saugbrenner)

Gasspeicher

Brenngase und Sauerstoff werden unter Druck in Flaschen aus nahtlos gezogenem Stahlrohr gespeichert (Abb. 5, S. 103) und über Schlauchleitungen entnommen. Während der Sauerstoff gefahrlos mit einem Druck von 150 ... 200 bar in Stahlflaschen gelagert werden kann, zerfällt das Acetylengas explosionsartig bei einem Druck von etwa 2 bar. In **Aceton** gelöst, kann Acetylengas unter einem Druck von 15 bar in Gasflaschen gelagert werden. Zur Aufnahme des Acetons sind die Flaschen mit einer porösen Masse (Calcium-Silikat) gefüllt. In den Porenräumen befindet sich das in Aceton gelöste Acetylengas. In 1 *l* Aceton können 25 *l* Acetylengas gelöst werden. Acetylenflaschen werden nach Gewicht gefüllt.

Druckminderer, Schläuche

Druckminderer sind notwendig, um den hohen und ständig abnehmenden Flaschendruck der Schweißgase auf einen niedrigen und gleichmäßigen Arbeitsdruck herabzusetzen. Die Entspannung des Sauerstoffs von 150 bar Flaschendruck auf etwa 2,5 bar Arbeitsdruck erfolgt durch zweistufige Druckminderer. Die Entspannung des Acetylens von 15 bar Flaschendruck auf etwa 0,1... 0,5 bar Arbeitsdruck erfolgt durch einstufige Druckminderer.

Vom Druckminderer werden die Gase dem Brenner durch Schläuche zugeführt. **Sauerstoffschläuche** sind **blau, Brenngasschläuche** sind **rot** eingefärbt. Brenngasarmaturen haben Linksgewinde.

Schweißbrenner

Mit dem Schweißbrenner wird eine hohe Temperatur erzeugt, die den Werkstoff in der Schweißzone zum Schmelzen bringt. Der Sauerstoff strömt mit einem Druck von 2,5 bar mit hoher Geschwindigkeit durch die Druckdüse des Brenners (Abb. 2). Durch die hohe Strömungsgeschwindigkeit entsteht ein Unterdruck. Das mit etwa 0,5 bar herangeführte Brenngas wird angesaugt und vermischt sich in dem Mischrohr mit dem Sauerstoff (Injektorprinzip[1]). An der Brennerspitze wird das Gemisch gezündet. Beide Gasmengen können an den Ventilen eingestellt werden. Bei einem Mischungsverhältnis im Mischrohr von $C_2H_2 : O_2 = 1:1$ stellt sich eine **neutrale Flamme** (Abb. 5) an der Brennerspitze ein.

[1] Injektorwirkung: Ansaugen durch ausströmendes Gas

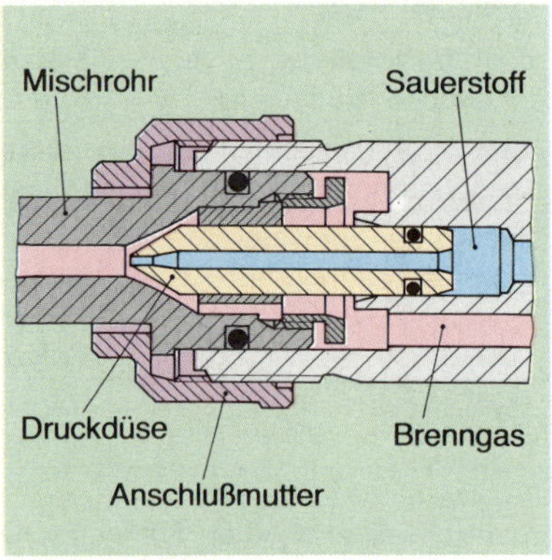

Abb. 2: Injektorprinzip

Tabelle 1.45: Inbetrieb- und Außerbetriebnahme des Schweißbrenners

Inbetriebnahme des Brenners
1. Sauerstoffventil öffnen,
2. Brenngasventil öffnen,
3. Gemisch entzünden,
4. Schweißflamme einstellen
Außerbetriebnahme des Brenners
1. Brenngasventil schließen,
2. Sauerstoffventil schließen

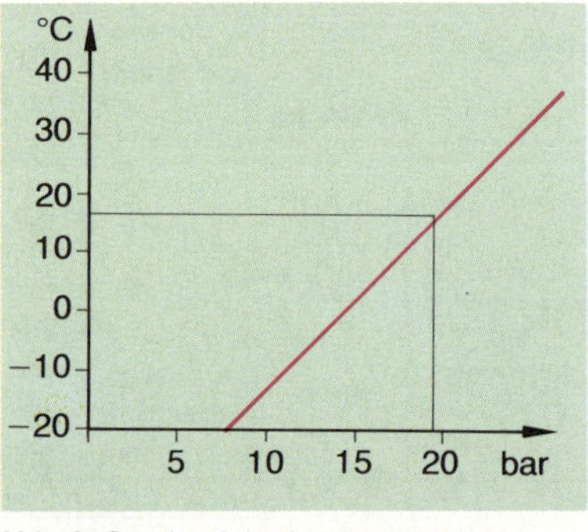

Abb. 3: Gasdruck in der Acetylenflasche in Abhängigkeit von der Temperatur

Schweißflamme

Von großer Bedeutung für die Güte der Schweißnaht ist die Einstellung der Schweißflamme.

Bei der Einstellung einer neutralen Flamme kommt es in der 1. Verbrennungsstufe ($2C_2H_2 + 2O_2 \rightarrow 4CO + 2H_2$) im Flammenkern infolge Sauerstoffmangels zu einer unvollkommenen Verbrennung. In der Schweißzone oder 2. Verbrennungsstufe ($4CO + 2H_2 + 3O_2 \rightarrow 4CO_2 + 2H_2O$) erfolgt die vollkommene Verbrennung des Brenngases. Hierzu wird aus der Luft Sauerstoff aufgenommen. Das Schweißbad selbst kann dadurch mit dem Luftsauerstoff nicht reagieren und keine schädlichen Oxide bilden, die als Einschlüsse in der Naht die Festigkeit und Zähigkeit herabsetzen würden.

Stahl und Kupfer werden mit neutraler Flamme geschweißt.

Sauerstoffüberschuß in der Flamme fördert die Oxidbildung in der Naht, die Flamme wirkt **oxidierend.**

Acetylenüberschuß in der Flamme fördert die Aufkohlung der Naht, die Flamme wirkt **reduzierend.**

Eine aufgekohlte Naht ist hart und spröde.

Leichtmetalle werden mit leicht reduzierender Flamme geschweißt, um eine Oxidbildung zu verhindern.

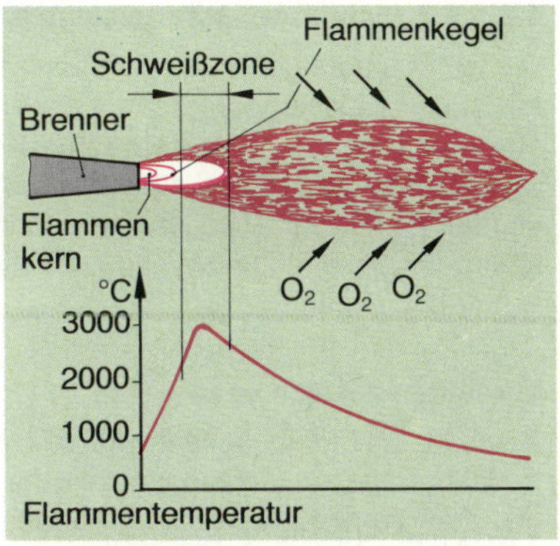

Abb. 4: Flammentemperaturen

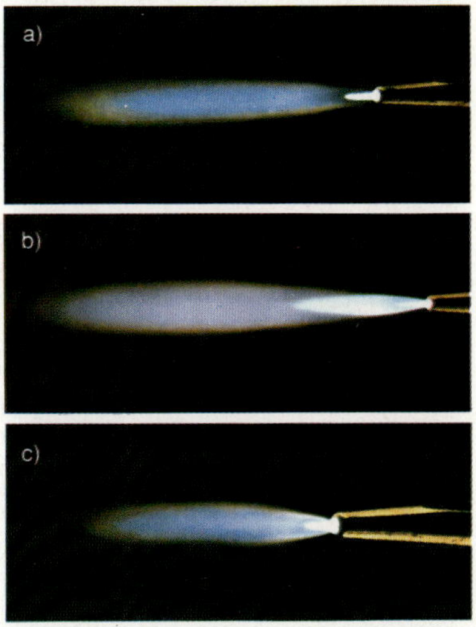

Abb. 5: a) Neutrale, b) reduzierende, c) oxidierende Flamme

Technik des Gasschmelzschweißens

- **Nachlinksschweißung:** Der Brenner folgt dem Schweißstab. Dadurch wird bei dünnen Blechen ein Durchbrennen des Werkstoffes vermieden. Geeignet für Blechdicken <3mm.
- **Nachrechtsschweißung:** Der Schweißstab folgt dem Brenner. Die Flamme ist auf das Schweißbad gerichtet. Sicheres Aufschmelzen der Nahtwurzel und gutes Durchschweißen sind gewährleistet. Geeignet für Blechdicken >3mm.

Gasschweißstäbe

Gasschweißstäbe (Zusatzwerkstoff) für das Verbindungsschweißen von unlegierten und legierten Stählen sind nach Zusammensetzung, Schweißverhalten, Kennzeichnung und Lieferform in DIN 8554 genormt (7 Schweißstabklassen: GI ... GVII). Wichtig für das Verbindungsschweißen von unlegierten Baustählen sind die Klassen GII ... GIV.

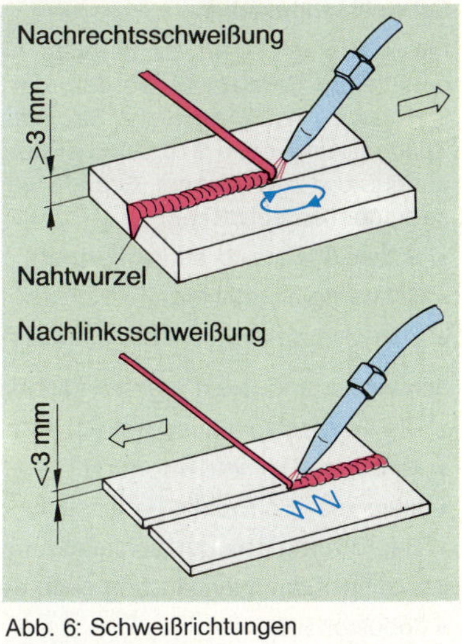

Abb. 6: Schweißrichtungen

Unfallverhütung

- Flaschentransport nur mit aufgeschraubter Schutzkappe,
- Flaschen gegen Umfallen sichern,
- Flaschen keinen extremen Temperaturen aussetzen,
- Acetylenflaschen ohne Kennzeichnung mit rotem Halsring nicht liegend entleeren,
- Acetylen nicht mit Kupfer (z.B. Kupferrohr) in Verbindung bringen,
- Sauerstoffventile und -schläuche frei von Fett und Öl halten
- Bei Schweißarbeiten in Kesseln, Behältern, Gruben schwer entflammbare Schutzanzüge tragen und Frischluftgeräte verwenden; keine Belüftung mit Sauerstoff.

1.3.5.8.2 Lichtbogenschmelzschweißen

Die zur Erzeugung des Schmelzflusses notwendige Wärme wird durch einen Lichtbogen erzeugt. Innerhalb kurzer Zeit liefert er Temperaturen, die über dem Schmelzpunkt der gebräuchlichsten Metalle liegen (bis 4000 °C). Die Wärmekonzentration ist stärker als bei der Acetylen-Sauerstoff-Flamme. Abschmelzleistung und Schweißgeschwindigkeit sind größer als beim Gasschmelzschweißen.

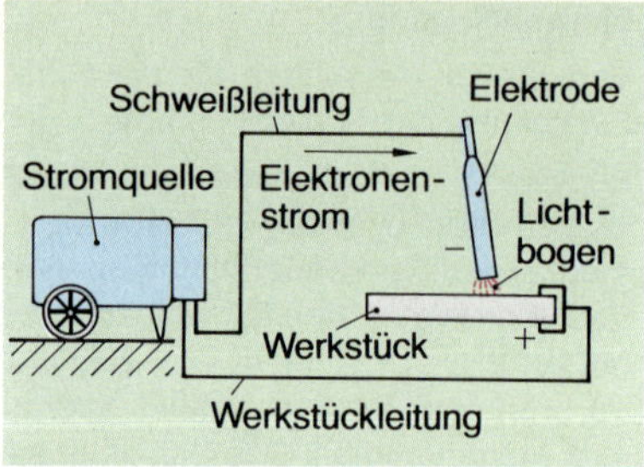

Abb. 1: Elektrode im Stromkreis

Vorgänge im Lichtbogen

Beim Metall-Lichtbogenschweißen mit abschmelzender Elektrode brennt der Lichtbogen zwischen der Schweißelektrode und dem Werkstück. Vor dem Zünden des Lichtbogens stehen sich Elektrode und Werkstück in geringem Abstand gegenüber. Trotz angelegter Spannung (Leerlaufspannung) fließt zunächst kein Strom, weil Luft oder Gase schlechte elektrische Leiter sind. Beim Aufsetzen der Elektrode auf das Werkstück wird der Stromkreis geschlossen. Es entsteht ein hoher Kurzschlußstrom bei niedriger Spannung. Am Elektrodenende und am Werkstück sind große Widerstände zu überwinden, wodurch sich Elektrodenende und Werkstück hoch erwärmen. Beim Abheben der Elektrode treten aus dem Elektrodenende Elektronen aus, die die umgebende Luft leitend machen (ionisieren). Der Lichtbogen wird gezündet und stellt einen beweglichen elektrischen Leiter dar (Abb. 2).

Auf dem Werkstück entsteht ein Schmelzbad, in das der abschmelzende Elektrodenwerkstoff hineintropft. Der Übergang der Metalltropfen verläuft immer von der Elektrode zum Werkstück, so daß es möglich ist, mit nach oben gerichteter Elektrode Schweißungen von senkrecht stehenden Nähten und Überkopfschweißungen durchzuführen.

Der Abstand zwischen Elektrode und Werkstück soll dem Kernstabdurchmesser der Elektrode entsprechen. Wird der Abstand zu groß, reißt der Lichtbogen ab.

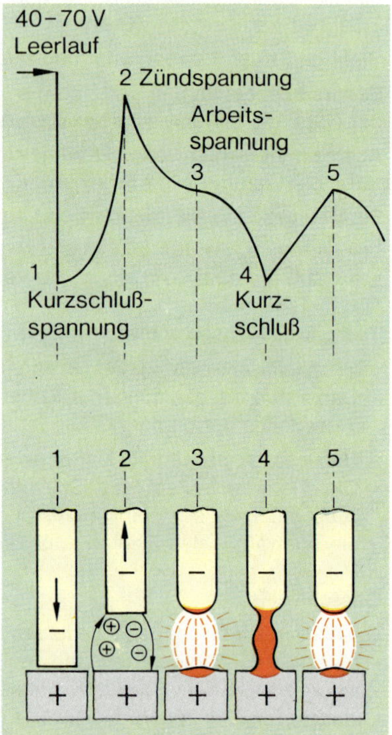

Abb. 2: Vorgänge im Lichtbogen

Schweißstromquellen

Mit Strom aus dem Licht- oder Kraftstromnetz kann nicht unmittelbar geschweißt werden; die Spannung von 220 bzw. 380V ist zu hoch. Auch die Stromstärke würde während des Zündens und beim Tropfenübergang einen zu großen Wert annehmen. Aus diesem Grunde wurden folgende Schweißstromquellen entwickelt:

- Schweißgeneratoren (Umformer),
- Schweißgleichrichter,
- Schweißtransformatoren (Umspanner).

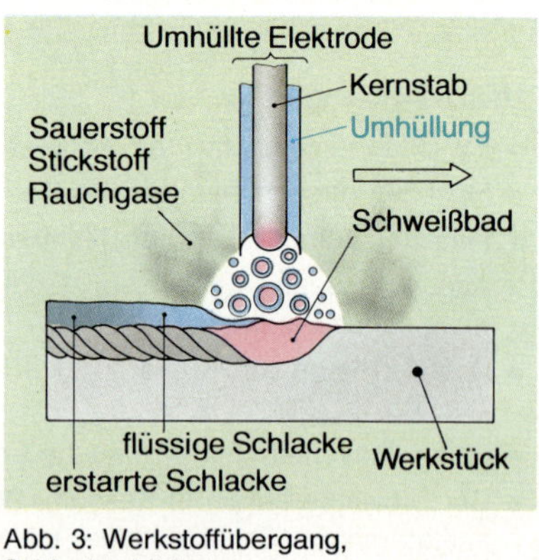

Abb. 3: Werkstoffübergang, Schlackenbildung

Schweißstromquellen erfüllen folgende Bedingungen:

- Die Leerlaufspannung beträgt 40 bis höchstens 100 Volt,
- konstanter Schweißstrom,
- stufenlose Schweißstromeinstellung,
- Begrenzung des Kurzschlußstromes,
- rascher Spannungsanstieg nach dem Kurzschluß,
- robuster Bau.

Schweißgeneratoren sind von einem Motor angetriebene Stromerzeuger. Der Motor kann ein Benzin- oder Dieselmotor (Baustellenaggregat) oder ein Elektromotor sein. Schweißgeneratoren liefern Gleichstrom mit einer Leerlaufspannung, die je nach Bauart und Einstellung 40 ... 100 Volt betragen kann. Es können alle Elektroden-Typen verschweißt werden.

Schweißgleichrichter bestehen aus einem Transformator und einem Gleichrichter. Der Transformator formt die Netzspannung um und bewirkt, daß die Spannung mit zunehmender Stromstärke abfällt. Die Leerlaufspannung beträgt in der Regel 65 ... 70 Volt, maximal 100 Volt. Es können alle Elektroden-Typen verschweißt werden.

Schweißtransformatoren erzeugen keine neue Stromart; sie verändern nur die Netzspannung des Wechselstroms in eine Leerlaufspannung von 42 ... 80 Volt. Im Innern von Behältern darf nur mit 42 V Leerlaufspannung geschweißt werden. Es können nur umhüllte Elektroden verschweißt werden.

Abb. 4: Schweißgenerator

Schweißstromstärke

Für eine gute Schweißung ist richtiges Einstellen der Schweißstromstärke erforderlich. Falsche Schweißstromstärke bewirkt Überhitzung der Elektrode, zu langsames Abschmelzen oder Abreißen, Durchbrennen oder »Festkleben« der Elektrode.

Faustformel: Pro mm Kernstab-∅ sind 40 Ampere Schweißstrom notwendig.

Abb. 5: Schweißtransformator

Elektroden

Schweißelektroden sind stabförmige elektrische Leiter, die im Lichtbogen abschmelzen und als Zusatzwerkstoff die Fuge zwischen zwei zu verschweißenden Werkstücken ausfüllen.

Stabelektroden lassen sich unterteilen:

- nach dem Aufbau in nackte und umhüllte Elektroden,
- nach der Zusammensetzung in unlegierte und legierte Elektroden,
- nach dem Verwendungszweck in Elektroden zum Verbindungsschweißen und Auftragsschweißen.

Nach DIN 1913 Teil 1 werden Stabelektroden für das Lichtbogenhandschweißen mit E bezeichnet. DIN 1913 unterscheidet Stabelektroden nach 5 Merkmalen:

Stabelektrode	DIN 1913	E	51	30	RR	11	140

Die Bedeutung der Merkmale ist in DIN 1913 oder in Tabellenbüchern beschrieben.

Die Umhüllung einer Stabelektrode besteht aus mineralischen und organischen Stoffen. Aufgabe der Umhüllung ist:

- das Schmelzbad gegen Zutritt des Luftsauerstoffs zu schützen,
- den Lichtbogen zu stabilisieren,
- die Schweißnaht mit Schlacke abzudecken (Abb. 3), um eine schnelle Abkühlung (Aufhärtung) zu verhindern,
- erwünschte Zusatzstoffe in das Schmelzbad einzubringen.

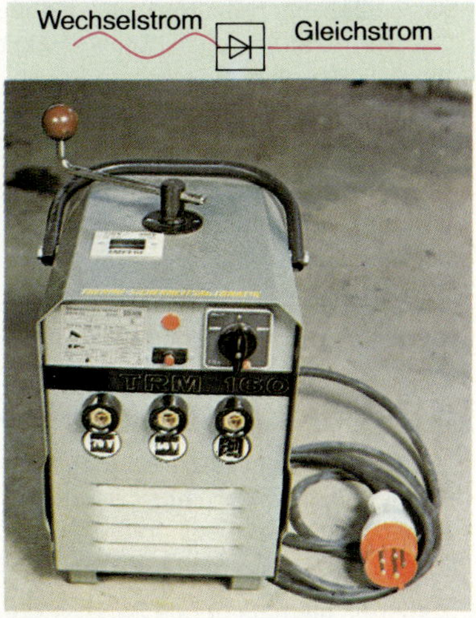

Abb. 6: Schweißgleichrichter

Blaswirkung

Jeder stromdurchflossene Leiter ist von einem magnetischen Feld umgeben, so auch die Schweißelektrode, der Lichtbogen und der Weg des Stromes durch das Werkstück zum Stromanschluß. Das magnetische Feld übt auf den Lichtbogen Kräfte aus. Der bewegliche Lichtbogen wird von den magnetischen Kräften abgelenkt.

Die Ablenkung wird Blaswirkung genannt und entsteht nur beim Schweißen mit Gleichstrom. Vor allem beim Schweißen von Stahl macht sich die unerwünschte Blaswirkung bemerkbar. Sie verhindert ein gleichmäßiges Schweißen, stört den Schlackenfluß und der Grundwerkstoff wird ungenügend aufgeschmolzen.

Die Blaswirkung läßt sich durch verschiedene Maßnahmen verringern oder beseitigen (Abb. 1). Hierzu zählen beim Verbindungsschweißen zahlreichere Heftstellen, andere Schweißfolge, zusätzlicher Aufbau von Stahlmassen und Verlegen des Stromanschlusses.

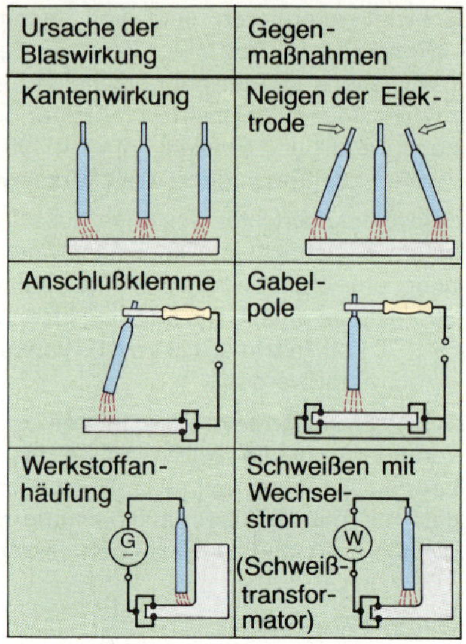

Abb. 1: Ursachen der Blaswirkung, Gegenmaßnahmen

Nahtformen

Die Nahtform einer Schweißverbindung ist abhängig von:

- der Lage der zu verbindenden Teile zueinander (Stoßart),
- dem Schweißverfahren.

Zu bevorzugen sind Stumpfstöße, da sie einen geradlinigen Kraftfluß gewährleisten. Die Kehlnaht ist vergleichsweise preiswerter als die Stumpfnaht, ist aber in ihrer Güte der Stumpfnaht unterlegen.

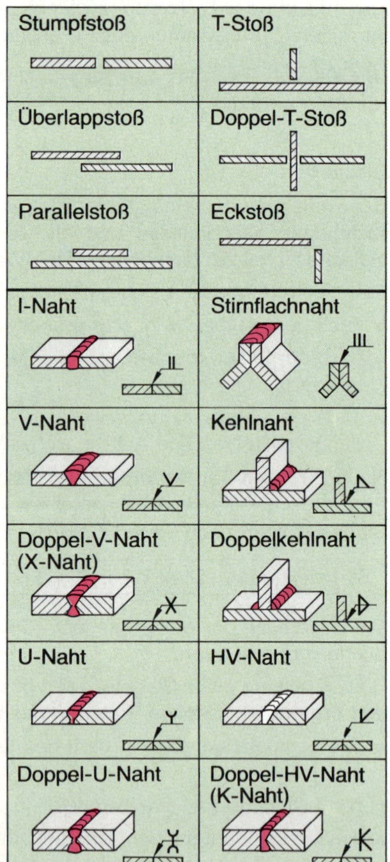

Abb. 2: Stoßarten, Nahtformen

Tabelle 1.46: Unfallverhütung (Schutz vor ...)

Lichtbogen-Strahlen: Schweißschutzschilde, genormte Schutzgläser, alle Körperteile bekleiden.

Elektrischem Strom: Lederhandschuhe tragen, keine Nagelschuhe tragen, Elektrodenhalter oder Kabel nie unter die Achselhöhle klemmen, nie mit entblößtem Oberkörper schweißen, in Behältern und Gehäusen nie mit üblichen Transformatoren oder Schweißgleichrichtern (Spannung max 42 V!) schweißen.

Explosionsschäden: Behälter zur Lagerung oder zum Transport brennbarer Gase oder Flüssigkeiten müssen geleert, gereinigt, geprüft und zum Schweißen freigegeben werden, Kanäle können geruchlose, gefährliche Gase enthalten (Gaswarngeräte).

Sprühenden Funken: Lederschürze, Lederhandschuhe, lederner Armschutz und Kopfbedeckung beim Überkopfschweißen tragen, festes Schuhwerk tragen.

Brandschäden: brennbare Gegenstände entfernen.

Spritzende Schlackenteile: Beim Entfernen der Schlacke mit dem Schlackenhammer unbedingt Klarsichtschutzbrille tragen.

Luftmangel in engen Räumen und Behältern: Frischluft zuführen, niemals reinen Sauerstoff einblasen.

1.3.5.9 Kleben

Durch Kleben werden unlösbare, stoffschlüssige Verbindungen zwischen gleichen oder verschiedenartigen Werkstoffen hergestellt.

Die Klebeverbindung erhält ihre Festigkeit durch die Oberflächenhaftung (Adhäsion) zwischen Klebstoff und Werkstück und durch die innere Festigkeit (Kohäsion) des Klebstoffes (Abb. 3). Die Oberflächenhaftung an den Werkstücken ist größer als die innere Festigkeit des Klebstoffes selbst, sofern die Oberflächen der Werkstücke frei von Verunreinigungen (Staub, Rost, Fett, Oxide) sind. Deshalb nimmt die Festigkeit einer Klebeverbindung mit größer werdender Fugendicke ab. Vorteilhaft sind dünne Klebfugen von 0.05 ... 0,3mm.

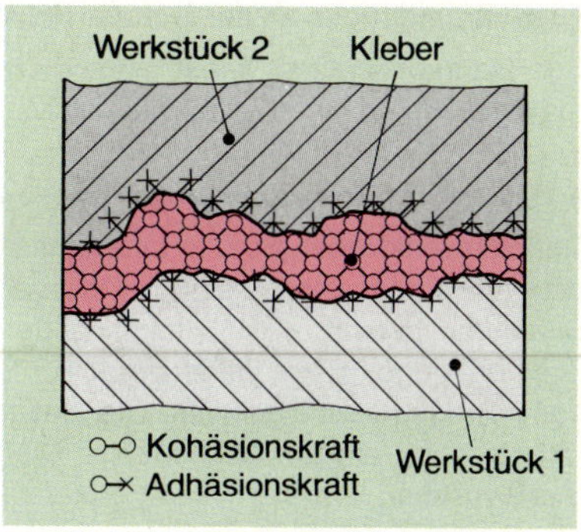

Abb. 3: Kräfte in der Klebeverbindung (Vergrößerung)

Herstellung und Gestaltung von Klebeverbindungen

Die Behandlung der Fügeflächen vor dem Kleben ist zur Herstellung einer haltbaren Verbindung besonders wichtig. Durch eine mechanische Bearbeitung (Schleifen, Bürsten, Sandstrahlen) werden festhaftende Verunreinigungen entfernt. Auf chemischem Wege lassen sich die Fügeflächen entfetten. Bei Metallverbindungen kann eine chemische Behandlung der Fügeflächen durch Beizen (Ätzen) erforderlich sein.

Eine Klebeverbindung soll möglichst nur auf Schub (Abscherung) beansprucht werden. Ist eine Zugbeanspruchung nicht zu vermeiden, sind konstruktive Maßnahmen gegen Abschälen zu treffen (Abb. 5). Die Festigkeit einer Klebeverbindung kann durch eine Vergrößerung der Fügeflächen erhöht werden (Abb. 4).

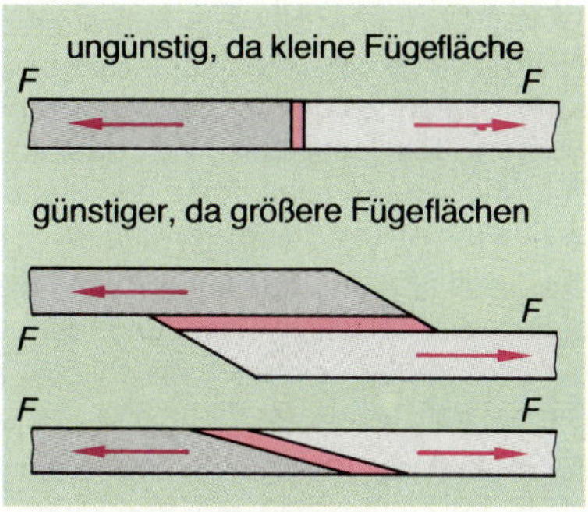

Abb. 4: Große Fügeflächen

Dauerhafte, feste Klebeverbindungen werden durch Klebstoffe erzielt, die auf der Basis von Kunstharzen entwickelt wurden (siehe Kapitel Kunststoffe, Seite 133).

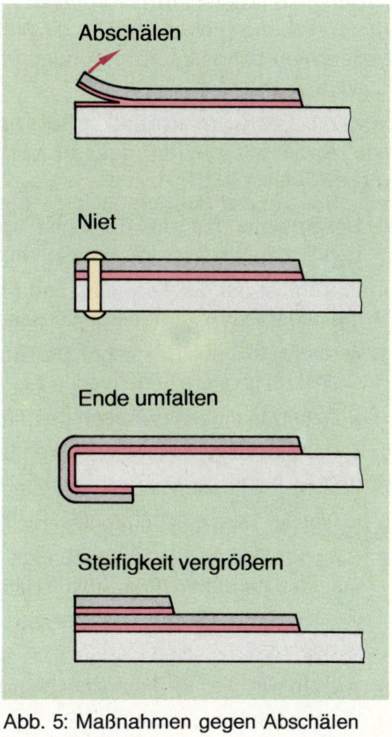

Abb. 5: Maßnahmen gegen Abschälen

Aufgaben zu 1.3.5.7 ... 1.3.5.9

1. Erklären Sie den grundsätzlichen Unterschied an der Wirkstelle einer Schweiß-, Löt- und Klebeverbindung.
2. Erklären Sie den Unterschied zwischen Hart- und Weichlöten.
3. Nennen und begründen Sie die Reihenfolge der Arbeitsschritte beim Zünden und Abstellen einer Schweißflamme.
4. Erklären Sie die Technik und Anwendung des Nachlinks- und Nachrechtsschweißens (Gasschmelzschweißen).
5. Wie wirkt sich eine Schweißflamme mit Sauerstoffüberschuß auf die Schweißnaht aus?
6. Erklären Sie den Werkstoffübergang von der Elektrode zum Schweißbad beim Schweißen mit Gleichstrom.
7. Nennen Sie die Schweißstromquellen für Gleich- und Wechselstrom.
8. Nennen Sie die Unfallgefahren beim Lichtbogenschweißen und deren Verhütungsmaßnahmen.
9. Welcher Zusammenhang besteht zwischen Fugendicke und Festigkeit einer Klebeverbindung?

Fügeverbindungen an der Bohrvorrichtung

Die Bohrvorrichtung weist verschiedene Fügeverbindungen mit unterschiedlichen konstruktiven Merkmalen auf.

- **Bewegliche, formschlüssige Fügeverbindung**

Der Schwenkriegel (Pos. 2) bildet mit den Teilen 9 und 16 eine bewegliche, formschlüssige Fügeverbindung (Abb. 1). Die Distanzbuchse (Pos. 9, links) bildet das Gelenk für den Schwenkriegel. Beim Öffnen wird der Schwenkriegel entgegen dem Uhrzeigersinn gedreht. Die Beweglichkeit des Schwenkriegels setzt eine entsprechende Maßfestlegung der Teile 2 und 9 voraus.

- **Feste, formschlüssige Fügeverbindungen**

Der Zylinderstift (Pos. 17) erfüllt die Funktion eines Paßstiftes. Er legt die Lage des Führungssteges (Pos. 5) in bezug zur Platte (Pos. 3) fest. Nach einer Demontage des Führungssteges kann dieser wieder in der vorher bestimmten Lage gefügt werden. Ein seitliches Verschieben und Schwenken des Führungssteges gegenüber der Platte wird durch den Formschluß (Nut in der Platte) verhindert.

Die zwei Zylinderschrauben mit Innensechskant (Pos. 10) bilden eine Einziehverbindung. Sie verhindern als Befestigungsschrauben ein unbeabsichtigtes Abheben des Führungssteges (Pos. 5) aus der Platte (Pos. 3).

Die Aufnahme (Pos. 6) für das Werkstück (Winkel) ist in der Platte so gefügt, daß ein Verdrehen und Verschieben nicht möglich ist (Abb. 2). Die Quadratform verhindert das Verdrehen, die Zapfenform verhindert in Verbindung mit der Verschraubung (Pos. 4 und 12) ein Verschieben (Abb. 3). Der Zapfen muß paßgenau in den quadratischen Durchbruch der Platte gefügt werden.

Wird die Sechskantschraube (Pos. 12) angezogen, entsteht eine Axialkraft, die an den zu verbindenden Teilen eine Anpreßkraft erzeugt.

Aufgaben zur Bohrvorrichtung

a) Beschreiben Sie das Einlegen und Einspannen des zu bohrenden Werkstückes (Winkel) in die Vorrichtung.

b) Warum ist bei der Fertigung und Montage der Vorrichtung besonders auf folgende Punkte zu achten?
   - Rechtwinkligkeit zwischen der Bohrung in der Aufnahme (Pos. 6) und den Fügeflächen des Zapfens
   - Rechtwinkligkeit zwischen den Teilen 3 und 5
   - Parallelität zwischen den Teilen 5 und 7

c) Welche Funktionen haben die Zylinderstifte (Pos. 11 u. 17)?

d) In welche Teile muß Innengewinde gebohrt werden?

e) Bestimmen Sie die Abmessungen der Senkungen für die Zylinderschrauben (Pos. 10) mit Hilfe des Tabellenbuches.

f) Warum werden Zylinderschrauben mit Innensechskant verwendet?

g) Warum wird Teil 9 »Distanzbuchse« genannt?

h) Welche Funktion erfüllt Teil 4?

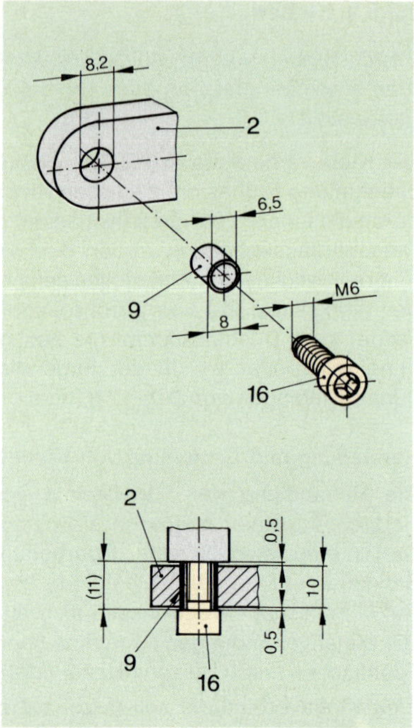

Abb. 1: Maßfestlegungen der beweglichen Fügeverbindung

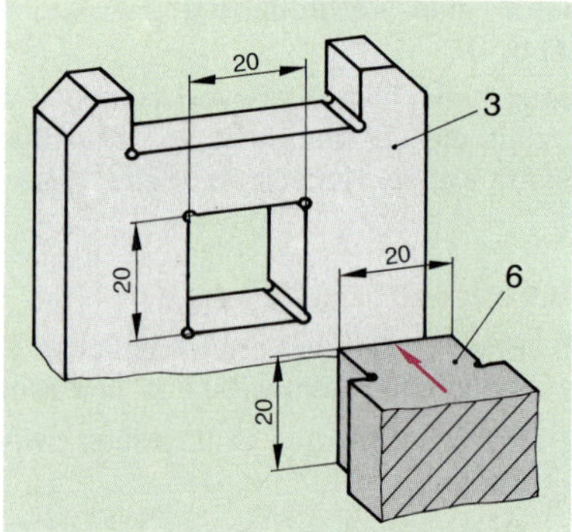

Abb. 2: Ineinandergreifen geometrischer Formen

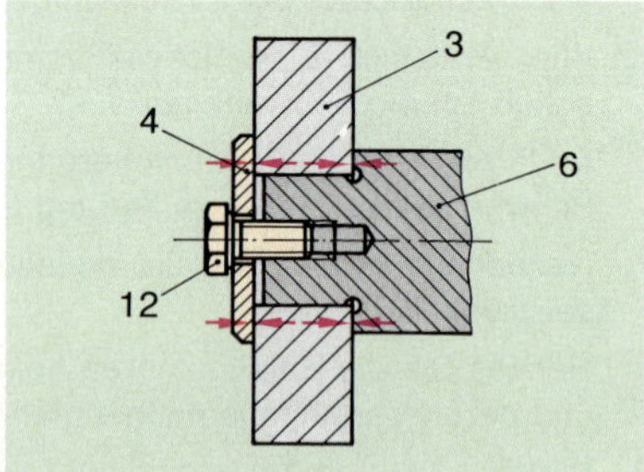

Abb. 3: Form- und Kraftschluß

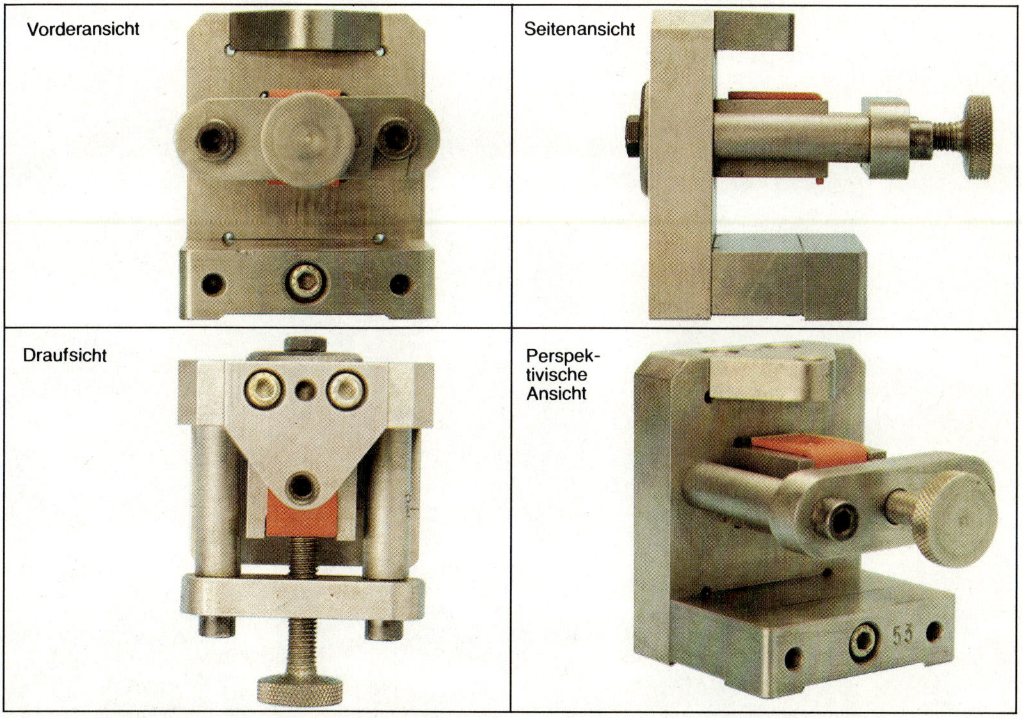

Abb. 4: »Bohrvorrichtung«

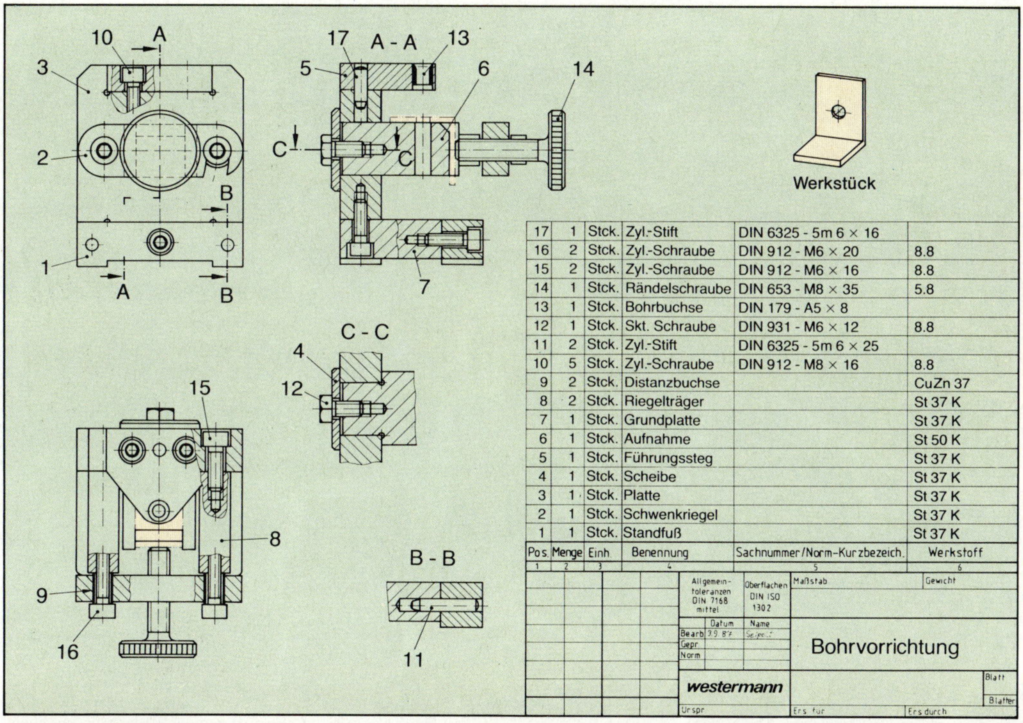

Pos.	Menge	Einh.	Benennung	Sachnummer/Norm-Kurzbezeich.	Werkstoff
17	1	Stck.	Zyl.-Stift	DIN 6325 - 5m 6 × 16	
16	2	Stck.	Zyl.-Schraube	DIN 912 - M6 × 20	8.8
15	2	Stck.	Zyl.-Schraube	DIN 912 - M6 × 16	8.8
14	1	Stck.	Rändelschraube	DIN 653 - M8 × 35	5.8
13	1	Stck.	Bohrbuchse	DIN 179 - A5 × 8	
12	1	Stck.	Skt. Schraube	DIN 931 - M6 × 12	8.8
11	2	Stck.	Zyl.-Stift	DIN 6325 - 5m 6 × 25	
10	5	Stck.	Zyl.-Schraube	DIN 912 - M8 × 16	8.8
9	2	Stck.	Distanzbuchse		CuZn 37
8	2	Stck.	Riegelträger		St 37 K
7	1	Stck.	Grundplatte		St 37 K
6	1	Stck.	Aufnahme		St 50 K
5	1	Stck.	Führungssteg		St 37 K
4	1	Stck.	Scheibe		St 37 K
3	1	Stck.	Platte		St 37 K
2	1	Stck.	Schwenkriegel		St 37 K
1	1	Stck.	Standfuß		St 37 K
1	2	3	4	5	6

Abb. 5: Gesamtzeichnung der »Bohrvorrichtung«

2 Grundlagen der Werkstofftechnik

Bei der Herstellung von Maschinen, Werkzeugen und Vorrichtungen benötigt man eine Vielzahl von Werkstoffen.

Metallische Werkstoffe spielen in vielen Fertigungsbereichen eine herausragende Rolle. Aufgrund ihrer günstigen Eigenschaften, wie hohe Festigkeit, gute Verformbarkeit und gute Leitfähigkeit für Wärme und Elektrizität, finden Metalle in den unterschiedlichsten Bereichen der Technik Anwendung.

Die Kenntnis über den atomaren Aufbau und die innere Struktur der Metalle ermöglicht eine bessere Beurteilung der Eigenschaften und deren Anwendungsbereiche.

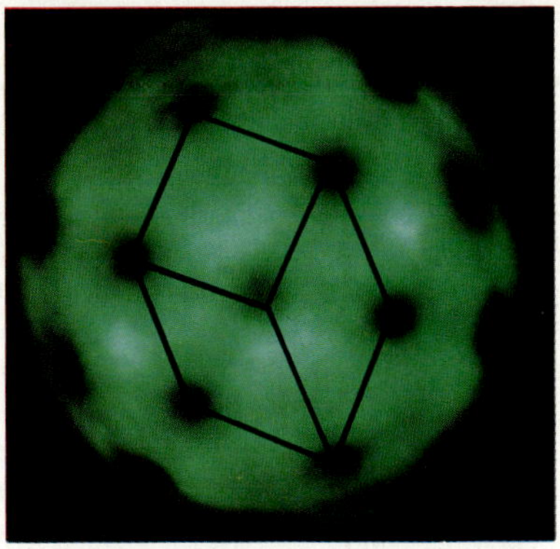

Abb. 1: Metallgitterstruktur einer Wolframspitze (Vergrößerung 1:500000)

2.1 Aufbau metallischer Werkstoffe

Der Begriff »metallischer Werkstoff« gilt für **Reinmetalle** und **Metall-Legierungen.** Legierungen entstehen durch Mischen von einem Metall mit einem anderen Metall oder einem Metall mit einem Nichtmetall im flüssigen Zustand.

Atome kann man sich modellhaft als Kugeln vorstellen. Regelmäßig angeordnet bilden sie ein »Raumgitter«. Die kleinste Einheit in diesem Verband ist eine Gitterzelle, auch Elementarzelle genannt.

Die Metalle sind wie alle Stoffe aus Atomen aufgebaut. Während bei den Nichtmetallen die Atome meist regellos angeordnet sind, haben Metalle einen geordneten Atomaufbau.

Die **regelmäßige** Anordnung der Atome bei Metallen nennt man **kristallin.**

Die **regellose** Anordnung der Atome bei Nichtmetallen nennt man **amorph.**

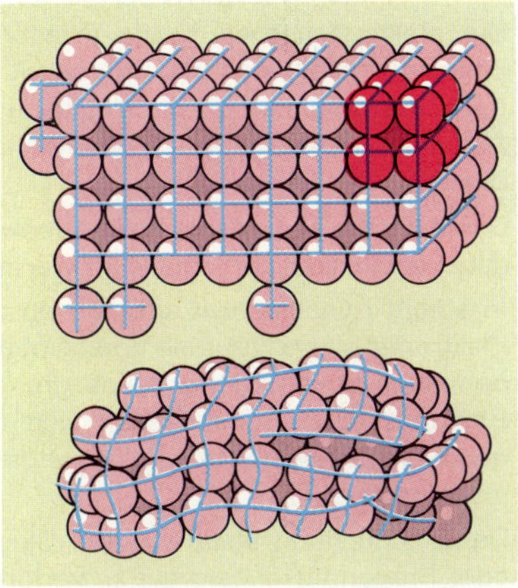

Abb. 2: Kristalline und amorphe Anordnung von Atomen

2.1.1 Kristallgittertypen und Metallbindung

Der Aufbau der Atome und die Anordnung der Atome zu einer Elementarzelle ist nicht bei allen Metallen gleich.

Die Atome unterschiedlicher Metalle unterscheiden sich durch **die Anzahl** der Protonen, Neutronen und Elektronen. Die Gitterzellen unterscheiden sich durch die **räumliche Anordnung** der Atome.

Man teilt die verschiedenen Anordnungen in geometrische Formen ein. Die bei den Metallen am häufigsten auftretenden Formen sind die kubisch-flächenzentrierte, die kubisch-raumzentrierte und die hexagonale Gitterzelle.

Kubisch-raumzentrierte Gitterzellen findet man z.B. bei Fe bei 20 °C, Cr und Mo.

Kubisch-flächenzentrierte Gitterzellen findet man z.B. bei Fe bei 1000 °C, Cu und Al.

Hexagonale Gitterzellen findet man z.B. bei Zn und Ti.

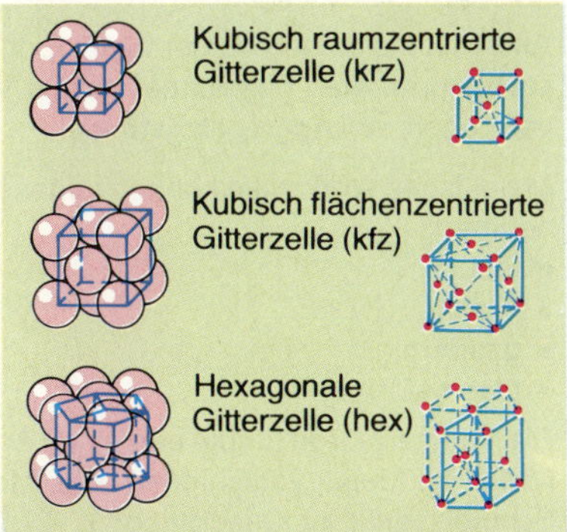

Abb. 3: Gitterzellen von Metallen

Viele Gitterzellen aneinandergereiht bilden ein räumliches Gefüge, sogenannte Körner. Aufgrund der regelmäßigen Anordnung der Gitterzellen bezeichnet man die Körner auch als Kristallite. Der Zusammenschluß und die Anordnung dieser Körner ergibt das Metallgefüge.

Metalle unterscheiden sich von den Nichtmetallen nicht nur durch den regelmäßigen Aufbau, sondern auch durch die Art der Bindung ihrer Atome.

Wie alle Atome, so sind auch Metallatome aus Atomkernen und Elektronenschalen aufgebaut.

Jedes Atom hat von Natur aus das Bestreben, mit seiner äußeren Elektronenschale einen stabilen Zustand einzunehmen. Dies geschieht durch Aufnahme oder Abgabe von Elektronen, wodurch das ursprünglich elektrisch neutrale Atom zum negativen oder positiven Atomrumpf (Ion) wird.

Metallatome geben grundsätzlich ihre Elektronen auf der äußeren Schale ab und bilden somit positive Metallionen. Die abgegebenen Elektronen sind an kein bestimmtes Atom und somit an keinen festen Platz gebunden. Sie sind gleichmäßig zwischen den Ionen verteilt, wandern als Elektronenwolke (Elektronengas) durch die Gitterzellen und können aus eigener Kraft den Metallverband nicht verlassen.

Die elektrostatischen Kräfte (Bindungskräfte) zwischen den positiven Metallionen und den negativen Elektronen bewirken den Zusammenhalt im Metallgitter und somit den kristallinen Aufbau. Diese Art des Zusammenhaltes nennt man **Metallbindung.**

Durch die frei bewegliche Elektronenwolke erklärt sich auch die **gute Leitfähigkeit** der Metalle für Wärme und Elektrizität.

In einem reinen Metall sind die positiven Ionen allseitig von Elektronen eingehüllt. Eine Verschiebung oder ein Platzwechsel der Ionen bewirkt daher keine grundsätzliche Änderung der Bindungskräfte. Somit lassen sich die Ionen (Atomrümpfe) gegeneinander verschieben, ohne die metallische Bindung zu unterbrechen.

Daher sind reine Metalle durch Biegen, Walzen, Schmieden oder Prägen besonders gut zu verformen.

Metallwerkstoffe sind bei Raumtemperatur fest und formstabil. Eine Ausnahme bildet Quecksilber (Hg). Dieses Metall wird erst bei −37 °C fest.

Alle Metalle ändern unter dem Einfluß von Wärme ihre Zustandsform. Man bezeichnet dieses Verhalten als Änderungsvermögen der **Aggregatzustände.**

Metallische Werkstoffe können folgende Aggregatzustände einnehmen:

- fest,
- flüssig,
- gasförmig,
- plasmaförmig.

Die Temperaturen für die einzelnen Aggregatzustände sind von Metall zu Metall verschieden. Das Metall mit dem niedrigsten Schmelzpunkt ist Quecksilber (−37 °C). Das Metall mit dem höchsten Schmelzpunkt ist Wolfram (3380 °C).

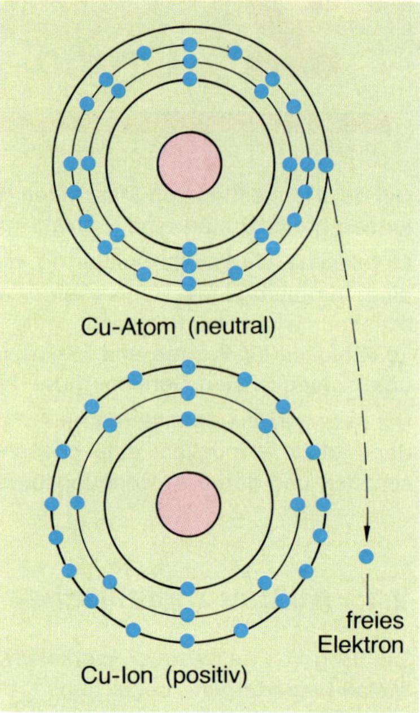

Abb. 1: Aufbau von Cu-Atom und Cu-Ion

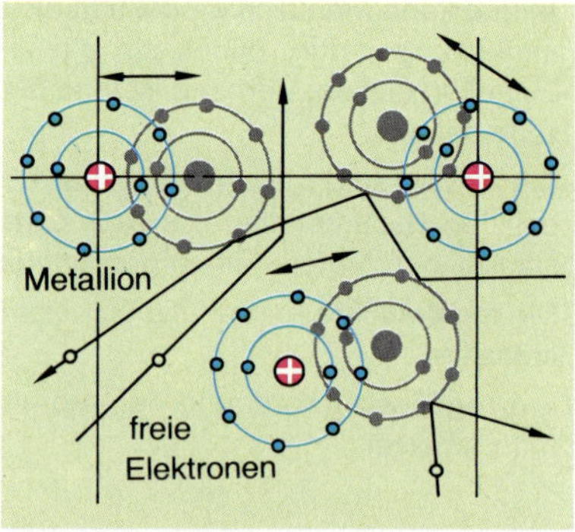

Abb. 2: Elektronen und Ionen im Metallgitter

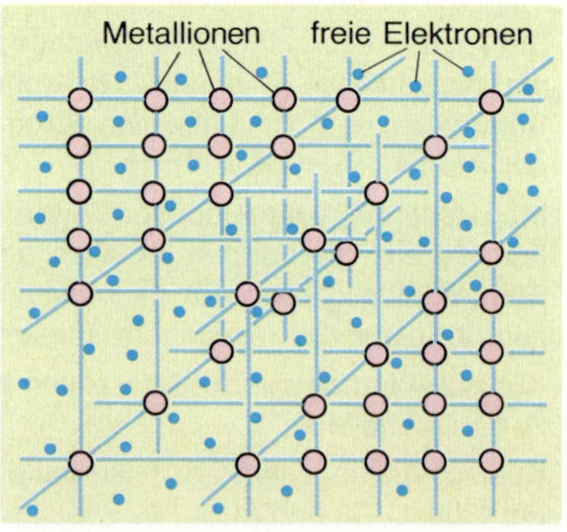

Abb. 3: Darstellung einer Metallbindung

2.1.2 Entstehung eines Metallgefüges

Am Abkühlungsvorgang einer Metallschmelze läßt sich der typische Metallaufbau gut beschreiben. Zur Verdeutlichung dient ein Abkühlungsversuch mit Naphthalin. Dabei bilden sich Kristallite, ähnlich wie beim Erstarren einer Metallschmelze.

Kühlt eine Metallschmelze ab, so nähert sich die Temperatur dem Erstarrungspunkt, dabei setzt der **Kristallisierungsvorgang schlagartig** ein. Diesen Vorgang bezeichnet man als Keimbildung.

Durch die Temperaturabnahme werden die Schwingungen der Metallionen schwächer und die Bindungskräfte zwischen Elektronen und Metallionen kommen zur Wirkung.

Da die Temperatur innerhalb einer Schmelze nie überall genau gleich ist, beginnt die Kristallisation an vielen verschiedenen Punkten. Bei fortschreitender Kristallisierung stoßen Nachbarkristalle bald aneinander, der Kristallisierungsvorgang ist hier beendet.

Die dabei entstandenen Formen nennt man Kristallite oder **Körner,** die Berührungslinien **Korngrenzen.** Der so entstandene Verband der Körner heißt Gefüge (Metallgefüge). Die Lage und die Anzahl der Keime in einer Schmelze bestimmen die Richtung des Kristallgitters und die Größe der Körner.

Bei Kristallbildung wird Wärme frei (man spricht von einer **exothermen[1] Reaktion**), die der Abkühlung entgegenwirkt. Die Wärmemenge der exothermen Reaktion und die Wärmemenge, die durch äußere Abkühlung verloren geht, halten sich bei reinen Metallen so lange das Gleichgewicht, bis die gesamte Schmelze erstarrt ist.

Die Temperatur bleibt dadurch vom Beginn bis zum Ende der Erstarrung **konstant,** da während der Abkühlphase nur eine Art von Gitterzellen aufgebaut wird. Man spricht deshalb vom **Haltepunkt der Reinmetalle.**

2.1.3 Unterschiedliche Gefügeausbildung

Reine Metalle sind aus gleichen Gitterzellen aufgebaut, z.B. kubisch-raumzentriert, und bilden daher ein gleichmäßiges Gefüge. Die einzelnen Körner unterscheiden sich lediglich dadurch, daß die räumliche Lage der Gitterstrukturen verschieden ist. Man bezeichnet dieses Gefüge als polykristallines, ungerichtetes Gefüge (Abb. 5a). Es entsteht vorwiegend bei der Erstarrung von gegossenen Werkstücken. Der Werkstoff ist dadurch nach allen Richtungen auf Zug gleich belastbar.

Bei bestimmten Herstellungsverfahren, wie z.B. Walzen oder Strangpressen, entstehen Körner mit bevorzugter Richtung bei annähernd gleicher räumlicher Lage der Gitterstrukturen. Man bezeichnet dieses Gefüge als polykristallines[2], gerichtetes Gefüge (Abb. 5b). Das bedeutet, daß der Werkstoff in dieser Richtung höheren Belastungen ausgesetzt werden kann. Besondere Berücksichtigung findet diese Tatsache beim Biegen von spröden und harten Blechen. Die Biegekante sollte deshalb nie parallel zur Walzrichtung gelegt werden.

[1] exotherm (griech.; lat): Wärme abgebend
[2] poly (griech.): viel

Durchführung
Mottenpulver (Naphthalin) wird in einer flachen Glasschale (Uhrenglas) zum Schmelzen gebracht. Anschließend legt man die Schale auf den Tageslichtprojektor.

Ergebnis
Bei sinkender Temperatur bilden sich in der klaren Schmelze Kristalle. Sie wachsen bis sie zusammenstoßen.

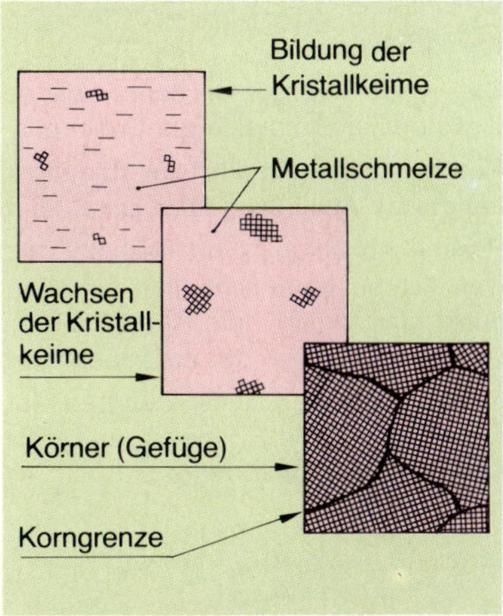

Abb. 4: Abschnitte der Kristallisation

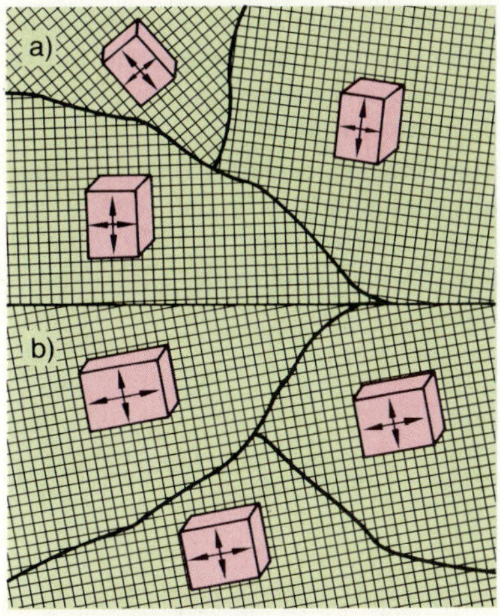

Abb. 5: Gitterstrukturen der Körner

Polykristallines gerichtetes Gefüge läßt sich auch bei gegossenen Werkstücken erzielen. Hierbei wird die Gießform (Keramikform) auf eine Temperatur erwärmt, die ungefähr der Temperatur der Schmelze entspricht. Die Gießform steht auf einer wassergekühlten Kupferplatte und ist von einem wärmeisolierenden Hitzeschild umgeben. Wird nun die Metallschmelze eingefüllt, beginnt sie im Bereich der Kupferplatte schnell zu kristallisieren. Es bilden sich dort viele einzelne Körner. Nun wird der Hitzeschild langsam angehoben, dabei wachsen die Körner zu langen Säulen. Das Ergebnis ist ein Werkstück mit langen seitlich miteinander verbundenen Kristallsäulen und annähernd gleicher Lage der Gitterstrukturen. Die Korngrenzen verlaufen fast parallel zu der Richtung, in der die Abkühlung erfolgte. Das Werkstück kann in dieser Richtung erhöhten Belastungen standhalten, z. B. Zentrifugalrichtung bei Turbinenschaufeln.

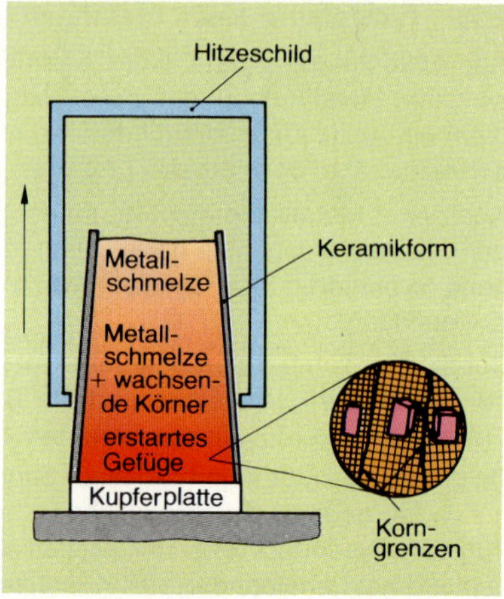

Abb. 1: Herstellung eines polykristallinen, gerichteten Gußgefäßes

Korngröße

Die Größe der Körner hängt von der Abkühlungsgeschwindigkeit einer Schmelze ab. Dabei gilt:

Rasche Abkühlung führt zur Bildung kleiner Körner,
Langsame Abkühlung führt zur Bildung großer Körner.

Rasche Abkühlung führt deshalb zur Bildung kleiner Körner, weil sich bei einer schnellen Annäherung an den Erstarrungspunkt gleichzeitig viele Kristallkeime bilden und dadurch der Wachstumsbereich der einzelnen Körner eng begrenzt ist.

Feinkörnige Werkstoffe besitzen im allgemeinen bessere Eigenschaften, z. B. bessere Umformbarkeit und höhere Festigkeit als grobkörnige.

Abb. 2: Korngrößen

Kornform

Die Form der Körner wird neben dem Herstellungsverfahren bzw. der gesteuerten Abkühlung auch von der Form der Gitterzelle geprägt. So besteht ein normal erstarrtes Gefüge von kubisch-raumzentrierten Metallen aus fast runden, kurvig begrenzten Körnern.

Das Gefüge von kubisch-flächenzentrierten Metallen besteht aus vorwiegend eckig geformten Körnern. Verlaufen die Korngrenzen dabei noch annähernd parallel, so spricht man von einer Zwillingsbildung (s. S. 112 Aluminiumbruchgefüge).

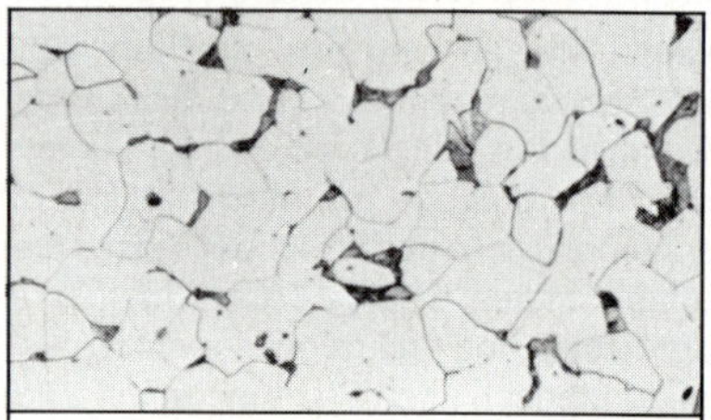

a) Gefüge aus krz Gitterzellen

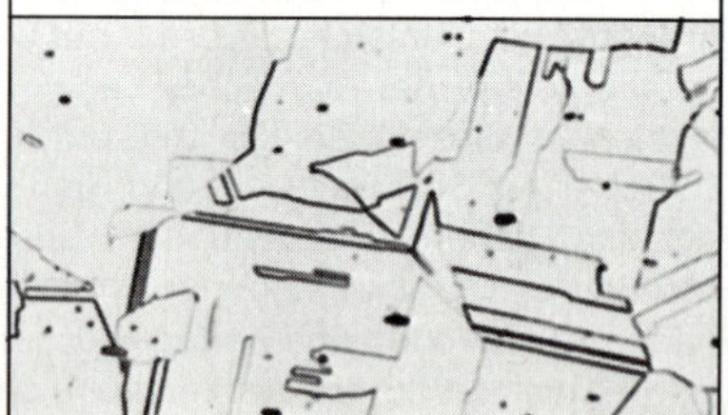

b) Gefüge aus kfz Gitterzellen

Abb. 3: Kornformen

2.2 Eigenschaften und Anwendung metallischer Werkstoffe

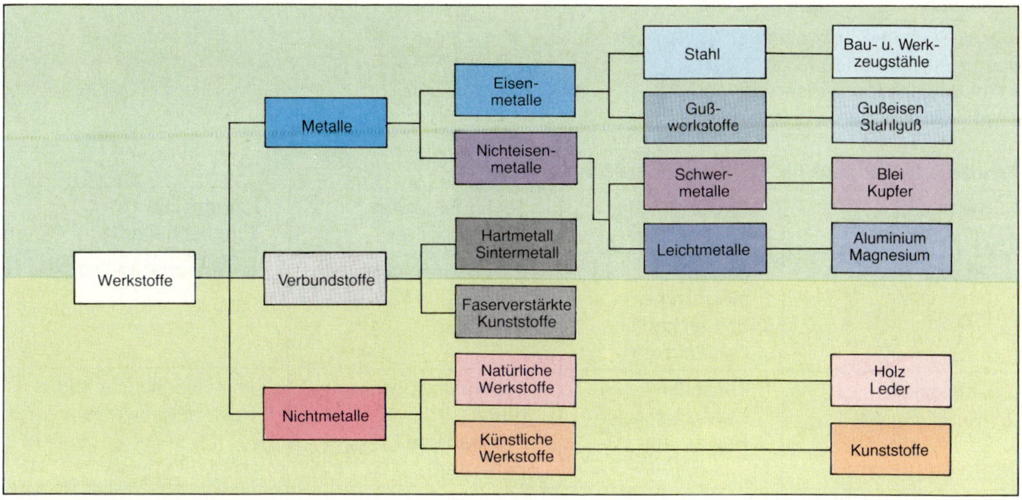

Abb. 4: Einteilung der Werkstoffe

Aus der Vielzahl der vorhandenen Werkstoffe nehmen metallische Werkstoffe eine dominierende Stelle ein. Die Verwendung eines Werkstoffes als »Baustoff« für Werkstücke, Werkzeuge oder Maschinen hängt meistens davon ab, ob er den Anforderungen und Beanspruchungen unter Betriebsbedingungen standhält. Somit ist die Auswahl weitgehendst von den Werkstoffeigenschaften abhängig. Dabei unterscheidet man:

- **physikalische Eigenschaften,**
- **technologische Eigenschaften,**
- **chemische Eigenschaften.**

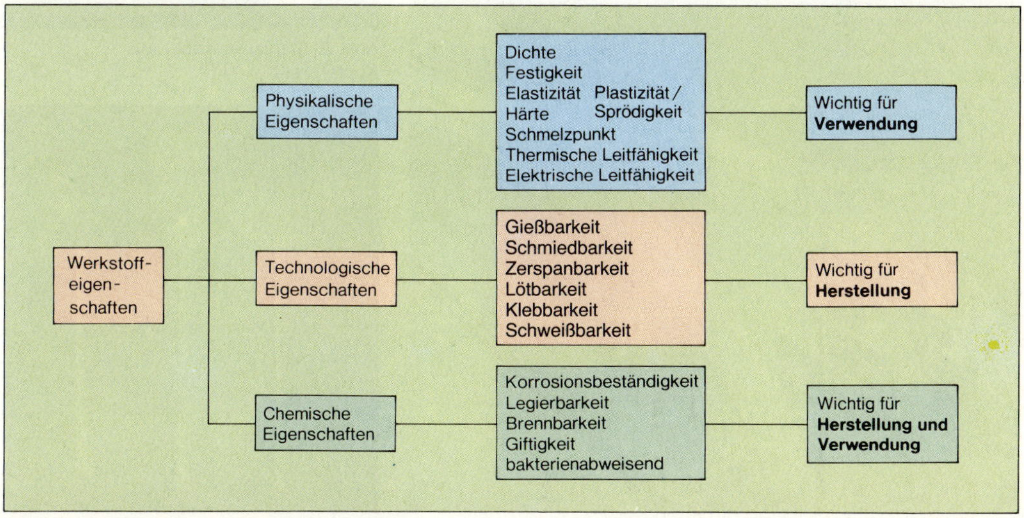

Abb. 5: Übersicht der Werkstoffeigenschaften

Aus der Menge der angebotenen Werkstoffe muß der für den jeweiligen Verwendungszweck geeignete Werkstoff ausgewählt werden. Für die Auswahl eines Werkstoffes sind noch weitere Gesichtspunkte zu beachten, wie

- ausgewogene Lebensdauer,
- umweltschonende Fertigung,
- kostengünstige Wiederverwendung,
- umweltfreundliche Beseitigung.

Tabelle 2.1: Beispiele für Werkstoffeigenschaften

Werkstoff	Physikalische Eigenschaften	Technologische Eigenschaften	Chemische Eigenschaften
Kupfer	gute thermische und elektrische Leitfähigkeit	gut umformbar durch Biegen und Falzen; gut lötbar	korrosionsbeständig
Edelstahl (Cr-Ni-legiert)	Festigkeit Elastizität Härte	gut umformbar durch Pressen und Prägen; polierbar	korrosionsbeständig bakterienabweisend
Al-Legierung	geringe Dichte große Dauerschwing-festigkeit	gut zerspanbar durch Fräsen, Drehen, Bohren	korrosionsbeständig

Metallische Werkstoffe besitzen eine Vielzahl von Eigenschaften und Merkmalen und ermöglichen einen wirtschaftlichen Einsatz in vielen Bereichen der Technik und des täglichen Lebens.

Abb. 1: Dachkonstruktion aus Aluminiumprofilen

Abb. 2: Starkstromkabel aus Kupferdraht

Abb. 3: Küchenbesteck aus Edelstahl

2.2.1 Physikalische Eigenschaften und Anwendungsmöglichkeiten von Metallen

Physikalische Eigenschaften sind meßbare Eigenschaften, die sich exakt in Zahlen und Einheiten ausdrücken lassen. Die physikalischen Eigenschaften eines Werkstoffes bestimmen seinen Anwendungsbereich.

Je nach Verwendungszweck sind die Werkstoffe der Maschinen, Geräte und Werkzeuge verschiedenen Beanspruchungen ausgesetzt.

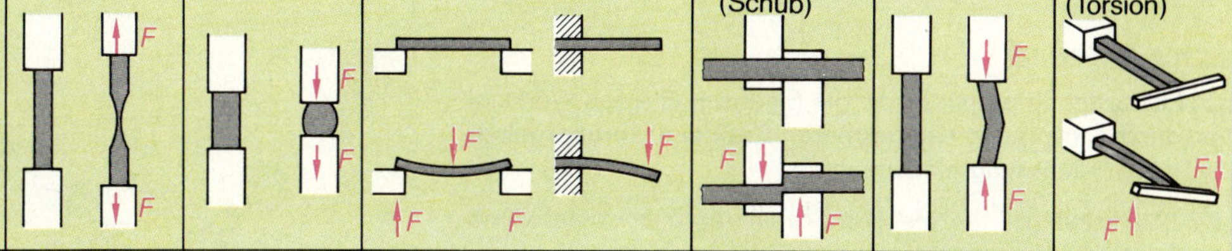

Beanspruchungsarten	Zug	Druck	Biegung	Scherung (Schub)	Knickung	Verdrehung (Torsion)
	Verlängerung	Verkürzung	Biegung	Abscherung	Ausknickung	Verdrillung
Beispiele	Seile Ketten Schrauben	Lager	Wellen Brückenträger Achsen	Niete Schrauben Bolzen Stifte	Säulen Kolben-stangen Nägel	Wellen Bohrer Drehstab-federn

Abb. 4: Unterschiedliche Beanspruchungsarten

Für die Fähigkeit zur Aufnahme dieser Beanspruchungsarten ist in erster Linie eine Werkstoffeigenschaft wichtig:

die **Festigkeit.**

2.2.1.1 Festigkeit (mechanische Spannung)

Je nach Art der Beanspruchung unterscheidet man:

- Zugfestigkeit,
- Druckfestigkeit,
- Biegefestigkeit,
- Scherfestigkeit,
- Knickfestigkeit,
- Verdrehfestigkeit.

Als Festigkeit eines Werkstoffes bezeichnet man seinen **größtmöglichen** inneren Widerstand gegen eine äußere Krafteinwirkung.

Bei der Beanspruchung eines Werkstückes versuchen äußere Kräfte den Gefügeaufbau des Werkstoffes zu verformen und zu zerstören. Dabei stehen die äußeren Kräfte im Gegenspiel zu den inneren Zusammenhangskräften (Kohäsionskräfte).

Beide Kräfte erzeugen im Werkstoff eine mechanische **Spannung,** die sich aus der Größe der äußeren Kraft und dem beanspruchten Querschnitt des Werkstückes berechnen läßt.

Spannung ist die Kraft, die auf eine Querschnittsfläche von einem Quadratmillimeter wirkt.

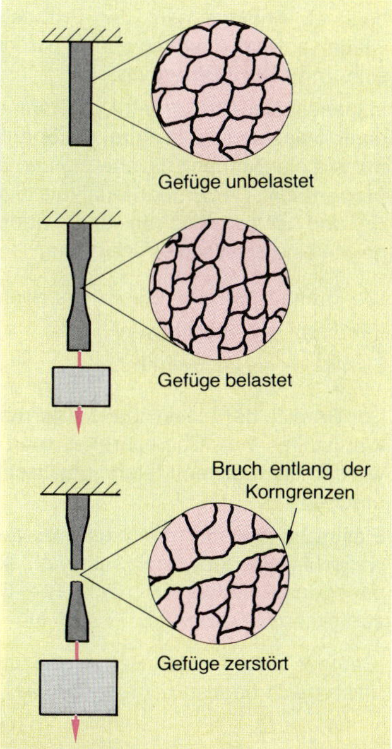

Abb. 5: Gefüge

$$\text{Spannung} = \frac{\text{Kraft}}{\text{Querschnittsfläche}}$$

$$\sigma = \frac{F}{S}$$

$$\tau = \frac{F}{S}$$

Die Spannung bei Zug-, Druck- und Biegebelastung wird mit dem griechischen Buchstaben σ (Sigma) bezeichnet, die bei Scherbelastung wird mit τ bezeichnet.

Zur Bestimmung der Festigkeit eines Werkstoffes werden genormte Probestücke durch genau festgelegte Verfahren bis zum Bruch belastet.

Aus der maximalen Kraft und dem jeweiligen Anfangsquerschnitt der Probe lassen sich die Festigkeitswerte berechnen.

Außerdem kann man aus den Daten, die **während** des Prüfungsablaufes gewonnen werden, noch auf andere Eigenschaften eines Werkstoffes schließen, z.B. die **Elastizität.**

2.2.1.2 Elastizität

Als Elastizität bezeichnet man die Eigenschaft eines Werkstoffes, durch Einwirkung einer äußeren Kraft eine **vorübergehende** Formveränderung einzunehmen.

Ein Werkstoff gilt als elastisch, wenn er nach Wegnahme der Kraft wieder seine Ursprungsform annimmt.

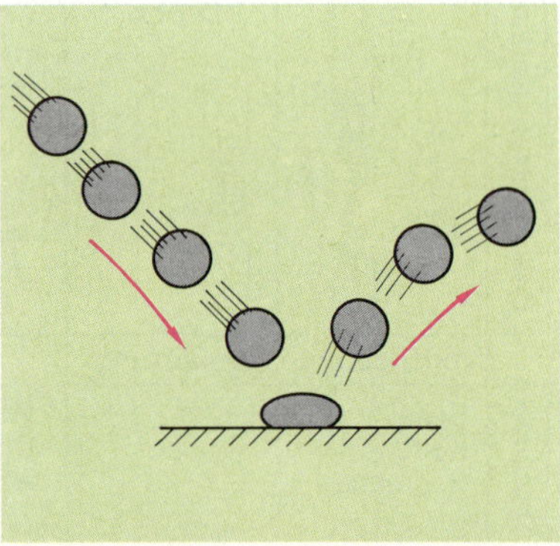

Abb. 1: Elastische Verformung eines Gummiballes

Alle Metalle besitzen eine gewisse Elastizität. Die Größe der elastischen Verformung hängt von der Art des Metalles ab, so hat beispielsweise Stahl einen größeren elastischen Bereich als Kupfer.

Bei Ermittlung der Elastizität wird das gleiche Verfahren angewandt wie zur Bestimmung der Zugfestigkeit.

Der Probestab wird in eine Maschine gespannt und auf Zug belastet. Anfangs geht der Probestab bei einer Entlastung wieder auf die Ausgangslänge zurück. Der Werkstoff befindet sich im Elastizitätsbereich.

In diesem Bereich verhält sich Stahl vollkommen elastisch. Bei einer Belastung steigt dabei die Spannung in gleichem Verhältnis wie die Dehnung. Spannung und Dehnung sind zueinander **proportional.** Der Proportionalitätsfaktor heißt Elastizitätsmodul (E) und ist ein Maß für den Widerstand eines Werkstoffes gegen eine elastische Verformung.

Die Einheit für den Elastizitätsmodul ist N/mm^2. Er beträgt

für Stahl = 210000 N/mm^2,

für Al = 72000 N/mm^2.

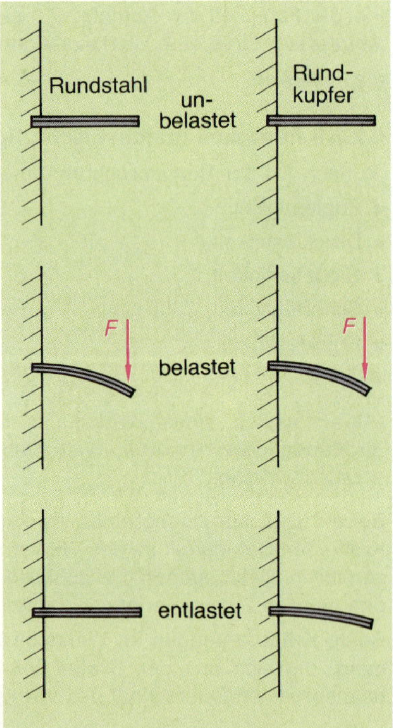

Abb. 2: Elastisches Verhalten von Stahl und Kupfer

Der Bereich der elastischen Verformung hängt von der Art des Werkstoffes ab. Überschreitet man den Elastizitätsbereich, werden die meisten Metalle plastisch (bleibend) verformt oder brechen.

Elastische Metalle, die plastisch verformt werden, behalten weiterhin eine gewisse Elastizität, so federt z.B. ein um 90° gebogenes Stahlblech nach der Entlastung wieder etwas zurück (s. S. 76 Abb. 2, S. 77 Abb. 5).

Bauteile sollen unter Betriebsbedingungen nur im Elastizitätsbereich beansprucht werden.

2.2.1.3 Plastizität

Als Plastizität bezeichnet man die Eigenschaft eines Werkstoffes, durch Einwirkung einer äußeren Kraft eine bleibende oder plastische Formänderung rißfrei einzunehmen.

Viele Metalle besitzen ein plastisches Formänderungsvermögen.

Somit können sie durch die Umformverfahren Walzen, Biegen, Schmieden und Prägen zu Werkstücken mit unterschiedlichen Formen verarbeitet werden.

Das **Formänderungsvermögen** eines Metalles ändert sich unter Wärmeeinwirkung. Erwärmte Werkstücke lassen sich im allgemeinen besser umformen als kalte.

Zinkblech läßt sich rißfrei nur biegen, wenn man es über 150 °C erwärmt.

Das plastische Formänderungsverhalten von Werkstoffen wird durch Versuche ermittelt.

Man unterscheidet:

- Faltversuch, DIN 50136
- Stauchversuch, DIN 50106
- Aufweitversuch, DIN 50135
- Tiefungsversuch nach ERICHSEN[1], DIN 50101
- Bördelprobe.

Dazu werden Werkstoffe so lange umgeformt, bis Risse auftreten. Die Proben ergeben dann Rückschlüsse auf Dehnbarkeit und plastische Verformbarkeit der Werkstoffe (Abb. 4).

Die Verformbarkeit eines Metalles ist von der Anordnung der Atome innerhalb einer Gitterzelle und von der Temperatur abhängig. So sind im allgemeinen Metalle mit kubischflächen- oder kubischraumzentrierten Gitterzellen besser umformbar als Metalle mit hexagonalen Gitterzellen. Bei kfz-Gitterzellen und krz-Gitterzellen sind mehr Gleitebenen vorhanden, die es den Atomen ermöglichen, sich zu verschieben ohne dadurch den Raumverband zu zerstören.

Wird ein metallischer Werkstoff im kalten Zustand stark verformt, kommt es zu einer Blockierung der Gleitebenen (s. Abb. 3, S. 76). Der Verformungswiderstand steigt stark an und der Werkstoff wird dadurch **härter.** Man bezeichnet diesen Vorgang als **»Kaltverfestigung«.**

Bei bestimmten Werkstoffen nutzt man diesen Vorgang dadurch, daß bei der Herstellung von Halbzeugen (Bleche, Profile, Drähte) der letzte Arbeitsgang (Walzen, Ziehen) im kalten Zustand durchgeführt wird. Härte und Verschleißfestigkeit werden gesteigert.

Plastisch verformbare Werkstoffe sind: Kupfer, Blei, Aluminium, ungehärteter Stahl und Thermoplaste.

Werden Werkstoffe beansprucht und brechen, ohne sich vorher nennenswert zu verformen, so bezeichnet man diese Eigenschaft als **Sprödigkeit.**

Spröde Werkstoffe sind: Glas, Porzellan, gehärteter Stahl, Gußeisen mit Lamellengraphit (Grauguß).

Harte Werkstoffe sind meist auch spröde Werkstoffe.

[1] ABRAHAM MARTINUS ERICHSEN, norw. Ingenieur, 1876 ...1952

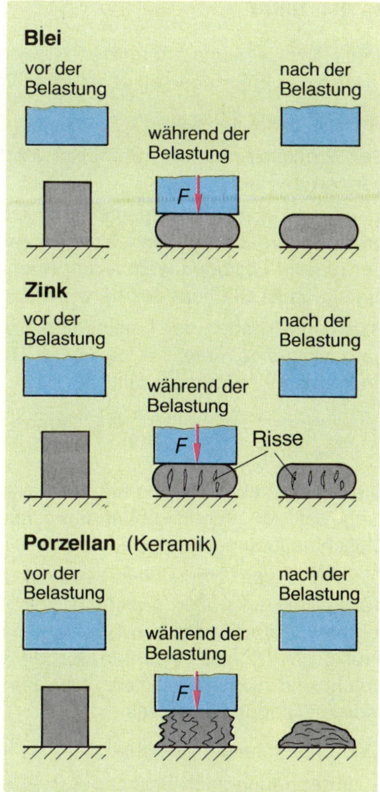

Abb. 3: Werkstoffverhalten bei Druckbeanspruchung (Stauchversuch)

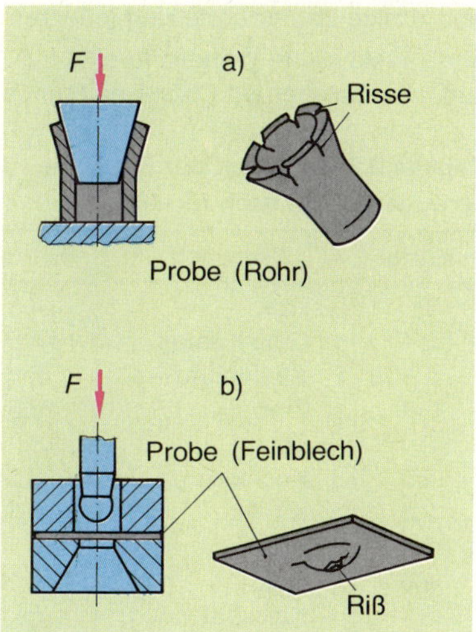

Abb. 4: Ermitteln des Formänderungsvermögens
a) Aufweitversuch (DIN 50135)
b) Tiefungsversuch (DIN 50101)

2.2.1.4 Härte

Als Härte bezeichnet man den Widerstand eines Werkstoffes gegen das Eindringen eines anderen Werkstoffes.

Für alle Stoffe gilt daher:

Der Werkstoff mit der größeren Härte ritzt Werkstoffe mit geringerer Härte.

In einer von MOHS[1] aufgestellten Härtetabelle werden Stoffe miteinander durch gegenseitiges Ritzen verglichen. Dabei ritzt der härtere Stoff den weicheren. Nach der MOHS'schen Härteeinteilung ist Diamant der härteste Stoff (Tab. 2.2).

Härte spielt neben der Festigkeit bei vielen Werkzeugen eine herausragende Rolle, z.B. bei Feilen, Bohrer, Fräser oder Drehmeißel; denn allgemein gilt:

Eine Werkzeugschneide muß immer härter sein als der zu bearbeitende Werkstoff.

Die Härte von Werkstoffen hat auch eine entscheidende Bedeutung bei der Verschleißbeanspruchung von Führungen im Maschinenbau sowie der Gleit- oder Rollreibung bei Lagern.

Die Härte von Werkstoffen wird in der Technik nicht nach Vergleichswerkstoffen bestimmt, sondern nach genau festgelegten **Härteprüfverfahren** ermittelt. Dabei werden besondere Prüfkörper (Kugel, Pyramide, Kegel) in den Werkstoff eingedrückt und die Eindrucktiefe bzw. die Eindruckgröße (Durchmesser, Diagonale) gemessen.

Man unterscheidet zwischen:

- Härteprüfung nach BRINELL, (DIN 50351)
- Härteprüfung nach VICKERS, (DIN 50133)
- Härteprüfung nach ROCKWELL. (DIN 50103)

Die durch die einzelnen Prüfverfahren ermittelten Ergebnisse sind exakte Zahlenwerte und jederzeit wiederholbar.

Harte metallische Werkstoffe sind z.B. gehärteter Stahl, Hartguß, Hartmetalle und CuZn-Legierungen.

Tabelle 2.2: Vergleich der Ritzhärte (erweiterte Tab. nach MOHS)

Härte	Werkstoff	Härte	Werkstoff
1	Talk	4,3	Platin
2	Gips-Kristall	4,5	Eisen
2	Aluminium	5	Apatit
2	Zinn	5,5	Fensterglas
2	Zink	6	Feldspat
2,5	Kochsalz	6,3	Pyrit
2,8	Kupfer	6,5	Stahl
2,8	Silber	7	Quarz
2,8	Gold	7	Granit
3	Kalkspat	8	Topas
3,5	Messing	9	Korund
4	Flußspat	10	Diamant

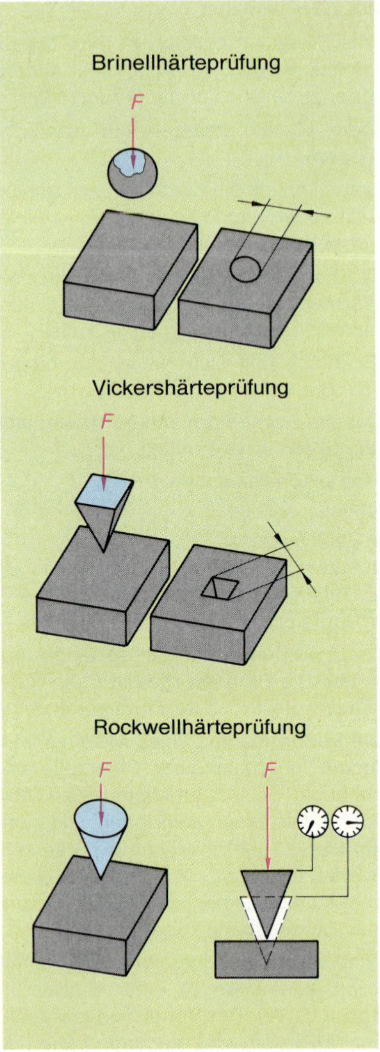

Abb. 1: Prinzip der Härteprüfverfahren

[1] FRIEDRICH MOHS, Mineraloge, 1773 ... 1839

2.2.2 Technologische Eigenschaften und Anwendungsmöglichkeiten von Metallen

Unter dem Begriff »Technologische Eigenschaften« faßt man diejenigen Eigenschaften zusammen, die für die Herstellung eines Werkstückes von Bedeutung sind (Tab. 2.3).

Von grundlegender Bedeutung sind die Eigenschaften **Gießbarkeit, Umformbarkeit** und **Zerspanbarkeit.**

Tabelle 2.3: Fertigungsverfahren und technologische Eigenschaften

Fertigungsverfahren nach DIN 8580	
Urformen →	gießbar
Umformen →	umformbar
Trennen →	zerspanbar
Fügen →	schweißbar
Beschichten →	lackierbar
Stoffeigenschaft ändern →	härtbar

2.2.2.1 Gießbarkeit

Unter der Eigenschaft »gießbar« versteht man das Verhalten eines Metalles

- im flüssigen Zustand jede Form auszufüllen (dünnflüssig),
- im flüssigen Zustand nur geringe Mengen Gas aus der Luft aufzunehmen (reaktionsträge),
- bei Erwärmung gleichmäßig in den flüssigen Zustand überzugehen (homogene Zusammensetzung),
- bei Abkühlung wenig Spannung zu erzeugen (geringes Schwindmaß).

Gut gießbar sind:	Gußeisen, Zink, Blei, CuZn-Gußlegierungen.
Schlecht gießbar sind:	Kupfer mit hohem Reinheitsgrad und hochlegierter Stahl.

Abb. 2: Gegossener Auspuffkrümmer

2.2.2.2 Umformbarkeit

Ein Werkstoff ist umformbar, wenn er sich z.B. unter Druck plastisch formen läßt.

Bei guter Umformbarkeit gilt:

- mit zunehmender Erwärmung Abnahme des Verformungswiderstandes,
- rißfreie Verformung über einen weiten Temperaturbereich,
- durch Gefügeumformung Erhöhung der Festigkeit.

Gut umformbar:	Stahl, Aluminium, Blei, Kupfer und CuZn-Knetlegierungen[1].
Schlecht umformbar:	Zink.
Nicht umformbar:	Gußeisen.

Eine gute Umformbarkeit ist notwendig für die Fertigungsverfahren Walzen, Schmieden, Biegen, Falzen und Prägen. Bei Stahl beeinflußt der **Kohlenstoffgehalt** die Umformbarkeit ganz entscheidend.

Dabei gilt:

- geringer Kohlenstoffgehalt ⇒ gute Umformbarkeit,
- hoher Kohlenstoffgehalt ⇒ schlechte Umformbarkeit.

Bei einem C-Gehalt $>1\%$ wird die Umformbarkeit z.B. beim Schmieden stark eingeschränkt oder nicht mehr möglich.

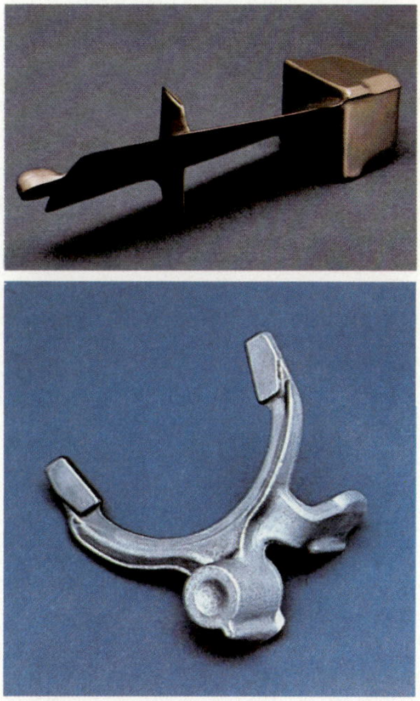

Abb. 3: Geschmiedeter Hebel

[1] Knetlegierungen erhalten Legierungszusätze, die Zugfestigkeit, Formbarkeit und Rekristallisationsbeginn günstig beeinflussen. Aus Knetlegierungen werden Bleche, Rohre und Profile hergestellt.

2.2.2.3 Zerspanbarkeit

Ein Werkstoff ist gut zerspanbar, wenn er sich durch Sägen, Bohren, Drehen, Fräsen und Schleifen wirtschaftlich bearbeiten läßt.

Kennzeichen guter Zerspanbarkeit sind:

- Bildung kurzbrechender Späne,
- gutes Abgleiten der Werkstoffteilchen zur Erzeugung einer glatten Oberfläche,
- ausreichende Wärmeleitfähigkeit zur Abführung von Reibungswärme.

Gut spanend zu bearbeiten sind:

Unlegierte und niedriglegierte Stähle, Aluminium und Aluminium-Legierungen, Cu-Zn-Legierungen, Gußeisen mit Lamellengraphit.

Schwierig spanend zu bearbeiten sind:

Unlegierte Stähle mit hohem Kohlenstoffgehalt, hochlegierte Stähle, Titanlegierungen, Kupfer, faserverstärkte Kunststoffe.

Eine Bearbeitung ist möglich, wenn die speziellen Spannungsgrößen (Schnittgeschwindigkeit, Vorschub) exakt eingehalten werden.

Abb. 1: Querplandrehen einer Stahlwelle

2.2.3 Chemische Eigenschaften und Anwendungsmöglichkeiten von Metallen

Chemische Eigenschaften von Metallen geben Auskunft über das Verhalten der Metalle in der Luft, im Wasser oder in Säuren und Laugen, aber ebenso über Reaktionen mit dem menschlichen und tierischen Organismus.

2.2.3.1 Korrosionsbeständigkeit

Unter Korrosionsbeständigkeit versteht man den Widerstand eines Metalles gegen eine Zersetzung z.B. an der Luft, im Wasser oder in Laugen und Säuren.

Korrosion bedeutet eine unbeabsichtigte Zersetzung von Metallen oder Metallegierungen durch chemische oder elektrochemische Vorgänge.

Korrosionsbeständige Metalle sind die Edelmetalle Gold, Silber und Platin.

Korrosionsbeständig sind die meisten Nichteisenmetalle wie Aluminium, Kupfer, Zinn, Zink, Blei und deren Legierungen, sowie mit Chrom (>13%) und Nickel legierte Stähle.

Weniger korrosionsbeständig sind unlegierte und niedriglegierte Stähle.

So können z.B. Messer, Gabeln und Löffel aus Chrom-Nickel legierten Stählen bedenkenlos als Eßbesteck verwendet werden. Das gleiche gilt für Silberbestecke, aber auch für versilberte oder vergoldete Stahlbestecke.

Anders dagegen verhält es sich mit Pfannen und Töpfen aus Kupfer. Hier bildet sich beim Kontakt mit Fruchtsäuren oder Essig der giftige Grünspan. Daher müssen die Flächen, die mit Speisen in Berührung kommen, mit einer zusätzlichen Schutzschicht, meist einem **Zinnüberzug,** versehen werden.

Abb. 2: Korrosionsbeständiges Küchenbesteck aus einer Chrom-Nickel-Stahllegierung (18% Cr, 10% Ni)

Die Korrosionsbeständigkeit eines Metalles ist im allgemeinen von der Bildung und **der Art** seiner **Oxidschicht** abhängig. Eine Oxidschicht bildet sich, wenn sich die Oberflächen der Metalle mit dem Sauerstoff der Luft verbinden. Je nach Art der Metalle bildet sich eine dichte, graue Oxidschicht, z.B. bei Aluminium, eine dichte grüne Oxidschicht (Patina) bei Kupfer oder eine poröse braune Oxidschicht (Rost) bei unlegiertem Stahl.

Dichte Oxidschichten schützen das Metall. Poröse Oxidschichten bieten keinen Schutz und darunter liegendes Metall wird vollständig zerstört.

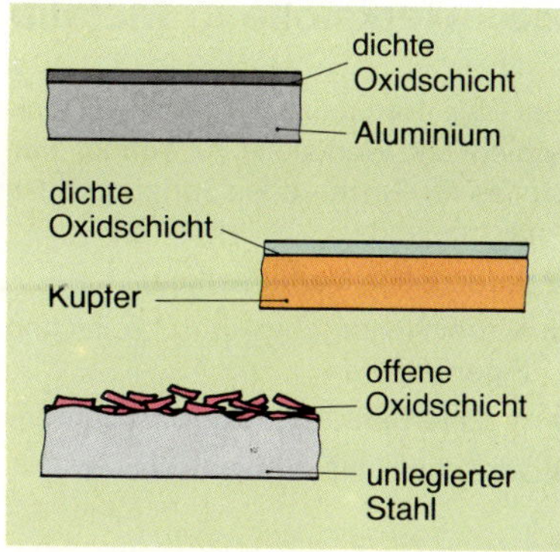

Abb. 3: Oxidschichten

2.2.3.2 Giftigkeit

Unter der Giftigkeit eines Metalles versteht man die Eigenschaft aus der chemischen Reaktion mit Luft oder mit Wasser schädliche Produkte zu bilden.

Das Metall Blei gilt hier als besonders **gesundheitsgefährdend.** Die Oxide des Bleis können, wenn sie über Speisen und Getränke in den menschlichen Organismus gelangen, schwere Schäden anrichten. Beim Umgang mit Blei sind daher besondere **U**nfall**v**erhütungs**v**orschriften (UVV) zu beachten. Das gilt ebenso für die Bleilegierungen mit Antimon und Cadmium. Vor allem das Einatmen der Dämpfe beim Schmelzen ist sehr gesundheitsschädlich. Daher sind Absauganlagen an diesen Arbeitsstellen unabdingbar.

Blei und Bleiverbindungen[8])

(Basisches Bleicarbonat [Bleiweiß], Bleioxid, Bleiace

a) Die Giftigkeit der verschiedenen Bleiverbindung ihrer Löslichkeit im Magensaft. Sehr giftig!

b) Vielseitige Verwendung in der Farben-, Textil-, und Kunststoffindustrie, Färberei und Akkumulato

c) Über längere Zeit fortgesetztes Einatmen von und Bleiverbindungen führt zu schweren Gesun und Nervengift. Vielgestaltiges Krankheitsbild.

Allgemeine Vorschriften
Chemische Stoffe

d) Bei Aufnahme durch den Mund sind die lösliche saures, salzsaures und salpetersaures Blei – b Raumentlüftung, Feinstaubmaske[9])Schutzstufe IIb liche Sauberkeit (Händereinigung vor Nahrung verbot während der Arbeit, regelmäßiges Reinigu

e) Bei Verschlucken Erbrechen anregen, medizini Meldepflichtige Berufskrankheit L.-Nr. 6.

[8]) S. a. Unfallverhütungsvorschrift „Vorschriften für Betriebe zur dung von Blei und seinen Verbindungen" (VBG 106).

[9]) Es sind nur die vom Deutschen Ausschuß für Atemschutzge masken mit Feinstaubfiltereinsatz zu tragen, s. a. „Atemschutz-N Ausschusses für Atemschutzgeräte. Zu beziehen unter der Best Carl Heymanns Verlag KG, Gereonstraße 18–32, 5000 Köln 1.

Abb. 4: Unfallverhütungsmaßnahmen (Ausschnitt)

Aufgaben zu 2.1 und 2.2

1. Wie nennt man die verschiedenen Anordnungen der Atome bei Metallen und Nichtmetallen?
2. Nennen und skizzieren Sie drei vorkommende Gitterzellentypen.
3. Erklären Sie die Wirkungsweise einer Metallbindung.
4. Beschreiben Sie den Vorgang einer Gefügebildung.
5. Welchen Vorteil bietet ein gerichtetes Gefüge?
6. Nennen Sie Werkstoffeigenschaften, die wichtig sind für
   a) Herstellung,
   b) Verwendung,
   c) Verwendung und Herstellung eines Werkstückes.
7. Erklären Sie die Begriffe
   a) Festigkeit,
   b) Härte,
   c) Elastizität.
8. Nennen Sie Merkmale von gut zerspanbaren Metallen.
9. Wodurch wird bei Stahl eine Korrosionsbeständigkeit erreicht?
10. Für die Befestigung von Balken einer Pergola sollen acht Winkel aus 2 mm dicken Blech nach Abb. 5 gefertigt werden. Welche Eigenschaften sind bei der Auswahl eines Werkstoffes zu beachten? Schlagen Sie zwei Werkstoffe vor, die diese Bedingungen erfüllen.

Abb. 5: Handskizze der zu fertigenden Winkel

2.3 Werkstoffe in Metallberufen

Bei der Herstellung von Werkstücken werden sehr unterschiedliche Werkstoffe verwendet. Für den Einsatz eines Werkstoffes für Einzel- oder Serienproduktion sind folgende Punkte entscheidend:

- jederzeitige Verfügbarkeit,
- ausreichende physikalische, technologische und chemische Eigenschaften,
- realisierbare Produktionsverfahren,
- wirtschaftliche Fertigung.

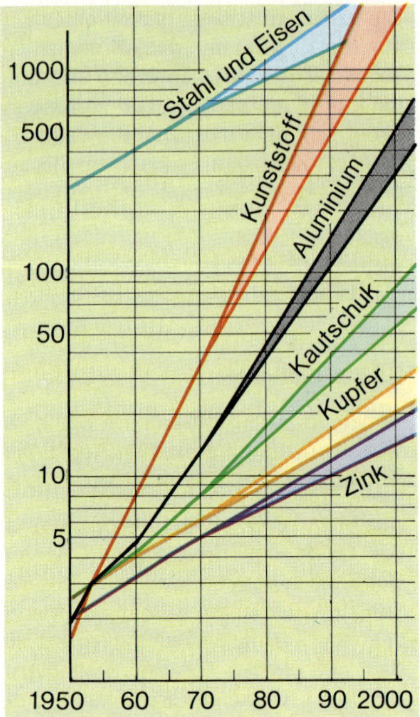

Abb. 1: Entwicklung des Werkstoffbedarfs

2.3.1 Eisenmetalle

Chemisch reines Eisen findet in der Technik kaum Verwendung. Die technisch verwertbaren Eisenwerkstoffe sind **Legierungen** des Eisens mit Nichtmetallen wie Kohlenstoff, Schwefel, Silicium oder mit Metallen wie Chrom, Nickel, Vanadium, Mangan, Molybdän. Eisenmetalle werden in **Stahl** und **Eisengußwerkstoffe** eingeteilt.

Der besondere Vorteil von Stahl besteht darin, daß er durch Legieren und Wärmebehandlung für die verschiedensten Anforderungen »maßgeschneidert« hergestellt werden kann. Darüber hinaus sind Eisenmetalle gut zu verarbeiten (umformbar, zerspanbar).

2.3.2 Nichteisenmetalle

Werkstoffe werden als Nichteisenmetalle (NE-Metalle) bezeichnet, wenn es sich bei ihnen um

- Reinmetalle (unlegierte Metalle), mit Ausnahme des Eisens, oder um
- Legierungen handelt, in denen ein anderes Metall als Eisen den jeweils größten Stoffanteil bildet.

Die meisten Nichteisenmetalle sind durchweg korrosionsbeständig an der Luft, einige sogar gegen Laugen und Säuren. Der Grund dafür ist eine dichte und festhaftende Oxidschicht, die sich an der Oberfläche der Metalle durch Reaktion mit dem Sauerstoff der Luft bildet.

NE-Metalle werden nach ihrer Dichte in zwei Gruppen eingeteilt:

- Leichtmetalle,
- Schwermetalle.

Die **Grenze** zwischen Leicht- und Schwermetallen liegt bei einer Dichte von **5 kg/dm³** (5 g/cm³).

Gewinnung von NE-Metallen

Nur die Edelmetalle kommen in der Natur rein (gediegen) vor. Die übrigen Metalle sind mit den Elementen Sauerstoff, Schwefel, Kohlenstoff als Metallerz gebunden und im Gestein eingelagert. Das erzhaltige Gestein wird abgebaut, aufbereitet und anschließend in Öfen reduziert und geschmolzen. Häufig werden die Metalle nach diesem Prozeß noch durch Umschmelzen, Destillieren oder elektrolytisch gereinigt.

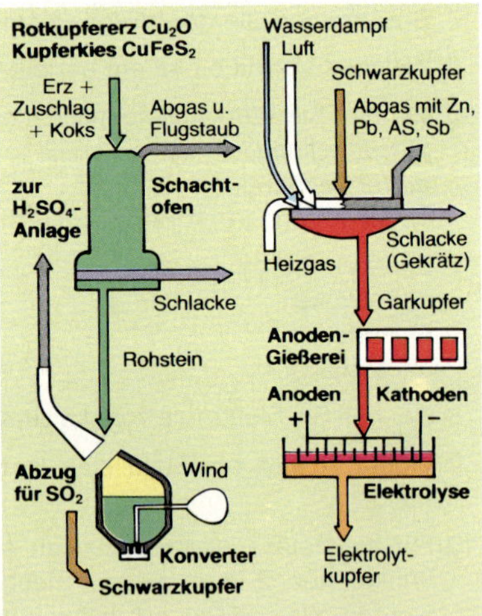

Abb. 2: Gewinnung von NE-Metall am Beispiel Kupfer

Die meisten NE-Metalle sind bei einem hohen Reinheitsgrad sehr weich und von geringer Festigkeit. Festigkeit und Härte können allerdings durch Legieren erheblich gesteigert werden.

2.3.2.1 Leichtmetalle

NE-Metalle mit einer Dichte unter 5 kg/dm³ sind

- Magnesium Mg,
- Beryllium Be,
- Aluminium Al,
- Titan Ti.

Magnesium: Dichte 1,74 kg/dm³; Schmelzpunkt 650 °C
Erz: Magnesit $MgCO_3$; Dolomit $CaCO_2 \cdot MgCO_3$

Reines Magnesium (Mg 99,8) ist sehr weich, von weißlichem Aussehen, hat geringe Korrosionsbeständigkeit und sehr geringe Festigkeit.

Verwendung als Desoxidationsmittel[1] beim Stahl- und Metallgießen, als Brennsatz bei Feuerwerkskörpern, für Magnesiumfackeln, zu Stangen gepreßt als Schutzanode (Korrosionsschutz für Stahltanks).

Magnesium wird für die Herstellung von **Kugelgraphitguß** (GGG) benötigt.

Um Festigkeit, Härte und Korrosionsbeständigkeit dieses leichtesten Metallwerkstoffes zu steigern, wird Magnesium mit Aluminium, Zink und Mangan legiert.

Die Knetlegierung MgAl 8 wird zu Schmiede- und Preßteilen sowie zu Halbzeugen verarbeitet. Die Gußlegierung G-MgAl9Zn wird für stark beanspruchte Gußteile im Kfz-Bau für Getriebe und Motoren verwendet.

Bei der Zerspanung von Mg-Legierungen können sich durch Reibungswärme, besonders bei stumpfen Werkzeugen, dünne **Späne** leicht von **selbst entzünden.** Zur Kühlung keine wasserhaltigen Kühlschmierstoffe verwenden und Magnesiumbrände niemals mit Wasser löschen, da durch die erhöhte Aufnahme von Sauerstoff explosionsartige Stichflammen entstehen können (Pulverlöschgeräte verwenden oder mit Sand löschen).

Abb. 3: Anlage zur Gewinnung von Aluminium (Elektrolysehalle)

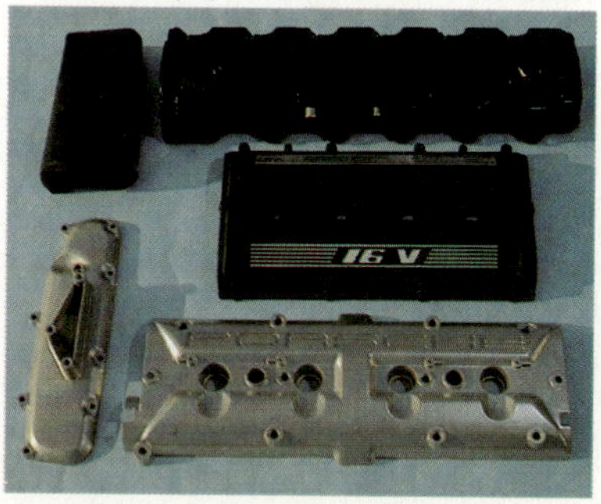

Abb. 4: Motorenteile aus Mg-Legierung

Beryllium: Dichte 1,9 kg/dm³; Schmelzpunkt 1280 °C
Erz: Beryll (Aquamarin, Smaragd)

Reines Beryllium (Be 99,5) ist ein silberweißes, hartes und sprödes Metall.

Verwendung: Reflektormetall für Sonnenspiegel, Legierungsmetall für Verkleidungsbleche bei Raketennasen, Legierungsbestandteile von Cu-Be Legierungen für sehr harte korrosionsbeständige Chirurgiebestecke. Mit Nickel legiert wird es als Werkstoff für **funkenfreie Werkzeuge** zum Gebrauch in explosionsgefährdeten Räumen verwendet.

---

[1] Desoxidationsmittel sind Zusätze, die bei Metallschmelzen die schädliche Aufnahme des Luftsauerstoffes stark mindern.

Aluminium: Dichte 2,7 kg/dm³; Schmelzpunkt 658 °C
Erz: Bauxit

Gegenüber Stahl zeigt Aluminium um 2/3 günstigere Werte im Dichte–Festigkeitsverhältnis. Durch Legierungszusätze und Wärmebehandlung kann Aluminium ebenso wie Stahl den Aufgabenstellungen angepaßt werden. Daher ist Aluminium besonders geeignet im Flugzeugbau, Fahrzeugbau und bei allen dynamisch beanspruchten Teilen im Maschinenbau. Durch formenreiche Halbzeuge mit ausreichender Festigkeit fördert Aluminium den Fortschritt im **Leichtbau.**

So beträgt z. B. das Gewicht einer Al-Dachkonstruktion nur $^2/_3$ des Gewichtes einer Stahlkonstruktion bei gleicher Tragfähigkeit.

Tabelle 2.4: Eigenschaften und Anwendungsbereiche von Aluminium

Eigenschaften
gute thermische und elektrische Leitfähigkeit; gute Korrosionsbeständigkeit; gute Verformbarkeit; gute spanende Bearbeitbarkeit; gute Gußeigenschaften; gute Legierbarkeit; geringe Zugfestigkeit.
Verwendung
Folien, Drähte, Rohre; Bänder, Niete; Behälter, Fahrzeugzubehör, Zierleisten; Reflektoren, Baubeschläge; Beleuchtungskörper, Verpackungsmaterial für die Lebensmittelindustrie.

Aluminium-Legierungen

Zur Erhöhung der Festigkeit und Härte wird Aluminium legiert. Hauptlegierungselemente sind Kupfer (bis zu 6%), Magnesium (bis 11%), Zink (bis 6%) sowie geringe Mengen von Chrom, Mangan, Titan und Blei. Man unterscheidet nach DIN 1725 Aluminium-**Knetlegierungen** und Aluminium-**Gußlegierungen.**

Durch genau bemessene Zusätze von Kupfer oder Magnesium-Zink (MgZn) erhält man Legierungen von besonderer Festigkeit.

Aluminium und Aluminium-Legierungen lassen sich durch Schmieden, Walzen und Spanen bearbeiten. Beim Spanen sollen die Werkzeuge **große Spanwinkel** und **große Spanräume** aufweisen.

Abb. 1: Al-Verkleidung am Flugzeug

Titan: Dichte 4,5 kg/dm³; Schmelzpunkt 1668 °C
Erz: Rutil, Ilmenit

Reines Titan hat bei geringerer Dichte und bis zu 500 °C stahlähnliche Eigenschaften. Es ist korrosionsbeständig, dauerschwingfest und warmfest.

Titan ist nach dem Reinheitsgrad in mehrere Gruppen eingeteilt. Eine Kennzeichnung erfolgt nach Kurzzeichen oder Werkstoffnummern, z.B. Ti 99,2 (3.7065) oder Ti 99,6 (3.0725).

Tabelle 2.5: Aluminium-Legierungen

DIN 1725 Aluminium-Knetlegierung (nicht aushärtbar)		
Bezeichnung nach DIN 1700	Chemische Zusammensetzung	Anwendungsgebiete
AlMn	0,8 ... 1,5 Mn; 0 ... 0,3 Mg; Rest Al	Zierleisten und Bänder, korrosionsfeste Verkleidungen und Abdeckungen
AlMg3Si	2,3 ... 3,5 Mg; 0,5 ... 0,8 Si; 0,3 ... 0,8 Mn; 0 ... 0,3 Cr; Rest Al	Apparatebau, Fahrzeugbau und Schiffsbau
DIN 1725 Aluminium-Knetlegierung (aushärtbar)		
AlCuMg0,5	2,0 ... Cu; 0,2 ... 0,5 Mg; Rest Al	Nietwerkstoff
AlZnMg3	4,2 ... 5,3 Zn; 2,0 ... 3,5 Mg; 0,1 ... 0,6 Mn; 0,1 ... 0,3 Cr; Rest Al	Bergbau, Fahrzeugbau, Maschinenbau
AlCuMg2	3,8 ... 4,9 Cu; 1,2 ... 1,8 Mg; 0,3 ... 1,1 Mn; Rest Al	hochfeste Legierung für Flugzeug-, Fahrzeug- und Maschinenbau
AlZnMg1	4,2 ... 5,3 Zn; 0,4 ... 1,0 Mg; 0,1 ... 0,6 Mn; 0,1 ... 0,3 Cu; Rest Al	Triebwagen; U- und S-Bahn-Wagen

Titanwerkstücke werden in der Luft- und Raumfahrttechnik, für Raketen und Düsentriebwerke, in der chemischen Industrie und in der Galvanotechnik verwendet.

In der Medizin verwendet man Titan zum Beispiel für künstliche Hüftgelenke. Mit Aluminium, Chrom, Molybdän und Vanadium legiert, ergibt sich ein hochwertiger Werkstoff für Turbinenschaufeln, Rumpfbleche von Überschallflugzeugen, Radarantennen, Schrauben und Niete beim Flugzeugbau, sowie Rotorköpfe von Hubschraubern.

Titan kann spanlos durch Biegen oder spanend durch Bohren, Drehen und Fräsen bearbeitet oder z.B. durch Elektronenstrahlschweißen miteinander verbunden werden.

Das Umformen von Titanblechen geschieht kalt im lösungsgeglühten Zustand oder erwärmt bei Temperaturen zwischen 250 °C und 450 °C. Bei der spanenden Bearbeitung ist wegen der hohen Festigkeit und Zähigkeit die Belastung der Werkzeugschneiden sehr groß. Scharfgeschliffene Werkzeuge, kleine Schnittgeschwindigkeit, geringer Vorschub bei großer Zustellung ergeben gute Maßgenauigkeit und geringe Rauhtiefen.

Die Gewinnung von Titan und die Weiterverarbeitung zu Halbzeugen ist fertigungstechnisch aufwendig und daher teuer. Im Vergleich zu Aluminium ist Titan etwa sechsmal teurer. Aufgrund seiner guten physikalischen, technischen und chemischen Eigenschaften wird Titan trotz seines hohen Preises immer mehr als Konstruktionswerkstoff für leichte, aber hochbelastbare Bauteile eingesetzt.

Titan ist darüber hinaus ein hochwertiges Legierungselement bei der Herstellung von hoch- und warmfesten Stahllegierungen. Die chemische Verbindung von Titan und Kohlenstoff (Titankarbid TiC) ist ein Grundstoff zur Herstellung von Hartmetallen.

Abb. 2: Rotorkopf eines Hubschraubers aus einer Titan-Legierung (TiAl6V4)

Abb. 3: Drehmeißel mit Wendeschneidplatten aus Hartmetall

2.3.2.2 Schwermetalle

NE-Metalle mit einer Dichte $> 5\,kg/dm^3$ bezeichnet man als Schwermetalle.

Schwermetalle werden eingeteilt in:

- **Buntmetalle**
  Kupfer, Nickel, Zink und deren Legierungen
- **Weißmetalle**
  Blei, Zinn, Antimon und deren Legierungen
- **Legierungsmetalle**
  Wolfram, Molybdän, Tantal, Chrom, Mangan, Vanadium, Kobalt, Cadmium, Bismut
- **Edelmetalle**
  Silber, Gold, Platin.

Aus der großen Gruppe der NE-Schwermetalle sind für die metallverarbeitende Industrie die Buntmetalle und Weißmetalle von Bedeutung. Für die Stahlherstellung sind die Legierungsmetalle sehr wichtig. In der Schmuckwarenindustrie werden hauptsächlich die Edelmetalle Gold, Silber und Platin verarbeitet.

Tabelle 2.6: Nichteisenschwermetalle

Schwermetalle				
Name	chem. Symbol	Dichte in $\frac{kg}{dm^3}$	Schmelzpunkt in °C	Zugfestigkeit in $\frac{N}{mm^2}$
Kupfer	Cu	8,9	1084	150…200
Zink	Zn	7,1	419	30…40
Zinn	Sn	7,3	232	—
Blei	Pb	11,3	327	40…120
Nickel	Ni	8,83	1452	450

Kupfer: Dichte 8,9 kg/dm³; Schmelzpunkt 1084 °C
Erz: Kupferglanz, Kupferkies

Kupfer gilt aufgrund seiner vielseitigen Eigenschaften als eines der gebräuchlichsten NE-Schwermetalle. Bei reinem Kupfer unterscheidet man **sauerstoffhaltige** und **sauerstofffreie** Kupfersorten (Tab. 2.7).

Reines Kupfer läßt sich nur durch Werkzeuge mit großem Spanwinkel unter Einsatz geeigneter Kühlschmierstoffe, z.B. Petroleum, zerspanen. Zum Zerspanen durch Schleifen ist Kupfer nicht geeignet.

Aufgrund seiner Geschmeidigkeit und Dehnbarkeit läßt es sich gut durch Treiben und Drücken verformen. Eine bei der Umformung auftretende **Kaltverfestigung** kann durch Rekristallisationsglühen[1] wieder beseitigt werden.

Tabelle 2.7: Kupfersorten

DIN 1708	
Sauerstoffhaltige Kupfersorten	Sauerstofffreie Kupfersorten
E1-Cu58 E2-Cu58 E-Cu57 F-Cu Cu-Gehalt ≧99,90% für Stangen, Rohre, Bleche, Bänder	OF-Cu SE-Cu SW-Cu SF-Cu Cu-Gehalt ≧99,95% Verwendung, wenn Schweißbarkeit verlangt wird

Kupferlegierungen

Kupfer wird vielfach mit Zink, Zinn, Nickel und Aluminium legiert.

Tabelle 2.8: Kupferlegierungen

DIN 17660 Kupfer-Zink-Legierungen		
Bezeichnung nach DIN 1700	Chemische Zusammensetzung	Anwendungsgebiete
CuZn 36 Pb 1	63% Cu; 36% Zn; 1% Pb	spanende Formung aller Art
CuZn 39 Pb 3	58% Cu; 39% Zn; 3% Pb	(Automatenmessing)
CuZn 40 Pb 3	57% Cu; 40% Zn; 3% Pb	
CuZn 37	63% Cu; 37% Zn	Standardwerkstoff für spanlose Formung
CuZn 28	72% Cu; 28% Zn	Herstellung von Blasinstrumenten und dünn-
CuZn 30	70% Cu; 30% Zn	wandigen Metallhülsen
G-CuZn 35	65% Cu; 35% Zn	Herstellung von Gußstücken (Sandguß)
DIN 17662 Kupfer-Zinn-Legierungen		
CuSn 6	94% Cu; 6% Sn;	Bleche, Bänder
CuSn 8	92% Cu; 8% Sn;	Rohre, Federn
G-CuSn 14	86% Cu; 14% Sn;	Lagerschalen
G-CuSn 10 Zn	87% Cu; 10% Sn; 3% Zn	Spindelmuttern, Schneckenräder
DIN 1716 Kupfer-Blei-Zinn-Legierungen		
G-CuPb 15 Sn	82% Cu; 15% Pb; 3% Sn	Lagermetall für Gleitlager
DIN 17665 Kupfer-Aluminium-Legierung		
CuAl 8	92% Cu; 8% Al;	korrosionsbeständige Werkstücke im Bergbau und in der chemischen Industrie
CuAl 11 Ni	87% Cu; 11% Al; 2% Ni	hochbelastbare Schrauben- und Schneckenräder
DIN 17663 Kupfer-Nickel-Zink-Legierungen		
CuNi 25 Zn 15 Pb	60% Cu; 25% Ni; 15% Zn	Schmuck und Eßbestecke
CuNi 18 Zn 19 Pb	62% Cu; 18% Ni; 1% Pb	Teile für Feinmechanik und Optik
DIN 17664 Kupfer-Nickel-Legierungen		
CuNi 44	55% Cu; 44% Ni; 1% Mn	korrosionsbeständiger Widerstandswerkstoff
CuNi 25	75% Cu; 25% Ni;	Münzlegierung

[1] Rekristallisationsglühen ist ein Erwärmen auf Temperaturen, bei denen sich das Gefüge neu ausbildet. Die Temperatur ist abhängig vom Metall und vom Verformungsgrad. (Kupfer: 50% umgeformt, 300 °C; 10% umgeformt, 400 °C)

Kupfer-Zink-Legierungen (Messinge)

Man unterscheidet zwei Gruppen: Legierungen für die **spanende** und für die **spanlose** Formung (Tab. 2.10).

Kupfer-Zinn-Legierungen (Zinnbronzen)

Man unterscheidet nach dem Zinngehalt zwischen **Guß-** und **Knetlegierungen.**

Kupfer-Blei-Zinn-Gußlegierungen

Diese Werkstoffe eignen sich dank ihrer guten Gleit- und Notlaufeigenschaften (Bleizusatz) vorzüglich als Gleitlagermetalle (G-Cu Pb 15 Sn).

Kupfer-Aluminium-Legierungen

Nach dem unterschiedlichen Aluminiumgehalt unterteilt man in Knetlegierungen 2% ... 8% Al) und Gußlegierungen (9% Al). Der Aluminiumgehalt steigert den Festigkeitswert.

Kupfer-Nickel-Zink-Legierungen (Neusilber)

Durch den Nickelzusatz von 10% ... 25% erhält die Legierung ein silberartiges Aussehen. Mit steigendem Nickelgehalt erhöht sich die Korrosionsbeständigkeit.

Kupfer-Nickel-Legierungen

Kupfer-Nickel-Legierungen mit hohem Nickelanteil werden für elektrische Drahtwiderstände verwendet (Werkstoffbezeichnung: Nickelin 30% Ni, Konstantan 44% Ni).

Die Kupfer-Nickel-Legierung CuNi25 wird als Münzenwerkstoff für 50-Pfennig-, 1-DM- und 2-DM-Münzen verwendet.

Tabelle 2.9: Eigenschaften, Verwendung und Einteilung von Kupfer

Eigenschaften
Gute thermische und elektrische Leitfähigkeit; gute Korrosionsbeständigkeit; gute Verformbarkeit; gute Wärmebeständigkeit; gute Lötbarkeit; schlechte Zerspanbarkeit; schlechte Gießbarkeit.
Verwendung
Drähte, Kabel, Schienen und Plattierungen für Elektroindustrie; Rohre und Behälter für Heizungszwecke; Temperaturbeständige und korrosionsfeste Dichtungen; flammen- und elektrischbeheizte Lötkolben; Hartlote; Verkleidungsbleche und Dachrinnen im Hausbau

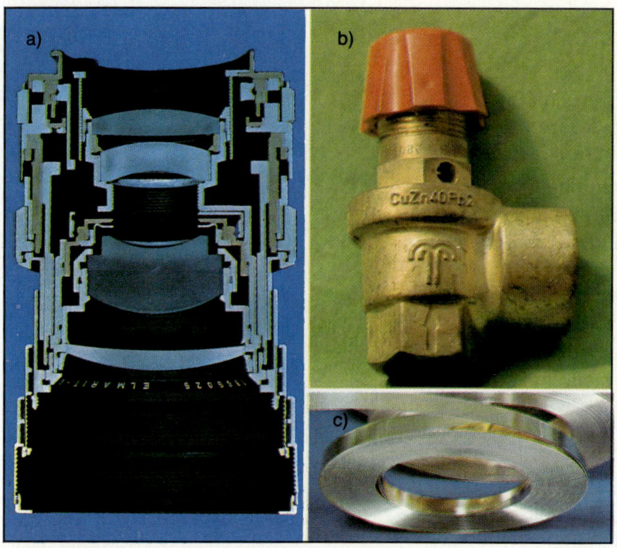

Abb. 1: Werkstücke aus NE-Schwermetallegierungen
a) Objektivgehäuse aus Cu-Ni-Zn-Legierung;
b) Gegossene Armatur aus Cu-Zn-Legierung;
c) Gewalzte Bänder aus unterschiedlichen Cu-Sn-Legierungen

Tabelle 2.10: Kupfer-Zink-Legierungen

CuZn 37 (Kupfer 63%, Zink 37%) **Knetlegierung:** Cu-Zn-Legierungen mit bis zu 37% Zink sind gut spanlos formbar. Durch Walzen und Glühen können Zugfestigkeit und Bruchdehnung stark verändert werden. Erzeugnisse: Bleche, Rohre, Drähte und Profile.
CuZn 40 Pb 2 (Kupfer 58%, Zink 40%, Blei 2%) **Automatenlegierung:** Cu-Zn-Legierungen mit 40% Zink und mehr ergeben kurze Späne. 2% Bleizusatz begünstigt den Spänestau und Späneabfluß, und daraus resultiert ein gleichmäßige Oberfläche mit geringer Rauhtiefe.

Zink: Dichte 7,1 kg/dm³; Schmelzpunkt 419 °C
Erz: Zinkblende, Zinkspat

Reines Zink (Zn 98,5) ist in Luft äußerst korrosionsbeständig. Es läßt sich gut schweißen, löten und gießen. Zink ist sehr spröde. Daher muß Zinkblech beim Biegen auf 100 °C ... 150 °C erwärmt werden.

Zink wird vorwiegend mit Aluminium und Kupfer legiert.

Verwendung: Zinkdruckguß für Vergasergehäuse, Feinmechanikteile, Spielwaren, Korrosionsschutz für Eisen- und Stahlwerkstoffe, Anoden für galvanische Elemente, G-ZnAl 6 Cu 1 für die Herstellung gering belastbarer Gußstücke. Zur Herstellung von Druckgußteilen in der Spielwarenindustrie verwendet man meist die Gußlegierung G-ZnAl 14 Cu 1.

Abb. 1: Reinzink, grobkristalline Bruchfläche

Zinn: Dichte 7,3 kg/dm³; Schmelzpunkt 232 °C
Erz: Zinnstein, Zinndioxid

Reines Zinn (Sn 99,75) ist korrisionsbeständig gegenüber Lebensmitteln, unter Luftabschluß gegen organische Säuren, Fruchtsäfte, Öle und Treibstoffe. Es ist weich und dehnbar.

Bei Temperaturen unter −18 °C kann sich die Kristallgitterform umwandeln, das Material zerfällt dann in ein graues Pulver (Zinnpest). Beim Biegen von Zinndrähten entsteht durch gegenseitige Reibung der Kristallite ein knisterndes Geräusch, der sogenannte Zinnschrei.

Verwendung: Überzugsmetall für Feinstblech aus Stahl (Weißblech) zur Konservendosenherstellung, Überzugsmetall für Gebrauchsbehälter aus Kupfer und für Ziergegenstände, Herstellung von Milchglas, als Werkstoff für Orgelpfeifen. Zinn wird mit Blei, Antimon, Bismut und Cadmium legiert und als Werkstoff für Gleitlager z.B. Lg-Sn 90 oder als Weichlot z.B. L-Sn 60 Pb verwendet.

Abb. 2: Gefäß aus Reinzinn

Blei: Dichte 11,3 kg/dm³; Schmelzpunkt 327 °C
Erz: Bleiglanz

Reines Blei (Pb 99,99) ist weich und biegsam und besitzt eine hohe Korrosionsbeständigkeit auch gegen Säuren. Blei bietet Schutz gegen Röntgenstrahlen und Strahlen radioaktiver Stoffe.

Verwendung: Säurefeste Behälter, Schutzumhüllung für Erdkabel, Strahlenschutz gegen radioaktive Strahlen, Zugabe bei der Erschmelzung von Kristall- und Linsenglas, als Auswuchtgewicht von Pkw-Rädern. Blei wird mit Zinn, Cadmium und Antimon legiert und als Metall für Gleitlager z.B. Lg-PbSn 9 Cd, Letternmetall PbSb 10 Sn oder Hartblei PbSb 8 verwendet.

Blei- und Bleiverbindungen sind **giftig.** Deshalb sind Weichlote mit Bleizusatz bei der Konservendosenherstellung verboten.

Abb. 3: Auswuchtgewicht aus Blei an einer Fahrzeugfelge

Nickel: Dichte 8,9 kg/dm³; Schmelzpunkt 1452 °C
Erz; Eisennickelkies

Reines Nickel (E-Ni 99,8) ist zäh, silberweiß glänzend und läßt sich wegen seiner feinporigen Oberfläche gut polieren. Nickel ist **magnetisch** und äußerst korrosionsbeständig.

Verwendung: Galvanische Überzüge, Legierungszusätze für korrosions- und warmfeste, sowie hitzebeständige Stähle.

Nickel wird mit Mangan, Aluminium und Beryllium legiert.

2.3.2.3 Legierungselemente

Physikalische, technologische und chemische Eigenschaften von Stahl- und Eisenwerkstoffen können in großem Umfang von Legierungselementen beeinflußt werden. Entscheidend dafür sind die **Art,** der **prozentuale Anteil** und das **Zusammenwirken** der metallischen und nichtmetallischen Zusatzstoffe im Eisengefüge.

Tabelle 2.11: Einfluß der wichtigsten Legierungselemente auf die Eigenschaften der Eisen- und Stahlwerkstoffe

Legierungselemente / Eigenschaften	Nichtmetalle					Metalle						
	C	N	Si	S	P	Co	Cr	Mn	Mo	Ni	V	W
Zugfestigkeit im Walz- u. Glühzust.	△	▽	△	○	▽	△	△	△	△	△	△	△
Zähigkeit	▽	▽	▽	▽	▽	▽	▽	▽	△	△	△	△
Warmfestigkeit	△	▽	○	▽	▽	△	△	△	△	△	△	△
Warmformbarkeit	▽	▽	▽	▽	▽	▽	○	▽	○	△	○	▽
Kaltformbarkeit	▽	▽	▽	▽	▽	▽	○	⁄	▽	⁄	○	▽△
Spanende Bearbeitung	▽	⁄	▽	△	▽	○	▽	▽	○	▽	○	○
Korrosionsbeständigkeit	○	▽	△	▽	△	△	△	△	△	△	△	▽
Durchhärtung im Vergleich zu »C«	○	⁄	△	⁄	△	⁄	△	△	△	△	△	△
Schweißbarkeit	▽	⁄	○	▽	▽	▽	▽	▽	▽	▽	▽	⁄
Beispiele für Stahlwerkstoffe (Anteile der einzelnen Legierungselemente)	Stahl: bis zu 2,06% Einsatzstähle 0,05–0,22% Vergütungsstähle 0,3–0,6% Werkzeugstähle 1,5%	Thomas-Stahl 0,02–0,04% Elektro-Stahl <0,016%	Si-Federstahl 1–3% Tiefziehblech <0,2%	Automatenstähle 0,15–0,3% Schweißdrähte <0,03%	Automatenstähle <0,1% Massenstähle <0,06%	Schnellarbeitsstähle 3–12%	Vergütungsstähle 0,6–1,2% Stähle, rost- und säurebeständig 13–18%	Mn-Hartstähle 10% Cr/Mn-Stähle 17–19% (3% Cr)	Warmfeste Baustähle 0,4–1% Warmarbeitsstähle 5–8%	Kaltzähe Stähle 9% Heizleiterwerkstoffe 60%	Schnellarbeitsstähle ≦5%	Schnellarbeitsstähle 8–20%

△ wirkt sich positiv aus ▽ wirkt sich negativ aus ○ ohne Auswirkung ⁄ keine Auswirkung feststellbar
▽△ wirkt sich je nach C-Gehalt verschieden aus

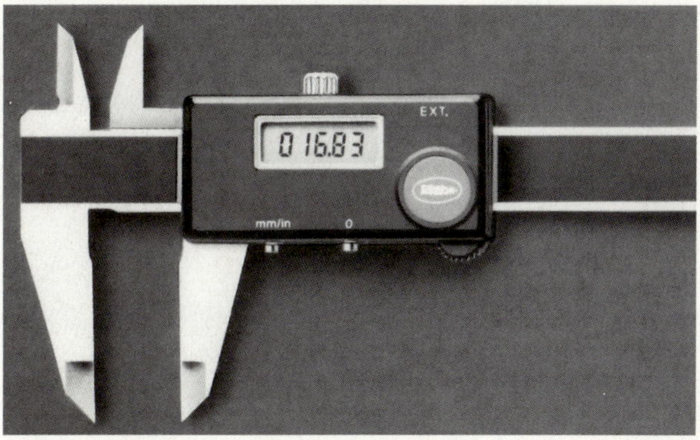

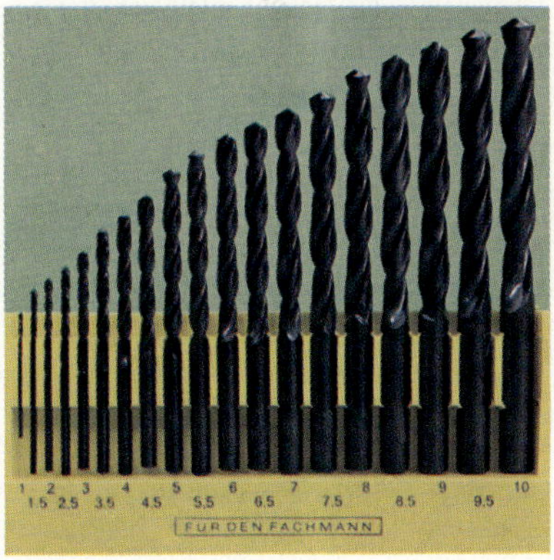

Meßschieber aus legiertem Qualitätsstahl

Legierungsbestandteile in %

Kohlenstoff	0,95	Wolfram	0,6
Mangan	1,0	Vanadium	0,2
Chrom	0,5		

Spiralbohrer aus legiertem Edelstahl

Legierungsbestandteile in %

Kohlenstoff	0,85	Wolfram	6,5
Molybdän	5,0	Vanadium	1,2
Kobalt	5,0	Chrom	4,3

2.3.3 Kunststoffe (Plaste)

Kunststoffe sind künstlich (synthetisch) durch **chemische Umwandlung** hergestellte Stoffe oder **umgewandelte Naturstoffe.**

Kunststoffe wurden erst am Anfang dieses Jahrhunderts entwickelt und hergestellt. Sie dienten ursprünglich als Ersatzstoffe für Holz, Leder, Leinen, Baumwolle und Naturgummi.

Im Laufe der Zeit wurden ihre Eigenschaften so weit verbessert, daß sie die Naturstoffe bei weitem übertreffen und somit Eingang in fast alle Bereiche technischer Anwendung gefunden haben.

Erst durch den Einsatz von Kunststoffen ließen sich in der Elektrotechnik z.B. Lichtleiterkabel und Schaltplatinen realisieren.

Wichtige gemeinsame Merkmale von Kunststoffen sind

- korrosionsfest und teilweise beständig gegen Chemikalien,
- elektrisch nichtleitend (Isolierstoffe)[1],
- geringe Wärmeleitfähigkeit,
- geringe Dichte (0,9 kg/dm^3 ... 2,2 kg/dm^3).

Abb. 1: Teile aus Kunststoff

Ausgangsstoffe und Herstellungsverfahren

Rohstoffe für vollsynthetische Kunststoffe sind Kohle, Erdöl, Erdgas, Kalk, Wasser und Luft, für die umgewandelten Naturstoffe Zellulose, Naturkautschuk und Milcheiweiß. Aus diesen Rohstoffen werden **einzelne Moleküle** oder **Molekülgruppen** von Kohlenstoff, Sauerstoff, Stickstoff und Wasserstoff gewonnen.

Diese Gruppen stehen ohne chemischen Zusammenhang im flüssigen oder gasförmigen Stoffgefüge. Man bezeichnet sie deshalb als **Monomere** (Einzelteile).

Unter Druck und Wärme reagieren nun sehr viele (mehrere tausend) dieser Monomere zu langen **Molekülketten** (Makromoleküle). Aus vielen flüssigen oder gasförmigen Monomeren entsteht dadurch ein fester Stoff, **ein Kunststoff.**

Chemische Reaktionen dieser Art bezeichnet man als **Syntheseverfahren.**

Sie werden unterteilt in

- Polymerisation,
- Polykondensation,
- Polyaddition.

Bei einer **Polymerisation** werden Doppelbindungen aufgesprengt und zu langgestreckten, fadenförmigen Makromolekülen mit Einfachbindung zusammengefügt. Diese Molekülketten sind ungeordnet ineinander verknäult, und daher bezeichnet man den Aufbau so entstandener Kunststoffe als amorph.

Bei der **Polykondensation** und der **Polyaddition** entstehen Molekülketten, die nicht nur miteinander verknäult, sondern an vielen Berührungspunkten chemisch miteinander verbunden (vernetzt) sind.

Je nach »Vernetzungsgrad« kann ein Kunststoff hart und spröde oder weich und elastisch sein.

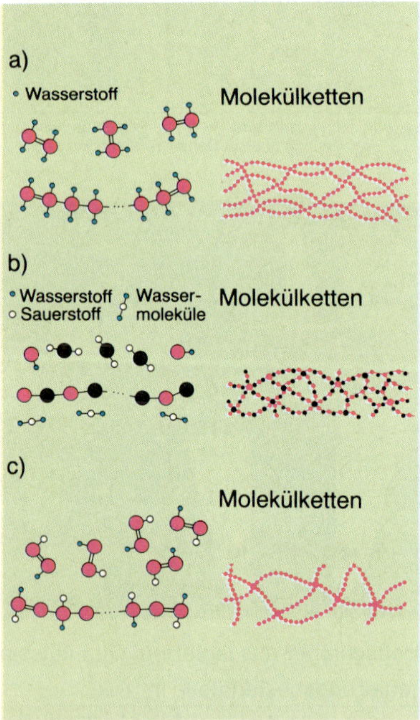

Abb. 2: Syntheseverfahren
a) Polymerisation, b) Polykondensation, c) Polyaddition

---

[1] Durch besondere Verfahren können auch elektrisch leitfähige Kunststoffe hergestellt werden.

Tabelle 2.12: Wichtige Kunststoffe

Polykondensate	Handelsnamen	Eigenschaften	Anwendungsgebiete	Erkennungsmerkmale	Eigenschaften: Zugfestigkeit in N/mm²	Eigenschaften: Dichte in kg/dm³
Polyamide (PA) (Thermoplast)	Durethan Rilsan Ultramid Vestamid	je nach Feuchtigkeitsgehalt spröde oder zäh, hoher Abriebwiderstand, unzerbrechlich	Zahnräder, Lager, Gleitelemente, Rollen, Schrauben, Pumpen, Armaturen, Gehäuse, Kfz.-Teile, Schutzhelme	leicht entflammbar, bläuliche Flamme mit gelbem Rand, tropft fadenziehend, Geruch nach verbranntem Horn	40...80	1,04...1,15
Phenoplast-Preßmassen (PF) mit Typ 31 (Holzmehl) Typ 71 (Textilfasern) Typ 74 (Textilschnitzel) (Duroplast)	Bakelite Resinol Resart Supraplast Trolitan Urbanit	Standardmasse für Preßteile aller Art, schlagfest hochschlagfest	Knöpfe, Fernsprechapparate, Gehäuse, Lager, Zahnräder, Spulenkörper, Griffe, Knebel, Gehäuseteile, Lagerschilder, Abdeckungen	schwer entflammbar, bläht sich auf, helle rußende Flamme, Karbolgeruch	über 25	1,40
Polyaddukte	Handelsnamen	Eigenschaften	Anwendungsgebiete	Erkennungsmerkmale	Eigenschaften: Zugfestigkeit in N/mm²	Eigenschaften: Dichte in kg/dm³
Polyesterharz mit Glasfasern (Duroplast)	Leguval Palatal Polyleit Vestopal	hart, schlagzäh	Behälterbau, Rohrleitungen, Profile, Boote, Lichtdächer, Fahrzeugteile, Maschinengehäuse, Korrosionsschutz	leicht entflammbar, leuchtend, rußend, verkohlt	10...35	1,80
Vernetzte Polyurethane (Duroplast)	Moltopren Vulkolan	elastisch alterungsfest beständig	Polsterschaum, Transportbänder, Schwämme, Schuhsohlen	brennt leuchtend	—	0,03...1,20
Expoxidharz (Duroplast)	Araldit Beckopox Lekutherm Uhu plus	hart, spröde	Modellbau, Werkzeuge, Klebstoff, in der Elektrotechnik: Isolierteile, Elektrische Meßinstrumente	brennt leuchtend gelb, rußend	7	1,20
Polymerisate	Handelsnamen	Eigenschaften	Anwendungsgebiete	Erkennungsmerkmale	Eigenschaften: Zugfestigkeit in N/mm²	Eigenschaften: Dichte in kg/dm³
Polyethylen hart (PE) (Thermoplast)	Lupolen Vestolen	steif, unzerbrechlich	Gehäuse, Abdeckungen, Rohrleitungen, Armaturen, Apparatebau	leicht entflammbar, Paraffingeruch	25	0,96
Polypropylen (PP)	Hostalen PP Novolen Vestolen P	hart, rückstellfähig, unzerbrechlich, in der Kälte schlagempfindlich	Elektroinstallationsmaterial, Rohrleitungen, Armaturen, Apparatebau, Gerätegehäuse, Färbespulen, Waschmaschinenteile	etwas brenzliger Geruch (Thermoplast)	30	0,91
Polyvinylchlorid (PVC) (Thermoplast) PVC weich	Vinoflex Vestolit Hostalit	flexibel, gummielastisch	Griffe, Stecker, Kabelendverschlüsse, Lüsterklemmen, Schutzkappen, Dämpfungselemente, Schläuche	leicht entflammbar, leuchtend, rußend, stechend nach Salzsäure riechend,	10	1,30
PVC hart	Vinnol Mipolam Solvic	hart, steif	Rohrleitungen, Armaturen, Apparatebau	schwer entflammbar, verkohlt stechend nach Salzsäure riechend	60	1,40
Polystyrole Thermoplast				leicht entflammbar, leuchtend,	50	1,00
Styrol-Acrylnitril-Mischpolymeristat (Typ 441) (SAN)	Hostyren	hart, steif, schwer zerbrechlich	Büro- u. Zeichenartikel, Bauteile für Rundfunk-, Phono- und Fernsehgeräte, Kfz.-Teile, Spulenkörper, Gehäuse, Kühlschrankteile	stark rußend, süßlicher Geruch (Thermoplast)	40	1,00
Polytetrafluorethylen (PTFE) Thermoplast	Hostaflon TF Teflon	unzerbrechlich mit dem Nagel ritzbar, wachsartiger Griff	Isolierfolien, Tiegel, wartungsfreie Kfz.-Lager, Raketen- und Raumfahrttechnik, nichthaftende Beläge, Packungen, Dichtungen, Dehnungselemente, Rohrleitungen, Armaturen, Drahtisolationen	unbrennbar (Thermoplast)	20	2,20

Alle Kunststoffe nehmen während ihrer Herstellung einmal einen weichen, leicht form- und knetbaren Zustand ein. Man nennt sie deshalb **Plaste.**

Nach den mechanischen Eigenschaften und dem Verhalten bei Erwärmung unterteilt man Kunststoffe in

- Duroplaste,
- Thermoplaste,
- Elastomere.

2.3.3.1 Duroplaste[1]

Duroplaste (Duromere) sind Kunststoffe, die nach **erstmaliger Erstarrung** (Härtung) bis zu einer bestimmten Temperatur **fest** und **formbeständig** bleiben. Weitere Erwärmung führt zu einer chemischen Veränderung der Struktur und damit zur Zerstörung des Werkstoffes.

Duroplaste sind somit nach einer erstmaligen Formgebung nur noch spanend bearbeitbar.

2.3.3.2 Thermoplaste[2]

Thermoplaste (Plastomere) sind Kunststoffe, die auch nach einer erstmaligen Erstarrung bei einer Erwärmung **wieder weich und formbar** werden. Werkstücke, die aus Thermoplast hergestellt wurden, sind daher vor übermäßiger Wärmeeinwirkung zu schützen, z.B. vor direkter Sonnenbestrahlung oder heißen Herdplatten.

Abfälle oder gebrauchte Werkstücke aus Thermoplast können wiederverwertet werden.

2.3.3.3 Elastomere

Elastomere (Elaste) sind Kunststoffe, deren Kettenmoleküle sehr **weitmaschig** verknüpft sind. Ihr Verhalten ist daher **gummielastisch;** das bedeutet, daß bei einer äußeren Krafteinwirkung die Makromoleküle aus der verknäulten Lage so weit gestreckt werden, wie es die Verknüpfungsstellen gestatten. Nach Beendigung der Krafteinwirkung gehen die Makromoleküle wieder in ihre ursprüngliche Lage zurück.

Durch unterschiedliche Anteile von Schwefelzugaben verändert sich die Anzahl der Verknüpfungsstellen. Dadurch wird ein weichelastisches oder hartelastisches Verhalten erzielt.

Bei Erwärmung ändert sich das Verhalten von Elastomeren nicht vollständig. Überschreitet die Erwärmung jedoch eine bestimmte Grenze, wird die Struktur der Makromoleküle verändert und der Kunststoff zerstört.

Die Bezeichnung Duroplast, Thermoplast und Elastomer kennzeichnet neben der Festigkeit und Härte des Kunststoffes vor allem sein Verhalten bei Erwärmung (thermisches Verhalten).

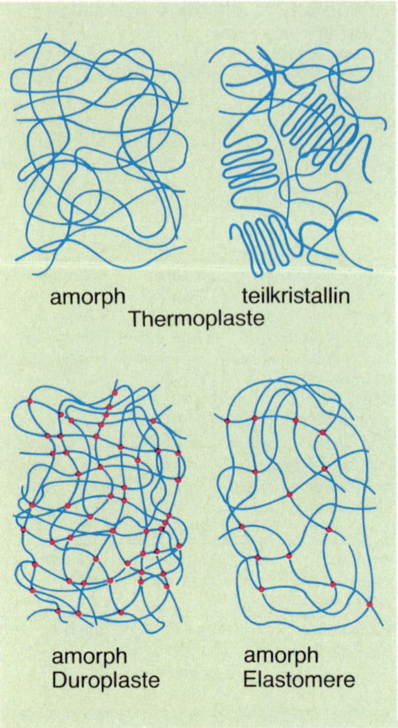

Abb. 1: Aufbau der Kunststoffe

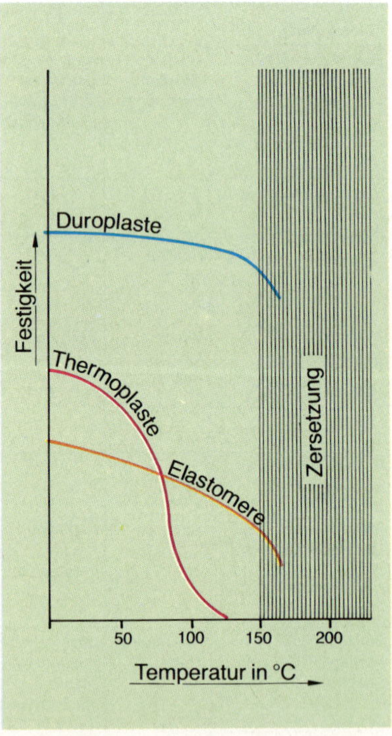

Abb. 2: Thermisches Verhalten der Kunststoffe

[1] durus: (lat.) hart

[2] thermos: (griech.) warm

Bearbeitungshinweise für Werkstücke aus Duro- und Thermoplast

Duroplaste lassen sich **spanend** gut durch Bohren, Fräsen und Drehen bearbeiten.

Kunststoffe dieser Art ermöglichen im allgemeinen hohe Schnittgeschwindigkeiten. Da jedoch durch mangelnde Wärmeleitfähigkeit an der Wirkstelle ein **Wärmestau** auftritt, kommt es dadurch zu einer schnellen **Schneidenabstumpfung.**

Duroplaste können nicht gebogen, gefalzt oder geschweißt werden. Sind dennoch Werkstücke aus mehreren Teilen herzustellen, werden sie geklebt.

Thermoplaste kann man gut schweißen und kleben. Bei richtiger Erwärmung können Thermoplaste fast beliebig spanlos verformt werden. Die Erwärmung spielt auch bei der spanenden Bearbeitung eine wichtige Rolle, da bei zu hoher Arbeitstemperatur der Werkstoff »schmiert« oder das Werkstück sich plastisch verformt.

Kunststoffe werden oftmals mit Kurzzeichen angegeben, die nach DIN 7728 genormt sind, z. B.:

ABS	**A**crylnitril-**B**utadien-**S**tyrol
AMMA	**A**crylnitril-**M**ethyl**m**et**a**crylat
CFK	**C**arbon**f**aserverstärkte[1] **K**unststoffe
FK	**F**aserverstärkte **K**unststoffe
GF-EP	**G**las**f**aserverstärkte **Ep**oxidharze
GFK	**G**las**f**aserverstärkte **K**unststoffe
GF-UP	**G**las**f**aserverstärkte **u**ngesättigte **P**olyester
Hgw	**H**art**gew**ebe
Hp	**H**art**p**apier
MF	**M**elamin**f**ormaldehyd
PC	**P**oly**c**arbonat
PS	**P**oly**s**trol
PUR	**P**oly**ur**ethan
UP	**U**ngesättigte **P**olyester

2.3.3.5 Verbundstoffe

Verbundstoffe sind Werkstoffe, die aus verschiedenen **einzelnen** Werkstoffen mit unterschiedlichen Eigenschaften bestehen, z. B. Kunststoffe und Glasfaser.

Der Sinn bei der Herstellung von Verbundstoffen ist, die guten Eigenschaften der einzelnen Werkstoffe so zu vereinen, daß der Verbundstoff Belastungen standhält, denen der Einzelwerkstoff nicht gewachsen ist, z. B. Keilriemen mit Stahl- oder Gewebeeinlagen.

Faserverstärkte Verbundstoffe nennt man Werkstoffe, bei denen Glasfasern, Kohlefasern oder Borfasern in Kunststoff, in Metall oder in Keramik eingebettet sind. Diese Werkstoffe werden bei Verbundstoffen **Matrixwerkstoffe**[2] genannt und die Fasern als Verstärkungskomponente oder Verstärkungsmaterial bezeichnet.

[1] Carbonfaser ≙ Kohlefaser
[2] Matrix: Mutterboden

Tabelle 2.13: Richtwerte für spanende Bearbeitung mit Schnellarbeitsstählen

		v in m/min	Spanwinkel	Freiwinkel
Hart-PVC	Bohren	1000…	Typ H	8°…10°
	Drehen	1000…1500	0°	15°
Polyamide	Bohren	100	Typ W	8°…10°
	Drehen	300…1000	40°…50°	8°…10°

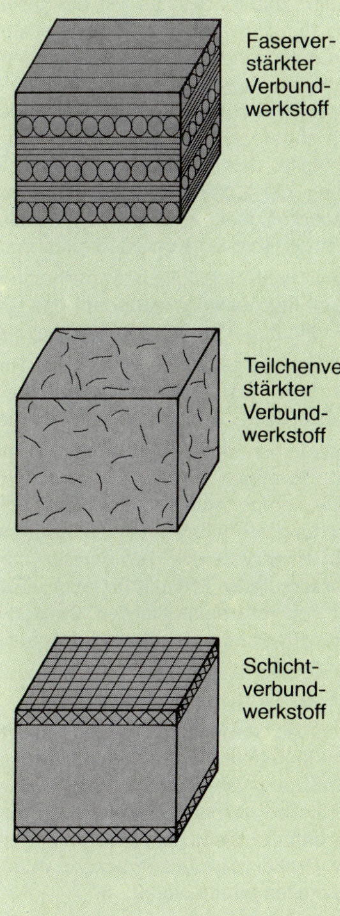

Abb. 3: Aufbau von Verbundwerkstoffen

2.3.3.5 Klebstoffe

Nach der Zusammensetzung unterscheidet man:

- Klebstoffe aus natürlichen Bestandteilen, z.B. Knochenleim oder Eiweißkleber,
- Klebstoffe aus synthetischen Bestandteilen, z.B. Einkomponenten- und Zweikomponentenkleber aus Kunstharz.

Metallkleber sind meistens Ein- und Zweikomponentenkleber aus Kunstharz. Nach der Temperatur beim Aushärten unterteilt man

- Warmkleber (150°C–200°C, 10 min bis 2 Std.),
- Kaltkleber (18°C, 3 sek bis mehrere Tage).

Einkomponentenkleber sind fertig gemischte Kleber, die entweder durch Berührung mit der Luft (aerob) oder Abschluß der Luft (anaerob) bei Kontakt mit Materialoberflächen härten. Anaerobe Klebstoffe werden in flüssiger Form aufgetragen und härten unter Luftabschluß bei Materialkontakt aus. Diese Klebstoffe sind besonders für Metallklebungen geeignet, da der Kontakt des Klebstoffes mit der Metalloberfläche eine chemische Reaktion auslöst und der Klebstoff härtet. Diese Klebeverbindungen sind schon nach Sekunden »handfest[1]« und können nach vollkommener Aushärtung hohe dynamische Belastungen aufnehmen. Diese Klebstoffe bestehen aus Methacrylatester. Eine andere Art von Einkomponentenkleber sind Cyanacrylatklebstoffe. Diese härten an der Luft und nützen den Niederschlag der Luftfeuchtigkeit zu einer chemischen Reaktion. Besonders geeignet sind diese Klebstoffe für Verbindungen von Kunststoffen oder Kunststoffteilen mit Metallteilen.

Cyanacrylat-Klebstoffe haben eine hohe Aushärtungsgeschwindigkeit (nur wenige Sekunden) und sind daher für kleine Teile, die schnell gefügt werden können, geeignet.

Einkomponentenkleber härten bei Raumtemperatur und werden daher als Kaltkleber bezeichnet. Aufgrund ihrer kurzen Reaktionszeit spricht man von »Sekundenklebern«.

Zweikomponentenkleber bestehen aus zwei flüssigen oder pastenförmigen Bestandteilen, dem Binder und dem Härter. Beide Komponenten sollen exakt nach dem vorgeschriebenen Mischungsverhältnis innig vermischt werden und härten innerhalb einer von der Temperatur abhängigen Zeit aus. Nur während dieser Zeitspanne, auch »Topfzeit« genannt, kann der Klebstoff verarbeitet werden. Danach ist eventuell übriggebliebener Klebstoff gehärtet und unbrauchbar.

Zweikomponentenkleber werden sowohl als »Kaltkleber« wie auch als »Warmkleber« angeboten.

Klebstoffe werden in zähflüssiger, pastenförmiger oder in fester Form angeboten. Viele davon werden kurz vor dem Aushärten dünnflüssig. Deshalb müssen Werkstücke, die mit solchen Klebstoffen verbunden werden, gegen Verschieben gesichert und oftmals zusätzlich zusammengepreßt werden. Sicherung bzw. Preßdruck müssen bis zur vollständigen Aushärtung des Klebstoffes erhalten bleiben.

[1] handfest: geklebte Teile können bereits transportiert werden, ohne sich dabei zu verschieben

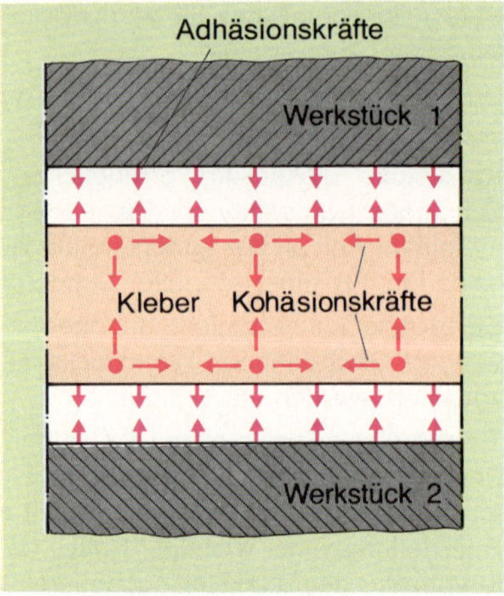

Abb.1: Wirkungsweise einer Klebeverbindung

Tabelle 2.14: Klebstoffarten

Kunststoffbasis		Methacrylatester	Melaminharz	Polyamidharz	Cyanacrylat	Epoxidharz
Verarbeitungsbedingungen	Temperatur	20°C	20°C	180°C	20°C	20°C
	Druck	kein Druck	kein Druck	50 N/cm²	50 N/cm²	kein Druck
Komponenten		1	2	1	1	1
Eigenschaften	Festigkeit	hoch bis sehr hoch	mittel	mittel bis hoch	sehr hoch	hoch bis sehr hoch
	Verformbarkeit	hoch	sehr hoch	mittel	mittel	hoch
Beständig bis		150°C	80°C	400°C	100°C	80°C

2.3.4 Schneidstoffe

Bei der spanenden Fertigung besteht der Schneidkeil des Werkzeuges aus Schneidstoff.

Die typischen Eigenschaften eines Schneidstoffes sind: Härte, Festigkeit, Verschleißfestigkeit und Warmhärte.

Als Schneidstoffe werden verwendet

- Stahl (gehärtet, beschichtet)
- Hartmetall (beschichtet)
- Oxidkeramik.

2.3.4.1 Stahl

Werkzeugstähle sind legierte oder unlegierte Stähle mit einem C-Gehalt über 0,6%. Je nach Gehalt der Legierungsbestandteile besitzen diese Stähle eine Warmhärte[1] zwischen 200°C und 400°C. Sie sind für hohe Schnittgeschwindigkeiten nicht geeignet.

Schnellarbeitsstähle sind hochlegierte Stähle (hoher Anteil an W, V, Cr, Mo und Co), die einer zielgerichteten Wärmebehandlung unterzogen wurden. Durch den relativ hohen C-Anteil von mindestens 0,8% bilden sich mit den Legierungselementen Sonderkarbide, die bei einer hervorragenden Schneidfähigkeit auch eine lange Standzeit gewährleisten.

Diese Stähle werden mit SS oder HSS (Schnellarbeitsstähle) bezeichnet. Bohr- und Fräswerkzeuge aus HSS-Stahl werden oftmals noch zusätzlich im Schneidenbereich mit einer Titan-Nitridschicht überzogen (TiN-beschichtet). Durch die äußerst harte und besonders glatte Oberfläche wird die Reibung stark reduziert und damit der Verschleißwiderstand erheblich verbessert (bis zu fünffacher Standzeitverlängerung).

Abb. 2: Werkzeuge aus Schnellarbeitsstahl

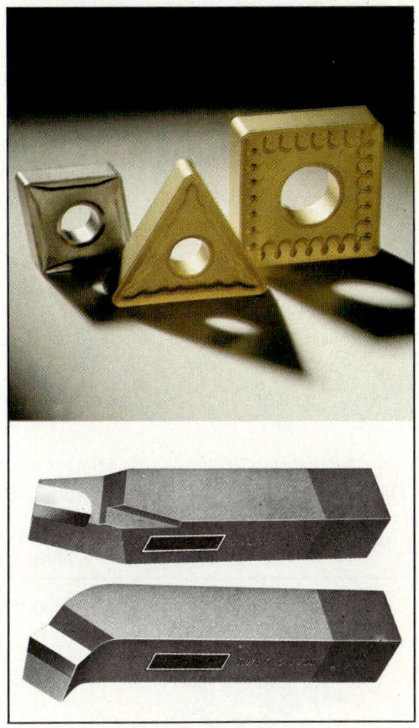

Abb. 3: Spanabhebende Werkzeuge

2.3.4.2 Hartmetalle

Hartmetalle sind Verbundstoffe aus Wolfram-, Tantal-, Titan- und Niobkarbiden sowie den Bindemitteln Kobalt, Nickel oder Molybdän.

Hartmetalle ermöglichen eine etwa achtfach höhere Schnittgeschwindigkeit gegenüber den Schnellarbeitsstählen. Die Warmhärte bleibt bis 900°C bestehen.

Hartmetalle werden als Schneidplatten zum Auflöten auf Werkzeugen aller Art und als Wendeschneidplatten geliefert. Hartmetall-Wendeschneidplatten werden in Plattenhaltern festgeklemmt. Durch Wenden der Platten können alle Schneidkanten nacheinander benutzt werden.

Die meisten Hartmetall-Wendeplatten werden noch zusätzlich mit Titankarbid (TiC) oder Titannitrid (TiN) beschichtet. Diese etwa 0,005mm dicke Schicht ist sehr hart und verschleißfest. Durch diese Schicht kann eine zusätzliche 2–3fache Leistungssteigerung erzielt werden.

Mit Hartmetall-Schneidstoffen können auch harte Werkstoffe wie Glas, Porzellan oder **gehärtete** Stahlwerkstoffe bearbeitet werden.

---

[1] Warmhärte: Temperaturbereich mit zulässigem Härteverlust

2.3.4.3 Schneidkeramik (Oxidkeramik)

Schneidkeramik besteht im wesentlichen aus Aluminiumoxid (Al_2O_3) mit geringen Zusätzen von anderen Oxiden oder Karbiden, z.B. Chromoxid oder Molybdän- bzw. Wolframkarbid.

Schneidkeramik besitzt eine sehr große Härte und Verschleißfestigkeit, auch bei Temperaturen über 1200 °C.

Schneidkeramik wird vielfach zur wirtschaftlichen Bearbeitung von Gußeisen und NE-Metallen sowie faserverstärktem Kunststoff und Kohle eingesetzt.

Voraussetzung für einen **wirtschaftlichen** Einsatz von Schneidkeramik sind starre Werkzeughalter, erschütterungsfrei laufende Werkzeugmaschinen sowie eine hohe Antriebsleistung. Sind diese Voraussetzungen erfüllt, können die Rauhtiefen so gering gehalten werden, daß sich in den meisten Fällen eine erforderliche Nachbearbeitung durch Schleifen erübrigt.

Abb. 1: Drehmeißel mit Oxidkeramik

2.3.5 Hilfsstoffe – Hilfsmittel

Für die Herstellung von Werkstoffen und Werkstücken werden neben Rohstoffen, Werkzeugen und Maschinen auch **Hilfsstoffe** und **Hilfsmittel** benötigt.

- **Hilfsstoffe** sind Stoffe, die zur Herstellung notwendig, am fertigen Produkt aber nicht zu erkennen sind.
- **Hilfsmittel** sind Energieträger, die zum Betreiben von Maschinen, Vorrichtungen und Werkzeugen erforderlich sind.

Zu den Hilfsstoffen zählen:

Kühlschmierstoffe, Schmierstoffe, Schleif- und Poliermittel, Lötmittel, Reinigungs- und Beizmittel, Trieb- und Brennstoffe.

Als Hilfsmittel bezeichnet man:

Strom, Wärme, Dampf, Druckluft, Flüssigkeitsdruck.

Tabelle 2.15: Werdegang Rohstoff – Werkstück

Rohstoff	Hilfsstoff/ Hilfsmittel	**Werkstoff**	Hilfsstoff/ Hilfsmittel	**Werkstück**
Eisenerz 	Strom Koks Luft Wärme	Tiefziehblech 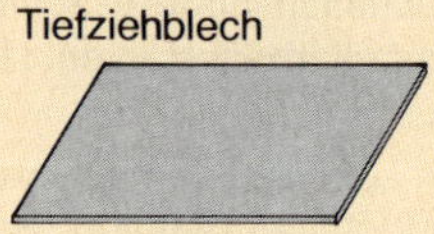	Strom Öl Kühlmittel Hydraulik	Kfz.-Kotflügel 
Baumstamm 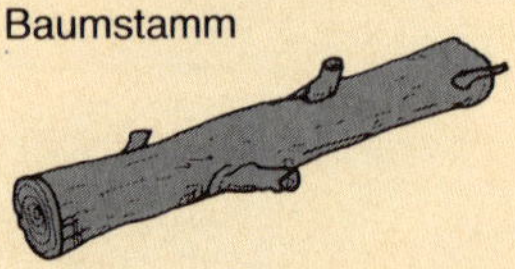	Strom Öl Wärme	Balken, Bretter 	Strom Leim Wärme Pneumatik	Tisch, Stuhl 
Kohle, Erdöl, Kalk   	Strom Druck Wärme	Kunststoffgranulat 	Strom Wärme Hydraulik Pneumatik	Zeichengeräte 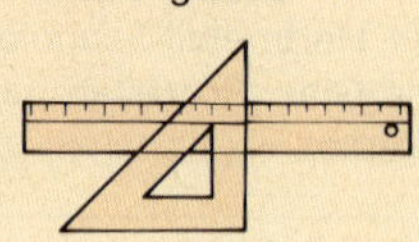

2.3.6 Normbezeichnung von Werkstoffen

Für die Herstellung von Werkzeugen, Maschinen und sonstigen Werkstücken werden im Handel die verschiedenartigsten Werkstoffe angeboten. Um die Werkstoffe beurteilen zu können, muß deren Zusammensetzung, Festigkeit und eventuelle Vor- und Nachbehandlung bekannt sein. Da gleiche oder gleichartige Werkstoffe von verschiedenen Stahlwerken angeboten werden, war es wichtig, eine einheitliche, systematische Stahlbezeichnung, eine Normbezeichnung einzuführen.

Systematische Bezeichnung von Stahl- und Gußwerkstoffen nach Norm

Bei der systematischen Benennung von Stahl- und Gußwerkstoffen unterscheidet man:

- Herstellungsteil,
- Zusammensetzungsteil,
- Behandlungsteil.

Die Angaben im Herstellungsteil, Zusammensetzungsteil und Behandlungsteil setzen sich aus Zahlen und Buchstaben zusammen, die Auskunft geben über die Erschmelzungsart, die Art des Vergießens, die Art des Gußwerkstoffes, die chemische Zusammensetzung, die Mindestzugfestigkeit und die Gütegruppe. Von der **chemischen Zusammensetzung** her teilt man Stähle ein in **unlegierte, niedriglegierte** und **hochlegierte** Stähle. Unlegierte Stähle werden noch zusätzlich nach ihrem Reinheitsgrad in allgemeine Baustähle, Qualitätsstähle und Edelstähle unterteilt. **Allgemeine Baustähle** sind nach ihrer **Mindestzugfestigkeit,** die anderen Stähle nach ihrer chemischen Zusammensetzung eingeteilt. Bei den unlegierten **Qualitätsstählen** erfolgt eine Angabe des Kohlenstoffes in $\frac{1}{100}$ Prozent, erkenntlich durch ein vorangestelltes C für Kohlenstoff.

Bei unlegierten **Edelstählen** wird dem C ein kleines k angehängt. Dieses k steht für kleiner Phosphor- und Schwefelgehalt. Das bedeutet, daß der Stahl nur geringe Mengen an schädlichen Beimengungen hat.

Niedriglegierte Stähle beginnen in der Kennzeichnung direkt mit der **Kohlenstoffkennzahl.** Danach folgen die Kurzzeichen für alle vorhandenen Legierungselemente und anschließend die Mengenangabe durch eine **Schlüsselzahl.** Aus der Schlüsselzahl und dem Multiplikator errechnet sich die Menge des jeweiligen Legierungselements. Bei den niedriglegierten Stählen liegt die Summe der Legierungselemente **unter** 5 Prozent.

Die Bezeichnung für hochlegierte Stähle beginnt mit einem großen vorangestelten X vor der Kohlenstoffkennzahl. Nach dem Kurzzeichen für die Legierungselemente erfolgt die Angabe der Menge direkt in **ganzen** Prozenten.

Bei der Kennzeichnung der niedrig- und hochlegierten Stähle gilt zusätzlich: Legierungselemente mit geringen Legierungsanteil werden ohne Zahlenangabe genannt.

Zu der Gruppe der hochlegierten Stähle zählen die **Schnellarbeitsstähle.** Diese vorwiegend zur Herstellung von Zerspanungswerkzeugen benötigten Werkstoffe haben eine andere Kennzeichnung.

Tabelle 2.16: Stahl-Werkstoffe

Herstellungsteil — Zusammensetzungsteil — Behandlungsteil

R | **St 37 - 2** | **K**

R ≙ Beruhigt vergossen

K ≙ kalt verformt

St ≙ Allgemeiner Baustahl

37 ≙ 37 · 9,81 N ≙ 363 N/mm^2 (Mindestzugfestigkeit)

- 2 ≙ Gütegruppe 2

Zusammensetzungsteil

C 15

C ≙ Qualitätsstahl

15 ≙ Kohlenstoffkennzahl

$15 \triangleq 15 \cdot \frac{1}{100} \triangleq \frac{15}{100}\,\%\,C$

(Kohlenstoffgehalt)

Ck 15

C ≙ Qualitätsstahl
k ≙ kleiner Schwefel- und Phosphorgehalt (Edelstahl)

$15 \triangleq \frac{15}{100}\,\%\,C$

Legierungselemente

16 Mn Cr 5

Kohlenstoffkennzahl

Schlüsselzahl für Legierungselemente

$16 \triangleq \frac{16}{100}\,\%$ C-Gehalt

$Mn \triangleq 5 \cdot \frac{1}{4}\,\% \triangleq \frac{5}{4}\,\%$ Mn - Gehalt

Cr ≙ geringe Mengen Cr - Gehalt

Multiplikator für Mangan $\triangleq \frac{1}{4}\,\%$

(sprechen Sie: Sechzehn man kro fünf)

Kohlenstoffkennzahl — Legierungselemente

X 3 Cr Ni 1810

X ≙ hochlegierter Stahl

Schlüsselzahlen für Legierungselemente

$3 \triangleq \frac{3}{100}\,\%$ C - Gehalt

Cr 18 ≙ 18 · 1% ≙ 18% Cr - Gehalt

Ni 10 ≙ 10 · 1% ≙ 10% NI - Gehalt

(sprechen Sie: Igs drei kro nie achzehn zehn)

Die Bezeichnung beginnt mit einem großen S für Schnellarbeitsstahl. Danach erfolgt eine Angabe von ein- bzw. zweistelligen Zahlen, die durch einen Bindestrich voneinander getrennt sind. Diese Zahlen geben die ungefähren Gewichtsprozente der Legierungselemente an und zwar in der Reihenfolge: **Wolfram, Molybdän, Vanadium** und **Kobalt.**

S 7-4-2-5
Schnellarbeitsstahl
7% Wolfram
4% Molybdän
2% Vanadium
5% Kobalt

Gußwerkstoffe werden durch ein vorangestelltes großes G gekennzeichnet, dem ein zweiter Buchstabe folgt, der die Gußart angibt. Diesen beiden Buchstaben folgen Zahlen oder Zahlen und Buchstaben. Zahlen allein geben, multipliziert mit 9,81, die Mindestzugfestigkeit in N/mm² an. Stehen bei den Zahlen noch zusätzliche Buchstaben, so geben die Zahlen und Buchstaben Auskunft über die chemische Zusammensetzung des Gußwerkstoffes.

GG-20
Gußeisen mit Lamellengraphit (Grauguß)
Mindestzugfestigkeit
≈200 N/mm²

GGL-NiMn 13 7
legiertes Gußeisen mit Lamellengraphit
13% Nickel
7% Mangan

Aufgaben zu 2.3

1. Weshalb kann man Stahl als sogenannten »maßgeschneiderten« Werkstoff bezeichnen?
2. Welches Leichtmetall verdrängt auf vielen Gebieten herkömmliche Stahlwerkstoffe und weshalb?
3. Nennen Sie 4 Schwermetalle und deren Anwendungsbereiche, die bei der Herstellung von Werkstücken Bedeutung haben.
4. Beschreiben Sie gemeinsame Merkmale von Kunststoffen und leiten sie davon 5 Anwendungsmöglichkeiten ab.
5. Erklären Sie das unterschiedliche Verhalten von Thermoplast und Duroplast aufgrund des molekularen Aufbaues.
6. Was ist bei der spanenden Bearbeitung von Kunststoffen zu beachten?
7. Worin besteht der Unterschied zwischen Ein- und Zweikomponentenkleber, und was bedeutet in diesem Zusammenhang der Begriff »Topfzeit«?
8. Welche Eigenschaften kennzeichnen einen Schneidstoff für die spangebende Fertigung?
9. Weshalb besitzen Schnellarbeitsstähle eine lange Standzeit und eine gute Schneidfähigkeit?
10. Erklären Sie den Unterschied zwischen Hilfsstoffen und Hilfsmitteln, und benennen Sie drei von jeder Art.
11. Weshalb werden bei der Kennzeichnung von Werkstoffen Normbezeichnungen verwendet?
12. Zeigen Sie den Unterschied auf zwischen allgemeinen Baustählen, unlegierten Qualitätsstählen und unlegierten Edelstählen.
13. Entschlüsseln Sie folgende Werkstoffbezeichnungen: St50-3; C10; Ck15; 15Cr3; 16MnCr5; 34CrMo4; 90MnCrV8; X5CrNi18, 9.
14. Wodurch unterscheidet sich die Kennzeichnung für Gußwerkstoffe von der für Qualitätsstähle?
15. Woran erkennt man bei Gußwerkstoffen, wann es sich um die chemische Zusammensetzung und wann um die Mindestzugfestigkeit handelt?

2.4 Metallurgische Verfahren

Metalle wie Eisen, Kupfer, Blei, Zinn oder Zink bzw. metallische Werkstoffe wie Stahl, Stahllegierungen oder Messing kommen in der Natur nicht in der Form vor, wie sie in der Technik gebraucht werden.

Aus diesem Grunde ist der Mensch seit Jahrtausenden bemüht, durch besondere Verfahren aus den Metallerzen metallische Werkstoffe zu erzeugen.

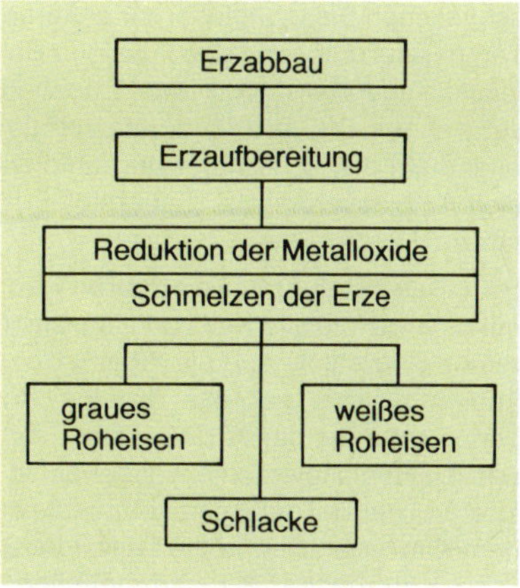

Abb. 1: Vom Erz zum Roheisen (Schematischer Ablauf)

2.4.1 Stahlherstellung

Stahl ist eine schmiedbare Eisen-Eisenkarbid-Legierung mit einem Kohlenstoffgehalt bis 2,06 Gew.-%.

Eisen kommt in der Natur nur als **chemische Verbindung** mit Schwefel, Phosphor, Silicium, Mangan, aber hauptsächlich mit Sauerstoff als Eisenoxid vor. Diese chemischen Verbindungen nennt man **Eisenerze.**

Eisenerze sind adern- oder schichtartig im Gestein eingelagert und enthalten daher auch erdige oder steinige Beimengungen (Gangart). Nach dem Abbau werden die Erze zerkleinert und aufbereitet, d.h., durch Aussortieren, Ausschwemmen und Rösten wird ein Großteil der unerwünschten Beimengungen entfernt.

Abb. 2: Hochofenanlage

Im **Hochofen** werden die aufbereiteten Erze durch Reduktion mit Kohlenstoff vom Sauerstoff getrennt, durch Schmelzen von der Gangart befreit und in **Roheisen** umgewandelt.

Während dieses Prozesses wird der Hochofen abwechselnd mit Eisenerz, Kalk, Kies und Koks bestückt. Die Zuschläge Kalk und Kies binden die Gangart zu Schlacke, Koks dient als Brennstoff.

Die beiden wichtigsten Vorgänge beim Hochofenprozeß sind **Reduzieren** und **Schmelzen.**

Das Haupterzeugnis des Hochofens ist Roheisen. Nebenprodukte sind Schlacke und Gichtgas.

Je nach Beschickung und Temperatur liefert der Hochofen weißes Roheisen oder graues Roheisen.

Weißes Roheisen hat eine helle, strahlenförmige Bruchfläche. Beim weißen Roheisen bewirkt ein erhöhter **Mangangehalt** eine Verbindung des Eisens mit dem Kohlenstoff zu hartem, vom Aussehen her hellen Eisenkarbid (Fe_3C).

Weißes Roheisen ist Ausgangswerkstoff für Stahl.

Graues Roheisen hat eine dunkle, grobkörnige Bruchfläche. Beim grauen Roheisen bewirkt ein erhöhter **Siliciumgehalt** ein Ausscheiden des Kohlenstoffs als Graphit, der sich zwischen den Körnern anlagert. Dadurch entsteht eine dunkle Bruchfläche.

Graues Roheisen ist Ausgangswerkstoff für Gußeisen.

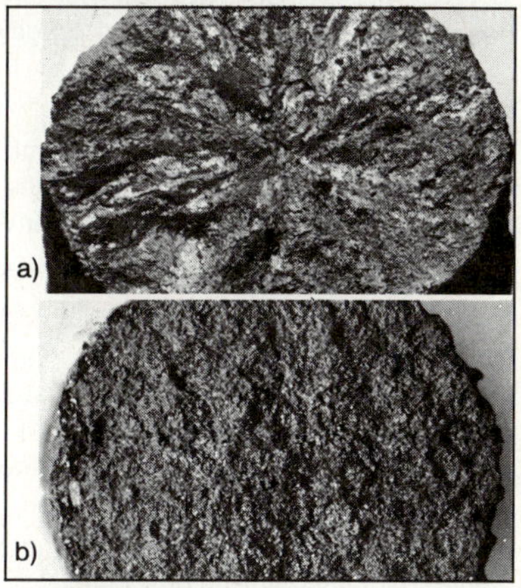

Abb. 3: Bruchflächen
a) weißes Stahlroheisen
b) graues Gießereiroheisen

Roheisen hat einen Kohlenstoffgehalt von 3,5%–4,5% und ist deshalb hart und spröde (unleg. Stahl $< 1{,}5\%$ C-Gehalt).

Außerdem enthält es verhältnismäßig hohe Anteile an Phosphor, Schwefel, Silicium und Mangan, sogenannten schädlichen Eisenbegleitern.

Die Umwandlung des Roheisens in Stahl besteht im wesentlichen darin, den Kohlenstoffgehalt zu erniedrigen und die schädlichen Eisenbegleiter zu entfernen. Dies geschieht durch Temperaturerhöhung des flüssigen Roheisens, wobei der Kohlenstoff und die schädlichen Eisenbegleiter zum größten Teil verbrennen. Die verschiedenen Verfahren dazu bezeichnet man allgemein als **»Frischen«** und unterscheidet zwischen Sauerstoff-Aufblasverfahren (Sauerstoff-Frischen) und Elektroverfahren (Herdfrischen).

Beim **Sauerstoff-Aufblasverfahren** wird ein Behälter (Konverter) mit Schrott (25%), Kalk und flüssigem Roheisen gefüllt und reiner Sauerstoff auf die Schmelze geblasen. Dort, wo der Sauerstoffstrahl auf das flüssige Roheisen trifft, steigt die Temperatur auf ca. 2000°C. Dabei verbrennen der Kohlenstoff und die Begleitelemente weitgehendst. Der verbrannte Kohlenstoff und ein Teil der Begleitelemente entweichen als Abgas aus dem Konverter. Der größte Teil bildet schwer lösliche Oxide, die durch Kalkzugabe als zusammenhängende Schlackendecke auf der Schmelze schwimmen. Nach diesem Verfahren werden Grundstähle (Massenstähle) und Qualitätsstähle hergestellt. Das Sauerstoff-Aufblasverfahren wird nach den Städten Linz und Donawitz als LD-Verfahren benannt. Sauerstoff-Frischen wird außerdem noch mit bodenblasenden Konvertern (OBM-Verfahren) und drehenden Konvertern (KALDO-Verfahren) durchgeführt.

Beim **Elektroverfahren** wird die Wärme durch einen offenen Lichtbogen oder durch Induktion erzeugt. Ausgangsprodukt sind vorgefrischte Schmelzen und Kühlschrott, meistens aber nur hochwertiger Schrott allein. Nach dem Einschalten des Stroms bildet sich zwischen den Kohleelektroden und dem Ofeneinsatz ein Lichtbogen. Bei Temperaturen um 3500°C schmilzt der Stahlschrott und die schädlichen Beimengungen. Der Kohlenstoff verbrennt fast vollständig. Aufgrund der geringen Mengen von schädlichen Bestandteilen bezeichnet man diese Stähle als Edelstähle. Durch Zugabe von Kohlenstoff in Form von Koks sowie hochschmelzender Legierungsmetalle (W, Mo, Ta, Ti, Cr, Mn, V, Co) werden hochwertige Stähle für stark beanspruchte Bauteile und Werkzeuge erzeugt.

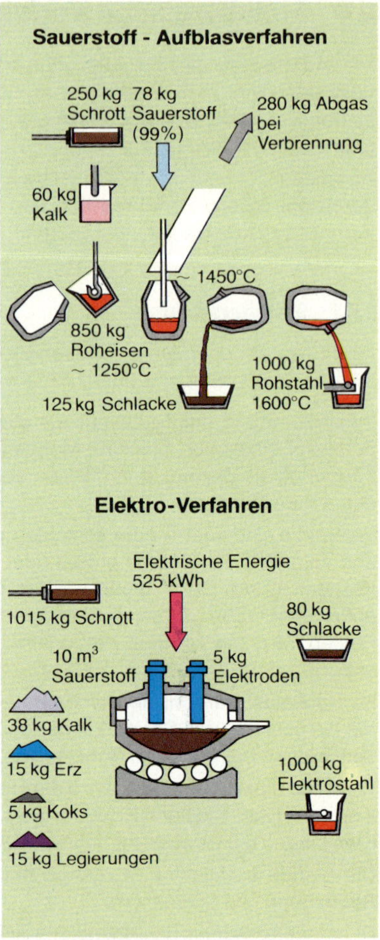

Abb. 1: Stahlgewinnungsverfahren und Stoffbilanzen

2.4.2 Gußeisenherstellung

Gußeisen ist ein Eisen-Gußwerkstoff mit 2,6% bis 3,6% C-Gehalt, der nach dem Erstarren ein graphithaltiges Gefüge aufweist. Man unterscheidet nach der **Form** der Graphitausscheidung

- Gußeisen mit Lamellengraphit (Grauguß, GG)
- Gußeisen mit Kugelgraphit (Sphäroguß, GGG)

Die Gußeisenerzeugung wird in Kupolöfen oder Induktions-Tiegelöfen durchgeführt. Ausgangsmaterial ist graues Roheisen, Gußbruch, Kreislaufmaterial[1], Ausschußstücke und Stahlschrott. Mit Kalk erreicht man eine gute Entschlackung der Schmelze.

Neben den Sorten »Grauguß« und »Sphäroguß« werden noch weitere Gußeisensorten hergestellt.

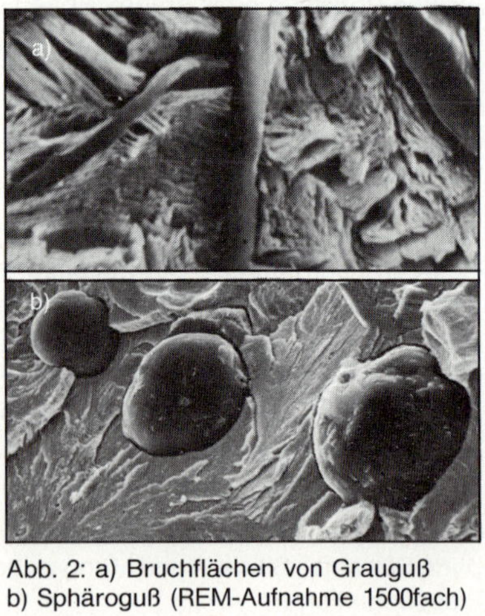

Abb. 2: a) Bruchflächen von Grauguß b) Sphäroguß (REM-Aufnahme 1500fach)

[1] Kreislaufmaterial: z.B. Anguß, Speiser von Gußwerkstücken, die wieder eingeschmolzen werden.

Meehanite[1]-Guß ist eine Gußeisenart mit besonders feinen und gleichmäßig verteilten Graphitlamellen. Dadurch werden neben den Vorteilen des Gußeisens zusätzliche bessere Festigkeitswerte erreicht.

Temperguß ist eine begrenzt schmiedbare Gußeisenart. Durch eine spezielle Glühbehandlung (Tempern) wird das ursprünglich spröde Spezialgußeisen (weißes Roheisen) zäh und dehnbar. Temperguß wird in zwei Sorten hergestellt, die nach der Farbe der Bruchflächen als Temperguß weiß und Temperguß schwarz bezeichnet werden.

Stahlguß ist eine Bezeichnung für ein Gießverfahren, aber nicht für eine Gußeisenart. Beim Stahlguß wird der Werkstoff Stahl in Formen gegossen, um komplizierte Werkstücke von hoher Festigkeit zu erhalten.

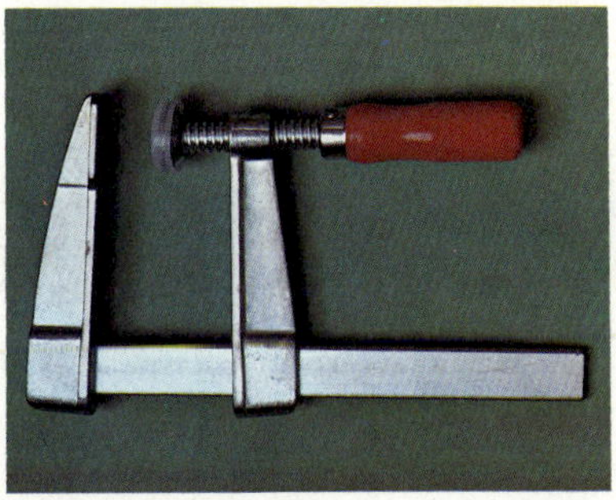

Abb. 3: Schraubzwinge aus Tempergußteilen

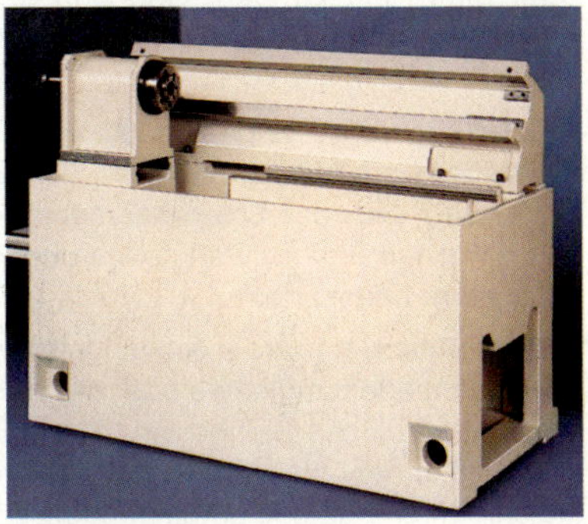

Abb. 4: Drehmaschinenbett aus Meehanite-Guß (GB/GC 300)

2.4.3 Eisen-Eisenkarbid Zustandsdiagramm

Stahl ist eine Legierung des Eisens mit der Eisenkohlenstoffverbindung Fe_3C. Je nach der Menge des Kohlenstoffgehaltes ergeben sich unterschiedliche Gefügearten mit unterschiedlichen Eigenschaften, die sich temperaturabhängig verändern.

Reines Eisen hat ein einheitliches Gefüge mit kurvig begrenzten Körnern. Es ist weich und zäh und wird **Ferrit** genannt.

Zementit Fe_3C (Eisenkarbid) ist eine chemische Verbindung von Eisen (Fe) und Kohlenstoff (C). Bei niedrigem C-Gehalt scheidet sich Zementit streifenförmig (Streifenzementit) innerhalb der Körner, bei höherem C-Gehalt noch zusätzlich zwischen den Körnern ab (Korngrenzenzementit).

Eutektoiden Stahl nennt man Stahl mit 0,8% C-Gehalt. Alle Ferritkörner sind gleichmäßig mit Streifenzementit durchzogen. Das Gefüge bezeichnet man wegen des perlmuttartigen Aussehens als **Perlit.**

Untereutektoider Stahl hat einen C-Gehalt unter 0,8%. Deshalb sind nicht alle Körner mit Streifenzementit durchzogen. Dieses Gefüge bezeichnet man als Perlit-Ferrit.

Übereutektoider Stahl hat einen C-Gehalt über 0,8%. Neben dem Streifenzementit innerhalb der Körner lagert sich noch Korngrenzenzementit ab (Perlit-Zementit).

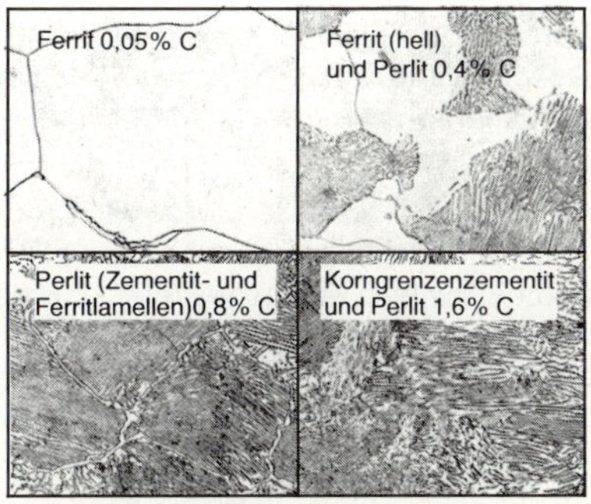

Abb. 5: Schliffbilder von Stahlgefügen

Zementit ist der härteste Bestandteil im Stahlgefüge. Mit steigendem Zementitanteil erhöht sich die Härte, aber auch die Sprödigkeit eines Stahles.

Erwärmt man Stahl auf 723°C und darüber, verändert sich der Gitteraufbau und somit das Gefüge. Die kubisch-raumzentrierten Gitterzellen klappen um in kubisch-flächenzentrierte Gitterzellen, die Mitte der Gitterzelle wird frei. Der Kohlenstoff löst sich aus der Fe_3C-Verbindung und dringt in die freigewordene Gitterzellenmitte ein. Er hat sich sozusagen im Gitter aufgelöst, und man spricht daher von einer festen Lösung. Das Gefüge besteht nun aus gleichartigen Körnern. Man nennt es **Austenit**[2]. Dieses Gefüge ist weich, zäh und unmagnetisch.

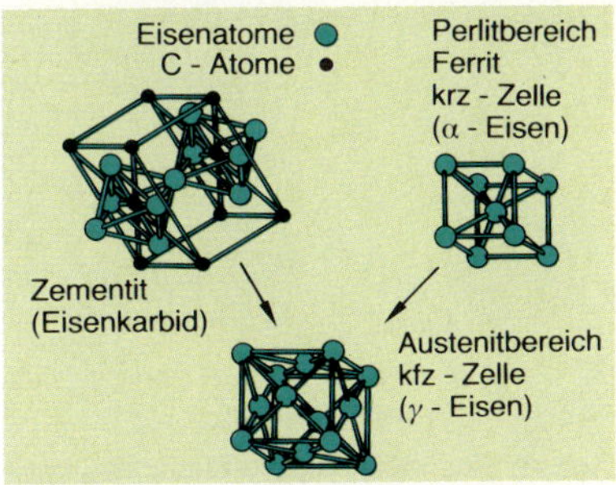

Abb. 6: Entstehung einer Austenit-Raumgitterzelle

[1] Benannt nach dem Amerikaner A. F. MEEHANN, der 1922 für diese Gußeisenart ein Patent erhielt.

[2] Entdecker: SIR W. CH. ROBERTS-AUSTEN, engl. Metallurg 1843...1902.

Eine graphische Übersicht über Kohlenstoffgehalt, Gefügeart und Temperatur gibt das Eisen-Eisenkarbid-Zustandsdiagramm (Abb. 1).

2.4.4 Stoffeigenschaftsändern

Werkstoffeigenschaften können außer durch Legieren auch durch gezielte **Wärmebehandlung** verändert werden. Dabei unterteilt man zwischen **Glühen** und **Härten.**

Glühen (Tab. 2.17)

Spannungsarmglühen ist ein Verfahren, das während oder nach einer Fertigung durchgeführt wird. Dabei erwärmt man die Werkstücke auf über 600°C, hält die Temperatur ca. 2 Std. und kühlt dann langsam ab. Spannungsarmglühen wird an geschweißten Konstruktionen oder stark zerspanten Werkstücken durchgeführt.

Weichglühen wird angewendet, wenn Werkstoffe kalt umgeformt oder stark zerspant werden. Durch pendelndes Glühen um 723°C ballt sich der Streifenzementit kugelig zusammen. Dadurch werden Umformwerkzeuge und Werkzeugschneiden weniger stark beansprucht.

Normalglühen kommt zur Anwendung, wenn beim Warmwalzen oder Schmieden ungleiche oder grobe Körner entstanden sind. Durch kurzzeitiges Glühen zwischen 780°C und 980°C werden beim Abkühlen die Austenitkörner in ein feinkörniges und gleichmäßiges Gefüge umgewandelt. Dieses Gefüge bietet gute Voraussetzungen für einen Härteprozeß.

Härten (Tab. 2.18)

Voraussetzung für einen Härtevorgang ist ein ausreichender **C-Gehalt** (über 0,2%), die richtige **Temperatur** (Umwandlung des Gefüges in Austenit), eine ausreichende **Abkühlgeschwindigkeit** (Tab. 2.19).

Gehärtete Werkstücke werden **nach** dem Abschrecken nochmals auf Temperaturen zwischen 200 °C und 350 °C erwärmt[1] und ein zweites Mal abgeschreckt. Diesen Vorgang nennt man **»Anlassen«.** Dadurch verliert der Werkstoff etwas von seiner Härte und Sprödigkeit, gewinnt aber dafür eine gewisse Zähigkeit und erlangt dadurch seine »Gebrauchshärte«.

Tabelle 2.17: Abschnitte beim Glühen

- Langsames Erwärmen auf eine bestimmte Temperatur,
- Halten der Temperatur für eine bestimmte Zeit,
- Langsames Abkühlen

Tabelle 2.18: Abschnitte beim Härten

- Erwärmen auf eine bestimmte Temperatur,
- Halten der Temperatur für eine bestimmte Zeit,
- schnelles Abkühlen (Abschrecken),
- Anlassen

Tabelle 2.19: Härtetemperatur und Abschreckmittel

Werkstoffart	Temperatur	Abschreckmittel
unlegierter Stahl	760°C –850°C	Wasser
niedrigleg. Stahl	760°C –850°C	Öl
hochleg. Stahl	920°C –1300°C	Luft

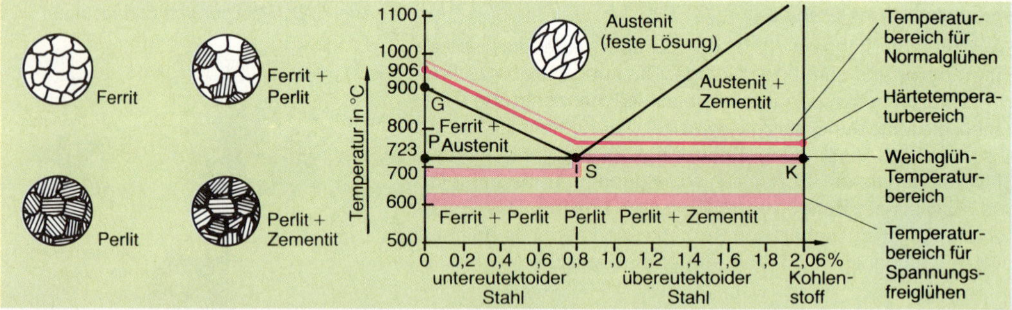

Abb. 1: Eisen-Eisenkarbid-Zustandsdiagramm (Ausschnitt)

[1] Anlaßtemperaturen gelten nur für unlegierte Werkzeugstähle

2.5 Wirtschaftliche und umweltbezogene Aspekte bei der Verwendung von Werk- und Hilfsstoffen

2.5.1 Gesundheitsgefährdung

Bei der **Gewinnung** von Metallen und bei der **Verarbeitung** zu Werkstücken und Gütern wird unsere Umwelt stark belastet. Werden z.B. Luft, Wasser und Erdreich so stark verschmutzt, daß sie sich auf natürlichem Wege nicht mehr reinigen können, droht für alles tierische und pflanzliche Leben äußerste Gefahr. Flüsse und Seen, in denen man vor Jahren baden konnte, sind heute stark verschmutzt und teilweise ohne biologisches Leben.

Die Luft wird auch immer mehr verschmutzt. Bei bestimmten Wetterlagen ist Smog-Alarm in den Großstädten nicht mehr so selten. Auspuffgase, Rauch- und Abgasschwaden sind für die Verschlechterung der Atmosphäre verantwortlich. Durch Stick-, Schwefel- und Bleioxide bildet sich »saurer Regen«. So sind in vielen Teilen Europas durch vergiftete Luft und sauren Boden Nadel- und Laubbäume stark gefährdet. Der Einbau von Filteranlagen und Katalysatoren wird weltweit unabdingbar werden.

Abb. 2: Waldsterben

2.5.2 Entsorgung

Die heutige Industrie ist fast schon angewiesen, daß ihre Güter immer schneller verbraucht und ersetzt werden müssen. In der derzeitigen **Konsumgesellschaft** ist es auch möglich, daß viele kurzlebige Konsumgüter durch neue ersetzt werden. Daher ist der Beseitigung von gebrauchten Gütern und anderen Abfällen besondere Aufmerksamkeit zu widmen. Städte, Gemeinden und private Unternehmer bemühen sich um Entsorgung. An vielen Orten werden Sammelstellen eingerichtet, Mülldeponien angelegt oder Müllverbrennungsanlagen gebaut. Somit ergibt sich auch für den **einzelnen** eine **Verpflichtung,** seinen Abfall und seinen Müll ordnungsgemäß zu deponieren. Dazu gehört auch, daß man Altöl, gebrauchte Batterien oder alte Kühlschmierstoffe nicht in die Kanalisation oder Bäche kippt, sondern an den dafür eingerichteten Sammelstellen abgibt.

Abb. 3: Mehrfachcontainer

2.5.3 Wiederverwendbarkeit

Die meisten Konsumgüter aus Metall oder Kunststoff lassen sich nach ihrem Gebrauch wieder in die Ausgangsform zurückbringen. Sie sind somit **kein Müll,** sondern ein wichtiger **Rohstoff.** Voraussetzung für eine wirtschaftliche Wiederverwendbarkeit ist vielfach, daß gleiche Werkstoffe an zentralen Stellen gesammelt werden. Vielerorts sind Behälter aufgestellt oder Sammelstellen eingerichtet für Glas, Kunststoff, Papier, Metalle oder Altöl. Somit kann jeder, wenn er seinen Müll sortiert abliefert, dazu beitragen, die Müllberge klein zu halten. Darüber hinaus bilden Sammelstellen für Altmetall eine von anderen Ländern **unabhängige Rohstoffquelle.** In der Bundesrepublik werden Metalle wie Aluminium, Blei, Zinn, Kupfer und Messing schon zu einem großen Teil aus **Altmetall** gewonnen. Wenn die Menschheit überleben will, muß sie sparsam mit Rohstoffen umgehen, bessere Verfahren entwickeln, Werkstoffe wiederverwenden und neue Energiequellen erschließen.

Abb. 4: Gepreßte Autowracks

3 Maschinen- und Gerätetechnik

In der Regel bezweckt man mit dem Bau von Maschinen, den Wirkungsbereich des Menschen zu vergrößern. Hierzu zählen:

- das Bewegen von großen Massen,
- schnelles Umsetzen von Steuerbefehlen und Informationen,
- das Umsetzen von Energien und
- die Vergrößerung des Bewegungsradius sowie die Geschwindigkeit eines Menschen.

Die Maschinentechnik beschäftigt sich mit der Konstruktion, dem Bau und der Anwendung der Maschinen.

Die moderne arbeitsteilige Wirtschaft hat eine Fülle unterschiedlicher Maschinen entstehen lassen (Abb. 1).

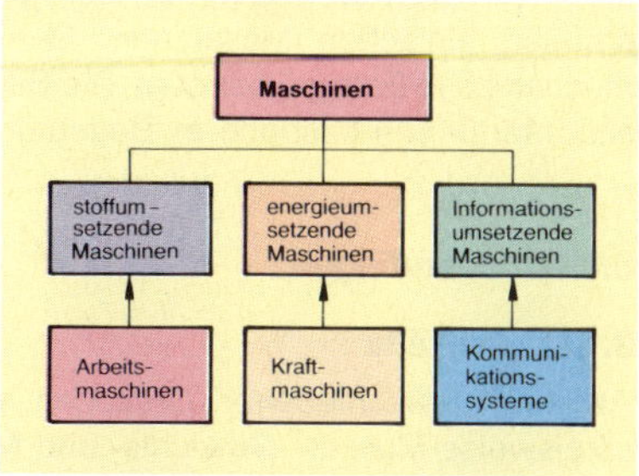

Abb. 1: Übersicht über Maschinenarten

3.1 Maschinen zur Energie-, Stoff- und Informationsumsetzung

Maschinen haben die Aufgabe, entweder

- Stoffe oder
- Energien oder
- Informationen umzusetzen.

Kennzeichen aller Umwandlungsvorgänge durch Maschinen ist, daß Energie nicht verloren oder erzeugt werden kann, und daß nur ein Teil der umzuwandelnden Energie anschließend als Nutzenergie zur Verfügung steht.

Bei der **Stoffumsetzung** werden Maschinen als Transportmittel verwendet, um einen Stoff von einer Stelle zur anderen zu transportieren. Hierzu wird mechanische Energie benötigt. Diese Maschinen nennt man **Arbeitsmaschinen;** konkret kommen sie als einfache Maschinen, Fördermittel und Werkzeugmaschinen vor.

Abb. 2: Stoffumsetzung durch einen Eisenbahnkran

Bei der **Energieumsetzung** werden Maschinen als Energiewandler verwendet. Hierbei wird die Energie eines Stoffes in Arbeit umgewandelt. Diese Maschinen nennt man **Kraftmaschinen.** In ihnen wird die zugeführte Energie in eine andere, vom Verwendungszweck abhängige Energieform überführt. Beim Verbrennungsmotor wird die chemische Energie des Kraftstoffes z.B. in Bewegungsenergie umgewandelt (Abb. 3).

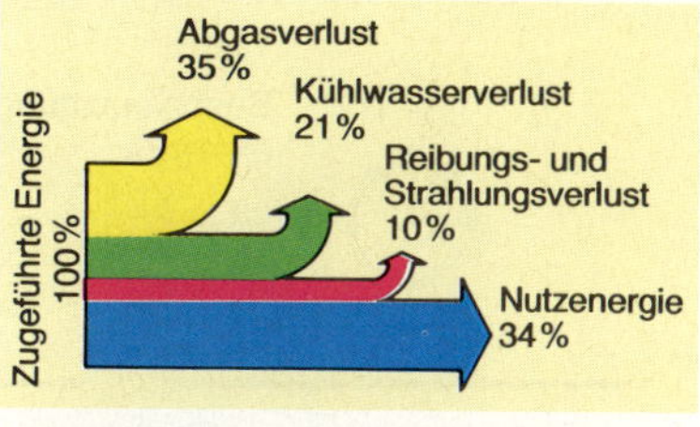

Abb. 3: Energieumsetzung in einer Kraftmaschine

Bei der **Informationsumsetzung** werden Maschinen verwendet, die Daten aufnehmen, speichern, verarbeiten und aussenden. Daten können Ziffern oder Buchstaben sein – egal, ob sie gesprochen oder geschrieben sind –, aber auch Sonderzeichen, wie z.B. %, § etc. oder beliebige Kombinationen davon. Die bekanntesten Maschinen sind Telegrafen, Telefone, Radios und Fernsehgeräte. Ein neuer Typ informationsumsetzender Maschinen ist der **Computer.** Computer bestimmen heute vielfach den Produktionsablauf.

Abb. 4: Informationsumsetzung durch einen Taschenrechner

3.1.1 Arbeitsmaschinen

Arbeitsmaschinen sind stoffumsetzende Maschinen. Unter einer Stoffumsetzung wird der Transport von Gegenständen, aber auch die Veränderung (Formänderung) von Gegenständen verstanden. Deshalb gehören Werkzeugmaschinen ebenso zu dieser Gruppe von Maschinen wie Fördermittel oder die sogenannten einfachen Maschinen. Bei Arbeitsmaschinen wird mechanische Energie benötigt. Die Begriffe Kraft, Energie usw. sind hierfür von besonderer Bedeutung (Abb. 1).

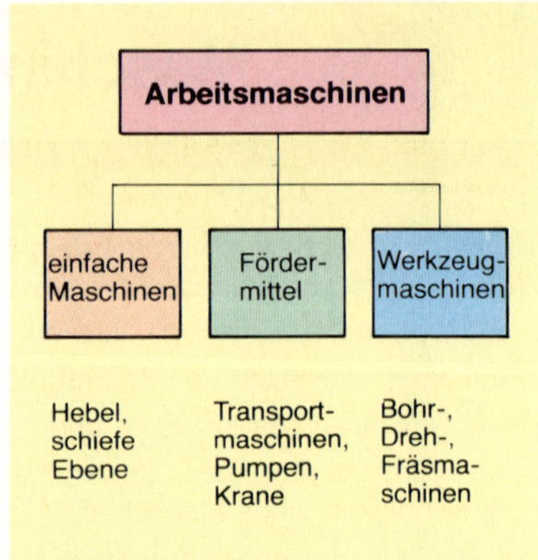

Abb. 1: Verschiedene Arbeitsmaschinen

3.1.1.1 Grundlagen

3.1.1.1.1 Kräfte

Aufgrund verschiedener Ursachen unterscheidet man beispielsweise Muskel-, Gewichts- und Magnetkräfte.

Kraftwirkungen sind:

- Gewichtskraft eines Körpers auf seine Unterlage (statische Wirkung, Abb. 2),
- Änderung des Bewegungszustandes eines Körpers (dynamische Wirkung, Abb. 3).

Die Kraft ist eine abgeleitete Größe. Sie ist das Produkt aus Masse und Beschleunigung (dynamisches Grundgesetz).

Die Einheit der Kraft ist das NEWTON[1] (N). Sie ist wie folgt definiert:

Eine Kraft hat den Betrag von 1 N, wenn sie einer Masse von 1 kg eine Beschleunigung von 1 m/s² erteilt (Abb. 3).

Die Ursache einer Gewichtskraft ist die Massenanziehung in Richtung zum Erdmittelpunkt hin. Die Erdbeschleunigung wird mit g bezeichnet und hat bei uns den Wert $g = 9{,}81\ \text{m/s}^2$.

Kraft

F: Kraft
m: Masse
a: Beschleunigung

$$F = m \cdot a$$

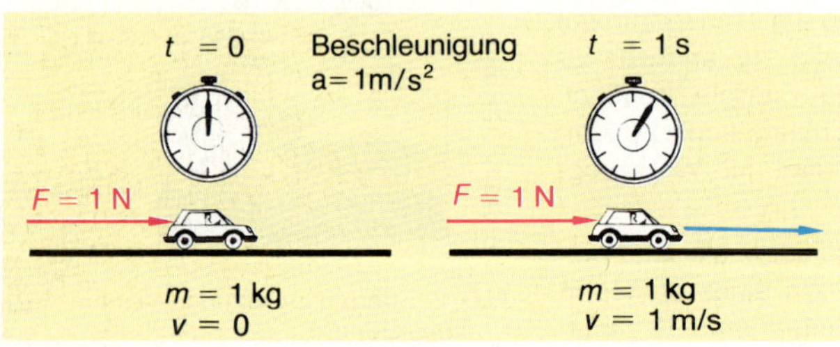

Abb. 3: Dynamische Wirkung einer Kraft

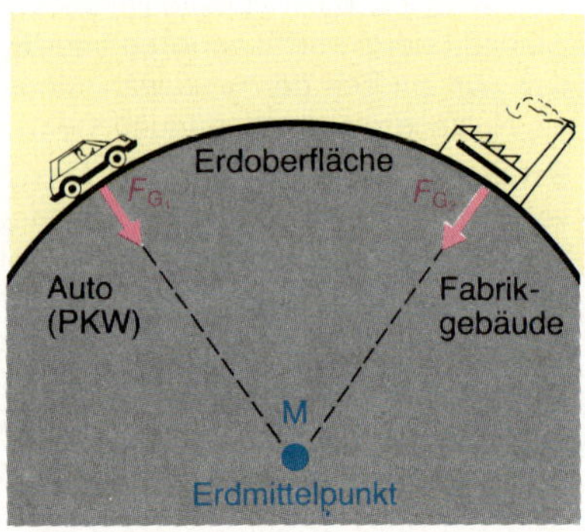

Abb. 2: Wirkrichtung einer Gewichtskraft

Auf einen Körper mit der Masse 1 kg wirkt eine Gewichtskraft ($F_G = m \cdot g$) von 9,81 N.

Die Gewichtskraft ist ortsabhängig.

[1] ISAAK NEWTON, engl. Physiker, 1643...1727

Darstellung von Kräften

Eine Kraft ist durch Richtung und Betrag bestimmt. Physikalische Größen, die durch Richtung und Betrag gekennzeichnet sind, nennt man Vektoren.

Vektoren können als Pfeile dargestellt werden:

- der Pfeil gibt die Richtung der Kraft an,
- die Pfeillänge ist ein Maß für den Betrag der Kraft.

Bei der zeichnerischen Darstellung einer Kraft gibt man zur Kennzeichnung des Betrags einen Kräftemaßstab an (Abb. 4). Die als Pfeil dargestellte Kraft liegt auf einer gedachten Linie, der **Wirkungslinie.** Die Kraft, bzw. der Kraftangriffspunkt, ist auf der Wirkungslinie verschiebbar.

Zusammenfassen von Kräften

Kräfte auf **gleicher Wirkungslinie** können zu einer resultierenden Kraft (= Ersatzkraft gleicher Wirkung) zusammengefaßt werden (Abb. 5).

Dabei werden die Beträge der einzelnen Kräfte addiert. Kräfte, die entgegengesetzt zu der festzulegenden positiven Richtung wirken, erhalten ein Minusvorzeichen.

Der Vektor vom Fußpunkt der ersten Kraft bis zur Pfeilspitze der zweiten Kraft heißt **Resultierende.** Bei Gleichgewicht der Kräfte hat die Resultierende den Betrag 0.

Kräfte, die **nicht auf gleicher Wirkungslinie** liegen, können geometrisch zu einer Resultierenden zusammengefaßt werden. Dabei sind Richtung und Betrag der Resultierenden durch ein Parallelogramm zu ermitteln (Abb. 6).

Für die zeichnerische Lösung müssen die Kraftpfeile auf der Wirkungslinie so verschoben werden, daß die Fußpunkte der Pfeile in einem Punkt liegen.

Über Parallelverschiebung der Wirkungslinien durch die Pfeilspitzen beider Kräfte erhält man ein **Kräfteparallelogramm.** Die vom Fußpunkt der Kräfte aus gezeichnete Diagonale entspricht der **Resultierenden** nach Betrag und Richtung (Abb. 6).

Zerlegen von Kräften

Eine Kraft kann in Teilkräfte nach Betrag und Richtung zerlegt werden, wenn deren Wirkungslinien bekannt sind und diese sich in einem Punkt schneiden.

Dabei betrachtet man die zu zerlegende Kraft F als Resultierende, d.h. als Diagonale eines zu bildenden Kräfteparallelogramms. Durch Parallelverschiebung der Wirkungslinien durch die Pfeilspitze der »Resultierenden« F erhält man die Teilkräfte F_1 und F_2. Die Kraftpfeile werden vom gemeinsamen Fußpunkt aus eingezeichnet.

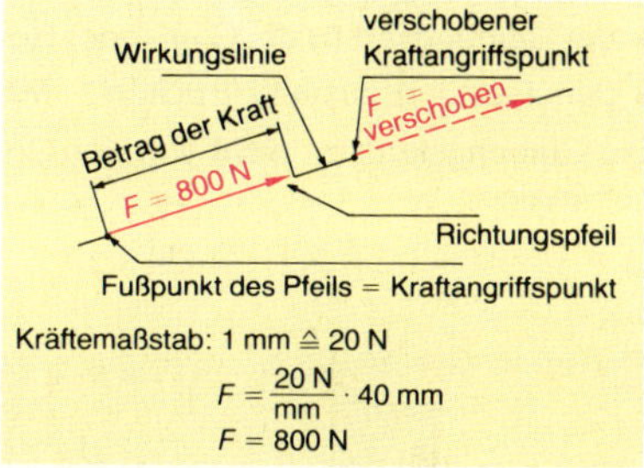

Abb. 4: Zeichnerische Darstellung einer Kraft

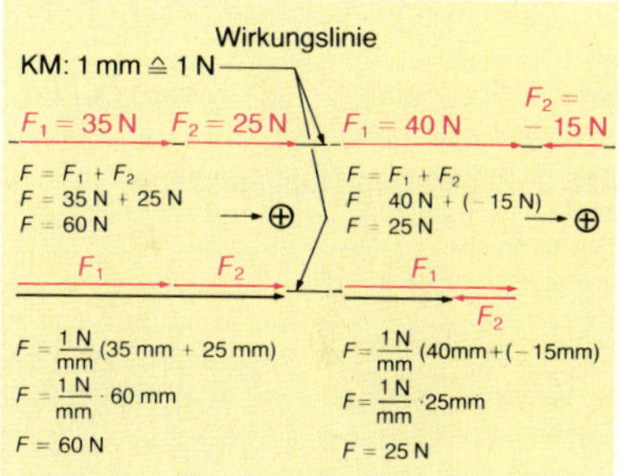

Abb. 5: Resultierende von Kräften auf gleicher Wirkungslinie

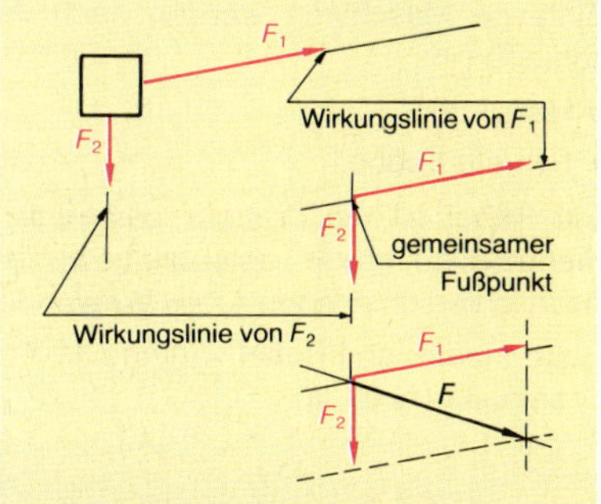

Abb. 6: Resultierende von Kräften mit verschiedenen Wirkungslinien

Messen von Kräften

Kräfte können z. B. mit einer Federwaage gemessen werden.

Reibungskraft

Die Reibungskraft ist eine bewegungshemmende Kraft. Sie wirkt der Bewegung eines Körpers entgegen.

Die Reibungskraft F_R ist abhängig von:

- der Normalkraft F_N, die senkrecht zur Bewegungsrichtung wirkt,
- der Reibungszahl μ, einem durch Versuch ermittelten Wert (Abb. 2).

Die Reibungszahl ist abhängig von:

- der Werkstoffpaarung (Tab. 3.1),
- der Reibungsart (Haft-, Gleit- oder Rollreibung)
- dem Reibungszustand (trocken ... flüssig).

Die Reibungskraft ist **nicht** von der Größe der Reibungsfläche abhängig.

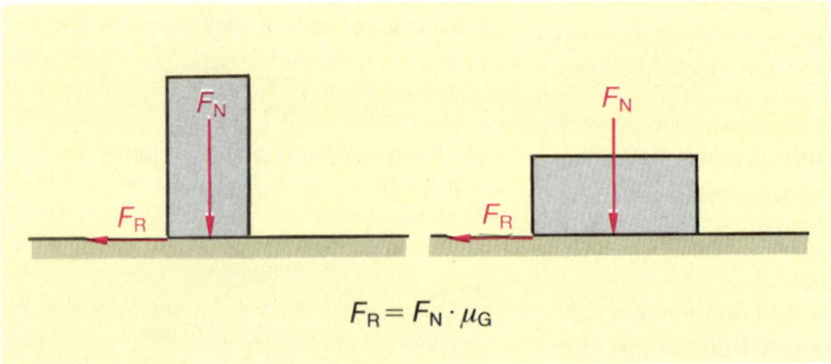

Abb. 2: Zugkraft und Auflagefläche

3.1.1.1.2 Einfache Maschinen

Einfache Maschinen werden nach ihrem Wirkprinzip unterschieden in:

- Hebel und
- Schiefe Ebene.

Ein Hebel ist ein drehbar gelagerter starrer Körper. Hebel dienen dazu, große Lasten zu bewegen. Sie finden auch heute noch in verschiedenen Arten Verwendung.

Beim **einarmigen Hebel** wirken alle Kräfte auf einer Seite vom Drehpunkt (Abb. 3a).

[1] ROBERT HOOKE, engl. Naturforscher, 1635...1703

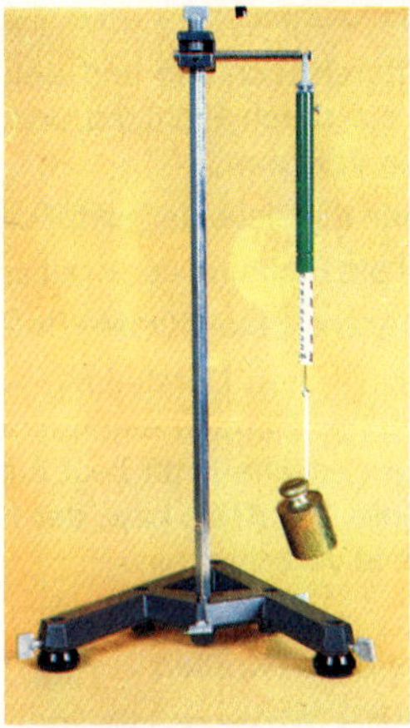

Abb. 1: Messen der Gewichtskraft

Tabelle 3.1: Reibungszahl verschiedener Stoffpaarungen für trockene Reibung

Stoffpaarung	μ_0 trocken	μ_G trocken
Stahl–Stahl	0,15 ... 0,3	0,10 ... 0,12
Stahl–Gußeisen	0,18 ... 0,2	0,15 ... 0,2
Stahl–Cu-Sn-Leg.	0,18 ... 0,2	0,15 ... 0,2

Reibungskraft

F_R: Reibungskraft
μ: Reibungszahl
F_N: Normalkraft

$$F_R = \mu \cdot F_N$$

Für die Reibungsart gilt:

$$\mu_0 > \mu_G > \mu_R$$

μ_0: Haftreibung
μ_G: Gleitreibung
μ_R: Rollreibung

Für den Reibungszustand gilt:

$$\mu_{trocken} > \mu_{gemischt} > \mu_{flüssig}$$

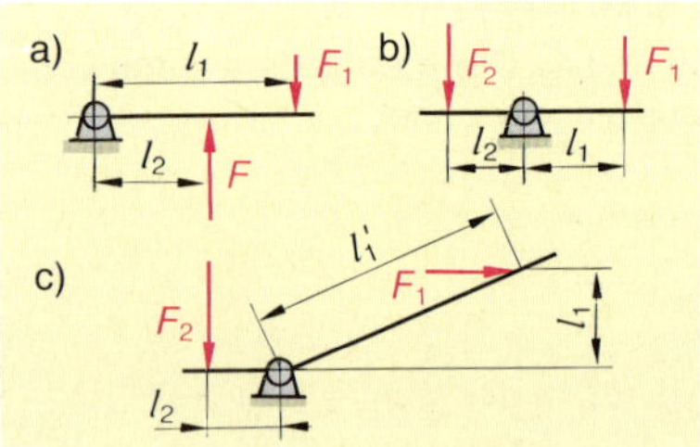

Abb. 3: Hebelarten, a) einarmig, b) zweiarmig, c) Winkelhebel

Beim **zweiarmigen Hebel** liegen die Angriffspunkte der Kräfte auf beiden Seiten des Drehpunkts (Abb. 3b). Ein Sonderfall des zweiarmigen Hebels ist der **Winkelhebel** (Abb. 3c).

Der senkrechte Abstand einer Kraft vom Drehpunkt wird **Hebelarm** genannt. Der Hebelarm ist nicht mit der Hebellänge zu verwechseln.

Das Produkt aus Kraft und Hebelarm nennt man **Drehmoment.**

Drehmoment

$$M = F \cdot l$$

M: Drehmoment
F: Kraft
l: Hebelarm
l': Hebellänge
$[M] = \text{N} \cdot \text{m} = \text{Nm}$

Versuch 3–1: Gleichgewicht am Hebel

Versuchsdurchführung:

In unterschiedlichen Abständen vom Drehpunkt werden nacheinander verschiedene Gewichtstücke so aufgehängt, daß Gleichgewicht herrscht. Kräfte und Hebelarme werden gemessen. Die zugehörigen Drehmomente werden berechnet.

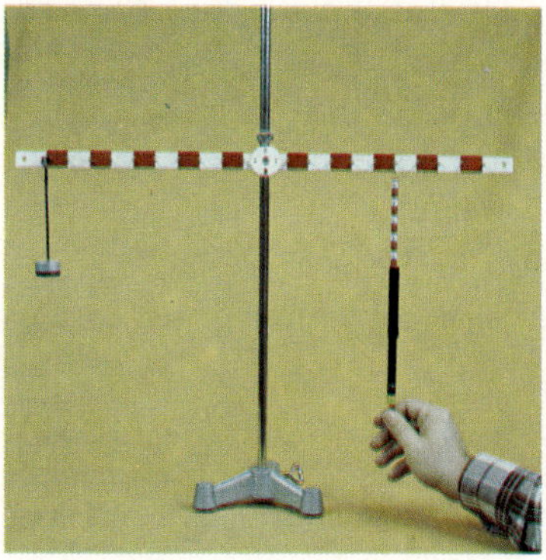

Meßergebnis:

F_1 in N	10	20	30	40	50	60
l_1 in cm	5	10	15	20	25	30
F_2 in N	1,7	8	22,5	53	125	360
l_2 in cm	30	25	20	15	10	5
M_1 in Ncm	50	200	450	800	1250	1800
M_2 in Ncm	50	200	450	800	1250	1800

Der Versuch zeigt:

Am Hebel wirken mindestens zwei Drehmomente, ein linksdrehendes und ein rechtsdrehendes Moment. Gleichgewicht herrscht, wenn beide Drehmomente denselben Zahlenwert haben.

Wirken auf jeder Seite des Hebels zwei Drehmomente, dann gilt bei Gleichgewicht: $M_1 + M_2 = M_3 + M_4$.

Allgemein gilt:

An einem Hebel herrscht Gleichgewicht, wenn die Summe der linksdrehenden Momente gleich der Summe der rechtsdrehenden Momente ist.

Hebelgesetz

$M_1 = F_1 \cdot l_1$ (linksdrehend)
$M_2 = F_2 \cdot l_2$ (rechtsdrehend)

$$F_1 \cdot l_1 = F_2 \cdot l_2 \quad \Rightarrow \quad M_1 = M_2$$

$$\sum M_l = \sum M_r$$

M_l: linksdrehendes Moment
M_r: rechtsdrehendes Moment

Hebel sind einfache Maschinen, bei denen Kraft auf Kosten des Weges gespart werden kann.

Nach dem Prinzip des Hebels arbeiten Winde, Rolle, Flaschenzug und Zahnrad.

Eine **Schiefe Ebene** ist eine Fläche, die gegen die Horizontale geneigt ist. Je stärker ihre Neigung ist, desto größer ist der Kraftaufwand, um beispielsweise die Tonne der Abb. 4 auf den Wagen zu befördern bzw. ihr Herabrollen zu verhindern.

Abb. 4: Anwendung der Schiefen Ebene

Versuch 3–2: Wirkung der Schiefen Ebene

Versuchsdurchführung:

Die Haltekraft F_z wird in Abhängigkeit von der Länge s und der Höhe h gemessen.

Meßergebnis:

h in cm	5	10	15	20
s in cm	20	20	20	20
F_z in N	1,25	2,5	3,75	5
F_G in N	5	5	5	5
$\frac{h}{s}$	0,25	0,50	0,75	1,0

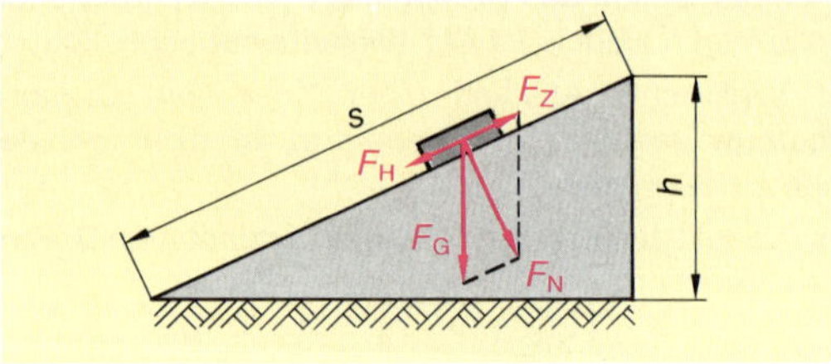

Schiefe Ebene

$$F_z \cdot s = F_G \cdot h$$

F_H: Hangabtriebskraft
F_z: Haltekraft
F_G: Gewichtskraft
h: Höhe der schiefen Ebene
s: Länge der schiefen Ebene

Der Versuch zeigt:

Je kleiner das Verhältnis $\frac{h}{s}$ ist, desto kleiner ist die Haltekraft F_z.

Schiefe Ebenen sind einfache Maschinen, bei denen Kraft auf Kosten des Weges gespart wird. Das Prinzip der Schiefen Ebene kommt in der Technik als Rampe, Keil (Abb. 1) oder Stellkeil und als Schraube (S. 89, Abb. 5) vor.

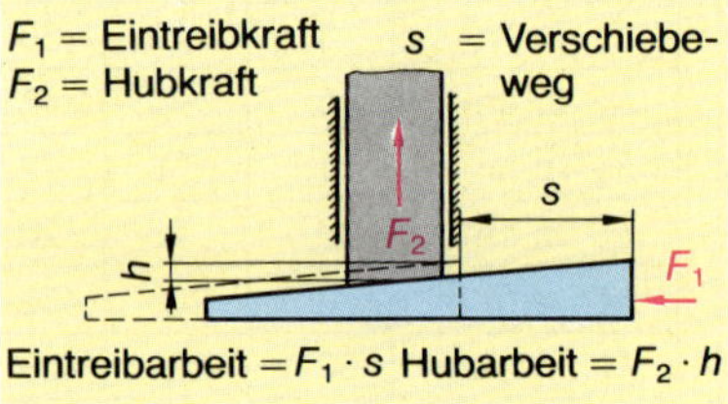

Abb. 1: Keil

3.1.1.1.3 Arbeit und Energie

Im täglichen Sprachgebrauch wird der Begriff »Arbeit« in einer anderen Bedeutung als in der Physik verwendet. Schularbeiten und andere Formen geistiger Arbeit (z.B. Lesen) sind Begriffe, die jedermann geläufig sind. Für den Physiker haben sie keine Bedeutung, weil es sich bei ihnen im Sinne physikalischer Arbeitsweise nicht um meßbare Größen handelt.

In der Physik bezeichnet man als Arbeit das Produkt aus Kraft F und Weg s in Wirkrichtung der Kraft (Abb. 2).

Die Einheit der Arbeit ist Newtonmeter Nm. Diese Einheit wird mit JOULE[1] J bezeichnet.

Die Arbeit von 1 Joule wird verrichtet, wenn eine Kraft von 1 N einen Körper um 1 m in Wirkrichtung verschiebt.

Beispiele für verschiedene Arten der Arbeit zeigt Abb. 4.

Die Fähigkeit eines Körpers, Arbeit zu verrichten, nennt man Energie.

Energie ist gespeicherte Arbeit bzw. das Vermögen eines Körpers Arbeit zu verrichten.

Arbeit

$$W = F \cdot s$$

W: Arbeit
F: Kraft
s: Weg
$[W] = \text{N} \cdot \text{m} = \text{N m}$
$1\ \text{Nm} = 1\ \text{J}$

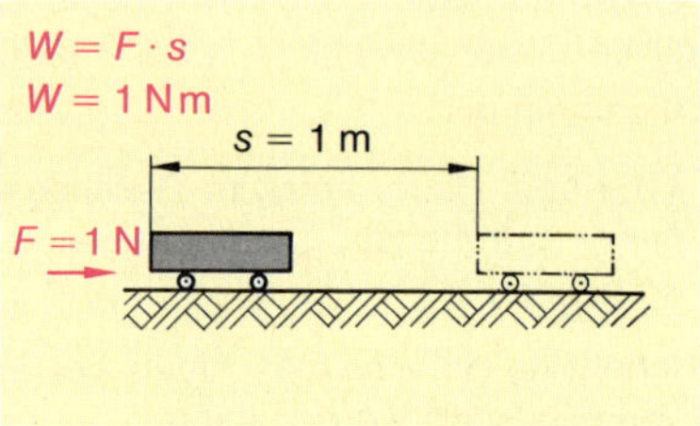

Abb. 2: Definition des Begriffes Arbeit

Energie

E: Energie $[E] = \text{J}$
m: Masse
g: Erdbeschleunigung
h: Höhe

$$E = \frac{m \cdot g}{h}$$

[1] JAMES PRESCOTT JOULE, engl. Physiker, 1818...1889

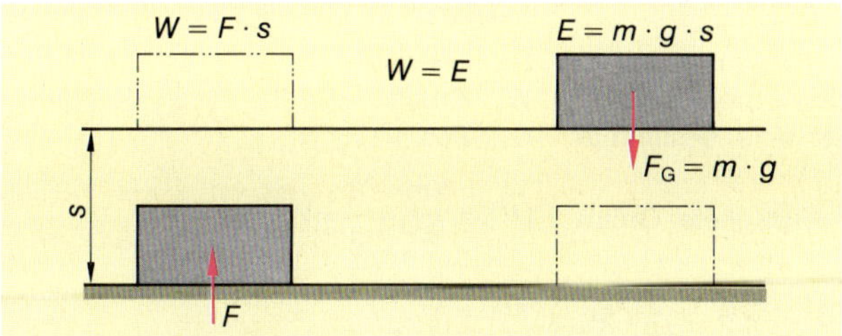

Abb. 3: Zusammenhang zwischen Energie und Arbeit

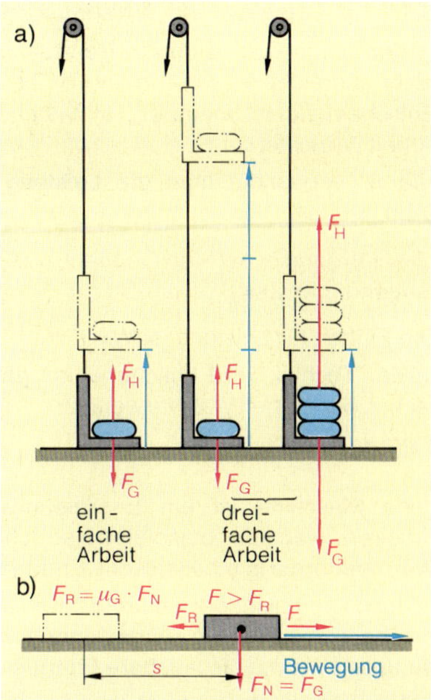

Abb. 4: a) Hubarbeit, b) Reibungsarbeit

Energie und Arbeit haben dieselbe Einheit.

Es gibt verschiedene Energiearten:

- **Mechanische Energie** (Abb. 3),
  Kinetische Energie (Energie der Bewegung);
  Ein fahrendes Auto verrichtet beim Aufprall auf eine Wand Verformungsarbeit,
  Potentielle Energie (Energie der Lage).
- **Wärmeenergie,**
- **magnetische Energie,**
- **chemische Energie,**
- **Atomenergie** (Strahlungsenergie).

Versuch 3–3: Energieerhaltung

Versuchsdurchführung:

- Durch Krafteinwirkung wird das Pendel in Bewegung versetzt. Es bewegt sich bis zum Punkt A (weiteste Auslenkung). Hier hat es, bezogen auf die Ausgangslage, die größte Höhe. Seine Lageenergie ist hier am größten.
- Das Pendel bewegt sich mit zunehmender Geschwindigkeit zurück. Im Punkt C hat es die tiefste Stelle der Kreisbahn und gleichzeitig seine höchste Geschwindigkeit erreicht. Seine Lageenergie hat den Wert Null, seine Bewegungsenergie hat den größten Wert erreicht.
- Im weiteren Verlauf erreicht das Pendel den Punkt B. In ihm wird wiederum seine Geschwindigkeit Null, damit seine Bewegungsenergie Null und seine Lageenergie den größten Wert erreicht.

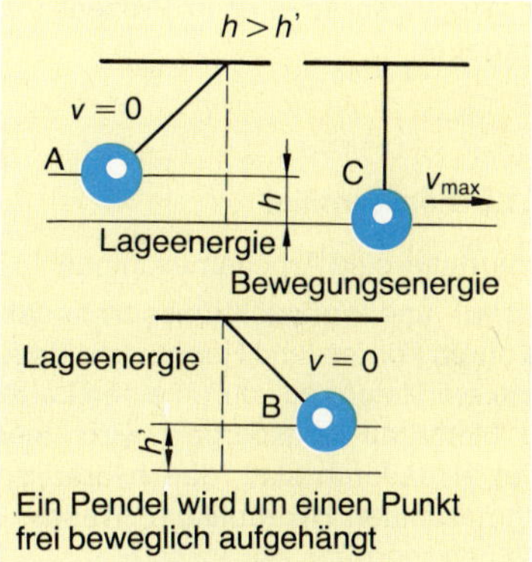

Versuchsanordnung

Der Versuch zeigt den Umwandlungsvorgang von kinetischer Energie in potentielle Energie.

Energie kann nicht erzeugt oder vernichtet werden.
Sie kann von einer Art in eine andere umgewandelt werden.

Dieser Satz gilt für alle Energiearten.

Innerhalb eines Systems ist die Summe aller Energiearten konstant[1].

[1] Energieerhaltungssatz von ROBERT MAYER, 1814...1878

3.1.1.1.4 Leistung und Wirkungsgrad

In der Technik ist es für die Beurteilung von Maschinen allein nicht ausreichend, wenn man nur ihr Arbeitsvermögen kennt. Entscheidend ist vielmehr, in welcher Zeit eine bestimmte Arbeit verrichtet wird.

Hierfür verwendet man die **Leistung** als abgeleitete Größe (Abb. 1).

> Die Leistung P ist der Quotient aus der Arbeit W und der zugehörigen Zeit t.

Die Einheit für Leistung ist WATT[1] W.

In der Technik wird üblicherweise das Kilowatt kW als Vielfaches der Einheit Watt verwendet:

$1\ \text{kW} = 10^3\ \text{W} = 1000\ \text{W}$

Leistung

P: Leistung
W: Arbeit
t: Zeit

$$[P] = \frac{\text{Nm}}{\text{s}} = \frac{\text{J}}{\text{s}} = \text{W}$$

$$1\ \text{W} = 1\ \frac{\text{Nm}}{\text{s}}$$

$$P = \frac{W}{t}$$

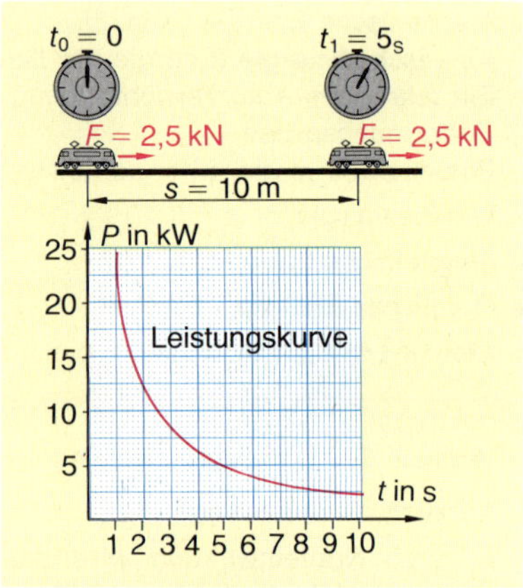

Abb. 1: Darstellung der Leistung

Jede Maschine ist ein Energieumwandler. Verbrennungsmotoren wandeln beispielsweise chemische Energie über Wärmeenergie in mechanische Energie um.

Jedoch kann nicht die gesamte chemische Energie in nutzbare mechanische Energie umgewandelt werden, weil durch Reibung und Wärme die nutzbare Energie verringert wird.

Entsprechend ist die abgegebene Leistung immer geringer als die zugeführte.

> Das Verhältnis von abgegebener Leistung P_{exi} zu zugeführter Leistung P_{ing} nennt man Wirkungsgrad η[2].

Der Wirkungsgrad wird in Prozent (%) oder als Dezimalzahl angegeben.

Tabelle 3.2: Beispiele für Leistungen in W

Mensch (Dauerleistung)	$1 \cdot 10^2$
Motorrad (250 cm³)	$2 \cdot 10^4$
Pkw (1700 cm³)	$7 \cdot 10^4$
Elektrolok	$5 \cdot 10^6$
Flugzeug Airbus A320	$5 \cdot 10^7$
Wasserkraftwerk	$2 \cdot 10^8$
Braunkohlenkraftwerk	$3 \cdot 10^8$
Ariane-Rakete	$6 \cdot 10^{10}$

Wirkungsgrad

η: Wirkungsgrad

$$\eta = \frac{P_{exi}}{P_{ing}} \cdot 100\%$$

$$\eta = \frac{P_{exi}}{P_{ing}}$$

3.1.1.2 Fördermittel

Fördermittel sind Arbeitsmaschinen.

Material- und Werkstofftransport findet innerhalb eines Betriebes durch Förder- und Hebezeuge dadurch statt, daß beispielsweise ein Motorblock durch einen Laufkran aus der Gießerei in den Motorbau transportiert wird. Innerhalb einer Maschine findet er dadurch statt, daß hydraulische oder pneumatische Kraftmaschinen Hydrauliköle, Wasser bzw. Luft oder Spezialgase befördern.

Tabelle 3.3: Mittlere Wirkungsgrade von Kraftmaschinen

Dampfturbine	0,2 ... 0,4
Wasserturbine	0,7 ... 0,9
Dieselmotor	0,3 ... 0,4
Elektromotor	0,7 ... 0,9

[1] JAMES WATT, engl. Physiker, 1736 ... 1819

[2] P_{exi}: nach DIN 1304: Ausgangsleistung (exi: lat. exitus = Ausgang)
P_{ing}: nach DIN 1304: Eingangsleistung (ing: lat. ingressus = Eingang)
η (Eta): kleiner griech. Buchstabe

3.1.1.2.1 Hebezeuge

Hebezeuge dienen dem **senkrechten** Transport von Materialien, Werkstoffen und Geräten sowie Maschinen. Man unterscheidet sie nach den Gesichtspunkten »stetig arbeitend« bzw. »nicht stetig arbeitend«. Stetig arbeitende Hebezeuge sind beispielsweise Paternosteraufzüge, nicht stetig arbeitende sind Kräne.

Zum Heben von Lasten werden feste Rollen, lose Rollen und Flaschenzüge verwendet. Beim Heben großer Lasten werden Elektroflaschenzüge, hydraulische Pressen (Hebeböcke) und Kräne unterschiedlicher Bauart eingesetzt.

Eine **feste Rolle** kann man als einen zweiarmigen Hebel mit gleichen Hebelarmen auffassen (Abb. 3). Die Haltekraft wird durch eine feste Rolle nicht verändert. Es ändert sich lediglich ihre Richtung.

Eine **lose Rolle** kann man als einen einarmigen Hebel auffassen. Der Hebelarm von F_H ist doppelt so groß wie der Hebelarm von F_G. Eine Kombination aus mindestens einer losen und mindestens einer festen Rolle heißt **Flaschenzug.** In der Praxis besteht dieser aus mehreren, gleichvielen festen und losen Rollen. Die Last verteilt sich auf die Anzahl der Seilstränge.

Abb. 2: Stoffumsetzung

feste Rolle	lose Rolle	Flaschenzug

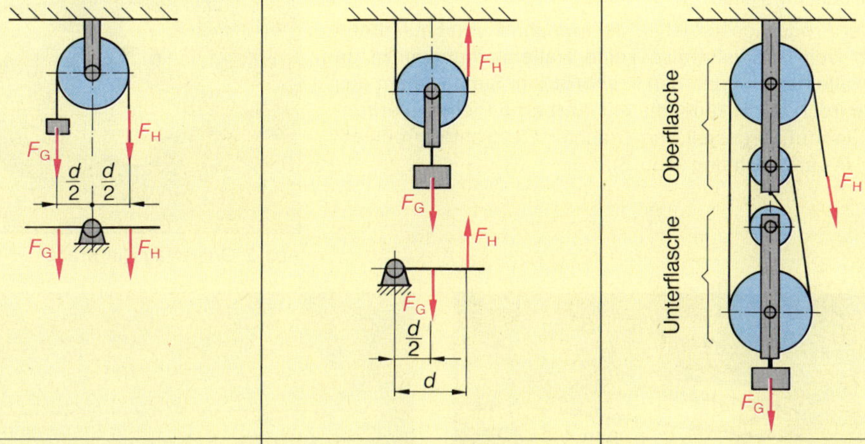

feste Rolle	lose Rolle	Flaschenzug
$F_G \cdot \frac{d}{2} = F_H \cdot \frac{d}{2}$ $M_l = M_r$ $F_G = F_H$	$F_H \cdot d = F_G \cdot \frac{d}{2}$ $M_l = M_r$ $F_H = \frac{F_G}{2}$	$M_l = M_r$ $\frac{F_G}{n} = F_H$

F_G: Gewichtskraft M_r: Drehmoment (rechtsdrehend) n: Anzahl der Rollen
F_H: Haltekraft M_l: Drehmoment (linksdrehend)

Abb. 3: Hebezeuge für geringe Lasten

Elektroflaschenzüge ersetzen die Handkraft F_H des mechanischen Flaschenzuges durch die Kraft eines Elektromotors. Sie werden für Lasten bis 40 MN eingesetzt. Die Betätigung erfolgt über einen elektrischen Druckknopfschalter, der einen sanften Lastentransport ermöglicht. Deswegen eignet sich der Elektroflaschenzug als Transportmittel beim Einbau von Motoren, Achsen etc. in Fahrzeuge, aber auch beim Einspannen schwerer Drehteile (Abb. 1).

Zum **Heben großer Lasten** werden **hydraulische Hebezeuge** verwendet. Als Kraftübertragungsmittel werden Wasser (besonders in brandgeschützten Geräten, z.B. in Hebebühnen eines Theaters) oder Hydrauliköle verwendet. Mit ihnen lassen sich Lasten bis 300 MN heben. Die Hubhöhe ist begrenzt.

Krane heben Lasten bis 4000 MN. Nach Art ihrer Konstruktion unterscheidet man zwischen Lauf-, Dreh- und Mobilkran.

Laufkrane überbrücken die gesamte Breite einer Werkhalle und laufen in Längsrichtung mit den Kranlaufrädern auf Schienen, die unter der Werkhallendecke angebracht sind (Abb. 4).

Das Heben und Senken der Lasten erfolgt durch eine Kranlaufwinde, die an einer Laufkatze befestigt ist. Diese kann sich zugleich im rechten Winkel zur Laufrichtung des Krans bewegen.

Die Last wird über eine Unterflasche, an der entweder ein **Lasthaken** oder eine **Greiferanlage** befestigt ist, mit dem Hebezeug verbunden. Die Greiferanlage dient zum Fördern von Erz, Kohle, Kies etc. Die Form des Greifers wird von dem Schüttgut bestimmt (Abb. 2).

Nicht jeder Produktionsort ist für die Aufnahme von Laufkranen geeignet, weil beispielsweise keine Halle vorhanden ist. In solchen Fällen verwendet man **Kranbrücken.** Sie bestehen aus einer Stahlrohrkonstruktion, die mit fahrbaren Pfeilern verbunden ist. Ein im Fahrgestell angebrachter Elektromotor bewegt den Kran in Längsrichtung (Abb. 3).

Abb. 1: Elektroflaschenzug

Abb. 2: Greifanlage für Krane

Abb. 4: Laufkran

Abb. 3: Kranbrücke

Abb. 5: Drehkran

Abb. 6: Mobilkran

Drehkrane werden in der Werkstatt als Wanddrehkran, in Häfen als Verlade- und Montagekrane (Abb. 5) und auf Baustellen als Baukrane eingesetzt. Die Steuerung der Funktionen erfolgt durch einen Kranführer. Drehkrane besitzen einen schwenkbaren Ausleger. Je weiter der Ausleger ausgefahren ist, desto geringer ist die Last, die der Kran zu heben vermag. Rüst- und Nebenzeiten können an Bearbeitungsmaschinen erheblich reduziert werden, wenn die am Arbeitsplatz anfallenden Transportvorgänge von Drehkranen durchgeführt werden. Der Arbeitsablauf wird störungsfreier und gleichmäßiger. Deshalb sind sie auch häufig als integriertes Maschinenausrüstungsteil anzutreffen.

Selbstfahrende Drehkrane bezeichnet man als Mobilkrane (Abb. 6).

3.1.1.2.2 Transportsysteme

In einem Betrieb werden unterschiedliche Systeme zum waagerechten Transport verwendet. Sie dienen einem rationellen Werkstofffluß von bzw. zu den Maschinen. Neben Werkseisenbahnen, Gabelstaplern und Elektrokarren werden **Stetigförderer** eingesetzt. Stetigförderer werden als Band-, Rollen- und Kreisförderer gebaut. Gemeinsam ist ihnen, daß ein Gut (Koffer auf dem Flughafen, Motorteile am Fließband, Getränkeflaschen auf dem Rollband) ununterbrochen so lange transportiert wird, bis es am Bestimmungsort entnommen wird (Abb. 7).

Abb. 7: Rollenförderer (Rollbahn)

3.1.1.3 Werkzeugmaschinen

Zur spanenden Formgebung werden Werkzeugmaschinen eingesetzt. Entwicklung und Einsatz der Werkzeugmaschinen haben Wirtschaftlichkeit und Genauigkeit der Fertigung erheblich gesteigert und die körperliche Belastung der arbeitenden Menschen wesentlich verringert (Abb. 1).

Werkzeugmaschinen haben die Aufgabe, ein Werkzeug so auf das Werkstück einwirken zu lassen, daß durch Spanabnahme eine gewünschte Form und Oberfläche wiederholbar erzeugt werden kann.

Abb. 1: Computergesteuerte Werkzeugmaschine

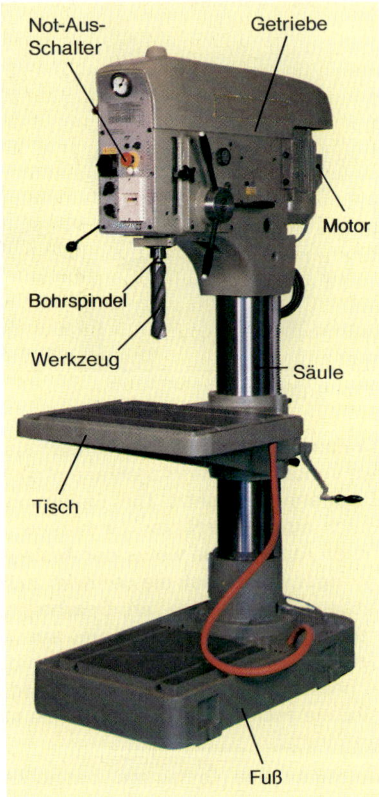

Abb. 2: Säulenbohrmaschine

3.1.1.3.1 Bohrmaschinen

Die unterschiedlichen Aufgaben von Reparaturarbeiten bis hin zur Massen- und Serienfertigung erfordern eine Vielzahl von Bohrmaschinenarten.

Aufbau einer Bohrmaschine

Bohrmaschinen bestehen trotz ihrer vielfältigen Arten und Bauformen aus wenigen, gleichartigen und typischen Bauteilen und Baugruppen (Abb. 2).

Der **Ständer** dient zur Aufnahme der einzelnen Baugruppen. Der Bohrtisch dient der Werkstückaufnahme. Der **Motor** treibt über ein Stufenscheiben- oder Zahnrädergetriebe die Bohrspindel an. Die **Bohrspindel** nimmt entweder ein Bohrfutter oder einen Bohrer mit kegeligem Schaft auf. Im Fuß der Bohrmaschine sind der **Kühlschmierstoffbehälter** und die **Kühlschmierstoffpumpe** untergebracht.

Zur **elektrischen Einrichtung** (Steuereinrichtung) gehört neben dem Ein- und Ausschalter ein gut erreichbarer **Not-Aus-Schalter,** der die gesamte Maschine im Bedarfsfall stillegt.

Das **Zubehör** besteht im wesentlichen aus Maschinenschraubstock, Bohrprisma, Spanneisen, Spannschrauben und einem Treibkeil (Austreiben).

Tabelle 3.4: Bohrmaschinen

Maschinenart	Kennzeichen, Merkmale	Verwendungszweck
Handbohr-maschine	mobile Maschine, geringes Gewicht	Reparaturarbeiten
Tischbohr-maschine	Werkzeugmaschine für Werkstattarbeiten, für Bohrungen bis 10 mm, in der Regel mit Getriebe zur Schaltung unterschiedlicher Drehzahlen ausgerüstet	Bearbeitung kleiner Werkstücke
Säulenbohr-maschine	Bohrtisch in der Höhe verstellbar, seitlich schwenkbar	wie Tischbohrmaschine, jedoch für größere Werkstücke
Ständerbohr-maschine	An einem Ständer in der Höhe verfahrbarer Spindelkopf, Tisch nicht schwenkbar, Vorschubeinrichtung	geeignet für größere Durchmesser und Bohrungstiefen, größere Fertigungsgenauigkeit
Ausleger- oder Radial-bohrmaschine	Verstellbarer Bohrschlitten an Auslegerarm. Verstellmöglichkeiten ermöglichen die Herstellung mehrerer Bohrungen an einem Werkstück ohne umzuspannen	Unterschiedliche Umdrehungsfrequenzbereiche gestatten das Herstellen großer und kleiner Bohrungsdurchmesser, Bearbeitung großer Werkstücke in vertikaler Richtung
Reihenbohr-maschine	Hintereinander angeordnete Ständerbohrmaschinen mit einem in der Höhe verstellbaren Tisch	Ausführung mehrerer nacheinander liegender Arbeitsvorgänge in der Massenfertigung

3.1.1.3.2 Drehmaschinen

Eine Zug- und Leitspindeldrehmaschine besteht aus den Baugruppen:

- Gestell (Bett und Füße),
- Hauptgetriebe (Spindelstock),
- Nebengetriebe (Vorschubgetriebe),
- Werkzeugschlitten,
- Reitstock,
- Steuer- und Regeleinrichtungen.

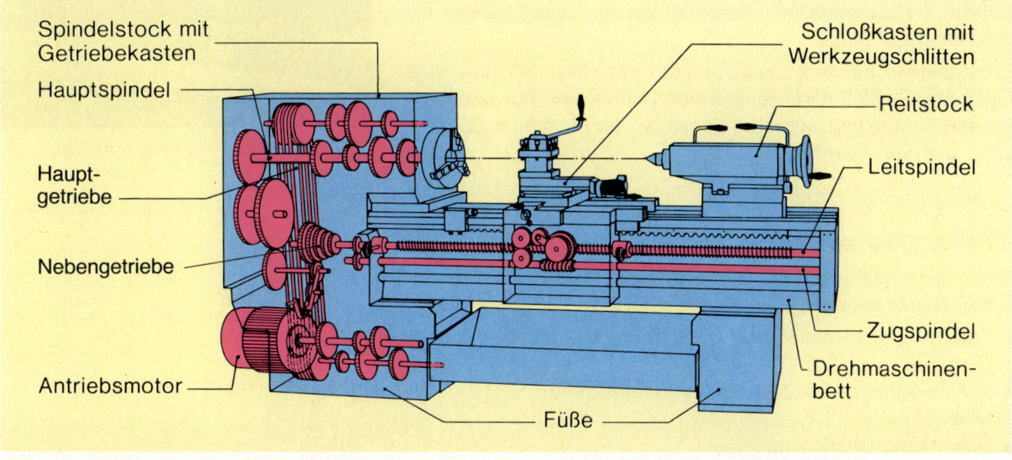

Abb. 3: Drehmaschine

Das **Gestell** setzt sich aus dem Drehmaschinenbett und den angegossenen oder angeflanschten Füßen zusammen. Das Bett trägt Spindelstock und Getriebekasten sowie auf den beiden Führungsbahnen Werkzeugschlitten und Reitstock.

Der **Spindelstock** nimmt die Arbeitsspindel auf. Durch elektrisches oder mechanisches Schalten lassen sich am Hauptgetriebe die verschiedenen genormten Drehzahlen einstellen. Das Hauptgetriebe befindet sich im Spindelkasten. Rechts- und Linkslauf der Arbeitsspindel wird durch Umschalten des Hauptmotors erreicht.

Die Arbeitsspindel ist hohl, damit lange Werkstücke hindurchgeschoben werden können. Sie nimmt außen auf einem Kurzkegel das Drei- oder Vierbackenfutter, innen in einem Werkzeugkegel den Körner zum Drehen zwischen Spitzen auf. Das Nebengetriebe ermöglicht die Wahl verschiedener Drehzahlen für die Zug- und Leitspindel, wodurch die Bewegung des Bettschlittens und des Querschlittens gesteuert werden kann.

Da das **Nebengetriebe** vom Hauptgetriebe angetrieben wird, stehen Arbeitsspindelumdrehungen und Vorschubbewegungen in einem bestimmten Verhältnis zueinander.

Die Leitspindel wird nur für die Herstellung von Gewinden verwendet.

Die drehende Zugspindel treibt Zahnräder im Schloßkasten an, die eine maschinelle Vorschubbewegung von Bett- und Querschlitten ermöglichen.

Der **Werkzeugschlitten** besteht aus Bettschlitten, Querschlitten und Oberschlitten mit Spanneinrichtung für Drehwerkzeuge. Der Bettschlitten übernimmt die Vorschubbewegung in Längsrichtung. Der Querschlitten übernimmt die Vorschubbewegung senkrecht zur Längsrichtung. Der Oberschlitten übernimmt die Zustellung beim Plandrehen und kann für Sonderaufgaben, z.B. Kegeldrehen, geschwenkt werden (Abb. 1).

Bett- und Querschlitten lassen sich über ein Getriebe auch von Hand verstellen. Der Oberschlitten ist nur handverstellbar.

Der Reitstock dient als Gegenlager beim Drehen zwischen Backenfutter und Spitze oder zwischen zwei Spitzen. Beim Bohren, Reiben und Gewindeschneiden dient der Reitstock als Werkzeugaufnahme.

Entscheidend für den Einsatzbereich der Drehmaschine sind Leistungsfähigkeit, Drehzahlbereich und Anzahl der Drehzahlen von Antrieb und Getriebe, Bauweise der Maschine, Spitzenhöhe und Spitzenweite (Abb. 2).

Abb. 1: Werkzeugschlitten

Abb. 2: Reitstock mit festem Körner

3.1.1.3.3 Fräsmaschinen

Nach der Lage von Maschinentisch und Frässpindel unterscheidet man folgende Fräsmaschinenarten:

- Waagerechtfräsmaschine (Horizontalfräsmaschine) (Abb. 3a)
- Senkrechtfräsmaschine (Vertikalfräsmaschine) (Abb. 3b)
- Universalfräsmaschine,
- Universalbohr- und -fräswerk.

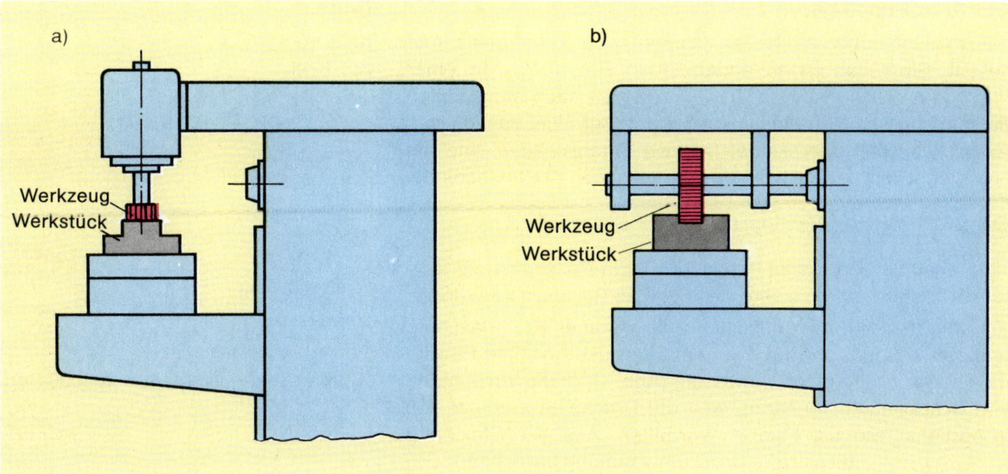

Abb. 3: Universalfräsmaschine: a) Senkrechtfräsen b) Waagerechtfräsen

Fräsmaschinen bestehen aus:

- eingebauten Einheiten (Hauptmotor, Hauptgetriebe, Vorschubgetriebe und Frässpindel).
- angebauten Einheiten (Höhensupport, Querschieber, Maschinentisch, Ausleger, Stützlager und Gegenlager, Werkzeugträger, Spänefangschale) (Abb. 4).

Der Ausleger ist verschiebbar. Er trägt ebenfalls verschiebbare Gegen- und Stützlager, damit der Werkzeugträger durch enge Lagerung keine große Durchbiegung erfährt und Schwingungen vermieden werden.

Die Umdrehungsfrequenzen und Vorschubgeschwindigkeiten sind über mechanische und elektrische Steuerungen wählbar. Die Vorschubbewegungen werden über Kupplungen geschaltet. Die Fräsmaschine hat eine Kühlmitteleinrichtung. Kühlschmierstoffe (Schneidöle) werden über ein schwenkbares Rohr an die Wirkstelle geführt, am Maschinentisch gesammelt und einem Vorratsbehälter zurückgeführt.

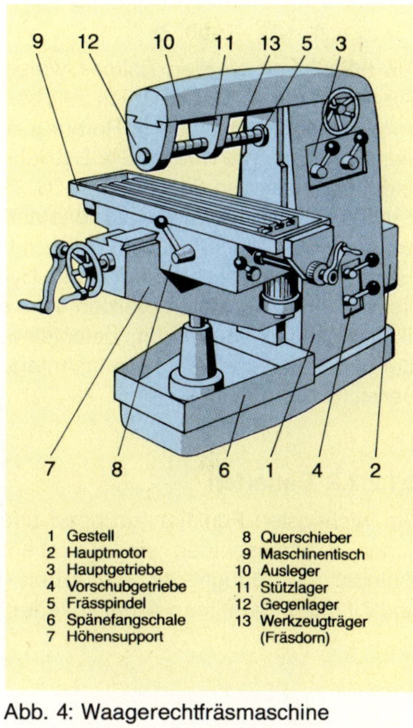

Abb. 4: Waagerechtfräsmaschine

3.1.2 Kraftmaschinen

Kraftmaschinen sind energieumsetzende Maschinen. Unter einer Energieumsetzung wird das Umwandeln der Energie eines Stoffes in Arbeit verstanden. Deshalb gehören all diejenigen Maschinen zu dieser Gruppe, die hydraulische, pneumatische, elektrische Energie oder Verbrennungsenergie umsetzen (Abb. 5).

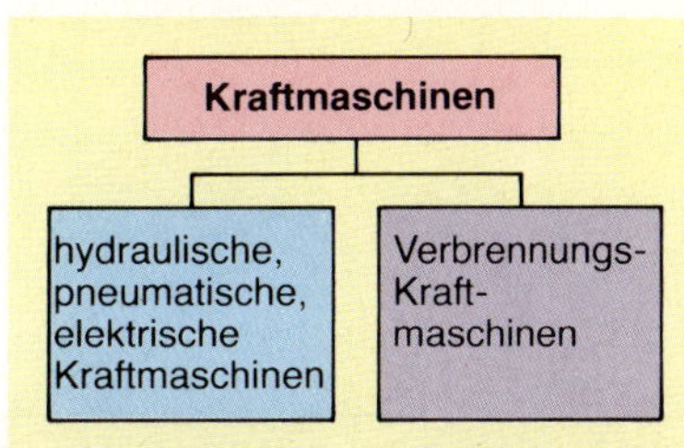

Abb. 5: Verschiedene Kraftmaschinen

3.1.2.1 Hydraulische Kraftmaschinen

Hydraulische Kraftmaschinen spielen in der modernen Fertigung eine wichtige Rolle. Zur Herstellung von Bewegungen, Übertragung bzw. Erzeugung von Kräften und zur Änderung von Bewegungsabläufen und Drehzahlen dient **Flüssigkeit.** Da bei diesen Vorgängen Flüssigkeiten bewegt werden, spricht man von Hydrodynamik.[1]

[1] Hydrodynamik (griech.): Strömungslehre

3.1.2.1.1 Grundlagen

Flüssigkeiten haben ein festes Volumen, aber keine bestimmte Gestalt. Sie füllen jeden angebotenen Raum aus. In einer Flüssigkeit breitet sich ein erzeugter **Druck** nach allen Seiten gleichmäßig aus. Die Flüssigkeit wird dabei nicht zusammengedrückt (nicht kompressibel[1]). Diese Eigenschaften sind die Grundlagen für die Funktion von hydraulischen Kraftmaschinen.

Der Druck *P* ist der Quotient aus Kraft *F* und Fläche *A*.

Die Einheit des Drucks ist PASCAL[2] (Pa). Ein Pa ist ein sehr kleiner Wert. Üblicherweise wird deshalb das Bar (bar) verwendet.

Soll der Druck im hydraulischen System einer Kraftmaschine geändert werden, so sind zwei mit Flüssigkeit gefüllte Räume und ein gestufter Kolben notwendig (Abb. 1). Diese Vorrichtung wird **Druckwandler** genannt, weil die Drucke sich umgekehrt proportional wie die Flächen verhalten. Aus der Gleichung $p_1 \cdot A_1 = p_2 \cdot A_2$ läßt sich die Druckumwandlung berechnen.

Strömt eine Flüssigkeitsmenge von einem großen Rohrquerschnitt in einen kleineren, so wird bei gleicher Durchflußmenge die Geschwindigkeit erhöht. Es gilt:

$v_1 \cdot v_2 = A_1 \cdot A_2$ (Abb. 2).

Als **Flüssigkeit** werden üblicherweise Mineralöle verwendet. Sie haben die Aufgabe, Druck zu übertragen, Wärme und Verunreinigungen abzuführen, Reibung zu vermindern und korrosionsschützend zu wirken. Die Betriebstemperatur von Hydrauliköl liegt zwischen 30 °C und 70 °C. In diesem Bereich ist die Zähflüssigkeit (Viskosität) fast konstant. Oberhalb der Temperatur wird das Öl dünnflüssig, unterhalb zähflüssig. In beiden Fällen sind Betriebsstörungen der Hydraulikanlage die Folge. Neben den Mineralölen werden schwerentflammbare Hydraulikflüssigkeiten verwendet, beispielsweise in Druckgieß- und Bergwerksmaschinen sowie in Anlagen des feuergefährdeten Bereiches.

3.1.2.1.2 Bauarten

Die wichtigsten Funktionsgruppen und Bauteile von hydraulischen Kraftmaschinen sind Pumpen, Ventile, Motoren und Zylinder. Die Bauglieder, die Arbeit verrichten, wie Motoren und Zylinder nennt man Arbeitsglieder.

Druck

p: Druck
F: Kraft
A: Fläche

$$p = \frac{F}{A}$$

$$[p] = \frac{N}{m^2} = Pa$$

$$1\ bar = 10\ \frac{N}{cm^2} = 10^5\ Pa = 100000\ Pa$$

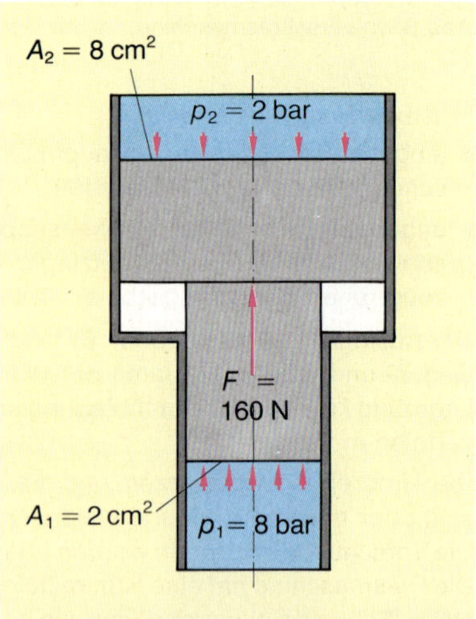

Abb. 1: Wirkungsweise des Druckwandlers

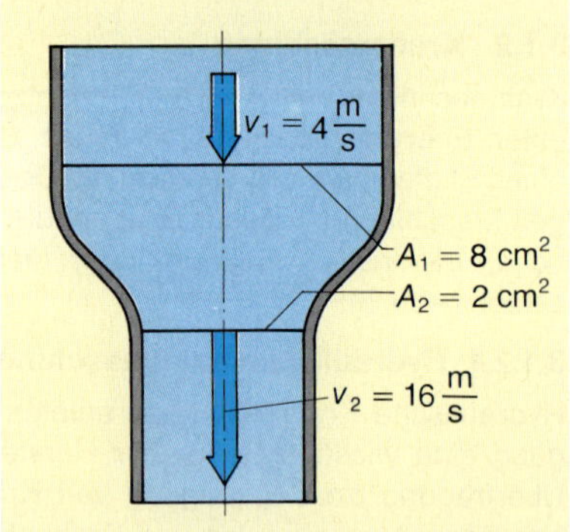

Abb. 2: Geschwindigkeit in Abhängigkeit vom Querschnitt

[1] von Kompression (lat.): Verdichtung

[2] BLAISE PASCAL, franz. Physiker, 1623 ... 1662

Tabelle 3.5: Übersicht über hydraulische Arbeitsmaschinen

	Arten	Aufgabe	Aufbau	Funktion
Pumpen	**Zahnradpumpe** 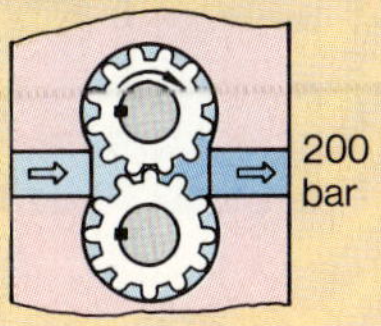	Erzeugung von Drücken bis 200 bar	Sie besteht aus einem Gehäuse mit zwei drehbar gelagerten Zahnrädern.	Durch die Drehbewegung der Zahnräder wird die Hydraulikflüssigkeit in den Zahnlücken eingeschlossen und außen am Gehäuse entlang gefördert.
Pumpen	**Flügelzellenpumpe** 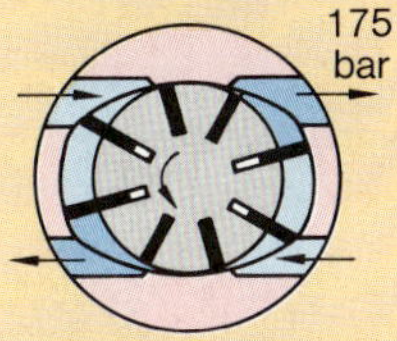	Erzeugung von Drücken bis 175 bar	Sie besteht aus einem drehbar gelagerten Rotor mit eingesetzten beweglichen Flügeln, die sich abdichtend an das Gehäuse anlegen.	Bei drehendem Rotor wird durch das größer werdende Volumen der Zellen Öl angesaugt. Bei weiterer Drehung verkleinern sich die Zellen, und das Öl wird gefördert.
Pumpen	**Axialkolbenpumpe** 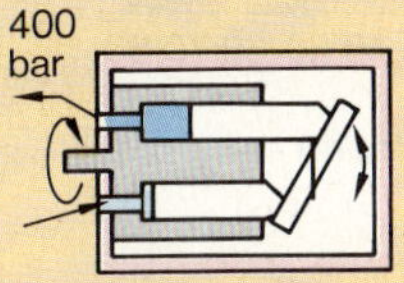	Erzeugung von Drücken bis 400 bar	Sie besteht aus einem sich drehenden Pumpenkörper, in dem Kolben axial verschiebbar gelagert sind.	Verstellung der Fördermenge durch Schwenken der Schrägscheibe.
Arbeitselemente	**Hydromotore** 	Hydromotore wandeln die Energie der hydraulischen Flüssigkeit in mechanische Drehbewegung um.	Der Aufbau entspricht denen der Zahnrad-, Flügelzellen- und Axialkolbenpumpe.	Die Funktion entspricht denen der Pumpen in umgekehrter Richtung. Eine Verwendung als Pumpe oder Motor ist jedoch nicht möglich.
Arbeitselemente	**Hydrozylinder** 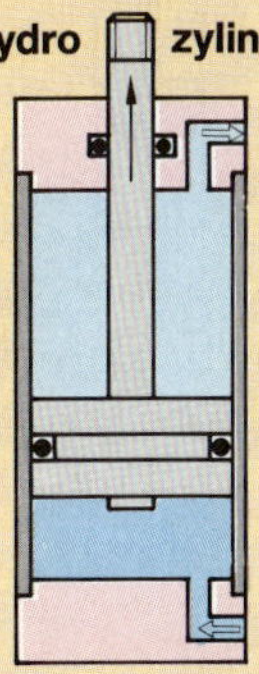	Hydrozylinder wandeln die Energie der hydraulischen Flüssigkeit in geradlinige Bewegung um, bei entsprechender Bauform in eine drehende Bewegung.	Ein Hydrozylinder besteht aus einem beweglichen Kolben und einem feststehenden Zylinder; seltener ist der Zylinder beweglich und der Kolben feststehend.	Auf den beweglichen Kolben wirkt der Flüssigkeitsdruck, der den Kolben in Längsrichtung verschiebt. Ist die Kolbenstange als Zahnstange ausgebildet, dann kann der Flüssigkeitsdruck auch zur Erzeugung von Drehbewegungen verwendet werden.

3.1.2.2 Pneumatische Kraftmaschinen

Pneumatische Kraftmaschinen spielen in der modernen Fertigung eine wichtige Rolle. Zur Herstellung von Bewegungen, Übertragung bzw. Erzeugung von Kräften und zur Änderung von Bewegungsabläufen und Umdrehungsfrequenzen dient **Luft.**

Luft ist ein Gemenge von unterschiedlichen Gasen. Die Gasmoleküle sind gegeneinander verschiebbar. Sie haben kein festes Volumen, nehmen jeden angebotenen Raum ein und füllen ihn vollständig aus. Zwischen den Gasmolekülen befinden sich Abstände. Diese lassen sich durch Druck (Kompression) verkürzen oder durch Sog (Expansion) vergrößern. Bei Erhöhung des Drucks steigt die Temperatur (Abb. 1).

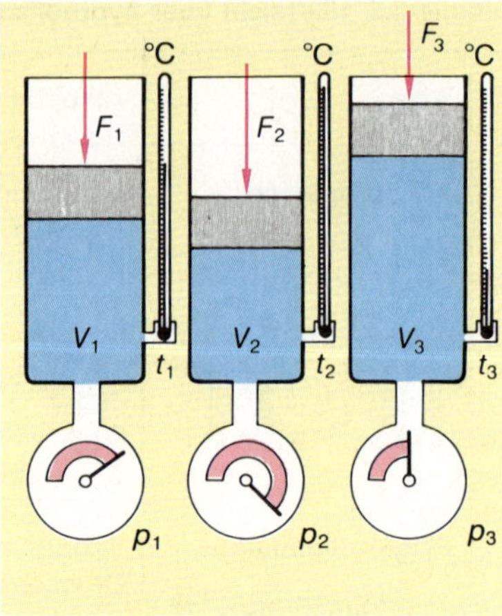

Abb. 1: Abhängigkeit von Volumen, Druck und Temperatur

3.1.2.2.1 Grundlagen

Bei Gasen spielt der Zusammenhang zwischen **Volumen, Druck** und **Temperatur** eine wichtige Rolle (Abb. 1).

Das Gesetz von BOYLE[1] und MARIOTTE[2] beschreibt den Zusammenhang zwischen Druck und Volumen eines eingeschlossenen Gases.

Versuch 3–4: Gesetz von BOYLE und MARIOTTE

In einem Glaszylinder mit einer Querschnittsfläche von 1 cm² befindet sich eine bewegliche Kugel, die die Fläche abdichtet. Verkleinert man das Volumen der eingeschlossenen Luft dadurch, daß die Kugel den Versuchsraum verkleinert, steigt der Druck an. Dies veranschaulichen folgende Zahlenpaare:

p in bar	0,8	1,2	1,4	1,6	1,8	2,0	2,5
V in cm³	26,2	17,5	15,0	13,1	11,7	10,5	8,4

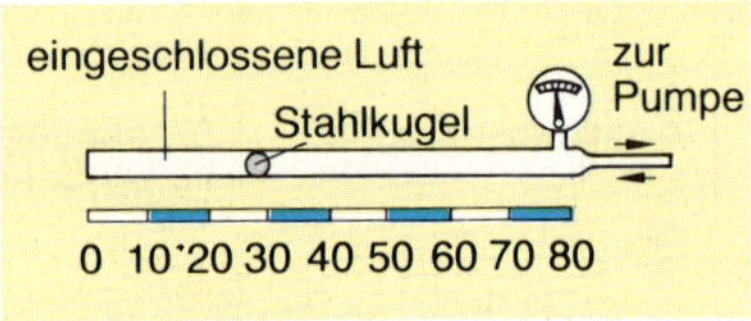

Versuchsanordnung

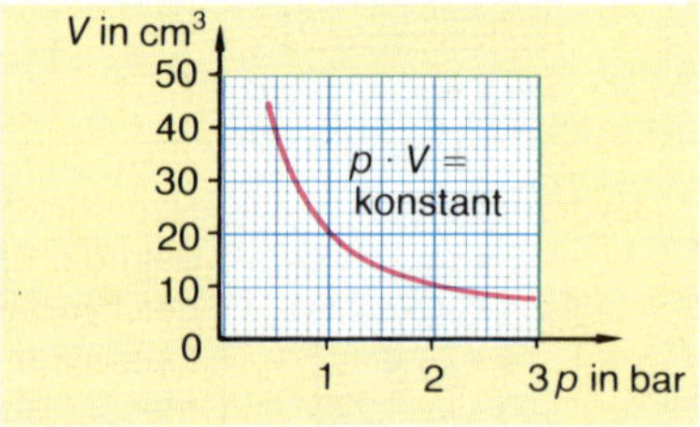

Aus dem Versuch ergibt sich:

Das Volumen eines eingeschlossenen Gases ist dem Druck umgekehrt proportional.

Das Gesetz von GAY-LUSSAC[3] beschreibt den Zusammenhang zwischen Volumenausdehnung und Temperatur.

Versuch 3–5: Gesetz von GAY-LUSSAC

In einen beweglich verschließbaren Glaszylinder wird ein Gas eingeschlossen und erwärmt. Beachtet man dabei, daß bei diesem Versuch der Druck sich in der Versuchsanordnung nicht erhöht, und mißt man die Volumenänderung in Abhängigkeit von der jeweiligen Temperaturerhöhung, dann ergibt sich folgender Zusammenhang:

Gase dehnen sich unter konstantem Druck je Grad Temperaturerhöhung um 1/273 ihres Volumens aus.

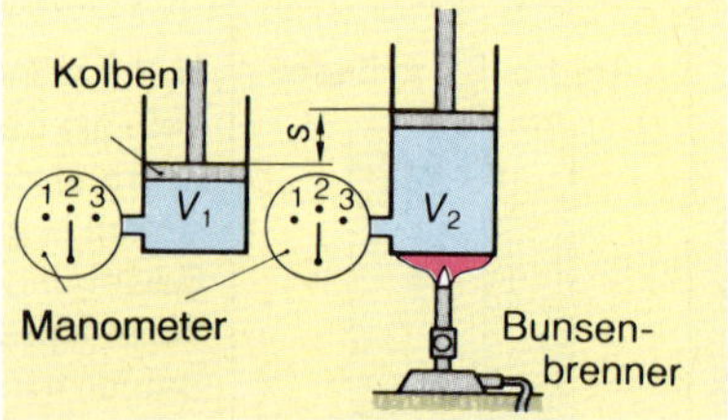

Versuchsanordnung

[1] ROBERT BOYLE, engl. Physiker, 1627 ... 1691

[2] EDME MARIOTTE, franz. Physiker, 1620 ... 1684

[3] JOSEPH LOUIS GAY-LUSSAC, franz. Physiker, 1778 ... 1850

Luft ist ein Gasgemenge aus Stickstoff (78%), Sauerstoff (21%) und Edelgasen und Verunreinigungen (1%). Sie wird durch Verdichter komprimiert und steht dann als Druckluft zur Verfügung. Sie ist der Energieträger in pneumatischen Kraftmaschinen. Der übliche Arbeitsdruck beträgt 6 bar.

Abb. 2: Verdichter (Kolbenverdichter)

3.1.2.2.2 Bauarten

Die wichtigsten Funktionsgruppen und Bauteile von pneumatischen Kraftmaschinen sind Verdichter, Ventile, Druckluftmotoren und Pneumatikzylinder. Die Bauglieder, die Arbeit verrichten, wie Druckluftmotor und Pneumatikzylinder nennt man Arbeitsglieder.

Verdichter dienen dazu, komprimierte Luft (Druckluft) an das pneumatische Leitungsnetz einer Pneumatikanlage zu liefern. Nach Art des Funktionsprinzips unterscheidet man Hubkolben-, Flügelzellen-, Schrauben- und Drehkolbenverdichter (Abb. 2).

Ventile steuern den Luftstrom in pneumatischen Kraftmaschinen.

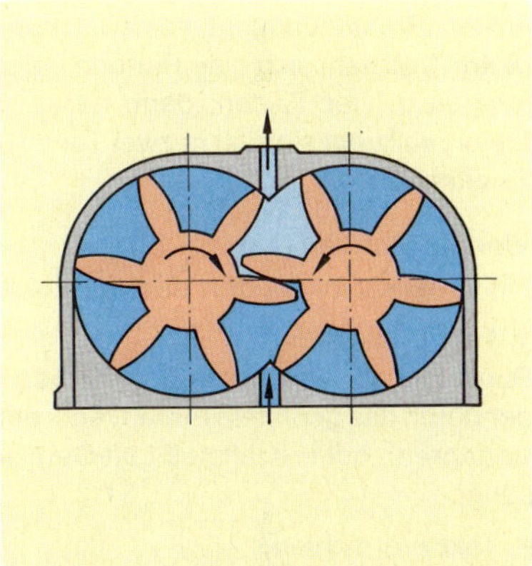

Abb. 3: Druckluftmotor (Zahnradmotor)

Druckluftmotore dienen zur Erzeugung von Drehbewegungen. Sie werden u.a. auch in explosionsgefährdeten Räumen und Bereichen eingesetzt oder bei besonders hohen Umdrehungsfrequenzen verwendet. Ein besonderer Vorteil ist es, daß sie ohne Beschädigung bis zum Stillstand abgebremst werden können. Sie werden als Lamellen-, Kolben-, Turbinen- und Zahnradmotor gebaut (Abb. 3).

Pneumatikzylinder bestehen aus **Kolben** und **Gehäuse.** Die einströmende Druckluft bewegt den Kolben. Pneumatikzylinder werden zur Erzeugung von geradlinigen, seltener zur Erzeugung von kreisförmigen Bewegungen (Schwenkzylinder) verwendet. Nach der Funktion unterscheidet man einfachwirkende und doppeltwirkende Zylinder. Beim **einfachwirkenden** Zylinder bewegt die einströmende Druckluft den Kolben, und eine Rückholfeder bringt ihn wieder in die Ausgangsstellung, wenn die Wirkung der Druckluft nachläßt (Abb. 4). Beim **doppeltwirkenden** Zylinder wird der Kolben in beide Richtungen durch Druckluft bewegt.

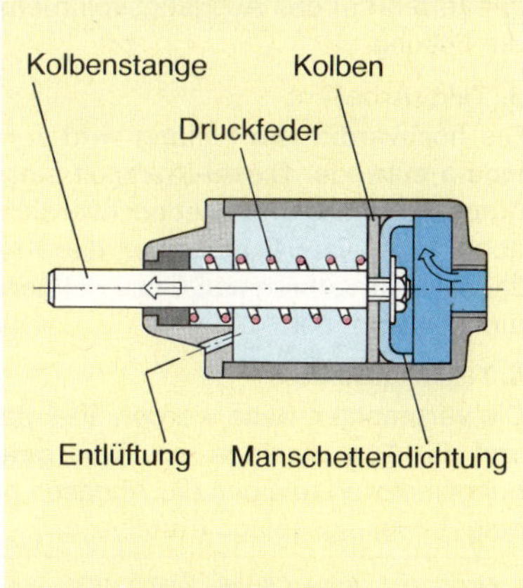

Abb. 4: Einfachwirkender Pneumatikzylinder

3.1.2.3 Verbrennungskraftmaschinen

Maschinen, in denen die chemische Energie von festen, flüssigen und gasförmigen Brennstoffen in Wärmeenergie und mechanische Energie umgewandelt wird, nennt man Verbrennungskraftmaschinen.

Sie werden als Strahl- und Raketentriebwerke in Flugzeugen, als Gasturbinen in Schiffen, als Diesel-Motoren in Schiffen und Lastkraftwagen und als Otto-Motoren in Personenwagen verwendet.

Den größten Teil aller Verbrennungskraftmaschinen stellt der Hubkolbenmotor dar, der in vier Takten ein Arbeitsspiel vollzieht und nach dem Diesel- oder Otto-Verfahren arbeitet.

3.1.2.3.1 Grundlagen

Die theoretische Arbeitsgrundlage des Hubkolbenmotors beruht auf dem CARNOTSCHEN[1] **Kreisprozeß.** Dieser ist die Beschreibung des gesetzmäßigen Zusammenhangs zwischen Volumen, Temperatur und Druck eines Kraftstoff-Luft-Gemisches in einem periodisch ablaufenden Prozeß, Die technische Realisierung erfolgt in OTTO[2]- oder DIESEL[3]-Motoren, die Länge des Kreisprozesses wird durch das **Zweitakt-** bzw. **Viertakt-Verfahren** bestimmt.

3.1.2.3.2 Bauarten

Jeder Hubkolbenmotor besteht aus folgenden Bauteilen:

- Motorgehäuse,
- Kurbeltrieb,
- Steuereinrichtung,
- Gemischaufbereitungsanlage,
- Abgasanlage und
- elektrische Anlage (Abb. 2).

Nach Art der Zündung des Kraftstoff-Luftgemisches unterscheidet man zwischen Otto- und Diesel-Motor. Erfolgt die Zündung des Kraftstoff-Luft-Gemisches durch die Verdichtungswärme (Eigenzündung), dann nennt man diesen Motor einen **Diesel-Motor.** Erfolgt die Zündung des Gemisches durch einen Zündfunken (Fremdzündung), so nennt man diesen Motor einen **Otto-Motor.** Vollzieht sich eine Periode bei zwei Kurbelwellenumdrehungen in vier Takten, dann nennt man den Motor **Viertakt-Motor;** vollzieht sie sich in zwei Takten, so nennt man den Motor **Zweitakt-Motor.**

Viertakt-Motoren (Abb. 3)

Ein Arbeitsspiel gliedert sich wie folgt:

1. Takt (Ansaugen)

Durch den abwärtsgehenden Kolben entsteht ein Unterdruck, der durch das geöffnete Einlaßventil entweder reine Luft (Diesel-Verfahren) oder Kraftstoff-Luft-Gemisch in den Zylinder ansaugt.

2. Takt (Verdichten)

Der aufwärtsgehende Kolben verdichtet jetzt die Füllung auf ein Zwölftel (Otto-Verfahren) bzw. auf ein Vierundzwanzigstel (Diesel-Verfahren) des Ausgangsvolumens. Dadurch erwärmt sich die Füllung.

3. Takt (Arbeiten)

Die hochverdichtete Füllung wird zur Verbrennung gebracht, indem entweder Diesel-Kraftstoff eingespritzt wird und dieser durch die Eigenwärme der hochverdichteten Luft verbrennt oder aber durch einen Zündfunken das Kraftstoff-Luft-Gemisch entflammt. Die verbrannten Gase dehnen sich aus und verrichten am Kolben Arbeit.

4. Takt (Ausstoßen)

Die verbrannten Gase werden über das geöffnete Auslaßventil und die Auspuffanlage ins Freie geleitet. Moderne Verbrennungsmotoren reinigen die Abgase vor Austritt ins Freie durch eine Reinigungsanlage (Katalysator).

[1] SADI CARNOT, franz. Offizier, 1796 ... 1832

[2] NIKOLAUS OTTO, Erfinder, 1832 ... 1891

[3] RUDOLF DIESEL, Ingenieur, 1858 ... 1913

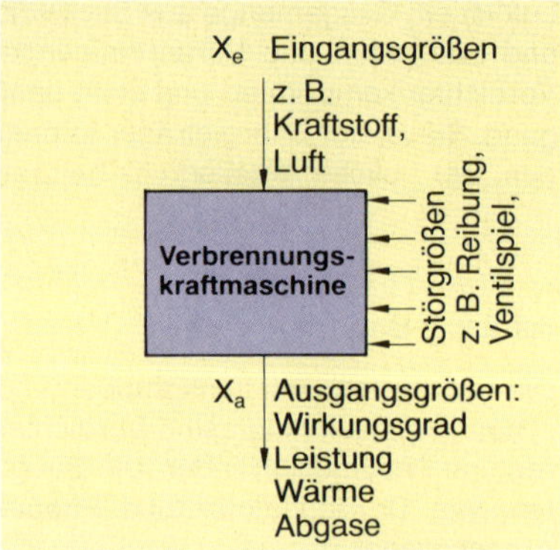

Abb. 1: Eingangs- und Ausgangsgrößen des Systems Verbrennungskraftmaschine

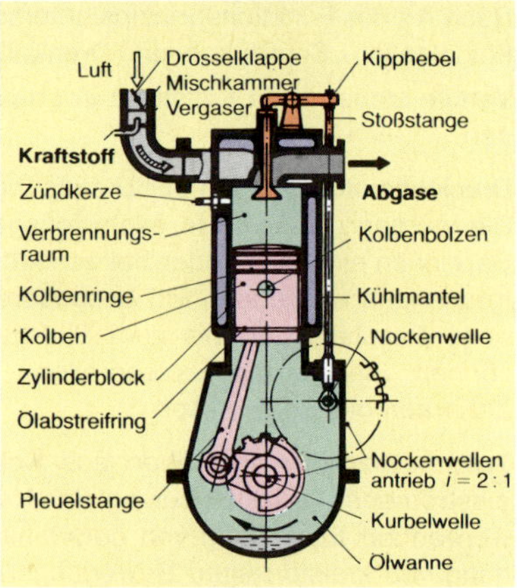

Abb. 2: Bauteile eines Hubkolbenmotors

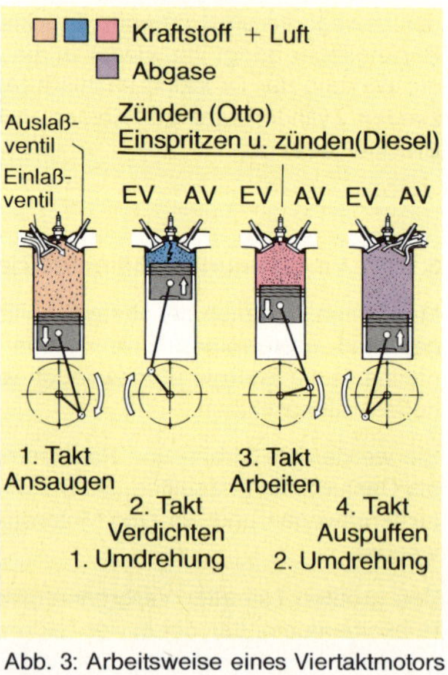

Abb. 3: Arbeitsweise eines Viertaktmotors

Viertakt-Motoren werden als Ottomotor und als Dieselmotor mit Leistungen bis etwa 400 kW gebaut.

Zweitakt-Motoren

Sie werden als Ottomotor und als Dieselmotor gebaut. Otto-Zweitakt-Motoren finden vor allen Dingen im Zweiradbau bis ca. 30 kW, Diesel-Zweitakt-Motoren als stationäre Motoren und als Schiffsmotoren mit einer Leistung über 7000 kW Verwendung.

3.1.2.4 Heizungssysteme

Heizungen werden zur Erwärmung von Wohnungen und Werkstätten, aber auch zum Glühen und Härten benötigt. Darüber hinaus setzt man Heizungssysteme zum Erwärmen von Wasserdampf für Turbinen ein. Als Brennstoff werden sowohl fossile (Gas, Erdöl, Kohle), atomare als auch solare Energieträger eingesetzt. Mit zunehmender Verknappung der fossilen Brennstoffe gewinnt die Nutzung nichtfossiler Energieträger an Bedeutung.

Windkraftanlagen werden über den Umweg der Elektrizitätserzeugung zur Wärmegewinnung herangezogen.

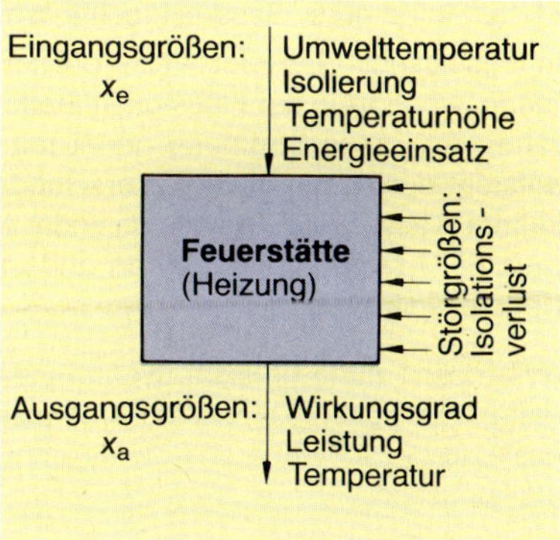

Abb. 4: Eingangs- und Ausgangsgrößen des Systems Heizung

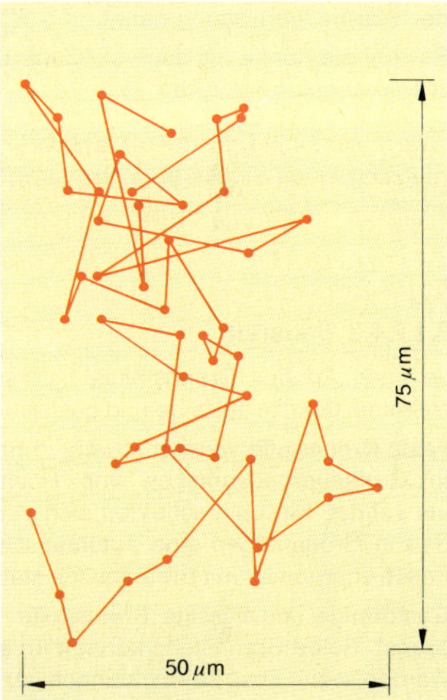

Abb. 5: Bewegung eines Teilchens mit einem Durchmesser von 1 µm im Wasser als Folge der Bewegung von Wassermolekülen

3.1.2.4.1 Grundlagen

Wärme ist Bewegungsenergie der Moleküle oder Atome eines Körpers, wodurch Arbeit verrichtet werden kann.

Körper, die Wärme an andere Körper abgeben können, nennt man **Wärmequellen.** Die wichtigste Wärmequelle für den Menschen ist die Sonne. Ihre Wärme kann technisch heute noch nicht in großem Maße genutzt werden. Zur Wärmeerzeugung werden überwiegend Brennstoffe verwendet, die durch einen Verbrennungsvorgang Wärmemengen freisetzen und diese an andere Körper abgeben.

Ein Körper, der wärmer ist als seine Umgebung, gibt an die Umgebung Wärme ab, und zwar so lange, bis ein Temperaturausgleich zwischen ihm und der Umgebung eingetreten ist. Besteht innerhalb eines Körpers eine **Temperaturdifferenz,** so ist der Körper bestrebt, diese auszugleichen.

Die Wärmeenergie muß also in irgendeiner Form »transportiert« werden, um von der Umgebung aufgenommen werden zu können. Wärme kann auf drei Arten übertragen werden:

- Wärmeleitung,
- Wärmeströmung und
- Wärmestrahlung.

Die **Wärmeleitung** ist die Übertragung der kinetischen Energie des »schnelleren« Moleküls eines Körpers auf das »langsamere« Molekül eines anderen Körpers.

Abb. 6: Wärmeleitung beim Löten

Die Menge der Wärmeleitung ist von den jeweiligen Stoffen abhängig (Abb. 6). Die Wärmeleitung ist bei festen Stoffen größer als bei flüssigen Stoffen und am geringsten bei gasförmigen Stoffen.

Metalle sind gute, Gase schlechte Wärmeleiter.

In Flüssigkeiten beispielsweise entsteht dann eine **Wärmeströmung,** wenn es in der Flüssigkeit Stellen verschiedener Temperatur gibt. Diese Strömung nennt man auch Konvektion[1]. Sie entsteht durch den Dichteunterschied zwischen warmem und kaltem Wasser. Die Konvektion findet Anwendung in Kühlsystemen bei Kraftfahrzeugmotoren und in Heizungssystemen der Haustechnik (Abb. 1).

Wärmeströmung entsteht, wenn innerhalb eines Gases oder einer Flüssigkeit Temperaturunterschiede sind. Der Wärmetransport geschieht durch die strömenden Gas- oder Flüssigkeitsteilchen.

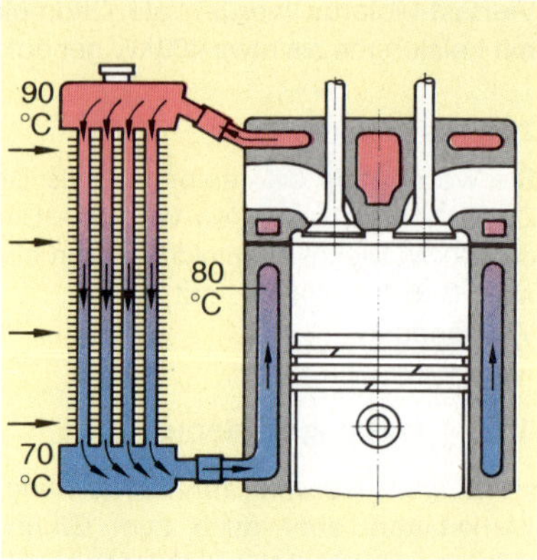

Abb. 1: Wärmeströmung bei der Wasserumlaufkühlung eines Kfz-Motors

Ein Körper »strahlt Wärme ab«, wenn seine Umgebung kälter ist als er. Im Gegensatz zur Wärmeleitung und Wärmeströmung ist hierfür zum »Transport« der Wärme kein Stoff nötig. Diese Form der Wärmeübertragung nennt man **Wärmestrahlung.**

Sowohl die Sonne als auch ein Zentralheizungskörper senden Wärmestrahlen aus (Abb. 2).

Wärmestrahlung ist der »Transport« von Wärme ohne Benutzung eines Stoffes als Wärmeträger.

Abb. 2: Solarheizung (Wärmestrahlung)

3.1.2.4.2 Bauarten

Je nach Art des Brennstoffes unterscheidet man Heizungssysteme für feste, flüssige und gasförmige Energieträger.

Feste Brennstoffe werden sowohl in Privathaushalten als auch in Großfeuerungsanlagen von Hochöfen und Kraftwerken verwendet. Sie unterscheiden sich vor allen Dingen dadurch, daß in Großanlagen eine automatische Ver- und Entsorgung des Brennraumes mit Brennstoffen stattfindet.

Gasförmige und **flüssige Brennstoffe** werden in Kesseln verbrannt. Beide Brennstoffe können im selben Kessel verbrannt werden, wenn Zusatzeinrichtungen verwendet werden.

Bei einem **Ölkessel** (Abb. 3) wird in den Brennraum Heizöl gespritzt, zerstäubt und durch eine elektrische Zündanlage entzündet. Hierzu verwendet man Druck- bzw. Fliehkraftzerstäuber.

Die zunehmende Verknappung fossiler (Kohle, Gas und Öl), natürlicher (Torf und Holz) und atomarer Brennstoffe (Uran) zwingt die Menschen zur Nutzung alternativer Energien.

Hierbei handelt es sich um Energien, die durch Strahlung der Sonne, durch Wind, durch Erdwärme und durch Abwärme von Kraftwerken und Industrien entstehen.

Die Strahlung der Sonne wird in Solaranlagen zur Unterstützung der Zentralheizungsanlage genutzt. Eine industrielle Nutzung ist bisher über Versuchsanlagen nicht hinausgekommen.

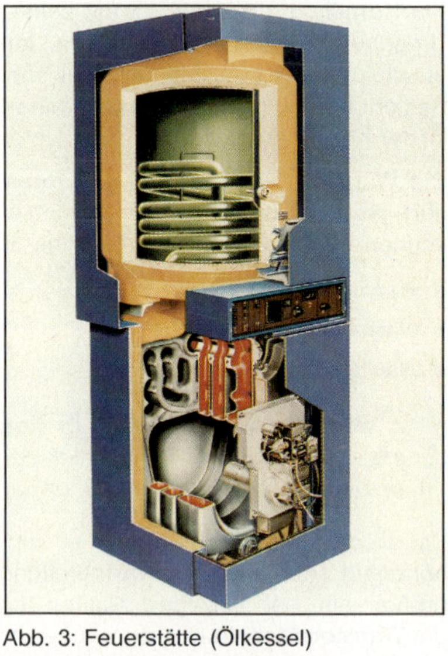

Abb. 3: Feuerstätte (Ölkessel)

[1] convectio (lat.): Zusammenbringen

Die **Erd- und Abwärme** wird durch Wärmepumpen genutzt. Sie arbeiten nach dem umgekehrten Prinzip des Kühlschrankes und »pumpen« die vorhandene Erd- bzw. Abwärme auf ein Niveau höherer Temperatur. Dabei wird einem großen Stoffvolumen (Grundwasser, Luft) Wärme entzogen und mittels Wärmetauscher und Pumpe auf eine kleine Stoffmenge (Heizwasser) übertragen. Die Temperatur erhöht sich dadurch. Die Energie für die Wärmepumpe ist gering, so daß dieses Verfahren wirtschaftlich ist.

Windkraftanlagen nutzen die mechanische Energie des Windes aus, indem diese durch Propeller in eine mechanische Drehbewegung umgewandelt und zum Antrieb eines Generators genutzt wird. Dieser liefert elektrische Energie, die in Wärmeenergie umgewandelt werden kann. Windkraftanlagen werden vor allen Dingen in Gegenden verwendet, in denen beständig Winde von ausreichender Stärke wehen (z.B. in Küstengebieten).

Die in Arbeits- und Kraftmaschinen sowie Kommunikationssysteme unterteilten Maschinen lassen sich nicht immer eindeutig voneinander abgrenzen. So wird eine Werkzeugmaschine als Arbeitsmaschine bezeichnet, obwohl eine Kraftmaschine als Antrieb eingebaut ist. Die wesentliche Aufgabe der einzelnen Maschinen bestimmt ihre Zuordnung. In Maschinen finden meist Energie-, Stoff- und Informationsumsetzungsvorgänge gleichzeitig statt. Die einzelnen, unterschiedlich umfangreichen Vorgänge werden durch Funktionseinheiten ausgeführt.

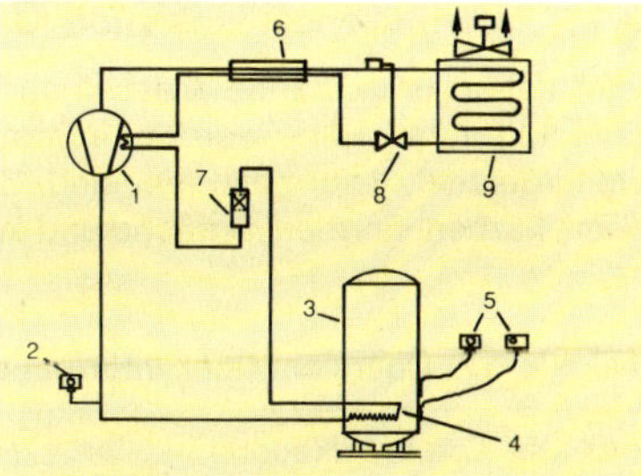

1 Verdichter mit Ölkühler
2 Hochdruckpressostat
3 Speicher
4 Verflüssiger
5 Regel- u. Sicherheitsthermostat
6 Interner Wärmeaustauscher
7 Filtertrockner und Sammler
8 Thermostatischer Expansionsventil
9 Verdampfer mit Ventilator

Produkt-Information (Beispiel)		
Elektro-Wärmepumpe zur Wassererwärmung		
Typ	3001 E/W/EW	
Einsatzbereich (Umgebungstemperatur) 5°C bis 32°C		
Nenninhalt des Wasserspeichers	300 l	
Mischwassermenge von 40°C	min. 350l	max. 450l
Wassertemperatureinstellung	45°C	55°C
Bereitschaftsstromverbrauch in 24 h	0,49 kWh	0,65 kWh
Nachheizstromverbrauch bei 5 kWh-Entnahme (Vollbad)	1,51 kWh	1,61 kWh

Abb. 4: Alternative Energiegewinnung (Wärmepumpe)

Aufgaben zu 3.1 … 3.1.2.4.2

1. Unterscheiden Sie Maschinen nach den Einteilungsgesichtspunkten Energie- und Stoffumsetzung.
2. Nennen Sie mindestens je drei Beispiele, wo in der Technik Reibungskräfte erwünscht bzw. unerwünscht sind.
3. Warum haben die Größen Arbeit und Energie dieselben Einheiten?
4. Wie groß ist die Arbeit in Nm, die ein Monteur verrichtet, wenn er ein Kraftfahrzeug mit einer Kraft von $F = 0{,}485\,\text{kN}$ um eine Strecke von $s = 2{,}50\,\text{m}$ verschiebt?
5. Berechnen Sie die Kraft F_z (Abb. 5).
6. Erklären Sie den Begriff Stoffumsetzung und begründen Sie, weshalb Werkzeugmaschinen zu den stoffumsetzenden Maschinen gehören.
7. Beschreiben Sie den Aufbau einer Drehmaschine.
8. Nennen Sie vier verschiedene Bohrmaschinenarten.
9. Nennen Sie unterschiedliche Verdichter.
10. Wodurch unterscheidet sich das Diesel- vom Ottoprinzip?
11. Erklären Sie den Vorgang der Wärmeabgabe von einem wärmeren Körper an einen kälteren.
12. Veranschaulichen Sie anhand von Skizzen die Begriffe Wärmeleitung, Wärmeströmung und Wärmestrahlung.

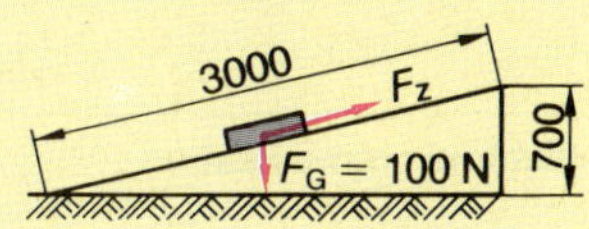

Abb. 5

3.1.3 Informationsumsetzende Maschinen

Informationsumsetzende Maschinen dienen zur Kommunikation. Mit ihrer Hilfe werden Informationen verarbeitet und weitergeleitet. Informationen sind Ziffern, Buchstaben, Zeichen, Farben, Formen, Sprache und andere Signale.

Tabelle 3.6: Übersicht über Informationsumsetzende Maschinen

Art der Kommunikation	Maschine/Funktion
Sprachkommunikation 	Beim **Telefon** geschieht die Umwandlung der Sprache in elektromagnetische Wellen und die Weiterleitung in einem verdrahteten oder drahtlosen Fernsprechnetz.
Textkommunikation 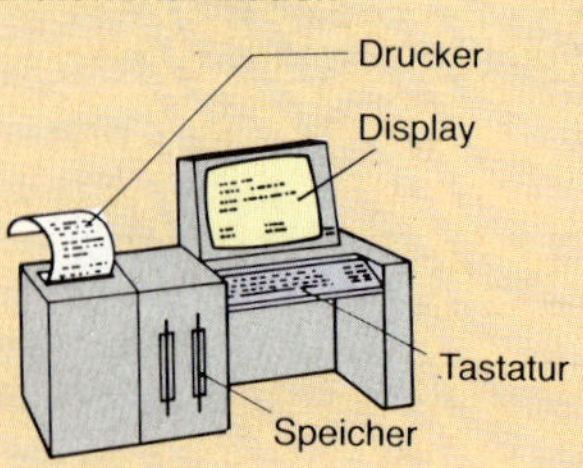 	Beim **Fernschreiben** (TELEX) werden über eine Tastatur Buchstaben, Zahlen und Sonderzeichen eingegeben. Diese Informationen werden in elektrische Signale umgewandelt und über ein verdrahtetes oder drahtloses Fernschreibnetz weitergeleitet. Beim Empfänger werden die Signale rückgewandelt und ausgedruckt. Es kann nicht gleichzeitig gesendet und empfangen werden.
Bildkommunikation 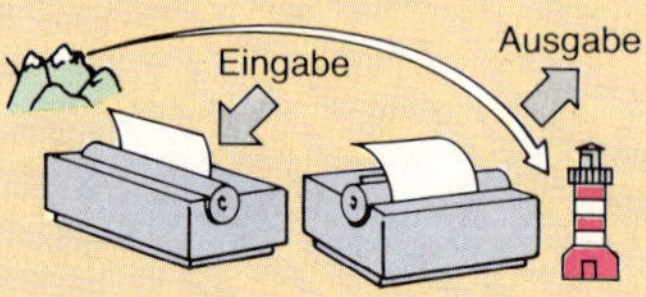 	Beim **Fernkopierer** (TELEFAX) werden Text- und Bildvorlagen übertragen. Dabei werden die Zeichen der Texte oder der Bilder in elektrische Signale umgewandelt und vom Sender zum Empfänger über ein verdrahtetes oder drahtloses Fernsprechnetz weitergeleitet. Beim Empfänger werden die Signale rückgewandelt und ergeben eine Kopie des Originals. Es kann nicht gleichzeitig gesendet und empfangen werden.
Bildschirmkommunikation 	**Bildschirmtext** (BTX) ist computerunterstützte Bildschirmkommunikation zum Abrufen und Senden von Informationen aus bzw. in andere Computer (Datenbanken). Diese Art der Kommunikation ist mit BTX-fähigen Fernsehapparaten oder PC's mit BTX-Modul möglich. Die Signale werden über das Fernsprechnetz übertragen. Mit BTX können Informationen in Bild- und Textform abgerufen werden, z.B. Wetterbericht, Kontostand oder Aufträge (z.B. Geldüberweisungen) getätigt werden. Bei der **Computervernetzung** werden Informationen (Daten) zwischen Computern gesendet und empfangen. Die Signale werden über spezielle Datenleitungen oder mit einem Zusatzgerät (Modem) über das Fernsprechnetz übertragen.

3.2 Funktionseinheiten und Funktionen an Maschinen

Die Aufgabe einer Maschine bestimmt ihre Funktion. Unter einer Funktion versteht man das sinnvolle Zusammenwirken von Bauteilen. Die Beschaffenheit der einzelnen Bauteile richtet sich nach der Funktion. Mehrere Bauteile bilden eine Baugruppe bzw. eine Funktionseinheit (Abb. 1).

Funktionseinheiten sind abgeschlossene Teilsysteme. Beispielsweise stellt der Motor die für den Zerspanungsvorgang notwendige Energie bereit. Das Getriebe wandelt diese Energie in das benötigte Drehmoment und die entsprechende Umdrehungsfrequenz um.

3.2.1 Funktionseinheiten an Maschinen

Jede Maschine besitzt Einheiten zur

- Eingabe
- Umsetzung
- Ausgabe.

Am Beispiel der Arbeitsmaschine (Werkzeugmaschine) sollen die Funktionseinheiten erläutert werden.

Unterschiedliche Bauteile bilden die **Funktionseinheit zur Eingabe** von Energie, Stoff und Information. Diese Funktionseinheit beinhaltet Bauteile zur

Energieeingabe
- Elektrische, pneumatische und hydraulische Anschluß-/Verbindungselemente

Stoffeingabe
- Zuführeinrichtungen für Werkzeuge und Werkstücke
- Werkstoff
- Werkstück
- Kühlschmierstoff

Informationseingabe
- Elektrische und mechanische Schaltelemente
- Schnittstellen für Datenleitungen
- Tastaturen.

Die **Funktionseinheit zur Umsetzung** beinhaltet Bauteile für die

Energieumsetzung
- Motor
- Getriebe

Stoffumsetzung
- Werkzeuge

Informationsumsetzung
- Steuer- und Regeleinrichtungen
- Vorschubantriebe.

Die **Funktionseinheit zur Ausgabe** beinhaltet Bauteile für die

Energieausgabe
- Drehbewegung der Arbeitsspindel
- Bewegungen des Vorschubsystems
- Wärmetauscher für Kühlschmierstoffe
- Ölkühler

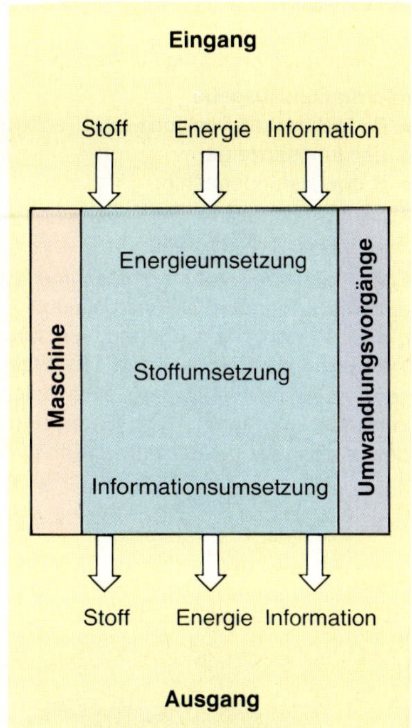

Abb. 1: System »Maschine«

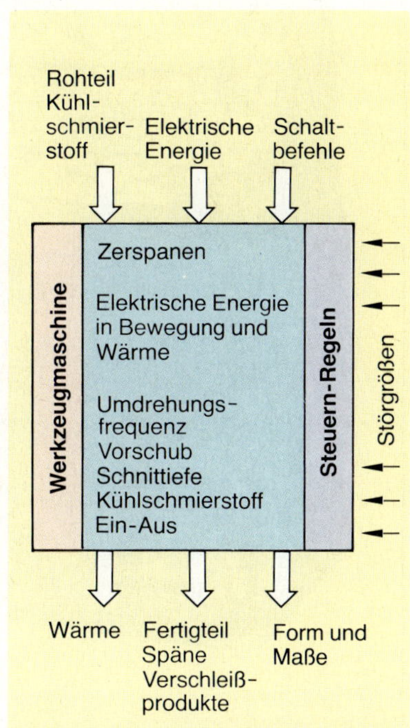

Abb. 2: System »Werkzeugmaschine«

Stoffausgabe
- Spanförderer
- Entnahmeeinrichtung für Werkstücke und Werkzeuge

Informationsausgabe
- Bildschirm mit Positions- und Technologiedaten
- Leistungsanzeige
- Betriebsstundenzähler
- Akustische und optische Signale zur Anzeige des Betriebszustands (z. B.: Störungen).

Funktionseinheiten einer Maschine lösen nicht immer Einzelaufgaben. Eingabe, Umsetzung und Ausgabe von Stoff, Energie und Information können von **einer** Funktionseinheit teilweise übernommen werden. Der Elektromotor an einer Werkzeugmaschine verkörpert eine solche Funktionseinheit. Er verbindet die Eingabe von Energie und Information und wandelt diese in die gewünschte Drehbewegung um.

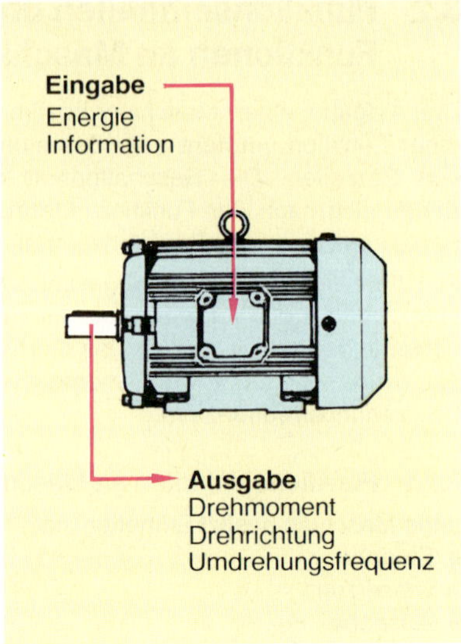

Abb. 1: Mehrfachfunktionseinheit Motor

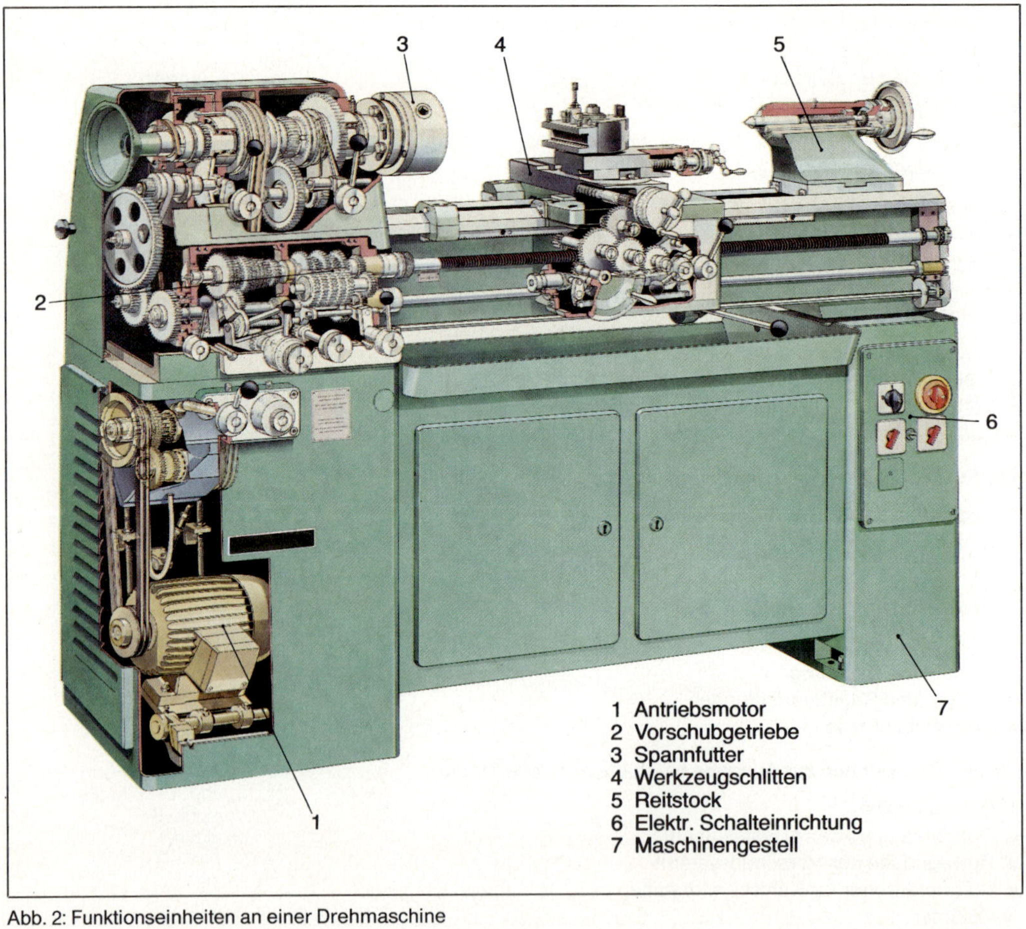

Abb. 2: Funktionseinheiten an einer Drehmaschine

3.2.2 Grundfunktionen

Funktionseinheiten können in Grundfunktionen zerlegt werden. Grundfunktionen sind elementare technische Vorgänge. Eine Auswahl dieser Funktionen zeigt die Tabelle.

Tabelle 3.7: Grundfunktionen

Grundfunktion	Beispiele	
Aufnehmen (Abgeben)	Spannzeuge für Werkstücke und Werkzeuge; Greifer und Haken von Kränen; Anschläge, Zentrierungen, Bauteile zur Positionierung	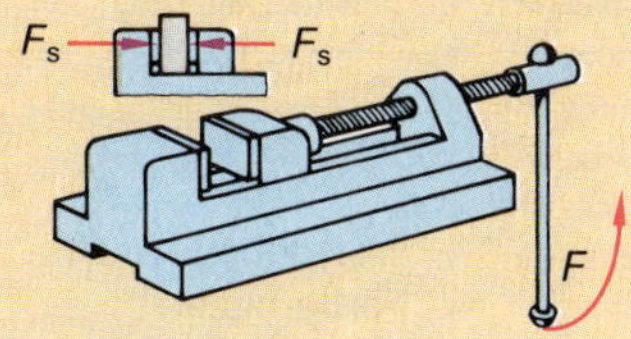
Leiten (Nichtleiten, Isolieren)	Leiten (übertragen) der Umdrehungsfrequenz vom Motor zum Hauptgetriebe; Schläuche und Leitungen zum Transportieren von Gasen oder Flüssigkeiten	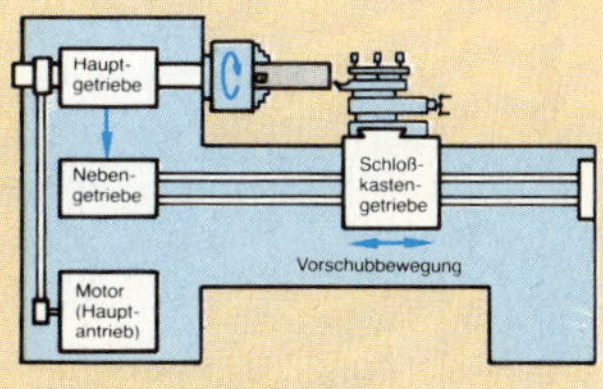
Verbinden	Verbinden von Stoffen (Werkstücken) durch Fügen; Verbinden von Informationen in Steuerungen; Zusammenschaltung von Energiequellen	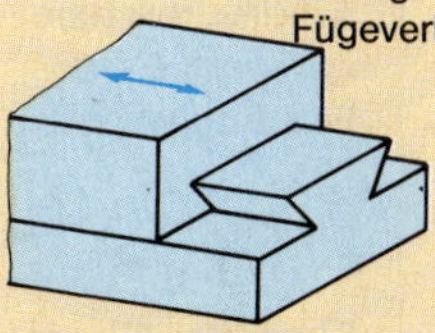
Wandeln	Wandeln von Wechselspannung in Gleichspannung (Gleichrichter); Umwandlung einer Längsbewegung in eine Drehbewegung; Schmelzen von Metallen (Gießen); Wandeln von akustischen Signalen in elektrische Signale; Wandeln von Temperatur in elektrisches Signal (Thermoelement)	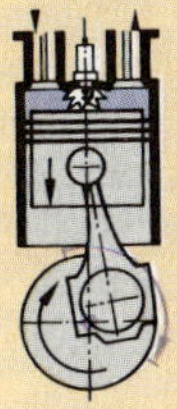
Speichern	Speichern von elektrischer Energie (Akkumulator); Speichern von mechanischer Energie (elastische Feder); Lagerung von festen, flüssigen oder gasförmigen Brennstoffen in Behältern; Speichern von Daten auf Lochstreifen, Disketten und Magnetbändern	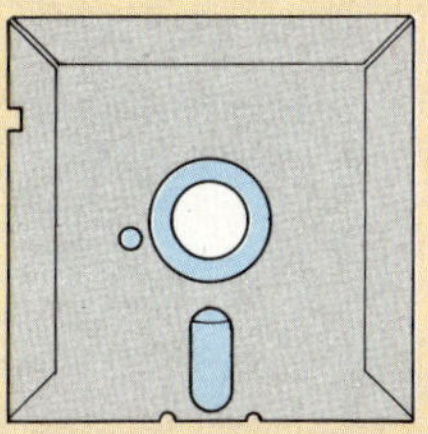

3.3 Funktion von Systemen

Systeme werden durch das Zusammenwirken einzelner Maschinen und weiterer Funktionseinheiten gebildet.

Jede Funktionseinheit kann in sich ein geschlossenes System bilden.

Solche Systeme sind z.B.

- Fertigungssysteme
- Kraftfahrzeuge
- Klimaanlagen

Tabelle 3.8: Systemgliederung

<table>
<tr><th>System</th><th>Stoffumsetzung</th><th>Energieumsetzung</th><th>Informationsumsetzung</th></tr>
<tr><td rowspan="2">Fertigungssystem</td><td>Arbeitsmaschine
Werkzeugmaschine
Fördermittel
einfache Maschinen
z.B. Fräsmaschine,
Rollenförderer,
Spannelemente</td><td>Kraftmaschine
elektrische Kraftmaschine
Hauptmotor
Vorschubmotor</td><td>Kommunikationssystem
Bildschirmkommunikation
Tastaturfeld, Bildschirm,
Schnittstellen für externe
Speicher z.B. Lochstreifen,
Disketten</td></tr>
<tr><td>weitere
Funktionseinheiten</td><td colspan="2">Handlingssysteme, Meßsysteme, Beleuchtungssysteme,
Leitrechner, Verpackungssysteme</td></tr>
<tr><td rowspan="2">Kraftfahrzeuge</td><td>Arbeitsmaschine
Fördermittel
Pumpen
Einspritz-, Öl-,
Wasserpumpen</td><td>Kraftmaschine
Verbrennungs-
kraftmaschine
Motor</td><td>Kommunikationssystem
Armaturen
Tankanzeige
Geschwindigkeitsanzeige
Bordcomputer
Temperaturanzeige
Zündschloß</td></tr>
<tr><td>weitere
Funktionseinheiten</td><td colspan="2">Akkumulator, Lenksystem, Fahrwerk, Karosserie,
Beleuchtungseinrichtung</td></tr>
<tr><td rowspan="2">Klimaanlagen</td><td>Arbeitsmaschine
Fördermittel
Pumpen
(Verdichter)</td><td>Kraftmaschine
elektrische Kraftmaschine
Verbrennungs-
kraftmaschinen
Elektromotor
Heizungssysteme</td><td>Kommunikationssystem
Datenkommunikation
Eingabe von
z.B. Temperatur,
Luftfeuchtigkeit,
Luftdurchsatz über Tastatur</td></tr>
<tr><td>weitere
Funktionseinheiten</td><td colspan="2">Meß- und Regelsystem, Rohrleitungssystem, Wärmetauscher,
Luftbefeuchter</td></tr>
</table>

3.4 Umgang mit Maschinen

Der Umgang mit Maschinen setzt sachgerechtes Verhalten voraus. Dies bezieht sich insbesondere auf

- Personenschutz
- Maschinenschutz
- Umweltschutz.

Personenschutz dient dazu, Unfälle zu verhindern. Dabei sind die **Unfallverhütungsvorschriften** zu beachten. Im Umgang mit Maschinen sollte beachtet werden:

- Immer eng anliegende Arbeitskleidung tragen!
- Lange Haare durch Netze oder Mütze schützen!
- Nur standfeste Roste benutzen!
- Nicht in umlaufende Spannfutter greifen!
- Spannschlüssel nach Benutzung **immer sofort** abziehen!
- Beim Umrüsten der Maschine: Hauptschalter aus!
- Keine Reinigung der laufenden Maschine!
- Keine Schutzeinrichtungen entfernen!
- Elektrische Anlagen sind **nur** von Fachleuten zu reparieren!

Dem **Maschinenschutz** dient die Anwendung der in der Betriebsanleitung niedergelegten Bestimmungen über die sachgerechte Bedienung der Maschine. Die Betriebsanleitung gibt Hinweise über Anlieferung und Transport, elektrischen Anschlußwert, technische Besonderheiten, Wartung und Schmierung.

Vor Inbetriebnahme einer Maschine ist die Betriebsanleitung genau zu lesen.

Industrielle Produktion von Gütern hat auch immer Auswirkungen auf die Natur, weil Abgase, Wärme- und Staubentwicklung sowie die Lagerung von Schadstoffen den Lebensraum von Menschen, Tieren und Pflanzen beeinträchtigen. Deswegen wird in Betrieben und Maschinen verstärkt **Umweltschutz** betrieben (z.B. sachgerechte Entsorgung von Kühl- und Schmierstoffen).

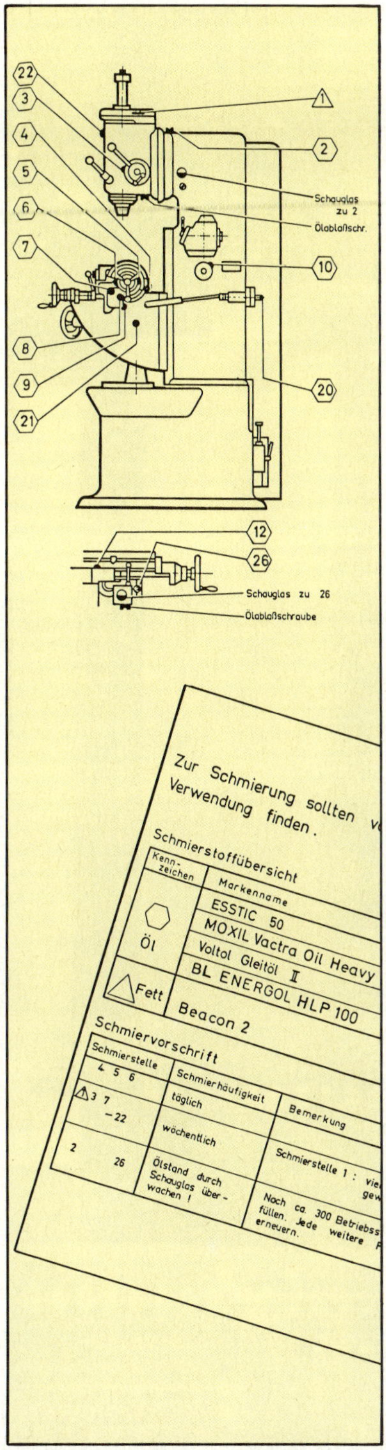

Abb. 3: Schmierplan einer Fräsmaschine

Aufgaben zu 3.1.3 ... 3.4

1. Erklären Sie die Begriffe Information und Kommunikation.
2. Nennen Sie unterschiedliche Kommunikationsarten und beschreiben Sie deren Aufgaben.
3. Ordnen Sie die Begriffe Telefon, Telefax, Telex und Btx den Kommunikationsarten zu.
4. Welche Aufgaben hat eine informationsumsetzende Maschine, ein Verbrennungsmotor und die Heizanlage eines Hochofens zu erfüllen?
5. Nennen Sie die Funktionseinheiten einer Maschine und kennzeichnen Sie diese an einer Drehmaschine.
6. Beschreiben Sie die Funktionen Aufnehmen, Speichern, Wandeln und Leiten an der Wirkungsweise einer Fräsmaschine.
7. Erläutern Sie die Notwendigkeit von Personenschutz, Maschinenschutz und Umweltschutz.

ON
1 2 3 4 5 6 7 8
SN74LS240N
SN74LS273N
SN74LS27N
VE/A1
VE/B1
SAB
8086
©INTEL '78
S09
SN74LS33N
I8223
DM74LS74N
SP231
DM74LS02N
EL7406
0383
HM6116LP-3
HM6116LP-3

4 Steuerungs-, Regelungs- und Informationstechnik

Heutige Technik erfordert, nutzt und verknüpft immer mehr die Möglichkeiten der Steuerungs- und Informationstechnik. So ist die Fertigung auf Werkzeugmaschinen oder die Weltraumfahrt, aber auch der Betrieb einer Stereoanlage ohne Steuerungs- und Informationstechnik nicht mehr möglich.

4.1 Steuerungs- und Regelungstechnik

Für Steuerungs- und Regelungsvorgänge werden alle heutigen Technologien genutzt: Mechanik, Pneumatik, Hydraulik, Elektronik.

Steuerungs- und Regelungsvorgänge sind im gesamten Lebensbereich anzutreffen. So wird z.B. die Temperatur eines Raumes geregelt, die Drehrichtung einer Bohrmaschine gesteuert.

Aufgabe der Steuerungs- und Regelungstechniken ist es, den Menschen von der Lenkung oder Ausführung von Arbeitsvorgängen zu befreien.

4.1.1 Grundlagen

Überall dort, wo Gegenstände aufeinander einwirken, treten Steuerungs- oder Regelungsvorgänge auf oder werden notwendig. Ein solcher Einwirkungsbereich wird als »System« bezeichnet. Der Umfang von Systemen wird durch zweckmäßiges Unterteilen oder Zusammenfügen von Gegenständen festgelegt. So entstehen größere oder kleinere Systeme. Im Sinne der Steuerungs- und Regelungstechnik ist z.B. eine Drehmaschine oder ein Auto ein größeres System. Ein kleineres System dagegen ist z.B. die Werkstückspannvorrichtung innerhalb einer Drehmaschine oder die Beleuchtungsanlage eines Autos.

Steuerungs- und regelungstechnische Systeme haben immer die Lösung eines Problems in beabsichtigter Weise zur Aufgabe. Die Aufgabe eines Systems kann es z.B. sein, die Temperatur eines Raumes zu messen.

Die beabsichtigte Lösung könnte z.B. darin bestehen, die Raumtemperatur fortwährend über ein Schreibgerät in Form einer Kurve aufzuzeichnen.

Das Messen und das Aufzeichnen der Raumtemperatur macht es erforderlich, daß mechanische Bauteile aufeinander einwirken, möglicherweise elektrische Energie verwendet werden muß, oder physikalische Größen umgewandelt werden müssen.

Solche Vorgänge werden als **steuern** oder unter bestimmten Bedingungen als **regeln** bezeichnet.

Die zur Durchführung notwendigen Geräte werden häufig als **Steuerung** bzw. als **Regelung** benannt.

Steuerungs- und regelungstechnische Systeme werden mit einer Benennung versehen, z.B. Temperaturmeßsystem.

Abb. 1: Steuerungs-, Regelungstechnisch »großes« System

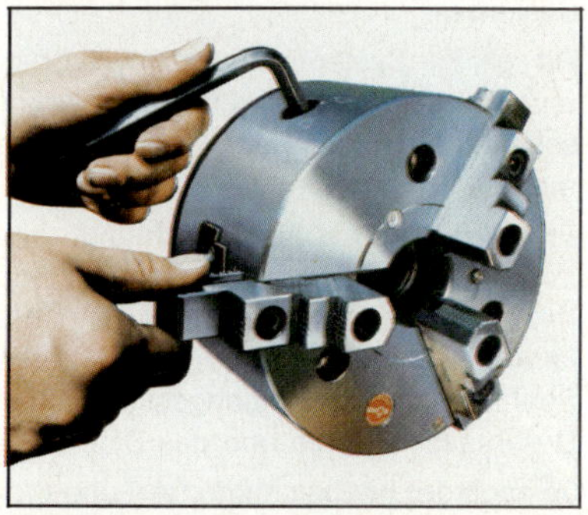

Abb. 2: Steuerungs-, Regelungstechnisch »kleines« System

Die Benennung weist meist auf die Aufgabenstellung hin, ist jedoch frei wählbar.

Innerhalb eines Systems werden Eigenschaften oder Zustände übertragen. Eine Eigenschaft eines Gegenstandes ist z.B. seine Temperatur. Das Stillstehen oder Drehen einer Bohrspindel dagegen wird als Zustand angesehen.

Die von einem System übertragenen Eigenschaften oder Zustände heißen **Größen.**

Bei einem schreibenden Temperaturmeßsystem wird als Eigenschaft z.B. die Temperatur eines Raumes erfaßt und innerhalb des Systems in Richtung Schreibgerät übertragen.

Die von einem System übertragenen Eigenschaften oder Zustände werden beim Eintritt in das System als **Eingangsgröße** und nach erfolgter Übertragung innerhalb des Systems beim Verlassen des Systems als **Ausgangsgrößen** bezeichnet.

Bei einem schreibenden Temperaturmeßgerät ist die Eingangsgröße die Temperatur und die Ausgangsgröße eine Schreibbewegung.

Eingangsgrößen eines Systems werden bei der Übertragung innerhalb eines Systems **verändert** bzw. **umgewandelt.** Ausgangsgrößen haben deshalb häufig andere physikalische Einheiten als die Eingangsgrößen.

Zum Verändern bzw. Umwandeln von Größen innerhalb einer Steuerung oder eines regelungstechnischen Systems ist meist **Hilfsenergie** notwendig.

Bei einem schreibenden Temperaturmeßsystem ist z.B. elektrische Energie erforderlich. In einem solchen System wird die Größe »Temperatur« z.B. in elektrische Spannung umgewandelt, diese wiederum in eine mechanische Bewegung zum Auslenken eines Schreibstiftes. Dafür und zum Antreiben des Diagrammpapieres ist elektrischer Strom als Hilfsenergie erforderlich.

Eingangsgrößen sind immer Ausgangsgrößen anderer Systeme oder auch die Ausgangsgröße des eigenen Systemes.

Die Lufttemperatur als Eingangsgröße eines Temperaturmeßsystemes ist z.B. die Ausgangsgröße eines Raumbeheizungssystemes oder dessen Wirkung.

Sind Systeme miteinander verbunden, so bildet die Ausgangsgröße des einen Systemes die Eingangsgröße des anderen Systemes.

Da große Systeme immer willkürlich in kleinere Systeme unterteilt werden können, findet eine Übertragung von Eigenschaften und Zuständen auch zwischen den einzelnen Systemen statt.

Eine Werkstückspannvorrichtung, ein kleines System, kann innerhalb des großen Systems einer Drehmaschine durchaus mit anderen Systemen steuerungsmäßig verbunden sein. So kann die Ausgangsgröße des Werkstückspannsystems, der Spanndruck, das Eingangssignal für das Antriebssystem der Drehmaschine sein und das Starten des Antriebes bewirken.

Je nach der beabsichtigten Art und Weise der Übertragung von Eigenschaften und Zuständen innerhalb von Systemen wird von **Steuern** oder **Regeln** gesprochen.

Systemgrößen, -zustände:

Temperatur – Weg
Druck – Drehzahl
Kraft – Strom
Zeit – Spannung
Licht – Widerstand
Masse – Volumen
Feuchtigkeit
eingeschaltet, ausgeschaltet
offen, geschlossen ...

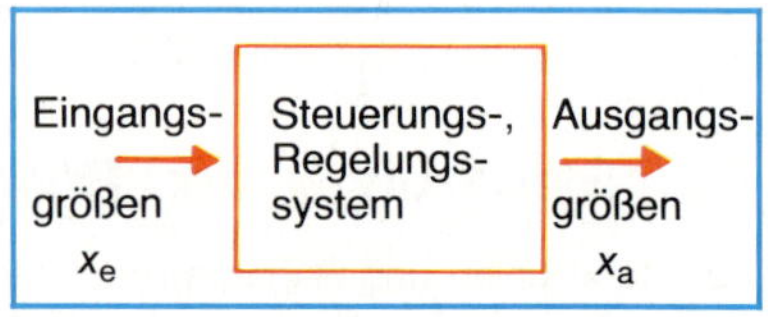

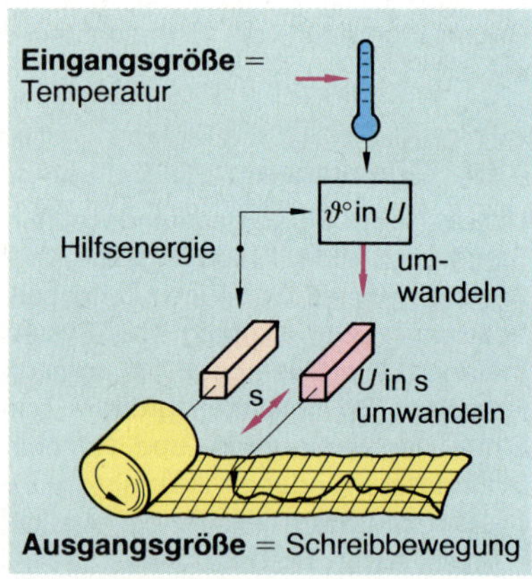

Abb. 1: Größenumwandlung und Hilfsenergie

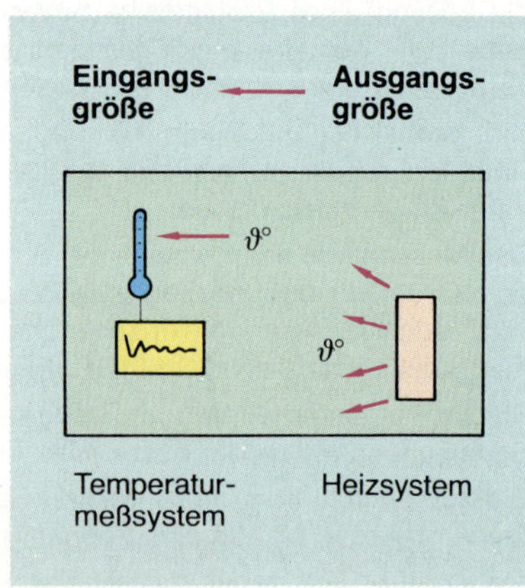

Abb. 2: Ein- und Ausgangsgrößen

4.1.2 Steuern, Steuerung

Gemeinsames Ziel aller Steuerungen ist es, jeweils eine bestimmte Aufgabe in der Form zu lösen, daß auf eine Handlung eine beabsichtigte Wirkung in gewolltem Ausmaße eintritt. So soll z.B. durch das gezielte Einschlagen des Lenkrades an einem Fahrzeug eine gewünschte Fahrtrichtung herbeigeführt werden. Durch das Drehen und Öffnen einer Wassermischbatterie soll Wasser gewünschter Temperatur und Menge ausfließen. Die Vorgänge vom ersten Handeln bis zur erzielten Wirkung bezeichnet man als Steuerung. Bei Steuerungen ist **nicht sichergestellt,** daß das Ergebnis des Steuervorganges die gewünschte, beabsichtigte Lösung herbeiführt. Das gesteuerte Fahrzeug kann von der benötigten Fahrtrichtung abkommen, die erzielte Wassertemperatur und Wassermenge muß nicht gleich der gewünschten sein.

Die **Eingangsgrößen,** z.B. das Einschlagen des Lenkrades oder das Öffnen einer Mischbatterie, **beeinflussen** in Steuerungen nach bestimmten Gesetzmäßigkeiten die **Ausgangsgrößen.** Dies sind in den Beispielen die tatsächliche Fahrtrichtung bzw. die Temperatur und Menge des ausfließenden Wassers. Die **Ausgangsgrößen** beeinflussen **aber nicht** die **Eingangsgrößen.** Dies bezeichnet man als **offenen Wirkungsablauf.**

Systeme mit offenem Wirkungsablauf sind Steuerungssysteme.

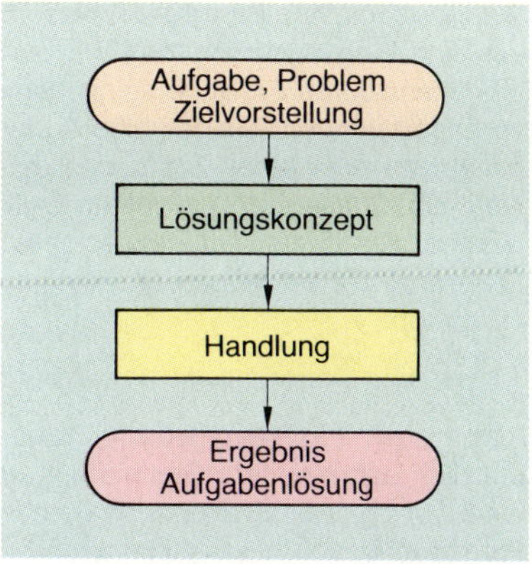

Abb. 3: Prinzipdarstellung einer Steuerung

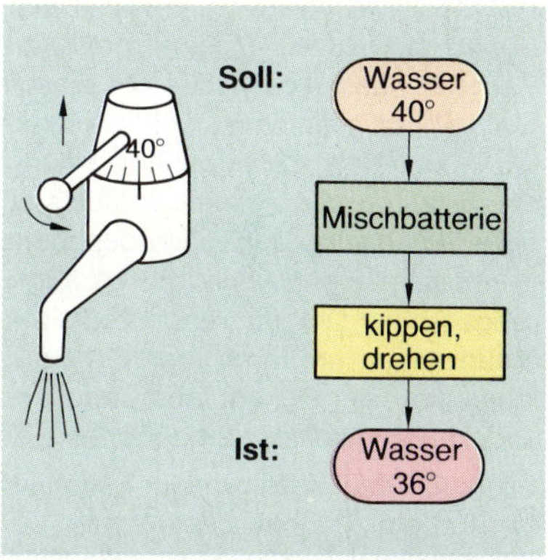

Abb. 4: Beispiel einer Steuerung

4.1.2.1 Aufbau von Steuerungen, Begriffe

Steuerungen bzw. Steuereinrichtungen werden durch Zusammenbau und Zusammenwirken von **Baugliedern** zu einem System gebildet. Dabei kann der Mensch durchaus die Funktion einer oder mehrerer Bauglieder übernehmen. Mit Hilfe einer Steuereinrichtung soll die Größe einer **Steuerstrecke** in gezielter Weise verändert oder beeinflußt werden. Diese Größe, also das, was geändert oder beeinflußt werden soll, heißt **Aufgabengröße.** Die Füllmenge in einem Abpacksystem für Waschpulver kann z.B. eine Aufgabengröße sein. Ebenso die benötigte Drehzahl an der Bohrmaschine, die Temperatur eines Raumes oder die Geschwindigkeit eines Fahrzeuges.

Die Bauteile der Steuereinrichtung bilden eine **Steuerkette.** Das erste Bauteil einer Steuerkette ist **Signalglied** und startet den Steuervorgang. Das Signalglied gibt das Startsignal. Wenn es von Hand ausgelöst wird, heißt es **Auslösesignal.** Das letzte benötigte Bauteil einer Steuerkette ist ein **Stellglied.** Es beendet den Steuervorgang, indem es eine beabsichtigte Änderung einer physikalischen Größe oder eines Zustandes der Steuerstrecke herbeiführt. Um dies zu ermöglichen, muß das Stellglied entsprechend der Ausgangsgröße der Steuerung eine Veränderung erfahren. Die Ausgangsgröße der Steuerung ist die **Stellgröße** des Stellgliedes. Zum Beispiel ist die Stellgröße ein Maß für das mehr oder weniger weite Öffnen eines Ventiles.

Am Stellglied beginnt die aufgabengemäß zu beeinflussende Steuerstrecke. Das Stellglied kann auch **Energiewandler** sein. Dies ist dann gegeben, wenn z.B. eine mechanische Steuerung zum Fließen elektrischer Energie führt.

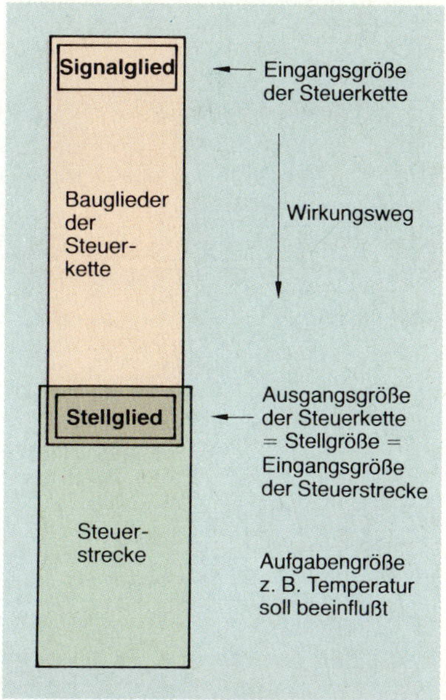

Abb. 5: Aufbau einer Steuerung

Der gesetzmäßige Zusammenhang innerhalb einer Steuerung, der eine Eingangsgröße zu einer bestimmten Ausgangsgröße führt, kann durch von außen einwirkende, ungeplante Einflüsse, verändert werden. Die gewollte Änderung einer Größe (Aufgabengröße) oder eines Zustandes der Steuerstrecke tritt dann nicht ein. Solche nicht gewollten Einflüsse werden **Störgrößen** genannt. Sie können entlang des gesamten Wirkungsweges der Steuerung auf die Steuerkette aber auch auf die Steuerstrecke einwirken.

Durch eine Steuerung werden Störgrößen nicht ausgeglichen.

Kommt ein Fahrzeug trotz richtigem Lenkmanöver wegen plötzlich auftretendem Glatteis aus der Bahn, ist das Glatteis eine auf die Steuerstrecke wirkende Störgröße. Kommt ein Fahrzeug wegen eines plötzlichen Schadens im Lenkgetriebe aus der Bahn, ist dieser Schaden eine auf die Steuerkette wirkende Störgröße.

Die zu steuernde Aufgabengröße, z.B. die Temperatur eines Raumes, das Füllgewicht einer Flasche, wird dem Betrag nach als **Sollwert** bezeichnet. Die physikalische Größe des Sollwertes, z.B. Grad Celsius oder Kilogramm, kann nicht direkt eingestellt werden. Vielmehr muß stellvertretend eine realisierbare Größe vorgegeben werden, der dann die Ausgangsgröße in gesetzmäßiger Abhängigkeit folgt. Diese Größe heißt **Führungsgröße.** Die Führungsgröße wird an unterschiedlichen Steuerungen an verschiedenen Baugliedern eingestellt. Dies kann das Signalglied, aber auch das Stellglied oder jedes andere Bauglied der Steuerstrecke sein.

Bei einer Abfüllsteuerung für Schüttgut kann die Führungsgröße zur Erzielung einer bestimmten Durchflußmenge auf unterschiedliche Weise und an unterschiedlichen Baugliedern, je nach Ausführung der Steuerung, eingestellt werden.

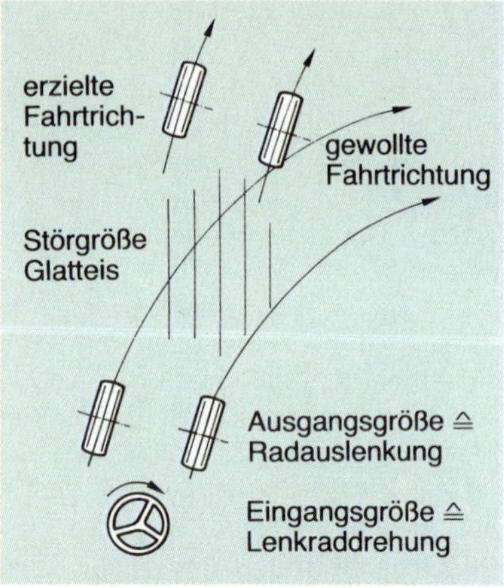

Abb. 1: Beispiel einer Störgröße

Steuerstrecke stellt die Aufgabengröße.

Steuerkette sorgt für die Erzielung der benötigten Aufgabengröße.

Der Betrag der Aufgabengröße ist der Sollwert.

Der Sollwert wird über die Führungsgröße eingestellt.

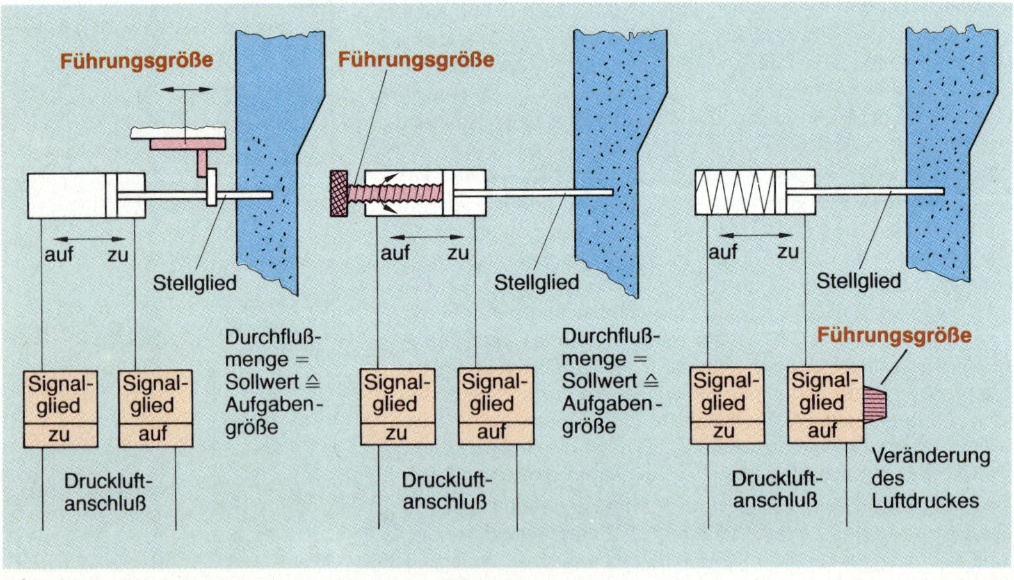

Abb. 2: Steuerung einer bestimmten Durchflußmenge

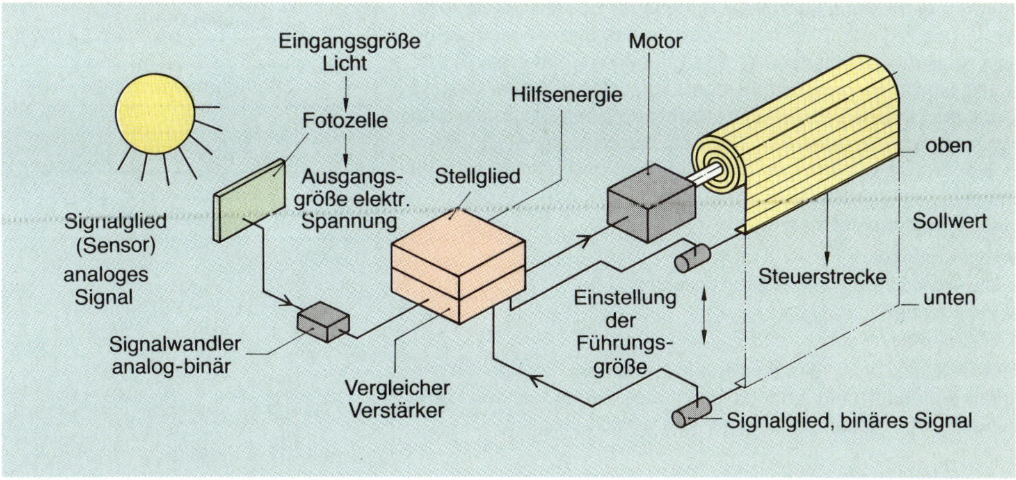

Abb. 3: Steuerung eines Rolladens

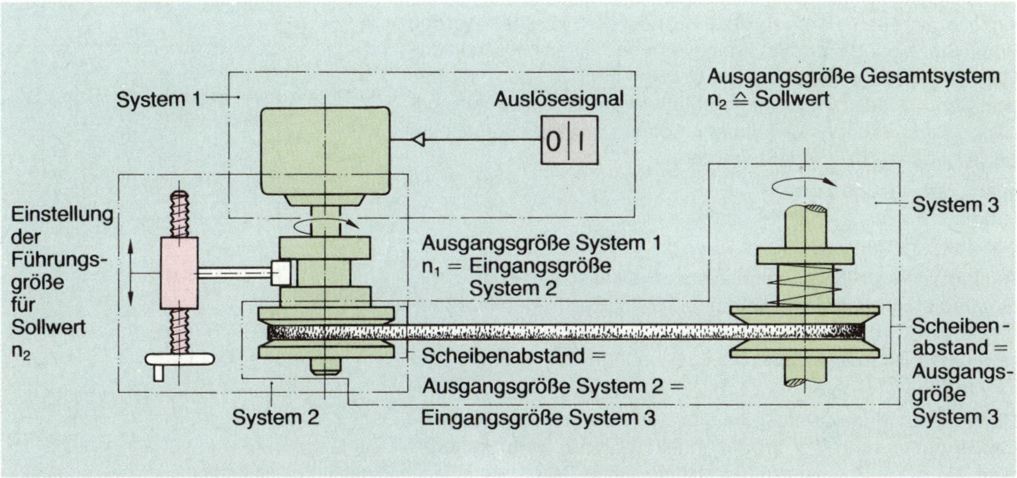

Abb. 4: Drehzahlsteuerung, Kombination mehrerer Steuerungssysteme

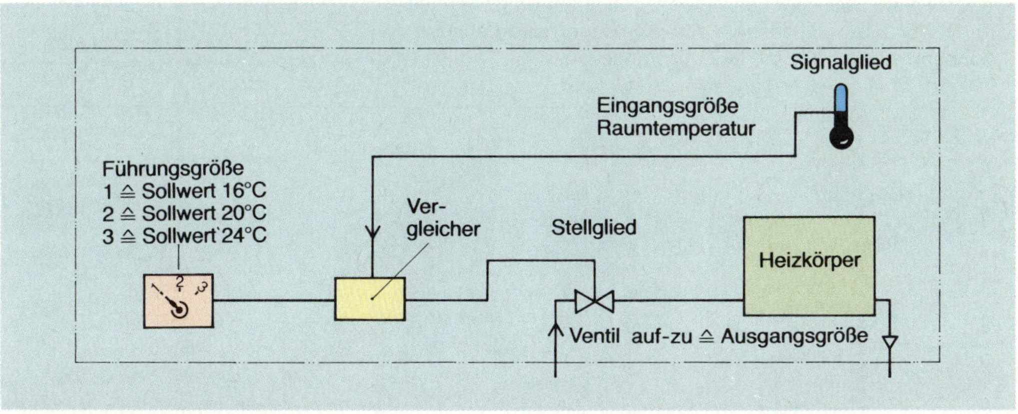

Abb. 5: Temperatursteuerung

In Wirkungsrichtung verkettete Bauglieder übertragen in einer Steuerung Signale. Die Eingangsgröße des Signalgliedes kann physikalisch verschiedene Größen haben. In den Abb. 3 ... 5, S. 183 ist die Eingangsgröße das Licht, eine Schalterstellung Ein/Aus bzw. eine konstante Drehzahl und eine Schalterstellung mit mehreren Schaltstufen. Die auslösenden Signale müssen in Steuerungen übertragen, umgewandelt und häufig verstärkt werden, um das Stellglied betätigen zu können. Gerätetechnisch unterscheidet man:

- Signalglieder,
- Signalverstärker und Signalumsetzer,
- Vergleicher,
- Stellglieder.

Mehrere bzw. alle Bauglieder einer Steuerkette können zusammengebaut sein und dadurch eine Einheit bilden. Eine äußere Unterscheidung ist dann kaum noch möglich.

Signalerzeugung

Signalumwandlung

Signalverstärkung

Signalvergleich

4.1.2.1.1 Signalglieder, Signale

Die Eingangsgröße von Steuerungssystemen (es sind die Ausgangsgrößen übergeordneter anderer Systeme) werden durch Signalglieder erfaßt. Signalglieder erfassen physikalische Größen. Diese physikalischen Größen stellen Informationen dar. Signalglieder werden auch Meßwerterfassungsgeräte genannt. Signale und Informationen können in unterschiedlicher Form gegeben bzw. erfaßt werden:

- analoge, stetige Form,
- binäre Form,
- digitale Form.

Analog ist ein Signal, wenn eine physikalische Größe stetig (kontinuierlich, ununterbrochen) gegeben, übertragen oder umgewandelt wird. Beispiel: ein Metallstab dehnt sich analog zur jeweiligen Temperatur aus. Die Längenänderung ist analog der Temperatur.

Binär ist ein Signal, wenn eine sich verändernde physikalische Größe nur durch zwei Werte angezeigt oder weitergegeben wird. Beispiel: Rot- oder Grünanzeige eines Barometers.

Digital ist ein Signal, wenn eine sich verändernde physikalische Größe schrittweise gegeben, übertragen oder umgewandelt wird. Beispiel: Die Zeitanzeige einer Quarzuhr wird häufig im Sekundenrhythmus, digital, in Ziffern angezeigt.

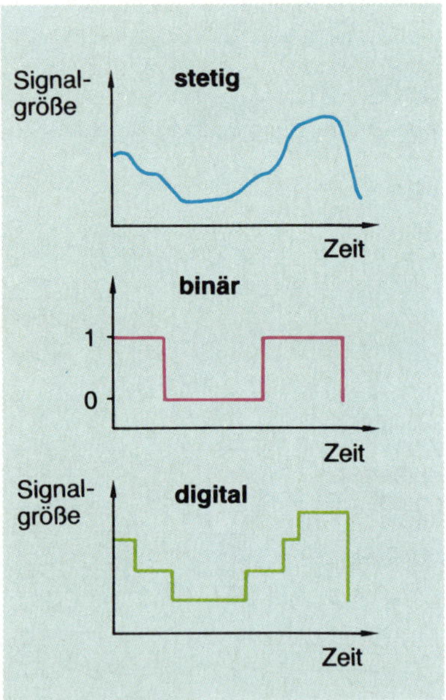

Abb. 1: Signalformen

Sensoren sind Signalglieder.

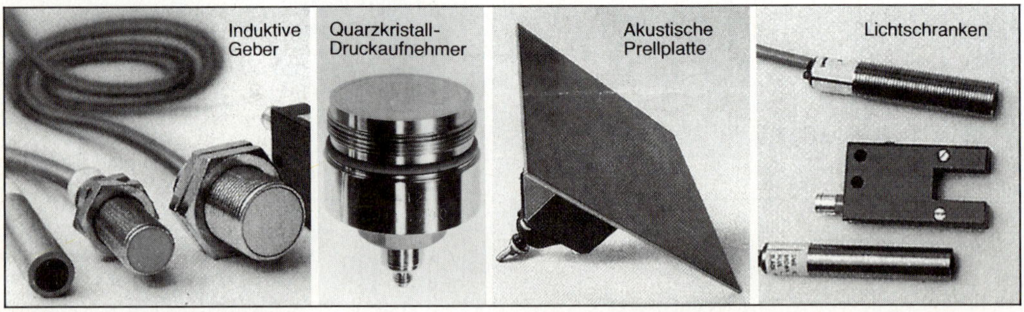

Abb. 2: Signalglieder, Sensoren

Die digitale Signalform steht zwischen stetigem und binärem Signal. Sie weist Sprünge auf, kann aber nicht nur obere und untere Grenzwerte, sondern auch Zwischenwerte annehmen.

4.1.2.1.2 Signalverstärker

Eingangssignale sind meistens zu schwach oder ungeeignet, um Steuerungsvorgänge auszulösen. Sie müssen darum innerhalb von Systemen verstärkt oder umgesetzt werden. Die entsprechenden Geräte nennt man Signalverstärker oder Signalumsetzer. Zur Verstärkung oder Umsetzung von Signalen ist Hilfsenergie, z.B. elektrische oder pneumatische Energie notwendig. Beispiel: In einem Megaphon wird die Sprache zunächst in eine mechanische Membranschwingung, dann in elektrische Energie umgeformt, mit Hilfe von Batterien elektrisch verstärkt und in mechanische stärkere Membranschwingungen umgewandelt. Durch die Signalumwandlung und Signalverstärkung wird die Sprache lauter, hörbarer. Auch mechanische Verstärker, z.B. Rädergetriebe, finden Anwendung.

4.1.2.1.3 Vergleicher

Muß die Ausgangsgröße einer Steuerung in Abhängigkeit eines benötigten Sollwertes und einer veränderlichen Eingangsgröße angepaßt werden, muß der Sollwert mit der Eingangsgröße verglichen werden. Das erforderliche Gerät nennt man Vergleicher.

4.1.2.1.4 Stellglieder

Das Ausgangssignal des vorletzten Baugliedes einer Steuerkette ist das Eingangssignal für ein Stellglied. Stellglieder verändern die zu steuernde Aufgabengröße, indem sie den Energie- oder Volumenstrom in der gewünschten Weise freigeben. Stellglieder sind Ventile, Drosselklappen, aber auch Zylinder, Motore und Pumpen.

4.1.2.2 Darstellung von Steuerungen in Plänen

Die **funktionsmäßigen Zusammenhänge** des gerätetechnischen Aufbaues können unter Verwendung der Bildzeichen aus DIN 19228 dargestellt werden.

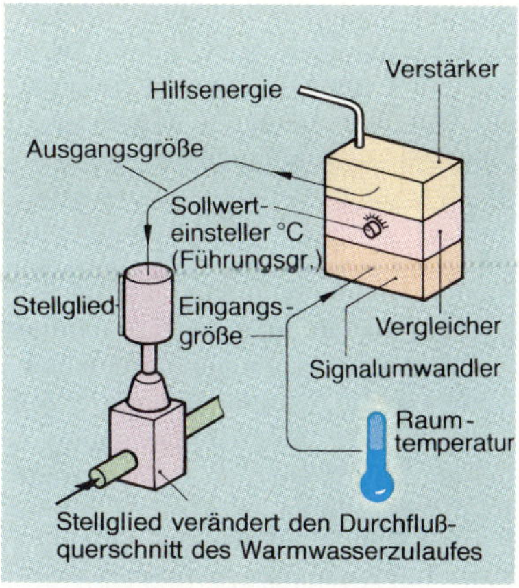

Abb. 3: Gerätetechnischer Aufbau einer Steuerung

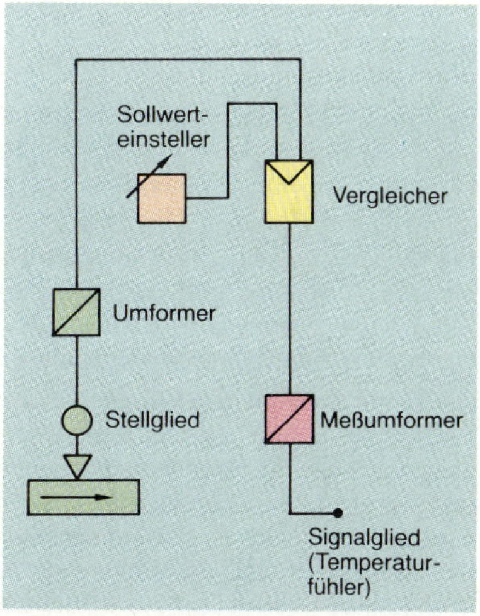

Abb. 4: Funktionsmäßige Darstellung mit Bildzeichen nach DIN 19228

Aktoren sind Stellglieder.

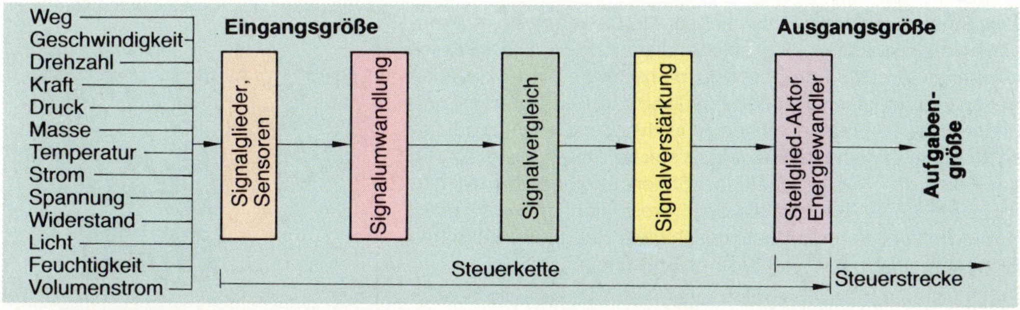

Abb. 5: Signalübertragung in Steuerungen

Die wirkungsmäßigen Zusammenhänge werden in einem **Signalflußplan** dargestellt. Zu ihrer Darstellung werden Sinnbilder nach DIN 19226 verwendet. Jede Veränderung eines Signals wird durch ein Rechteck, jedes Signal als Linie mit Pfeilspitze in Wirkrichtung dargestellt. Verzweigen sich Signale, so wird dies durch einen Punkt dargestellt. Addieren oder subtrahieren sich Signale an Übertragungsgliedern, so wird dies durch einen Kreis mit Angabe von + oder − angegeben.

In Steuerungen werden Signale erfaßt, verglichen, verstärkt, umgeformt und Stellgliedern zugeführt. Die Signalveränderung kann in Signalflußplänen dargestellt werden.

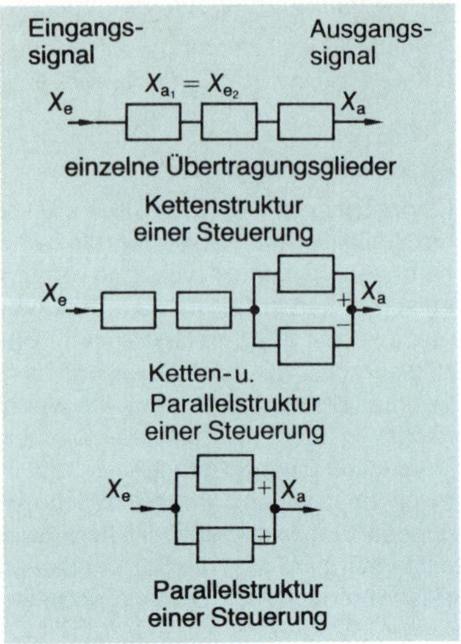

Abb. 1: Signalflußplan

4.1.2.3 Steuerungsarten

Unter der Art der Steuerung wird die verschiedene Möglichkeit der Sollwertvorgabe (Führungsgröße) verstanden. Steuerungssysteme werden unterteilt in:

- Führungssteuerungen,
- Haltegliedsteuerungen,
- Programmsteuerungen.

Bei einer **Führungssteuerung** besteht zwischen Führungsgröße und Ausgangsgröße immer ein eindeutiger Zusammenhang. Beispiel: Bei einer Kopiersteuerung führt der Fühler an der Schablone (Führungsgröße) das Werkzeug (Ausgangsgröße).

Die Stellung eines geöffneten Wasserhahnes ergibt eine zugeordnete Ausflußmenge. Beide Größen stehen, sofern nicht Störgrößen auftreten, in einem festen Zusammenhang. Das System »Wasserhahn« bildet somit eine Führungssteuerung.

Bei einer **Haltegliedsteuerung** behält die Ausgangsgröße bei Wegfall der Führungsgröße ihren Wert bei. Nur eine entgegengesetzte oder andersartige Führungsgröße bringt die Ausgangsgröße in die Ausgangslage. Beispiel: Eine Bohrmaschine wird durch Betätigen eines Tastschalters eingeschaltet. Obwohl die Betätigung des Schalters nur kurzzeitig ist, bleibt die Drehzahl der Bohrmaschine beibehalten.

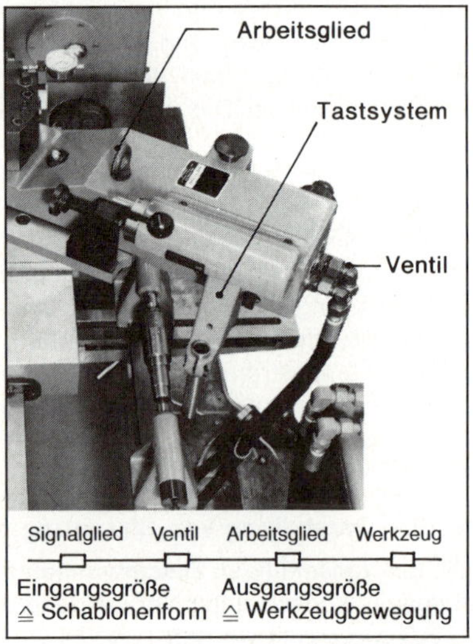

Abb. 2: Hydraulische Führungssteuerung

Bei **Programmsteuerungen** werden die Führungsgrößen in festgelegter Abfolge eingestellt oder verändert. Man unterscheidet:

- Zeitplansteuerungen,
- Wegplansteuerungen,
- Ablaufsteuerungen.

Zeitplansteuerungen sind zeitabhängige Steuerungen. Kurvenscheibensteuerungen sind solche Steuerungen. Die sich mit konstanter Drehzahl drehende Kurvenscheibe führt zu zeitlich genau festgelegter veränderter Führungsgröße. Kurvenscheibengesteuerte Drehmaschinen, Wasch- oder Geschirrspülmaschinen beinhalten beispielsweise solche Steuerungen. Durch die Form der Kurvenscheiben können analoge, binäre und digitale Signale erzeugt werden. Trotz stetiger Form einer Kurvenscheibe kann das nachgeschaltete Bauglied ein binäres Signal erzeugen, z.B. elektrischer Endschalter.

Zeitplansteuerungen sind aber auch Fahrpläne sowie zeitlich geplante Betriebsabläufe.

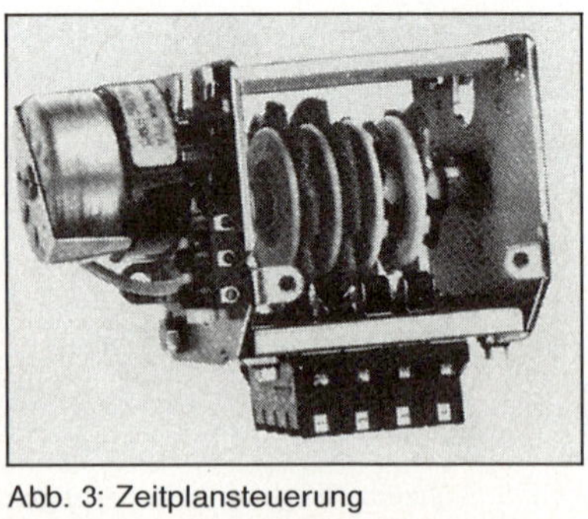

Abb. 3: Zeitplansteuerung

Wegplansteuerungen sind wegabhängige Steuerungen. Die Geschwindigkeit einer Seilbahn wird beispielsweise eine bestimmte Strecke vor dem Einfahren in die Seilbahnstation verringert, indem an der gewünschten Stelle von der Seilbahnaufhängung ein Signalglied betätigt wird. Die Schlittengeschwindigkeit von Werkzeugmaschinen kann durch einstellbare Nocken wegabhängig gesteuert werden. Solche Steuerungen haben meist die Aufgabe, eine benötigte Halteposition genauer zu erreichen.

Ablaufsteuerungen sind schrittweise ablaufende Programme. Die einzelnen Schritte einer solchen Steuerung sind in einem Programm festgelegt. Jeder Schritt wird durch den Ablauf des vorausgegangenen Schrittes gesteuert.

Zum Beispiel ist die numerische Steuerung einer Werkzeugmaschine eine Ablaufsteuerung. Einzelne Zeitplan-, Wegplan- oder Ablaufsteuerungen können in kombinierten Steuerungen zusammenwirken.

Steuerungen werden nach der Art und Weise der Sollwertvorgabe in Führungs-, Halteglied- und Programmsteuerungen unterschieden.

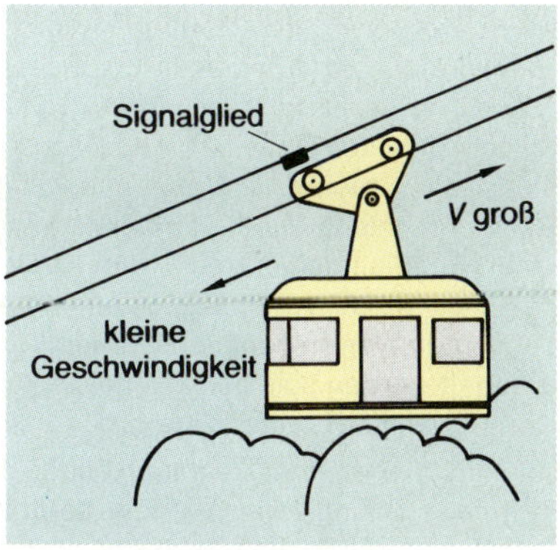

Abb. 4: Wegplansteuerung

Steuerungen werden häufig mit Regelungen kombiniert. Es entstehen dadurch größere Systeme.

4.1.3 Regeln, Regelung

Gemeinsames Ziel aller Regelungen ist es, jeweils eine bestimmte Aufgabe in der Form zu lösen, daß auf eine Handlung eine beabsichtigte Wirkung in gewolltem Ausmaße eintritt. Falls die beabsichtigte Wirkung nicht eintritt, wird selbsttätig und wenn nötig immer wieder eine erneute Handlung ausgelöst, um das Ziel der Regelungsaufgabe zu erreichen. So soll z.B. durch das Einstellen einer benötigten Temperatur eines Härteofens diese Temperatur beim Aufheizen nicht nur erreicht, sondern selbsttätig auf diesem Wert gehalten werden. Dies auch dann, wenn Werkstücke mit sehr unterschiedlicher Masse aufgeheizt werden sollen. Durch das Einstellen einer benötigten Vorschubgeschwindigkeit soll sich ein Werkzeug exakt mit dieser Geschwindigkeit bewegen, obwohl sehr unterschiedliche Kräfte auf das Werkzeug einwirken können.

Die sich immer wiederholenden Vorgänge des Handelns zur Erreichung der beabsichtigten Wirkung bezeichnet man als **Regelung.** Bei Regelungen ist **sichergestellt,** daß das Ergebnis des Regelungsvorganges die gewünschte beabsichtigte Lösung herbeiführt.

Die Eingangsgröße, z.B. die vorgewählte Temperatur eines Härteofens oder die Vorschubgeschwindigkeit eines Werkzeuges beeinflussen in Regelungen nach bestimmten Gesetzmäßigkeiten die Ausgangsgröße. Dies sind in den Beispielen die benötigte Ofentemperatur bzw. die benötigte Vorschubgeschwindigkeit. Diese Ausgangsgrößen werden erfaßt, gemessen und beeinflussen somit die Eingangsgrößen. Die **Ausgangsgrößen** werden zu **neuen Eingangsgrößen.** Dies bezeichnet man als geschlossenen **Wirkungsablauf.**

Systeme mit geschlossenem Wirkungsablauf sind Regelungssysteme.

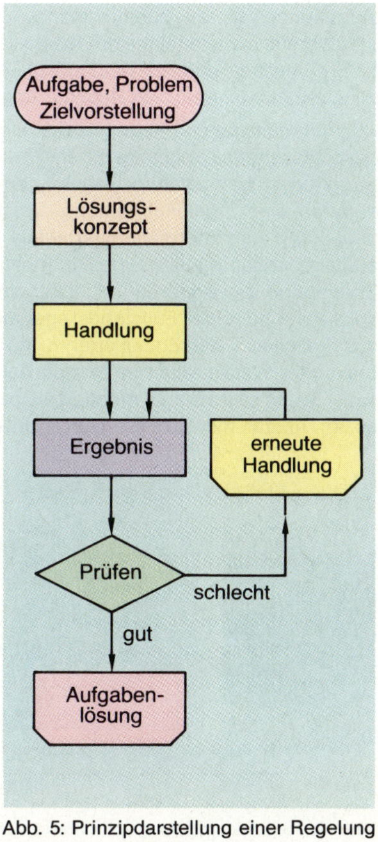

Abb. 5: Prinzipdarstellung einer Regelung

4.1.3.1 Aufbau von Regelungen, Begriffe

Regelungen bzw. Regeleinrichtungen werden durch Zusammenbau und Zusammenwirken von Baugliedern zu einem System gebildet. Dabei kann der Mensch durchaus die Funktion eines oder mehrerer Bauglieder übernehmen. Eine solche Regeleinrichtung wird als **Handregelung** bezeichnet. Mit Hilfe einer Regeleinrichtung soll die Größe einer **Regelstrecke** in gezielter Weise verändert, beeinflußt und selbsttätig auf den benötigten Werten gehalten werden. Diese Größe, also das was geregelt werden soll, heißt **Regelgröße.** Der Luftdruck in einem Kessel kann z.B. eine Regelgröße sein.

Alle Bauglieder einer Regelung bilden die **Regeleinrichtung.** Die Regeleinrichtung verändert bzw. beeinflußt aufgabengemäß die Regelstrecke. Die Regeleinrichtung beinhaltet Bauglieder zur Einstellung des Sollwertes (Vorgabe der Führungsgröße), zum Vergleich mit der Regelgröße und zur Bildung der Stellgröße durch das Stellglied.

Wird der Vergleicher mit mindestens einem weiteren Bauglied zusammengefaßt, so bezeichnet man diese Gerätekombination als **Regler.** Wie bei Steuerungen können mehrere Bauglieder zusammengebaut werden. So sind Signalglieder häufig mit zugehörigen Umformern ein Bauglied.

Die Ausgangsgröße der Regeleinrichtung, die Stellgröße, ist die Eingangsgröße der Regelstrecke. Am Stellglied beginnt die aufgabengemäß zu beeinflussende Regelstrecke. Die Ausgangsgröße der Regelstrecke ist die Regelgröße. Sie wird erfaßt, gemessen und als Eingangsgröße der Regeleinrichtung zugeführt. Man nennt dies **Rückführung** (Gegenkopplung).

Regeleinrichtung und Regelstrecke bilden einen **Regelkreis** mit geschlossenem Wirkungsweg. In Wirkungsrichtung verkettete Bauglieder übertragen in Regelungen Signale. Es ergibt sich dadurch eine Signalflußrichtung. Die Signalflußrichtung kann umgekehrt zum Energiefluß verlaufen. Bei gleicher Regelungsaufgabe bestimmt die Signalflußrichtung in Bezug auf den Energiefluß die Änderungsrichtung der Stellgröße. Zum Beispiel kann bei einer Füllstandsregelung eines Wasserbeckens das Stellglied in den Zulauf oder in den Ablauf montiert werden. Sinkender Wasserstand im Wasserbecken bedeutet Stellglied »auf«, wenn es im Zulauf montiert ist, bzw. Stellglied »zu«, wenn es im Ablauf montiert ist. Durch unterschiedliche Lage des

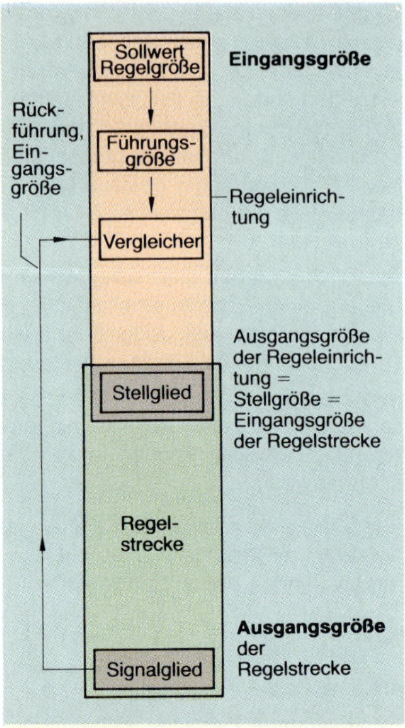

Abb. 1: Aufbau einer Regelung, Regelkreis

Die Regelstrecke stellt die Regelgröße.

Der Sollwert wird über die Führungsgröße eingestellt.

Der Istwert der Regelgröße wird mit dem Sollwert verglichen.

Die Regeleinrichtung sorgt für die Erzielung der benötigten Regelgröße.

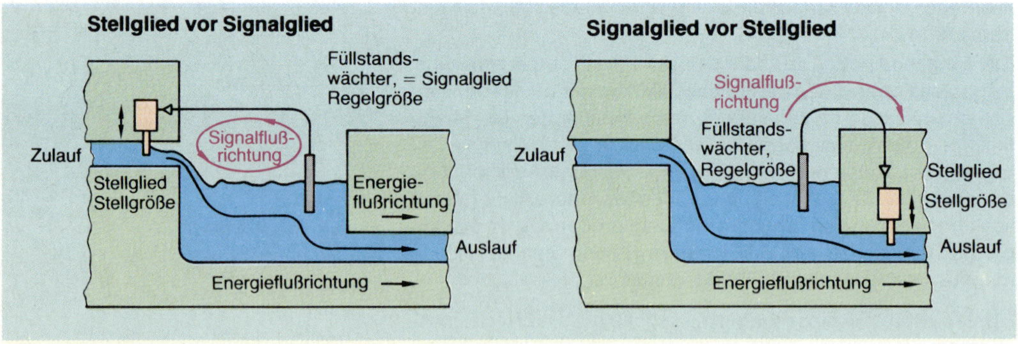

Abb. 2: Füllstandsregelung mit unterschiedlicher Signalflußrichtung

Stellgliedes zur Regelstrecke kann die Regelgröße verschieden »gut« (schneller, langsamer, genauer, ungenauer) geregelt werden.

Wie bei Steuerungen werden auch bei Regelungen Signale erzeugt, umgewandelt, verstärkt und verglichen.

Bei Regelungen wird die von einem Signalglied erfaßte Regelgröße (Ausgangsgröße der Regelstrecke) dem Vergleicher als Eingangsgröße zugeführt und dort mit dem Sollwert der Regelgröße (Führungsgröße) verglichen. Die Differenz aus diesem Vergleich führt zur Bildung eines Signales, welches das Stellglied aufgabengemäß verändert (Stellgröße).

Soll die Temperatur eines Härteofens z.B. 780 °C betragen, ist dieser Temperaturwert die Regelgröße. Wird die benötigte Temperatur als Sollwert über einen »Drehknopf« eingestellt, muß diese Eingangsgröße zunächst in eine elektrische Spannung umgewandelt und dann dem Vergleicher zugeführt werden. Die gemessene Ofentemperatur wird ebenfalls in eine elektrische Spannung umgewandelt und auch dem Vergleicher zugeführt. Die Differenz der beiden elektrischen Spannungen am Vergleicher wird dann verstärkt und bildet die Stellgröße für die Änderung des Stellgliedes. Je nach Ausführung der Regeleinrichtung wird die Heizung des Ofens mit höherer elektrischer Spannung versorgt, die Heizung nur eingeschaltet oder auch eine zusätzliche Heizung hinzugeschaltet.

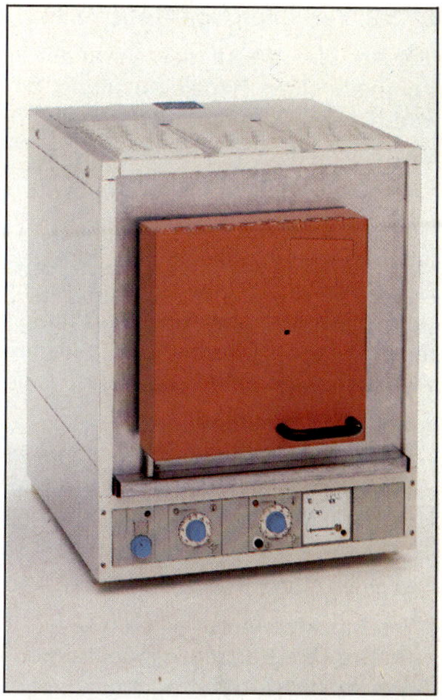

Abb. 3: Härteofen mit Temperaturregelung

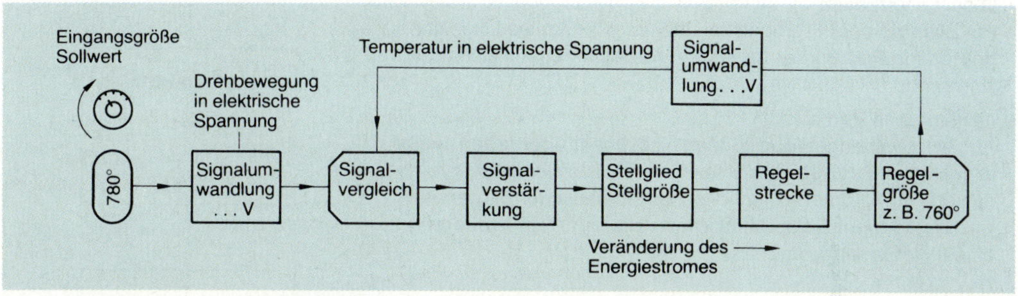

Abb. 4: Signalübertragung und Signalvergleich einer Temperaturregelung

Der gesetzmäßige Zusammenhang innerhalb einer Regelung, der eine Eingangsgröße zu einer bestimmten Ausgangsgröße führt, kann durch von außen einwirkende, ungeplante Einflüsse (Störgrößen), verändert werden. Die gewollte Änderung einer Größe (Regelgröße) oder eines Zustandes der Regelstrecke wird aber trotzdem erreicht, wenn diese Störgröße erfaßt und als zusätzliche Eingangsgröße dem Vergleicher zugeführt wird. Man bezeichnet dies als **Störgrößenaufschaltung.**

Für jede in einer Regelungseinrichtung zu erwartende Störgröße muß ein Signalglied vorgesehen werden. Alle Eingangssignale von Regelungen (Führungsgröße, Regelgröße, Störgrößen) müssen dem Vergleicher zugeführt werden und dieselbe physikalische Einheit haben. Deshalb müssen Eingangssignale meist umgewandelt werden.

Durch eine Regelung können Störgrößen ausgeglichen werden.

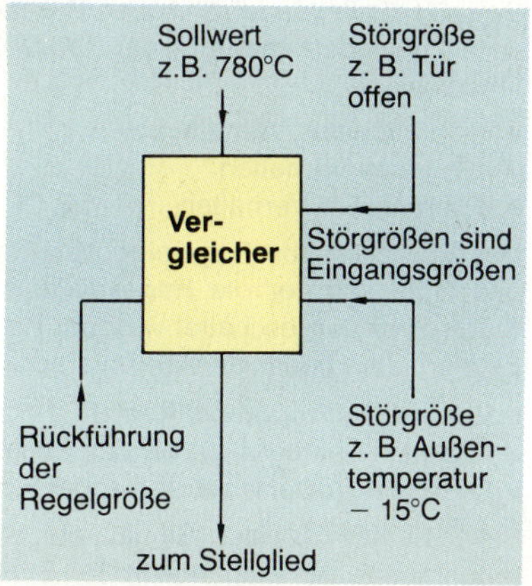

Abb. 5: Störgrößenaufschaltung

4.1.3.2 Verhalten von Regeleinrichtungen

Die Art und Weise der Veränderung der Eingangssignale innerhalb einer Regeleinrichtung zu einem Ausgangssignal wird als das Verhalten der Regeleinrichtung bezeichnet. Man unterscheidet:

- wirkungsmäßiges Verhalten,
- Zeitverhalten.

Unter dem wirkungsmäßigen Verhalten wird die Änderung der Signalform und Signalgröße in einem System durch Übertragungsglieder verstanden. Die Art und Weise der Signalformerzeugung bzw. Übertragung bestimmt das wirkungsmäßige Verhalten. Man unterscheidet:

- **stetiges Verhalten**
  Analoge Übertragungsglieder wirken stetig (kontinuierlich, ununterbrochen). Beispiel: Ein stetig wirkendes Drosselventil (Stellglied) kann jede Stellung einnehmen.
- **unstetiges Verhalten**
  Digitale Übertragungsglieder wirken unstetig.
- **Zweipunktverhalten**
  Binäre Übertragungsglieder zeigen ein Zweipunktverhalten. Mechanische Übertragungsglieder mit solchem Verhalten können nur zwei Stellungen einnehmen (oben, unten oder links, rechts. Beispiel: Ein Schalter).
- **lineares Verhalten**
  Ein Zahnrad oder Riementrieb überträgt linear, weil sich das getriebene Rad immer im festen Verhältnis zum treibenden Rad dreht.
- **nichtlineares Verhalten**
  Kurvenscheibengetriebe können nicht linear übertragen, weil je nach Ausführung trotz sich gleichmäßig drehender Kurvenscheibe völlig unterschiedliche Abtriebsbewegungen erzielt werden können. Beispiel: Nockenwelle zur Ventilsteuerung eines Verbrennungsmotors.

Unter dem Zeitverhalten eines Systemes wird das zeitliche Folgen und die Größe des Ausgangssignales auf ein veränderliches Eingangssignal der Regeleinrichtung verstanden. Zum Beispiel die Zeitdauer zwischen Thermostatverstellung und der darauffolgenden Änderung der Regelgröße einer Heizung. Man unterscheidet:

- proportionales Verhalten,
- integrales Verhalten,
- differentiales Verhalten.

Das Verhalten von Regeleinrichtungen bestimmt die Qualität und Güte, mit der die Regelgröße eingehalten und mit der Störgrößen ausgeschaltet werden. Regler werden nach ihrem Zeitverhalten benannt. Man unterscheidet:

- P-Regler (Proportionalregler),
- I-Regler (integral wirkender Regler),
- D-Regler (differential wirkender Regler).

Bei P-Reglern ist das Signal, die Stellgröße, am Stellglied proportional der Eingangsgröße. Störgrößen werden weitgehend aber nicht vollständig ausgeglichen. Die Regelgröße, der

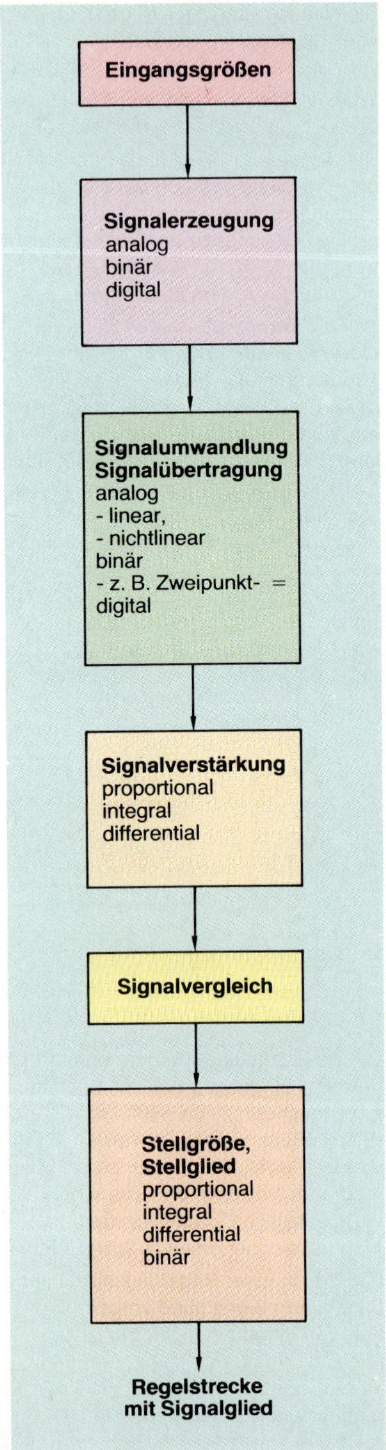

Abb. 1: »Verhalten« von Regeleinrichtungen

Istwert, wird nicht exakt dem Sollwert. Bei I-Reglern ergeben kleinste Eingangsgrößen eine ständig ansteigende Ausgangsgröße. Der Anstieg der Ausgangsgröße ist umso steiler, je größer die Eingangsgröße ist. Störgrößen und Regelabweichungen werden vollständig, aber langsamer als bei P-Reglern ausgeglichen. Bei D-Reglern führt eine schnelle Änderung der Eingangsgröße zu einer noch schnelleren und größeren Änderung der Ausgangsgröße. Störgrößen wird schlagartig entgegengewirkt. P-, I- und D-Verhalten können innerhalb eines Regelungssystems kombiniert werden. Es entstehen dann z.B. PI- oder PID-Regler.

4.1.3.3 Darstellung von Regelungen in Plänen

Zur Darstellung funktionsmäßiger und wirkungsmäßiger Zusammenhänge werden Bildzeichen und Sinnbilder nach DIN 19228 bzw. 19226 verwendet. Das Verhalten der Bauglieder (Übergangsverhalten) kann bei wirkungsmäßiger Darstellung symbolhaft in die Sinnbilder eingezeichnet werden. Abbildung 4 zeigt den Funktions- und Signalflußplan der Temperaturregelung eines Prüfraumes. Ständig geöffnete Fenster oder Türen beeinflussen die Raumtemperatur dabei so stark, daß diese vom Heiz-/Kühlaggregat nicht in der aufgabengemäßen Weise, z.B. innerhalb einer vorgegebenen Zeit, ausgeglichen werden kann. Die Störgröße wird separat von einem Signalglied erfaßt und veranlaßt über den Regler die Inbetriebnahme eines zusätzlichen Heiz-/Kühlaggregates.

4.1.3.4 Regelungsarten

Unter der Art der Regelung wird die verschiedene Möglichkeit der Sollwertvorgabe (Führungsgröße) verstanden. Regelungssysteme werden unterschieden in:

- Festwertregelungen,
- Programmregelungen,
- Nachlaufregelungen.

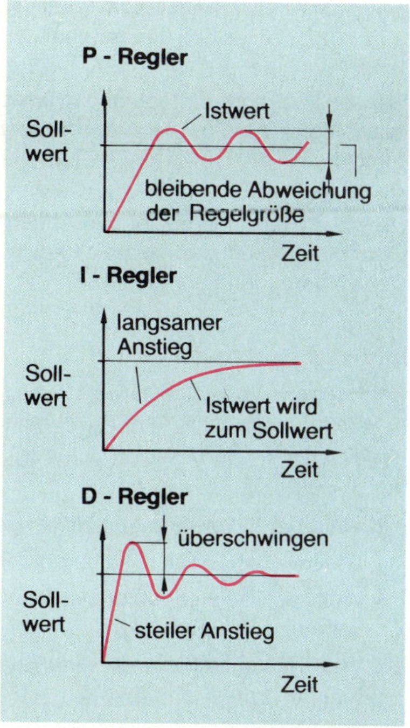

Abb. 2: »Verhalten« von Reglerbauarten

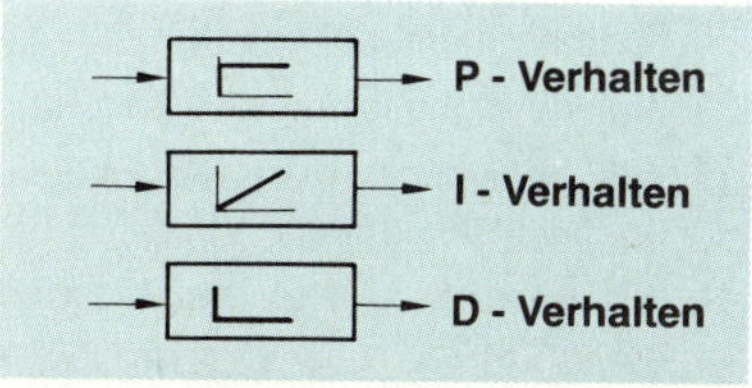

Abb. 3: Darstellung des Übergangsverhaltens von Baugliedern im Signalflußplan

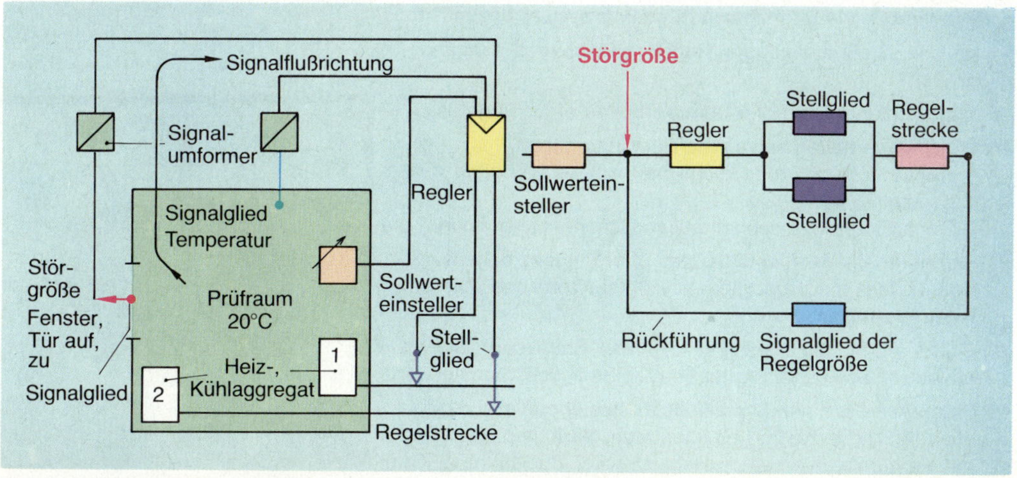

Abb. 4: Funktionsplan und Signalflußplan einer Temperaturregelung

Bei einer Festwertregelung wird die Regelgröße entsprechend einem konstanten Sollwert geregelt, z. B. Raumtemperaturregelung.

Bei einer Programmregelung wird die Regelgröße einer in festgelegter Abfolge veränderlichen Führungsgröße nachgeführt.

Bei Nachlaufregelungen ist die Führungsgröße frei veränderlich (Beispiel: Heizungsregelung in Abhängigkeit der Außentemperatur oder Verkehrsampelschaltung in Abhängigkeit der Anzahl der anfahrenden Fahrzeuge).

Abb. 1: Differenzdruckregler

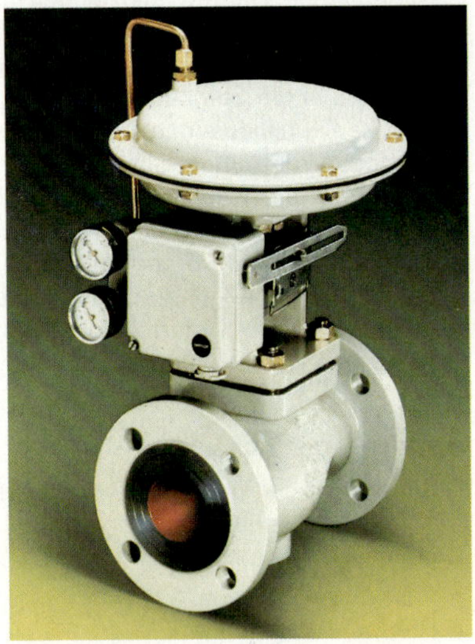

Abb. 2: Zweipunkt-Temperaturregler; Stellglied (Ventil) mit pneumatischem Durchflußregler (Stellungsregler)

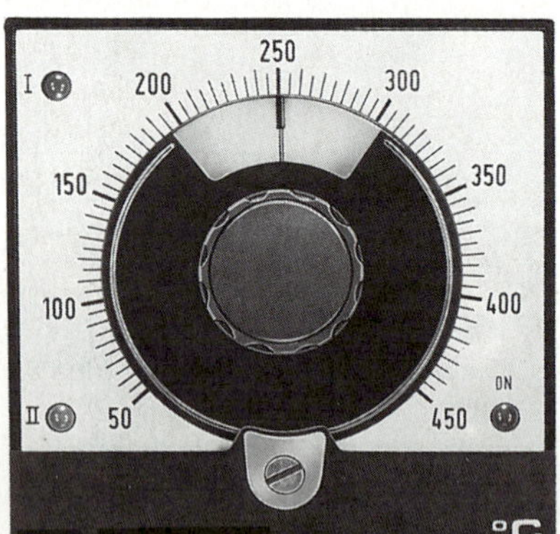

Abb. 3: Elektronischer Temperaturregler

Aufgaben zu 4.0 bis 4.1.3.4

1. Nennen Sie einige Größen, die in der Steuerungs- und Regelungstechnik eine Rolle spielen.
2. Wie kann die Aufgabe einer Steuerung allgemeingültig beschrieben werden?
3. Wofür ist in Steuerungen Hilfsenergie notwendig?
4. Beschreiben Sie den Aufbau einer Steuerung.
5. Welches Bauglied bildet die Schnittstelle zwischen Steuerkette und Steuerstrecke?
6. Was verstehen Sie unter dem Begriff einer Störgröße?
7. Welche Aufgabe übernimmt die Führungsgröße in einer Steuerung?
8. Welche Vorgänge sind bei der Signalübertragung in Wirkrichtung meist notwendig?
9. Welche Signalformen werden unterschieden?
10. Wie bezeichnet man die Bauglieder für die Signalgabe (Meßwerterfassung)?
11. Wie bezeichnet man die Bauglieder zur Veränderung der Stellgröße?
12. Wodurch unterscheiden sich im wesentlichen Steuerungen von Regelungen?
13. Stellen Sie den Begriffen Steuerkette, Steuerstrecke, Aufgabengröße die Begriffe von Regelungssystem gegenüber.
14. Welche Größen sind bei Regelungssystemen Eingangsgrößen?
15. Was verstehen Sie unter dem Verhalten einer Regelung?
16. Welches Verhalten sollte eine Regelung haben,
    - wenn die Regelgröße möglichst exakt eingehalten werden soll?
    - wenn Störgrößen schnell ausgeglichen werden sollen?
17. Skizzieren Sie die Sinnbilder des Übergangsverhaltens von Baugliedern mit proportionalem, integralem und differentialem Verhalten.
18. Skizzieren Sie die Sinnbilder folgender Bauglieder: Signalumformer, Sollwerteinsteller, Regler, Stellglied, Signalglied.
19. Skizzieren Sie einen Signalflußplan bestehend aus: Signalglied (Sollwert), Regler mit integralem Verhalten, Stellglied mit Proportionalverhalten, Regelstrecke, Rückführung, Signalglied mit D-Verhalten.

4.1.4 Energie- und Signalträger

Zum Betreiben von Steuerungen und Regelungen wird Energie benötigt (Hilfsenergie). Die Bauglieder übertragen Energie in Form von Signalen und die Stellglieder beeinflussen aufgabengemäß den Energiestrom.

Die technisch wichtigen Energieträger sind:

- Druckluft,
- Hydraulik,
- elektrische Energie.

4.1.4.1 Druckluft

Druckluft ist verdichtete atmosphärische Luft. Sie besteht aus einem Gasgemisch von etwa 78% Stickstoff, 21% Sauerstoff, 1% Edelgas sowie Wasser in Form von Dampf.

4.1.4.1.1 Erzeugung und Aufbereitung

Druckluft wird durch Verdichter erzeugt. Man unterscheidet

- dynamische Verdichter (Axial- und Kreiselverdichter) und
- Verdrängungsverdichter.

Die wichtigsten Verdrängungsverdichter mit rotierendem Verdichterelement (sogenannte Rotationsverdichter) sind:

- Flügelzellenverdichter,
- Drehkolbenverdichter,
- Spiralschraubenverdichter.

Rotationsverdichter können auch als Vakuumpumpen verwendet werden.

Zur Erzeugung höherer Drücke können Verdichter hintereinander und bei größeren Volumenströmen parallel geschaltet werden.

Beim Verdichten kann die Lufttemperatur bis auf etwa 400°C ansteigen. Damit sich eine Druckluftaustrittstemperatur unter 50°C ergibt, sind Drucklufterzeuger mit Luft- oder Wasserkühlung ausgerüstet.

Beim Abkühlen der Druckluft wird neben Wasser meistens auch Öl ausgeschieden, das während der Verdichtung der Luft aus dem Schmieröl des Verdichters aufgenommen wurde. Drehkolbenverdichter und spezielle Bauformen von Hubkolbenverdichtern liefern absolut ölfreie Druckluft.

Damit im Leitungssystem kein Kondensat[1] verbleibt, können zusätzliche Trockner (Adsorptions- oder Kältetrockner) verwendet werden. Zur Aufbereitung von Druckluft gehören auch die Speicherung in Druckkesseln und die Reinigung der Druckluft mit Filtern, wodurch Fremdbestandteile größer als 60µm zurückgehalten werden. Der Druckkessel kann örtlich getrennt aufgestellt werden. Druckkessel benötigen:

- ein Sicherheitsventil,
- einen Kondensatablaßhahn,
- ein Manometer,
- einen Druckluftablaßhahn,
- einen Prüfflansch.

Die Größe des Speichers einer Drucklufterzeugerstation soll ca. 40–90% des benötigten Volumenstroms (m³/min) betragen.

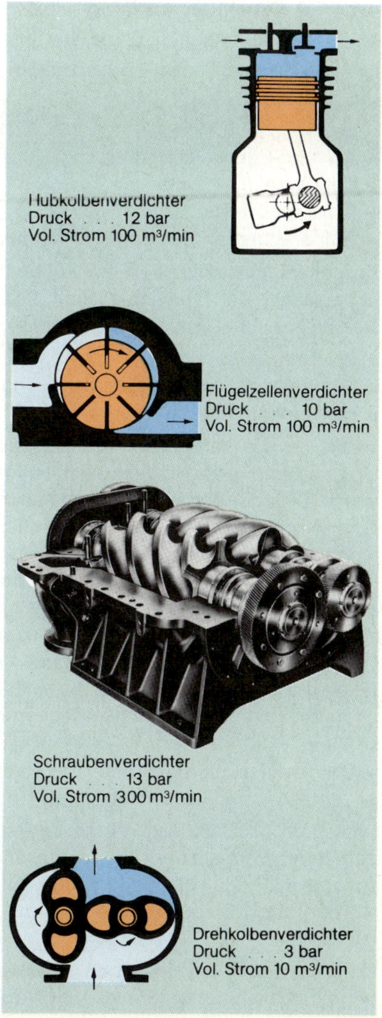

Abb. 4: Funktionsprinzip und Leistung von einstufigen Verdichtern

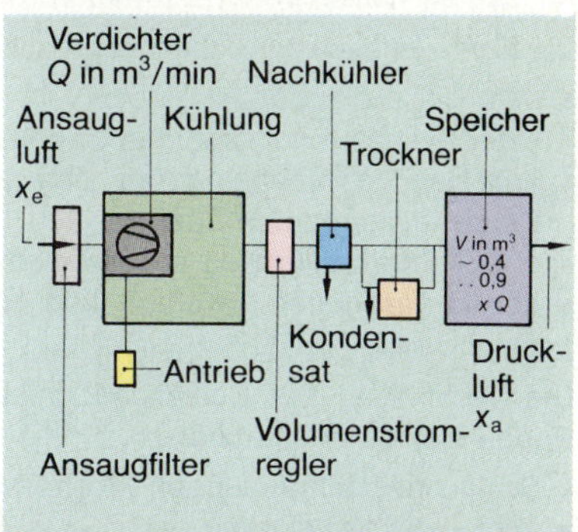

Abb. 5: Aufbau einer Drucklufterzeugerstation

[1] Kondensat = Flüssigkeit, die sich beim Abkühlen aus der Luft ausscheidet

4.1.4.1.2 Druckluftverteilung

Sie umfaßt alle Bauteile und Maßnahmen zwischen der Drucklufterzeugung und dem Endverbraucher. Dazu gehören:

- Festverlegte Leitungen,
- bewegliche Schläuche,
- Ab- und Verzweigungen,
- Kupplungen,
- Druckreduzierungen,
- Aufbereitung an der Endverbraucherstelle.

Zu klein dimensionierte Leitungsquerschnitte führen zu großem Druckabfall. Der Druckabfall soll 0,1 bar nicht überschreiten. Der Soll-Leitungsquerschnitt richtet sich nach

- der Rohrlänge,
- den dazwischenliegenden Strömungswiderständen und
- dem Volumenstrom.

Wenn es die räumlichen Verhältnisse erlauben, sollte die Druckluftleitung als Ringleitung mit ungefähr 1% Gefälle verlegt werden. An der tiefsten, möglichst auch kältesten Stelle soll sie einen Kondensat- und Ölabscheider haben. Abzweigungen sind wegen des Kondensats grundsätzlich an die Oberseite des Rohres zu legen. An den tiefsten Stellen der Abzweigungen sind Ablaßhähne anzubringen. Alle Rohre und Fittings sollten verzinkt und nach DIN 2403 blau gekennzeichnet sein. Wird bei der Drucklufterzeugung ein zusätzlicher Trockner verwendet, entfallen diese Maßnahmen. Für die Aufbereitung an der Verbraucherstelle werden **Wartungseinheiten** montiert, die aus

- Filter,
- Druckregler mit Manometer und einem
- Luftöler

bestehen. Druckverluste durch Leckstellen machen Druckluft sehr teuer. Verluste über 10% stellen die Wirtschaftlichkeit einer Anlage in Frage. Mit Seifenlauge können Leckagen erkannt werden. Der Erzeugerpreis pro m³ Druckluft beträgt etwa 0,01 DM.

Die Versorgung der einzelnen Bauelemente von der Druckluftverteilungsleitung an (Steuer- und Arbeitsleitungen) wird mit

- Kunststoffschläuchen oder
- Gummischläuchen

mit lichten Weiten von 2...13 mm vorgenommen.

Die Schlauchauswahl richtet sich nach

- dem Einsatztemperaturbereich,
- einer eventuell notwendigen Chemikalienbeständigkeit,
- auftretenden mechanischen Belastungen (Schwingungen, Beschädigung durch Späne),
- einer Liefermöglichkeit in verschiedenen Farben und
- der vorgesehenen Anschluß- und Verbindungsmöglichkeit.

Die Verbindung der Schläuche untereinander und mit den Bauelementen erfolgt über

- Schlauchverschraubungen (Schnellverschraubungen),
- Schlauchverbindungen,
- Steckverbindungen oder
- Kupplungen.

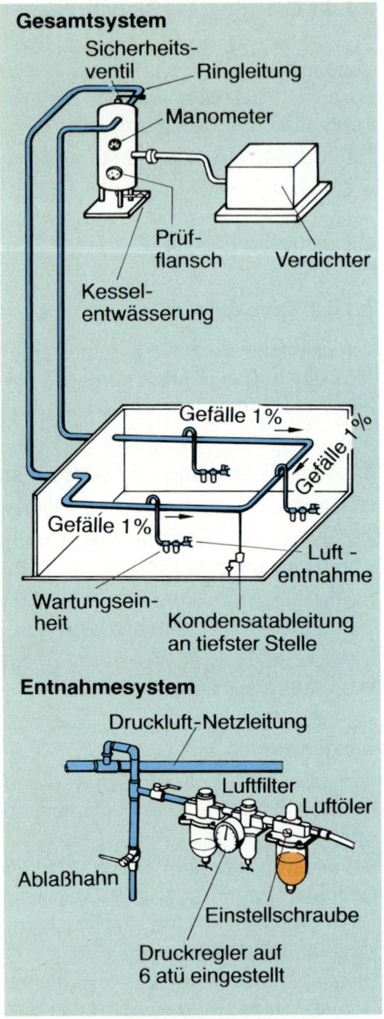

Abb. 1: Fachgerechte Druckluftverteilung

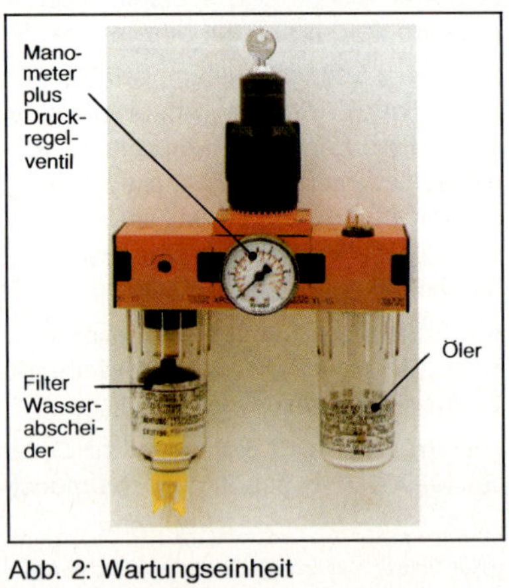

Abb. 2: Wartungseinheit

4.1.4.2 Hydrauliköl

Hydrauliköle sind Mineralöle. Sie haben die Aufgabe, Energie zu übertragen.

4.1.4.2.1 Anforderungen an Hydrauliköle, Eigenschaften

Außer der Aufgabe, Energie zu übertragen, müssen Hydrauliköle

- Wärme abführen,
- Verunreinigungen abführen,
- schmieren,
- vor Korrosion schützen.

Daraus ergeben sich eine Reihe von Forderungen an die Hydrauliköle, die nicht alle gleich gut erfüllt werden können.

Hydrauliköle sind nach DIN 51524 und 51525 genormt. In diesen Normen sind Prüf- und Qualitätsanforderungen festgelegt.

Neben den genormten Mineralölen werden auch nichtgenormte, schwerentflammbare Hydraulikflüssigkeiten verwendet, so bei Druckguß- oder Bergwerksmaschinen, in Gießereien und Hüttenanlagen oder Maschinen in feuergefährdeten Bereichen.

Schwerentflammbare Flüssigkeiten haben gegenüber normalen Hydraulikölen eine höhere Dichte und sind deshalb schwieriger anzusaugen.

4.1.4.2.2 Bereitstellung von Drucköl, Behälter, Pumpen

In hydraulischen Systemen durchläuft der Energieträger einen Kreislauf, der in einem Behälter beginnt und dort wieder endet. Aufgabe solcher Behälter ist es

- genügend Ölvorrat aufzunehmen,
- rücklaufendes Öl zu kühlen,
- Verschmutzungen auszusondern,
- eine Ölförderungseinrichtung (Pumpe) aufzunehmen.

Abb. 3 zeigt den Aufbau eines Hydraulikbehälters. Vorratsbehälter sollen mindestens die 2fache Menge des im Hydraulikkreislauf befindlichen Öles aufnehmen. Je nach Bauart der Pumpe kann diese auch in den Ölvorrat eintauchen. Auch mehrere unabhängig voneinander wirkende Pumpen können von einem Vorratstank aus arbeiten.

Sie erzeugen in der Ansaugleitung einen Unterdruck, so daß der atmosphärische Druck das Hydrauliköl in die Pumpe preßt. Die Pumpen fördern das Hydrauliköl weiter zu den Arbeitsgeräten im hydraulischen System. Pumpen ohne angeschlossenes Hydrauliksystem erzeugen keinen Druck, sondern nur einen drucklosen Förderstrom. Der Förderstrom wird in l/min oder cm³ je Umdrehung angegeben. Er wird auch als volumetrische Leistung bezeichnet.

Hydraulikpumpen werden nach der Durchflußart unterteilt

- in pulsierend fördernde Pumpen und
- in stetig fördernde Pumpen.

Pulsierend durchströmt werden Verdrängerpumpen. Ihre Förderleistung ist nahezu unabhängig von der Belastung durch das hydraulische System. Bei zu großer Belastung können die

Bezeichnungsbeispiele:

Hydrauliköl H 16	DIN 51524
Hydrauliköl H-L35	DIN 51524
Hydrauliköl H-LP68	DIN 51525

Dabei bedeutet:

L Wirkstoffzusatz für Korrosions- und Alterungsbeständigkeit;

P Wirkstoffzusatz für erhöhten Verschleiß und höhere Belastbarkeit;

16...68 Kennzahl der mittleren kinetischen Viskosität (Zähflüssigkeit) bei 50 °C.

Schwerentflammbare **H**ydraulikflüssigkeiten

- HSA, Öl in Wasser-Emulsionen,
- HSB, Wasser-. Öl-Emulsionen,
- HSC, wässrige Lösungen,
- HSD, wasserfreie Flüssigkeiten.

In Hydraulikanlagen darf nur das vorgeschriebene Öl verwendet werden. Es muß in den vorgeschriebenen Zeiträumen erneuert werden.

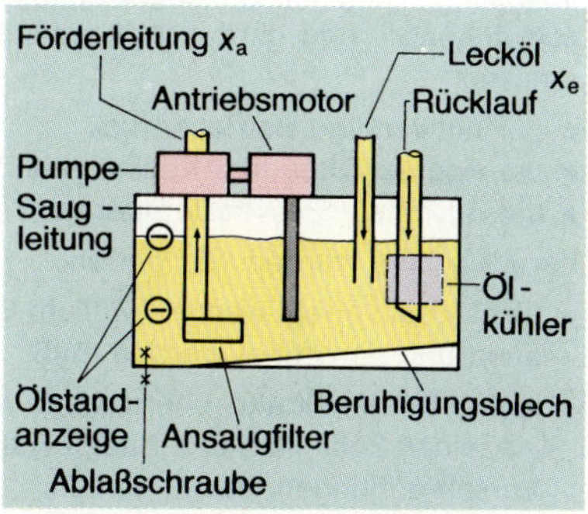

Abb. 3: Aufbau eines Hydraulikbehälters

Hydraulische Pumpen wandeln mechanische Energie in hydraulische Energie um.

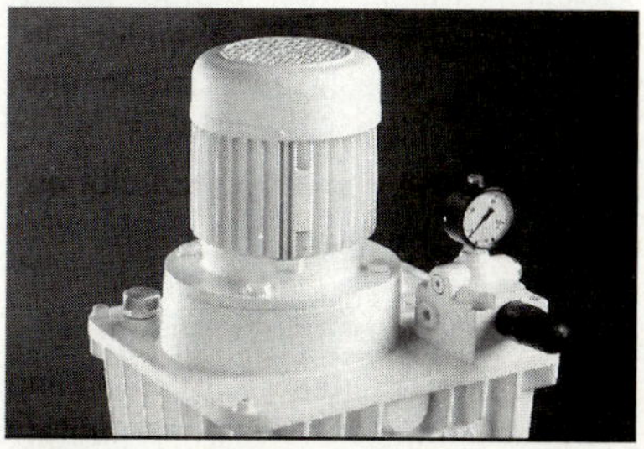

Abb. 4: Hydraulikaggregat

inneren Dichtungen solcher Pumpen Schaden leiden. Stetig fördernde Pumpen heißen Turbopumpen. Ihre Fördermenge hängt von der Belastung durch das hydraulische System ab. Sie können ohne Schaden auf Fördermenge Null »abgewürgt« werden, weil sie keine inneren Abdichtungen haben. Die Abnahme der volumetrischen Leistung bei zunehmendem Druck wird als Schlupf oder als innerer Leckverlust bezeichnet. Er wird in Prozenten als volumetrischer Wirkungsgrad angegeben.

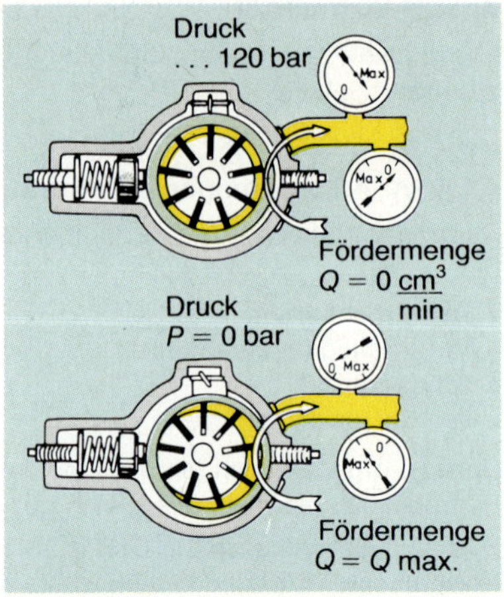

Abb. 1: Nullhubregelpumpe

4.1.4.2.3 Verteilung von Hydrauliköl

Ihr dienen alle Bauteile und Maßnahmen zwischen der Bereitstellung von Hydrauliköl (Hydraulikaggregat) und dem Anschluß hydraulischer Bauelemente. Zur Verbindung hydraulischer Bauelemente werden verwendet:

- nahtlos gezogene Präzisionsstahlrohre,

und bei beweglichen Bauelementen

- Rohrgelenke,
- Teleskoprohre oder
- Schlauchleitungen.

Rohrgelenke und Teleskoprohre sind sehr teure Verbindungselemente. Sie werden nur bei gefährdeten Anlagen verwendet.

Schlauchleitungen sind aus mehreren Lagen synthetischen Kautschuks mit dazwischenliegendem Stahldraht- oder Gewebegeflecht hergestellt. Aufgrund ihrer Elastizität wirken sie schwingungs- und geräuschdämpfend. Bei ihrer Anwendung müssen

- der notwendige Betriebsdruck,
- die Aggressivität des Druckmittels,
- die maximale Betriebstemperatur

berücksichtigt werden. Sie dürfen

- nicht straff verlegt werden, weil im Betrieb mit einer Längenänderung gerechnet werden muß;
- keine Torsionskräfte übertragen, weil die Verbindung der einzelnen Schichten beschädigt werden könnte und sich die Verschraubungen lösen könnten.

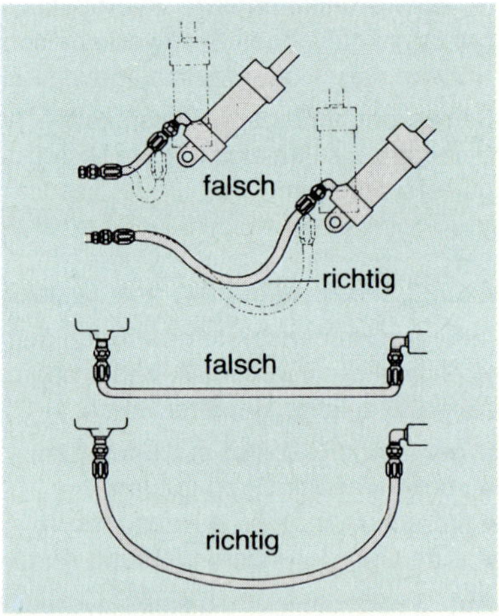

Abb. 2: Schlauchleitungsverlegung

Außerdem müssen die Mindestbiegeradien bei der Verlegung eingehalten werden, weil sonst Knickgefahr besteht.

Die Verbindung der Leitungen untereinander und mit den hydraulischen Bauelementen erfolgt meistens durch lösbare Verschraubungen.

Bei Nennweiten über 50 mm werden zur Verbindung meist Flanschverbindungen verwendet. Die Flansche werden mit den Rohrenden verschweißt und miteinander unter Verwendung einer Dichtung verschraubt.

Für Nennweiten unter 50 mm gibt es:

- Lötverschraubungen,
- Bördelverschraubungen,
- Schneidringverschraubungen.

Kupplungen dienen zum werkzeuglosen Anschließen von Schlauchleitungen. Sie können unter Gegendruck angekuppelt werden.

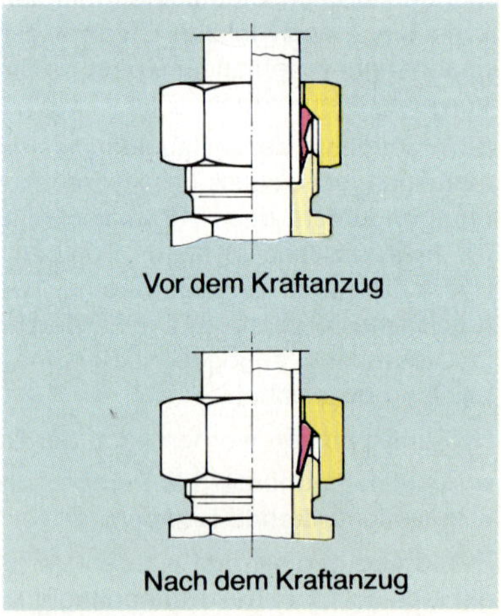

Abb. 3: Schneidringverschraubung

4.1.5 Bauglieder zur Nutzung und Steuerung von Energie

Signalglieder, Signalumsetzer, Signalverstärker und Stellglieder ermöglichen es zusammen mit Arbeitselementen, die Energieformen Druckluft, Hydrauliköl, elektrischer Strom in mechanische Energie umzuwandeln.

4.1.5.1 Pneumatische Bauelemente

Bauelemente, mit denen

- Beginn,
- Richtung,
- Druck,
- Menge und
- Ende

des Durchflusses von Druckluft bestimmt werden können, werden als Ventile bezeichnet. Nach ihrer Funktion unterscheidet man:

- Wegeventile,
- Sperrventile,
- Druckventile,
- Stromventile.

4.1.5.1.1 Wegeventile

Wegeventile steuern Beginn und Ende sowie die Richtung strömender Luft.

Wegeventile werden einseitig an Druckluft, dem »P«-Anschluß, angeschlossen und können durch Betätigung öffnen und schließen, so daß sich eine Verbindung zur anderen Ventilseite, dem »A«- oder »B«-Anschluß ergibt.

An der »P«-Anschlußseite der Wegeventile sind auch die Entlüftungsanschlüsse (Bezeichnung »R«, »S«).

An diesen Entlüftungsausgängen kann bei den meisten Wegeventilen ein Schalldämpfer eingeschraubt werden, der die Strömungsgeschwindigkeit und damit den Geräuschpegel der ins Freie strömenden Druckluft mindert.

Die Benennung der Wegeventile richtet sich nach der Anzahl der möglichen Strömungswege und der Anzahl der Schaltstellungen. Üblich sind

- 2/2-Wegeventile,
- 3/2-Wegeventile,
- 4/2-Wegeventile,
- 5/2-Wegeventile.

4/2 Ventile unterscheiden sich von 5/2 nur in der konstruktiven Ausführung durch die Zahl der Abluftanschlüsse R bzw. S. Die Funktion ist die gleiche.

Die **Betätigung** der Wegeventile, das Umschalten, kann auf verschiedene Weise vorgenommen werden. Betätigungsarten:

- Muskelkraft: Handhebel, Knopf, Fußpedal;
- mechanisch: Taster, Tastrolle, Federkraft;
- pneumatisch: durch Be- und Entlüften;
- elektrisch: durch Magnetkraft.

Ventilbetätigungen können kombiniert werden. Vielfach wird eine Ventilnullstellung mechanisch durch eine Feder erreicht. Dieser Schaltzustand dauert so lange an, wie das Ventil nicht durch eine andere Betätigungsart, z.B. Hebel, geschaltet wird.

Wegeventile gibt es in zwei Bauformen:

- Sitzventile,
- Schieberventile.

Durch sinnvolles Verbinden von Ventilen mit Leitungen entstehen Steuerungen.

Am A- bzw. am A- und B-Anschluß werden die Leitungen z.B. zu den Arbeitsgliedern der Steuerung angeschlossen.

Am R- und S-Anschluß werden meist Schalldämpfer eingeschraubt.

Benennung von Wegeventilen:

Die Zahl der Anschlüsse am Ventil ist die erste Kennzahl der Ventilbezeichnung.

Die Zahl der möglichen Schaltstellungen ist die zweite Kennziffer der Ventilbenennung.

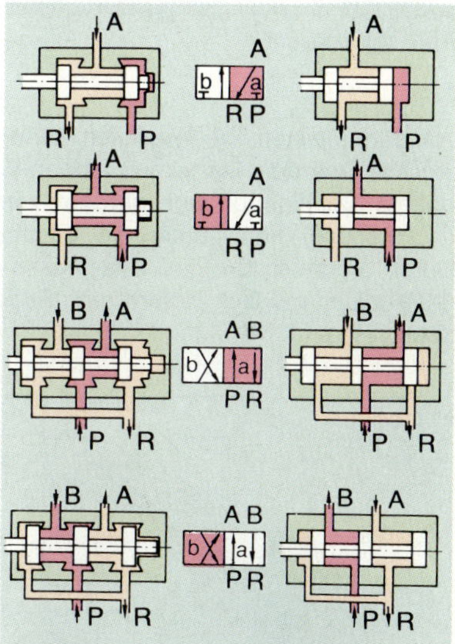

Sitzventile
einfache Bauweise
Funktionssicher
keine Leckluft, weil völlig geschlossen
relativ groß Betätigungskräfte
Verschleiß der Dichtungselemente
Zu- und Abluft überschneiden sich beim Umschalten

Schieberventile
geringe Betätigungskräfte
keine verschleißenden Dichtungen
keine Überschneidung von Zu- und Abluft beim Umschalten
ständige Leckluft nicht vermeidbar
große Fertigungsgenauigkeit notwendig

Abb. 4: Sitz- und Schieberventile

Benennung	2/2-Wegeventil	3/2-Wegeventil	5/2-Wegeventil

Strömungswege	von P nach A oder in beiden Richtungen gesperrt	von P nach A oder geänderte Schaltstellung von A nach R, wobei der Anschluß P dann gesperrt ist	von P nach A und von B nach S oder in geänderter Schaltstellung von P nach B und von A nach R
Symbolhafte Darstellung DIN-ISO1219	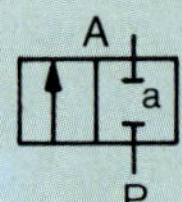	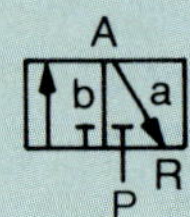	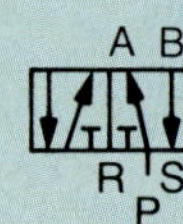
Anwendung	Stellglied zum Steuern von Blaspistolen »Zapfstellenventile«	Schaltglied zum Steuern einfachwirkenderZylinder oder Motore. Signalglied, Hauptventil zum Öffnen, oder Schließen der Luftversorgung einer Steuerung	Stellglied zum Steuern von doppel wirkenden Zylindern oder Motoren

Abb. 1: Wegeventile

An den meisten Wegeventilen kann die Betätigungsart gewechselt werden. Dazu muß an den Ventilgrundkörper die benötigte Betätigung angeschraubt werden. Die Ruhestellung (Nullstellung) kann auch die geöffnete Ventilstellung sein. Durch Vertauschen der Anschlüsse P und R ist dies bei 3/2-Ventilen möglich, sofern eine Feder als Betätigung vorgesehen ist.

Eine komplette Wegeventilbenennung gibt an:

- Zahl der Strömungswege,
- Zahl der Schaltstellungen,
- Betätigungsarten,
- Schaltzustand bei vorhandener Nullstellung.

Hebel mit Raste	Rolle	pneumatisch

Knopf (Taster)	Rolle mit Leerrücklauf	elektromagnetisch
		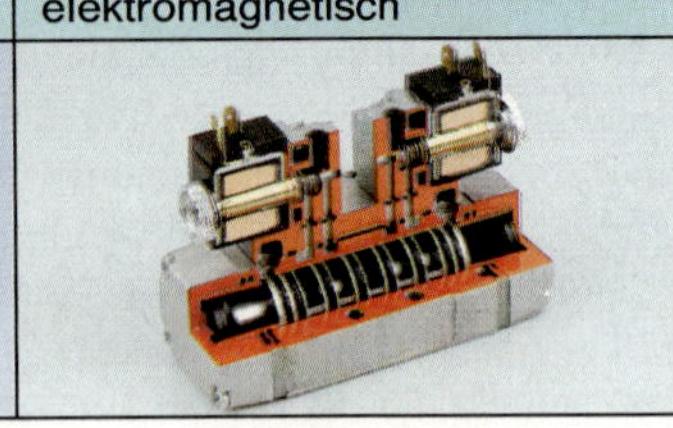

Abb. 2: Betätigungsarten von Wegeventilen

4.1.5.1.2 Sperrventile

Sperrventile beeinflussen die Durchflußrichtung in Druckleitungen. Sie sperren den Durchfluß in einer Richtung und geben ihn in entgegengesetzter Richtung frei. Sperrventile sind:

- Rückschlagventile,
- Wechselventile (Doppelrückschlagventile, Oderventile)
- Drosselrückschlagventile.

Rückschlagventile können in einer Richtung durchströmt werden, sperren in entgegengesetzter Richtung und zwingen den Luftstrom dadurch, einen anderen Weg zu gehen.

Wechselventile haben drei Anschlüsse. Sie können von zwei Seiten an Druckluft angeschlossen werden und haben einen Ausgang.

Drosselrückschlagventile ermöglichen das freie Durchströmen der Druckluft in einer Richtung und das gedrosselte Strömen in der anderen Richtung.

Abb. 3: Sperrventil

4.1.5.1.3 Druckventile

Druckventile ermöglichen die stufenlose Einstellung bzw. Regelung eines Luftdruckes, die Druckbegrenzung oder das Zuschalten der Luft bei einem bestimmten Druck. Man unterscheidet:

- Druckbegrenzungsventile,
- Druckregelventile.

Druckbegrenzungsventile begrenzen den Druck innerhalb eines Systems. Beim Überschreiten eines eingestellten Druckes, z.B. 10bar, öffnet das Ventil, und die Druckluft strömt ins Freie. Es wirkt somit als Sicherheitsventil (z.B. am Druckkessel einer Druckluftaufbereitungsanlage).

Druckregelventile halten den Druck in einem System innerhalb enger Grenzen konstant (z.B. 6 bar eingestellt am Druckregelventil einer Wartungseinheit).

Abb. 4: Druckventil

Unterschiedlich große Kolbenflächen eines Zylinders (Kreisfläche, Kreisringfläche) ergeben bei gleichem Druck unterschiedliche Kräfte.

4.1.5.1.4 Zylinder, Motoren

Zylinder bzw. Motoren sind die Arbeitsglieder pneumatischer Steuerungen. Man verwendet für geradlinige Bewegungen Zylinder und für rotierende Bewegungen Motoren.

Pneumatik-Zylinder gibt es in:

- einfachwirkender und
- doppeltwirkender Ausführung.

Hublängen gibt es von 1mm...7000mm, Zylinderdurchmesser von 6mm...320mm bei erreichbaren Kräften bis 50kN.

Einfachwirkende Zylinder arbeiten nur in einer Richtung unter Druck. Die Rückbewegung erfolgt durch eine eingebaute Feder.

Doppeltwirkende Zylinder arbeiten in beiden Richtungen durch Druckbeaufschlagung. Damit bezeichnet man das Zuführen von Druckluft auf eine Zylinderseite mit der Folge, daß sich der Zylinderkolben auf die entgegengesetzte Seite bewegt oder in diese Richtung eine Kraft ausübt. In solche Zylinder können Drosselventile eingebaut sein, um in den Endlagen mit verringerter Geschwindigkeit zu arbeiten. Man bezeichnet dies als Endlagendämpfung.

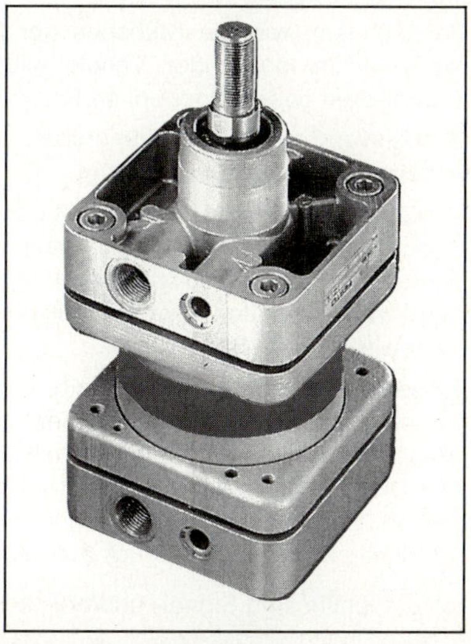

Abb. 5: Pneumatikzylinder

Motore werden als Kolben-, Zahnrad-, Flügelzellen-, Lamellen- oder Turbinenmotore (umgekehrte Rotationsverdichter) gebaut. Sie haben unterschiedliche Anwendungsbereiche.

Druckluftmotore lassen sich durch einfaches »Auf- und Zudrehen des Lufthahnes« regeln. Sie können in explosionsgefährdeten Bereichen oder bei besonders hohen Drehzahlen verwendet werden. Sie können, ohne Schaden zu nehmen, bis zum Stillstand abgebremst werden.

Werkzeuge mit pneumatischem Antrieb:

- Bohrmaschinen,
- Schleifmaschinen,
- Gewindeschneidmaschinen,
- Drehschrauber,
- Schlagschrauber,
- Bohrvorschub- und Gewindeschneideinheiten,
- Niet- und Meißelhämmer,
- Bohrhämmer.

Solche Werkzeuge haben etwa nur 1/2…1/5 des Gewichts eines vergleichbaren, elektrisch getriebenen Werkzeuges.

Abb. 1: Druckluftmotor

4.1.5.2 Bauelemente der Hydraulik

Aus hydraulischen Bauelementen werden hydraulische Steuerungen aufgebaut.

4.1.5.2.1 Wegeventile

Wegeventile haben Anschlüsse für die Druckölleitung (vom Tank), die Rückleitung (zum Tank), die Hin- und Rückleitung zu den Arbeitsgeräten und teilweise für eine Leckölleitung. Lecköl tritt im Inneren der Ventile (meist Schieberventile) an Drosselspalten und Dichtungen auf. Das an solchen Stellen austretende Öl wird innerhalb des Ventils der Tankleitung oder der getrennten Leckölleitung zugeführt.

Neben der Hand- und magnetischen Betätigungsart gibt es die hydraulische Ventilbetätigung. Sie wird häufig in Verbindung mit Vorsteuerventilen bei größeren Ventilen angewendet. Außer den 4/2-Wegeventilen werden häufig 4/3-Wegeventile mit 3 und mehr Schaltstellungen verwendet.

Je nachdem, wie die Kölbchen der Schieberventile die Anschlüsse im Innern der Ventile während des Umschaltens überdecken oder freigeben, spricht man von

- positiver Schaltüberdeckung oder
- negativer Schaltüberdeckung.

Positive Schaltüberdeckung ergibt kurzzeitiges Schließen aller Anschlüsse beim Umschalten. Dadurch ist das hydraulische System kurzzeitig völlig unbeweglich. Der Druck bleibt erhalten, beim Weiterschalten können Druckspitzen zu Schaltschlägen führen (ruckhafte Bewegung).

Negative Schaltüberdeckung ergibt eine kurzzeitige Verbindung aller Anschlüsse innerhalb des Ventils während des Umschaltens. Dadurch kommt das System kurzzeitig außer Kontrolle. Der Druck bricht zusammen, Lasten können sich in Bewegung setzen. Schaltschläge treten jedoch nicht auf, weil sich auch kurzzeitig kein höherer Druck aufbaut.

Wegeventile sind Signal- und/oder Stellglieder hydraulischer Steuerungen.

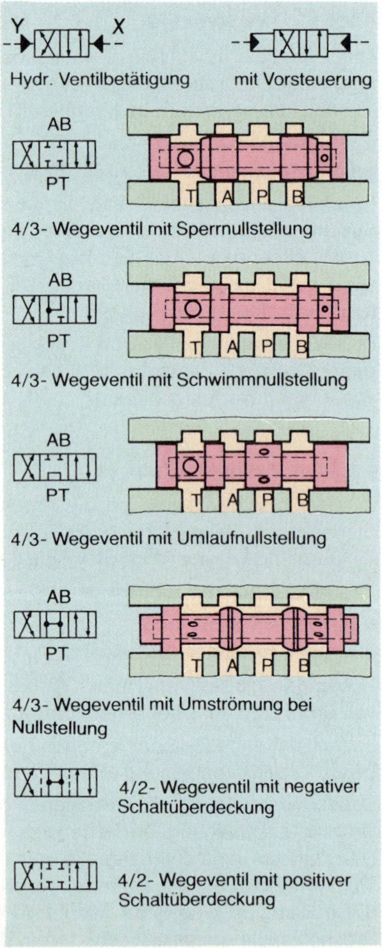

Abb. 2: Symbole und Funktion von Hydraulikwegeventilen

4.1.5.2.2 Druckventile

Druckventile sind vorwiegend dazu bestimmt, durch Veränderung eines Querschnitts den Druck zu drosseln oder bei einem bestimmten Druck ein Signal zu geben, zu schalten.

Man unterscheidet:

- Druckbegrenzungsventile,
- Druckminderventile,
- Druckschaltventile.

Auch Druckventile können hydraulisch gesteuert werden, so daß ihre Wirkung aufgehoben wird.

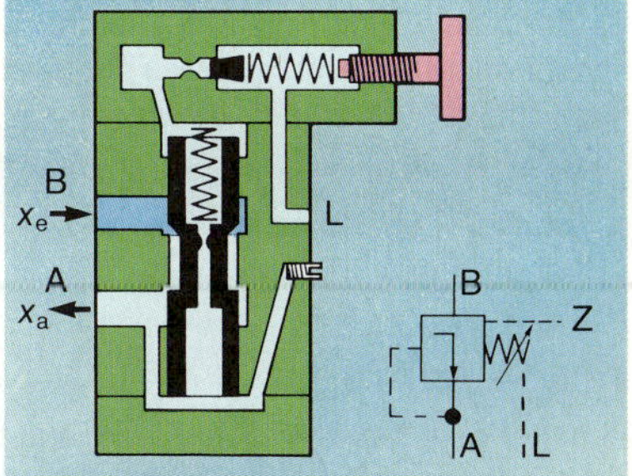

Druckminderventil
Das Ventil ist im Ruhestand offen. Der zu regelnde Druck herrscht im Ablauf und wirkt auf die Kolbenunterseite, über die Drossel auf die Kolbenoberseite und das Vorsteuerventil. Erreicht der Ausgangsdruck den am Vorsteuerventil eingestellten Wert, so öffnet dieses. Bei weiterem Ansteigen des Ausgangsdruckes bewegt sich der Kolben nach oben. Dadurch wird die Verbindung von B nach A unterbrochen, d. h. der Zulauf gedrosselt und so der Ausgangsdruck konstant gehalten.

4.1.5.2.3 Stromventile

Stromventile beeinflussen die Menge des durchfließenden Öles. Sie werden zur Geschwindigkeitssteuerung von Arbeitsgliedern verwendet. Man unterscheidet:

- Drosselventile,
- Stromregelventile.

Bei Drosselventilen ist der Durchfluß abhängig von der Differenz der Drücke vor und nach dem Drosselquerschnitt. Schwankt der Druck auf der Zu- oder Ablaufseite, dann verändert sich die Durchflußmenge.

Drosselventile bilden mehr oder weniger lange Engstellen. Lange Drosselstrecken sind viskositäts- und temperaturabhängig. Sehr kurze Drosselstellen werden Blenden genannt. Die Durchflußmenge bei Blenden ändert sich bei Viskositäts- oder Temperaturschwankungen nicht.

Stromregelventile sind die Kombination eines Drosselventils mit einem Druckregelventil. Sie sind häufig mit einem Rückschlagventil zusammengebaut. Stromregelventile gibt es in 2- und 3-Wege-Ausführung. Beide liefern am Ausgang eine konstante Durchflußmenge, unabhängig davon, ob sich der Druck in der Leitung vor oder nach dem Ventil ändert. 3-Wege-Stromregelventile teilen den Zulaufstrom in einen konstanten Strom und einen variablen Reststrom, der direkt zum Tank zurückgeleitet wird.

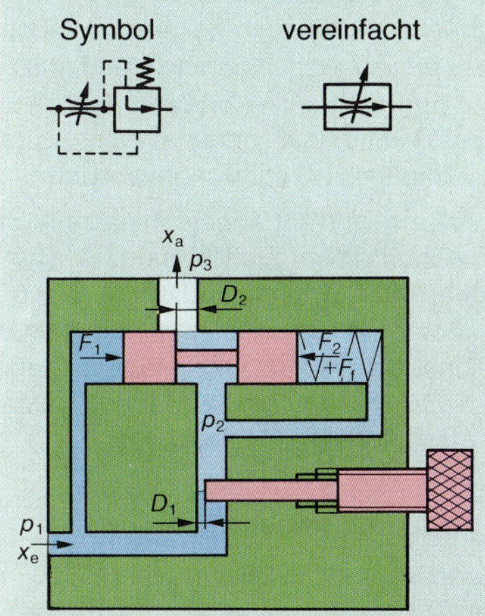

Im Stromventilen erzeugt der Eingangsdruck p_1 die Kraft F_1 und drückt die Druckwaage (Differenzdruckkolben) so weit nach rechts, bis die von Druck p_2 erzeugte Kraft F_2 zusammen mit der Federkraft F_f gleich groß ist. Dabei stellt sich ein Drosselspalt D2 ein. Es gilt:
$F_1 = F_2 + F_f$ und $F_1 - F_2 = F_f$. Da F_f konstant ist, stellt sich immer ein konstanter Differenzdruck $p_1 - p_2$ ein. Steigt p_3 im Ablauf, so steigt momentan auch p_2 und F_2 wird größer; $p_1 - p_2$ ist dadurch kleiner, und die Durchflußmenge wäre auch kleiner, wenn nicht die Druckwaage durch das größere F_2 nach links gedrückt würde. Hierdurch ergibt sich ein größerer Drosselspalt D2 und somit wieder ein kleineres p_2. Steigt der Druck p_1, wird momentan die Druckdifferenz $p_1 - p_2$ größer, und die Durchflußmenge würde geringer, wenn nicht die Druckwaage durch das größer gewordene F_1 nach rechts gedrückt würde. Hierdurch stellt sich wieder ein kleinerer Drosselspalt D2 und damit ein größeres p_2 ein.

Abb. 4: Zweiwegestromregelventil

4.1.5.2.4 Zylinder, Motoren

Zylinder bzw. Motoren sind die Arbeitsglieder hydraulischer Steuerungen. Man verwendet für geradlinige Bewegungen Zylinder und für rotierende Bewegungen Motoren.

Hydraulikzylinder gibt es in:

- einfachwirkender und
- doppeltwirkender Ausführung

mit Durchmessern von 25...300mm und Hublängen von 5...2000mm bei erreichbaren Kräften bis 500kN.

Hydraulikmotore wandeln hydraulische Energie in mechanische Drehenergie um. Sie haben den gleichen Aufbau wie Hydraulikpumpen. Motoren werden nach der Schluckmenge (l/Umdrehung) und dem Drehmoment (Nm) unterteilt. Es gibt sie als Konstantmotoren und als Verstellmotoren. Bei diesen kann die Schluckmenge pro Umdrehung verändert werden. Dadurch ändern sich bei konstantem Ölförderstrom die Drehzahl des Motors und das Drehmoment.

4.1.5.3 Bauelemente der Elektrotechnik

Bauelemente, mit deren Hilfe elektrische Stromkreise geschlossen, geöffnet oder mit anderen verbunden werden können, sind nach VDE 0660/4.62 Schaltgeräte.

Nach ihren Haupteigenschaften werden sie in

- Schalter (Anlasser und Steller),
- Steckvorrichtungen,
- Sicherungen unterteilt.

4.1.5.3.1 Schalter

Schalter sind hand-, mechanisch, elektromagnetisch, pneumatisch oder motorisch betätigte Schaltgeräte. Die wichtigsten magnetisch betätigten Schalter innerhalb von Steuerungen und Regelungen sind Schütze und Relais.

Schütze schalten größere Ströme. Man verwendet sie, um ein- oder mehrphasige Netzspannungen zu schalten. Relais schalten schneller als Schütze. Sie schalten einphasige Netz- oder Steuerspannungen. Beide Schalterarten haben einen oder mehrere Schaltkontakte und können in Ruhestellung geöffnet oder geschlossen sein.

Handbetätigte Schalter werden meist als Signalglieder, elektromagnetisch betätigte Schalter als Stellglieder verwendet.

Grundprinzip aller elektrischen Schaltgeräte ist das Öffnen bzw. Schließen elektrisch leitender, mechanischer Kontakte. Die dazu erforderliche Mechanik und auch die Schaltkontakte selbst sind dem Verschleiß unterworfen. Deshalb und um die Bauelemente kleiner und schneller zu gestalten, sind kontaktloswirkende Schaltgeräte entwickelt worden.

Durch ein- und angebaute Zusatzeinrichtungen können Schalter Schutzaufgaben übernehmen. Solche Zusatzeinrichtungen bestehen aus Bimetallstreifen, die sich bei zu großen Strömen erwärmen, verbiegen, den Schalter ausschalten und so den Stromkreis trennen. Man bezeichnet solche Zusatzeinrichtungen als thermische Überstromauslösung und verwendet sie hauptsächlich als Motorschutz.

4.1.5.3.2 Steckvorrichtungen

Sie müssen der VDE-Vorschrift 0620 entsprechen. Zum Verbinden von Netzspannungen sind Schukostecker und CEE-Stecker bei einphasig 220 Volt und CEE[1]-Stecker für 3 × 380 Volt zugelassen. Im europäischen Raum werden unterschiedliche Steckverbindungen verwendet.

4.1.5.3.3 Sicherungen

Sicherungen dienen zum Schutz von Leitungen und Geräten durch selbsttätiges Öffnen von Stromkreisen bei Überlastung. Sie dienen nicht als Schutz vor Verletzungen beim Berühren spannungsführender Teile.

Nach Art der Sicherungsführung unterscheidet man

- Schmelzsicherungen und
- Leitungsschutzschalter.

[1] CEE = International Commission on Rules for the Approval of Electrical Equipment

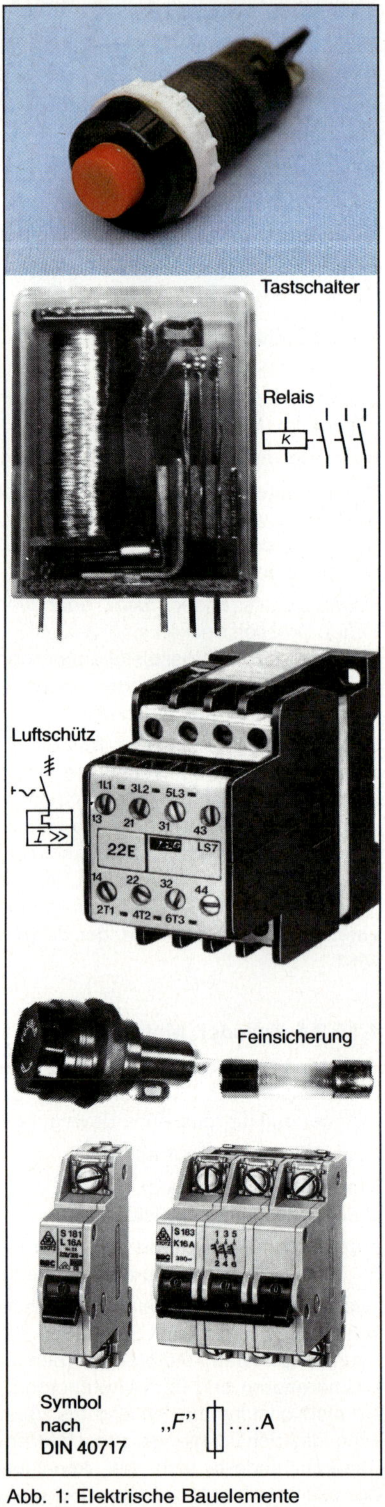

Abb. 1: Elektrische Bauelemente

4.1.6 Steuerungen, Grundschaltungen

Mit pneumatischen, hydraulischen, elektrischen oder mechanischen Bauelementen lassen sich Steuerungen und Regelungen aufbauen. Ungeachtet der unterschiedlichen Gesamtaufgabe von Systemen enthalten viele Systeme gleiche, meist einfache Einzelaufgaben, deren gerätemäßige Lösung allgemein verwendbar ist. Man bezeichnet solche Systemlösungen als Grundschaltungen.

Grundschaltungen bestehen aus Signal- und Stellgliedern mit zugehörigen Arbeitsgliedern. Signal- und Stellglieder können dabei gerätemäßig eine Einheit bilden. Zwischen Signal- und Stellgliedern werden die Bauelemente geschaltet, die zur Ausführung der benötigten Steuerungsaufgaben notwendig oder aufgrund des Energieträgers erforderlich sind. Z.B.:

- Bauglieder zur Signalverknüpfung,
- Bauglieder zur Signalumformung und Signalverstärkung,
- Bauglieder zur zeitlichen Beeinflussung von Signalen.

Darüber hinaus werden meist Bauglieder (Stromventile) zur Beeinflussung der Bewegungsgeschwindigkeit der Arbeitsglieder eingebaut.

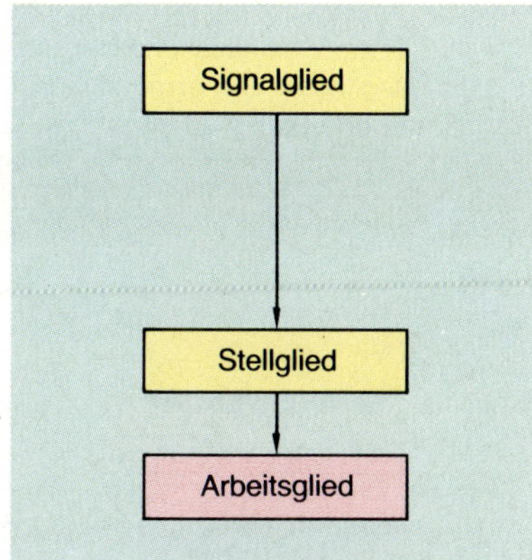

Abb. 2: Bauglieder einer Grundschaltung

4.1.6.1 Pneumatische Grundschaltungen

Um pneumatische Arbeitselemente betreiben zu können gilt:

- Einfachwirkende Zylinder benötigen als Stellglied ein 3/2-Wegeventil,
- doppeltwirkende Zylinder benötigen als Stellglied ein 4/2- bzw. 5/2-Wegeventil,
- Motore ohne Drehrichtungsumkehr benötigen als Stellglied ein 2/2-Wegeventil,
- Motore mit Drehrichtungsumkehr benötigen als Stellglied ein 4/2- bzw. 5/2-Wegeventil.

Die Funktion der in Abb. 3 dargestellten Grundschaltungen ist folgende:

Der einfachwirkende Zylinder ist mit einer Leitung, der doppeltwirkende Zylinder mit zwei Leitungen am jeweils zugehörigen Stellglied angeschlossen.

In der Schaltstellung »a« des 3/2-Wegeventiles ist der Druckanschluß »P« gesperrt und deshalb der einfachwirkende Zylinder eingefahren und über die Abluftbohrung »R« entlüftet.

Wird das 3/2-Ventil in die Schaltstellung »b« umgeschaltet, strömt die Druckluft durch das Ventil zum Ausgang »A«, durch die Leitung zum Zylinder, worauf dieser entgegen der Kraft der Feder und von außen angreifenden Kräften ausfährt.

Das 4/2-Wegeventil ist in der gezeichneten Schaltstellung »a« so mit dem Zylinder verbunden, daß sich die eingefahrene Zylinderstellung ergibt. Wird das Ventil in die Schaltstellung »b« geschaltet, strömt die Druckluft durch das Ventil zum Ausgang »B« und durch die Leitung zum Zylinder, worauf dieser entgegen von außen angreifenden Kräften ausfährt. Die sich im Zylinder befindliche Luft wird dabei durch eine Leitung zum Ventilausgang »A« durch das Ventil hindurch zur Abluftbohrung »R« entlüftet.

Abb. 3: Pneumatische Grundschaltung von Zylindern mit gemeinsamem Signal- und Stellglied

Die Grundschaltungen der Abb. 3, S. 203 beinhalten noch keine Bauglieder zur Beeinflussung der Bewegungsgeschwindigkeit der Arbeitsglieder. Sie ermöglichen wegen der Kombination von Signal- und Stellglied zu einem Bauglied keine Signalverknüpfung. Deshalb müssen die Grundschaltungen meistens erweitert werden. Dies geschieht durch den Einbau von Drosselrückschlagventilen, pneumatisch betätigten Stellgliedern und getrennten Signalgliedern.

Drosselrückschlagventile müssen so eingebaut werden, daß die zum Arbeitsglied strömende Luft nicht gedrosselt wird.

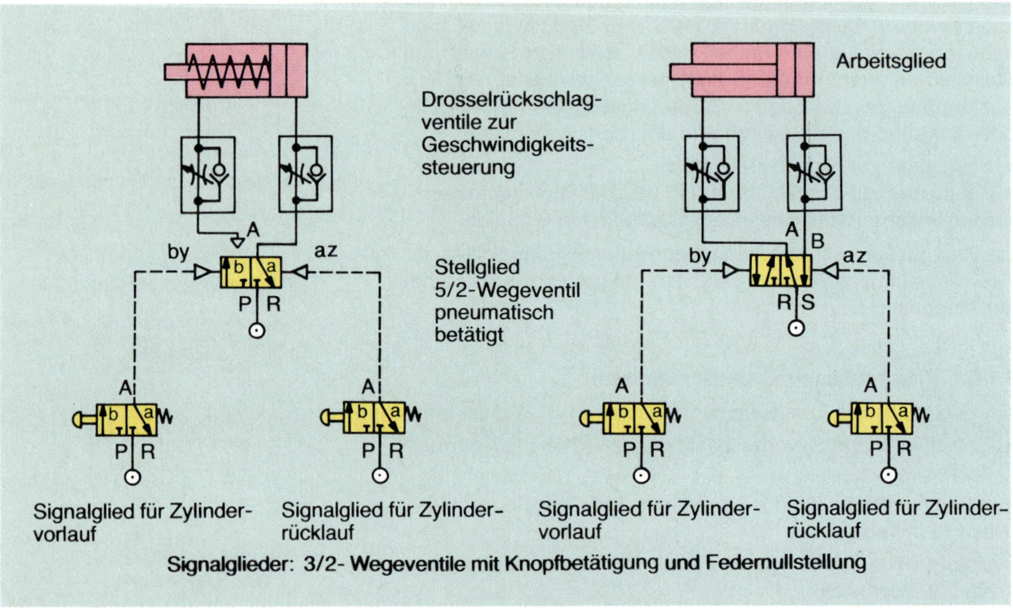

Abb. 1: Erweiterte pneumatische Grundschaltungen

Durch die Verwendung pneumatisch betätigter Stellglieder ist es möglich, die Steuersignale »az« bzw. »by« nicht nur durch jeweils ein Ventil zu erzeugen. Sie lassen sich auch durch logische Verknüpfung mit Signalen anderer Ventile oder wahlweise von mehreren Ventilen bilden. Immer wieder benötigte Schaltungsaufgaben sind die **Und-**Schaltung und die **Oder-**Schaltung. Diese Schaltungsaufgaben können durch Und- bzw. Oder-Ventile realisiert werden. Bei der Und-Schaltung (Und-Ventil wird auch Zweidruckventil genannt) tritt beim Ausgang A des Und-Ventiles nur dann und so lange Luft aus, wie beide Signalglieder betätigt sind. Eine Und-Verknüpfung wird z.B. benötigt, wenn eine Presse sich nur bewegen darf, wenn ein Werkstück eingelegt **und** ein Schutzgitter geschlossen ist.

Bei der Oder-Schaltung (Oder-Ventil wird auch Wechselventil genannt) tritt beim Ausgang »A« des Oder-Ventiles dann und so lange Luft aus, wie eines der beiden Signalglieder betätigt ist.

Eine Oder-Verknüpfung wird z.B. dann benötigt, wenn ein Pneumatikzylinder von mehreren Stellen aus gestartet werden soll. Durch Kombination mehrerer Und- bzw. Oder-Ventile lassen sich Mehrfach-Und- bzw. Mehrfach-Oder-Schaltungen aufbauen.

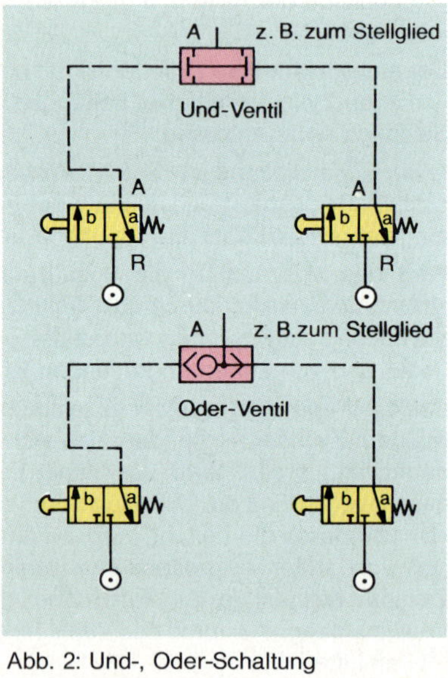

Abb. 2: Und-, Oder-Schaltung

In Steuerungen müssen Signale häufig umgeformt werden. Z.B. muß aus einem Dauersignal ein Kurzzeitsignal oder aus einem Kurzzeitsignal ein Dauersignal erzeugt werden.

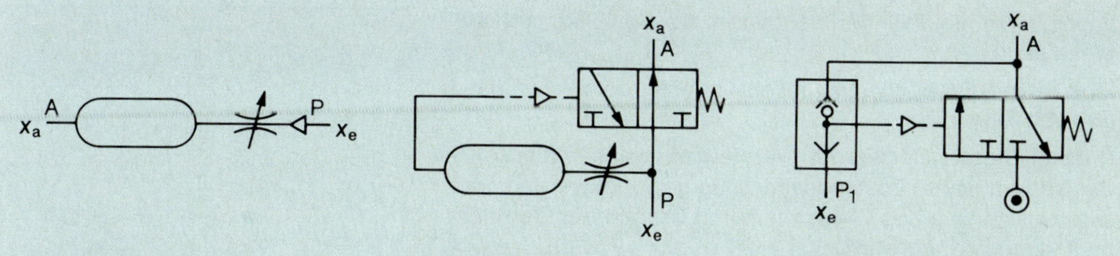

Zeitglied

Zeitglied
Es dient zum verzögerten Schalten oder, in Richtung A nach P, zum verzögerten Entlüften eines Ventils.
Bei A steht erst nach einer über die Drossel und die Volumengröße bestimmbaren Zeit der Druck *p* an.

Impulswandler

Impulswandler
Das Dauersignal P steht bei A kurzzeitig zur Verfügung. Die Druckluft *p* schaltet das in Nullstellung auf Durchgang stehende Ventil selbsttätig um.

Speicherschaltung

Speicherschaltung
Im Ausgang A steht ständig Druck an, sobald bei P_1 ein Drucksignal gegeben wurde. Das Ventil hält sich selbst in der geöffneten Schalterstellung.

Abb. 3: Pneumatische Signalumformung

Sollen pneumatische Ablaufsteuerungen gebaut werden, muß z.B. die Endlage von Zylindern abgefragt werden, um den jeweils nächsten Steuerungsschritt auszulösen. Das Abfragen kann durch Sensoren erfolgen, die direkt am Zylinder angebaut sind, oder aber dadurch, daß die Zylinder zusätzlich zu ihrer Bewegungsaufgabe ein Signalglied (meist 3/2-Wegeventil mit Rolle) betätigen.

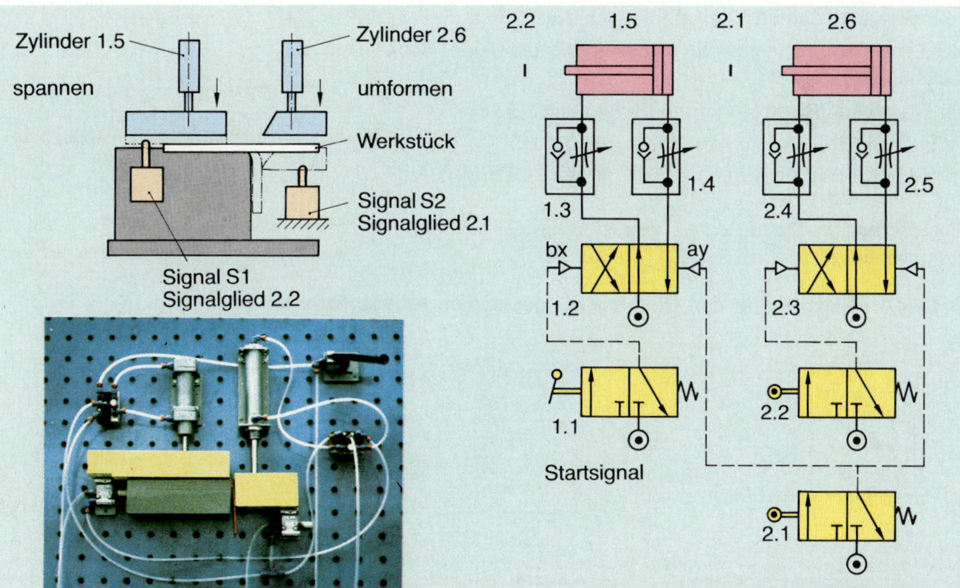

Abb. 4: Pneumatische Ablaufsteuerung

4.1.6.2 Hydraulische Grundschaltungen

Um hydraulische Arbeitselemente betreiben zu können, gilt:

- einfachwirkende Zylinder benötigen als Stellglied ein 3/2-Wegeventil,
- doppelwirkende Zylinder benötigen als Stellglied ein 4/2-Wegeventil,
- Motore mit Drehrichtungsumkehr benötigen als Stellglied ein 4/2-Wegeventil.
- Dreistellungsventile werden verwendet, wenn Arbeitsglieder während einer Zustandsänderung gestoppt werden oder eine Nullstellung des Wegeventils mit besonderer Betriebsbedingung verlangt wird,
- Arbeitsglieder müssen hydraulisch eingespannt werden, wenn auf sie voreilende Kräfte wirken.

Voreilende Kräfte greifen außen an den Arbeitsgliedern an und versuchen, diese zu beschleunigen. Beispiel: Gewicht eines Fahrzeuges beim Absenken einer Hebebühne.

Hydraulisches Einspannen bedeutet, dem zum Tank zurückfließenden Hydrauliköl einen so großen Strömungswiderstand entgegenzusetzen, daß die äußeren, voreilenden Kräfte diesen nicht überwinden können. Dies ist möglich durch (Abb. 1):

- den Einbau eines Druckbegrenzungsventils mit parallelem Rückschlagventil in der Rücklaufleitung,
- ein Stromregelventil in der Rücklaufleitung.

Die meisten Pumpen fördern auch Öl, wenn die Arbeitsglieder gestoppt werden oder sich in Endlagen befinden. Deshalb sind Maßnahmen für den weiteren Ölumlauf zu treffen, um eine Zerstörung der Pumpe zu verhindern. Das bedeutet, das geförderte Hydrauliköl muß einen anderen Weg als zu den Arbeitsgliedern nehmen. Dies ist möglich durch

- ein Druckbegrenzungsventil zwischen Förder- und Rücklaufleitung (Tab. 4.01a),
- ein Dreistellungswegeventil mit Umlaufnullstellung (Tab. 4.01b),
- elektrisches Abschalten eines Wegeventils zwischen Vorlauf und Tankleitung (Tab. 4.01c),
- elektrisches Abschalten eines vorgesteuerten Druckbegrenzungsventils.

Stellglieder hydraulischer Steuerungen sind meist 3-Stellungsventile mit elektromagnetischer Betätigung und Federnullstellung.

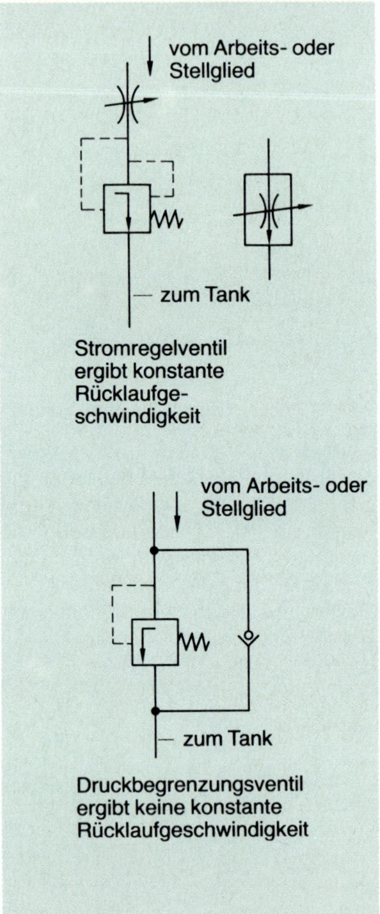

Abb. 1: Hydraulisches Einspannen

Tabelle 4.01: Beispiele für den Ölumlauf bei gestoppten Arbeitsgliedern

a)

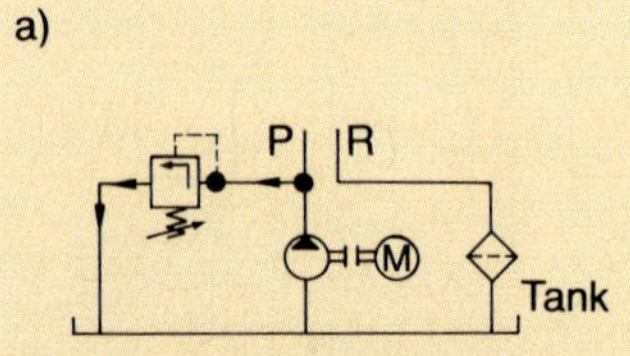

Während der Phasen ohne Ölverbrauch fördert die Pumpe gegen das auf maximalen Betriebsdruck eingestellte Druckbegrenzungsventil. Nachteilig wirkt sich dabei die Umwandlung von Druckenergien in Verlustwärme aus.

b)

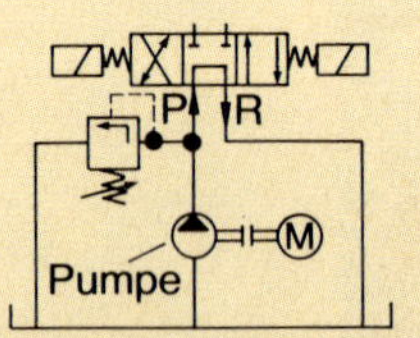

Das Wegeventil muß bei Ölverbrauch null stromlos sein. Keine Energieverluste, weil drucklose Umlaufnullstellung. Umschaltzeit von Vor- auf Rücklauf ist wegen der dritten Schaltstellung (längere Schaltwege) größer.

c)

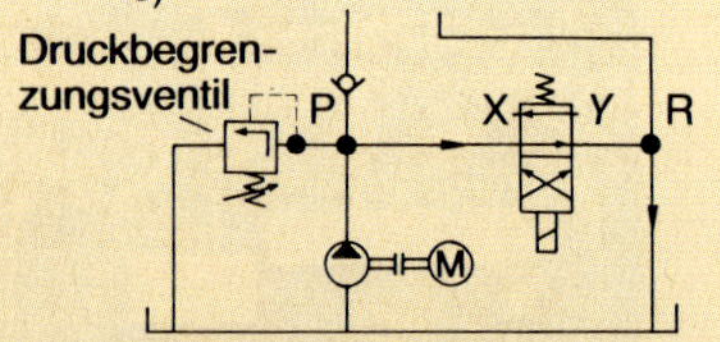

Das zusätzliche Wegeventil muß bei Ölverbrauch null stromlos sein. Keine Energieverluste weil druckloser Umlauf möglich. Meist Rückschlagventil in der Förderleitung.

Zur Geschwindigkeitssteuerung von Arbeitsgliedern sind

- Stromventile,
- Nullhubpumpen,
- drehzahl- oder hubvolumengeregelte Pumpen

zu verwenden.

Geschwindigkeitsregulierung heißt, die Ölfördermenge pro Zeit zu regulieren und konstant zu halten. Konstante Volumenströme werden benötigt bei:

- Werkzeugschlitten, die trotz unterschiedlicher Motorbelastung mit konstanter Vorschubgeschwindigkeit arbeiten sollen,
- genauer Begrenzung einer Senkgeschwindigkeit,
- Synchronisation der Bewegungen von Arbeitsgliedern.

Für die Schaltung von Stromventilen gibt es drei Möglichkeiten:

- Primärsteuerung (Zulaufsteuerung),
- Sekundärsteuerung (Abflußsteuerung),
- Bypass-Steuerung (Nebenschlußschaltung).

Daneben gibt es die Möglichkeit, das Stromregelventil vor oder nach dem zur Umsteuerung des Arbeitsgliedes notwendigen Stellglied einzubauen.

Primärsteuerung wird angewendet

- bei besonders kleinen Vorschubgeschwindigkeiten,
- bei gleichbleibenden Arbeitswiderständen,
- wenn ein Pumpenvolumenstrom auf mehrere Teilkreisläufe aufgeteilt werden soll.

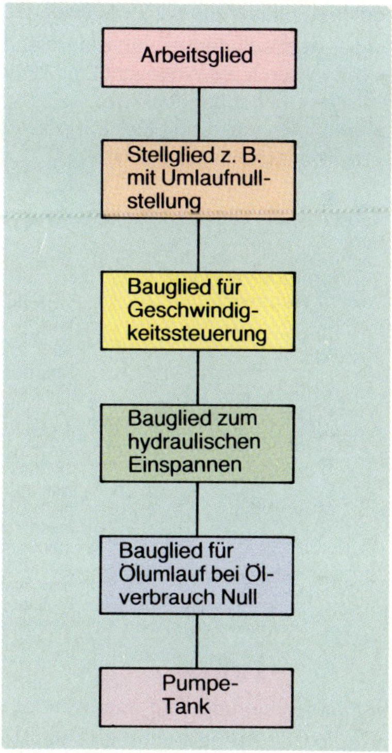

Abb. 2: Prinzipaufbau einer hydraulischen Steuerung

Tabelle 4.02: Geschwindigkeitssteuerung, Primärsteuerung, durch Stromventil

Stromventil vor dem Wegeventil

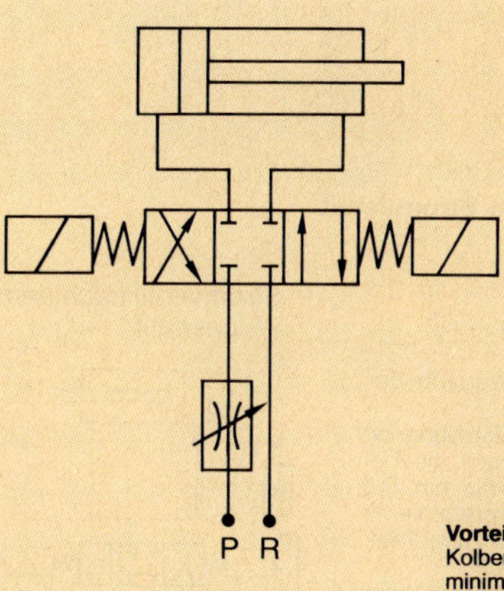

Unterschiedliche Vor- und Rücklaufgeschwindigkeiten. Negative Kräfte erfordern eine hydraulische Einspannung. Keine drucklose Schwimm- oder Umlaufnullstellung möglich.

Vorteile: Am Arbeitsglied wirkt nur auf einer Kolbenseite der benötigte Druck. Dadurch minimale Reibung der Dichtelemente.
Nachteile: Das Druckbegrenzungsventil muß auf den max. notwendigen Arbeitsdruck eingestellt werden. Dadurch muß die Pumpe auch bei kleinem Arbeitswiderstand gegen den max. Druck fördern. Der Pumpenvolumenstrom muß größer als der Nutzstrom sein. Die Drosselwärme wird im Vorlauf zum Arbeitsglied geführt.

Stromventil nach dem Wegeventil

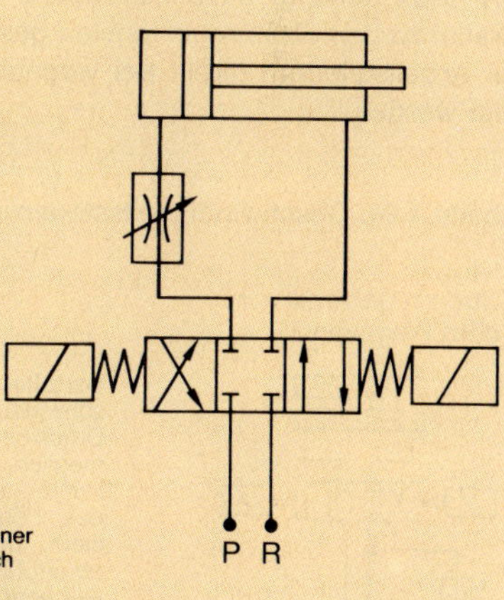

Nur Vorlauf primär gesteuert. Nahezu gleiche Geschwindigkeit für Vor- und Rücklauf. Bei notwendigen, unterschiedlichen Geschwindigkeiten für Vor- und Rücklauf sind zwei Stromventile mit je einem parallelen Rückschlagventil notwendig.

Sekundärsteuerung wird angewendet

- bei wechselnden Arbeitswiderständen,
- wenn durch ein Wegeventil mit Umlaufnullstellung ein druckloser Umlauf benötigt wird,
- wenn für Vor- und Rücklauf von Zylindern die gleiche Geschwindigkeit verlangt wird.

Stromventile in P- oder R-Leitung ermöglichen keine Schwimmnull- bzw. Umlaufnullstellung.

Tabelle 4.03: Geschwindigkeitssteuerung, Sekundärsteuerung durch Stromventil

Stromregelventil vor dem Wegeventil

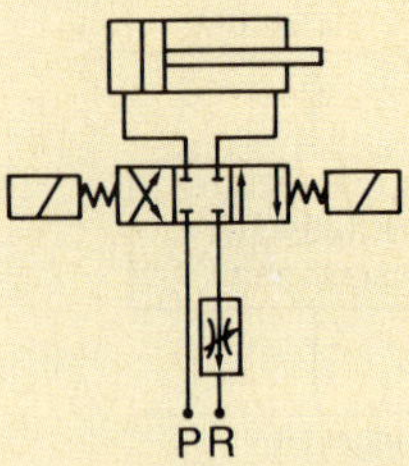

Gleiche Geschwindigkeit für Vor- und Rücklauf.
Keine drucklose Schwimmnull- bzw. Umlaufnullstellung möglich.

Vorteile: Das Arbeitsglied ist hydraulisch eingespannt. Die Drosselwärme wird sofort dem Tank zurückgeführt.

Nachteile: Auch ohne Arbeitswiderstand herrscht ständig maximaler Druck an der Pumpe. Große Kräfte wirken an beiden Seiten der Kolben von Arbeitsgliedern. Dadurch entstehen große Reibungskräfte. Bei kleinen Vorlaufgeschwindigkeiten ist dies ungünstig, weil das Ölvolumen auf der Sekundärseite (Kolbenstangenseite) kleiner ist und sich kleine Ölvolumina schlecht konstant halten lassen. Die der Arbeitsverrichtung zur Verfügung stehende Kraft ist kleiner als bei Primärsteuerung, weil der Gegendruck des Ablaufstromes überwunden werden muß. Das Druckbegrenzungsventil muß auf max. Arbeitsdruck plus Gegendruck eingestellt werden.

Stromregelventil nach dem Wegeventil

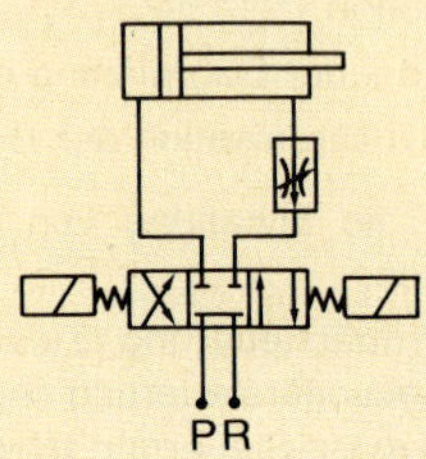

Nur der Vorlauf ist sekundär gesteuert, der Rücklauf primär.

Bypass-Steuerung wird angewendet, wenn:

- durch ein Wegeventil mit Umlaufnullstellung ein druckloser Umlauf benötigt wird,
- durch ein Wegeventil mit Schwimmnullstellung eine drucklose Verschiebbarkeit eines Arbeitsgliedes benötigt wird.

Eine Sekundärsteuerung ergibt gleichzeitig ein hydraulisches Einspannen.

Neben der einfachen Geschwindigkeitssteuerung wird die Möglichkeit des Umschaltens auf verschiedene Geschwindigkeiten, so z.B. von Eilgang auf Arbeitsvorschub, besonders oft gefordert. Man benötigt dazu zusätzliche Wegeventile, die meist parallel zu den Stromregelventilen geschaltet werden und von den Arbeitsgliedern direkt bei wegabhängiger Steuerung betätigt werden.

Tabelle 4.04: Geschwindigkeitssteuerung, Bypass-Steuerung mit Stromventil

Stromregelventil vor dem Wegeventil

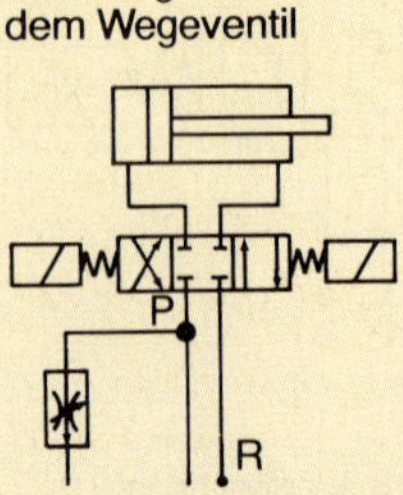

Vor- und Rücklaufgeschwindigkeit ist geregelt.

Vorteile: Es sind sehr niedrige Bewegungsgeschwindigkeiten erreichbar.
Drucklose Schwimm- oder Umlaufnullstellung ist möglich. Die Drosselwärme ist geringer als bei Primär- und Sekundärsteuerung, weil nur ein Teil des Förderstromes durch das Stromregelventil fließt. Die Drosselwärme wird direkt zum Tank abgeführt.
Der benötigte Arbeitsdruck wirkt nur auf einer Seite des Kolbens. Dadurch hat man eine minimale Reibung der Dichtelemente.

Nachteile: Der Regelbereich ist klein, weil ein Teil des Förderstromes immer über das Stromregelventil abfließt. Zusätzliche Leitungen sind notwendig.

Stromventil nach dem Wegeventil

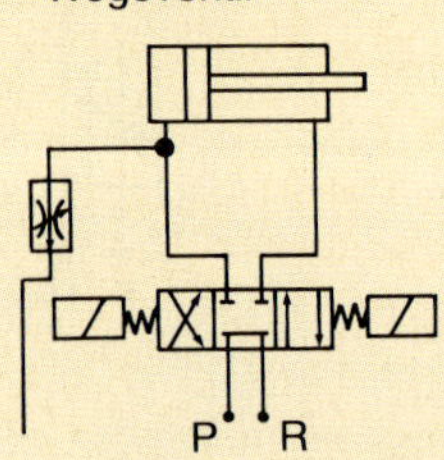

Nur die Vorlaufgeschwindigist geregelt.

4.1.6.3 Elektrische Grundschaltungen

Unter elektrischen Grundschaltungen sollen nur solche Steuerungsmaßnahmen elektrischer Bauteile verstanden werden, wie sie zum Betrieb elektropneumatischer bzw. elektrohydraulischer Steuerungen (Grundschaltungen) notwendig sind. Signalglieder, Relais, Schütze, Magnetspulen und Signallampen müssen in Stromkreisen aufgabengemäß geschaltet werden.

Häufig werden Signalglieder nur kurzzeitig betätigt. So z.B. beim Starten einer Vorschubbewegung, wenn dazu nur ein Tastschalter betätigt wird. Die Umwandlung solcher Kurzzeitsignale, auch Impulse genannt, in Langzeitsignale soll anhand einer Schützsteuerung erklärt werden. Man bezeichnet eine solche Schaltung als Selbsthaltung. Zur Darstellung werden Schaltzeichen nach DIN 40713 verwendet. Die Funktion ist folgende: Sobald über das Signalglied die Magnetspule vom Strom durchflossen wird, schließen sich die Schaltkontakte. Dadurch wird die Magnetspule nicht nur über das Signalglied, sondern auch über den parallelgeschalteten Schaltkontakt vom Strom durchflossen. Öffnet das Signalglied, fließt der Strom über den Schaltkontakt zur Magnetspule. Dadurch bleibt der Elektromagnet angezogen und alle Schaltkontakte geschlossen. Damit die Schaltkontakte wieder geöffnet werden, muß der Strom abgeschaltet oder in den Haltekreis ein Öffner geschaltet werden, bei dessen Betätigung die Magnetspule dann stromlos wird.

Wie in der Pneumatik können Signal- und Stellglieder gerätemäßig kombiniert, zusammengebaut sein. Ein elektromechanischer Schalter mit Raste entspricht einer solchen Gerätekombination. Werden Signalglied und Stellglied getrennt, benötigt man z.B. Tastschalter als Signalglieder und Relais oder Schütze als Stellglieder. Abb. 2 zeigt beide Möglichkeiten für den Betrieb einer Signallampe. Parallel oder an Stelle dieser Lampe könnte auch eine Ventilmagnetspule geschaltet werden.

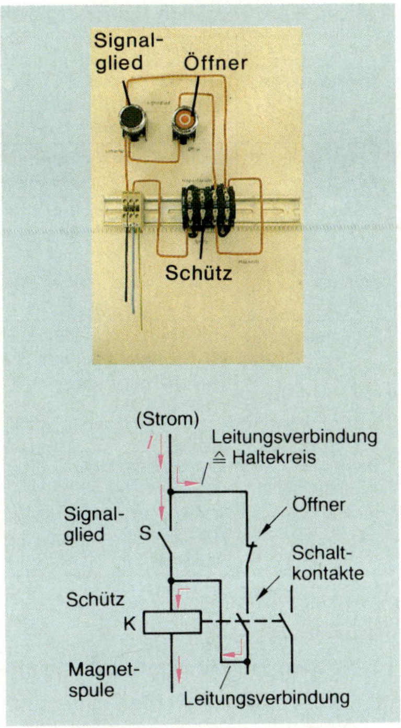

Abb. 1: Elektrische Speicherschaltung, selbsthaltend

Magnetspulen von Ventilen werden in Stromlaufplänen mit Y bezeichnet.

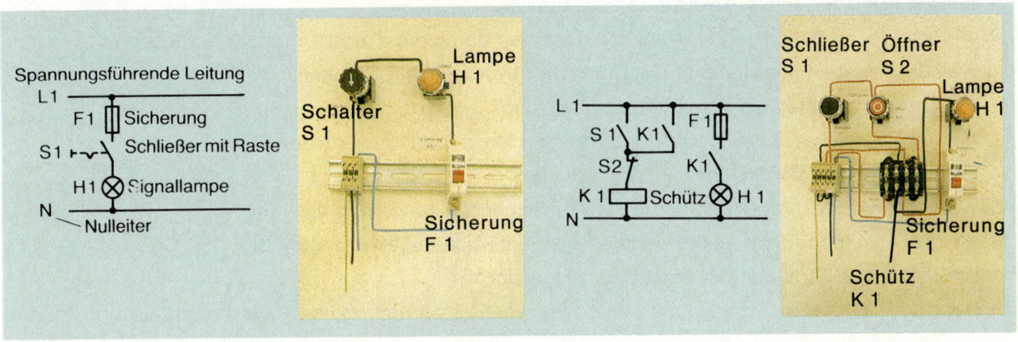

Abb. 2: Signallampenschaltung

An Stelle von Tastschaltern werden bei Ablaufsteuerungen Endschalter mit Rollenbetätigung (auch Rolle mit Leerrücklauf) verwendet. Alle mechanischen Endschalter lassen sich durch kontaktlose, z.B. induktivwirkende Signalglieder ersetzen, sofern die zu schaltenden Ströme und Spannungen dies ermöglichen.

Vorsicht bei 220V Netzspannungen.

Tabelle 4.05: Vergleich der Energieträger

	Druckluft	Hydrauliköl	Elektrischer Strom
Energiespeicherung	wegen der Kompressibilität der Luft mit geringem Aufwand möglich	nur begrenzt möglich (in Verbindung mit Gas: hydropneumatische Speicher)	begrenzt und schwierig möglich (Akku). In anderer Erscheinungsform, als Wärme, in Speicheröfen
Energieübertragung Entfernung/v	nur Hinleitungen (Schläuche, Rohre) erforderlich bis 1000 m, bis 40 m/s	Hin- und Rückleitungen erforderlich bis 100 m, bis 10 m/s	mittels Kabel über große Strecken möglich, Lichtgeschwindigkeit $3 \cdot 10^8$ m/s
Kräfte Momente	relativ gering (Drücke bis 20 bar) entsprechend den geringen Kräften	sehr hoch (Drücke bis 650 bar) entsprechend den hohen Kräften	Kräfte bei geradliniger Bewegung sehr klein (Magnete, Linearmotore) im Stillstand klein, in Bewegung groß (Anfahrmoment)
Betriebssicherheit	unempfindlich gegen Wärme, Feuchtigkeit, bei Undichtigkeit meist keine Störung, vor Frost schützen	bei Undichtigkeit hohe Unfallgefahr, Feuergefahr, unterschiedliche Temperatur beeinflußt die Viskosität, Strömungsgeschwindigkeit und Drücke	ohne besondere Maßnahmen große Unfallgefahr bei Feuchtigkeit, hohen Temperaturen und in explosionsgefährdeten Bereichen
Erzeugerkosten	150 × /kW	30 × /kW	1 × /kW
Bevorzugte Anwendungsbereiche	Verpackungsmaschinen Holzbearbeitungsmaschinen Werkzeug- und Vorrichtungsbau Meß- und Prüfvorrichtungen Schiffsbau	Werkzeugmaschinen Baumaschinen Fahrzeugbau Flugzeugbau	alle Bereiche

Aufgaben zu 4.1.4 bis 4.1.6.3

1. Nennen Sie wichtige Verdrängungsverdichter.
2. Zwei Verdichter werden hintereinandergeschaltet. Welche Folgen hat dies auf den Volumenstrom und Druck?
3. Warum sind bei Drucklufterzeugerstationen Kühlaggregate eingebaut?
4. Welche Bauteile muß ein Druckluftkessel für ordnungsgemäßen Betrieb haben?
5. Worauf ist bei der Verlegung von Druckluftleitungen zu achten?
6. Aus welchen Bauteilen besteht eine Wartungseinheit?
7. Wonach richtet sich die Auswahl von Druckluftschläuchen?
8. Womit können Schläuche und pneumatische Bauelemente verbunden werden?
9. Welche Aufgaben haben Hydrauliköle zu erfüllen?
10. Welche Eigenschaften von Hydraulikölen werden durch die Zusätze L und P verbessert?
11. Welche Aufgaben übernehmen die Ölbehälter hydraulischer Anlagen?
12. Was bezeichnet man als volumetrische Leistung?
13. Nach welchen Gesichtspunkten werden Hydraulikpumpen unterschieden?
14. Erklären Sie den Begriff »innere Leckverluste«.
15. Worauf ist bei der Verlegung hydraulischer Schlauchleitungen zu achten?
16. Welche Aufgaben übernehmen Ventile in pneumatischen Steuerungen?
17. Welche Aufgaben haben pneumatische Wegeventile?
18. Geben Sie eine Kurzbezeichnung eines Wegeventiles an und erklären Sie die Bedeutung.
19. Erklären Sie durch eine Skizze, durch welche Maßnahmen ein defektes 3/2 Wegeventil (pneumatisch bestätigt mit Federnullstellung, geschlossen) durch ein 5/2 Wegeventil gleicher Bestätigungsart ersetzt werden kann.
20. Welche Ventile werden bei pneumatischen Steuerungen meist als Stellglieder, welche meist als Signalglieder verwendet?
21. Erklären Sie den Begriff der positiven Schaltüberdeckung.
22. Was versteht man unter hydraulischem Einspannen?
23. Welche unterschiedliche Wirkung haben Drosselventile und Stromregelventile?

4.2 Grundlagen der Informationstechnik

4.2.1 Entwicklung der Datenverarbeitung

Die Menschen betreiben seit altersher **»Datenverarbeitung«**[1] und waren daher auch immer bestrebt, hierfür **»Datenverarbeitungsanlagen (DVA)«** einzusetzen. Im 17. Jahrhundert begann die Entwicklung erster maschineller Rechenhilfsmittel, die als Vorläufer der **elektronischen Datenverarbeitung (EDV)** bezeichnet werden können. Tabelle 4.1 gibt einen Überblick über die historische Entwicklung der Datenverarbeitung.

Typische Tätigkeiten der Datenverarbeitung:

- Zählen,
- Rechnen,
- Vergleichen,
- Sortieren,
- Erstellen von Texten,
- Ablegen (Speichern) von Texten.

Tabelle 4.1: Entwicklung der Datenverarbeitung

Zeit	Entwicklungsstand
ca. 1000 v.Chr.	Verwendung mechanischer Rechenhilfsmittel in Form von Rechenbrettern (Abakus), wie sie zum Teil heute noch im asiatischen Raum verwendet werden
ca. 500	Im europäischen Kulturraum werden die römischen Ziffern (I, II, ... VIII, IX, X) durch die arabischen Ziffern (1, 2, ... 8, 9, 0) verdrängt.
ca. 1640	PASCAL entwickelt eine mechanische Addiermaschine für bis zu sechsstellige Zahlen.
ca. 1680	LEIBNIZ entwickelt leistungsfähige mechanische Rechenmaschinen.
1703	LEIBNIZ gibt eine Schrift über das duale Zahlensystem heraus, das auch heute noch die Grundlage für die Verarbeitung von Daten in Computern bildet.
1833	CHARLES BABBAGE entwickelt eine Maschine mit Rechen-, Steuer- und Ein-/Ausgabewerk. Speicherung von 1000 Zahlen zu je 50 Stellen; Programmspeicherung auf Lochkarten
1890	Bei einer Volkszählung in USA werden von HOLLERITH Lochkarten für die Auswertung der Erhebung eingesetzt.
1941	KONRAD ZUSE entwickelt den ersten funktionsfähigen Relaisrechner, bei dem Schalter die Aufgaben der bisher verwendeten mechanischen Steuerungen übernehmen. Die Maschine verfügt über Rechenwerk, Steuerwerk, Ein-/Ausgabeeinheit und Speicher. Programme werden auf Lochstreifen gespeichert.
1946	1. Computergeneration: Röhrenrechner ENIAC (17000 Röhren; Masse 30 Tonnen Rechenzeit für eine Addition im Millisekunden-Bereich)
1950	Verkauf des ersten Computers (UNIVAC) für den kommerziellen Einsatz
1957	2. Computergeneration: erster volltransistorisierter Computer (SIEMENS 2002); Rechenzeit im Bereich von Mikrosekunden (Addition: 90 μs)
1964	3. Computergeneration: Rechner mit integrierten Schaltkreisen (IBM 360, SIEMENS 4004); kleinere Abmessungen und größere Zuverlässigkeit als bei Transistorrechnern; Rechenzeit im Bereich von μs (Addition: 0,5 μs)
1970/71	Entwicklung des ersten 4-Bit-Mikroprozessors (INTEL 4040)
1973/74	Entwicklung des ersten 8-Bit-Mikroprozessors (INTEL 8080)
1975	4. Computergeneration: Personal-Computer mit hochintegrierten Schaltkreisen, geringeren Abmessungen und hoher Rechengeschwindigkeit; zunehmender Preisverfall läßt die Computer in den privaten Bereich vordringen; durch die Entwicklung höherer Programmiersprachen und den Einsatz vielfältiger Standardsoftware wird die Benutzerfreundlichkeit der Computer fortlaufend verbessert
1979/80	Entwicklung von 16-Bit-Mikroprozessoren
1985	Zunehmender Einsatz von 16- und 32-Bit-Rechnern (privater/kommerzieller) Bereich
Ausblick	Weitere Miniaturisierung durch die Entwicklung höchstintegrierter Schaltkreise mit mehreren Millionen Komponenten pro Chip; Erhöhung der Rechengeschwindigkeit bis in den Nanosekunden-Bereich hinein

[1] Daten (Mehrzahl von Datum): Angaben, Tatsachen

4.2.2 Aufbau von Computersystemen

Innerhalb einer Produktionsstätte werden Rohteile durch sinnvolle Anwendung von Werkzeugen und Fertigungsvorschriften in Fertigteile umgewandelt. Ein Computer ist eine »Produktionsstätte« zur Verarbeitung von Daten. Eingabedaten (Rohteile) werden durch sinnvolle Anwendung von Hardware (Werkzeugen) und Software (Fertigungsvorschriften) in Ausgabedaten (Fertigteile) umgewandelt (**E**ingabe ⇒ **V**erarbeitung ⇒ **A**usgabe: **EVA**-Prinzip).

Zur **Hardware** eines Rechners gehören die physikalisch-technischen Bestandteile einer Datenverarbeitungsanlage: z.B. Tastatur, Bildschirm, Mikroprozessor, Ein-/Ausgabe-, Speicher-, Rechen- und Steuereinheit, Schnittstellen zu anderen Geräten, Gehäuse u.a.

Als **Software** bezeichnet man die Gesamtheit der Verfahrensvorschriften (Programme), mit deren Hilfe der Betrieb des Rechners und das Lösen von Aufgabenstellungen ermöglicht wird. Hierbei wird unterschieden zwischen Systemsoftware und Anwendersoftware.

Zur **Systemsoftware** gehören Organisationsprogramme, die nach dem Einschalten des Rechners die Ablaufsteuerung übernehmen. Da ein Rechner ohne Programm gar nicht sinnvoll arbeiten kann, muß zunächst ein **Startprogramm** dafür sorgen, daß der Rechner betriebsbereit gemacht wird. Danach wird meistens das **Betriebssystem** (z.B. DOS, MS-DOS, CP/M oder UNIX)[1] in den Hauptspeicher geladen. Hierbei handelt es sich um ein Kontroll- und Dienstprogramm, das die Abwicklung von Programmen und den Datenaustausch zwischen den einzelnen Bausteinen des Computers organisiert. Das Arbeiten mit einem Diskettenlaufwerk z.B. wäre ohne Betriebssystem überhaupt nicht möglich.

Übersetzungsprogramme übernehmen die Übersetzung problemorientierten Programmiersprachen (z.B. BASIC, PASCAL, FORTRAN, ALGOL, FORTH u.a.)[1] in eine für den Computer verständliche Sprache, die nur noch aus den Ziffern 0 und 1 des dualen Zahlensystems besteht.

Unter **Anwendersoftware** versteht man Programme, die für bestimmte Aufgabenstellungen oder bestimmte Anwendergruppen vorgegebene Lösungen bereitstellen (Beispiele: Textverarbeitung, Tabellenkalkulation, Dateiverwaltung, kaufmännisches Rechnungswesen, Fertigungsplanung und -steuerung, CNC-Maschinensteuerung, CAD-Zeichensysteme, Simulationsprogramme).

Abb. 1 zeigt die **Arbeitsweise** des Computers als Blockschaltbild. Mittels unterschiedlicher Eingabegeräte werden Daten und/oder Programme in die **Zentraleinheit (CPU)**[1] eingegeben. Diese ist die Hauptverarbeitungseinheit des Rechners. Sie dient der zentralen Steuerung, Bereithaltung und Verarbeitung von Daten und Programmen und der Überwachung der Rechnerfunktionen.

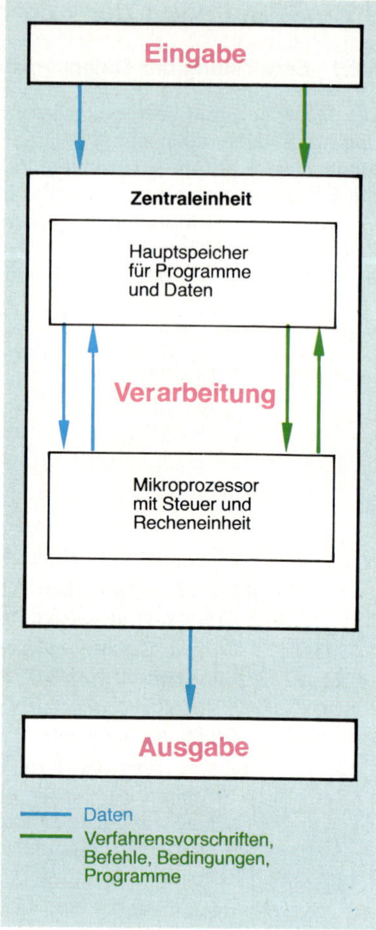

Abb. 1: Arbeitsweise von Computern

Abb. 2: Zentraleinheit

[1] Häufig vorkommende Abkürzungen der Informationsverarbeitung werden im hinteren Umschlagdeckel erklärt.

Die **Eingabeeinheit** formt die Daten so um, daß sie innerhalb der Zentraleinheit verarbeitet werden können. Daten und Programme werden im **Arbeitsspeicher** gespeichert. Dieser Speicher ist ein **flüchtiger** Speicher, dessen Inhalt nach Stromunterbrechung **verlorengeht.** Die in ihm enthaltenen Daten können beliebig ein- und ausgelesen oder durch neue Daten ersetzt werden. Er wird als **RAM**-Speicher (Schreib-Lesespeicher)[1] bezeichnet. Im Gegensatz dazu enthält der **ROM**-Speicher (Nur-Lesespeicher) Daten bzw. Programme zur unmittelbaren Steuerung des Rechners, die durch den Anwender **nicht** verändert werden können. Die Verarbeitung der Daten erfolgt in der **Recheneinheit.** Art und Reihenfolge der Verarbeitung sowie Abruf und Transport der Daten zwischen den unterschiedlichen Bausteinen werden von der **Steuereinheit** kontrolliert. Außerordentlich hohe Verarbeitungsgeschwindigkeiten ermöglichen die Bewältigung großer Datenmengen in kürzester Zeit. Die Ausgabe der Daten erfolgt über die für den jeweiligen Verarbeitungszweck geeigneten Ausgabegeräte.

Abb. 3: Speicherbaustein

4.2.3 Handhabung von Computern und Peripheriegeräten

Peripheriegeräte sind notwendige Zusatzgeräte, die vorwiegend der Datenein- und -ausgabe sowie der externen Speicherung von Daten dienen. Sie werden über **Interfaces** (Schnittstellen) mit dem Computer verbunden. Diese sorgen dafür, daß Geräte unterschiedlicher Funktion und Herkunft zusammenarbeiten können.

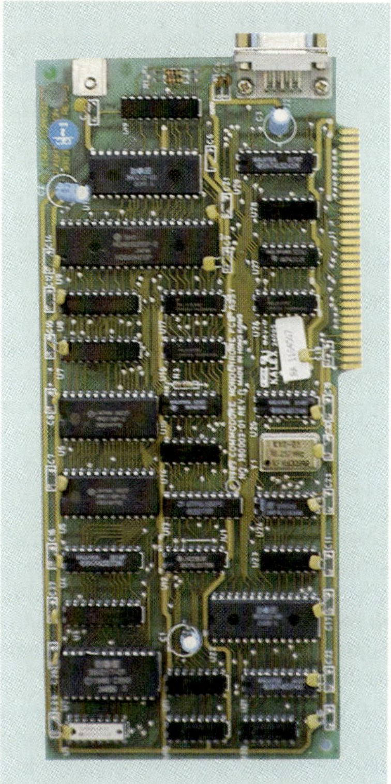

Abb. 4: Interface zum Anschluß eines Diskettenlaufwerks

4.2.3.1 Dateneingabe

Das wichtigste Gerät zur Eingabe von Daten ist die **Tastatur,** die für den Bereich der Buchstaben, Ziffern und Sonderzeichen mit einer genormten Schreibmaschinen-Tastatur vergleichbar ist. Sie kann ein fester Bestandteil des Computers sein. Es gibt aber auch Tastaturen, die vom Computer abgesetzt und mit diesem durch ein Kabel verbunden sind. Die mit Hilfe der Tastatur erzeugten Zeichen erscheinen auf dem Bildschirm bzw. können über einen angeschlossenen Drucker ausgedruckt werden. Die meisten Computer verfügen durch Doppelbelegung einiger Tasten über zwei, durch einen Umschalter wählbare Zeichensätze: einen deutschen und einen amerikanischen. Der deutsche Zeichensatz wird für die Verarbeitung von Texten verwendet, der amerikanische für die Erstellung von Programmen.

Typische Eingabefehler bei der Tastatureingabe:

Verwechslung der Ziffer 1 mit dem Kleinbuchstaben l oder dem Großbuchstaben I,

Verwechslung der Ziffer 0 mit dem Großbuchstaben O,

Verwendung des Dezimalkommas (3,25) anstelle des vorgeschriebenen Dezimalpunktes (3.25),

Verwendung von Punkt und Doppelpunkt als Rechenzeichen anstelle der vorgeschriebenen Zeichen * und /.

Tastatureingabe:

- Großbuchstaben,
- Kleinbuchstaben,
- Ziffern,
- Sonderzeichen (z.B. Satz- oder Rechenzeichen),
- Steuerzeichen,
- Sonderfunktionen,
- Cursorsteuerung.

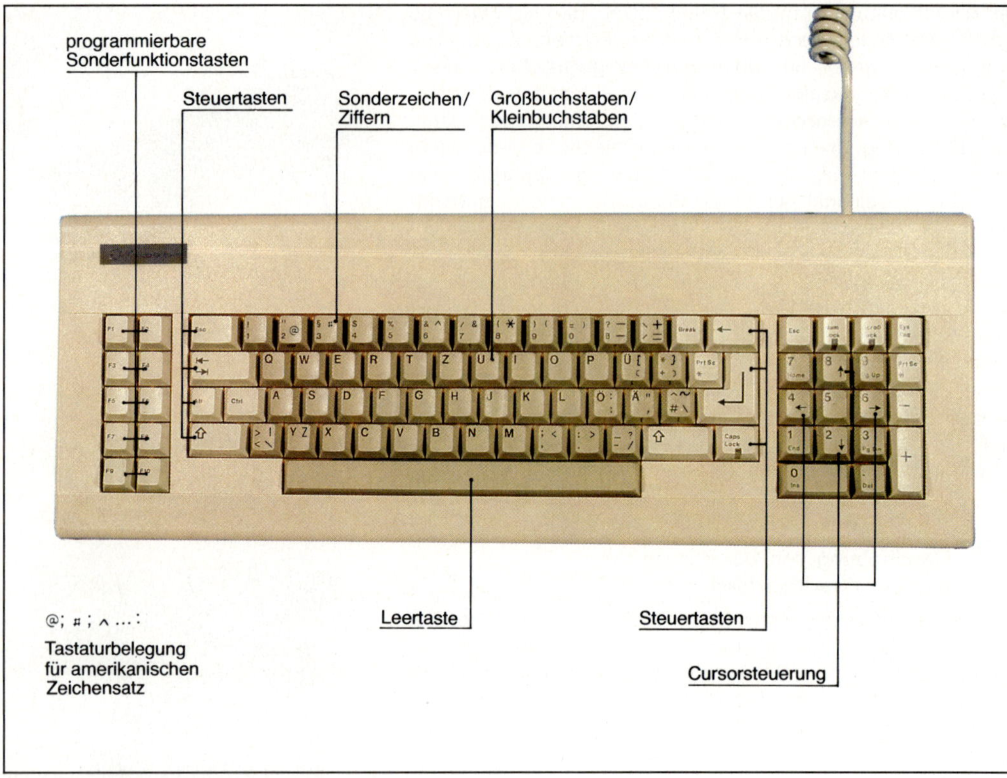

Abb. 1: Tastatur

Die beiden **SHIFT-Tasten** entsprechen den Umschalttasten der Schreibmaschine. Mit ihnen wird zwischen Klein- und Großschreibung bzw. zwischen unterem und oberem Tastaturzeichen hin- und hergeschaltet. Die **CAPS LOCK-Taste** rastet beim Niederdrücken ein. In dieser Stellung werden nur noch Großbuchstaben geschrieben. Andere Tasten werden davon jedoch nicht beeinflußt.

Zusätzlich enthält die Tastatur **Steuertasten,** durch die dem Computer Steuerbefehle übermittelt werden können. Diese werden weder auf dem Bildschirm dargestellt noch ausgedruckt. Zur Eingabe eines Steuerzeichens ist bei den meisten Computern das gleichzeitige Drücken der **Control-Taste** und einer Buchstaben-Taste erforderlich (Schreibweise: z.B. **CTRL-C**).

Durch das Drücken der **RETURN-Taste** werden Befehlsanweisungen beendet. Eingegebene Daten oder Befehle werden dann in den Rechner übernommen bzw. ausgeführt. Die aktuelle Zeile wird beendet und der **Cursor**[1] am Anfang der nächsten Zeile positioniert.

Bit:

Kleinste Informationseinheit mit zwei möglichen Signalzuständen: 0 und 1

Byte:

Informationseinheit aus einer Kombination von 8 Bits. Mit 8 Bits können maximal 256 Kombinationen von Bytes gebildet werden. Für die Speicherung eines Zeichens wird ein Byte Speicherplatz benötigt.

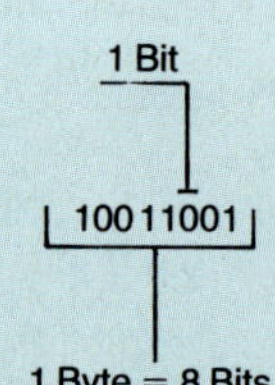

[1] Cursor: Positionsanzeiger, der die aktuell zu bearbeitende Position auf dem Bildschirm markiert (▮)

Mit Hilfe der vier **Pfeiltasten** (Cursor-Steuertasten) kann der **Cursor** (Positionsanzeiger) auf dem Bildschirm bewegt werden. Mit der **TAB-Taste** kann er in eine bestimmte Spalte der aktuellen Zeile bewegt werden.

Programmierbare Sonderfunktionstasten kann der Anwender mit speziell benötigten Befehlen belegen. Weitere Geräte zur Dateneingabe zeigt Abb. 2.

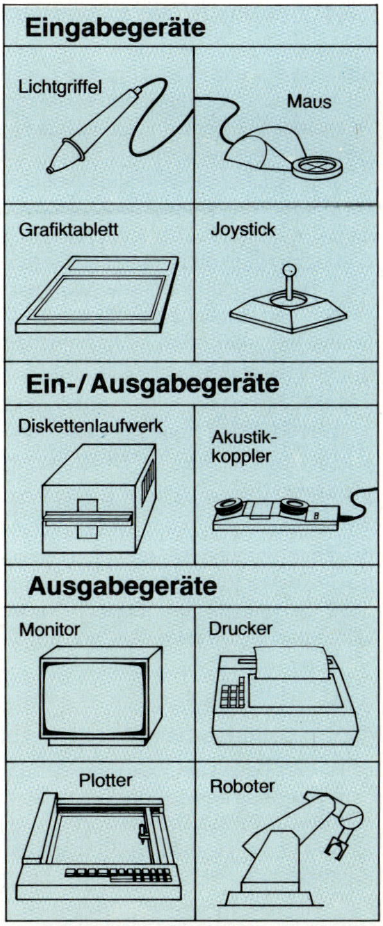

Abb. 2: Geräte zur Datenein- und -ausgabe

4.2.3.2 Datenausgabe

Die beiden wichtigsten Geräte für die Datenausgabe sind **Monitor (Bildschirm)** und **Drucker.** Für die Erstellung von technischen Zeichnungen und Diagrammen verwendet man **Plotter** (Zeichenmaschinen). Ausgabegeräte können aber auch **Werkzeugmaschinen** oder **Roboter** sein, die durch einen Computer gesteuert werden.

4.2.3.3 Externe Speicher

Zum dauerhaften und langfristigen Abspeichern großer Datenmengen oder umfangreicher Programme sind externe[1] Speicher notwendig, weil die Speicherkapazität des Computers begrenzt ist. Das wichtigste externe Speichermedium ist die **Diskette (Floppy Disk).**

Die Diskette besteht aus einer PVC-Trägerfolie, die mit einer magnetisierbaren Beschichtung versehen ist. Die Daten werden auf einer Diskette als eine Folge von magnetisierten und nichtmagnetisierten Punkten aufgezeichnet.

Die Speicherkapazität wird in **Kilobyte** (KB) angegeben. 1 Kilobyte entspricht 2^{10} Bytes = 1024 Bytes. Zur überschlägigen Berechnung setzt man 1 Kilobyte häufig gleich 1000 Bytes. Disketten können mehrere hundert Kilobytes aufnehmen.

Zur Speicherung noch größerer Datenmengen stehen **Festplattenspeicher (Hard Disk)** zur Verfügung, deren Speicherkapazität man in **Megabyte** (MB) angibt. 1 Megabyte = 2^{20} Bytes = 1048576 Bytes ≙ 1000 KB.

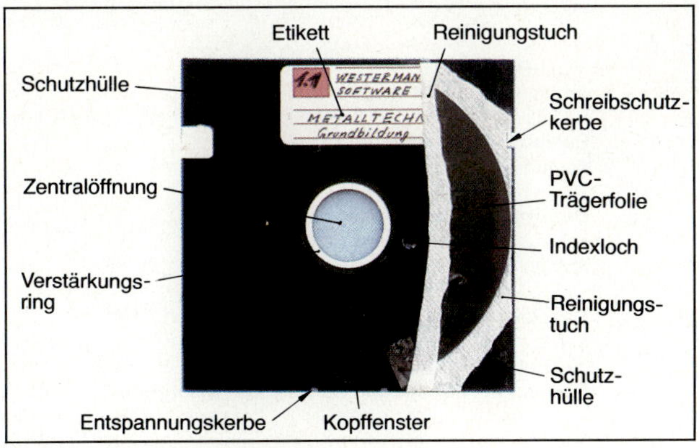

Abb. 3: Aufbau von Disketten

Formatieren von Disketten:
Vorbereitung für die Aufnahme von Daten durch Einteilung in Spuren (tracks) und Sektoren (blocks)

Behandlung von Disketten:
Disketten soll man
- im Schutzumschlag aufbewahren,
- nicht an der Oberfläche anfassen,
- nicht in die Nähe von Magnetfeldern bringen,
- nicht biegen oder knicken,
- nur mit weichem Filzstift beschriften,
- keiner Temperatur $t > 50\,°C$ aussetzen,
- lagerichtig einlegen,
- niemals mit Gewalt einlegen.

[1] extern (lat.): draußen befindlich

4.2.4 Arbeiten mit dem Computer

Zwischen einem Menschen und einem Computer, mit dem gearbeitet werden soll, gibt es erhebliche Verständigungsschwierigkeiten. Menschen verständigen sich z.B. mit Hilfe von Buchstaben, Ziffern und Sonderzeichen. Der Computer dagegen kann nur die Ziffern 0 und 1 des dualen Zahlensystems verarbeiten. Für die Erstellung von Programmen wurden daher **künstliche Programmiersprachen** geschaffen, deren Wörter aus dem Englischen abgeleitet sind. Ein **Sprachübersetzer** im Computer (engl. Bezeichnung: Interpreter oder Compiler) übersetzt die eingegebenen Anweisungen in eine für den Mikroprozessor verständliche Folge von Befehlen, die nur noch aus Dualzahlen bestehen (Maschinensprache). Bekannte Programmiersprachen sind z.B.:

- **BASIC** (**B**eginners **A**ll-purpose **S**ymbolic **I**nstruction **C**ode: Allzweck-Programmiersprache für Anfänger),
- **FORTRAN** (**FOR**mular **TRAN**slator: Formelübersetzer),
- **PASCAL** (benannt nach Blaise Pascal[1]).

Alle Home- und Personalcomputer verfügen über die Programmiersprache **BASIC,** von der es unterschiedliche **Dialekte**[2] gibt. Sie wird für Problemstellungen aus dem technischen und dem kaufmännischen Bereich verwendet. Mit ihr kann ein Computer im **Direktmodus** und im **Programmodus** betrieben werden.

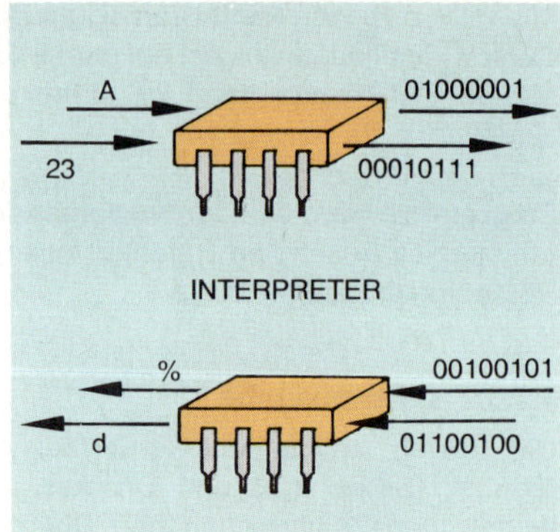

Abb. 1: Wirkung des Sprachübersetzers

Tabelle 4.2: Mathematische Operationen und Funktionen

Operation/ Funktion	Zeichen (mathem.)	Zeichen (BASIC)
Addition	+	+
Subtraktion	−	−
Multiplikation	·	*
Division	:	/
Potenzierung	x^n	X^N
Sinus von *x* (rad)	sin *x*	SIN(X)
Kosinus von *x* (rad)	cos *x*	COS(X)
Tangens von *x* (rad)	tan *x*	TAN(X)
Arcustangens von *x*	arctan *x*	ATN(X)
Absolutwert von *x*	$\|x\|$	ABS(X)
Vorzeichen von *x*	sgn *x*	SGN(X)
Ganzzahlanteil von *x*	[*x*]	INT(X)
Quadratwurzel von *x*	$\sqrt{x}$	SQR(X)
nat. Logarithm. von *x*	ln *x*	LOG(X)
Exponentialfunktion	e^x	EXP(X)

4.2.4.1 Computerbetrieb im Direktmodus

Im Direktmodus wird jede eingegebene Anweisung **unmittelbar** nach Abschluß der Eingabe ausgeführt. Eine Anweisung besteht aus einem **BASIC-Befehlswort** und einem zugehörigen **Argument.** Der Abschluß der Eingabe wird dem Rechner durch Betätigung der **RETURN-Taste** ↲ mitgeteilt.

Beispiel: Arbeiten im Direktmodus

```
] (oder Ü; >; *; Ok; Ready)
] PRINT "Metalltechnik Grundbildung" ↲
Metalltechnik Grundbildung
] PRINT 24 + 9 ↲
33
] PRUNT "Metalltechnik Grundbildung" ↲
SYNTAX ERROR
]▒
```

- `] (oder Ü; >; *; Ok; Ready)`: Bereitschaftsanzeige: Computer erwartet Anweisungen
- `] PRINT "Metalltechnik Grundbildung" ↲`:
  - ↲: RETURN
  - "Metalltechnik Grundbildung": Argument, mit dem etwas auszuführen ist
  - PRINT: BASIC-Befehlswort zur Erzeugung einer Ausgabe (s. TAB 4.2)
  -]: Bereitschaftsanzeige
- `Metalltechnik Grundbildung`: Ausführung der Anweisung
- `] PRINT 24 + 9 ↲`: Das Ergebnis der Addition von 24 und 9 soll ausgegeben werden
- `33`: Ausführung der Anweisung
- `] PRUNT "Metalltechnik Grundbildung" ↲`: Das Befehlswort PRINT ist falsch geschrieben
- `SYNTAX ERROR`: Fehlermeldung, weil der Sprachübersetzer das Befehlswort PRUNT nicht kennt
- `]▒`: Bereitschaftsanzeige und Cursor (Positionsanzeiger)

[1] Blaise Pascal, franz. Mathematiker, 1623 ... 1662

[2] Dialekte: in einzelnen Befehlswörtern geringfügig voneinander abweichende Varianten der gleichen Sprache

4.2.4.2 Computerbetrieb im Programmodus

Ein Programm ist eine Folge sinnvoll angeordneter Programmanweisungen, deren Bearbeitungsreihenfolge durch vorangestellte Zeilennummern bestimmt wird. Ein Programm kann nur dann durch den Computer abgearbeitet werden, wenn dazu außerhalb des eigentlichen Programms weitere Befehle erteilt werden. Neben den Programmanweisungen gibt es daher **Systemkommandos**, durch die dem Rechner mitgeteilt wird, was mit dem Programm geschehen soll (Tab. 4.3). Systemkommandos sind kein Bestandteil des Anwenderprogramms. Es gibt auch Befehle (z.B. HOME und RUN), die als Programmanweisung und als Systemkommando verwendet werden können.

Syntax[1] einer Programmiersprache:

Summe aller Regeln, nach denen Programmanweisungen formal zu gestalten sind

SYNTAX ERROR:

Fehlermeldung des Rechners als Hinweis darauf, daß eine Programmanweisung formal falsch aufgebaut ist

Beispiel: Arbeiten im Programmodus mit dem Anwenderprogramm 〈BEISPIEL〉

`] (oder: []; >; *; OK; Ready)`	Bereitschaftsanzeige: Computer erwartet Anweisungen
`] NEW ↵`	Systemkommando: Arbeitsspeicher wird gelöscht; Anweisungen mit <RETURN> ↵ abschließen
`] HOME (oder: CLS) ↵`	Bildschirm löschen; Cursor in die linke obere Ecke des Bildschirms setzen
`] 10 PRINT "Metalltechnik" ↵`	Zeile 10 im Programmspeicher ablegen
`] 20 PRINT "Grundbildung" ↵`	Zeile 20 im Programmspeicher ablegen
`] 30 PRINT "Westelmann Velrag" ↵`	Zeile 30 im Programmspeicher ablegen
`] 30 PRINT "Westermann Verlag" ↵`	Die im Programmspeicher abgelegte Zeile 30 überschreiben
`] 40 ? "Bestell-Nr. 20 5026" ↵`	Zeile 40 im Programmspeicher ablegen; statt des Befehls <PRINT> kann auch <?> benutzt werden
`] SAVE BEISPIEL`[2]	Systemkommando: Anwenderprogramm auf Diskette abspeichern
`] LOAD BEISPIEL`	Systemkommando: Anwenderprogramm von Diskette laden
`] LIST`	Systemkommando: Anwenderprogramm auflisten

`10 PRINT "Metalltechnik"`
`20 PRINT "Grundbildung"`
`30 PRINT "Westermann Verlag"`
`40 PRINT "Bestell-Nr. 20 5026"`
`50 END`
	Anwenderprogramm
	<?> vom Sprachübersetzer in <PRINT> umgewandelt
	Argument ("Bestell-Nr. 20 5026")
	BASIC-Befehlswort (PRINT)
	Kennzeichen für das Programmende (END)
	Zeilennummer (50)

`] RUN`	Systemkommando: Anwenderprogramm ausführen

`Metalltechnik`
`Grundbildung`
`Westermann Verlag`
`Bestell-Nr. 20 5026`
	Ergebnis der Programmausführung

`]▒`	Bereitschaftsanzeige und Cursor (Positionsanzeiger)

[1] Syntax: Lehre vom Satzbau; Satzlehre

[2] Die notwendige Betätigung der RETURN-Taste wird ab jetzt nicht mehr gekennzeichnet.

Tabelle 4.3: Systemkommandos[1]

Befehl	Bedeutung	Befehl	Bedeutung
CATALOG	Inhaltsverzeichnis der Diskette ausgeben	SAVE <NAME>	Programm auf Diskette abspeichern
LOAD <NAME>	Programme von Diskette in den Arbeitsspeicher laden	DEL <10,90>	Programmzeilen 10 ... 90 löschen
LIST	Programm auflisten	DELETE <NAME>	Programm von Diskette löschen
RUN	Im Arbeitsspeicher befindliches Programm starten	NEW	Im Arbeitsspeicher befindliches Programm löschen

Tabelle 4.4: PRINT-Befehle

Befehl	Monitor-Ausgabe	Erklärung
PRINT "ZEICHENKETTE"	ZEICHENKETTE	Der zwischen Anführungszeichen stehende Text wird ausgegeben.
A$ = "BASIC" PRINT A$	BASIC	Der der Textvariablen A$ zugewiesene Text wird ausgegeben.
PRINT 328	328	Ausgabe einer Ganzzahl
PRINT 0.25	.25	Ausgabe einer Dezimalzahl
PRINT 5 + 8	13	Das Ergebnis des Terms wird ausgegeben.
PRINT (3.5+1.5)*2.5	12.5	Das Ergebnis des Terms wird ausgegeben.
PRINT 123456789	123456789	Darstellung einer Ganzzahl mit maximal 9 Ziffern
PRINT 1234567890	1.23456789E+09	$1{,}23456789 \cdot 10^9$ (techn.-wissenschaftl. Zahlenformat)
PRINT 2*10^15	2E+15	$2 \cdot 10^{15} = 2000000000000000$
E = 2.718289 PRINT E	2.718289	Der der Zahlenvariablen E zugewiesene Wert wird ausgegeben.
PRINT 4,5,6	4 5 6	Ausgabe mit festen Zwischenräumen
PRINT 4;5;6	456	Ausgabe ohne Zwischenraum
PRINT		Ausgabe einer Leerzeile

4.2.5 Erstellen von Programmen

Ein Vorteil von Computerprogrammen liegt darin, daß für ein bestimmtes Problem nur einmal ein Lösungsschema **(Algorithmus)** zu beschreiben ist, das dann immer wieder für neue Berechnungen mit anderen Werten verwendet werden kann. Zum Programmieren ist **systematisches Vorgehen** unerläßlich:

- präzise Formulierung der Aufgabenstellung,
- Eingabedaten sowie Ausgabedaten festlegen und Variablennamen dafür bestimmen,
- verbale Formulierung des Lösungsweges,
- Programmablaufplan erstellen,
- Programm in die gewählte Programmiersprache übertragen,
- Programm in den Rechner eingeben,
- Programm auf Diskette abspeichern (bei langen Programmen bereits während der Eingabe häufiger abspeichern),
- Programmlauf durchführen; Ergebnisse evtl. mit dem Taschenrechner kontrollieren,
- Programm evtl. korrigieren und erneut abspeichern,
- Programmlisting ausdrucken und ablegen.

[1] Weitere DOS-Befehle s. hinterer Umschlagdeckel

Algorithmus: Ein nach einem bestimmten Schema ablaufender (Rechen)Vorgang, der bei sinnvollen Eingabedaten zwangsläufig zu korrekten Ausgabedaten führt

Aufgabe: Für rechtwinklige Dreiecke ist aus den beiden Katheten die Hypotenuse zu berechnen.

Eingabedaten:	Kathete a Kathete b
Variablennamen:	Kathete a ⇒ A Kathete b ⇒ B

Ausgabedatum: Hypotenuse c
Variablenname: Hypotenuse c ⇒ C

Algorithmus:

gib A und B ein
quadriere A und B
addiere die beiden Quadrate
ziehe die Wurzel aus der Summe
weise den Wert der Variablen C zu
gib den Wert der Variablen C aus

4.2.5.1 Variablentypen und -bezeichnungen

Variable sind Größen, die aus einem Namen und einer momentan zugeordneten Information bestehen. Nach der Art der momentan zugeordneten Information unterscheidet man folgende Variablentypen:

- **numerische Variable,**
- **alphanumerische Variable**[1]**.**

Numerische Variable sind Platzhalter für **Zahlenwerte.** Für die Wahl des Variablennamens gilt:

- Der Variablenname kann aus zwei Zeichen[2] bestehen. Das 1. Zeichen **muß** ein Großbuchstabe sein (A ... Z; kein Umlaut). Das 2. Zeichen kann ein Buchstabe oder eine Ziffer sein.

Manche BASIC-Dialekte erlauben noch eine Unterscheidung zwischen Variablen für Gleitkommazahlen und solchen für Ganzzahlen. **Ganzzahlvariable** werden durch ein **%-Zeichen** hinter dem Variablennamen gekennzeichnet.

Alphanumerische Variable sind Platzhalter für **Buchstaben, Worte, Ziffern** oder **Sonderzeichen.** Für die Wahl des Variablennamens gilt:

- Der Variablenname kann aus zwei Zeichen[2] bestehen. Das 1. Zeichen **muß** ein Großbuchstabe sein (A ... Z; kein Umlaut). Das 2. Zeichen kann ein Buchstabe oder eine Ziffer sein. An den Variablennamen **muß** das **$-Zeichen** angefügt werden.

Für alphanumerische Variable sind auch die Bezeichnungen **Zeichenkettenvariable** oder **Stringvariable** (kurz: **String**) geläufig.

Die formale Unterscheidung zwischen numerischen und alphanumerischen Variablen ist nötig, damit der Rechner erkennt, mit welchen Variablen er Rechenoperationen durchführen darf und mit welchen nicht. Als **Variablennamen** dürfen **keine BASIC-Befehlswörter** verwendet werden (z.B.: AT, FN, GR, ON, OR, TO u.a.). Geschieht dies irrtümlich, so kommt es zu einer Fehlermeldung (SYNTAX ERROR). Die jeweiligen Handbücher enthalten Listen mit den reservierten Befehlswörtern.

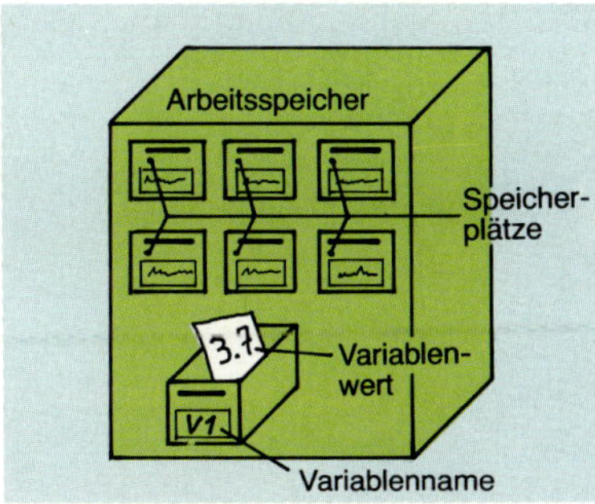

Abb. 1: Abspeichern von Variablen

> **Variable:** Platzhalter für Zahlenwerte, Buchstaben, Worte, Texte, Ziffern, Sonderzeichen
>
> **Variablenname:** Bezeichnung des für eine Variable freigehaltenen Speicherplatzes
>
> **Variablenwert:** momentaner Wert des durch einen Variablennamen gekennzeichneten Speicherplatzes
>
> **Variablentypen:**
> - Gleitkommavariable,
> - Ganzzahlvariable,
> - Zeichenkettenvariable.

Beispiele für Variablennamen:

A	B	AA	Gleitkommavariable
AB	A1	A2	
A%	B%	AA%	Ganzzahlvariable
AB%	A1%	A2%	
A$	B$	AA$	Zeichenkettenvariable
AB$	A1$	A2$	

4.2.5.2 Konstanten

Wird innerhalb eines Programms häufig derselbe Zahlenwert oder derselbe String verwendet, so empfiehlt es sich, hierfür eine Konstante zu benennen. Wird z.B. an mehreren Stellen des Programms mit der Zahl Pi gerechnet, so kann man sich das ständige Eintippen des Zahlenwertes (3.14159 ...) ersparen, indem man in einer Programmzeile z.B. festlegt:

```
10 PI = 3.14159
```

An anderer Stelle des Programms kann der Wert dann z.B. so wieder verwendet werden:

```
250 U = D * PI
```

> **Konstante:** Ein innerhalb eines Programms unveränderlicher Wert

Beispiele für Konstanten:

```
A  = 9.81
B  = 2.998+E8
C% = 45
D$ = "Sehr geehrte Damen
 und Herren"
```

[1] Weitere vorkommende Variablentypen werden hier nicht behandelt.

[2] Manche BASIC-Dialekte lassen der besseren Lesbarkeit wegen auch längere Variablennamen zu.

4.2.5.3 Elementare Programmstrukturen

Die Praxis des Programmierens zeigt, daß es für die Erstellung von Programmen einige wenige, prinzipielle Programmstrukturen gibt, mit denen sich eine erstaunlich große Zahl von Lösungen verwirklichen läßt:

- **Reihung,**
- **Verzweigung oder Auswahl,**
- **Wiederholung.**

Die **Reihung** (oder **Sequenz**) besteht aus einer Folge von Anweisungen, die nacheinander abgearbeitet werden. Der Algorithmus weist **keine** Verzweigungen auf. Man spricht von einem **linearen Algorithmus** oder einem **linearen Programm.** Das Grundprinzip der Datenverarbeitung (EVA-Prinzip) wird an dieser Programmstruktur besonders deutlich.

Die auf Seite 218 beschriebene Aufgabe läßt sich durch ausschließliche Verwendung der Reihung lösen:

Algorithmus (umgangssprachlich)	BASIC-Programm	Programmlauf
Start Gib A ein Gib B ein Weise C den Wert $\sqrt{A^2+B^2}$ zu Gib C aus Ende	10 INPUT A 20 INPUT B 30 LET C = SQR(A^2 + B^2) 40 PRINT C 50 END	] RUN ?120 ?160 200]▒

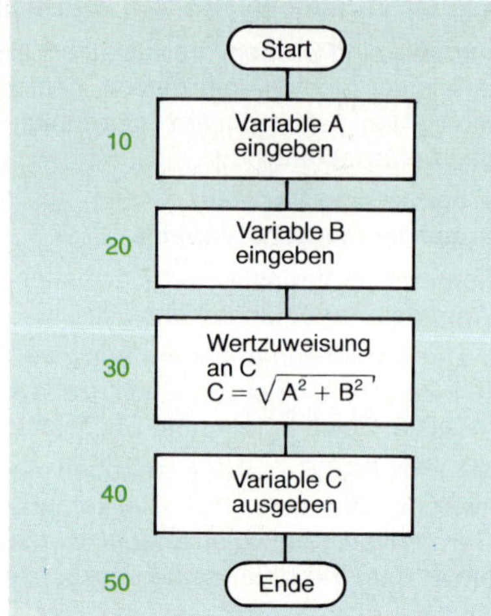

Abb. 1: Programmablaufplan für Reihung

Der geplante Verlauf eines Programmes kann in Form eines Flußdiagramms oder Struktogramms dargestellt werden. Solch ein **Programmablaufplan** (Abb. 1) zeigt mit Hilfe genormter Sinnbilder die Verarbeitungsfolge innerhalb eines Programms. Daten werden hierbei nicht dargestellt. Eine Übersicht über die wichtigsten Sinnbilder, die zur Erstellung einfacher Programme notwendig sind, zeigt Tabelle 4.5.

Tabelle 4.5: Symbole des Programmablaufplans

Symbol	Bedeutung	Symbol	Bedeutung
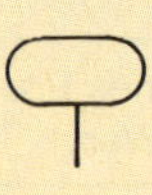	Grenzstelle: – Start oder Ende – Herkunft/ Verbleib von Daten	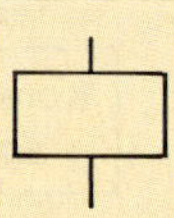	Verarbeitung, allgemein: – Wertzuweisung – Dateneingabe – Datenausgabe
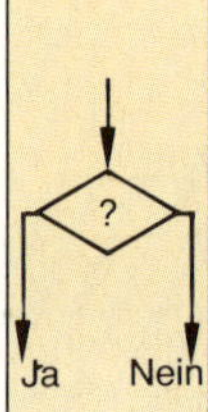	Verzweigung: in Abhängigkeit von einer Bedingung verzweigt das Programm zu unterschiedlichen Anweisungen	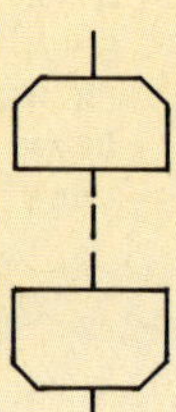	Schleifenbegrenzung: – Anfang – Ende

Erklärung von BASIC-Befehlen:

INPUT ⟨Variable⟩: Es wird ein Fragezeichen ausgegeben. Der Rechner wartet auf die Eingabe des Variablenwertes. Wird ein falscher Variablentyp eingegeben, wird nach der Fehlermeldung ⟨REENTER⟩ eine Neueingabe erwartet.

LET ⟨Variable⟩ = ⟨Zuweisung⟩: Einer Variablen werden Werte zugewiesen. Das » = «-Zeichen darf nicht als mathematisches Gleichheitszeichen verstanden werden, sondern als Zuweisungszeichen. Links steht das Ziel, rechts die Quelle der Zuweisung. Die beiden Seiten der Wertzuweisung dürfen nicht vertauscht werden.

Bei der **Verzweigung** folgt das Programm nicht mehr den vorgegebenen Zeilennummern, sondern einer **Sprunganweisung.**

Man unterscheidet zwei Arten von Verzweigungen:

- **die unbedingte Programmverzweigung,**
- **die bedingte Programmverzweigung.**

Bei der **unbedingten Programmverzweigung** springt das Programm in diejenige Programmzeile, die nach dem Befehlswort **GOTO** genannt wird. Der Sprung kann vorwärts oder rückwärts erfolgen.

Fügt man in dem Programm von Seite 220 (Beispiel für die Programmstruktur Reihung) eine Zeile 45 ein:

```
45 GOTO 10 ,
```

so erzeugt man durch den Rückwärtssprung eine Endlosschleife. Der Rechner beginnt das Programm immer wieder von neuem. Das Programm kann nur mit CTRL-C verlassen werden.

Unbedingte Programmverzweigungen sollen möglichst vermieden werden, weil sie sehr leicht zu völlig unstrukturierten und später nicht mehr nachvollziehbaren Programmen führen (»Spaghettiprogramm«). Ein geübter Programmierer kann auf den Einsatz der GOTO-Anweisung nahezu völlig verzichten.

Bei der **bedingten Programmverzweigung** verzweigt das Programm in Abhängigkeit von einer zu überprüfenden Bedingung zu unterschiedlichen Anweisungen. Es findet also eine Auswahl statt. Hierfür werden **Vergleichsoperatoren** (Tab. 4.6) verwendet. Durch Vergleich wird festgestellt, ob eine gestellte Bedingung erfüllt (ja; wahr; true; stromführend) oder nicht erfüllt (nein; falsch; false; stromlos) ist.

In dem Programm von Seite 220 wäre es sinnlos, wenn für eine der beiden Katheten 0 oder eine negative Zahl eingegeben würde. Die bedingte Programmverzweigung mit dem **IF ... Then-Befehl** ermöglicht folgende Abfrage:

BASIC-Programm	Programmlauf
`10 INPUT "    Kathete a: ";A`	`Kathete a: 0`
`20 IF A <= 0 THEN GOTO 10`	`Kathete a: -1`
`30 INPUT "    Kathete b: ";B`	`Kathete a: 120`
`40 IF B <= 0 THEN GOTO 30`	`Kathete b: 0`
`50 LET C = SQR(A^2 + B^2)`	`Kathete b: -3`
`60 PRINT "Hypotenuse c: ";C`	`Kathete b: 160`
`70 END`	`Hypotenuse c: 200`

Ist in Zeile 20 die Bedingung erfüllt (durch die Eingabe von 0 oder negativer Zahlen), verzweigt das Programm zur Zeile 10. Ist die Bedingung nicht erfüllt (durch die Eingabe korrekter Werte für A), wird die auf die Sprunganweisung folgende Zeile ausgeführt. Die Eingabekontrolle verhindert also unsinnige Eingaben des Anwenders.

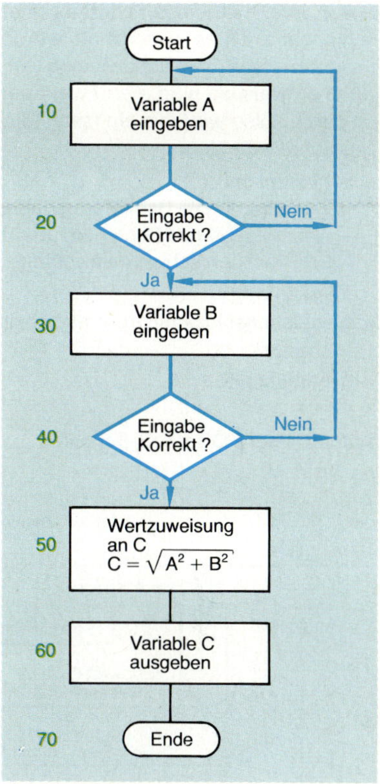

Abb. 2: Programmablaufplan für Verzweigung

Tabelle 4.6: Vergleichsoperatoren

BASIC-zeichen	Bedeutung
=	gleich
<>	ungleich
<	kleiner als
>	größer als
<=	kleiner als oder gleich
>=	größer als oder gleich

Erklärung von BASIC-Befehlen:

INPUT "Text"; ⟨Variable⟩: Anforderung der Variablen wird durch "Text" erläutert

PRINT "Text"; ⟨Variable⟩: Ausgabe der Variablen wird durch "Text" erläutert

Sollen innerhalb eines Programms gleiche Vorgänge mit verschiedenen Daten wiederholt werden, so wendet man die Programmstruktur **Wiederholung** an. Mit Hilfe der **FOR ... NEXT-Anweisung** wird eine **Programmschleife** gebildet, die so oft durchlaufen wird, bis ein festgelegter Endwert erreicht wird. Die Schleife besteht aus:

- **Schleifenkopf** mit
  - Benennung der Schleifenvariablen,
  - Anfangswert der Schleifenvariablen,
  - Endwert der Schleifenvariablen,
  - Schrittweite,
- **Anweisungsblock** mit dem mehrfach zu durchlaufenden Programmteil,
- **Schleifenende.**

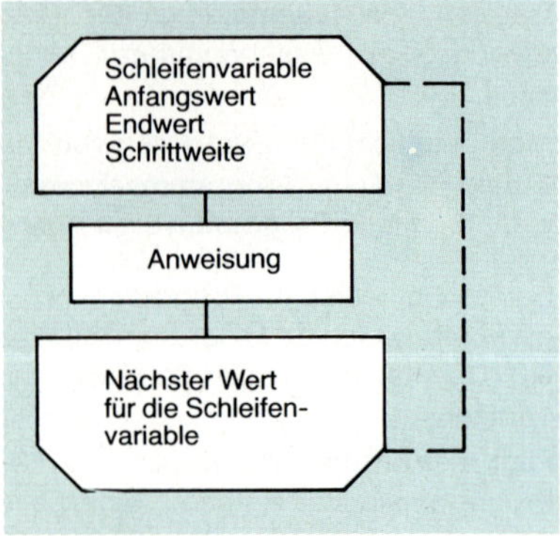

Abb. 1: Programmablaufplan für Wiederholung

Aufbau einer FOR-NEXT-Schleife:

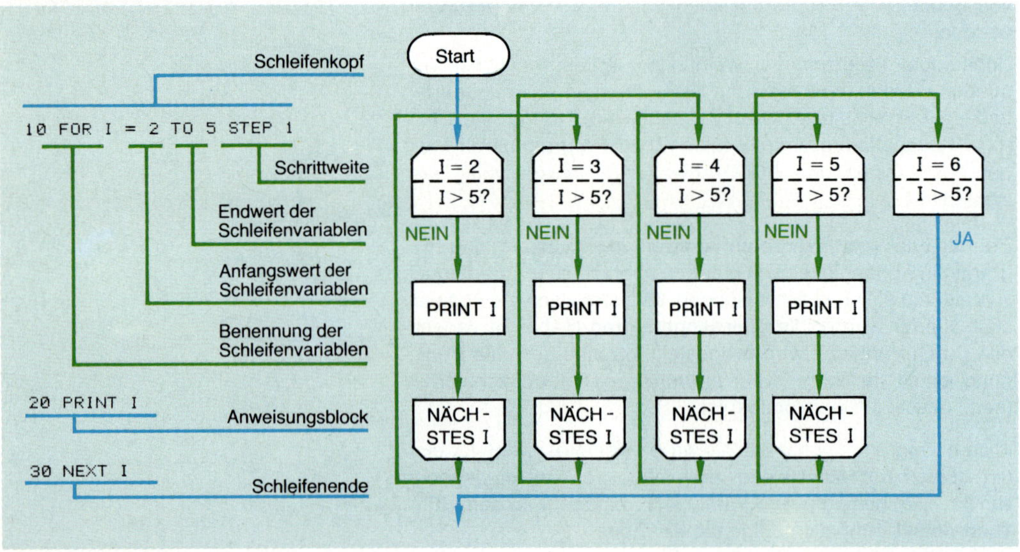

Anfangswert, Endwert und Schrittweite können auch als Term angegeben werden. Die Angabe der Schrittweite kann entfallen, wenn diese gleich 1 ist. Einen Rückwärtszähler erhält man, wenn die Schrittweite negativ gewählt wird. Hierbei ist darauf zu achten, daß der Anfangswert größer sein muß als der Endwert.

Es ist nicht zulässig, von außen in den Anweisungsblock einer Schleife hineinzuspringen. Dies führt zu der Fehlermeldung **NEXT without FOR** (NEXT ohne FOR). Sie besagt, daß z.B. ein »nächstes I« nicht gebildet werden kann, weil gar kein Anfangswert vorhanden ist.

BASIC läßt die Bildung von **geschachtelten Schleifen** zu. Dabei erscheint eine FOR-NEXT-Schleife innerhalb einer anderen. Beide Schleifen benötigen eine eigene Schleifenvariable. Die Schleifen dürfen sich nicht überschneiden, d.h. daß die innere Schleife völlig von der äußeren Schleife eingeschlossen sein muß.

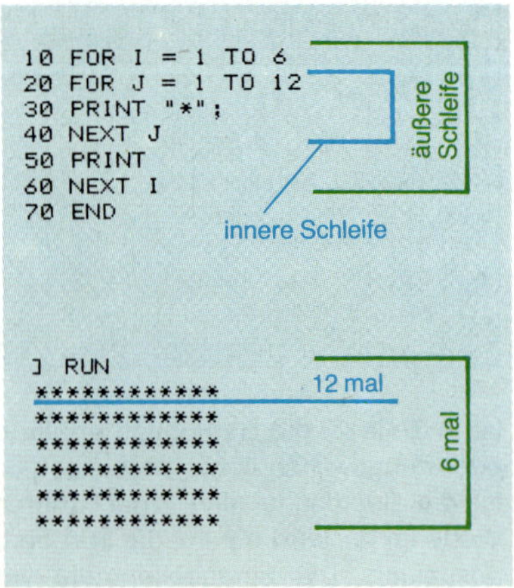

Abb. 2: Geschachtelte Schleife

Eine andere Möglichkeit, gleichartige Programmteile wiederholt zu durchlaufen, stellt die Verwendung von **Unterprogrammen** dar. Hierbei wird ein Algorithmus einmal programmiert, als Unterprogramm deklariert und vom Hauptprogramm aus beliebig oft aufgerufen.

Als Beispiel für die Anwendung eines Unterprogramms dient das Programm von Seite 221:

Es könnte nützlich sein, im Anschluß an die Eingabe der Variablen A und B jeweils abzufragen, ob der eingegebene Wert korrekt ist. Dadurch würde vermieden, daß das ganze Programm zunächst mit einem falschen Wert durchlaufen und anschließend wieder neu gestartet werden müßte.

Der Aufruf eines Unterprogramms erfolgt mit dem Befehl **GOSUB** ⟨Zeilennummer⟩. Das Programm verzweigt jetzt zu der angegebenen Zeilennummer, bei der das Unterprogramm beginnt. Das Ende des Unterprogramms wird durch den **RETURN**-Befehl (nicht zu verwechseln mit dem notwendigen Drücken der RETURN-Taste als Abschluß einer Eingabe) angezeigt. Das Programm kehrt jetzt zu der Programmzeile des Hauptprogramms zurück, die dem GOSUB-Befehl folgt. Bei Bedarf kann das Unterprogramm an anderer Stelle des Hauptprogramms erneut aufgerufen werden.

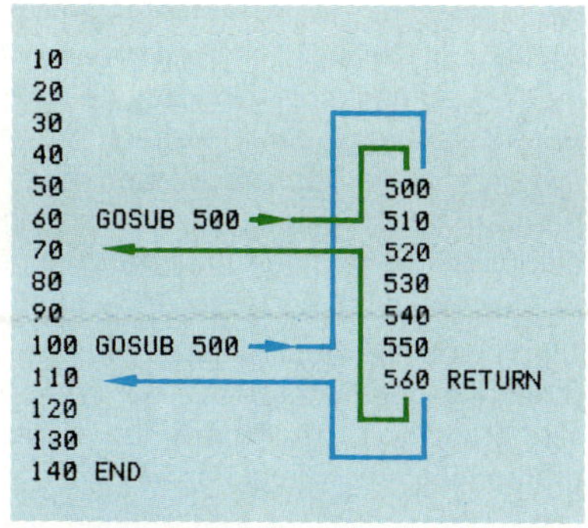

Abb. 3: Programmstruktur Unterprogramm

Erklärung von BASIC-Befehlen:

REM ⟨Kommentar⟩: REM-Anweisungen haben auf den Programmablauf keinen Einfluß. Sie werden vom Rechner nicht verarbeitet und dienen zur Erklärung und Kommentierung eines Programms.

BASIC-Programm

```
10  INPUT "   Kathete a in mm: ";A
20  IF A <= 0 THEN GOTO 10
30  GOSUB 500
40  IF A$ <> "J" THEN GOTO 10
50  INPUT "   Kathete b in mm: ";B
60  IF B <= 0 THEN GOTO 50
70  GOSUB 500
80  IF A$ <> "J" THEN GOTO 50
90  LET C = SQR(A^2 + B^2)
100 PRINT "Hypotenuse c in mm: ";C
110 END
500 REM *** Unterprogramm ***
510 PRINT
520 PRINT "       Eingabe korrekt?"
530 INPUT "       Bitte antworten mit <J> oder
      <N> ";A$
540 PRINT
550 RETURN
```

Programmlauf

```
   Kathete a in mm: 0
   Kathete a in mm: 102

     Eingabe korrekt?
     Bitte antworten mit <J> oder <N>  N

   Kathete a in mm: 120

     Eingabe korrekt?
     Bitte antworten mit <J> oder <N>  J

   Kathete b in mm: 160

     Eingabe korrekt?
     Bitte antworten mit <J> oder <N>  J

Hypotenuse C in mm: 200
```

Abb. 4 zeigt einen Algorithmus für das Auf- und Abrunden von Zahlen, der in vielen Programmen als Unterprogramm einsetzbar ist. Hiermit lassen sich Zahlen auf zwei Stellen nach dem Komma runden. Aufgerundet wird, wenn die dritte Stelle nach dem Komma größer oder gleich fünf ist. In allen anderen Fällen wird abgerundet. Der Algorithmus läßt sich leicht für andere Zahlenformate abändern.

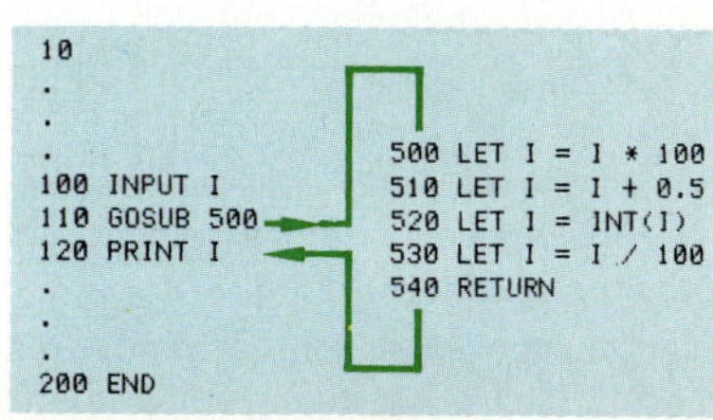

Abb. 4: Rundungsalgorithmus

Wenn ein Programm im »Rohbau« erstellt ist, sollte es anschließend durch die Verwendung von **REM**-Anweisungen in klar erkennbare Programmteile gegliedert werden. Der REM-Befehl gibt dem Rechner die Anweisung, alle in der Programmzeile nach REM stehenden Informationen bei der Programmabarbeitung zu überspringen. Arbeitet man mit Mehrfachanweisungen innerhalb einer Zeile, so muß die REM-Anweisung die letzte Anweisung der Zeile sein.

Durch solche Kommentare wird bei einer späteren Überarbeitung des Programms die erneute Einarbeitung wesentlich erleichtert. Im Programm sollten daher folgende **Programmteile** klar erkennbar sein:

- **Programmkopf** mit Erklärungen und Definitionen der verwendeten Variablen und Konstanten,
- **Programmeingabe,**
- **Programmverarbeitung,**
- **Programmausgabe,**
- **Programmende,**
- **Kennzeichnung von Unterprogrammen.**

Diese Arbeiten werden ganz erheblich erleichtert, wenn nach dem Einfügen von Programmzeilen das gesamte Programm durch einen entsprechenden Befehl (z.B. **RENUM**) neu numeriert werden kann. Hierbei werden auch die in GOTO- und GOSUB-Anweisungen genannten Sprungadressen neu berechnet. Leider verfügen nicht alle BASIC-Dialekte über diesen komfortablen Befehl.

Die abschließenden Arbeiten am Programm werden vervollständigt durch:

- **Testlauf,**
- **Abspeichern auf Diskette,**
- **Anlegen einer Sicherheitskopie** bei sehr umfangreichen, zeitaufwendigen Programmen,
- **Ausdrucken und Abheften eines Programmlistings.**

```
100 REM   *******************
110 REM   *    PYTHAGORAS   *
120 REM   * Falk / 01.08.87 *
130 REM   *  VARIABLEN:     *
140 REM   *   A: Kathete a  *
150 REM   *   B: Kathete b  *
160 REM   *   C: Hypotenuse c *
170 REM   * A$: Antwort     *
180 REM   *******************
190 REM   *** DATENEINGABE ***
200 INPUT "    Kathete a in mm: ";A
210 IF A <= 0 THEN GOTO 200
220 GOSUB 500
230 IF A$ <> "J" THEN GOTO 200
240 INPUT "    Kathete b in mm: ";B
250 IF B <= 0 THEN GOTO 240
260 GOSUB 500
270 IF A$ <> "J" THEN GOTO 240
280 REM   *** RECHENANWEISUNG ***
290 LET C = SQR (A^2 + B^2)
300 REM   *** DATENAUSGABE ***
310 PRINT "Hypotenuse c in mm: ";C
320 END: REM HAUPTPROGRAMMENDE
500 REM
510 REM   *** UNTERPROGRAMM ***
520 PRINT
530 PRINT "Eingabe korrekt?"
540 INPUT "Bitte antworten mit <J>
oder <N> ";A$
550 PRINT
560 RETURN
```

4.2.6 Anwendung von Standardsoftware

Parallel zur Verbreitung des Mikrocomputers verlief die Entwicklung von **Standardprogrammen,** die dem Anwender Einsatzmöglichkeiten in unterschiedlichsten Bereichen bieten, ohne daß er selbst über Programmierkenntnisse verfügen müßte.

Weit verbreitet sind **integrierte Softwarepakete** mit den Programmteilen Textverarbeitung, Datenbank und Tabellenkalkulation.

Die **Textverarbeitung** dient der Erstellung und Formatierung sowie der Ausgabe und Archivierung von Texten unterschiedlicher Art.

Die **Datenbank** ermöglicht die Verarbeitung von Informationen, die üblicherweise in Verzeichnissen, Listen und Tabellen zusammengefaßt werden.

Die **Tabellenkalkulation** verwendet man als Rechenmaschine, die z.B. die Überwachung von Einnahmen und Ausgaben oder die Auftragskalkulation übernimmt.

Erklärung von BASIC-Befehlen:

In einer Programmzeile können mehrere Anweisungen stehen. Diese müssen dann durch einen Doppelpunkt voneinander getrennt sein.

Standardprogramme:

- Textverarbeitung,
- Datenbank,
- Tabellenkalkulation,
- Meßwerterfassung,
- Simulationsprogramme,
- Steuern von Werkzeugmaschinen, Anlagen und Modellen,
- Konstruieren und Zeichnen,
- Präsentationsgrafik,
- Lohnbuchhaltung,
- Auftragsabwicklung.

Am Beispiel einer Datenbank sollen auszugsweise einige Möglichkeiten gezeigt werden.

Eine **Datenbank** oder eine **Datei** besteht aus einer Anzahl von **Datensätzen** (= eine waagerechte Zeile der Tabelle). In einem Datensatz befinden sich alle Informationen über eine Person oder eine Sache. Ein Datensatz wird unterteilt in **Felder** (= senkrechte Spalten der Tabelle). In einem Feld vorhandene Informationen bezeichnet man als **Eintrag.** Für die Erstellung einer Datei sind folgende Schritte notwendig:

- **Dateinamen festlegen,**
- **Feldnamen festlegen,**
- **Einträge eingeben.**

Nach Abschluß der Eingabe wird die Datei ausgegeben. Man kann sie alphabetisch oder numerisch ordnen lassen. Datensätze können eingefügt, gelöscht, kopiert oder innerhalb der Datei bewegt werden. Einzelne Felder können gelöscht, umbenannt oder an eine andere Stelle des Datensatzes bewegt werden.

```
Datei: ADRESSEN

EINFÜGEN VON SÄTZEN

ESC: Anzeigen/
     Bearbeiten


Satz 1 von 1
--------------------------------
Name: ▓
Vorname: -
PLZ: -
Wohnort: -
Straße: -
Telefon: -
Beruf: -
Geboren: -

--------------------------------
```

Hier werden die Einträge für die Felder vorgenommen. Sind alle Felder gefüllt; wird der nächste Datensatz aufgerufen

Abb. 1: Erstellen einer Datei

Datei: ADRESSEN[1]

Name	Vorname	PLZ	Wohnort	Straße	Telefon	Beruf	Geboren
Kolbe	Ernst	3300	Braunschweig	Postfach 55 20	0531/7080	Friseur	25.04.54
Braun	Arthur	4600	Dortmund	Borsigplatz 1	0231/26361	Lehrer	03.05.44
Mager	Kurt	8200	Rosenheim	Bergstr. 13	08031/45623	Drucker	26.11.23
Fischer	Werner	7410	Reutlingen	Am Walde 23	07121/23880	Studienrat	30.12.22
Schilling	Karla	8901	Dasing	Am Brunnen 6	08205/1340	Lektorin	05.05.52
Teupel	Helga	5650	Solingen 3	Friedensplatz 2	0212/24512	Sekretärin	23.02.25
Manstein	Veronika	1000	Berlin 12	Uhlandstr. 3	030/2645782	Dr.-Ing.	15.07.59

Abb. 2: Ungeordnete Tabelle nach der Erstellung

Name	Vorname	PLZ	Wohnort	Straße	Telefon	Beruf	Geboren
Braun	Arthur	4600	Dortmund	Borsigplatz 1	0231/26361	Lehrer	03.05.44
Fischer	Werner	7410	Reutlingen	Am Walde 23	07121/23880	Studienrat	30.12.22
Kolbe	Ernst	3300	Braunschweig	Postfach 55 20	0531/7080	Friseur	25.04.54
Mager	Kurt	8200	Rosenheim	Bergstr. 13	08031/45623	Drucker	26.11.23
Manstein	Veronika	1000	Berlin 12	Uhlandstr. 3	030/2645782	Dr.-Ing.	15.07.59
Schilling	Karla	8901	Dasing	Am Brunnen 6	08205/1340	Lektorin	05.05.52
Teupel	Helga	5650	Solingen 3	Friedensplatz 2	0212/24512	Sekretärin	23.02.25

Abb. 3: Alphabetisch geordnet nach dem Feld ⟨Name⟩

Name	Vorname	PLZ	Wohnort	Straße
Manstein	Veronika	1000	Berlin 12	Uhlandstr. 3
Kolbe	Ernst	3300	Braunschweig	Postfach 55 20
Schilling	Karla	8901	Dasing	Am Brunnen 6
Braun	Arthur	4600	Dortmund	Borsigplatz 1
Mager	Kurt	8200	Rosenheim	Bergstr. 13

Abb. 4: Datensätze gelöscht; Felder gelöscht; geordnet nach Feld ⟨Wohnort⟩

Name	VN	PLZ	Wohnort	Straße
Braun	A.	4600	Dortmund	Borsigplatz 1
Kolbe	E.	3300	Braunschweig	Postfach 55 20
Mager	K.	8200	Rosenheim	Bergstr. 13
Manstein	V.	1000	Berlin 12	Uhlandstr. 3
Schilling	K.	8901	Dasing	Am Brunnen 6

Abb. 5: Feldname und Einträge geändert; geordnet nach Feld ⟨Name⟩

[1] Es handelt sich um Daten nicht existierender Personen

4.2.7 Auswirkungen der Datenverarbeitung

Es gibt fast keinen gesellschaftlichen Bereich, der von der Entwicklung der Computertechnik unberührt geblieben ist. Ganz entscheidend dazu beigetragen hat die ständige Kostenreduzierung von Mikroprozessoren. Der Mikroprozessor 8080 z.B., der jahrelang das Standardbauelement vieler Rechner gewesen ist, kostete bei seiner Einführung 1973/74 ca. 1500,00 DM. Der heutige Preis dieses Bausteins beträgt nur noch ca. 1/50 des ursprünglichen Preises. Bei vielen anderen Bauelementen und Peripheriegeräten eines Computers ist eine ähnliche Entwicklung zu beobachten.

Auch in früheren Zeiten haben viele technische Erfindungen zu großen Umwälzungen innerhalb der Gesellschaft geführt. In welcher Weise die Computertechnik weitere Veränderungen hervorrufen wird, läßt sich heute verläßlich noch nicht voraussehen. Dies führt mitunter zu schwer definierbaren Ängsten gegenüber modernen Kommunikationstechniken. Dennoch wird sich, wie bei allen anderen technischen Erfindungen vorher auch schon, die weitere Entwicklung dadurch nicht bremsen lassen.

4.2.7.1 Wirtschaftliche Auswirkungen

Am ehesten erkennbar sind die Auswirkungen des ständig steigenden Einsatzes von Mikrocomputern im wirtschaftlich-technischen Bereich.

In vielen Maschinen wurden früher übliche elektromechanische Steuerungen durch Mikroprozessoren ersetzt. Erzeugnisse sind dadurch häufig kostengünstiger zu fertigen und besser zu handhaben. Sie sind nicht mehr so störanfällig und erfordern weniger Wartungsaufwand. Der Maschinenhersteller dagegen wird abhängiger von Vorlieferanten, wenn er die benötigten Mikroprozessoren nicht selbst herstellen kann.

Frei programmierbare Handhabungsautomaten (Industrieroboter) in Verbindung mit Sensoren und Videokameras übernehmen Arbeiten in Fertigung und Montage, die durch ein hohes Maß an körperlicher Anstrengung, Eintönigkeit oder Gesundheitsgefährdung gekennzeichnet sind. Durch die zunehmende Automatisierung von Fertigungsabläufen ist höhere Produktqualität bei sinkenden Kosten möglich. Wegfall, Umschichtung und Schaffung neuer Arbeitsplätze mit höherem Qualifikationsprofil sind unausbleiblich. Gefordert werden Mitarbeiter mit hohem Verantwortungsbewußtsein und der Bereitschaft und Fähigkeit zur Teamarbeit. Die Fähigkeit zum selbständigen Planen, Durchführen und Kontrollieren von Arbeitsabläufen wird unabdingbare Voraussetzung qualifizierter beruflicher Tätigkeit sein (§ 3 Abs. 4 der Verordnung über die Berufsausbildung in den industriellen Metallberufen).

In allen Wissenschaftszweigen sind im Bereich von Forschung und Entwicklung Computer als universell einsetzbare Werkzeuge nicht mehr wegzudenken, um die bedrohlich erscheinende Menge von Informationen überhaupt noch verarbeiten zu können.

Von der Datenverarbeitung betroffene Lebensbereiche (unvollständige Auswahl):

- Meldewesen
  - Standesamt
  - Einwohnermeldeamt
  - Kindergeldkasse
  - Wehrdienst
  - Zivildienst
  - Statistik
- Schule und Ausbildung
  - Schulpflicht
  - Berufliche Bildung
  - Hochschule
  - Ausbildungsförderung
- Berufstätigkeit
  - Sozialversicherungen
  - Finanzamt
  - Gewerbeaufsichtsamt
- Justiz und Sicherheit
  - Führungszeugnisse
  - Schuldnerverzeichnis
  - Personenfahndung
  - Sachfahndung
  - Verfassungsschutz
- Verkehrswesen
  - Verkehrszentralregister
  - Zulassungsstellen
  - Finanzamt
  - Versicherungen
  - Kreditinstitute
  - TÜV
- Kommunikation
  - Bundespost
  - GEZ
  - Zeitungen, Zeitschriften
  - Bibliotheken
- Geschäftsverkehr
  - Spar- und Girokonten
  - Scheckkarten
  - Kreditkarten
  - Auskunfteien
- Sonstige
  - Parteien
  - Verbände
  - Vereine

4.2.7.2 Soziale Auswirkungen

Die Entwicklung der elektronischen Datenverarbeitung erweckt nicht nur Hoffnungen. Es gibt auch sehr starke Vorbehalte gegen ihr Vordringen in nahezu alle Lebensbereiche des Menschen.

Häufig wird die Befürchtung geäußert, daß durch immer weitergehende Rationalisierung und Automatisierung immer mehr Arbeitsplätze vernichtet werden. Der Computer wird als »jobkiller« betrachtet. Es wird befürchtet, daß am Ende einer solchen Entwicklung nur noch wenige Arbeitsplätze für hochqualifizierte Spezialisten vorhanden sein werden.

Eine andere, oft geäußerte Befürchtung beruht darauf, daß von immer mehr Menschen immer mehr Daten in immer mehr Dateien gespeichert, miteinander verknüpft und in nicht mehr durchschaubarer Weise verarbeitet werden. Der Verlust der Individualität und Schaffung des »gläsernen Menschen« werden befürchtet, der als »verdateter Mensch« einer nahezu vollständigen Überwachung ausgeliefert ist, weil Informationen mit Hilfe vernetzter Kommunikationssysteme

- in größten Mengen gespeichert,
- in kürzester Zeit auch über größte Entfernungen hinweg verfügbar,
- nach unterschiedlichsten Gesichtspunkten miteinander verknüpft und
- in Erkenntnisse und Entscheidungen umgewandelt werden können.

Als Folge dieser Einsichten trat am 1. Januar 1978 das **Bundesdatenschutzgesetz (BDSG)** in Kraft, durch dessen Vorschriften der elektronischen Datenverarbeitung Auflagen und Beschränkungen zum Schutz der Bürger vor Mißbrauch verordnet werden.

Ziel des Datenschutzes:

Bewahrung der Bürger vor nachteiligen Folgen der Datenverarbeitung

Personenbezogene Daten:

Angaben über persönliche oder sachliche Verhältnisse eines Bürgers

Datei:

Datensammlung, in der Daten nach bestimmten Merkmalen erfaßt, geordnet, umgeordnet und ausgewertet werden können. Hierunter fallen auch Datenbestände, die in herkömmlichen Karteien enthalten sind.

Voraussetzungen für Datenverarbeitung:

- Datenverarbeitung ist durch Rechtsvorschrift erlaubt,
- Datenverarbeitung ist bei fehlenden Rechtsvorschriften nur mit schriftlicher Einwilligung der Betroffenen erlaubt.

4.2.8 Datenschutz

Durch das Datenschutzgesetz wird geregelt:

- unter welchen Voraussetzungen die **Speicherung, Übermittlung, Veränderung** und **Löschung personenbezogener Daten** zulässig ist,
- welche **Rechte** man als **Betroffener** gegenüber datenverarbeitenden Stellen hat, um den Schutz seiner Daten durchzusetzen,
- durch welche Einrichtungen **(Datenschutzbeauftragte, Aufsichtsbehörden)** die Einhaltung der Vorschriften überwacht wird,
- wie **Gesetzesverletzungen** durch **Bußgelder** und **Strafen** geahndet werden.

Die **Kontrolle des Datenschutzes** wird im öffentlichen Bereich von **Bundes- und Landesbeauftragten für den Datenschutz** wahrgenommen, die unabhängig sind und keinen Weisungen unterliegen.

Im nicht-öffentlichen Bereich ist bei einer Betriebsgröße von mehr als fünf Mitarbeitern ein **Datenschutzbeauftragter** zu benennen.

Rechte von Betroffenen:

- Recht auf Auskunft über gespeicherte Daten
- Recht auf Berichtigung unrichtiger Daten
- Recht auf Sperrung, wenn die Voraussetzungen für die Speicherung entfallen sind
- Recht auf Löschung bei unzulässiger Speicherung

Datenschutzkontrolle:

- Selbstkontrolle durch Dienststellen und Unternehmensleiter
- Fremdkontrolle durch Betroffenen, Datenschutzbeauftragten, Gerichte, Presse und Rundfunk

Aufgaben zu 4.2.1 … 4.2.8

1. Erläutern Sie die prinzipielle Arbeitsweise von Computern.
2. Erklären Sie den Unterschied zwischen Hardware und Software.
3. Welche Aufgaben hat das Betriebssystem?
4. Welcher Unterschied besteht zwischen einem ROM- und einem RAM-Speicher?
5. Ein Computer hat einen Arbeitsspeicher von 512 KB. Wieviele Schreibmaschinenseiten mit einer Zeilenbreite von 65 Anschlägen/Zeile und einer Länge von 66 Zeilen lassen sich theoretisch darin abspeichern?
6. Übertragen Sie die folgenden Terme in die BASIC-Schreibweise:

   a) $A = l \cdot b$ b) $e = \sqrt{l^2 + b^2}$

   c) $A = \frac{l_1 + l_2}{2} \cdot b$ d) $s = \frac{\sqrt{3}}{2} \cdot d$

   e) $A = \frac{d^2 \cdot \pi}{4}$ f) $V = \frac{d^2 \cdot \pi \cdot h}{4 \cdot 3}$

7. Übertragen Sie die Formeln zur Berechnung von Umfang, Grund- und Deckfläche, Mantelfläche und Volumen eines Zylinders in die BASIC-Schreibweise.
8. Berechnen Sie **ohne** Computer die Ergebnisse der BASIC-Anweisungen:

   a) `PRINT 17-(5+3)+3*(8-10)/1.5`
   b) `PRINT (SQR(49)-81^(1/2))^3`
   c) `PRINT INT(SQR(8))`

   Überprüfen Sie ihre Ergebnisse **mit** dem Computer.
9. Schreiben Sie einen Algorithmus für das Alltagsproblem »Telefonieren von einem Münzfernsprecher«.
10. Schreiben Sie unter Verwendung des Computer-Handbuchs einen Algorithmus für das Formatieren einer Diskette.
11. In welche Gruppe von Peripheriegeräten ordnen Sie einen Lochstreifen-Leser/-Stanzer ein?
12. Die folgenden Buchstaben und Zeichen werden durch die in Klammern stehenden Zahlen des Dezimalsystems codiert. Bestimmen Sie die zugehörigen Dualzahlen. A(65); W(87); e(101); m(109); %(37); $<$(60); CTRL-G(7).
13. Wie reagiert der Computer im Direktmodus auf die Anweisungen:

   a) `PRINT GUTEN TAG`
   b) `23 + 5 - 11`

14. Erklären Sie die Auswirkungen der Anweisungsfolge
   a) von Abb. 1,
   b) von Abb. 2.

16. Formulieren Sie umgangssprachlich eine Fehlermeldung, die in bezug auf Zeile 40 der Anweisungsfolge von Abb. 3 erscheinen wird. Ermitteln Sie die zugehörige, tatsächliche Fehlermeldung des Computers.

```
CATALOG
LOAD PROG1
RUN
SAVE PROG2
DELETE PROG1
CATALOG
```

Abb. 1: Anweisungsfolge 1

```
LOAD PROG2
LIST
10 HOME
50
RENUM
SAVE PROG2
```

Abb. 2: Anweisungsfolge 2

```
10 A = 20
20 B = 30
30 C = 0.5
40 PRINT (A+B)*C/(A*C-10)
```

Abb. 3: PROG 1

```
10 HOME
20 FOR I = 1 TO 12
30 PRINT "*";
40 NEXT I
50 END
```

Abb. 4: PROG 2

```
10 HOME
20 FOR I = 0 TO 10 STEP 2
30 LET X = 10 - I
40 PRINT I,X
50 NEXT I
60 END
```

Abb. 5: PROG 3

17. Erstellen Sie ein Programm, das nach Eingabe beliebiger natürlicher Zahlen übersichtlich nebeneinander angeordnet die Zahl selbst sowie deren Quadratwurzeln und Quadrate anzeigt. Stellen Sie sicher, daß Eingaben von Zahlen ⟨=0 nicht verarbeitet werden.
18. Setzen Sie im Programm von Seite 223 Abb. 4 in Zeile 100 für I nacheinander folgende Werte ein:
    a) 19.3769
    b) 284.9849

    Schreiben Sie den jeweiligen Speicherinhalt der Variablen I für die Zeilen 500 ... 530 und 120 auf.
19. Entwickeln Sie einen Rundungsalgorithmus, mit dem vom Computer errechnete Zahlenwerte auf drei Stellen nach dem Komma gerundet werden können.
20. Erstellen Sie ein Programm zur Kegelberechnung. Die größten zulässigen Werte für die Eingangsgrößen sollen sein: $d_{max} = 100\,mm$; $h_{max} = 200\,mm$.
    Folgende Ausgangsgrößen sind zu berechnen und übersichtlich geordnet darzustellen:
    a) Umfang des Grundkreises
    b) Länge der Mantellinie
    c) Fläche des Grundkreises
    d) Mantelfläche
    e) Oberfläche
    f) Volumen
    g) Masse für den Werkstoff Stahl
21. Schreiben Sie ein Programm, das
    a) nach Eingabe von Werkstückdurchmesser d und Drehzahl n die Schnittgeschwindigkeit v_c berechnet,
    b) nach Eingabe von Schnittgeschwindigkeit v_c und Werkstückdurchmesser d die Drehzahl n berechnet.
    Schreiben Sie das Programm so, daß zu Beginn eine Abfrage nach der gewünschten Berechnung erfolgt.
22. Schreiben Sie das Ergebnis des Programms von Abb. 4 auf. Kontrollieren Sie anschließend Ihr Ergebnis am Computer. Was verändert sich, wenn Zeile 30 so verändert wird:

    ```
    30 PRINT "*"
    ```
23. Schreiben Sie das Ergebnis des Programms von Abb. 5 auf. Kontrollieren Sie Ihr Ergebnis im Computer.
24. Erstellen Sie Programme, die zu den Bildschirmausgaben der Abbildungen 6 ... 9 führen.
25. Welche Möglichkeiten und Gefahren erkennen Sie in einer fortschreitenden Computerisierung Ihres Berufs?
26. Warum ist es wichtig, daß personenbezogene Daten nicht frei jedermann zugänglich sein dürfen?
27. Informieren Sie sich, wie in Ihrem Ausbildungsbetrieb Forderungen des Datenschutzes erfüllt werden.

```
RUN
ANFANGSWERT: 11
   ENDWERT: 25
SCHRITTWEITE: 2

11              13              15
17              19              21
23              25
```

Abb. 6: PROGRAMM ⟨ZÄHLER⟩

```
RUN
GEBEN SIE EINE ZAHL N EIN: 4

      N        = 4
      SQR(N)   = 2
      N^2      = 16
      N^3      = 64
      N*PI     = 12.56636
    N^2*PI/4   = 12.56636
```

Abb. 7: PROGRAMM ⟨ZAHLENWERTE⟩

```
RUN
GEBEN SIE BITTE IHR ALTER AN: 19

SIE SIND VOLLJÄHRIG UND BESITZEN
DAS AKTIVE UND PASSIVE WAHLRECHT

RUN
GEBEN SIE BITTE IHR ALTER AN: 16

SIE SIND NOCH NICHT VOLLJÄHRIG UND
DÜRFEN DESHALB AUCH NOCH NICHT WÄHLEN
```

Abb. 8: PROGRAMM ⟨WAHLRECHT⟩

```
RUN
GEFAHRENE STRECKE IN KM: 463
   BENZINVERBRAUCH IN L: 30.5

IHR FAHRZEUG VERBRAUCHT AUF 100 KM
6.9 LITER BENZIN

IHR WAGEN IST SEHR SPARSAM

RUN
GEFAHRENE STRECKE IN KM: 370
   BENZINVERBRAUCH IN L: 42

IHR FAHRZEUG VERBRAUCHT AUF 100 KM
11.4 LITER BENZIN

WAHRSCHEINLICH FAHREN SIE IMMER
VIEL ZU SCHNELL
```

Abb. 9: PROGRAMM ⟨BENZINVERBRAUCH⟩

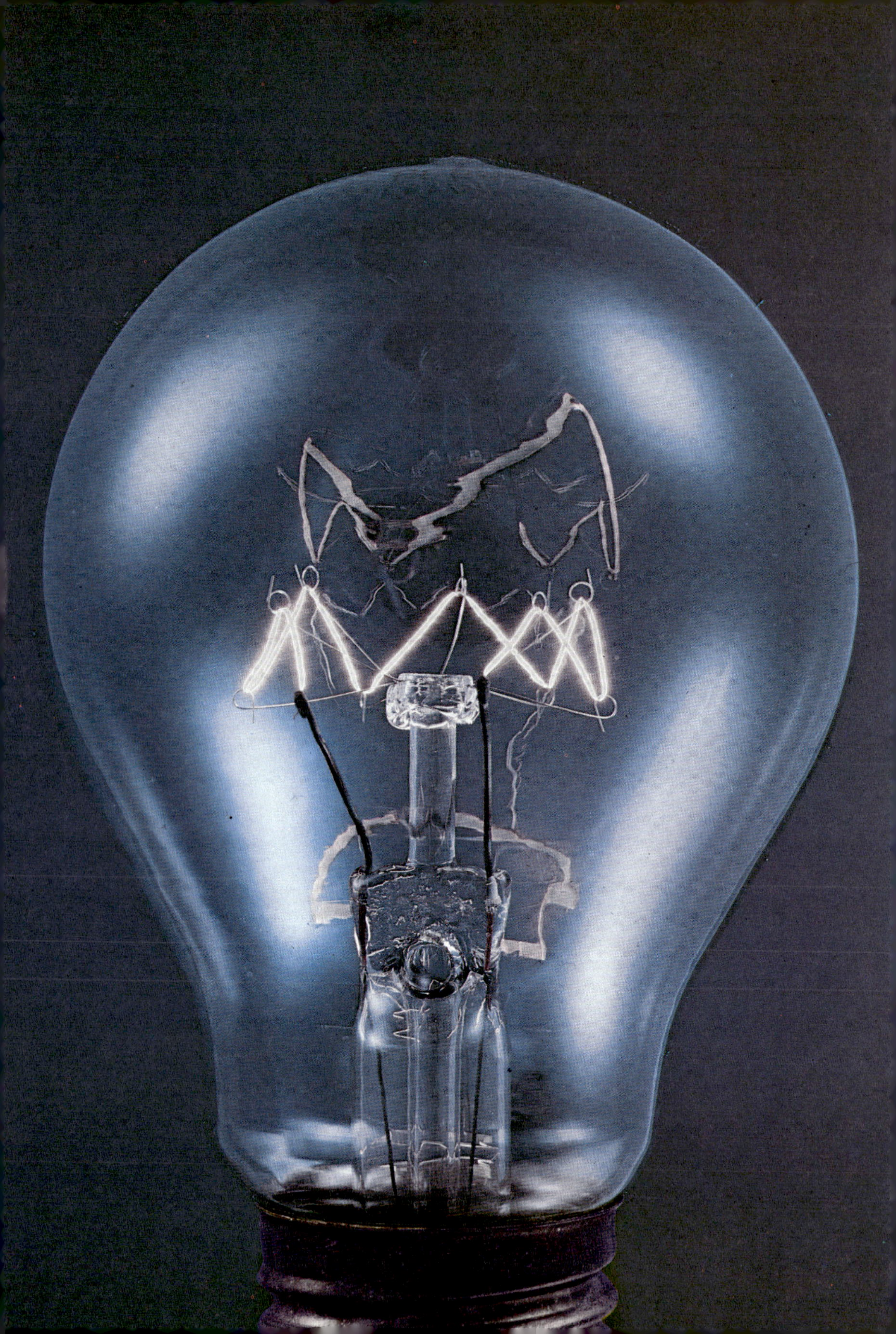

5 Grundlagen der Elektrotechnik

Die elektrische Energie spielt in den metalltechnischen Berufen eine wichtige Rolle. Sie dient beispielsweise zum Antrieb von Elektrowerkzeugen und Werkzeugmaschinen sowie zum Betrieb von Druckluftanlagen und Werkstattheizungen. Darüber hinaus wird sie für Steuer- und Regelvorgänge verwendet.

Bei unsachgemäßem Umgang mit elektrischen Einrichtungen kann es zu Unfällen kommen. In diesem Kapitel werden die Gesetzmäßigkeiten der Elektrizität besprochen, soweit sie für die Metallberufe von Bedeutung sind, und die Sicherheitsvorschriften für den Umgang mit elektrischen Geräten behandelt.

Abb. 1: Elektrische Tischbohrmaschine

5.1 Stromkreis

5.1.1 Merkmale der elektrischen Energie

Es ist bekannt, daß eine Lampe leuchtet, die mit einer Spannungsquelle verbunden ist. Die elektrische Energie muß also in irgendeiner Form durch die Zuleitung transportiert werden.

Zur Verdeutlichung dieses Transportvorganges dient die Modellvorstellung vom Aufbau der Materie.

Metallatome haben auf ihrer äußeren Schale nur wenige Elektronen (Abb. 2). Sie sind bestrebt, diese abzugeben. Ein Metallkörper besteht aus »Atomrümpfen«. Im »normalen« Zustand befinden sich die Elektronen in ungeordneter Bewegung (Abb. 3). Elektronen sind elektrisch negativ geladen.

Wird ein metallischer Leiter an eine Spannungsquelle angeschlossen, so bewegen sich die Elektronen im Leiter in einer Richtung: es fließt ein Strom.

In metallischen Leitern fließt elektrischer Strom als gerichtete Bewegung von Elektronen.

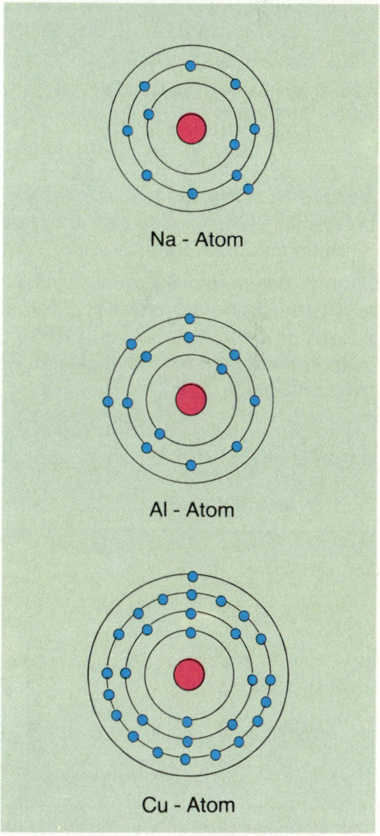

Abb. 2: Besetzung der äußeren Schalen bei Metallatomen

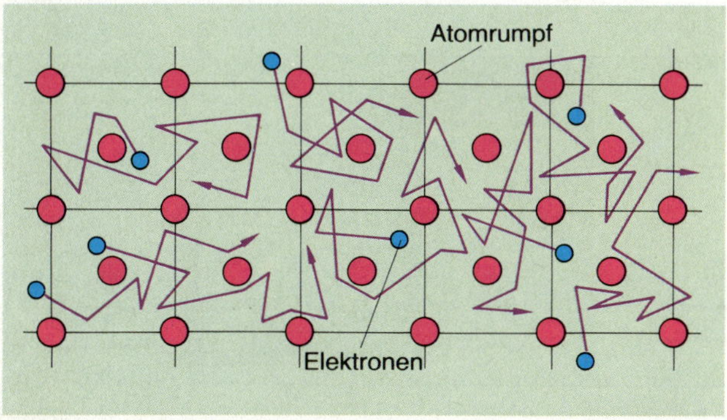

Abb. 3: Ungeordnete Elektronenbewegung zwischen Atomrümpfen

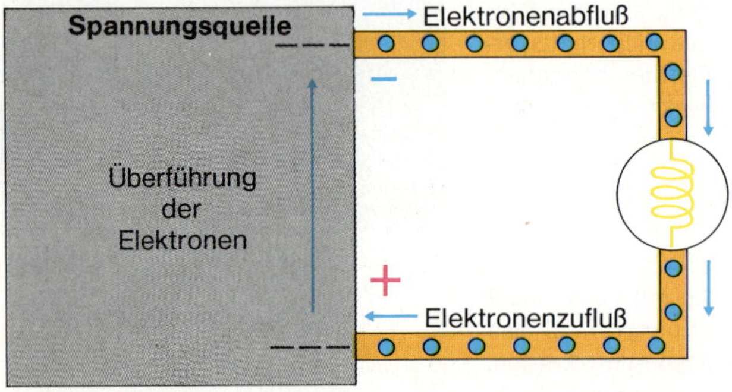

Abb. 1: Modellhafte Darstellung des Elektronenflusses im elektrischen Stromkreis

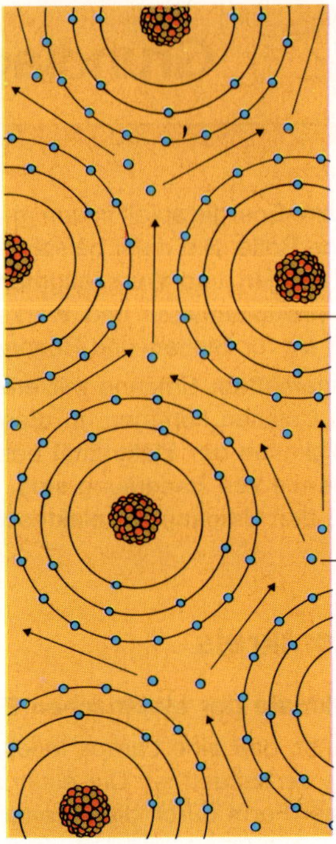

Abb. 2: Gerichtete Elektronenbewegung zwischen Atomrümpfen

Manche Flüssigkeiten sind ebenfalls elektrisch leitend (Abb. 3). In Flüssigkeiten befinden sich aber keine freien Elektronen. Die Stromleitung muß auf eine andere Art vor sich gehen.

Säuren, Basen und Salze dissoziieren[1] in wäßrigen Lösungen in Ionen. Ionen sind elektrisch geladene Teilchen, die durch Aufnahme oder Abgabe von Elektronen entstanden sind. Sie bewirken in leitenden Flüssigkeiten den »Transport« der elektrischen Energie.

Bewegen sich Ionen in flüssigen Leitern, dann fließt elektrischer Strom.

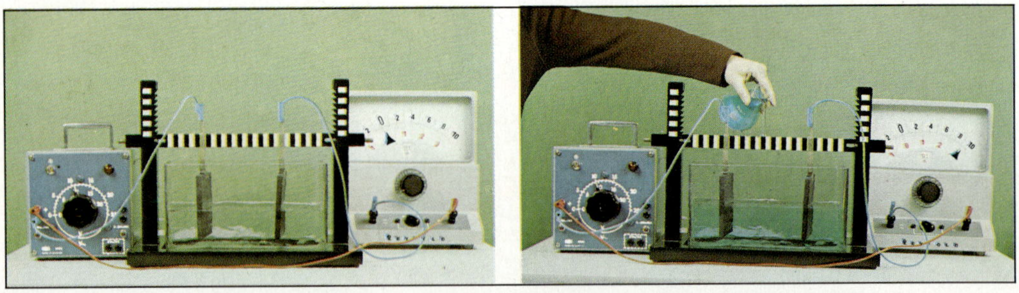

Abb. 3: Reines Wasser leitet nicht; eine Kupfersulfatlösung ist leitend

[1] von dissociare (lat.): trennen, zerfallen

5.1.2 Leiterarten

Stoffe kann man danach einteilen, inwieweit sie in der Lage sind, Elektrizität zu transportieren. Stoffe, in denen der Transport elektrischer Ladungen gut möglich ist, werden **Leiter** genannt. Man unterteilt in:

- **feste Leiter** (z.B. Kupfer, Aluminium-Kohle),
- **flüssige Leiter** (z.B. wäßrige Lösungen von Säuren, Basen und Salzen; Elektrolyte).

Stoffe, in denen **kein** Ladungstransport elektrischer Teilchen möglich ist, werden **Nichtleiter** oder **Isolatoren** genannt (z.B. Gummi, Porzellan).

Halbleiter sind Stoffe, die nur unter bestimmten Bedingungen leiten. Werden sie mit anderen Elementen dotiert[1], so stören diese Elemente den regelmäßigen Gitteraufbau und die Leitfähigkeit verbessert sich.

Als Ausgangsstoffe für Halbleiter werden Germanium oder Silicium benutzt. Als Dotierungselemente eignen sich Aluminium, Bor, Arsen und Phosphor.

Hierdurch lassen sich Halbleiter mit einem Festwiderstand »bauen«. Diese so hergestellten Halbleiter werden in elektronischen Bauteilen (Dioden, Transistoren) verwendet (Abb. 5).

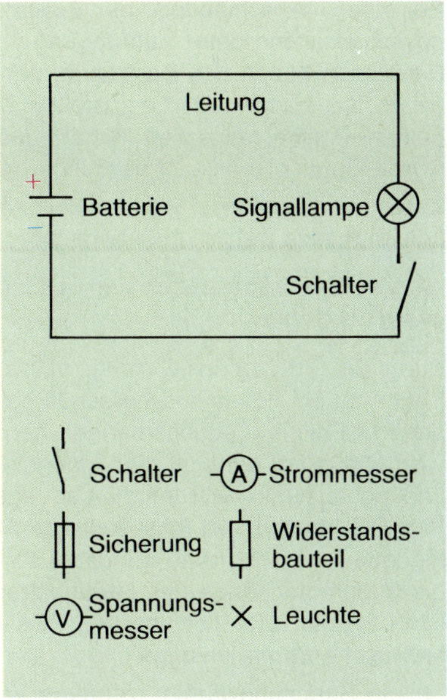

Abb. 4: Schaltzeichen nach DIN 40717

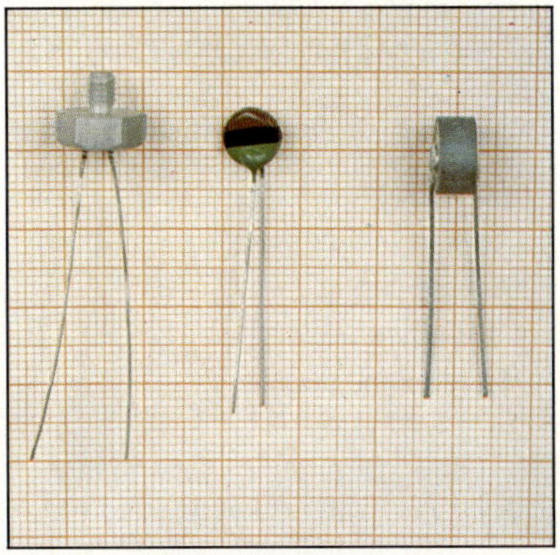

Abb. 5: Veränderbare Widerstände

5.2 Elektrische Größen

Eine Glühlampe leuchtet nur auf, wenn der Stromkreis geschlossen ist. Der Transport elektrischer Ladungen kann offenbar nur in einem geschlossenen Stromkreis stattfinden.

Ein **einfacher Stromkreis** besteht aus Spannungsquelle, Leitungen und einem Verbraucher (Abb. 4).

5.2.1 Spannung

Bisher wurde von der Ladungsbewegung in Leitern gesprochen, ohne zu klären, auf welche Ursache diese Bewegung zurückgeht.

Die Kräfte zwischen den Elektronen und Atomrümpfen sorgen für einen Gleichgewichtszustand.

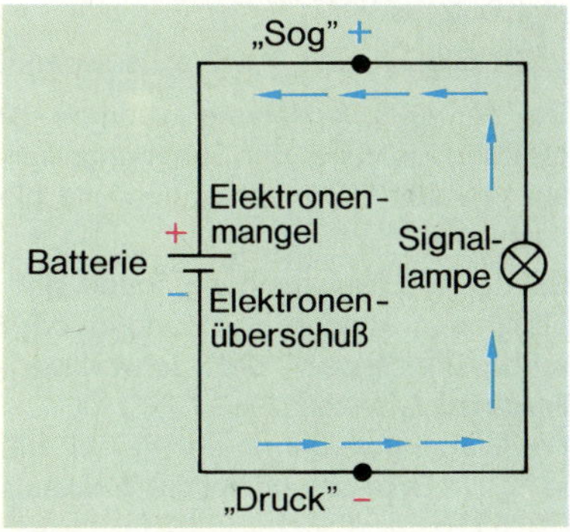

Abb. 6: »Druck«- und »Sog«-Wirkung im elektrischen Stromkreis

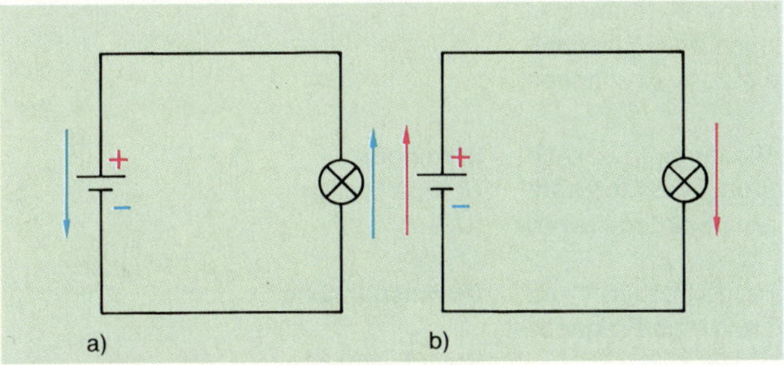

Abb. 7: a) Elektronenstromrichtung, b) Technische Stromrichtung

[1] dotieren: einfügen

Bei einer »Verschiebung« der Elektronen wird dieser Gleichgewichtszustand unter Aufbringung von Arbeit verändert. Die Elektronen haben das Bestreben, den ursprünglichen Gleichgewichtszustand wiederherzustellen. Das ist möglich, wenn die beiden Punkte, zwischen denen das Gleichgewicht gestört wurde, durch einen Leiter verbunden werden.

Zwischen diesen zwei Punkten herrscht eine Spannung. Diese beiden Punkte werden **Pole** genannt.

Das Ausgleichsbestreben der Ladungsträger wird als **Spannung** bezeichnet.

Durch die Störung des Gleichgewichtszustandes der Ladungsträger hat ein Pol einen Überschuß an Ladungen, während am anderen Pol ein »Ladungsmangel« herrscht. Der Überschuß-Pol wird Minus-Pol genannt, der Mangel-Pol ist der Plus-Pol. Bei Ladungsausgleich werden die Ladungen also vom Minus- zum Plus-Pol transportiert **(physikalische Stromrichtung).** Die Festlegungen von Plus- und Minuspol stammen aus der Zeit, als die Zusammenhänge des Ladungstransportes noch nicht bekannt waren. Die Richtung von Plus nach Minus nennt man **technische Stromrichtung.**

Da die Spannung durch Trennung von Ladungen unter Verrichtung von Arbeit entstanden ist, stellt sie eine Art Energiezustand dar.

Die Spannung hat die Einheit **Volt**[1] **V.**

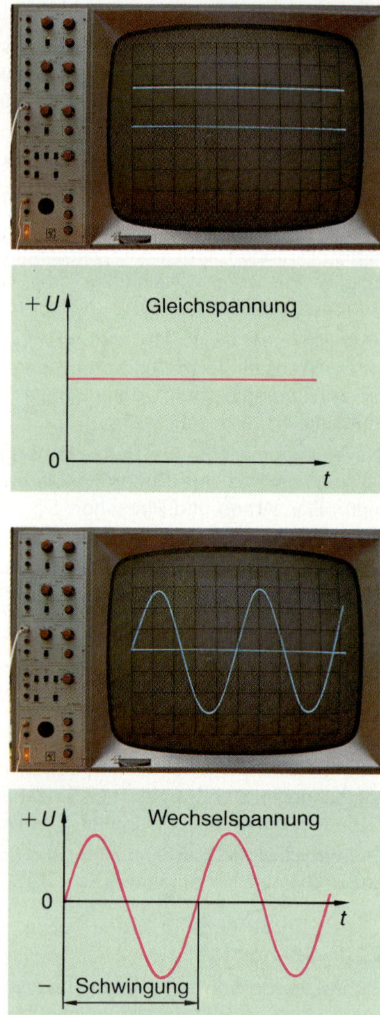

Abb. 1: Darstellung von Gleich- und Wechselspannung auf einem Bildschirm

Tabelle 5.1: Größenordnungen einiger Spannungen

Menschliches Herz	ca. 0,001 Volt
Bleiakkumulator	12 Volt
Netzspannung	220 Volt
Farbfernseh-Bildröhre	25000 Volt
Hochspannungsnetz	110000 Volt

Die Ladungstrennung (Spannungserzeugung) geschieht in Spannungserzeugern (Generatoren).

Spannungsarten (Abb. 1)

Man unterscheidet

- Gleichspannung,
- Wechselspannung.

Bei der **Gleichspannung** wandern die Elektronen immer in gleicher Richtung. Der Spannungswert ist nach dem Einschalten in voller Höhe vorhanden und bleibt bis zum Abschalten bestehen.

Bei der **Wechselspannung** ändert sich die Richtung, in der die Elektronen wandern und dadurch der Spannungswert fortwährend. Die Anzahl der Schwingungen pro Sekunde wird **Frequenz** *f* genannt.

Frequenzen werden in der Einheit **Hertz**[2] Hz gemessen (1 Hz = $\frac{1}{s}$). In Deutschland hat die Wechselspannung eine Frequenz von 50 Hz.

Spannung
U: Spannung
$[U] = V$

Gleichspannung —

Wechselspannung ~

[1] nach ALESSANDRO VOLTA, ital. Physiker, 1745 ... 1827
[2] nach HEINRICH HERTZ, dt. Physiker, 1857 ... 1894

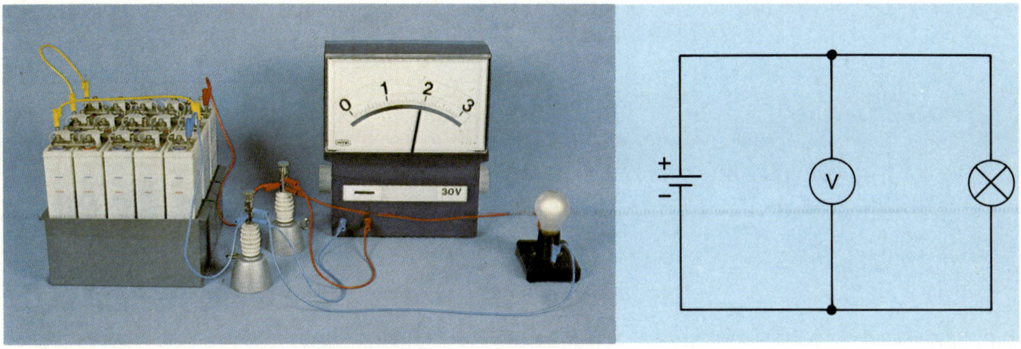

Abb. 2: Schaltung eines Spannungsmeßgerätes

Spannungen werden mit einem Spannungsmeßgerät gemessen. Da eine Spannung immer nur zwischen zwei Polen herrscht und deswegen auch zwischen zwei Polen gemessen werden muß, wird das Meßgerät parallel zu Verbrauchern geschaltet (Abb. 2), die im Stromkreis liegen. Es ist darauf zu achten, daß der Meßbereich des Gerätes mindestens der zu messenden Spannung entspricht, sonst wird das Gerät zerstört.

Beim Messen von Gleich- bzw. Wechselspannung ist die entsprechende Spannungsart am Spannungsmeßgerät einzustellen (Gleichspannung − bzw. Wechselspannung ∼).

5.2.2 Strom

Betätigt man in einem einfachen Stromkreis den Schalter, so bewirkt die herrschende Spannung einen Ladungstransport.

Elektrischer Strom ist **eine** gerichtete Bewegung von Ladungen.

Die Stromstärke hat die Einheit **Ampere**[1] **A.** Die Einheit Ampere ist eine Basiseinheit des SI-Systems.

Stromarten (Abb. 3)

Die unterschiedlichen Spannungsarten bewirken unterschiedliche Stromarten.

Beim **Gleichstrom** strömen die elektrischen Ladungen immer in einer Richtung.

Beim **Wechselstrom** wechselt diese Richtung in gleichen Zeitabschnitten entsprechend der Wechselspannung. Entsprechend der Frequenz der Wechselspannung ändert sich auch der Wechselstrom.

Für viele Anlagen und Geräte reicht aufgrund eines großen Energiebedarfs ein Leitungsnetz mit nur zwei Strombahnen nicht aus. Bei der Erzeugung und Verteilung der elektrischen Energie ist das dreiphasige Wechselstromsystem üblich, es wird als Drehstromsystem bezeichnet. Der in diesem System verwendete Strom heißt **Drehstrom.** Er ist eine Sonderform des Wechselstroms.

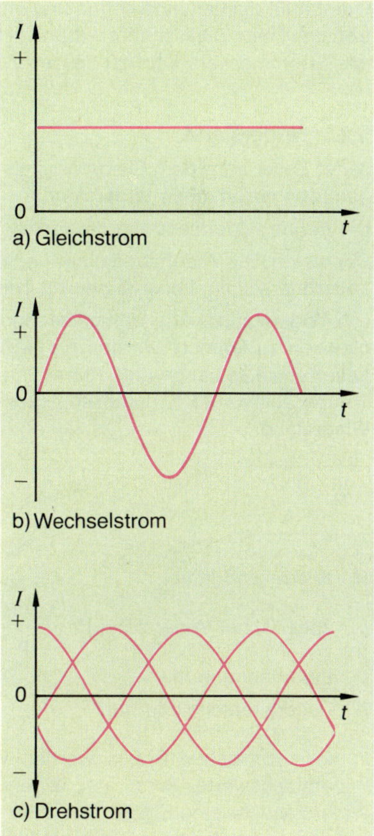

Abb. 3: Darstellung von Stromarten

Stromstärke

I: Stromstärke

$[I] = A$

[1] André-Marie Ampère, franz. Physiker, 1775 ... 1836

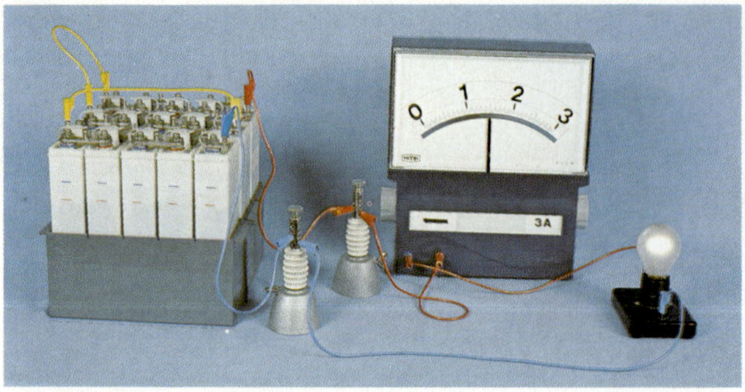

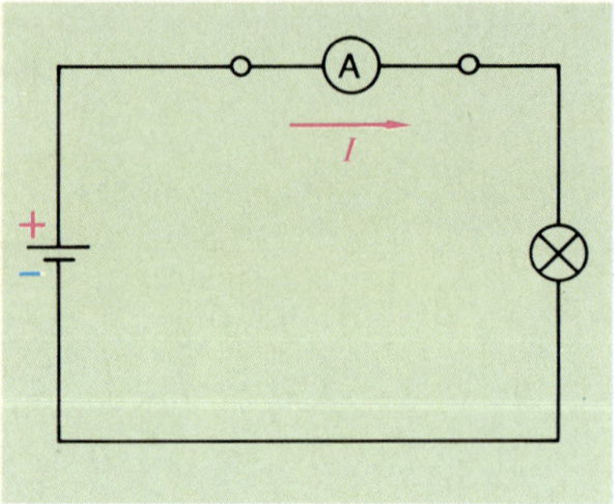

Abb. 1: Schaltung eines Strommeßgeräts

Ströme werden mit Strommeßgeräten gemessen. Ein solches Gerät mißt die Ladungsmenge und muß deshalb **in** die »aufgetrennte« Leitung geschaltet werden (Abb. 1). Falsches Schalten des Strommessers führt zu dessen Zerstörung.

Tabelle 5.2: Größenordnungen von Stromstärken in A (ca.)

Belichtungsmesser	0,001
Glühlampe 100 Watt	0,45
Handbohrmaschine	1,5
Straßenbahn	50
Aluminium-Schmelzofen	15000
Gewitterblitz	100000

5.2.3 Widerstand

Jeder Leiter setzt dem Elektronenfluß einen Widerstand entgegen, den **elektrischen Widerstand.**

Die Größe Widerstand hat die Einheit **Ohm[1] Ω.**

Der elektrische Widerstand eines Leiters ist von Leiterwerkstoff, Leiterquerschnitt, Leiterlänge und Temperatur abhängig.

Um Widerstandswerte verschiedener Leiter miteinander vergleichen zu können, werden die Widerstandswerte für einen Leiter von 1 m Länge und 1 mm² Querschnittsfläche bei einer Temperatur von 20 °C gemessen. Dieser Wert heißt **spezifischer Widerstand.**

$$R = \frac{\varrho \cdot l}{A}$$

R Widerstand in Ω,

ϱ spezifischer Widerstand in $\frac{\Omega \cdot mm^2}{m}$

l Leiterlänge in m

A Leiterquerschnitt in mm²

Widerstand

R: Widerstand

$[R] = \Omega$

Spezifischer Widerstand

ϱ: spezifischer Widerstand

$[\varrho] = \frac{\Omega \cdot mm^2}{m}$

In der technischen Praxis werden Widerstandsbauteile und Widerstandswerte kurz als **Widerstände** bezeichnet. Der Widerstand ist eine Eigenschaft aller elektrischen Geräte und Leitungen, durch die ein Strom hindurchtritt.

Elektrischer Widerstand ist die Behinderung des Elektronenflusses durch einen Stoff.

Tabelle 5.3: Spezifische Widerstände einiger Leiterwerkstoffe in $\frac{\Omega \cdot mm^2}{m}$

Silber	0,016	Aluminium	0,028
Kupfer	0,0178	Eisen	0,12
Gold	0,023		

[1] GEORG SIMON OHM, deutscher Physiker, 1787 ... 1854; Ω (Omega): großer griech. Buchstabe

[2] ϱ (Rho): kleiner griech. Buchstabe

5.3 Gesetze des elektrischen Stromkreises

5.3.1 Ohmsches Gesetz

Die Klärung der Zusammenhänge zwischen Spannung *U*, Stromstärke *I* und Widerstand *R* erfolgt an einem einfachen Stromkreis mit Widerstandsbauteilen als Verbraucher

Versuch 5.1: Abhängigkeit zwischen Spannung und Stromstärke bei konstantem Widerstand

Versuchsaufbau:

Regelbare Gleichspannungsquelle, Widerstandsbauteil mit einem Widerstandswert $R = 20\ \Omega$

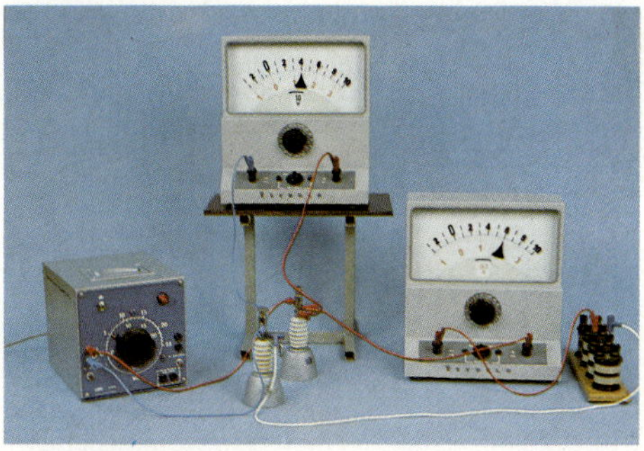

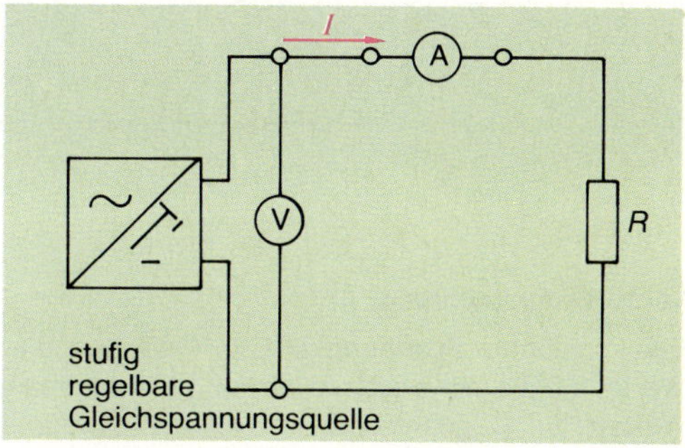

Versuchsdurchführung:

Bei verschiedenen Spannungswerten werden die Werte für die Stromstärke *I* gemessen

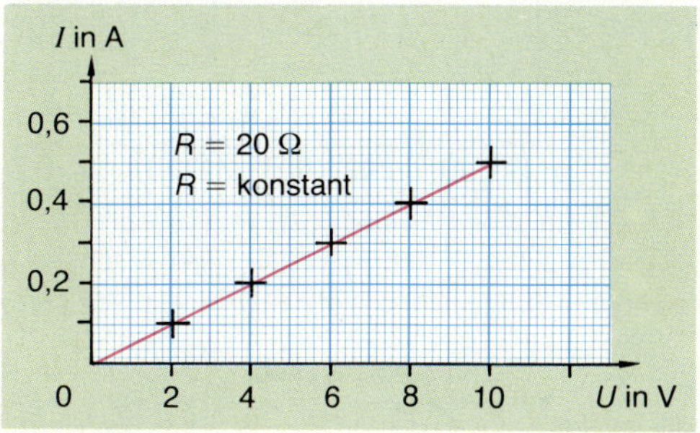

Meßergebnis:

Spannung	*U* in V	0	2	4	6	8	10
Stromstärke	*I* in A	0	0,1	0,2	0,3	0,4	0,5

Der Versuch zeigt:

Bei gleichbleibendem Widerstand ist die Stromstärke der herrschenden Spannung proportional: $I \sim U$

Dies bedeutet, die elektrische Stromstärke ist von der Spannung abhängig. Sie erhöht sich in dem Maße, wie sich die Spannung erhöht.

Versuch 5.2: Abhängigkeit zwischen Stromstärke und Widerstand bei gleichbleibender Spannung

Versuchsaufbau:

Gleichspannungsquelle $U = 10$ V, Widerstandsbauteil mit regelbaren Widerstandswerten

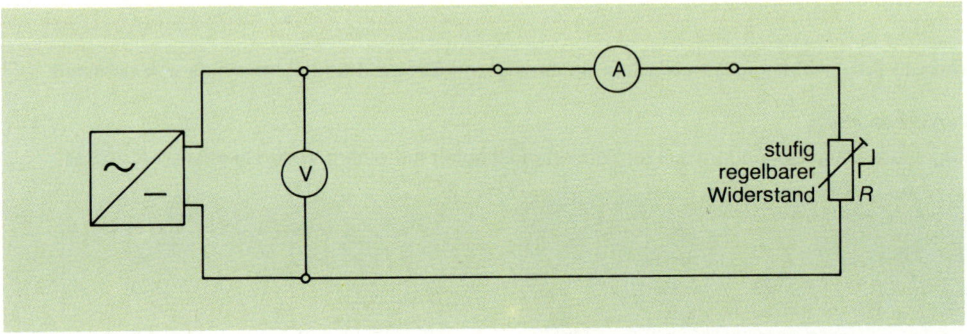

Versuchsdurchführung:

Bei konstanter Spannung $U = 10$ V werden die Werte für die Stromstärke I bei berschiedenen Werten für R gemessen.

Meßergebnis:

Widerstand R in Ω	10	20	30	40
Stromstärke I in A	1	0,5	0,33	0,25

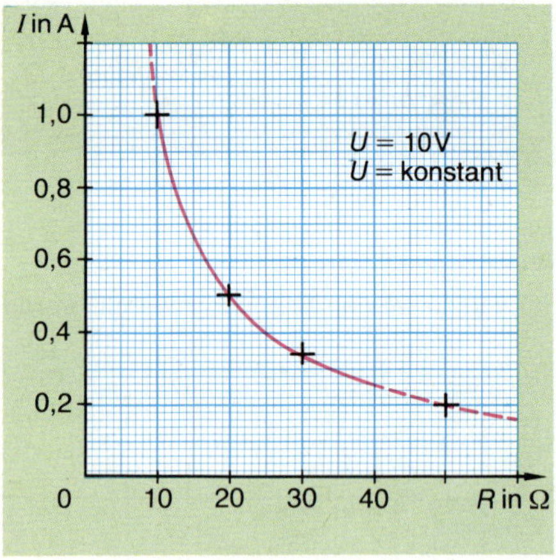

Der Versuch zeigt:

Teilt man die Spannung durch den Widerstand, dann ist das Ergebnis gleich dem gemessenen Strom.

Im Gleichstromkreis ist die Stromstärke gleich dem Quotienten aus Spannung und Widerstand.

Dieser Zusammenhang wird als das **Ohmsche Gesetz** bezeichnet. Es ist eine der wichtigsten Grundlagen der Elektrotechnik.

Die elektrische Stromstärke I ist der anliegenden Spannung U direkt und dem Widerstand R umgekehrt proportional (verhältnisgleich).

Elektrische Spannungsquellen und Verbraucher können auf verschiedene Arten zusammengeschaltet werden.

Ohmsches Gesetz

$$I = \frac{U}{R}$$

I: Stromstärke
U: Spannung
R: Widerstand

Einheitengleichung

$$[I] = \frac{[U]}{[R]}$$

$$[I] = \frac{\text{V}}{\Omega} = \text{A}$$

5.3.2 Reihenschaltung

Bei der Reihenschaltung werden mehrere Verbraucher (Widerstände) in einer Reihe an eine Spannungsquelle angeschlossen (Abb. 1).

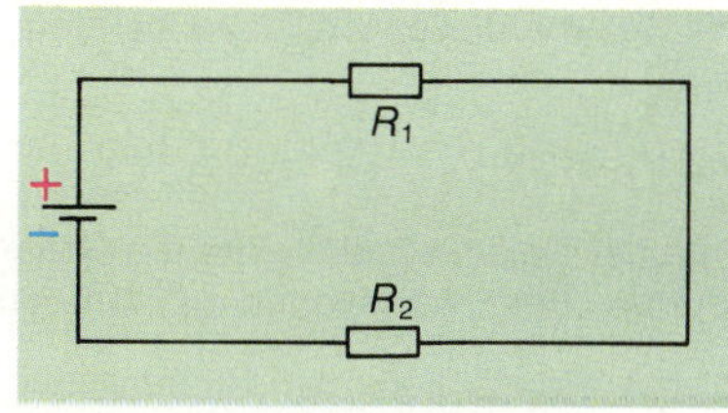

Abb. 1: Reihenschaltung von Widerständen

Versuch 5.3: Reihenschaltung

Versuchsaufbau:

3 Widerstandsbauteile mit den Widerstandswerten $R_1 = 10\ \Omega$, $R_2 = 20\ \Omega$, $R_3 = 50\ \Omega$ werden in Reihe geschaltet ($U = 16\ \text{V}$).

Versuchsdurchführung:

Die Ströme durch die Widerstände werden gemessen.

Meßergebnis:

$I_1 = 0{,}2$ A, $I_2 = 0{,}2$ A,
$I_3 = 0{,}2$ A, $I = 0{,}2$ A

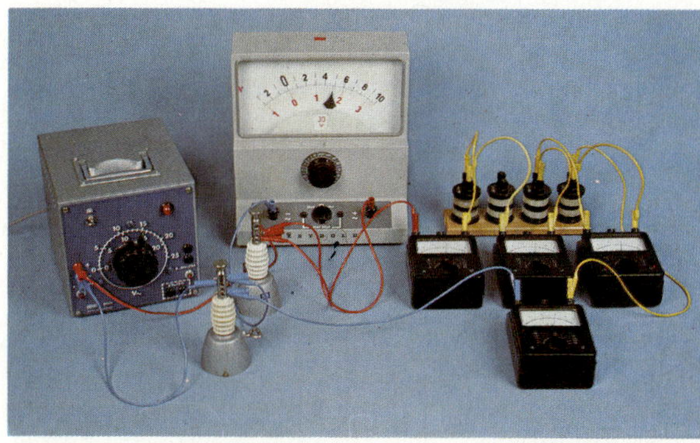

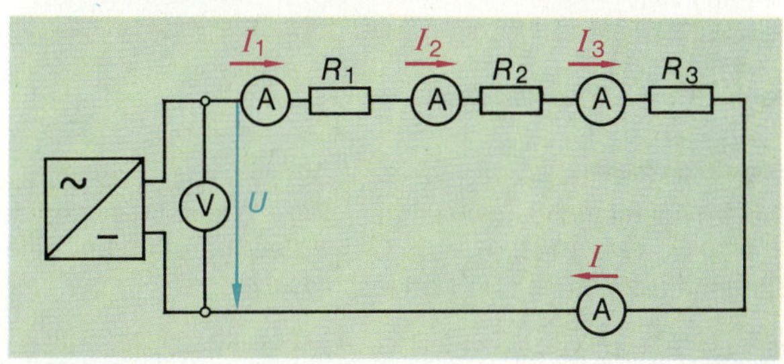

Der Versuch zeigt:

Durch alle Widerstände fließt der gleiche Strom.

Werden Widerstände in Reihe geschaltet, so fließt durch alle Widerstände der gleiche Strom.

$$I = I_1 = I_2 = I_3$$

Aus Strom und Spannung läßt sich der Gesamtwiderstand nach dem Ohmschen Gesetz berechnen.

$$R = \frac{U}{I} = \frac{16\ \text{V}}{0{,}2\ \text{A}} = 80\ \Omega$$

Das ist genau die Summe der Einzelwiderstände R_1, R_2 und R_3.

$$R = R_1 + R_2 + R_3$$

In einer Reihenschaltung ist der Gesamtwiderstand gleich der Summe der Einzelwiderstände.

Für jeden einzelnen Widerstand gilt das Ohmsche Gesetz. Entsprechend kann man die Einzelspannungen an den einzelnen Widerständen berechnen:

$$U_1 = R_1 \cdot I = 10\ \Omega \cdot 0{,}2\ \text{A} = 2\ \text{V}$$
$$U_2 = R_2 \cdot I = 20\ \Omega \cdot 0{,}2\ \text{A} = 4\ \text{V}$$
$$U_3 = R_3 \cdot I = 50\ \Omega \cdot 0{,}2\ \text{A} = 10\ \text{V}$$

Die Summe dieser Einzelspannungen ergibt die Gesamtspannung:

$U = U_1 + U_2 + U_3 = 2\text{ V} + 4\text{ V} + 10\text{ V} = 16\text{ V}$

In einer Reihenschaltung ist die Gesamtspannung gleich der Summe der Einzelspannungen an den Verbrauchern.

In der Praxis kommen Reihenschaltungen selten vor. Ein Beispiel für eine Reihenschaltung sind die elektrischen Kerzen am Christbaum. Darüberhinaus können durch Reihenschaltung Spannungsquellen von höherer Spannung (Batterie) erzeugt werden, als die Einzelquellen liefern (Abb. 2).

Bei der Reihenschaltung werden die Bauteile hintereinander geschaltet. Dabei ist nur das erste und das letzte Bauteil mit der Spannungsquelle direkt verbunden. Fällt ein beliebiges Bauteil aus, wird der Stromkreis unterbrochen.

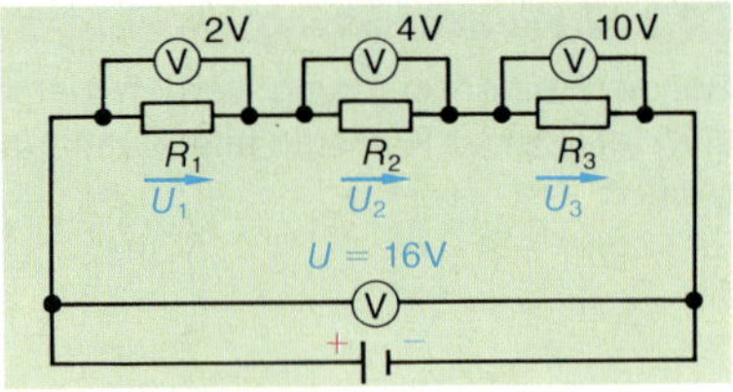

Abb. 1: Einzelspannungen bei Reihenschaltungen

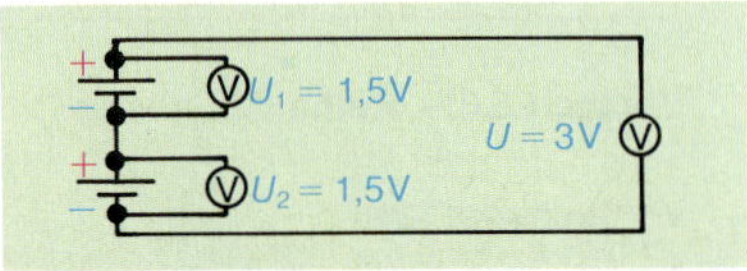

Abb. 2: Reihenschaltung von Spannungsquellen

5.3.3 Parallelschaltung

Die Parallelschaltung ist die häufigste Form der Schaltung elektrischer Verbraucher (Abb. 3).

Sie erlaubt das Ein- und Ausschalten einzelner Verbraucher unabhängig voneinander.

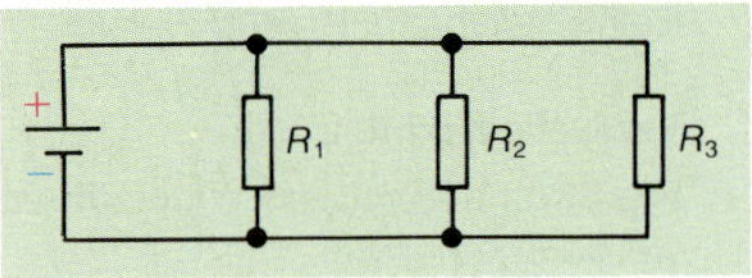

Abb. 3: Parallelschaltung von Widerständen

Versuch 5.4: Parallelschaltung

Versuchsaufbau:

Drei Widerstandsbauteile mit den Widerstandswerten $R_1 = 10\ \Omega$, $R_2 = 20\ \Omega$, $R_3 = 30\ \Omega$ werden parallel an eine Spannungsquelle $U = 12$ V angeschlossen.

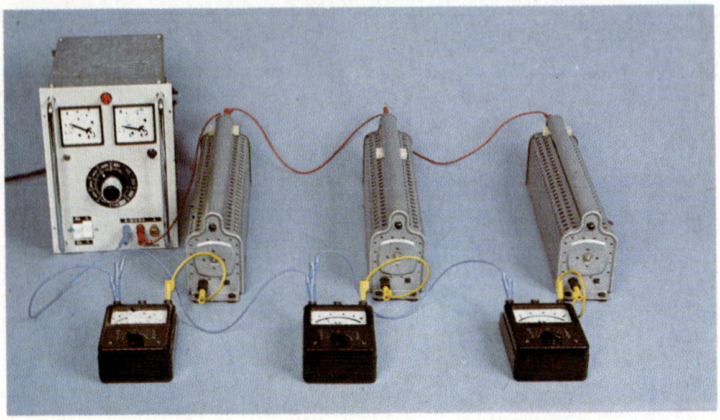

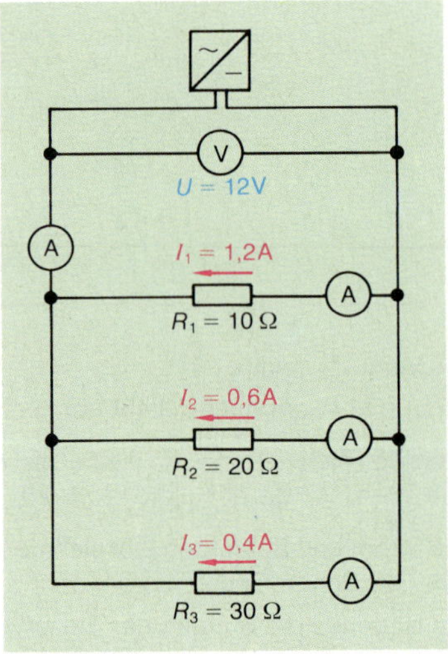

Versuchsdurchführung:

Die Spannungen und Stromstärken an den Widerständen werden gemessen.

Meßergebnis:

U in V	U_1 in V	U_2 in V	U_3 in V
12	12	12	12
I in A	I_1 in A	I_2 in A	I_3 in A
2,2	1,2	0,6	0,4

Der Versuch zeigt:

In einer Parallelschaltung ist die Summe der durch die Einzelverbraucher gehenden Ströme gleich der Gesamtstromstärke.

In einer Parallelschaltung herrscht an allen Verbrauchern die gleiche Spannung.

Die Beziehung zwischen den Widerständen läßt sich nach dem Ohmschen Gesetz berechnen.

$$I = I_1 + I_2 + I_3$$

Hierfür kann man einsetzen:

$$\frac{U}{R} = \frac{U_1}{R_1} + \frac{U_2}{R_2} + \frac{U_3}{R_3}$$

Die Gleichung kann durch U dividiert werden, da $U = U_1 = U_2 = U_3$ ist:

$$\frac{1}{R} = \frac{1}{R_1} + \frac{1}{R_2} + \frac{1}{R_3}$$

$$\frac{1}{R} = \frac{1}{R_1} + \frac{1}{R_2} + \frac{1}{R_3} = \frac{1}{10\,\Omega} + \frac{1}{20\,\Omega} + \frac{1}{30\,\Omega}; \quad R = 5{,}45\,\Omega$$

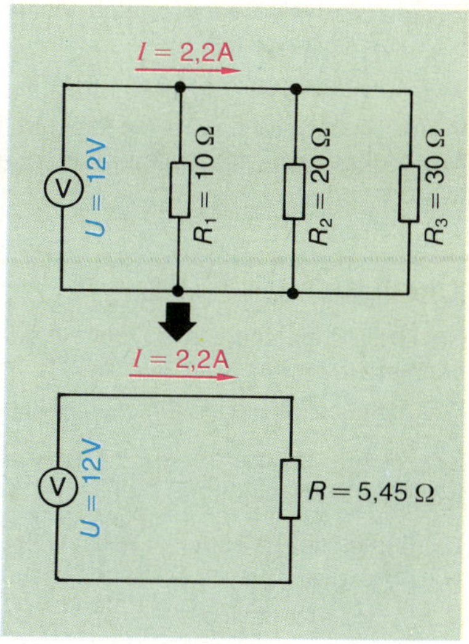

Abb. 5: Einzelwiderstände und Gesamtwiderstand bei der Parallelschaltung

In einer Parallelschaltung ist der Gesamtwiderstand der Schaltung kleiner als der kleinste Teilwiderstand.

Durch Parallelschaltung werden Verbraucher an das Leitungsnetz angeschlossen. Die Ein- oder Ausschaltung beeinflußt die Netzspannung nicht (Abb. 4).

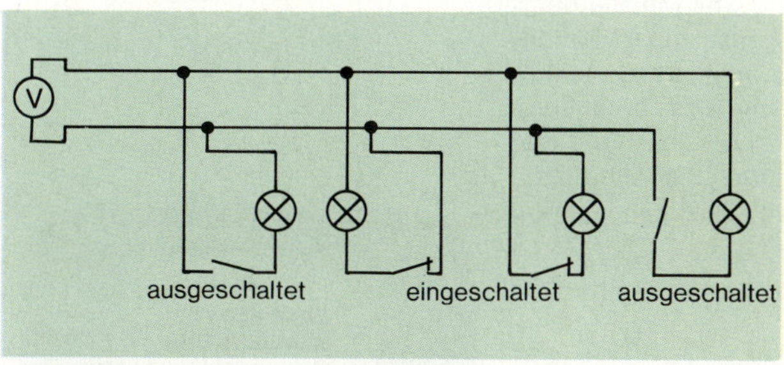

Abb. 4: Parallelschaltung von 4 Lampen

5.3.4 Elektrische Arbeit und Leistung

5.3.4.1 Elektrische Arbeit

Viele Geräte und Maschinen werden durch Elektrizität betrieben. Die elektrische Energie als besondere Form der Energie kann Arbeit verrichten.

Die Spannung kann Arbeit verrichten, indem sie Ladungen durch einen Leiter treibt. Das Arbeitsvermögen hängt ab von der Spannung, der Stromstärke und der Zeit.

Die elektrische Arbeit W ist das Produkt aus Spannung U, Stromstärke I und Zeit t.

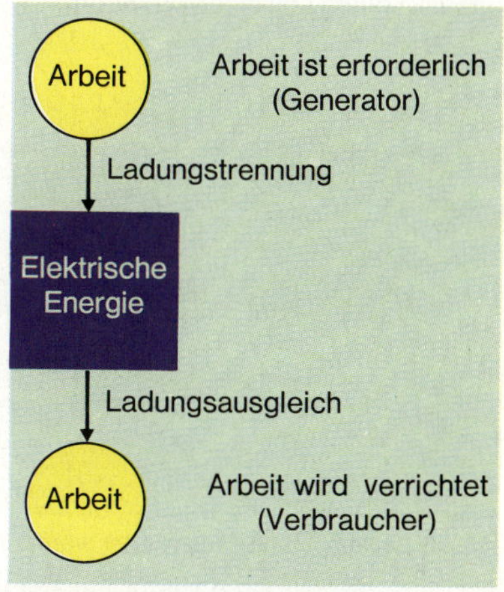

Abb. 6: Energieumwandlung am Generator

Ein üblicherweise verwendetes Vielfaches der Einheit Ws ist die Kilowattstunde (kW h):

1 kW h = 3 600 000 W s = 3,6 · 10⁶ W s

In der Einheit kW h wird die dem Leitungsnetz entnommene **Arbeit** gemessen. Als Meßgerät dient der »Elektrische Zähler« (Abb. 1).

Elektrische Arbeit

W: Arbeit
U: Spannung
I: Stromstärke
t: Zeit

$$\boxed{W = U \cdot I \cdot t}$$

$[W] = \mathrm{Ws}$

oder da $1\,\mathrm{W} = 1\,\frac{\mathrm{J}}{\mathrm{s}}$

$[W] = \frac{\mathrm{J}}{\mathrm{s}} \cdot \mathrm{s} = \mathrm{J}$

5.3.4.2 Elektrische Leistung

Die Größe Leistung ist als Quotient der Größen Arbeit und Zeit definiert.

Das gilt auch für die elektrische Leistung.

> Die elektrische Leistung *P* ist der Quotient aus elektrischer Arbeit *W* und Zeit *t*.

Die Einheit der Leistung ist **Watt**[1] **W**. Ist der Leistungswert groß, wird die Leistung auch in kW angegeben (1 kW = 1000 W).

Elektrische Leistung

P: Leistung

$$\boxed{P = \frac{W}{t}}$$

oder da $W = U \cdot I \cdot t$

$$P = \frac{U \cdot I \cdot t}{t}$$

$$\boxed{P = U \cdot I}$$

$[P] = \mathrm{W}$

$1\,\mathrm{W} = 1\,\mathrm{VA}$

5.4 Wirkungen des elektrischen Stroms

Elektrischer Strom kann nur an seinen Wirkungen erkannt werden.

5.4.1 Thermische Wirkung

Elektrischer Strom kann Metalle erwärmen, weil Metalle dem Elektronenstrom einen Widerstand entgegensetzen. Dadurch wird Reibungswärme erzeugt. Die Wärmewirkung des elektrischen Stroms wird beispielsweise bei Schmelzsicherungen, Heizöfen und Lötkolben (Abb. 2) genutzt. Unerwünscht ist die Erwärmung von Motoren und Transformatoren. Sie führt dazu, daß bei diesen Maschinen der Wirkungsgrad sinkt. Eine eingebaute Kühlung soll dies verhindern.

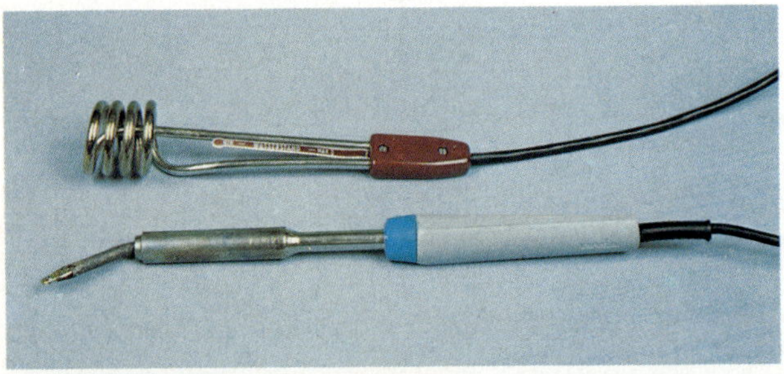

Abb. 2: Lötkolben und Tauchsieder werden elektrisch erwärmt

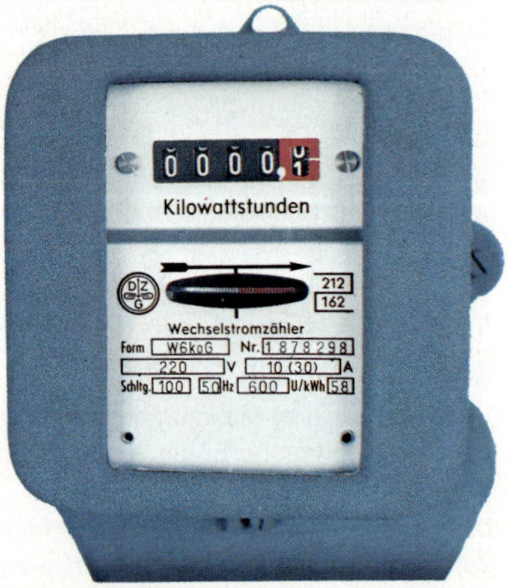

Abb. 1: Elektrischer Zähler

[1] James Watt, engl. Physiker, 1736 … 1819

5.4.2 Chemische Wirkung

Die chemische Wirkung des elektrischen Stroms wird genutzt

- beim **Galvanisieren**
- in **Batterien** (Primärelemente)
- in **Akkumulatoren** (Sekundärelemente)

Versuch 5.5: Chemische Wirkung des elektrischen Stroms (galvanisches Element)

Versuchsaufbau:

Versuchsdurchführung:

Kupferplatte und Werkstück werden als Elektroden in die Salzlösung gelegt und durch Leitungen mit einer Gleichspannungsquelle verbunden.

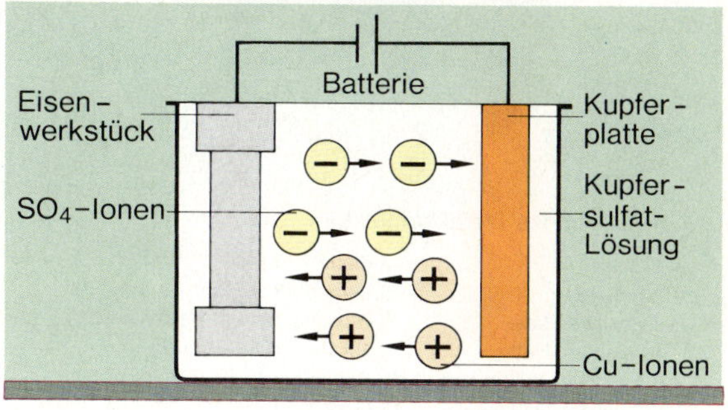

Versuchsergebnis:

Das Werkstück wird nach kurzer Zeit unter heftiger Gasentwicklung mit einer Kupferschicht überzogen.

Nach Vertauschung der Stromanschlüsse (Umpolung) erkennt man an der Kupferplatte eine heftige Gasentwicklung. Die Verkupferung am Werkstück verschwindet.

Dieses Verfahren wird in der Technik zur Erzeugung von Metallüberzügen auf andere Metalle verwendet, beispielsweise zum Verkupfern oder Vernickeln (Abb. 3). Solche Verfahren nennt man Galvanisieren.

Abb. 3: Anlage zum Galvanisieren

Akkumulator

Akkumulatoren sind aufladbare Gleichspannungsquellen und arbeiten nach dem Prinzip des galvanischen Elements. Sie werden in Bordnetzen der Kraftfahrzeuge, als Antriebsquelle für Spielzeuge und Notstromquelle in Kraftwerken, für Steuer- und Regelvorgänge sowie für den Notfunkverkehr verwendet.

Sie werden Sekundärelemente genannt, weil sie aufladbar sind, im Gegensatz zu Primärelementen (S. 244, Abb. 2), bei denen dies nicht möglich ist.

Der Bleiakkumulator besteht je nach Spannung (6, 12 oder 24 V) aus drei, sechs bzw. zwölf in Reihe geschalteten Zellen in einem Kunststoffgehäuse. In einem Akkumulator wird während des Ladens die vom Generator abgegebene elektrische Energie durch chemische Reaktionen gespeichert. Während des Entladens werden die chemischen Vorgänge rückgängig gemacht, wobei die gespeicherte elektrische Energie freigesetzt wird.

Der **Ladungsvorgang** ist ein chemischer Prozeß, bei dem Bleisulfat in Blei und Bleidioxid umgewandelt wird und Schwefelsäure entsteht. Zum Aufladen wird der Akkumulator an eine Gleichspannungsquelle (Ladegerät) angeschlossen.

Abb. 4: Akkumulatoren in einem Gabelstapler

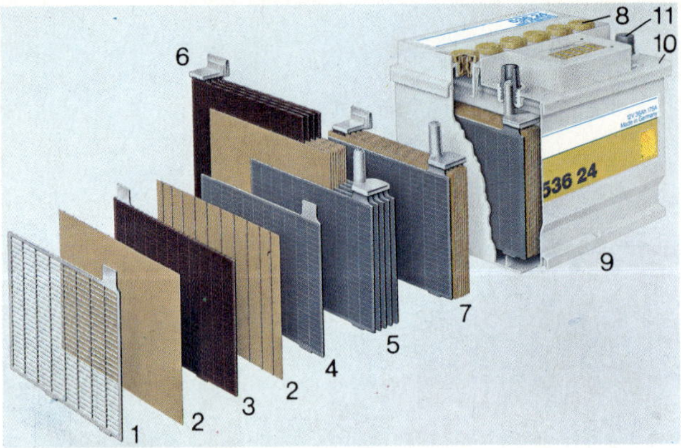

Abb. 1: Aufbau eines Bleiakkumulators

1 Gitter	7 Plattenblock
2 Scheider	8 Verschlußstopfen
3 Positive Platte	9 Blockkasten mit Bodenleisten zur Bodenbefestigung
4 Negative Platte	10 Blockdeckel mit 2 Polbuchsen
5 Negativer Plattensatz	11 Endpol
6 Positiver Plattensatz	

Abb. 2: Primärelemente

Altbatterien

gehören in die dafür vorgesehenen Altbatteriesammelbehälter und

nicht in den Hausmüll!

Die in halbfester Form vorhandenen Säuren und Laugen sowie Schwermetallverbindungen (Manganoxid, Zinksulfat) stellen auf Dauer gesehen eine Gefährdung des Grundwassers dar.

Beim Laden eines Akkumulators wird aus den Platten Säure freigesetzt.

Beim **Entladen** wird das braune Bleioxid ($PbSO_2$) der positiv geladenen Platte und das graue Blei (Pb) der negativ geladenen Platte zu weiß-grauem Bleisulfat umgewandelt und dadurch Schwefelsäure gebildet (H_2SO_4).

Beim Entladen eines Akkumulators wird Säure als Bleisulfat gebunden und dabei Wasser freigesetzt.

5.4.3 Magnetische Wirkung

Nicht nur Dauermagnete oder durch Magnetisierung hergestellte Magnete üben magnetische Wirkungen aus. Auch der elektrische Strom hat magnetische Wirkungen.

Jeder stromdurchflossene Leiter erzeugt ein Magnetfeld (Abb. 3). Wickelt man den Leiter zu einer Spule, wird die magnetische Wirkung vergrößert. Durch einen Eisenkern läßt sich diese Wirkung weiter verstärken. Der Eisenkern wird dabei durch das Magnetfeld der stromdurchflossenen Spule ebenfalls magnetisch.

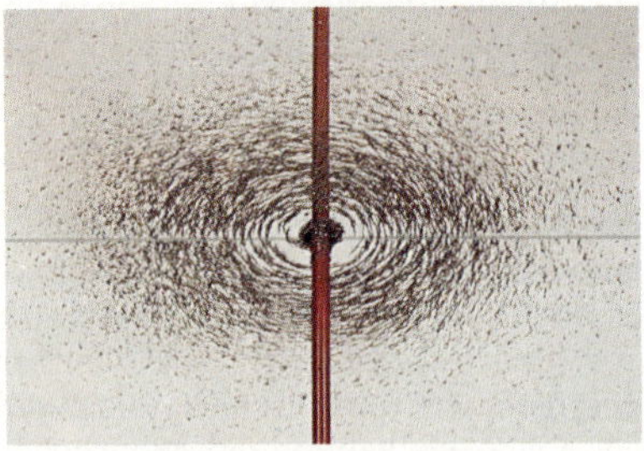

Abb. 3: Magnetfeld eines stromdurchflossenen Leiters

Versuch 5.6: Magnetische Wirkung des elektrischen Stroms

Versuchsaufbau:

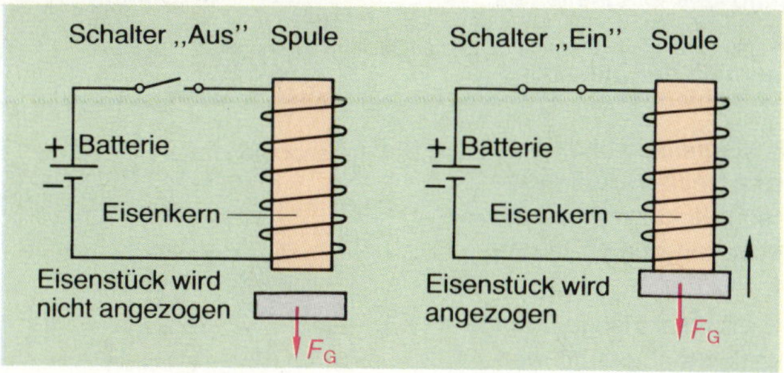

Versuchsdurchführung:

Ein Eisenteil wird dem Eisenkern der Spule jeweils bei ein- und ausgeschaltetem Strom genähert.

Versuchsergebnis:

Bei eingeschaltetem Strom zieht der Eisenkern der Spule Eisenteile an. Die Spule hat dann also eine magnetische Wirkung. Spule und Eisenkern bilden einen Elektromagneten.

Anwendung des Elektromagnetismus

Relais

Ein Relais ist ein Schalter, der durch einen Elektromagneten betätigt wird.

Die Wirkungsweise besteht darin, daß in einer Spule ein Strom fließt, der ein Magnetfeld erzeugt. Dadurch wird der Anker angezogen, der die Schaltkontakte betätigt. Nach Ausschalten des Stroms baut sich das Magnetfeld ab und eine Feder bewegt den Anker in die Ausgangsstellung zurück (Abb. 4).

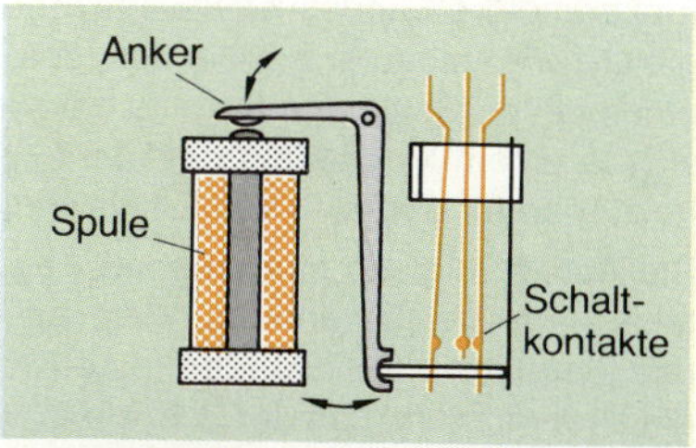

Abb. 4: Relais

Relais werden für kleine Schaltleistungen, beispielsweise in der Nachrichtentechnik oder im Bordnetz des Kraftfahrzeugs, verwendet. Bei großen Schaltleistungen verwendet man Schütze. Sie arbeiten nach den gleichen Funktionsprinzip wie Relais.

Generator

In Kraftwerken wird die durch Motore, Turbinen o.ä. erzeugte Bewegungsenergie in elektrische Energie umgewandelt. Das geschieht in Generatoren[1] (Abb. 5).

Ein Generator besteht im wesentlichen aus

- dem feststehenden Ständer (Gehäuse) und
- dem sich in ihm drehenden Läufer.

Abb. 5: Generator

[1] Generator (lat.) = Erzeuger

In einem Generator wird eine Spule, d.h. eine Vielzahl von Leiterwindungen, in einem Magnetfeld bewegt, das die Ursache für die Spannungserzeugung ist.

Für Generatoren gibt es zwei Möglichkeiten der Drehbewegung:

- Die Spule (Läufer) kann sich innerhalb des Magnetfeldes (Ständer) drehen;
- das Magnetfeld (Läufer) kann sich innerhalb der Induktionsspule (Ständer) drehen.

Dreht sich die Spule, so befindet sich das Magnetfeld und damit seine Pole außen. Solche Generatoren heißen Außenpolmaschinen. Dreht sich das Magnetfeld, so befinden sich seine Pole innerhalb der Spule. Solche Generatoren heißen **Innenpolmaschinen** (Abb. 1).

Außenpolmaschinen haben den Nachteil, daß elektrische Energie im Läufer erzeugt und über Schleifkontakte abgeführt werden muß, was bei hohen Spannungen technisch schwierig ist.

Innenpolmaschinen vermeiden diesen Nachteil, weil bei ihnen die Spannung im feststehenden Ständer-Elektromagneten erzeugt wird. Heute werden fast ausschließlich Innenpolmaschinen verwendet. Bei kleineren Leistungen wird das Magnetfeld durch einen Dauermagneten erzeugt (Fahrraddynamo). Für große Leistungen verwendet man einen Elektromagneten als Läufer, dessen Magnetfeld durch Gleichstrom erzeugt wird.

Generatoren liefern Gleich-, Wechsel- oder Drehstrom.

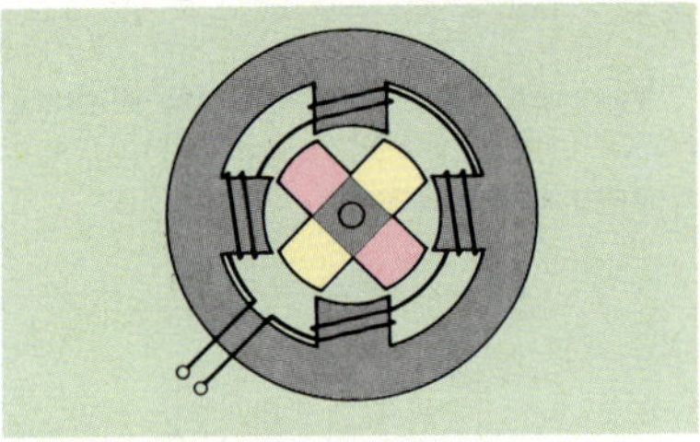

Abb. 1: Innenpolgenerator

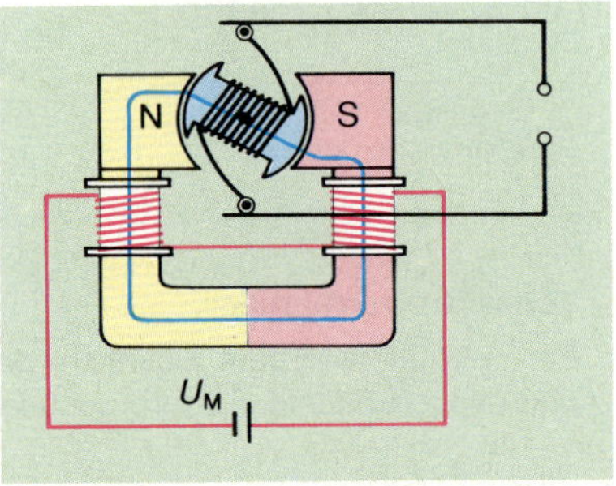

Abb. 2: Außenpolgenerator

Elektromotore

Elektromotore wandeln elektrische Energie in Bewegungsenergie um, ihr Aufbau entspricht dem des Generators. Fließt durch einen Leiter (Spule) ein Strom, so bewegt sich dieser, wenn er sich in einem Magnetfeld befindet (Abb. 3). Diese Eigenschaft nutzt man für den Bau von Elektromotoren.

Die Abb. 3 zeigt ein Motormodell. Legt man an die Schleifkontakte eine Gleichspannung, wird auf die Leiterschleife durch das Magnetfeld des Ständers eine Kraft ausgeübt. Es entsteht ein Drehmoment, das die Schleife in waagerechte Lage dreht. Wegen der Massenträgheit dreht sie sich jedoch weiter. Der Stromwender schaltet dadurch die Stromrichtung in der Schleife um. Das Drehmoment wirkt in der gleichen Richtung weiter und dreht die Schleife weiter. Es entsteht eine fortlaufende Drehbewegung, die so lange andauert, wie die Spannung anliegt.

Man verwendet zur Erzeugung des Magnetfeldes im Ständer Elektromagneten.

Bei Wechselstrommotoren ist ein Stromwender nicht erforderlich, weil der zum Betreiben verwendete Wechselstrom seine Stromrichtung fortwährend ändert und damit die Stromrichtung in der Schleife. Hierdurch wird dann die Drehbewegung bewirkt.

Man unterteilt Wechselstrommotore in:

- Asynchronmotore[1] und • Synchronmotore[2].

Im ersten Fall dreht sich der Läufer und das ihn umgebende Magnetfeld ungleich schnell, im zweiten Fall gleichschnell.

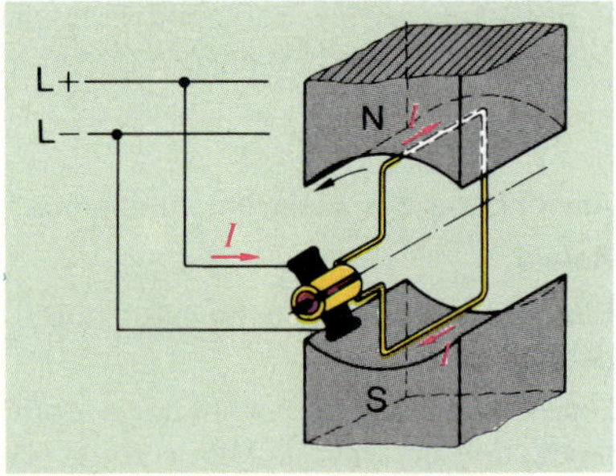

Abb. 3: Modell eines Gleichstrommotors

1 Welle
2 Lüfter
3 Läufer
4 Hauptpol
5 Klemmkasten
6 Bürstenhalter mit Kohlebürsten
7 Lagerschild
8 Stromwender (Kollektor)
9 Gehäuse

Abb. 4: Gleichstrommotor

[1] asynchron (griech.): nicht zeitgleich, nicht gleichlaufend
[2] synchron (griech.): zeitgleich, gleichlaufend

5.4.4 Andere Wirkungen

5.4.4.1 Lichtwirkung

In dem evakuierten[1] Glaskolben einer Glühlampe befindet sich eine Drahtwendel (z.B. aus Wolfram). Fließt ein elektrischer Strom durch den Draht, so wird dieser Draht erwärmt. Die Wärmestrahlung wird ab einer bestimmten Temperatur (ca. 500 °C) als Licht sichtbar.

Abb. 5: Verschiedene elektrische Lampen

5.4.4.2 Physiologische Wirkung des elektrischen Stroms

Hierunter versteht man die Wirkung des elektrischen Stroms auf den menschlichen Körper. Im einzelnen können folgende Wirkungen auftreten:

- Verbrennungen,
- Störungen der Herztätigkeit,
- Zersetzung der Zellflüssigkeit,
- Schock.

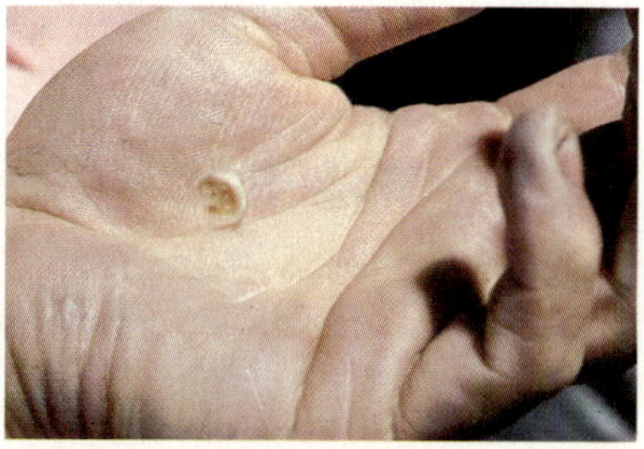

Abb. 6: Strommarken an Händen (Ein- und Austrittstellen des Stromes)

5.5 Unfallverhütungsmaßnahmen

Für die elektrische Energie besitzt der Mensch keine Sinnesorgane, die ihm eventuell drohende Gefahren signalisieren könnten. Aus diesem Grund sind vom **V**erband **D**eutscher **E**lektrotechniker **(VDE)** strenge Sicherheitsvorschriften für den Umgang mit elektrischem Strom erlassen worden, die in VDE-Vorschriften zusammengefaßt sind. Die Grundlagenvorschrift im Umgang mit elektrischen Anlagen und Geräten ist **VDE 0100.**

Man unterscheidet:

- Unfallverhütungsmaßnahmen und
- Elektrische Schutzmaßnahmen.

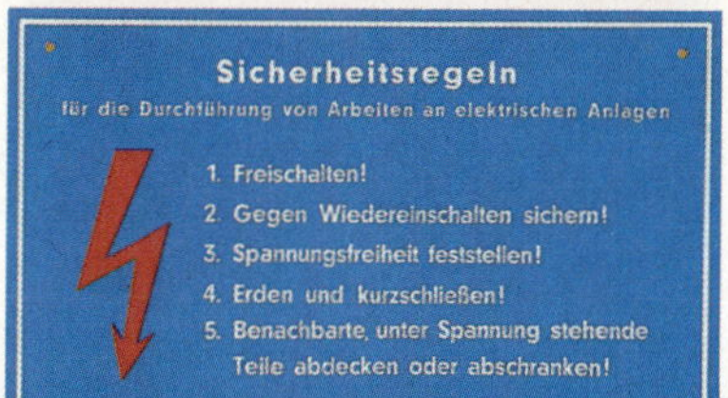

Unfallverhütungsmaßnahmen

Unfälle werden dann vermieden, wenn u.a. folgende Sicherheitsregeln Beachtung finden:

- Keine beschädigten Kabel verwenden!
- Nur isoliertes Werkzeug verwenden!
- Steckerverbindungen niemals durch Ziehen am Kabel, sondern durch Ziehen am Stecker lösen!

[1] evakuieren (lat.): entleeren

- Arbeiten am elektrischen Leitungsnetz (auch das Zuleitungskabel der Handleuchte gehört zum Leitungsnetz!) dürfen nur von Fachleuten durchgeführt werden.
- Feuchter Standort beim Arbeiten mit elektrischen Geräten ist bei schadhaften Zuleitungen lebensgefährlich!
- Es besteht Explosionsgefahr, wenn beim Schalten von Spannungsquellen nicht auf die Polarität geachtet wird.

Denken Sie immer daran:
Strom ist lebensgefährlich!
Stromstärken über 50 mA (0,05 A) können für den Menschen tödlich sein!

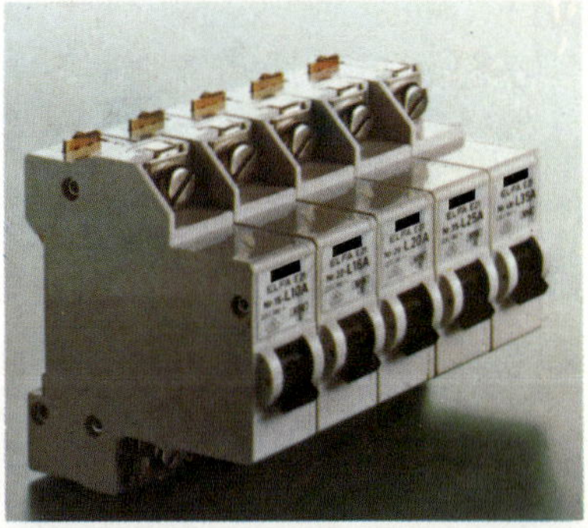

Abb. 1: Sicherungsautomaten

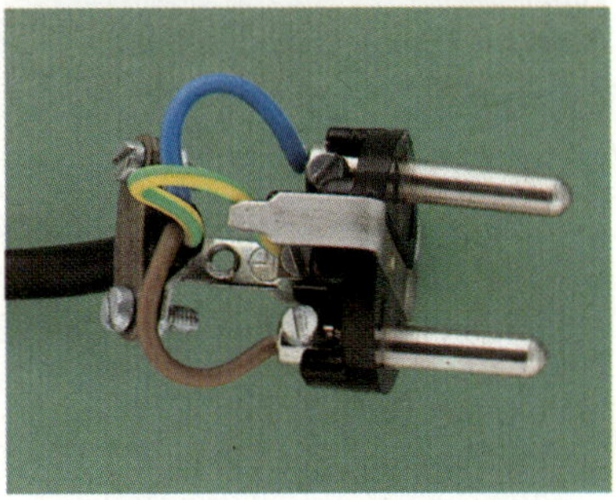

Abb. 2: Stecker mit Schutzleiterkontakt

Bei Arbeiten an elektrischen Anlagen besteht immer die Möglichkeit, daß es zu Unfällen kommt. Im Falle eines Unfalls sollten Sie sich von folgenden Grundsätzen leiten lassen:

1. Strom mit einem isolierenden Gegenstand abschalten (z.B. mit einem Besenstiel),
2. Verunglückten aus dem Gefahrenbereich bringen.
3. Brand mittels Decken (niemals mit Wasser) ersticken; Verbrennungen des Verletzten dürfen mit Wasser gekühlt werden; Verabreichung von Medikamenten ist Sache des Arztes.
4. Arzt rufen!
5. Verunglückten vom Arzt untersuchen lassen, selbst dann, wenn der Verletzte dieses nicht für erforderlich hält.

Im Unglücksfall immer die Ruhe bewahren und die Übersicht behalten. Im Zweifelsfall ist weniger getan oft mehr geholfen.

Elektrische Schutzmaßnahmen

Die wichtigsten elektrischen Schutzmaßnahmen sind nachfolgend dargestellt:

Schutzmaßnahme	Erläuterung
Isolierung (Abb. 3)	Spannungsführende Teile sind isoliert, damit durch Berühren kein Kurzschluß über den menschlichen Körper entstehen kann
Sicherung (Abb. 1)	Verhindert Anschluß von Geräten mit zu hoher Leistung, die unzulässig hohe Stromstärken im Netz, dadurch unzulässige Erwärmung und Zerstörung des Leiters, hervorrufen würden. Bei unzulässig hoher Stromstärke schmilzt der Sicherungsdraht bzw. schaltet der Automat ab. Durchgeschmolzene Sicherungsdrähte dürfen keinesfalls »geflickt« werden! Neue Sicherung verwenden!
Schutzleiter (Abb. 2)	Ein Schutzleiter (grüngelbe Isolierung) verbindet die Metallgehäuseteile eines Gerätes mit dem Mittelpunktleiter des Netzes. Bei Verbindung stromführender Teile mit dem Gehäuse entsteht ein Kurzschluß, durch den die Sicherung ausgelöst wird.
Schutzisolierung (Abb. 4)	Zusätzliche Isolierung aller stromführenden Teile eines Gerätes durch mechanisch besonders feste Isolierstoffe, besonders bei Elektrowerkzeugen. Schutzisolierte Geräte sind an diesem Zeichen zu erkennen: ⧈

Aufgaben

1. Zeichnen Sie einen einfachen elektrischen Stromkreis.
2. Nennen Sie Wirkungen des elektrischen Stroms.
3. Wodurch unterscheiden sich die Ladungstransporte in festen Leitern und in Flüssigkeiten?
4. Wodurch unterscheiden sich elektrische Leiter und Nichtleiter?
5. Auf welche Weise lassen sich Werkstücke unter Einsatz des elektrischen Stroms verkupfern?
6. Kann man die elektrische Spannung als Energieform deuten? Begründen Sie Ihre Antwort.
7. Skizzieren Sie die Schaltung eines Strommeßgerätes in einem elektrischen Stromkreis.
8. Wodurch unterscheiden sich Gleich- und Wechselspannung voneinander? Fertigen Sie eine Skizze an.
9. Was versteht man unter dem elektrischen Strom?
10. Was versteht man unter technischer Stromrichtung?
11. Wie wird ein Spannungsmesser in einem Stromkreis geschaltet? Begründen Sie Ihre Antwort.
12. Erklären Sie den Begriff »elektrischer Widerstand«.
13. Was versteht man unter spezifischem Widerstand?
14. Berechnen Sie die Gesamtwiderstände der dargestellten Schaltungen (Abb. 5).
15. Was versteht man unter Schutzisolierung?
16. Wozu dienen Sicherungen?
17. Eine Lichtleitung ($U = 220$ V) ist mit einer 10-A-Sicherung abgesichert. An diese Leitung sind folgende Verbraucher angeschlossen: eine Glühlampe mit $P_1 = 100$ W, eine Glühlampe mit $P_2 = 60$ W und ein elektrischer Heizofen mit $P_3 = 2000$ W. Zusätzlich soll eine Kaffeemaschine mit $P_4 = 800$ W eingeschaltet werden. Ist die Sicherung hierfür geeignet?

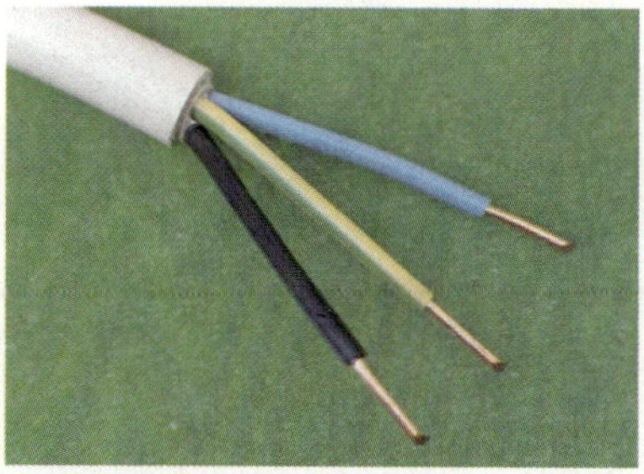

Abb. 3: Isoliertes Kabel

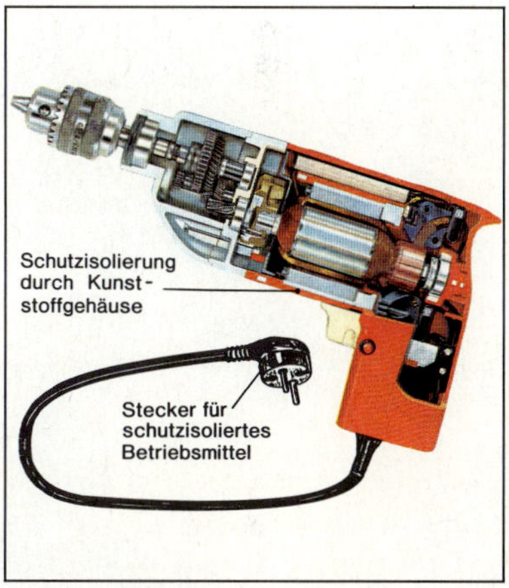

Abb. 4: Schutzisolierte Bohrmaschine

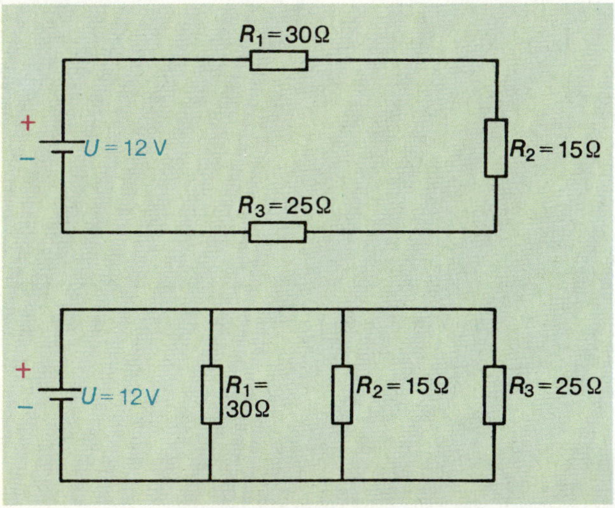

◁ Abb. 5: Schaltplan

6 Grundlagen der technischen Kommunikation

Die Herstellung, Beschaffung und der Vertrieb von technischen Produkten sowie die Inanspruchnahme von technischen Dienstleistungen erfordern den Austausch von Informationen. Wünsche und Vorstellungen eines Kunden bzw. Auftraggebers werden an die Betriebe herangetragen. Innerhalb der Betriebe werden die entsprechenden Zielsetzungen in Form von Aufträgen abgewickelt. Auftraggeber ist häufig der Betrieb selbst.

Technische Kommunikation findet statt:

- zwischen Kunden und Betrieben,
- innerhalb der Betriebe,
- vom Betrieb zum Kunden.

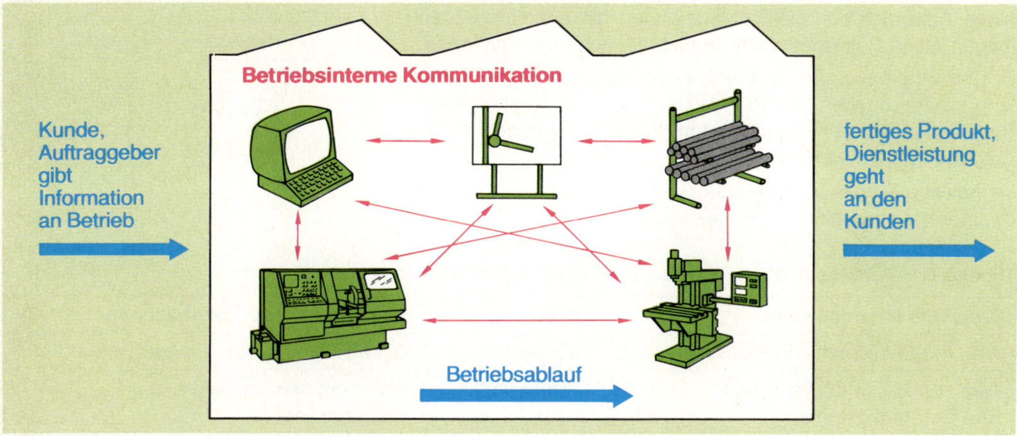

Abb. 1: Informationsfluß eines Auftrages

6.1 Aufgabe der technischen Kommunikation

Alle innerhalb eines Betriebes tätigen Menschen müssen die für ihr Arbeitsgebiet notwendigen Informationen erhalten. Diese Informationen sollen möglichst umfassend und fehlerfrei sein. Sie sollen so klar wie möglich gegeben werden und zum richtigen Zeitpunkt am jeweiligen Arbeitsplatz vorliegen. Alle Mitarbeiter müssen wissen, zu welchem Zeitpunkt sie welche »Arbeit« zu verrichten haben.

Aufgabe der technischen Kommunikation ist es, diesen notwendigen Informationsfluß durch Bereitstellung geeigneter Informationsmittel zu ermöglichen.

Alle Maßnahmen innerhalb und außerhalb eines Betriebes, die zur Weiterleitung und Speicherung von Informationen dienen, werden als technische Kommunikation bezeichnet.

Innerhalb eines Betriebes sind die Menschen in unterschiedlichen Abteilungen tätig.

Informationen müssen:

- umfassend,
- fehlerfrei,
- richtig adressiert sein,
- termingerecht erfolgen,
- gespeichert werden.

[1] Kommunikation: communicare (lat.) = Gemeinsamkeit, Austausch

Jeder Betrieb gliedert sich in mehrere Abteilungen. Die technische Kommunikation erfolgt von Abteilung zu Abteilung und dort jeweils zwischen den Mitarbeitern. Technische Kommunikation ist zweckgerichtet. Jeder Mitarbeiter empfängt Informationen und gibt Informationen weiter.

Häufig anzutreffende Betriebsabteilungen sind:

- Einkauf,
- Verkauf,
- Buchhaltung,
- Werbung,
- Fertigung,
- Qualitätskontrolle,
- Konstruktion,
- Entwicklung,
- Arbeitsvorbereitung,
- Personalabteilung,
- Montage.

Jede Betriebsabteilung trägt ihren eigenen Anteil zum Gelingen eines Auftrages bei. Deshalb benötigen die einzelnen Abteilungen eines Betriebes auch unterschiedliche Informationen.

Die Informationen, die von Betriebsabteilung zu Betriebsabteilung weitergegeben werden, müssen es der empfangenden Betriebsabteilung ermöglichen, am Produkt entsprechend ihrer Aufgabe tätig zu werden.

Technische Betriebsabteilungen benötigen beispielhaft folgende Informationen bzw. geben sie weiter:

Betriebsabteilungen informieren zweckgerichtet

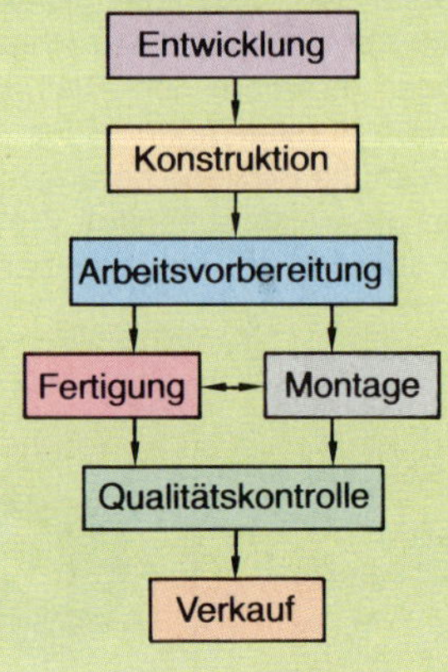

Tabelle 6.1: Betriebsabteilungen mit zugehörigen Informationen

Benötigte Informationen	**Abteilung**	**Weitergegebene Informationen**
Was muß beschafft werden?	Einkauf	Bezugsfirma, Preis, Liefertermin
Was soll konstruiert werden, was darf es kosten?	Konstruktion	Wie sieht das Produkt aus, was kann es?
Was muß gefertigt werden, zu welchem Zeitpunkt?	Arbeitsplanung	Was wird zu welchem Zeitpunkt auf welcher Maschine an welchem Arbeitsplatz gefertigt?
Was soll wie oft auf welchen Maschinen gefertigt werden?	Fertigung	Einzelteile, Termin der Fertigstellung
Reihenfolge des Zusammenbaus der Einzelteile, Termin der Montage	Montage	Gesamtprodukt, Termin der Fertigstellung
Welche Funktionen müssen an welchen Produkten zu welchem Zeitpunkt geprüft werden?	Qualitätskontrolle	Welche und wieviele Produkte sind Gut- oder Ausschußprodukte
Was soll zu welchem Termin gefertigt bzw. verkauft werden?	Verkauf	Produktname, Verkaufpreis, Liefertermin, Stückzahl

Innerhalb eines Betriebes muß sichergestellt sein, daß jede Abteilung weiß, **wen** sie zu informieren hat und **woher** sie benötigte Informationen erhalten kann. In einer Betriebsorganisationsanweisung wird dies festgelegt.

Der Informationsfluß innerhalb eines Betriebes muß auch nach außen, zu den Kunden und Lieferanten erfolgen.

Mangelnde Kenntnis betriebsinterner Informationsabläufe erschwert jede Einarbeitung.

Unterschiedliche Informationen erfordern unterschiedliche Informationsmittel.

6.2 Kommunikationsmittel, -medien

Die technische Kommunikation bedient sich unterschiedlicher Mittel und Medien, um Informationen zu **beschaffen, weiterzugeben** und zu **speichern.**

Die von einzelnen Betriebsabteilungen benötigten Informationen haben für verschiedene Aufträge stets die gleiche Grundform. Deshalb haben sich teilweise genormte Informationsträger entwickelt. Verwendet werden:

- Stücklisten,
- Zeichnungen,
- Arbeitspläne,
- Fertigungsprogramme,
- Lohnscheine,
- Versandpapiere,
- Betriebsanleitungen,
- Ersatzteillisten,
- Bestellformulare,
- elektronische Datenträger.

Alle diese auf Papier festgehaltenen Informationen können durch elektronische Medien erstellt, weitergegeben und gespeichert werden.

Zeichnungen dienen als Informationsmittel innerhalb sehr vieler Betriebsabteilungen. Sie sind häufig das wichtigste Informationsmittel für den Produktionsablauf vom Kundenauftrag bis hin zum fertigen Produkt.

6.2.1 Technische Zeichnungen

Technische Zeichnungen sind Informationsträger. Sie haben die Aufgabe, alle am Entstehen eines Gerätes oder einer Maschine beteiligten Menschen mit den für ihren Arbeitsplatz notwendigen Angaben zu versehen, z.B. mit den Maßen für die Anfertigung von Werkstücken. Zeichnungen dienen aber auch zum Erklären des Einsatzes und des Gebrauchs eines Gerätes oder einer Maschine. Unterschiedliche Informationen über eine Sache führen zu unterschiedlichen Zeichnungsarten. Voraussetzung zur Entnahme von Informationen aus einer Zeichnung ist deren Erstellung nach festgelegten Regeln. Meist gelten die Regeln des **D**eutschen **I**nstituts für **N**ormung **(DIN).**

Werkstücke sind räumliche Körper. Sie haben Länge, Breite und Dicke. Auf Zeichnungen können Werkstücke nur in einer Ebene (Papierebene), also nur flächig, dargestellt werden. Daraus ergeben sich Probleme bei der Zeichnungserstellung und beim Lesen einer Zeichnung. Die räumliche Form von Werkstücken auf Zeichnungen kann auf zwei Arten vermittelt werden:

- Zeichnen von einzelnen oder mehreren Seiten des Werkstückes (Zeichenregeln DIN 6). Die Blickrichtung ist dabei senkrecht auf die gezeichnete Seite des Werkstückes gerichtet.
- Perspektivische, einem Foto vergleichbare Darstellung des Werkstückes (Zeichenregeln DIN 5). Die Blickrichtung ist dabei so auf das Werkstück gerichtet, daß gleichzeitig drei Seiten zu sehen sind.

Zum Erstellen von Zeichnungen werden meist Zeichnungsvordrucke verwendet. Das sind in der Größe nach DIN 823 genormte Zeichenblätter. Alle Linien auf Zeichnungen sind der Breite und Form nach festgelegt (DIN 15).

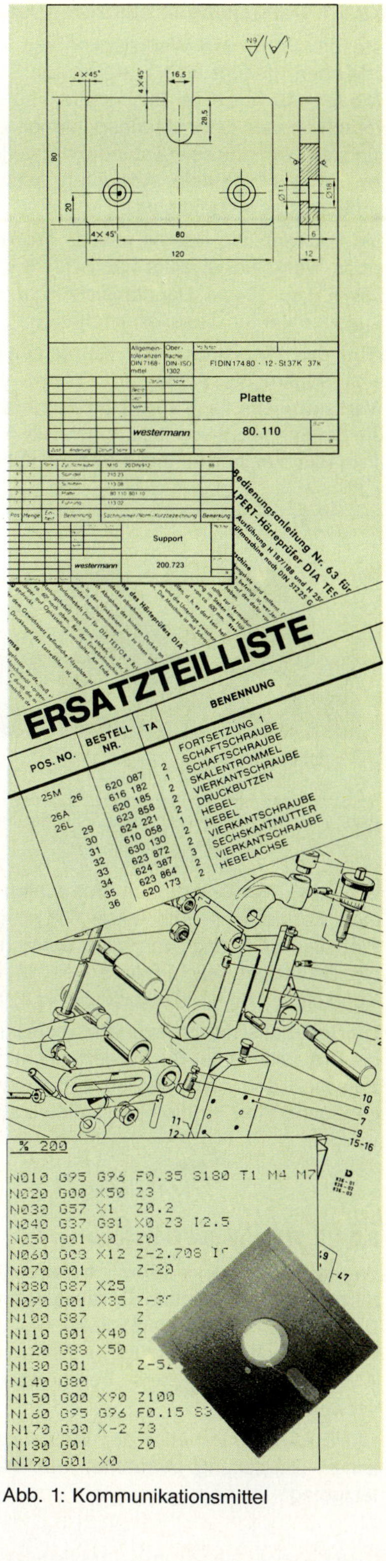

Abb. 1: Kommunikationsmittel

6.2.1.1 Darstellung in mehreren Ansichten

Um die Form von Werkstücken auf Zeichnungen richtig zu erkennen, genügt in den seltensten Fällen die zeichnerische Wiedergabe aus einer Blickrichtung auf das Werkstück. Mit drei verschiedenen Betrachtungsrichtungen lassen sich jedoch die meisten Werkstücke vollständig darstellen. Gezeichnet werden jeweils nur so viele Ansichten, wie sie zum Verständnis unbedingt notwendig sind.

Die Blickrichtung auf die jeweils größte oder wichtigste Seite eines Werkstückes zeigt nach DIN 6 die **Vorderansicht** (nach DIN 5 Teil 10 die Hauptansicht bzw. die Ansicht von vorn. Kurzzeichen für diese Blickrichtung a).

Wird das Werkstück beim Betrachten der Vorderansicht um eine senkrechte Achse um 90° so gedreht, daß die linke Werkstückseite nach vorn zum Betrachter zeigt, ist nach DIN 6 die **Seitenansicht** von links (nach DIN 5 Teil 10 die Ansicht von links. Kurzzeichen für diese Blickrichtung ist c) zu sehen.

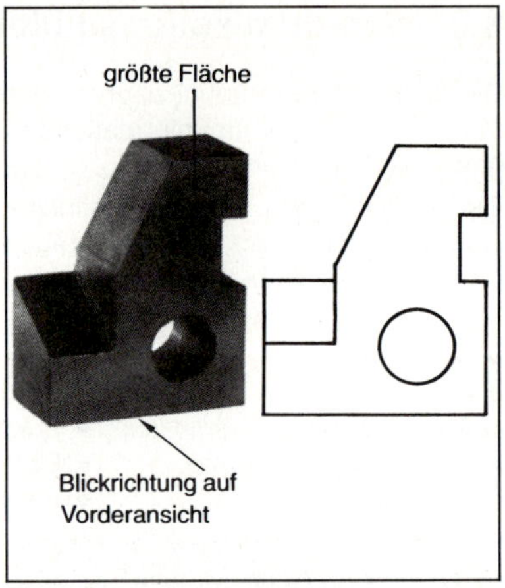

Abb. 2: Vorderansicht

Abb. 1: Seitenansicht von links, Blickrichtung DIN 6

Wird das Werkstück beim Betrachten der Vorderansicht um eine waagerechte Achse um 90° so gedreht, daß die obere Werkstückseite nach vorn zum Betrachter zeigt, ist nach DIN 6 die **Draufsicht** (nach DIN 5 Teil 10 die Ansicht von oben; Kurzzeichen für die Blickricktung ist b) zu sehen.

Die Seitenansicht von links wird rechts neben die Vorderansicht, die Draufsicht unter die Vorderansicht gezeichnet. Der Abstand zwischen den Ansichten kann frei gewählt werden. Es muß genügend Platz für die notwendige Maßeintragung eingehalten werden.

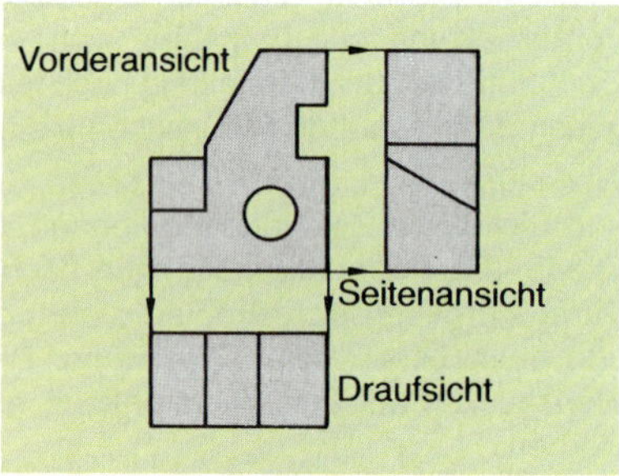

Abb. 3: Lage von Vorderansicht, Seitenansicht und Draufsicht

6.2.1.2 Räumliche Darstellung

Werden Werkstücke räumlich dargestellt, erfolgt dies meist durch eine sogenannte Parallelperspektive (axonometrische Darstellung). Solche Darstellungen sind sehr anschaulich und werden deshalb bevorzugt im Rohrleitungs-, Maschinen- und Anlagenbau als Angebots-, Fertigungs- und Montagezeichnung verwendet.

Die Blickrichtung, unter der Werkstücke bei der axonometrischen Darstellung betrachtet werden, ist in DIN 5 Teil 10 festgelegt.

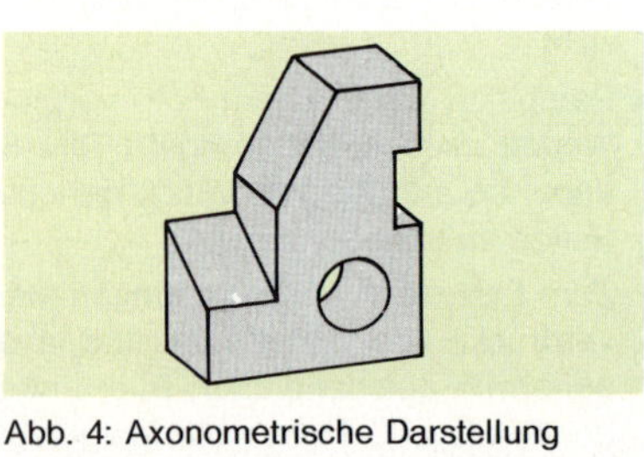
Abb. 4: Axonometrische Darstellung

6.2.1.3 Teilzeichnungen

Zur Fertigung werden Teilzeichnungen verwendet. Sie müssen deshalb alle Informationen bezüglich der Form, der Maße, des Werkstoffes und der Oberflächenbeschaffenheit beinhalten. Jede Teilzeichnung erhält zusätzlich eine Sach- oder Identnummer (= kennzeichnende Nummer, die ausschließlich für ein bestimmtes Werkstück vergeben wird). Teilzeichnungen können aber auch anderen Zwecken dienen, beispielsweise zum Auffinden und Darstellen von Ersatzteilen; sie enthalten dann keine Maße.

6.2.1.4 Gesamtzeichnungen

Zur Montage von Geräten (Maschinen) oder zum Fügen von Einzelteilen werden Gruppen- bzw. Gesamtzeichnungen verwendet. Sie müssen deshalb alle Informationen bezüglich der gegenseitigen Lage und des Zusammenwirkens der beteiligten Einzelteile oder Gruppen enthalten.

Jedes Teil, Fertigungs-, Norm- bzw. Kaufteil erhält in einer Gesamtzeichnung eine Teilenummer.

Jede Gruppen- bzw. Gesamtzeichnung erhält eine Zeichnungsnummer und häufig zusätzlich eine Sach- oder Identnummer.

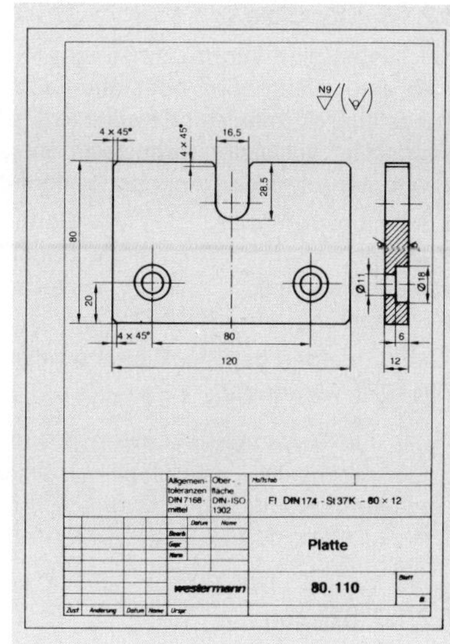

Abb. 5: Teilzeichnung einer Platte

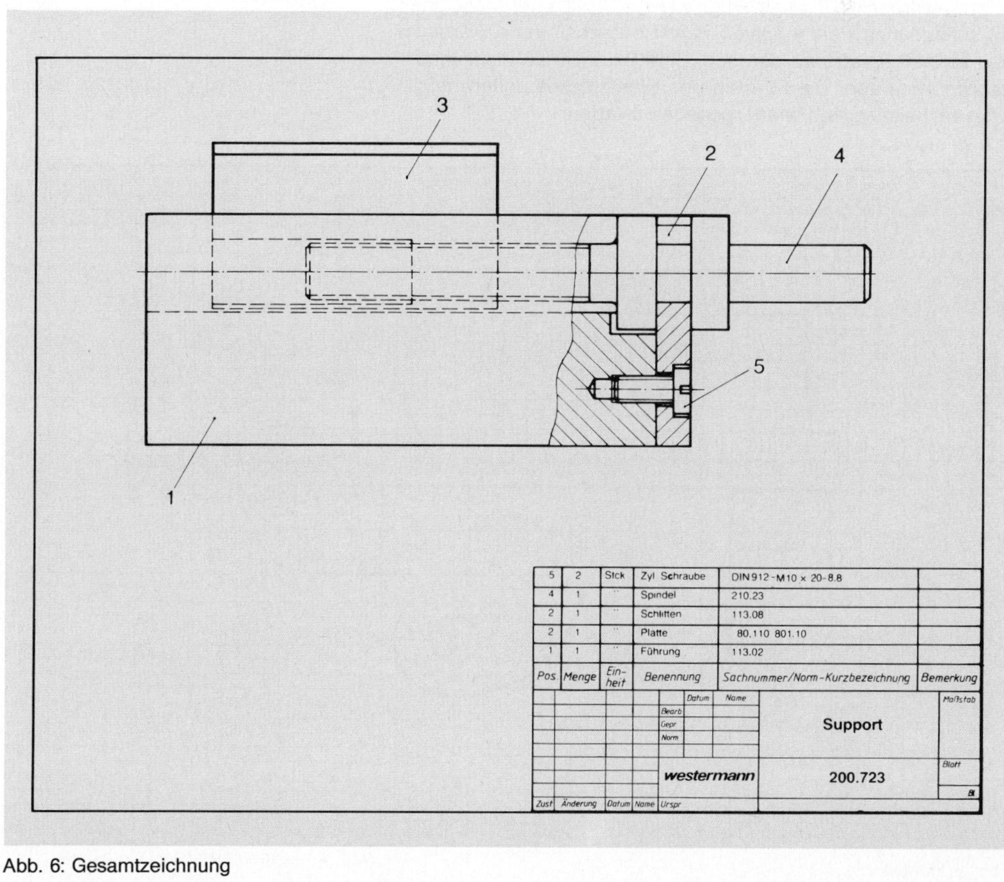

Abb. 6: Gesamtzeichnung

6.2.1.5 Stückliste

Stücklisten sind Informationsträger. Sie beinhalten alle innerhalb einer Baugruppe oder eines Gerätes eingebauten Fertigungsteile, Normteile und Kaufteile (Lieferteile). Alle diese Teile werden in Stücklisten **fortlaufend** ohne zeichnerische Darstellung unter folgenden Angaben aufgeführt:

- Positions-Nummer,
- Menge,
- Mengeneinheit,
- Bemerkung.
- Benennung,
- Sachnummer/ Norm-Kurzbezeichnung,

Zum Schreiben der Stücklisten werden häufig Vordrucke nach DIN 6771 verwendet.

Teil- und Gesamtzeichnungen sowie Stücklisten sind Kommunikationsmittel zwischen Arbeitsplanung, Konstruktion, Fertigung, Montage und Qualitätskontrolle.

Pos.	Menge	Einheit	Benennung	Sachnummer/Norm-Kurzbezeichnung	Bemerkung
1	1	Stück	Führung	113 02	
2	1	"	Platte	80 110	
3	1	"	Schlitten	113.08	
4	1	"	Spindel	210.23	
5	2	"	Zyl. Schraube	DIN 912 - M10 × 20	8.8

Datum | Name | Bearb. | Gepr. | Norm | Support | westermann | 200.723 | Blatt | Bl. | Zust. | Änderung | Datum | Name | Urspr.

Abb. 1: Lose Stückliste

6.2.1.6 Skizzen

Eine Skizze ist häufig die erste zeichnerische Darstellung einer gedanklich festgelegten Konstruktion oder die zeichnerische Wiedergabe (Abzeichnen) eines existierenden Werkstückes. Skizzen werden dann angefertigt, wenn z.B. an einer Maschine ein schadhaftes Fertigungsteil durch betriebsinterne Herstellung schnell ersetzt werden soll. Eine Skizze muß nicht maßstäblich sein, aber die Formen des Werkstückes sollen möglichst verhältnisgleich wiedergegeben werden.

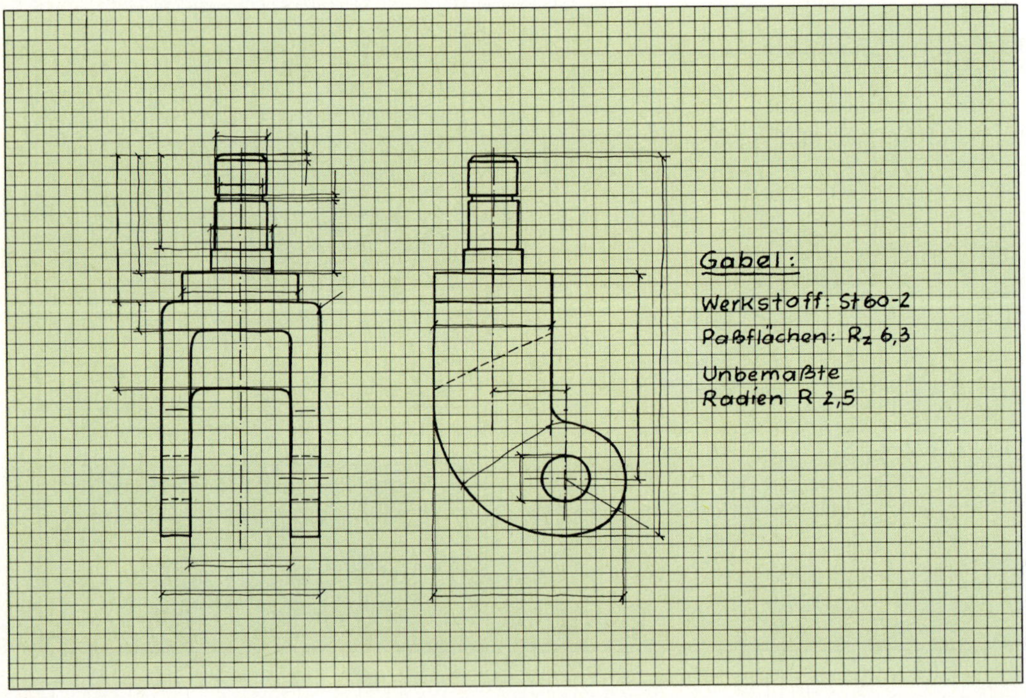

Abb. 2: Handskizze

6.2.1.7 Explosionszeichnungen

In einer Explosionszeichnung wird ein Gerät oder eine Maschine zerlegt dargestellt. Alle Werkstücke werden dabei perspektivisch gezeichnet. Die Benennung »Explosionszeichnung« ist nicht genormt, aber in der Technik üblich. Nach DIN 199 werden solche Zeichnungen als Anordnungsplan benannt.

Aufgabe einer Explosionszeichnung ist es, die räumliche Lage von Gegenständen zueinander zu zeigen. Die Darstellung muß dabei nicht unbedingt maßstäblich sein, und die gewählte Perspektive muß nicht einer genormten Projektion entsprechen.

Explosionszeichnungen zeigen nur, wie die Bauteile gefügt werden müssen, aber nicht in welcher Reihenfolge dieses zu geschehen hat. Sie werden durch Ersatzteillisten ergänzt.

Explosionszeichnungen sind Kommunikationsmittel im Ersatzteilwesen, bei Montage- und Demontageaufgaben.

POS. NO.	BESTELL NR.	TA	BENENNUNG
1			KASTENFUSS (KOMPLETT)
2	633 377	2	KASTENFUSS
3	624 033	3	STIFTSCHRAUBE
4	302 031	3	FEDERRING
5	624 389	3	SECHSKANTMUTTER
7	632 536	2	ABLAGE
8	614 948	1	BOLZEN
9	620 001	2	BLECH
10	610 004	1	SPAENEBLECH
11	610 005	1	TUERKLOBEN
16	630 001	1	TUERE
17	300 002	2	BLATTFEDER
18	301 063	3	SENKNIET
19	630 002	1	TUERE
20	300 002	2	BLATTFEDER
21	301 065	3	SENKNIET
22	626 167	2	SIEB
23	632 887	2	TUERE
24	301 180	3	ZYLINDERSCHRAUBE
25	302 624	3	MOOSGUMMI
26	651 661	2	SCHILD
27	301 034	3	HALBRUNDKERBNAGEL
28	600 187	2	SCHILD

Abb. 3: Ersatzteilliste

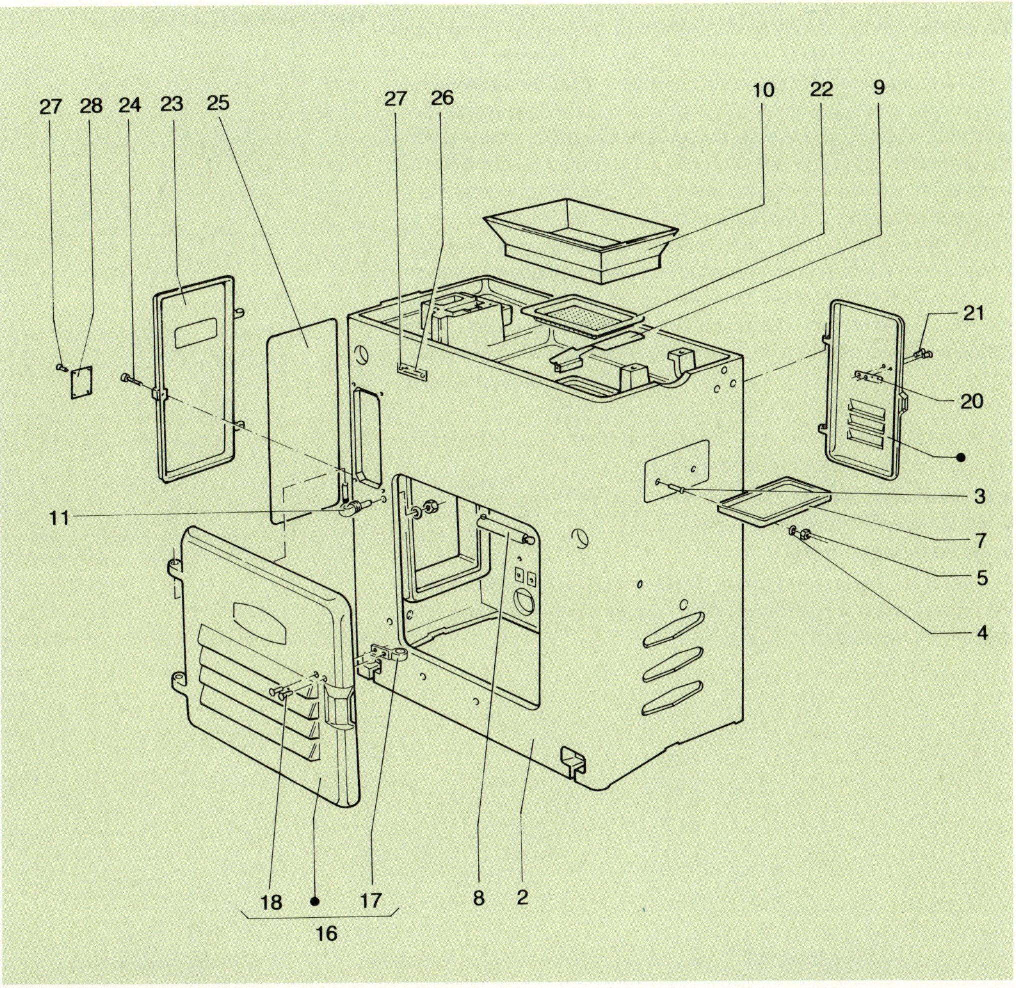

Abb. 4: Explosionszeichnung

6.2.1.8 Darstellung funktioneller Zusammenhänge

Funktionelle Zusammenhänge, z.B. der Benzinverbrauch in Abhängigkeit der Fahrgeschwindigkeit oder die Drehzahl eines Bohrers in Abhängigkeit des Durchmessers, lassen sich darstellen in

- Tabellen,
- Kennlinien,
- Diagrammen.

Unter einer **Tabelle** versteht man die Zusammenstellung von Zahlen in übersichtlicher Form. Eine solche Form wird erreicht durch die Einteilung der gesamten Tabelle in Tabellenkopf, eine Vorspalte und das Tabellenfeld. Das Tabellenfeld wird durch waagerechte Zeilen und senkrechte Spalten in Tabellenfächer unterteilt. In die Tabellenfächer werden die Zahlen geschrieben. Jeder Zahl muß über Vor- bzw. Kopfspalte eine eindeutige Bedeutung (Leitangabe) zugeordnet werden. Für die Erstellung von Tabellen gilt z.B. DIN 820, Teil 24, und DIN 55301. Der Tabellenname ist anzugeben.

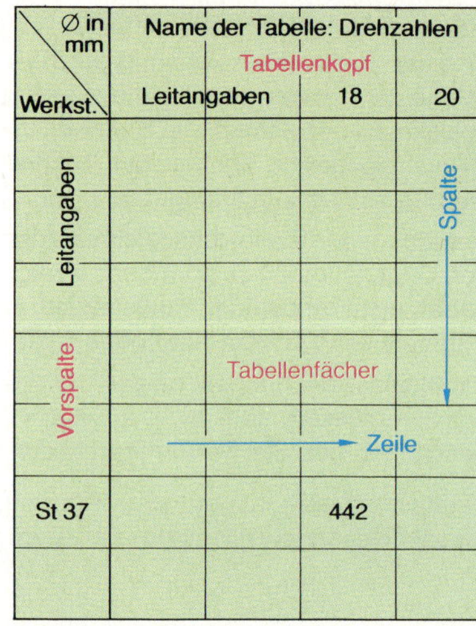

Abb. 1: Aufbau einer Tabelle

Kennlinien geben durch ihren Verlauf in grafischer Form den Zusammenhang zweier konstanter oder veränderlicher Größen, Mengen oder Zustände an. In einem Koordinatensystem dargestellt werden solche Darstellungen als **Diagramme** bezeichnet. Die Art und Weise der graphischen Darstellung von Diagrammen ist in DIN 461 festgelegt. So muß z.B. die Bedeutung jeder Koordinatenachse eindeutig und unverwechselbar angegeben werden. Sind in einem Diagramm mehrere Kennlinien gezeichnet, muß jede eindeutig bezeichnet werden. Diagramme können eine quantitative oder qualitative Aussage machen. Bei quantitativer Darstellung ist durch die Kennlinie nur der Verlauf des dargestellten Zusammenhanges ohne Zahlenwerte zu ersehen. In dreiachsigen Koordinatensystemen kann der Zusammenhang von drei Größen, Mengen oder Zuständen dargestellt werden.

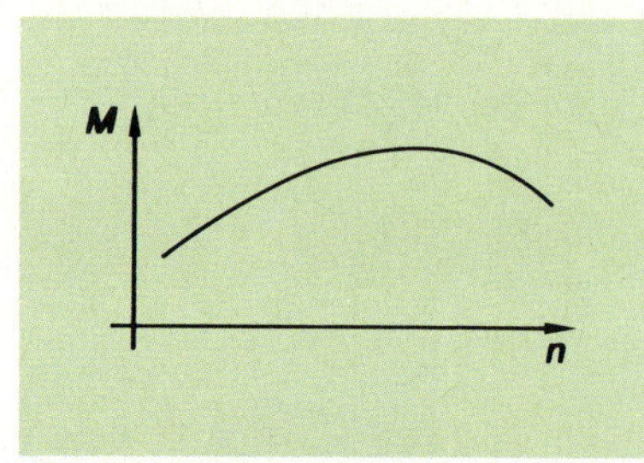

Abb. 2: Qualitative Diagrammdarstellung

Eine besondere Form von Diagrammen ist die graphische Darstellung von Zusammenhängen in:

- Balken- oder Säulendiagrammen,
- Kreis- oder Tortendiagrammen,
- Sankey-Diagrammen.

Mit solchen Diagrammformen lassen sich sehr anschaulich Veränderungen, Ergebnisse oder anteilmäßige Zusammensetzungen darstellen.

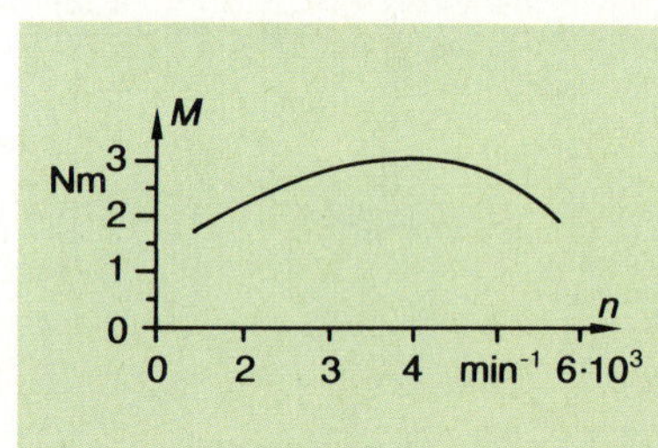

Abb. 3: Quantitative Diagrammdarstellung

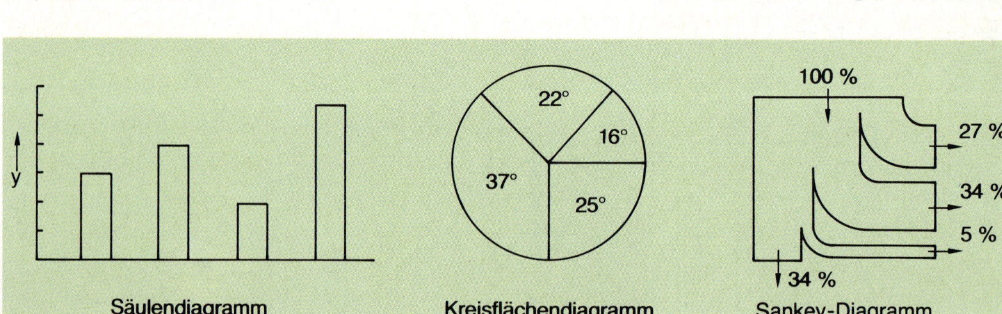

Abb. 4: Unterschiedliche Diagrammformen

6.2.2 Pläne

Nach DIN 199 wird unter einem Plan die zeichnerische Veranschaulichung der Lage zusammengehöriger Gebäude oder Maschinen sowie auch die Darstellung von deren Funktionen verstanden. In der Metalltechnik sind von Bedeutung:

- Programmablaufpläne,
- Funktionspläne,
- Zustandsdiagramme,
- Schaltpläne, z.B. Pneumatikschaltpläne nach VDI 3226.

6.2.2.1 Programmablaufpläne

Programmablaufpläne sind die zeichnerische Darstellung von Aufgabenlösungen in der Informationsverarbeitung. Zur Darstellung werden Bildzeichen nach DIN 66001 verwendet.

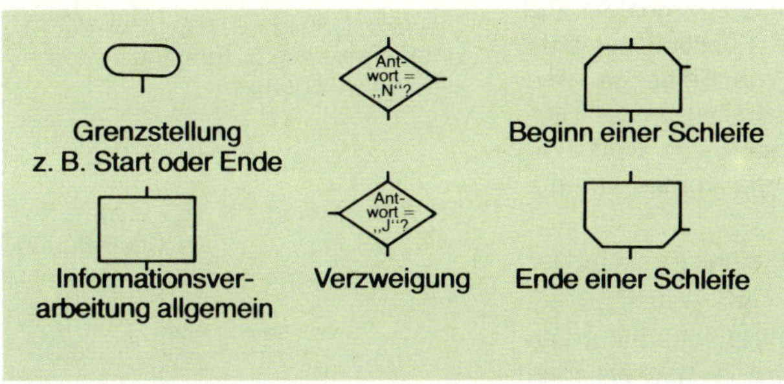

Abb. 5: Sinnbilder für Informationsverarbeitung

Die einzelnen Bildzeichen (Sinnbilder) eines Programmablaufplanes werden durch Verbindungslinien verknüpft und zeigen dadurch die Reihenfolge der Informationsverarbeitung auf. In die Sinnbilder werden Texte eingeschrieben, um die gewünschte Verarbeitung aus dem Programmablaufplan erkennen zu können. Unter Verarbeitung wird jeweils ein Lösungsschritt oder eine Ja-Nein-Entscheidung der gestellten Aufgabe verstanden. Abbildung 7 zeigt den Programmablaufplan für die Lösung der Rechenaufgabe »Lehrsatz des Pythagoras« und die zugehörige Rechenlösung in der Programmiersprache Basic.

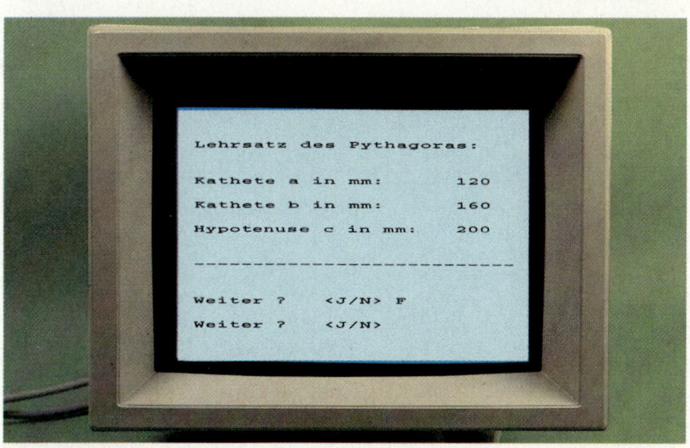

Abb. 6: Bildschirmausgabe des Programmablaufplanes der Abb. 7

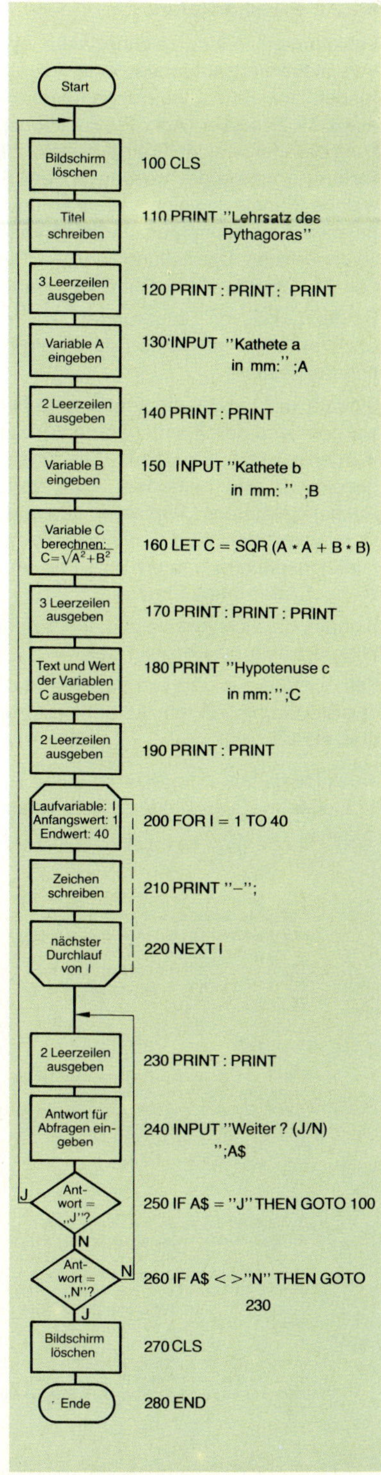

Abb. 7: Programmablaufplan

6.2.2.2 Funktionspläne

Funktionspläne sind zeichnerische, symbolhafte Darstellungen von Steuerungsaufgaben ohne Angabe der verwendeten Betriebsmittel. Eine Steuerungsaufgabe könnte das Einschalten eines Motors sein (Abb. 2). Funktionspläne geben keine Auskunft darüber, welche Energieträger, z.B. Pneumatik, Hydraulik, Elektrik angewendet werden sollen. Sie geben nur Auskunft, welche Signale in welcher Weise miteinander verknüpft werden müssen. Funktionspläne sind eine »bildhafte« Sprache. Für die zeichnerische Darstellung werden Symbole nach DIN 40700 Teil 14 und DIN 40719 Teil 6 verwendet.

Bauelemente von Steuerungen, z.B. ein Bauelement für eine Und-Verknüpfung, werden durch ein Rechteck (Funktionssymbol) dargestellt.

Signale, die von Bauelementen gegeben oder an solche geleitet werden, sind durch sogenannte Wirkungslinien dargestellt. Sie werden an die Ein- bzw. Ausgänge der Funktionssymbole gezeichnet und numeriert. Man spricht von Eingangs- und Ausgangssignalen. **Wirksame Signale** haben bei dualer Darstellungsart den **Wert 1, nichtwirksame Signale** den **Wert 0.** In Funktionsplänen können Ein- und Ausgänge immer nur die Werte 1 oder 0 annehmen.

Signale, die sich verzweigen, werden durch einen Punkt an der Wirkungslinie gekennzeichnet.

Soll die Verknüpfung von Signalen dazu führen, daß innerhalb der Steuerung z.B. ein Ablauf gestartet wird, bezeichnet man dies als »Schritt«.

Funktionspläne sind Kommunikationsmittel zwischen verschiedenen Berufsfeldern, z.B. Maschinenbau zu Elektrotechnik.

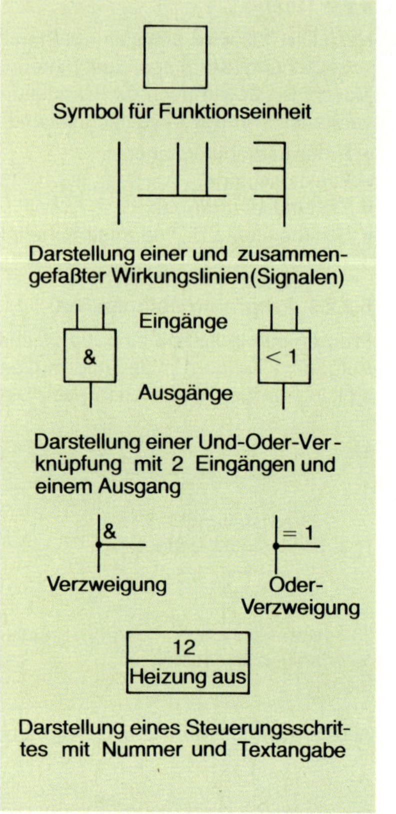

Abb. 1: Symbole in Funktionsplänen

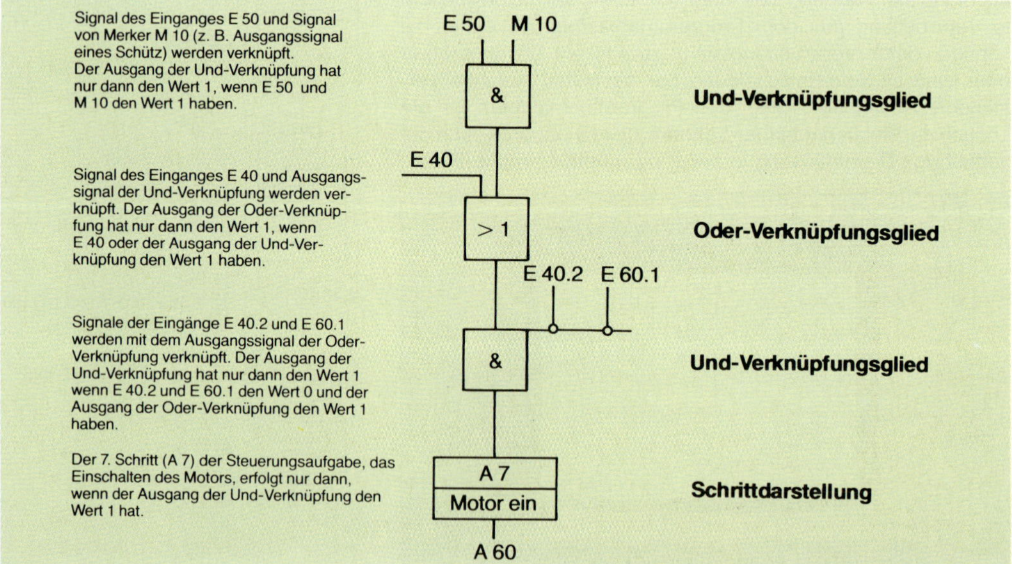

Abb. 2: Funktionsplan (Auszug)

6.2.2.3 Zustandsdiagramme

Zustandsdiagramme sind zeichnerische, grafische Darstellungen von Steuerungsbeschreibungen. Sie werden bevorzugt zur Erstellung pneumatischer bzw. hydraulischer Ablaufsteuerungen verwendet.

Zustandsdiagramme sind ein geeignetes Mittel bei der Fehlersuche innerhalb einer Ablaufsteuerung.

Der Bewegungsablauf von pneumatisch bzw. hydraulisch wirkenden Zylindern oder Motoren wird durch sogenannte Funktionslinien in ihrer zeitlichen Folge dargestellt.

Signale innerhalb einer Steuerungsaufgabe, die das Umschalten von Ventilen bzw. das Starten oder Stoppen von Zylindern oder Motoren bewirken, werden durch sogenannte Signallinien dargestellt.

Zustandsdiagramme sind Kommunikationsmittel, z.B. zwischen mechanischer Konstruktion und Elektro- oder Pneumatikkonstruktion.

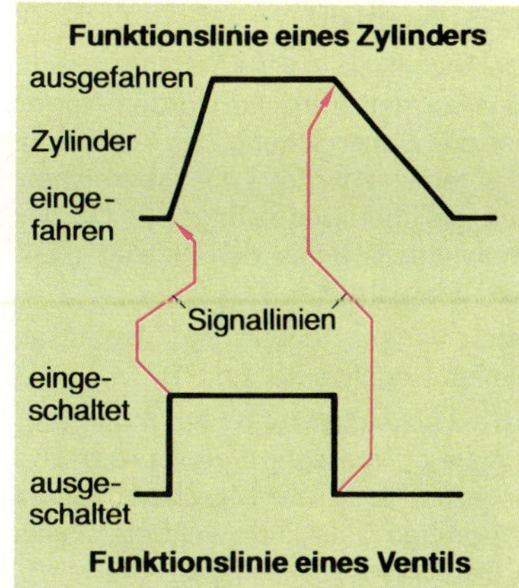

Abb. 3: Symbole für Zustandsdiagramme

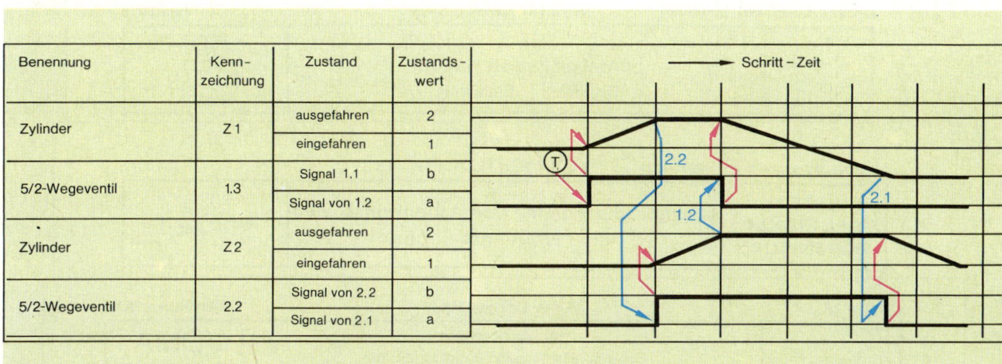

Abb. 4: Zustandsdiagramm zum Pneumatikschaltplan der Abb. 5

6.2.2.4 Pneumatikschaltpläne

Pneumatikschaltpläne zeigen die in einer Steuerung verwendeten Bauteile und deren leitungsmäßigen Zusammenbau in symbolischer Darstellung. Die Funktion der pneumatischen Steuerung nach Abb. 4 und 5 ist folgende:

Wird Ventil 1.1 betätigt, schaltet Ventil 1.3 in den Zustand »b« und der Zylinder 1 fährt aus (Zustandswert 2). In dieser Endstellung wird Ventil 2.2 in den Zustand »b« geschaltet. Ventil 2.3 nimmt daraufhin den Schaltzustand »b« ein und der Zylinder 2 fährt aus (Zustandswert 2). In dieser Endstellung betätigt der Zylinder 2 das Ventil 1.2 (schaltet in den Zustand »b«), worauf Ventil 1.3 den Schaltzustand »a« annimmt und der Zylinder 1 zurückfährt (Zustandswert 1). In dieser Endstellung wird das Ventil 2.1 betätigt (Schaltzustand »b«), worauf das Ventil 2.3 den Schaltzustand »a« einnimmt und der Zylinder 2 zurückfährt (Zustandswert 1).

Pneumatikschaltpläne sind Kommunikationsmittel zwischen z.B. Konstruktion und Montage.

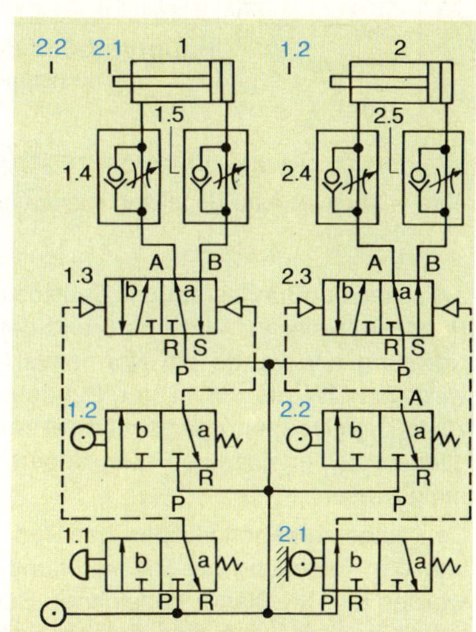

Abb. 5: Pneumatikschaltplan

6.2.3 Normen

Normen sind anerkannte Regeln der Technik.

Die Technik ist in viele Lebensbereiche vorgedrungen. Deshalb sind Normen erarbeitet worden. Normen sind Ordnungsfaktoren bei der Beherrschung der Technik und ihrer Fortentwicklung in unterschiedlichen Lebensbereichen. Sie sind in der Fertigung von gleicher Bedeutung wie für die Sicherheitstechnik, das Gesundheitswesen, den Umwelt- und Verbraucherschutz sowie das Verkehrswesen.

Verschiedene Stellen und Organisationen der Wirtschaft erstellen Regelwerke. So z.B.

- Deutsches Institut für Normung e.V. — DIN
- Verein Deutscher Ingenieure e.V. — VDI
- Verein Deutscher Maschinenbauanstalten e.V. — VDMA
- Verband Deutscher Elektrotechniker — VDE
- Berufsgenossenschaften — BG

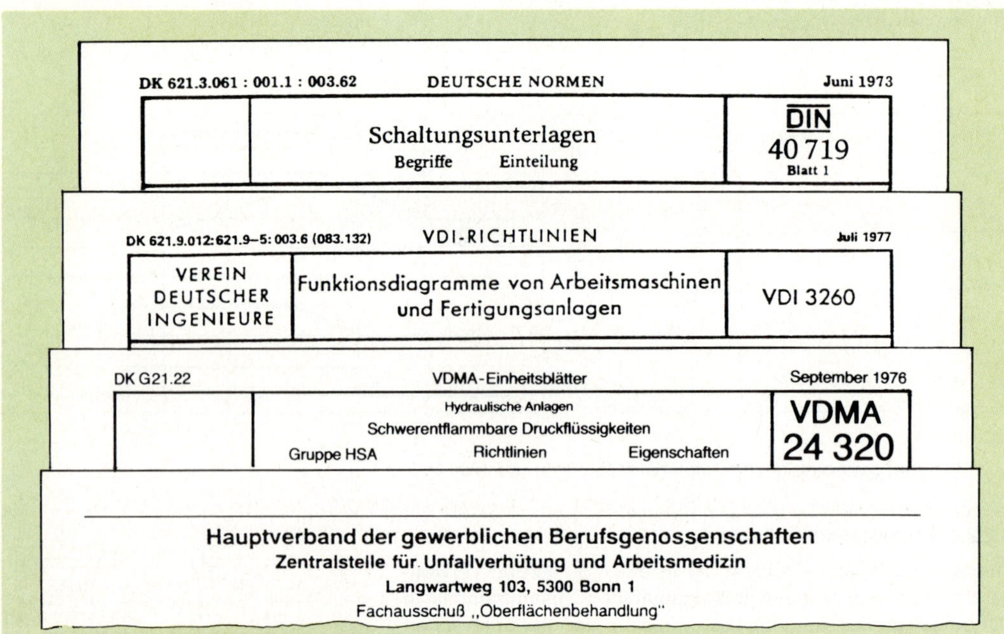

Abb. 1: Verschiedene Regelwerke (Normen)

Zwischen der Bundesrepublik Deutschland (vertreten durch den Bundesminister für Wirtschaft) und dem Deutschen Institut für Normung e.V. wurde ein Normenvertrag geschlossen. Darin wird das DIN als die in der Bundesrepublik und Westberlin zuständige Normenorganisation vertraglich festgelegt. Das DIN gliedert sich in einzelne Fachgruppen, z.B. Fachgruppe Zeichnungswesen.

Den einzelnen Fachgruppen gehören Vertreter der Wirtschaft und der Forschung an. Die veröffentlichten Normen des DIN werden als DIN-Blätter bezeichnet. Bevor eine DIN-Norm Gültigkeit erlangt, wird eine solche Norm als Entwurf mit der Angabe einer Einspruchsfrist herausgegeben.

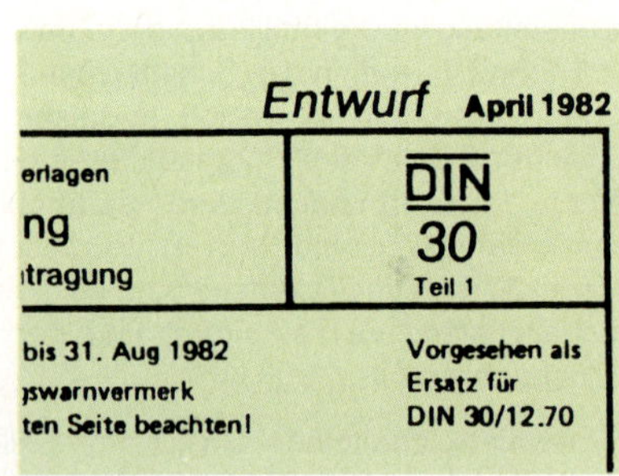

Abb. 2: DIN-Norm Entwurf

Einzelne Normen können mehrere Teile mit jeweils mehreren Seiten umfassen, z.B. DIN 40719 mit den Teilen T1 ... T6.

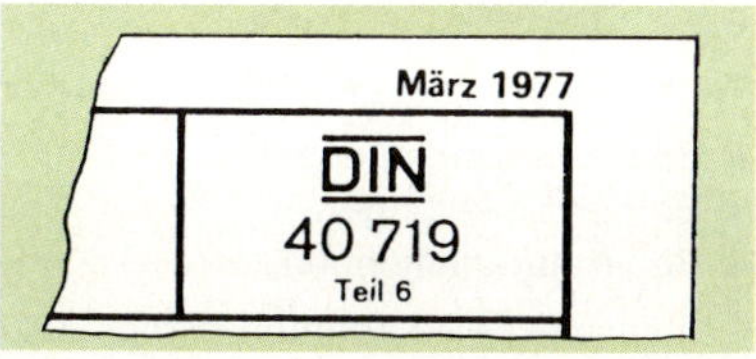

Abb. 3: DIN-Norm mit mehreren Teilen

Das DIN arbeitet in internationalen Normengremien bei der Erstellung international gültiger Normen mit. Alle Normen des DIN, die gleich sind mit internationalen Normen, werden als DIN-ISO gekennzeichnet.

(**ISO** = **I**nternational **O**rganization for **S**tandardization in Genf)

Abb. 4: Deutsche und internationale Norm

Zu einzelnen Normen gibt es auch Beiblätter, die meist ergänzenden bzw. erklärenden Charakter haben.

Neu erschienene Normen, Normentwürfe und Normänderungen werden im Bundesanzeiger veröffentlicht.

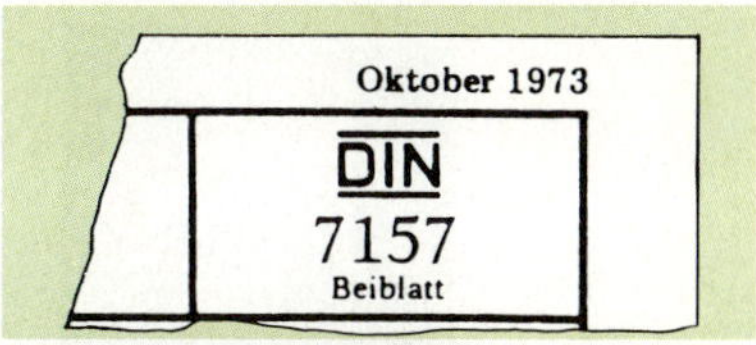

Abb. 5: Beiblatt zu DIN-Norm

Das DIN gibt jährlich eine zweiteilige Übersicht aller DIN-Normen heraus (DIN-Katalog für technische Regeln). Diese Übersicht ermöglicht das Auffinden einer benötigten Norm.

Teil 2 beinhaltet ein Schlagwortregister, aus dem die Gruppen-Nummern des Sachteiles abzulesen sind, z.B. Zeichnung, Maßeintragung 6990, 7680.

Zeichnung • graphisches Symbol • Niet 4110, 7660
Zeichnung • Handschrift • Schrift 0020
Zeichnung • Hilfsnetz • Schrift 7680
Zeichnung • Holzbau 7680
Zeichnung • Hüllbedingung • Tolerierungsgrundsatz 3190
Zeichnung • Katasterkarte 0180
Zeichnung • Liste • Plan • Schriftfeld 7680
Zeichnung • Maßeintragung 6990, 7680
Zeichnung • Maßeintragung • Programmierung 6990, 7680

Abb. 6: Auszug Teil 2 DIN-Katalog

Im Teil 1 sind unter der jeweiligen Sachteil-Nummer alle zugehörigen DIN-Normen aufgeführt.

6990 Programmierung. Software
Programming. Software **DK/UDC 681.3.06**
Deutsche Normen
DIN 406 Teil 4 12.80 [5] *(En)*
Maßeintragung in Zeichnungen; Bemaßung für die maschinelle Programmierung
Dimensioning on drawings; dimensioning for programming by machine
Maßeintragung • Programmierung • Zeichnung

DIN 406 Teil 4 Beiblatt 1 12.80 [7] *(En)*
Maßeintragung in Zeichnungen; Bemaßung für die maschinelle Programmierung, Anwendungsbeispiel
Dimensioning on drawings; dimensioning for programming by machine, example of application
Maßeintragung • Zeichnung

7680 Zeichnungen (Regeln, Vorschriften, Beschriftungen usw.)
Drawings (rules, regulations, lettering, dimensioning etc.) **DK/UDC 744.4**
► DIN 6 Teil 1 12.86 *(≠ ISO 128-1982)* [11]
Technische Zeichnungen; Darstellungen in Normalprojektion; Ansichten und besondere Darstellungen
Technical drawings; representation in normal projection method; views and particular representations
Darstellung • technische Zeichnung

► DIN 6 Teil 2 12.86 *(≠ ISO 128-1982)* [8]
Technische Zeichnungen; Darstellung in Normalprojektion; Schnitte
Technical drawings; representation in normal projection method; sections
Darstellung • technische Zeichnung

DIN 15 Teil 1 06.84 *(≠ ISO 128-1982)* [5] *(En)*
Technische Zeichnungen, Linien; Grundlagen
Technical drawings, lines; principles
Linie • technische Zeichnung

DIN 15 Teil 2 06.84 *(≠ ISO 128-1982)* [7] *(En)*
Technische Zeichnungen; Linien; Allgemeine Anwendung
Technical drawings; lines, general application
Linie • technische Zeichnung

► DIN 15 Teil 3 05.86 [8]
Technische Zeichnungen; Linien; Anwendung bei der Darstellung des Schiffskörpers
(Originalsprache Deutsch, Englisch)
Technical drawings; lines; application for hull representation
Linie • Schiffbau • technische Zeichnung

► ZE DIN 15 Teil 3 Beiblatt 1 05.84
ersetzt durch DIN 15 Teil 3

E DIN 30 Teil 1 04.82 [9]
Vereinfachte Angaben in technischen Unterlagen; Zeichnungsvereinfachung; Vereinfachte Darstellung und Maßeintragung
Simplified indication in technical documents; drawings; simplified representation and dimensioning
Maßeintragung • Zeichnungsdarstellung

Abb. 7: Auszug Teil 1 DIN-Katalog

Regelwerke, insbesondere DIN-Normen sind Kommunikationsmittel in der gesamten Technik.

DIN-Normen sind urheberrechtlich geschützte Werke und dürfen deshalb nicht kopiert werden!

Technische Texte sind Kommunikationsmittel zwischen Kunden und Produktherstellern.

6.2.4 Technische Texte

Technische Texte sind Bestandteil von:

- Bedienungsanleitungen,
- Betriebsanleitungen,
- Reparaturanleitungen.

Technische Texte nehmen immer Bezug auf Zeichnungen, z.B. Explosionszeichnungen, und ergänzen diese. Sie machen zeichnerische Darstellungen häufig erst verständlich. Technische Dokumentation wird als **docware**[1] bezeichnet. Sie ergänzt hardware und software zu einem Produkt.

Technische Texte sind Kommunikationsmittel zwischen Kunden und Produktherstellern.

1. **Vor Inbetriebnahme** sorgfältiges Durchlesen der vorliegenden Betriebsanleitung.

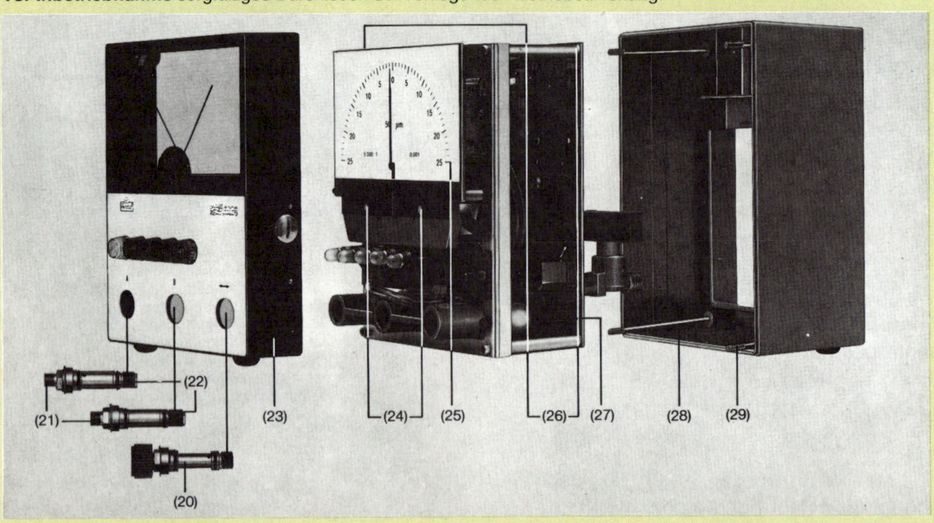

1. Auswechseln der Gerätedüse/n

1.1 Meßstrecke/n (21) mit dem Maulschlüssel SW 13 aus dem Zeigergerät herausschrauben. (Die Geräte 1020, 1022, 1024 und 1040 haben eine-die Geräte 1060, 1062 und 1064 zwei Meßstrecken.)

1.2 Gerätedüse/n (22) an der Stirnseite der Meßstrecke/n (21) mit Maulschlüssel SW 10 herausschrauben.

1.3 Erforderliche Gerätedüse (Tabelle IV. Seite 23) in die Meßstrecke/n (21) einschrauben.

1.4 Meßstrecke/n (21) in das Zeigergerät einschrauben.

2. Auswechseln der Skale

2.1 Kunststoffkopf der Nulleinstellung (20) nur soweit herausdrehen, daß die Schlüsselflächen des Sechskantes freiliegen. (Bei den Geräten Nr. 1020, 1022, 1024 und 1040-Rechtsdrehung/bei den Geräten Nr. 1060, 1062 und 1064-Linksdrehung.)
Bei Type 1040 den Kunststoffkopf der Übersetzungs- sowie den der Nulleinstellung entsprechend herausdrehen, die beiden Einstellungselemente mit einem Maulschlüssel SW 13 herausschrauben.

2.2 Nulleinsteller (20) und Übersetzungseinsteller (im Bild nicht dargestellt) mit Maulschlüssel SW 13 aus dem Zeigergerät herausdrehen.

2.3 Meßstrecke/n (21) mit Maulschlüssel SW 13 aus dem Zeigergerät herausdrehen.

2.4 Vier Schlitzschrauen (29) mit einem Schraubendreher herausdrehen.

2.5 Gehäuserückwand (28) abnehmen.

2.6 Obere Distanzbolzen (26) durch leichtes zurückbiegen der Rückwandplatte (27) herausnehmen.

2.7 Gehäusevorderteil (23) von dem mit der Rückwandplatte (27) verbundenem Meßgeräteteil abnehmen.

2.8 Beide Senkkopfschlitzschrauben (24) herausdrehen und Skale (25) nach oben herausnehmen.

2.9 Erforderliche Skale (Tabelle IV, Seite 23) neu einsetzen.

2.10 Montage des Gerätes in umgekehrter Reihenfolge, also V., 2.8-2.1 vornehmen. Hierbei beachten, daß bei der Montage der Distanzbolzen (26) der länger angedrehte Zapfen nach vorn zur Skale, der kürzere zur Rückwandplatte (27) zeigt.
Bei der Inbetriebnahme von Millipneu-Zeigergeräten in Verbindung mit pneumatischen Meßwertaufnehmern, z. B. Düsenmeßdornen, ist zu beachten, daß die Gerätedüse und die Skale des Zeigergerätes dem Meßbereich des pneumatischen Meßwertaufnehmers entspricht.

Abb. 1: Technischer Text, Auszug einer Betriebsanleitung

[1] doc: (englisch) = Dokument

6.3 Elektronische Kommunikationsmittel

Die gesamte technische Kommunikation kann unter Anwendung von Datenverarbeitungsanlagen realisiert werden. Alle notwendigen Informationen, die innerhalb eines Betriebes notwendig sind, können über Computer erzeugt, gespeichert, weitergegeben oder empfangen werden. Durch die große Geschwindigkeit der elektronischen Datenübertragung läßt sich das Prinzip der rechtzeitigen schnellen Information nahezu optimal realisieren. Damit innerhalb des Betriebes und auch mit anderen Betrieben (weltweit) Kommunikation betrieben werden kann, müssen die einzelnen Computersysteme gegenseitig angepaßt sein. Man bezeichnet dies dann als **kompatibel.** Sind die Computer der einzelnen Abteilungen gegenseitig verbunden und stehen NC-gesteuerte Produktionsanlagen zur Verfügung, kann eine rechnergesteuerte Produktion erreicht werden. Eine solche Fertigung wird als **CIM** (**C**omputer **I**ntegrated **M**anufacturing) bezeichnet.

CIM ist die umfassende technische Kommunikations- und Produktionssteuerung auf elektronischem Wege.

Bei Auftragserteilung werden alle betroffenen Betriebsabteilungen mit den für sie notwendigen Informationen auf elektronischem Wege versorgt. Dafür sind Verbindungsleitungen von Rechner zu Rechner, sog. Netzwerke, notwendig. Netzwerke sind spezielle Leitungssysteme, auf denen Daten übertragen, gesendet werden.

MAP (**M**anufacturing **A**utomation **P**rotocoll) ist ein zur CIM-Lösung geeignetes Datenübertragungsnetz. Ein solches Datenübertragungsnetz hat verschiedene Funktionen zu erfüllen bzw. zu ermöglichen. Diese sind in DIN-ISO 7498 festgelegt (Tab. 6.2). CIM plant, steuert und überwacht jeden Auftrag innerhalb eines Betriebes von der Planung über die Materialbeschaffung zur Fertigung und Verkauf. CIM stellt die »Fabrik der Zukunft« dar.

Tabelle 6.2: MAP nach DIN 7498

Kommunikationsaufgabe/Funktion
Datenverarbeitung, -anwendung, Datenformatierung, Datensteuerung: von → an, Datentransport, Datenvermittlung, Wählvorgang, Datensicherung, -erkennung, Bit-Übertragung

CAD	**CAP**	**CAM**	**CAT**	**CAQ**
Computer **A**ided **D**esign	**C**omputer **A**ided **P**lanning	**C**omputer **A**ided **M**anufacturing	**C**omputer **A**ided **T**iming	**C**omputer **A**ided **Q**uality
Computerunterstütztes Konstruieren Entwurf, Zeichnungen, Stücklisten.	Computerunterstützte Fertigungsplanung Arbeitspläne, Prüfpläne, NC-Programme.	Computerunterstützte Fertigungsplanung Maschineneinsatz, Personaleinsatz, Materialbereitstellung, Transportsteuerung, Werkzeugüberwachung.	Computerunterstützte Fertigungsüberwachung Auftragsverfolgung, Maschinendatenerfassung, Betriebsdatenerfassung, Qualitätsdatenerfassung.	Computerunterstützte Qualitätskontrolle Kontrolle, Statistik.

Abb. 2: Computergestützte Einzelsysteme im CIM-Verbund

Aufgaben

Ein Maschinenbetrieb erhält den Auftrag über 1000 Stück des in der Abb. 1 dargestellten Winkels. Der Betrieb ist in branchenübliche Betriebsabteilungen gegliedert. Für die Fertigung stehen Werkzeuge zum Ablängen, Ausklinken und Biegen sowie Bohrmaschinen zur Verfügung. Die Bestellung führt zur Erstellung betriebsinterner Aufträge.

1. Schreiben Sie die Betriebsabteilungen auf, die an der Durchführung des Auftrages beteiligt sein werden.
2. Erstellen Sie eine Übersicht, aus der hervorgeht, welche Informationen welche Abteilung benötigt, welche Aufgaben sie durchführt und welche Informationen sie an welche anderen Abteilungen weitergibt.
3. Erstellen Sie eine Fertigungszeichnung und bestimmen Sie ein geeignetes Halbzeug.
4. Erstellen Sie einen Arbeitsplan für die Anfertigung der Winkel.
5. Beschreiben Sie die Fertigungsfolge (technischer Text), fertigen Sie für jeden Fertigungsschritt eine Skizze (Halbfertigteil) und nehmen Sie in der Beschreibung darauf Bezug.
6. Zeichnen Sie eine axometrische (Isometrie) Darstellung des Werkstückes und tragen Sie alle Maße ein (Blickrichtung A).
7. Erstellen Sie einen Funktionsplan der Steuerungsaufgabe des Biegewerkzeuges (Spannen und Biegen sollen getrennte, abhängige Vorgänge sein).
8. Zeichen Sie einen Pneumatikschaltplan und das zugehörige Zustandsdiagramm für ein Biegewerkzeug mit einem Zylinder zum Spannen und einem Zylinder zum Biegen. Die Werkstücke sollen von Hand eingelegt und entnommen werden. Startbedingung: Werkstück vorhanden, Schutzgitter geschlossen, Zweihandbetätigung. Weitere Bedingung: Umformen erst wenn das Werkstück gespannt ist.
9. Erstellen Sie einen Programmablaufplan zur Berechnung der gestreckten Länge eines 90°-Biegeteils.
10. Schreiben Sie ein Rechenprogramm in Basic oder Pascal zur Aufgabe 9 (Biegeradius variabel von R3 bis R14).
11. Erstellen Sie ein Diagramm, aus dem die gestreckte Länge des Winkels bei unterschiedlichen Biegeradien zu entnehmen ist (Werte aus Aufgabe 10).

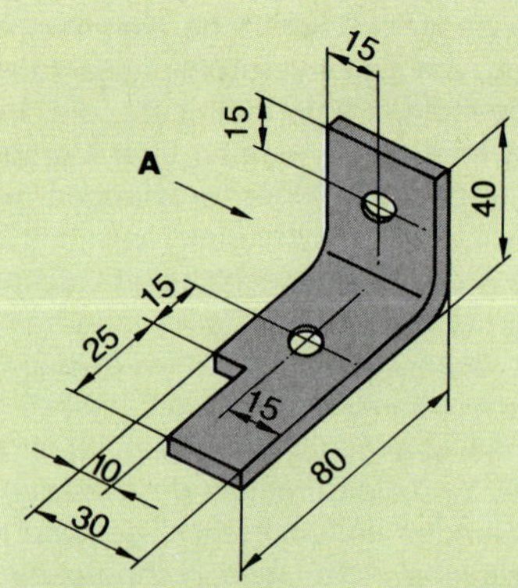

Bohrungsdurchmesser: d = 8,5 mm

Blechdicke: t = 4 mm

Biegeradius: R 4

Werkstoff: St, Rm < 500 N/mm²

Abb. 1: Winkel

Sachwortverzeichnis

A

Abkühlgeschwindigkeit 84
Acetylen 103
Adhäsion 86, 137
Akkumulator 243
Algorithmus 218
Allgemeintoleranzen 14
Altbatterien 244
Aluminium 123f., 127f.
amorph 113
AMPERE 235
Analoganzeige 16
Anordnung der Atome
– räumliche ~ 113
– regellose ~ 113
– regelmäßige ~ 113
Anordnungsplan 257
Anreiß
– platte 33
– Schablone 36
– vorgang 35
– werkzeuge 33
Anstellbewegung 61
Antimon 132
Anwendersoftware 212
Anzeige 27
Anzeigenbereich 27
Arbeit 154
– elektrische ~ 241f.
Arbeits
– elemente 167
– pläne 253
– speicher 213
– temperatur 101
– vorbereitung 252
Argument 216
Atomrümpfe 231
Aufgabengröße 181
Aufnahmevorrichtung 61
Aufweitversuch 121
Ausgangs
– form 37
– größe 63, 180, 187
– zustand 32
Ausklinkungen 111
Auslösesignal 181
Austenit 145

B

Basen 232
Basic 216
– Befehlswort 216
Basis
– Einheiten 9f.
– Größen 9f.
Bauelemente
– elektrotechnische ~ 202
– hydraulische 202
– pneumatische 197
Bauglieder 181
Bedienungsanleitungen 264
Bereitschaftsanzeige 216
Beryllium 127f., 132
Beschichten 32, 123
Bestellformulare 253
Betriebs
– anleitungen 253, 264
– durchlauf 251
Bewegungen
– planmäßige ~ 60
Bezugstemperatur 28
Biegeumformen 79
Biegevorgang 79
Biegung 119
Bismut 132
Bit 214
Blaswirkung 108
Blei 123f., 132
– batterie 243
Bördel
– probe 121
– verschraubungen 196
Bohren 68f.
Bohrertypen 69
Bohrfehler 70
Bohrvorrichtung 110
Bolzenverbindungen 95
BOYLE 166
Brennstoffe
– gasförmige ~ 170
– flüssige ~ 170
BRINELL 122
Byte 214

C

CAD 265
Cadmium 132
CAM 265
CAP 265
Caps-Lock-Taste 214
CAQ 265
CAT 265
Catalog 218
Chrom 124
CIM 265
CLS 217
Computer 149, 212ff.
Control-Taste 214
Cursor 214

D

Datei 227
Daten
– ausgabe 215
– bank 224
– eingabe 213
– satz 225
– schutz 227
– schutzbeauftragter 227
– schutzgesetz 227
– träger 253
– verarbeitung 211ff.
DEL 218
DELETE 218
Diagramm 258
Diffusion 86, 101
Digitalanzeige 16
Direktmodus 216f.
Diskette 215
docware 264
Drehen 62f.
Dreh
– meißel 64
– moment 85, 152
– strom 235
– zahl 72
Druck 119
– gußteile 82
– luft 193
– luftablaßhahn 193
– luftleitung 194
– luftmotore 167, 200
– luftverteilung 194
– minderer 104
Drucker 215
Duroplast 136f.

E

Eigenschaften
– chemische ~ 117
– physikalische ~ 117
– technologische ~ 117
Eingabe
– Einheit 213
– Gerät 215
Eingangsgröße 63, 180, 187
Einguß 82
Einheiten 9
– abgeleitete 9f.
– gleichung 9
– Teile von ~ 10
– Vielfache von ~ 10
Einkerbung 38, 44
Einspannen 206
Elastizität 120
Elastomere 136
Elektrische Größen 233
Elektroden 107
Elektromotore 246
Elektron 231
Elektronenstromrichtung 233
END 217
End
– form 37
– maße 18
– maß-Normalsatz 18
– zustand 32
Energie 154
– alternative ~ 170
– Atom ~ 155
– chemische ~ 155
– eingabe 173
– erhaltungssatz 155
– Hilfs ~ 180
– kinetische ~ 155
– magnetische ~ 155
– mechanische ~ 155
– nutzung 173
– potentielle 155
– regelung 173
– träger 210
– umsetzung 149
– umwandlung 149, 241
– wandler 181
– wandlung 173

ff.: Energie
- Wärme ~ 155
- Wirk ~ 33
Entladen 244
Entwicklung 252
ERICHSEN 121
Ersatzteillisten 253
Eutektoider Stahl 145

F

Fächerscheibe 93
Faltversuch 121
Faser
- neutrale ~ 79
Feder
- kraft 151
- Paß ~ 98
- rate 151
- ring 93
- scheibe 93
- Teller 93
- verbindungen 98
Federung
- elastische ~ 76
Feilen 55
- arbeiten 56
Feld (magnetisches ~) 244
Ferrit 145
Fertigteil 32
Fertigung 32, 252
Fertigungs
- programme 253
- verfahren 32
Fertigzustand 32
Festigkeit 119
- Biege ~ 119
- Druck ~ 119
- Knick ~ 119
- Scher ~ 44, 119
- Verdreh ~ 119
- Zug ~ 119
Festigkeitsklasse 92
Flamme (neutrale ~) 104
Flaschenzug 157
Fließspan 52
Floppy Disk 215
Flüssigkeiten
- schwerentflammbare ~ 195
Flüssigklebstoff 94
Flußmittel 102
Förder
- mittel 156
- strom 195
Form
- analoge ~ 184
- binäre ~ 184
- dauerhafte ~ 82
- digitale ~ 184
- verlorene ~ 82
Formatieren 215
Formelzeichen 9
Form
- lehre 25
- sand 82
- schluß 85, 111
FOR-NEXT-Schleife 222
Fräsen
- Gegenlauf ~ 73
- Gleichlauf ~ 73
- Plan ~ 73
- Rund ~ 73
- Stirn ~ 73
- Umfangs ~ 73
Fräsmaschinen 163
Fügen 32
Fügeverbindungen
- bewegliche ~ 110
- feste ~ 110
- formschlüssige ~ 110
Führungsgröße 182
Funktionspläne 259f.

G

GAY-LUSSAC 166
Gefüge 119
- ausbildung 115
Gegenkoppelung 188
Generator 241, 245
Gewinde
- arten 89
- Außen ~ 89
- Befestigungs ~ 89
- Bewegungs ~ 89
- bohren 71
- bohrer 71
- eingängiges ~ 89
- Fein ~ 89
- Innen ~ 89
- Kegel ~ 89
- Links ~ 89
- mehrgängiges ~ 89
- metrisches ~ 90
- mikroverkapseltes ~ 94
- Rechts ~ 89
- Rund ~ 89f.
- Sägen ~ 89f.
- stift 91
- Spitz ~ 89
ff.: Gewinde
- Trapez ~ 89f.
Gießbarkeit 123
Gießen
- Druck ~ 82
- Fein ~ 83
- Fliehkraft ~ 83
- Schwerkraft ~ 82
Giftigkeit 125
Gitterzelle 113
Gleich
- spannung 234
- strom 235
Gleit
- ebenen 76
- federn 98
- reibungszahl 85
Glühen 146
Gon 12
GOSUB 223
GOTO 221
Grad 13
Granulat 82
Grenz
- abmaß 14
- lehrdorn 26
- maß 14
- rachenlehre 26
Größen 180
- abgeleitete ~ 9f.
- gleichung 9
- physikalische ~ 9
Grundschaltungen 203
- elektrische ~ 209
- hydraulische ~ 206
- pneumatische ~ 203
Gußeisen 123, 144f.
Gußlegierungen
- Cu-Zn ~ 123
- Cu-Pb-Sn ~ 131
Gußwerkstoffe 117

H

Halb
- fertigteil 32
- leiter 233
Handregelung 188
Härte 122
Hard Disk 215
Hardware 212
Hart
- lote 101
- löten 102
- magnetisch 244
Haupt
- getriebe 161
ff.: Haupt
- schneide 50
Hebel
- arm 152
- einarmiger ~ 152
- Winkel ~ 152
- zweiarmiger ~ 152
Hebezeuge 157
hexagonal 113
Hiebarten 180
Hilfs
- mittel 140
- stoffe 140
Höchstmaß 14
HOME 217
Hydrauliköl 193, 195

I

Identnummer 255
IF...THEN 221
Impulswandler 205
Induktionsspule 246
Informations
- technik 179, 211
- umsetzung 149
INPUT 220
Interface 213
Ionen 232
Isolatoren 233
Isolierung 248
Istmaß 14

J

JOULE 154

K

Kaltkammerverfahren 83
Kapillarwirkung 101
Kegelstift 95
Keil 37
- Einlege ~ 97
- Flach ~ 97
- Hohl ~ 97
- Nasen ~ 97
- Nuten ~ 97
- paar 97
- schneide 37f., 44
- schneidwerkzeuge 42
- Tangent ~ 97
- Treib ~ 97
Kennlinie 258
Kerbstifte 95

Kern 82
– marken 82
Kilobyte 215
Kilogramm 11
Klebstoffe 109, 137
– Flüssig ~ 94
Klimaanlage 176
Knickung 119
Kohäsion 137
Kokille 82f.
Kolbenpumpe 83
Kolophonium 102
Kommunikation
– betriebsinterne ~ 251
– Bild ~ 172
– Daten ~ 172
– Sprach ~ 172
– Text ~172
Kondensat 193
– ablaßhahn 193
Konstante 219
Konstruktion 252
Kontrolle 36, 70
Koordinaten 15
Korn 115
– form 115
– grenzen 115
– größe 116
Korrosionsbeständigkeit 124
Kraft
– Aktiv ~ 63
– Anpreß ~ 111
– aufwand 43
– Passiv ~ 63
– Reib ~ 85
– Scher ~ 45
– schluß 85, 111
– Trenn ~ 41
– Vorschub ~ 63
– Zerspan ~ 63
Kräfteparallelogramm
41, 150
Kran
– brücke 158
– Dreh ~ 159
– Lauf ~ 158
– Mobil ~ 159
kristallin 113
Kristallkeime 115
kubisch
– flächenzentriert 113
– raumzentriert 113
Kühl
– schmierstoffe 69, 130
– schmierung 70
Kunststoffe 82, 134
Kupfer 123f., 130

L

Ladungsvorgang 244
Lagerbuchsen 84
Lamellengraphit 124
Längenprüftechnik 17
Leck
– ölleitung 200
– verlust 196
Legierungen
– Aluminium ~ 128
– Anwendungen 133
– Cu-Al ~ 131
– Cu-Ni ~ 131
– Cu-Ni-Zn ~ 131
– Cu-Sn ~ 131
– Cu-Zn ~ 131
– Knet ~ 123
Legierungselemente 133
Lehren 12ff.
Leistung 156, 241f.
Leiter
– feste 233
– flüssige 233
Leitungsschutzschalter 202
LET 220
Lichtwirkung 247
LIST 218
LOAD 218
Lohnscheine 253
Losdrehsicherung 94
Löten
– Fugen ~ 101
– Hochtemperatur 102
– Spalt ~ 101
– Weich ~ 102
Löt
– schneidring 196
– temperatur 101
– verschraubung 196
– werkstoffe 101
Lunker 83

M

Magnesium 127
Magnet 244
Makromoleküle 137
Manometer 193
MAP 265
MARIOTTE 166
Maschinen
– Arbeits ~ 149
– Außenpol ~ 246
– Bohr ~ 160
– Dreh ~ 161
– Feil ~ 57
– Fräs ~ 163
– Funktionen an ~ 175
ff.: Maschinen
– hydraulische ~ 163
– informations-
umsetzende ~ 172
– Innenpol ~ 246
– Kraft ~ 149, 163, 167
– pneumatische ~ 166
– Umgang mit ~ 176
– Verbrennungskraft ~167
– Werkzeug ~ 160, 176
Maß
– einheit 9
– lehre 25
– toleranz 14
– verkörperung 17
Matrixwerkstoffe 137
MAYER 155
Megabyte 215
Meißeln 54
Menge 256
Messen 12ff.
– direktes ~ 16
– indirektes ~ 16
Messerschneiden 42
Meß
– abweichungen 28
– bereiche 27
– genauigkeit 27
– geräte (anzeigenden) 21
– schieber 21
– schraube 22
– uhr 24
Metall
– bindung 114
– Bunt ~ 129
– Edel ~ 129
– Eisen ~ 117, 126
– gefüge 114
– Hart ~ 138
– Legierungs ~129
– Leicht ~ 117, 126f.
– Nicht ~117
– Nichteisen ~ 117, 126
– Schwer ~ 117, 126, 129
– Weiß ~ 129
Mindestmaß
Modell
– dauerhaftes ~ 82
– Traube 83
– verlorenes ~ 82
MOHS 122
Monitor 215
Montage 252
Motore 160
– Elektro ~ 246
– Viertakt ~ 168
– Zweitakt ~ 169
Muttern
– Flügel ~ 92
– Hut ~ 92
– mit Klemmteil 94
– Kreuzloch ~ 92
– Kronen ~ 92, 94
– Rändel ~ 92
– Sechskant ~ 92
– Sperrzahn ~ 94

N

Nahtformen 108
Nebenfläche 50
Nebengetriebe 161
Nebenschneide 50
Nennmaß 14
Neugrad 12
NEWTON 150
NEW 218
NEXT without FOR 222
Nichtleiter 233
Nickel 124, 132
Niederhalter 46
Nonius 21
Normen 141, 262
Notschalter 160

O

Oberfläche
– Qualität der ~ 60
Oberflächengüte 58
OHM 236
Oxidkeramik 138, 140

P

PASCAL 164
Paßstift 95, 111
Peripheriegeräte 213
Pläne 120, 257ff.
Planung 35, 66, 70
Plaste 133
Plastizität 121
Plotter 215
Pneumatik
– schaltpläne 259ff.
– zylinder 167
pneumatische Kraft-
maschinen 167
Polarkoordinaten 15
Pole 234
Polyaddition (–konden-
–sation, merisation)
133
Positions-Nummer 256
Pressen 83

PRINT 218
Produktklasse 92
Programmablaufplan 120, 259
Programmieren 216
Programmkopf 224
Programmodus 217
Programmregelungen 192
Programmschleife 222
Programmstruktur 220
Prüfen 12ff.
Prüf
– fehler (s. Meßabweichungen)
– flansch 193
– maße 15
– technik 9ff.

Q

Qualitätskontrolle 252
Qualitätsstähle 141

R

RAM-Speicher 213
Recheneinheit 213
regeln 179
Regler 188
– D-~ 191
– I-~ 191
– P-~ 191
Regel
– einrichtungen 188, 190
– größe 188
– kreis 188
– strecke 188
– vorgänge 231
Regelungen
– Darstellung von ~ 191
– Festwert ~ 192
– Nachlauf ~ 192
– Programm ~ 192
Regelungs
– arten 192
– technik 179
Reibahlen 71
Reiben 70
Reibungskraft
– beiwert 152
– koeffizient 152
Reihung 220
Reißspan 52
Reitstock 161
Rekristallisationglühen 130
Relais 202, 245
REM 223
Reparaturanleitungen 264
Resultierende 60, 151
RETURN 223
RETURN-Taste 214
Ringleitung 194
Rißbildung 38
Rockwell 122
Roheisen 143f.
Rohteil 32
Rohzustand 32
Rolle 153
– feste ~ 157
– lose ~ 157
ROM-Speicher 213
RUN 217f.

S

Sachnummer 256
Sägen 58
Säuren 232
Salze 232
SAVE 218
Schalter 202
Schaltpläne 259
Schaltungen 203ff.
– elektrische ~ 209
– hydraulische ~ 206
– pneumatische ~ 203
Schaltung
– ODER ~ 204
– Reihen ~ 239
– UND ~ 204
Schaltüberdeckung
– negative ~ 200
– positive ~ 200
Scheibe mit Lappen 94
Scheibenfeder 99
Scher
– ebene 51
– fläche 45
– länge 45
– schneiden 44
– span 52
– spiel 46
– stempel 84
Schiefe Ebene 152
Schleifenvariable 222
Schlupf 196
Schlupfbegrenzung 94
Schmelzsicherungen 202
Schmieden 80
Schmieren 51
Schneidecke 50
Schneiden
– Haupt ~ 50
– geometrisch bestimmte ~ 50
ff.: Schneiden
– symmetrische ~ 69
– zahl 72
Schneidkeilverschleiß 53
Schneidringverschraubung 196
Schneidspalt 46
Schnellarbeitsstähle 71, 138, 141
Schnitt
– bewegung 37, 60
– geschwindigkeit 51f., 138
– kraft 41, 51, 63
– tiefe 51f., 63
– trennender ~ 46
– ziehender ~ 46
Schrauben
– arten 91
– Durchsteck ~ 91
– Einzieh ~ 91
– Kombi ~ 93
– Kopf ~ 111
– Mechanik der ~ 89
– mit Splint 94
– Paß ~ 91
– Sechskant ~ 91, 111
– Senk ~ 91
– sicherungen 93
– Sperrzahn ~ 94
– Stift ~ 91
– verbindungen 88
– Vierkant ~ 91
– Zylinder ~ 91, 111
Schraubwerkzeuge
Schub 119
Schütze 202
Schutzisolierung 248
Schutzleiter 248
Schutzmaßnahmen
– elektrische ~ 248
Schweiß
– brenner 104
– flamme 105
– generatoren 107
– gleichrichter 107
– stäbe 105
– strom 107
– transformatoren 107
– verbindung 86, 103
schweißen
– Gasschmelz ~ 103
– Lichtbogenschmelz ~ 106
– Nach-links ~ 105
– Nach-rechts ~ 105
– Preß ~ 103
– Schmelz ~ 103
Schwindmaße 82
Senken 70
Sequenz 220
SHIFT-Taste 214
Sicherungen 202, 248
– Losdreh ~ 94
– Setz ~ 93
– Verlier ~ 94
Signal
– glied 181, 184
– umsetzer 184
– verstärker 184
Signale
– nicht wirksame ~ 260
– wirksame ~ 260
Sintern 82ff.
Sinuslineal 27
Skalenteil 27
Skalenwert 27
Skizze 256
Software 212
Sollwert 182
Spanelement 51
Spanfläche 50
Spanen 37
Spannhülse 95
Spannmittel 62
Spannscheibe 93
Spannstift 95
Spannung 119, 233f.
Spanungsgrößen 69
Spanungsquerschnitt 63
Speicher
– Festplatten ~ 215
– schaltung 205
Speiser 82
Sprachübersetzer 216
Sprengen 38
Sprödigkeit 121
Sprunganweisung 221
Stahl 117, 123, 141f.
– gehärteter ~ 138
– Reißnadeln 34
– unlegierter ~ 71
Standardsoftware 224f.
Standzeit 43
Stauchfaktor 51
Stauchversuch 121
Steckvorrichtungen 202
Steiger 82
Stellglied 181
Stellgröße 181
Stetigförderer 159
Steuereinheit 213
Steuerkette 181
steuern 179

Steuerung 179
– Ablauf ~ 186
– Bypass ~ 208
– Führungs ~ 186
– Halteglied ~ 186
– Primär ~ 207
– Programm ~ 186
– Sekundär ~ 208
– Wegplan ~ 186
Steuer
– strecke 181
– tasten 214
– vorgänge 231
Steuerungstechnik 179
Störgröße 182
Stoffeigenschaftändern 32, 123, 146
Stoffumsetzung 149, 156
Stoffschluß 85
Strichmaße 17
Stringvariable 219
Strömungswege 198
Strom
– elektrischer ~ 235
– kreis 231, 233
– richtung (physikalische ~)234
– richtung (technische ~) 233
Stückliste 253, 256
SYNTAX 217
SYNTAX ERROR 217
Syntheseverfahren 133
System 179
– Betriebs ~ 212
– Funktion von ~ 176
– Heizungs ~ 169
– Kommando 217f.
– Kommunikation ~ 265
– SI ~ 9ff.
– Software 212
– Maß ~ 11

T

Tabelle 258
Tabellenkalkulation 224
Tastatur 213f.
Temperatur 11
Texte (technische ~) 264
Textverarbeitung 224
Thermoplaste 136f.
Tiefungsversuch 121
Tiefziehen 79
Titan 127f.
Titankarbid 138
Titannitrid 138
Transportsysteme 159
Trennen 32, 37, 123

U

Überstromauslösung 202
Unterprogramm 223
Umformbarkeit 123
Umformtechnik 76
Umformen 32, 76, 123
– Biege ~ 79
– Blech ~ 77, 81
– Druck ~ 77
– Druck- und Zug ~ 77
– Massiv ~ 77, 80
– Zug ~ 78
Unfallverhütung 36, 43, 49, 54, 57, 59, 66, 71, 74, 105, 108, 247

V

Variable 219
Vektor 150
Ventile
– Abschalt ~ 201
– Drossel ~ 199
– Druck ~ 197, 199, 201
– Druckbegrenzungs ~ 199, 201
– Druckminder ~ 201
– Druckregel ~ 199
– ODER ~ 204
– Schieber ~ 197
– Sicherheits ~ 193
– Sitz ~ 197
– Sperr ~ 197, 199
– Strom ~ 197, 201
– Wechsel ~ 199
– Wege ~ 197ff., 261
– Zuschalt ~ 201
Verbindungen
– bewegliche ~ 88
– Dehn ~ 100
– feste ~ 88
– Klebe ~ 109
– lösbare ~ 88
– Längspreß ~ 99
– Löt ~ 86, 100
– Preß ~ 99
– Querpreß ~ 99
– Schrumpf ~ 100
– Stift ~ 95
– unlösbare ~ 88
Verbundstoffe 82, 117, 137
Verdichter 167
– Drehkolben ~ 193
– Flügelzellen ~ 193
– Spiralschrauben ~ 193
Verdrehung 119
Verformung 38
Vergleichsoperator 221
Verhalten
– differentiales ~ 190
– integrales ~ 190
– lineares ~ 190
– nichtlineares ~ 190
– proportionales ~ 190
– stetiges ~ 190
– unstetiges ~ 190
Verkauf 252
Verknüpfung (UND~) 204
Versandpapiere 253
Verzweigung 220f.
VICKERS 122
Vorformteile 84
Vorschubgeschwindigkeit 72

W

Wärme
– Erd- und Ab ~ 171
– leitung 169
– quellen 169
– strahlung 169
– strömung 169
Warmkammerverfahren 82
Wartungseinheiten 194
WATT 242
weichmagnetisch 244
Wendelnuten 69
Wendeschneidplatten 84
Werkzeug 33
– einschneidiges ~ 42
– keilförmiges ~ 37
– schlitten 161
– stahl 138
– zweischneidiges ~ 42
Widerstand 233ff.
Winde 153
Windkraftanlagen 171
Winkel 20
– Endmaße 20
– Frei ~ 45, 50
– Keil ~ 41, 50
– Seitenfrei ~ 69
– Seitenkeil ~ 69
– Seitenspan ~ 69
ff.: Winkel
– Span ~ 50
– Messer 25
Wirk
– ebene 69
– medium 33
– paar 33
– stelle 33
– winkel 69
Wirkungs
– ablauf 187
– grad 156
WHITWORTH-Rohrgewinde 90

Z

Zahlenwertgleichung 9
Zahnformen 59
Zahnscheibe 93
Zeichenkette 219
Zeichnungen 253
– Explosions ~ 257
– Gesamt ~ 255
– Teil ~ 255
– Werk ~ 72
Zeitglied 205
Zeitplansteuerung 186
Zementit 145
Zentraleinheit 212
Zerteilen 37f.
Zink 123f., 132
Zinn 124, 132
Zustandsdiagramme 259f.
Zylinder
– einfachwirkender ~ 167
– doppeltwirkender ~ 167
– Stift 95, 111

Bildquellenverzeichnis

Verlag und Autoren danken den Instituten und den Firmen für ihre tätige und großzügige Mithilfe bei der Beratung und Beschaffung von Informationen und Bildvorlagen.

Hinweis: Ziffern vor dem Punkt = Seitenzahl; Ziffern nach dem Punkt = Bild-Nr.

Alzmetall, Altenmarkt (160.2)
Bauere Schaurte, Neuß (94.2)
Bayer A.G., Leverkusen (133.4)
Prof. Dr. S. Berg, Göttingen (247.6)
Bibliothèque Nationale, Paris (148)
Foto Service Brandes, Braunschweig (230)
Brown, Boverie & Cie, Mannheim (242.2)
Buderus, Wetzlar (170.3)
Bundesinstitut für Berufsbildung, Berlin (116.2)
Degussa, Frankfurt/M. (169.6)
Demag-Fördertechnik, Wetter (157.2, 245)
Deutsche Gesellschaft für Sonnenenergie e.V., München (170.2)
Deutsches Kupferinstitut, Berlin (131.1)
Deutsches Museum, München (55.4)
Engels, Velbert (123.2)
Feinprüf GmbH, Göttingen (16.3, 16.4, 264.1)
Festo, Esslingen (199.5)
Gedore, Remscheid (92.2)
Gossen GmbH, Erlangen (192.3)
Gottwald GmbH, Düsseldorf (159.5,159.6)
Helios, Niedernhall (26.1b)
Heraeus, Hanau (189.3)
Hoerbiger Pneumatik, Schongau (194.2)
Interatom/Multi-Arc, Bergisch-Gladbach (139.2)
Gebr. Irle K.G., Siegen (48.1)
Kistler Instrumente GmbH, Ostfildern (184.2b)
Norbert Köhler, Wendeburg
Krupp A.G., Essen (64, 139.3b)
Leitz Wetzlar GmbH, Wetzlar (131.1a)
Leybold-Heraeus GmbH, Köln (41)
Linde, Höllriegelskreuth (103.5)
Lufthansa A.G., Köln (128.1)
Luther Werke, Braunschweig (48.3)
Norsk Hydro Magnesiumgesellschaft, Essen (127.4)
Carl Mahr GmbH, Esslingen (18.2, 22.2)
Mannesmann-Demag, Düsseldorf (200.1)
Mannesmann-Demag, Wetter (158.1, 158.2, 158.3)
Mannesmann-Rexroth, Lohr (195.4)
Messerschmitt-Bölkow-Blohm, Ottobrunn (129.2)
Mitutoyo/Sampoh, Neuß (22.1a, b, c, 23.3, 24.1, 24.2)
Muhr & Bender, Attendorn (47.6)
Physikalisch-Technische Bundesanstalt, Braunschweig (12.1)
Max-Planck-Institut f. Eisenforschung GmbH, Düsseldorf (116.3, 144.2)
Pohlig-Heckel-Bleichert, Rohrbach (145.4)
Foto & Grafik Rixe, Braunschweig
Röhm, Sontheim (179.2)
Röperwerk, Viersen (145.4)
Salzgitter AG, Salzgitter (143.2, 143.3)
Samson A.G., Frankfurt (192.1, 192.2)
Sandvik Coromant, Düsseldorf (52.2, 139.3)
Scharmann GmbH, Mönchengladbach (160.1)
Ernst-Karl Schneider, Sickte (118.3)
G. W. Schwabe, Witten (184.2)
Siem A.G., Transplan, Netphen (159.7)
Siemens A.G., Braunschweig (139.3c, 212.2, 243.3)
Siemens A.G., Hannover (178)
Siemens A.G., München (118.2)
Soltauer Zinngießerei, Soltau (132.2)
Ulrich Steffens, Mettmann (39, 40)
A. Tebbenjohanns/A. Lange, Braunschweig (124.1, 250)
Traub, Reichenbach (179.1)
Trumpf & Co., Ditzingen (48.2)
Varta Batterie AG, Hannover (244.1, 244.2)
Vereinigte Aluminiumwerke, Neuß (118.1)
Volkswagen AG, Wolfsburg (8)
Weiler-Werkzeugmaschinen, Herzogenaurach (174.1)
J. Wetzler, Rosenheim (205.4, 209.1, 209.2)
WMF, Geislingen (124.2)
Alle übrigen Fotos: Westermann-Bild/H. Buresch

Layoutkonzept: Gerd Gücker
Umschlagentwurf: Gerd Gücker mit einem Foto von Fa. MAHO, Pfronten
Zeichnungen: Fa. Arnold Bälder, Rittergut Martinsbüttel/Meine
Technisch-Grafische Abteilung Westermann

Erläuterungen zu den Großaufnahmen

Seite 8: Messen einer Nockenwelle mit einer Meßschraube
Seite 112: Stark vergrößerte Aufnahme eines Aluminium-Bruches
Seite 148: Miniatur des französischen Malers Jean Fouquet (um 1420–1480)
Für die unbearbeiteten Steinquader wird eine Hebemaschine – ein Tretkran – eingesetzt. Durch das Tretrad wird ein Seil aufgerollt und die Last nach oben bewegt.
Seite 178: Fotografischer Teilausschnitt einer Zentraleinheit eines Computers
Seite 230: Alte Kohlenfadenlampe mit Klarsichtkolben und Sockel E27
Seite 250: Fotomontage von Glasfaserkabeln und einem Kunstkopf

Informationsverarbeitung: Ausgewählte MS-DOS-Systemkommandos

Aufgabe	DOS-Kommando/ Format-Beispiel	Bemerkungen
Formatieren einer Diskette/ Festplatte	FORMAT	Vorbereiten einer Diskette/Festplatte für die Aufnahme von DOS-Dateien
	A>FORMAT␣B:/S[1]	Die Diskette in Laufwerk B: wird formatiert. Dabei werden bestimmte Sytemdateien übertragen.
Kopieren einer Diskette/ Festplatte	DISKCOPY	Der Inhalt einer (Quell-)Diskette wird komplett auf eine andere (Ziel-)Diskette übertragen. Evtl. auf der Zieldiskette vorhandene Dateien werden gelöscht.
	A>DISKCOPY␣A:B:	Alle Dateien der Diskette in Laufwerk A: werden auf die Diskette in Laufwerk B: kopiert.
Kopieren von Dateien	COPY	Bestimmte Dateien einer Quelldiskette werden auf eine Zieldiskette übertragen.
	A>COPY␣BEISP.BAS␣B:	Die Datei BEISP.BAS wird von der Quelldiskette in Laufwerk A: auf die Zieldiskette in Laufwerk B: kopiert. Ist in Laufwerk B: bereits eine Datei BEISP.BAS vorhanden, so wird diese überschrieben.
	B>COPY␣*.*␣C:	Alle Dateien der Quelldiskette in Laufwerk B: werden auf Zieldiskette in Laufwerk C: kopiert.
	C>COPY␣PRG.BAS ␣PRG.BAK␣A:/V	Die Quelldatei PRG.BAS von Laufwerk C: wird als Zieldatei PRG.BAK auf Laufwerk A: abgespeichert. Durch den Schalter **/V** überprüft DOS, ob der Kopiervorgang korrekt verlaufen ist.
Auflisten des Inhaltsverzeichnisses einer Diskette/ Festplatte	DIR	Alle Dateien oder ausgewählte Dateigruppen werden aufgelistet. Dabei werden angezeigt: Dateiname mit Erweiterung (Suffix), Dateilänge in Bytes, Datum, Uhrzeit, Anzahl der Dateien, Anzahl der noch freien Bytes.
	A>DIR␣B:/P	Alle Dateien der Diskette in Laufwerk B: werden aufgelistet. Durch den Schalter **/P** wird die Anzeige unterbrochen, wenn der Bildschirm gefüllt ist. Unterbrechen ist auch möglich durch **Ctrl-S** oder **Ctrl-NumLock.** Durch einen beliebigen Tastendruck wird die Auflistung fortgeführt.
	A>DIR␣A:*.BAS	Alle Dateien der Diskette in Laufwerk A: mit der Erweiterung .BAS werden aufgelistet.
Ausdrucken des Bildschirminhalts	Shift-PrtSc	Der aktuelle Inhalt des Bildschirms (z.B. ein durch **DIR** aufgerufenes Inhaltsverzeichnis einer Diskette) wird ausgedruckt **(»hardcopy«).**
Löschen von Dateien von der Diskette	DEL oder ERASE	Einzelne Dateien, ausgewählte Dateigruppen oder alle Dateien einer Diskette werden gelöscht.
	A>DEL␣PROG2.BAS	Die Datei PROG2.BAS der Diskette in Laufwerk A: wird gelöscht.
	A>DEL␣B:*.EXE	Alle Dateien mit der Erweiterung .EXE werden von der Diskette in Laufwerk B: gelöscht.
	B>DEL␣*.*	Löscht alle Dateien der Diskette in Laufwerk B: (Vorsicht!)
Anwählen eines Laufwerks	A>	DOS-Bereitschaftsmeldung (Prompt) nach Einschalten oder Neustart des Rechners
	A>B:	Anwahl von Laufwerk B: als neues Hauptlaufwerk
	B>	neues Prompt nach Anwahl von Laufwerk B:

[1] ␣: zwingend vorgeschriebenes Leerzeichen